普通高等学校土木工程专业创新系列规划教材

钢筋混凝土结构设计
（第 3 版）

主　编　郭靳时　金菊顺　谢新颖

副主编　庞　平　刘晓霞　庄新玲

　　　　陈敏杰　钱永梅

主　审　尹新生

武汉大学出版社

图书在版编目(CIP)数据

钢筋混凝土结构设计/郭靳时,金菊顺,谢新颖主编.—3 版.—武汉:武汉大学出版社,2022.10

普通高等学校土木工程专业创新系列规划教材

ISBN 978-7-307-21420-0

Ⅰ.钢… Ⅱ.①郭… ②金… ③谢… Ⅲ.钢筋混凝土结构—结构设计—高等学校—教材 Ⅳ.TU375.04

中国版本图书馆 CIP 数据核字(2022)第 145455 号

责任编辑:李嘉琪　　　责任校对:高克非　　　装帧设计:吴　极

出版发行:**武汉大学出版社**　　(430072　武昌　珞珈山)

(电子邮箱:whu_publish@163.com　网址:www.stmpress.cn)

印刷:武汉乐生印刷有限公司

开本:850×1168　1/16　印张:27.25　字数:751 千字

版次:2013 年 12 月第 1 版　　2017 年 7 月第 2 版

　　　2022 年 10 月第 3 版　　2022 年 10 月第 3 版第 1 次印刷

ISBN 978-7-307-21420-0　　定价:78.00 元

前　言

　　本书根据高等学校土木工程专业培养目标及《高等学校土木工程本科指导性专业规范》的要求，结合编者们多年来的教学实践经验编写而成。该书既可作为高等学校土木工程专业的教材，也可供从事土木工程建设的技术人员学习、参考。

　　"混凝土结构"是高等学校土木工程专业的主干专业课程，分为"混凝土结构基本原理"和"钢筋混凝土结构设计"两部分。其教学指导思想是：注重基本原理及结构构件设计计算方法的讲解，使学生能正确理解和掌握混凝土结构构件各种受力形式的设计计算方法，以及培养学生综合运用知识的能力。本书注重理论联系实际，培养学生用工程理念解决实际工程问题的能力和创新能力，培养土木工程师应有的基本素质。

　　本书的特色是：将原来某些独立课程如"多高层建筑结构设计""建筑结构抗震设计"相关内容进行优化、整合，合并列入"钢筋混凝土结构设计"课程中，避免了"多高层建筑结构设计"和"建筑结构抗震设计"课程相关内容的重复，减少了理论学时，同时增加了课程内容的紧密联系。该课程内容整合在国内院校同类专业中具有创新性，独具特色。另外，增加了钢筋混凝土结构平法施工图简介，通过结构设计和施工业务实习使学生进一步了解结构施工图的表达方法。

　　本书主要内容包括：建筑抗震设计的基本知识；多、高层建筑结构荷载；结构设计的基本规定和设计要求；框架结构、剪力墙结构、框架-剪力墙结构、筒体结构和单层厂房结构；钢筋混凝土结构平法施工图简介。

　　为了便于高等学校学生和广大土建技术人员学习，本书编写时力求内容充实、重点突出，语言通俗、深入浅出，例题完备、注重实用。每章均列举了适量的例题，每章章末都有一定数量的思考题和习题，可以帮助学生通过这些题目进一步理解、消化所学内容，检查学习效果。

　　参加本书编写的人员为：吉林建筑大学，郭靳时、谢新颖、庄新玲、庞平、钱永梅；吉林建筑科技学院，金菊顺；吉林农业大学，刘晓霞；长春建筑学院，陈敏杰。

　　具体编写分工如下：陈敏杰（第1章）；金菊顺（第2章、第3章）；郭靳时、庞平（第4章）；谢新颖、庄新玲（第5章）；郭靳时（第6章、第7章）；郭靳时、谢新颖（第8章）；金菊顺、刘晓霞（第9章）；金菊顺、钱永梅（第10章）。参加编写工作的还有吉林建筑大学的翟莲、王伟、张塞北等，他们绘制了本书的部分插图，参加了部分书稿的整理工作。本书由郭靳时、金菊顺、谢新颖担任主编，庞平、刘晓霞、庄新玲、陈敏杰、钱永梅担任副主编，全书最后由郭靳时统一修改、定稿。

　　吉林建筑大学的尹新生教授担任本书主审，详细审阅了编写大纲和全部书稿，并提出了宝贵的修改意见，特此致谢。

　　本书在编写过程中参考了大量的文献，引用了一些学者的资料，在本书末的参考文献中已予以列出。

　　由于编者的经验和水平有限，对新修订的规范学习、理解不够，书中难免存在不妥和疏漏之处，敬请读者给予批评和指正，以便及时修正。

编　者

2022年4月

特别提示

　　教学实践表明,有效地利用数字化教学资源,对于学生学习能力以及问题意识的培养乃至怀疑精神的塑造具有重要意义。

　　通过对数字化教学资源的选取与利用,学生的学习从以教师主讲的单向指导模式转变为建设性、发现性的学习,从被动学习转变为主动学习,由教师传播知识到学生自己重新创造知识。这无疑是锻炼和提高学生的信息素养的大好机会,也是检验其学习能力、学习收获的最佳方式和途径之一。

　　本系列教材在相关编写人员的配合下,逐步配备基本数字教学资源,主要内容包括:

　　文本:课程重难点、思考题与习题参考答案、知识拓展等。

　　图片:课程教学外观图、原理图、设计图等。

　　视频:课程讲述对象展示视频、模拟动画,课程实验视频,工程实例视频等。

　　音频:课程讲述对象解说音频、录音材料等。

数字资源获取方法:

① 打开微信,点击"扫一扫"。

② 将扫描框对准书中所附的二维码。

③ 扫描完毕,即可查看文件。

更多数字教学资源共享、图书购买及读者互动敬请关注"开动传媒"微信公众号!

目　　录

1 绪　论

内容提要

　　本章主要内容包括：多、高层建筑结构，建筑结构抗震，钢筋混凝土单层工业厂房结构的概述。教学重点为多、高层建筑结构的概念和特点、地震概念及震害、单层工业厂房结构形式及分类。教学难点为多、高层建筑结构的特点。

能力要求

　　通过本章的学习，学生应对多高层建筑结构的特点和地震基本概念及单层厂房结构形式有初步的认知。

重难点

1.1　多、高层建筑结构概述

1.1.1　多、高层建筑结构的特点

　　多层和高层结构的差别主要是层数和高度，《高层建筑混凝土结构技术规程》(JGJ 3—2010)规定，10 层及 10 层以上或房屋高度大于 28 m 的住宅建筑结构以及房屋高度大于 24 m 的其他高层民用建筑混凝土结构为高层建筑结构。但实际上多层与高层建筑结构没有实质性的差别，无论是单层、多层还是高层建筑结构都要抵抗竖向和水平荷载作用。对于单层或两层建筑，往往竖向荷载起控制作用；对于多层建筑，竖向荷载、水平荷载共同起控制作用，当建筑高度增加时，水平荷载对结构起的作用将越来越大。所以，抗侧力结构成为高层建筑结构设计的主要问题，设计时要满足更多要求。

　　荷载作用下的结构内力和侧移如图 1.1 所示，轴力 N、剪力 V 与高度 H 呈线性关系，弯矩 M、侧移 Δ 与高度 H 呈指数曲线上升关系，随着建筑高度的增加，结构侧移增加得更快。

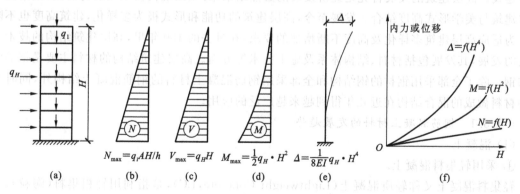

图 1.1　房屋高度对结构内力及侧移的影响

因此，高层建筑结构设计中的结构既要有足够的承载能力（强度），又要有足够的抗侧移能力（刚度），将结构在水平荷载作用下产生的水平位移限制在规定的范围内，以保证建筑结构的正常使用功能要求。在高层建筑中，抗侧力的设计是一个关键的问题，如何提高结构抵抗水平荷载的能力及抗侧刚度，是本课程要解决的主要问题。

1.1.2　国内外多、高层建筑的历史和现状

19世纪末，随着科学技术的发展，钢筋混凝土结构、钢结构在土木工程领域中代替传统的砖、石、木结构得到了推广和应用，建筑高度的增加、层数的增多、跨度的增大，现代意义上的高层建筑开始出现。现代高层建筑是随着社会生产的发展和人类活动的需要而发展起来的，是商业化、工业化和城市化的结果，是节约用地、解决和缓解住房紧张、减少市政基础设施的需要。现代高层建筑不仅要满足各种使用功能，还要求节省材料和美观。只有科学技术的进步、轻质高强材料的出现以及机械化、电气化、计算机在建筑中的广泛应用，才能为多层及高层建筑的发展提供物质基础和技术条件。

回顾高层建筑的发展历史，其中国外代表建筑有美国1931年建成的纽约帝国大厦（高381 m，102层），1972年建成的纽约世界贸易中心的姊妹楼（417 m和415 m，100层，"9·11"事件中被毁）和1974年建成的芝加哥希尔斯大厦（441.9 m，110层），1998年马来西亚建成的吉隆坡石油双塔大楼（450 m，88层），2010年迪拜建成的哈利法塔（原名迪拜塔，高828 m，162层）。

我国的现代高层建筑起步较晚，自己设计和建造高层建筑始于20世纪50年代初。1959年建成的北京民族饭店（47.7 m，12层）。20世纪60年代，1968年建成的广州宾馆（88 m，27层）。70年代，有较大发展，1974年建成的北京饭店（87.4 m，20层），1976年建成的广州白云宾馆（114 m，33层）。80年代以后，迅速发展，1985年建成的上海静安希尔顿饭店（143 m，43层），1985年建成的深圳国际贸易中心大厦（160 m，53层），1986年建成的北京中央彩电中心（136.5 m，27层）。1990年建成的中银大厦（香港中国银行大厦，高369 m，70层），1997年建成的广州中信广场大厦（391 m，80层），特别1998年建成的上海金茂大厦（420.5 m，88层），使我国超高层建筑施工技术跨入世界先进行列。2008年建成了上海环球金融中心大厦（高492 m，地上101层，地下3层），2016年建成的上海中心大厦（高632 m，地上127层，地下5层）是上海的一座巨型高层地标式摩天大楼。

1.1.3　现代多、高层建筑结构的发展

现代高层建筑既要满足使用功能，又要充分体现其美学功能，高层建筑往往成为现代城市的标志性建筑。高层建筑的发展首先是经济发展的必然结果，必须以现代技术发展为前提，城市美观又要求建筑与美学形式高度结合。发展至今，高层建筑的功能和形式极为多样化，建筑高度也不断增加。为适应高层建筑多样化及高度不断增加的要求，在过去的100年里，高层建筑结构的技术有了巨大的发展，其发展包括材料、结构体系及施工技术等方面。高层建筑结构的材料主要是钢筋混凝土和钢。除了全部采用钢材的钢结构和全部采用钢筋混凝土材料的钢筋混凝土结构外，同时采用两种材料做成的混合结构在近几年得到越来越广泛的应用。

1.1.3.1　钢筋混凝土材料的发展趋势

（1）混凝土

① 采用轻集料混凝土。

轻集料混凝土又称轻质混凝土（Lightweight Concrete，LC），是指利用轻粗集料（陶粒）、普通砂、水泥和水配制而成的，强度等级为LC15～LC60的结构用轻质混凝土。轻集料混凝土具有减轻结构自重、提高结构抗震性能、节约材料用量、减少地基荷载及改善建筑功能（保温隔热和耐火）

等特点,与同标号的普通混凝土相比,可减轻自重 20%～30%以上。

② 发展高性能混凝土。

通常将 C50 以上的混凝土称为高强混凝土。采用高强混凝土可大幅缩小底层钢筋混凝土柱的截面尺寸,扩大柱网间距,增大建筑使用面积,避免上、下柱采用不同强度等级混凝土,有利于统一柱子尺寸和模板规格,方便施工。高性能混凝土是一种新型的高技术混凝土,是在大幅度提高普通混凝土性能的基础上采用现代混凝土技术制作的混凝土。它以耐久性作为设计的主要指标,针对不同用途要求,保证混凝土的实用性和强度,并达到高耐久性、高工作性、高体积稳定性和经济性。发展高性能混凝土可充分利用各种工业废弃物,大力发展复合胶凝材料,最大限度地降低硅酸盐水泥的用量,因此可节约资源、能源,更有利于保护环境,走可持续发展之路。充分利用高性能混凝土的特点,创造新的结构和构造来开辟新用途,增强混凝土表面的抗震、抗渗、抗磨和耐腐蚀性能。高强混凝土不一定是高性能混凝土;高性能混凝土不只是高强混凝土,还是包括各种强度等级的混凝土。

③ 发展各种纤维混凝土。

在抗拉强度很差的混凝土中掺入纤维,使之能抵抗很大的拉力,即形成一种新的复合材料——纤维混凝土。如钢纤维混凝土、玻璃纤维混凝土、碳纤维混凝土等的问世和应用,大大地提高了混凝土的抗拉性能和韧性。

(2)钢筋

① 普通混凝土结构提倡用 HRB400 级、HRB500 级、HRBF400 级、HRBF500 级钢筋。

② 预应力混凝土结构用高强的预应力钢丝、钢绞线。

③ 纤维增强塑料筋已经开始应用于实践。

④ 碳纤维棒材通常作为代替传统钢筋的材料,既可用于已建结构的补强加固,也可用于新建结构中。

1.1.3.2 设计理论的发展

(1)提倡非线性分析方法

在《建筑结构可靠性设计统一标准》(GB 50068—2018)中提出建筑结构按承载能力极限状态设计时,根据材料对作用的反应,可采用线性、非线性或塑性理论计算;在建筑结构按正常使用极限状态设计时,可采用线性理论计算,必要时,可采用非线性理论计算。对混凝土结构中特别重要的重大结构或受力状态特殊的大型杆系结构的二维、三维结构,必要时应对结构的整体或部分进行受力过程的非线性分析。非线性分析方法以钢筋混凝土的实际力学性能为依据,引入相应的非线性结构关系后,可准确地分析结构受力全过程的各种荷载效应,且可以解决一切体型和应力复杂的结构分析问题,是一种先进的分析方法。

(2)继续完善研究课题

① 更进一步深入研究开发新型建筑材料,并应用于结构中;

② 进一步控制荷载、温度和干缩引起的裂缝,保证结构的正常使用功能和耐久性;

③ 提高混凝土结构的耐久性,正确估算、预测混凝土结构的寿命;

④ 研究、发展新结构体系,进一步提高结构的强度和刚度,更加有效地控制高层建筑的侧移。

1.1.3.3 新结构体系不断涌现

(1)巨型结构体系

国内外高层建筑的高度呈上升趋势,需要能适应超高、更加经济有效的抗风、抗震结构体系;建筑使用功能上,超高层建筑设计方案中有时有内部共享空间,结构需要提供特大空间。此时,结构常采用巨型框架结构体系或巨型支撑结构体系。

① 巨型框架结构：用筒体做成巨型柱，用高度很大的箱形构件或桁架做巨型梁。

台北101大楼（图1.2），高508m（含天线，至屋顶高448m），1998年动工，历时5年，耗资600亿新台币。台北101大楼采用新式的"巨型结构"（mega structure），在大楼的四个外侧分别各有两支巨柱，共八支巨柱，每支截面长3m、宽2.4m，自地下5层贯通至地上90层，柱内灌入高密度混凝土，外以钢板包覆。地下5层，地上101层。有世界上最大而且最重的"风阻尼器"，第88~92层之间有一颗巨大的"黄色大球"。它由41层12.5cm厚的实心钢板堆叠焊接而成，直径约5.4m，重达660t，价值400万美元。它的作用是减轻飓风、地震等自然现象给大厦带来的震动，也就是传说中的"调制阻尼器"，还有两台世界上最高速的电梯，从5层直达89层的室内观景台，只要37s左右的时间，电梯上升的速度为1010m/min。

② 巨型支撑结构。

香港中银大厦（图1.3），总建筑面积12.9万平方米，地上70层，楼高315m，加顶上两杆的高度共计367.4m，结构采用4角12层高的巨型钢柱支撑，室内无一根柱子。以平面为例，香港中银大厦是一个正方平面，对角划成4组三角形，每组三角形的高度不同，使得各个立面在严谨的几何规范内变化多端。

图1.2　台北101大楼　　　　　　　　图1.3　香港中银大厦

（2）悬挂式结构

将建筑物的各层楼板通过钢或预应力吊杆作用在筒体、刚架、拱等各种承重结构上，即形成现今世界上的一种新型结构——悬挂结构。这种结构的优点为自重轻，用钢量少，基础工程最少，各种构体能充分发挥其受力性能，抗震性能较好，但节点构造处理及施工质量等要求较高，也较复杂，目前世界上还采用得较少。

（3）减震结构

在建筑物中采取某种减震构造措施，可以在地震时吸收一部分地震能量，减少地震力对建筑物的破坏作用。这种减震构造措施可采用隔震和消能减震设计。隔震设计是指在房屋基础、底部或下部结构与上部结构之间设置由橡胶隔震支座和阻尼装置等部件组成具有整体复位功能的隔震层，以延长整个结构体系的自振周期，减少输入上部结构的水平地震作用，达到预期防震要求。消能减震设计是指在房屋结构中设置消能器，通过消能器的相对变形和相对速度提供附加阻尼，以消耗输入结构的地震能量达到预期防震、减震要求。

1.1.3.4　组合结构的迅速发展

组合结构：两种不同性质的材料组合成整体共同工作的构件称为组合构件，由组合构件组成组合结构。至今 50 多年来，由于两种不同性质的材料扬长避短，各自发挥其特长，具有一系列优点，所以其已成为一种公认的新的结构体系。

（1）钢与混凝土组合结构

钢与混凝土组合结构是指将钢材放在构件内部，外部由钢筋混凝土做成，充分利用两种材料各自的优点，以达到良好的经济技术效果。

（2）钢管混凝土结构

钢管混凝土结构是指在钢管内部填充混凝土，做成外包钢构件。

（3）钢筋混凝土外包钢板箍构件

钢筋混凝土外包钢板箍构件是近年来研究与应用的一种新组合结构形式，可以用来新建，也可以用于旧房屋改造和进行结构加固。在构件（梁、柱）端部或跨间包钢板箍后不仅能局部提高构件抗压强度与抗剪强度，还能改善构件与结构的延性。钢板箍常用于柱端及梁的剪力较大处。

（4）压型钢板混凝土组合楼板

压型钢板混凝土组合楼板最开始应用于欧美国家，压型钢板与混凝土组合成整体，共同工作，压型钢板代替钢筋承受拉力，可减少钢筋的制作安装等施工费用。这种组合板的设计计算的关键是解决压型钢板与混凝土之间的组合剪切计算。20 世纪 80 年代中期，我国引进与研究这种结构形式，由于这种结构形式可省去全部模板工程，并可立体作业，不仅节省大量木材与人力，还大大加快了施工进度，故很快受到社会的欢迎。

（5）钢梁支承钢筋混凝土板的组合结构

钢梁支承钢筋混凝土板的组合结构很早就已应用，但最初多未考虑它们的组合作用，而是各自作为单独构件进行设计计算。美国最早考虑两者的组合连接，组合成整体形成组合梁，并将计算方法纳入规范，把混凝土板视为钢梁的一部分（翼缘），节省大量钢材，造价大为降低，应用于桥梁与房屋建筑中。我国从 20 世纪 50 年代开始，尤其是 20 世纪 80 年代以后，开始深入研究，并广泛应用其组合结构。这种组合梁的应用与计算中的一个关键问题是二者的连接问题，许多专家学者对连接件的试验研究、设计计算方法及施焊专用机具等进行了广泛的研究，美国、英国等首先推出了实验得出的剪力强度计算公式，并纳入规范，同时焊接带头栓钉的栓焊机等专用机具问世，大大简化并加速了焊接连接件的施工作业，为组合梁的推广应用铺平了道路。

1.2　建筑结构抗震概述

1.2.1　地球构造

地球是一个一端微扁的实心球体，其半径约为 6400 km。从地表至球心由三层性质不同的物质构成。地壳为地球最表面的一层，平均厚度为 30 km；地核为最里面的部分，其平均半径为 3470 km；中间的部分为地幔，其厚度约为 2900 km。地壳由各种不均匀的岩石组成，它的厚度是不均匀的，高山或高原处厚度可达 70 km，而深海底部却只有 5～8 km。地幔主要由相对密度较大的黑色橄榄岩组成。地幔的顶部为强度较低并带有塑性性质的岩流层，它是地震波急剧变化的不连续面。地核分为外核和内核，主要由铁、镁等物质构成，据地震波传播的分析，外核可能处于液态，

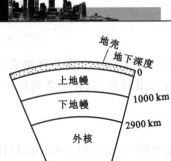

图 1.4　地球内部构造

地震灾害图

内核可能处于固态。地球内部构造如图 1.4 所示。

1.2.2　地震概念

地震是指因地球内部缓慢积累的能量突然释放而引起的地球表层的振动。地震是一种自然现象，地球上每天都在发生地震，一年约有 500 万次，其中约有 5 万次人们可以感觉到；能造成破坏的约有 1000 次；7 级以上的大地震平均一年有十几次。目前记录到的世界上最大地震震级是 9.5 级，即发生于 1960 年 5 月 22 日的智利地震。

1.2.3　地震灾害

地震灾害是群灾之首，它具有突发性和不可预测性，以及频度较高，并产生严重次生灾害，对社会也会产生很大影响等特点。

如 1976 年 7 月 28 日 3 时 42 分 54 秒，在河北省唐山、丰南一带（东经 118.0°，北纬 39.4°）发生了 7.8 级强烈地震，震中区烈度 11 度，地震波及天津市和北京市。这次地震发生在工矿企业集中、人口稠密的城市，极震区内工矿设施大部分毁坏，主要表现为厂房屋顶塌落、围护墙多数倒塌、高层建筑和一般民房几乎全部坍塌。震区内普遍发生铁路路基下沉，铁轨弯曲变形，公路路面开裂，桥墩错动、倾倒、梁体移动及坠落等，150 万人口中死亡 24 万，伤 16 万，直接经济损失 100 亿元，震后重建费用 100 亿元。

又如印度大地震，当地时间 2001 年 1 月 26 日上午 8 时 46 分（北京时间 2001 年 1 月 26 日 11 时 16 分，国际时间 2001 年 1 月 26 日 3 时 16 分），在印度西北部古吉拉特邦发生一次强烈地震。据印度地震部门测定，这次地震为里氏 7.9 级，震中位于北纬 23.6°和东经 69.8°，截至当月 31 日，地震发生后已发生了 196 次余震，死亡人数达 16403 人，受伤人数达 55863 人，经济损失 45 亿美元。

再如汶川地震，2008 年 5 月 12 日 14 时 28 分 04 秒，震中位于四川省汶川县映秀镇，震级里氏 8.0 级，最大烈度 11 度，震源深度 14 km。汶川地震是中华人民共和国自成立以来有记录的最强地震，直接严重受灾地区达 10 万平方千米。地震成因：印度洋板块向亚欧板块俯冲，造成青藏高原抬升。地震类型：汶川大地震为逆冲、右旋、挤压型断层地震。震源深度：汶川大地震是浅源地震，震源深度为 10～20 km。因此破坏性巨大，影响范围包括震中 50 km 范围内的县城和 200 km 范围内的大中城市。伤亡统计：全国各地伤亡汇总（截至 2008 年 10 月 8 日 12 时），遇难 69229 人，受伤 374643 人，失踪 17923 人。汶川地震造成的直接经济损失为 8451 亿元人民币。

1.2.4　地震的破坏作用

1.2.4.1　地表的破坏现象

（1）地裂缝

在强烈地震作用下，地面常常产生裂缝。根据产生的机理不同，地裂缝分为重力地裂缝和构造地裂缝两种。重力地裂缝是由在强烈地震作用下，地面做剧烈震动而引起的惯性力超过了土的抗剪强度所致。这种裂缝长度可由几

地震的破坏作用图

米到几十米,其断续总长度可达几千米,但一般都不深,多为 $1\sim2$ m。构造地裂缝是地壳深部断层错动延伸至地面的裂缝。美国旧金山大地震圣安德烈斯断层的巨大水平位移就是现代可见断层形成的构造地裂缝。

（2）喷砂冒水

在地下水位较高、沙层埋深较浅的平原地区,地震时地震波的强烈震动使地下水压力急剧增高,地下水经地裂缝或土质松软的地方冒出地面,当地表土层为沙层或粉土层时,则夹带着砂土或粉土一起喷出地表,形成喷砂冒水现象。喷砂冒水现象一般要持续很长时间,严重的地方可造成房屋不均匀下沉或上部结构开裂。

（3）地面下沉（震陷）

在强烈地震作用下,地面往往发生震陷,使建筑物破坏。

（4）河岸、陡坡滑坡

强烈地震作用常引起河岸、陡坡滑坡。有时规模较大,造成公路堵塞、岸边建筑物破坏。

1.2.4.2 建筑物的破坏

在强烈地震作用下,各类建筑物发生严重破坏,按其破坏的形态及直接原因,可分为以下几类:

（1）结构丧失整体性

房屋建筑或其他结构物都是由许多构件组成的,在强烈地震作用下,构件连接不牢、支撑长度不够、支撑失效等都会使结构丧失整体性而破坏。

（2）承重结构强度不足引起破坏

任何承重构件都有各自的特定功能,以适用于承受一定的外力作用。对于设计时没有考虑抗震设防或抗震设防不足的结构,在强烈地震作用下,不仅构件内力增大很多,其受力性质往往也将改变,致使构件强度不足而被破坏。

（3）地基失效

当建筑物地基内含饱和砂层、粉土层时,在强烈地面运动影响下,土中空隙水压力急剧增高,致使地基土发生液化,地基承载力下降,甚至完全丧失,从而导致上部结构破坏。

1.2.4.3 次生灾害

地震除直接造成建筑物的破坏外,还可能引起火灾、水灾、污染等严重的次生灾害,有时比地震直接造成的损失还大。在城市,尤其是在大城市,这个问题越来越引起人们的重视。

例如,发生在 1995 年 1 月 17 日的日本阪神大地震,引发火灾 122 起之多,烈焰熊熊,浓烟遮天蔽日,不少建筑物倒塌后又被烈火包围,火势入夜不减,这给救援工作带来很大困难。又如 1923 年日本关东大地震,据统计,震倒房屋 13 万栋。由于地震时正值中午做饭时间,故许多地方同时起火,自来水管普遍遭到破坏,而道路又被堵塞,致使大火蔓延,烧毁房屋达 45 万栋之多。1906 年美国旧金山大地震,在震后的 3 天火灾中,共烧毁 521 个街区的 28000 幢建筑物,使已被震坏但仍未倒塌的房屋又被大火夷为一片废墟。1960 年发生在海底的智利大地震,引起海啸灾害,除吞噬了智利中、南部沿海房屋外,海浪还从智利沿大海以 640 km/h 的速度横扫太平洋,22 h 之后,高达 4 m 的海浪又袭击了距智利 17000 km 远的日本,在本州和北海道,海港和码头建筑遭到严重的破坏,甚至连巨轮也被抛上陆地。

1.3　钢筋混凝土单层工业厂房结构概述

1.3.1　单层工业厂房结构形式

单层工业厂房是空间尺度大、荷载数值大的厂房。单层工业厂房常用的结构形式有排架结构（图1.5）和刚架结构（图1.6）。排架结构主要由屋架（或屋面梁）、柱和基础组成，柱与屋面梁铰接，柱与基础刚接；刚架结构主要是门式刚架，柱和梁刚接成一个构件，柱和基础铰接。

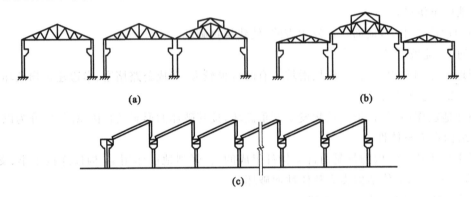

图1.5　钢筋混凝土排架结构厂房

（a）等高排架；（b）不等高排架；（c）锯齿形排架

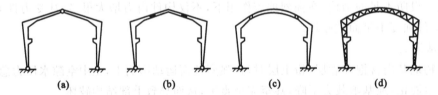

图1.6　门式刚架

（a）三铰门式刚架；（b）、（c）、（d）两铰门式刚架

1.3.2　单层工业厂房结构的分类

1.3.2.1　按结构体系分类

（1）排架结构体系

单层工业厂房
结构的分类图

混凝土排架结构是我国单层厂房中应用较多的结构形式，根据生产和工艺的不同要求，可做成等高、不等高，单跨、多跨等多种形式。相对于其他结构形式，混凝土排架结构刚度大，跨度和高度均可达30 m左右，且能适用于较大吨位的吊车。排架结构的构件一般采用现场预制、养护，然后吊装，各构件间多采用预埋铁件焊接以形成结构整体。

（2）刚架结构体系

门式刚架属于梁柱合一的结构形式，因而构件种类少，且构件截面还可随力的变化做成变截面，故结构轻巧。门式刚架一般分段预制，然后通过螺栓或焊接连成整体，也属于预制、装配式施工的结构体系。门式刚架的缺点是刚度差，承载时易产生"跨变"现象，因而只能用于屋盖轻、无吊车或吊车起重量不大于100 kN，且跨度和高度都较小的厂房和仓库。

1.3.2.2　按结构材料分类

（1）混凝土单层厂房

如1.3.2.1节所述。

（2）钢结构单层厂房

钢结构具有造型美观、结构轻巧、施工周期短、安装拆卸方便、抗震能力强、跨度大等优点。随着彩色钢板、组合钢板等各类新型建材的出现，其维护费用高的缺点也逐渐被克服。目前，我国钢产量已居世界前列，这为我国钢结构房屋的迅速发展奠定了基础。

（3）混合结构单层厂房

结构材料混合，当房屋跨度、高度均较大时，宜采用"钢筋混凝土柱＋钢屋架或网架"的结构形式；当房屋跨度、高度均较小，且投资少时，也可采用"砖柱＋钢筋混凝土大梁或屋架"的砖排架结构形式。

1.3.2.3　按厂房跨度分类

（1）单跨

单跨厂房具有通风、采光良好，无跨间干扰，交通便利等优点。综合考虑不同结构材料的适用范围、投资效率等因素，单厂结构选型可参照表1.1。

表1.1　　　　　　　　　　　　　　　　**单厂结构选型参考表**

厂房跨度(m)	柱顶高度(m)	吊车吨位(kN)	结构选型
<15	<5	≤50	砖排架结构
>36	≥5	>1500	全钢结构
其他	≥5	50~1500	钢筋混凝土结构或钢屋架＋钢筋混凝土柱

（2）等高多跨

和单跨相比，多跨厂房具有节地、节材、节能以及各类设备管道布置集中等优点。

（3）不等高多跨

受到生产工艺及其设备的影响，有时厂房需要设计成多跨不等高。

知识归纳

① 高层建筑结构是指10层及10层以上或房屋高度大于28 m的住宅建筑结构以及房屋高度大于24 m的其他高层民用建筑混凝土结构。在高层建筑中，抗侧力的设计是一个关键的问题，如何提高结构抵抗水平荷载的能力及抗侧刚度，是本书要解决的主要问题。

② 地震是指因地球内部缓慢积累的能量突然释放而引起的地球表层的振动。地震的破坏作用分为地表的破坏现象、建筑物的破坏和次生灾害。

③ 单层厂房常用的结构形式有排架结构和刚架结构。排架结构主要由屋架（或屋面梁）、柱和基础组成，柱与屋面梁铰接，柱与基础刚接；刚架结构主要是门式刚架，柱和梁刚接成一个构件，柱和基础铰接。

思考题

1.1　什么是地震？

1.2　地震的破坏作用有哪些？分别包括哪些内容？

1.3　单层厂房结构常用的结构形式有哪两种？

1.4　多、高层建筑结构的特点是什么？

2 建筑抗震设计的基本知识

内容提要

本章主要内容包括：地震与地震动,地震震级与地震烈度,建筑抗震设防分类和设防标准、建筑抗震设防目标和抗震设计方法,建筑抗震设计的总体要求,场地、地基和基础。教学重点为建筑抗震设防分类和设防标准、建筑抗震设防目标和抗震设计方法、建筑抗震概念设计。教学难点为建筑抗震概念设计、地基土的液化确定方法。

重难点

能力要求

通过本章的学习,学生应具备正确运用建筑工程抗震设防标准和抗震设计方法进行建筑抗震概念设计的能力。

2.1 地震与地震动

地震是人类所面临的最严重的自然灾害之一。强烈地震在瞬息之间就可以对地面上的建筑物造成严重破坏。我国是多地震国家,震害严重,损失巨大。目前,科学技术还不能准确预测并控制地震的发生。长期的工程实践证明,地震并不可怕,完全可以运用现代科学技术手段来减轻和防止地震灾害。对建筑结构进行抗震设计,即是减轻地震灾害的一种积极有效的方法。

2.1.1 地震类型与成因

2.1.1.1 地震类型

（1）按成因分类

① 天然地震。

地震类型与成因动画

构造地震:地壳运动推挤岩层产生断裂、错动,引起地面的震动。占地震总数的90%。

火山地震:火山爆发,岩浆猛烈冲出地面,在地球表面产生的震动。发生较少。

陷落地震:由地下岩洞、矿洞等的突然塌陷等原因引起的地震。发生较少,震级也较小。

② 诱发地震。

诱发地震是指由人工爆破、矿山开采、水库蓄水或深井注水等引起的地震。此类原因引起的地震一般不太强烈。

（2）按震源深浅程度分类

① 浅源地震。

震源深度在60 km以内,一年中全世界所有地震释放能量的约85%来自浅源地震。

② 中源地震。

震源深度为60～300 km,一年中全世界所有地震释放能量的约12%来自中源地震。

③ 深源地震。

震源深度超过 300 km，一年中全世界所有地震释放能量的约 3% 来自深源地震。

震源浅，破坏重，影响范围小；震源深，破坏轻，波及范围大。

2.1.1.2 地震成因

（1）断层说

岩石层不停运动，连续变动产生地应力，当地应力超过某处岩层强度的极限值，发生褶皱变形、岩层破坏、断裂错动，从而引起振动，并以波的形式向地面传播，形成地震。如图 2.1 所示。

（2）板块构造学说

地壳由美洲板块、非洲板块、欧亚板块、印澳板块、太平洋板块和南极洲板块 6 大板块组成。这些板块在地幔对流等因素产生的巨大能量作用下运动，使板块之间相互挤压和错动，致使其边缘附近的岩石层脆性破裂而引发地震。地球表层板块分布如图 2.2 所示。

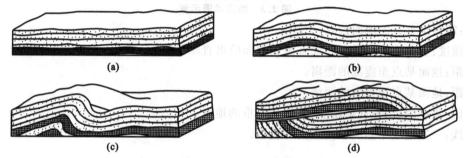

图 2.1 地壳构造变动与地震形成示意图

（a）原始状态；（b）开始变形；（c）发生褶皱；（d）断裂错动

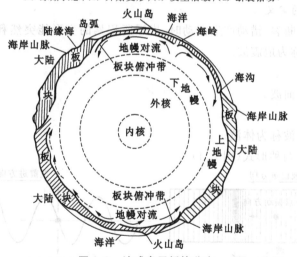

图 2.2 地球表层板块分布

地下岩层断裂时，往往不是沿着一个平面发生，而是形成一个由一系列裂缝组成的破碎地带，并且这个破碎地带的所有岩层不可能同时达到新的平衡。因此，每次大地震的发生一般都不是孤立的，大地震前后总有很多次中小地震发生。

2.1.2 常用地震术语

常用地震术语示意如图 2.3 所示。

震源：地壳岩层发生断裂破坏、错动，产生剧烈振动的地方。

常用地震
术语动画

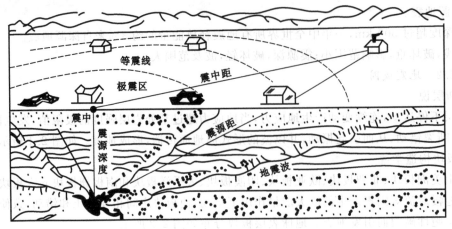

图 2.3　地震术语示意

震中:震源正上方的地面位置。

震源深度:震中到震源的距离或震源到地面的垂直距离。

震源距:地面某点至震源的距离。

震中距:地面某点至震中的距离。

极震区:震中附近,震动最剧烈、破坏最严重的地区。

等震线:一次地震中烈度相同点的外包线。

2.1.3　地震波

2.1.3.1　地震波的定义

当震源处岩层发生断裂、错动产生振动时,岩层所积累的变形能突然释放,它以波的形式从震源向四周传播,这种波称为地震波。

2.1.3.2　分类

地震波分为体波和面波。

（1）体波

在地球内部传播的波称为体波。

体波有纵波和横波两种形式(图 2.4)。

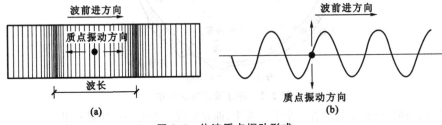

图 2.4　体波质点振动形式

(a) 纵波(压缩波);(b) 横波(剪切波)

① 纵波(P 波):由震源向外传播的疏密波(压缩波)。

特点:周期短,振幅小,传播速度快。引起地面竖向振动。质点振动方向与波前进方向一致。

② 横波(S 波):由震源向外传播的剪切波。

特点:周期较长,振幅大,横波速度比纵波慢。引起地面水平摇晃。质点振动方向与波前进方向垂直。

根据弹性理论,纵波传播速度 v_p 和横波传播速度 v_s 可分别按下列公式计算:

$$v_p = \sqrt{\frac{E(1-\mu)}{\rho(1+\mu)(1-2\mu)}} \tag{2.1}$$

$$v_s = \sqrt{\frac{E}{2\rho(1+\mu)}} = \sqrt{\frac{G}{\rho}} \tag{2.2}$$

式中　E——介质的弹性模量;

　　　G——介质的剪切模量,$G = \dfrac{E}{2(1+\mu)}$;

　　　ρ——介质的密度;

　　　μ——介质的泊松比。

在地幔内,一般泊松比 $\mu = 1/4$,于是得 $v_p = \sqrt{3}v_s$,由此可见,纵波的传播速度比横波的传播速度快。由于纵波和横波的传播速度不同,纵波传播速度快,先到达地面,其质点振动方向与波前进方向一致而首先引起地表垂直振动,当横波到达时才引起水平振动。根据此特性可很好地解释为什么在地震时震中区的人们先是感觉到上下颠簸,然后才左右摇摆。

（2）面波

在地球表面传播的波称为面波。面波是体波经地层界面多次反射形成的次生波,仅沿着地面传播。

①面波的形式。面波有瑞雷波（R 波）和洛夫波（L 波）两种形式。

a.瑞雷波:传播时质点在波前进方向与地面法线所组成的平面内作逆向的椭圆运动,在地面上表现为滚动形式,见图 2.5(a)。

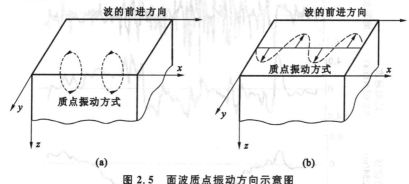

图 2.5　面波质点振动方向示意图

（a）瑞雷波质点振动;（b）洛夫波质点振动

b.洛夫波:传播时,质点在波前进方向垂直的水平方向地面上呈蛇形运动,见图 2.5(b)。

②面波的特点。

a.面波周期长、振幅大;速度为剪切波速的 0.9 倍。

b.面波只能在地面附近传播,使建筑物既竖向振动又水平摇晃。

c.面波衰减慢,能传播到很远的地方。

d.面波随着地面深度的增加其振幅急剧衰减。

（3）地震波的传播速度

从实际地震时记录到的地震波可以看出,首先到达的是纵波（P 波）,接着是横波（S 波）,面波到达得最晚。即传播速度纵波最大,横波次之,面波最小,但后者的振幅却最大。见图 2.6。

（4）地震波对建筑物的作用

① 纵波（疏密波）使建筑物上下颠簸,横波（剪切波）使建筑物产生水平方向摇晃,面波则使建筑物既竖向颠簸又水平摇晃。

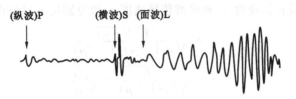

图 2.6　地震波记录示意图

②横波（剪切波）和面波都到达时建筑物振动最为剧烈。因此，由横波和面波共同引起的水平地震作用通常是最主要的地震作用。

③面波的能量比体波的大，所以造成建筑物和地表的破坏主要以面波为主。

④由于面波是随着地面深度增加而衰减的，所以这是地下建筑震害较轻的一个原因。

2.1.4　地震动

地震动是由地震波传播所引起的地面震动。在地震发生附近的地震称为近场地震动。对于近场地震动，人们一般通过记录地面运动的加速度来了解地震动的特征。对加速度记录进行积分，可以得到地面运动的速度与位移（图 2.7）。一般来说，地震动在空间上具有 3 个平动方向的分量、3 个转动方向的分量，从图 2.7 中可了解 6 个方向的分量。

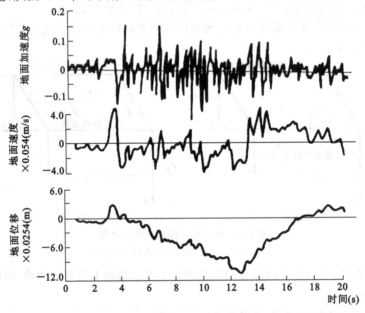

图 2.7　地面运动的加速度、速度和位移

实际上，地震动是多种地震波综合作用的结果。因此，地震动的记录信号是不规则的。从工程应用角度考察，可以采用有限的几个要素反映不规则的地震波。如：通过最大振幅可以定量反映地震动的强度特性；通过对地震动记录的频谱分析，可以揭示地震动的周期分布特征；通过强震持续时间的定义和测量，可以考查地震动循环作用程度的强弱。因此，地震动的三要素为：

①地震动的峰值（最大振幅）：反映地震动的强度特征。

②频谱：通过频谱分析反映地震动的周期分布特征。

③持续时间：可考查地震动循环作用程度的强弱。

利用地震动三要素可反映不规则的地震波。工程结构的地震破坏与地震动三要素有密切的关系。

2.2 地震震级与地震烈度

2.2.1 地震震级

2.2.1.1 地震震级的定义

地震震级是表示某次地震本身大小的一种度量,又称里氏震级,该定义最早由美国的里克特(C. F. Richter)给出。震级就是用地震释放的能量的大小来表示一次地震大小的等级。震级M按下式计算:

$$M = \lg A - \lg A_0 \tag{2.3}$$

式中　A——用标准地震仪在距震中 100 km 处记录的以 μm 为单位的最大地表水平位移;

　　$\lg A_0$——依震中距而变化的起算函数,当震中距为 100 km 时,$A_0 = 1\ \mu m$,即 $\lg A_0 = 0$。

例如:在距离震中 100 km 处地震仪记录的最大振幅 $A = 10$ mm,即 $A = 10000\ \mu m$,则由式(2.3)得,该次地震为里氏 4 级。

2.2.1.2 震级与能量关系

震级与震源释放出能量 E 的经验关系如下:

$$\lg E = 1.5M + 11.8 \tag{2.4}$$

式中　E——地震释放的能量(尔格)。

由此可见:震级差一级,能量相差近 32 倍,如表 2.1 所示。

表 2.1　　　　　　　　　　　　　　　震级及其相应的能量

震级 M	能量(尔格)	震级 M	能量(尔格)
1	2.00×10^{13}	6	6.31×10^{20}
2	6.31×10^{14}	7	2.00×10^{22}
3	2.00×10^{16}	8	6.31×10^{23}
4	6.31×10^{17}	8.5	3.55×10^{24}
5	2.00×10^{19}		

2.2.1.3 震级分类

通常将震级划分为若干类,如表 2.2 所示。

表 2.2　　　　　　　　　　　　　　　　震级分类

震级 M	<2	2~4	>5	>7	>8
类别	微震	有感地震	破坏性地震	强烈地震(大地震)	特大地震

地球上平均每年发生地震 500 万次,$M>2.5$ 的有 15 万次,$M>4$ 的有 4 万次,$M>7$ 造成破坏的则不到 20 次,$M>8$ 的毁灭性地震 2 次。

2.2.2 地震烈度

2.2.2.1 地震烈度的定义

地震烈度动画

地震烈度:某一地区地表和各类建筑物遭受某一次地震影响的平均强烈程度,用于判定宏观的地震影响和建筑物破坏程度。

为评定地震烈度,就需要建立一个标准,这个标准就称为地震烈度表。它是根据地震烈度不同,人的感觉、器物的反应、建筑物的损害程度不同和地貌变化特征等方面的宏观现象进行判定和区分而形成的地震烈度表。我国采用 12 度划分,如表 2.3 所示。按照地震烈度表中的标准可以对受一次地震影响的地区评定出相应的烈度。

表2.3　中国地震烈度表（GB/T 17742—2020）

地震烈度 类型	房屋震害 震害程度	平均震害指数	评定指标 人的感觉	器物反应	生命线工程震害	其他震害现象	仪器测定的地震烈度 I_1	合成地震动的最大值 加速度/(m/s²)	速度/(m/s)
Ⅰ(1)	—	—	无感	—	—	—	$1.0 \leqslant I_1 < 1.5$	1.80×10^{-2} ($<2.57 \times 10^{-2}$)	1.21×10^{-3} ($<1.77 \times 10^{-3}$)
Ⅱ(2)	—	—	室内个别静止中的人有感觉，个别较高楼层中的人有感觉	—	—	—	$1.5 \leqslant I_1 < 2.5$	3.69×10^{-2} ($2.58 \times 10^{-2} \sim 5.28 \times 10^{-2}$)	2.59×10^{-3} ($1.78 \times 10^{-3} \sim 3.81 \times 10^{-3}$)
Ⅲ(3)	门、窗轻微作响	—	室内少数静止中的人有感觉，少数较高楼层中的人有明显感觉	悬挂物微动	—	—	$2.5 \leqslant I_1 < 3.5$	7.57×10^{-2} ($5.29 \times 10^{-2} \sim 1.08 \times 10^{-1}$)	5.58×10^{-3} ($3.82 \times 10^{-3} \sim 8.19 \times 10^{-3}$)
Ⅳ(4)	门、窗作响	—	室内多数人、室外少数人有感觉，少数人睡梦中惊醒	悬挂物明显摆动，器皿作响	—	—	$3.5 \leqslant I_1 < 4.5$	1.55×10^{-1} ($1.09 \times 10^{-1} \sim 2.22 \times 10^{-1}$)	1.20×10^{-2} ($8.20 \times 10^{-3} \sim 1.76 \times 10^{-2}$)
Ⅴ(5)	门窗、屋顶、屋架颤动作响，灰土掉落，个别房屋墙体抹灰出现细微裂缝，个别屋顶烟囱掉砖；A1类或A2类房屋墙体出现轻微裂缝或原有裂缝扩展，个别屋顶烟囱掉砖、檐瓦掉落	—	室内绝大多数、室外多数人有感觉，多数人梦中惊醒，少数人惊逃户外	悬挂物大幅度晃动，少数架上小物品、个别顶部沉重或放置不稳定器物摇动或翻倒，水晃动并从盛满的容器中溢出	—	—	$4.5 \leqslant I_1 < 5.5$	3.19×10^{-1} ($2.23 \times 10^{-1} \sim 4.56 \times 10^{-1}$)	2.59×10^{-2} ($1.77 \times 10^{-2} \sim 3.80 \times 10^{-2}$)

续表

地震烈度	房屋震害 类型	震害程度	平均震害指数	评定指标 人的感觉	器物反应	生命线工程震害	其他震害现象	仪器测定的地震烈度 I_1	合成地震动的最大值 加速度/(m/s²)	速度/(m/s)
Ⅵ(6)	A1	少数轻微破坏和中等破坏,多数基本完好	0.02~0.17	多数人站立不稳,多数人惊逃户外	少数轻家具和物品移动,少数顶部沉重的器物翻倒	个别梁桥挡块破坏,个别拱桥主拱圈及桥台开裂裂缝;个别变压器跳闸;个别老旧支线管道有破坏,局部水压下降	河岸和松软土地出现裂缝,饱和砂冒水;个别独立砖烟囱轻度裂缝	5.5≤I_1≤6.5	6.53×10⁻¹ (4.57×10⁻¹~9.36×10⁻¹)	5.57×10⁻² (3.81×10⁻²~8.17×10⁻²)
	A2	少数轻微破坏,大多数基本完好	0.01~0.13							
	B	少数轻微破坏和中等破坏,大多数基本完好	≤0.11							
	C	少数或个别轻微破坏,绝大多数基本完好	≤0.06							
	D	少数或个别轻微破坏,绝大多数基本完好	≤0.04							
Ⅶ(7)	A1	少数严重破坏和毁坏,多数中等破坏和轻微破坏	0.15~0.44	大多数人惊逃户外,骑自行车的人有感觉,行驶中的汽车驾乘人员有感觉	物品从架子上掉落,多数顶部沉重的器物翻倒,少数家具倾倒	少数梁桥挡块破坏,个别拱桥主拱圈形成明显裂缝以及少数桥台开裂;个别变压器的套管破坏,少数瓷柱型高压电气设备破坏;少数支线管道破坏,局部停水	河岸出现塌方,饱和砂层常见喷水冒砂,松软土地上地裂缝较多;大多数独立砖烟囱中等破坏	6.5≤I_1≤7.5	1.35 (9.37×10⁻¹~1.94)	1.20×10⁻¹ (8.18×10⁻²~1.76×10⁻¹)
	A2	少数中等破坏,多数轻微破坏和基本完好	0.11~0.31							
	B	少数中等破坏,多数轻微破坏和基本完好	0.09~0.27							
	C	少数轻微破坏,多数基本完好	0.05~0.18							
	D	少数轻微破坏,大多数基本完好	0.04~0.16							

续表

地震烈度	房屋震害			评定指标				仪器测定的地震烈度 I_1	合成地震动的最大值	
	类型	震害程度	平均震害指数	人的感觉	器物反应	生命线工程震害	其他震害现象		加速度/(m/s²)	速度/(m/s)
Ⅷ(8)	A1	少数毁坏，多数中等破坏和严重破坏	0.42~0.62	多数人摇晃颠簸，行走困难	除重家具外，室内物品大多数倾倒或移位	少数梁桥梁体移位、开裂及多数撞挡块破坏，少数拱桥主拱圈开裂严重；少数变压器的套管破坏，个别或少数瓷柱型高压电气设备破坏；多数支线管道破坏，部分区域停水	干硬土地上出现裂缝，饱和砂层绝大多数喷砂冒水；大多数独立砖烟囱严重破坏	7.5≤I_1<8.5	2.79 (1.95~4.01)	2.58×10^{-1} (1.77×10^{-1}~3.78×10^{-1})
	A2	少数严重破坏，多数中等破坏和轻微破坏	0.29~0.46							
	B	少数严重破坏和毁坏，多数中等破坏和轻微破坏	0.25~0.50							
	C	少数中等破坏，多数轻微破坏和基本完好	0.16~0.35							
	D	少数中等破坏，多数轻微破坏和基本完好	0.14~0.27							
Ⅸ(9)	A1	大多数毁坏和严重破坏	0.60~0.90	行动的人摔倒	室内物品大多数倾倒或移位	个别梁桥桥墩局部压溃或落梁，个别拱桥垮塌或濒于跨塌；多数变压器移位，少数变压器桥柱型高压电气设备破坏，多数瓷柱型高压电气设备破坏；各类供水管道破坏、渗漏广泛发生，大范围停水	干硬土地上多处出现裂缝，可见基岩裂缝、错动，滑坡、塌方常见；独立砖烟囱多数倒塌	8.5≤I_1<9.5	5.77 (4.02~8.30)	5.55×10^{-1} (3.79×10^{-1}~8.14×10^{-1})
	A2	少数毁坏，多数严重和中等破坏	0.44~0.62							
	B	少数毁坏，多数严重和中等破坏	0.48~0.69							
	C	多数严重破坏和中等破坏，少数轻微破坏	0.33~0.54							
	D	少数严重破坏，多数中等破坏和轻微破坏	0.25~0.48							

续表

地震烈度	类型	评定指标						仪器测定的地震烈度 I_1	合成地震动的最大值	
		房屋震害		人的感觉	器物反应	生命线工程震害	其他震害现象		加速度/(m/s²)	速度/(m/s)
		震害程度	平均震害指数							
X(10)	A1	绝大多数毁坏	0.88~1.00	骑自行车的人会摔倒,处不稳状态的人会摔离原地,有抛起感	—	个别梁桥桥墩压溃或折断,少数落梁,少数拱桥垮塌或濒于垮塌;绝大多数变压器移位;脱轨,套管断裂漏油,多数瓷柱型高压电气设备破坏;供水管网毁坏,全区域停水	山崩和地震断裂出现,大多数独立砖烟囱从根部破坏或倒毁	$9.5 \leqslant I_1 < 10.5$	1.19×10^1 ($8.31 \times \sim 1.72 \times 10^1$)	1.19 ($8.15 \times 10^{-1} \sim 1.75$)
	A2	大多数毁坏	0.60~0.88							
	B	大多数毁坏	0.67~0.91							
	C	大多数严重破坏和毁坏	0.52~0.84							
	D	大多数严重破坏和毁坏	0.46~0.84							
XI(11)	A1		1.00	—	—	—	地震断裂延续很大;大量山崩滑坡	$10.5 \leqslant I_1 < 11.5$	2.47×10^1 ($1.73 \times 10^1 \sim 3.55 \times 10^1$)	2.57 ($1.76 \sim 3.77$)
	A2		0.86~1.00							
	B		0.90~1.00							
	C		0.84~1.00							
	D		0.84~1.00							
XII(12)	各类	几乎全部毁坏	1.00	—	—	—	地面剧烈变化,山河改观	$11.5 \leqslant I_1 \leqslant 12.0$	$>3.55 \times 10^1$	>3.77

注:1. "—"表示无内容。
2. 表中给出的合成地震动的最大值为所对应的地震烈度中值;加速度和速度数值分别对应附录A中公式(A.5)的PGA和公式(A.6)的PGV;括号内为变化范围。

2.2.2.2　影响因素

地震烈度与震级、震源深度、震中距、地质条件等因素有关。

一次地震只有一个震级，却有不同烈度。离震中愈近，地震影响愈大，地震烈度愈高；离震中愈远，地震影响愈小，地震烈度愈低。

震中烈度 I_0：震中的地震烈度。震中烈度是震源深度和震级的函数，但震源深度多数在 10～30 km 范围内，可认为不变。

震中烈度 I_0 和震级 M 的经验公式：

$$\left.\begin{aligned} M &= 1 + \frac{2}{3}I_0 \\ I_0 &= \frac{3(M-1)}{2} \end{aligned}\right\} \qquad (2.5)$$

二者关系如表 2.4 所示。

表 2.4　　　　　　　　　　震级 M 与震中烈度 I_0 的关系

震级 M	2	3	4	5	6	7	8	>8
震中烈度 I_0	1～2	3	4～5	6～7	7～8	9～10	11	12

2.2.3　基本烈度、抗震设防烈度与地震区划

（1）基本烈度

基本烈度是指一个地区在一定时期（50 年）内一般场地条件下可能遭遇超越概率为 10% 的地震烈度。它是一个地区进行抗震设防的依据。

（2）抗震设防烈度

抗震设防烈度是指按国家规定的权限批准作为一个地区抗震设防依据的地震烈度。一般情况下，取 50 年内超越概率 10% 的地震烈度。

（3）地震烈度区划

根据我国区域地震活动和地震构造特点划分 7 个地震区，27 个地震带，确定 733 个潜在震源区，确定可能发生最大震级和地震烈度。

2.3　建筑结构的抗震设防

2.3.1　抗震设防的目的和要求

工程抗震设防的基本目的：在一定的经济条件下，最大限度地限制和减轻建筑物的地震破坏，保障人民生命财产的安全。为了实现这一目的，我国《建筑与市政工程抗震通用规范》（GB 55002—2021）2.1.1 条和《建筑抗震设计规范（2016 年版）》（GB 50011—2010）明确指出了三个水准的抗震设防要求。

2.3.1.1　三个水准抗震设防要求

第一水准：当遭遇低于本地区设防烈度的多遇地震影响时，各类工程的主体结构和市政管网系统不受损坏或不需修理可继续使用。

第二水准：当遭遇相当于本地区设防烈度的设防地震影响时，各类工程中的建筑物、构筑物、桥梁结构、地下工程结构等可能发生损伤，但经一般性修理可继续使用；市政管网的损坏应控制在局

部范围内,不应造成次生灾害。

第三水准:当遭遇高于本地区设防烈度的罕遇地震影响时,各类工程中的建筑物、构筑物、桥梁结构、地下工程结构等不致倒塌或发生危及生命的严重破坏;市政管网的损坏不致引发严重次生灾害,经抢修可快速恢复使用。

上述三个水准设防目标可简单概述为"小震不坏,中震可修,大震不倒"。"小震不坏"对应于第一水准,要求建筑结构满足多遇地震作用下的承载力极限状态验算要求及建筑的弹性变形不超过规定的弹性变形限值;"中震可修"对应于第二水准,要求建筑结构具有相当的延性能力(变形能力),不发生不可修复的脆性破坏;"大震不倒"对应于第三水准,要求建筑具有足够的变形能力,其弹塑性变形不超过规定的弹塑性变形限值。

2.3.1.2 三种烈度

(1)多遇烈度(小震)

多遇烈度即在设计基准期50年内超越概率为63.2%的地震烈度,又称为众值地震烈度或小震。

(2)基本烈度(中震)

基本烈度即在设计基准期50年内一般场地条件下,可能遭遇的超越概率为10%的地震烈度,又称为中震。

(3)罕遇烈度(大震)

罕遇烈度即在设计基准期50年内超越概率为2%的地震烈度,又称为大震。

2.3.1.3 三个烈度水准之间的关系

我国对小震、中震和大震规定了具体的概率水准。根据对我国一些主要地震区地震危险性的分析结果,我国地震烈度的概率密度函数曲线的基本形状如图2.8所示。根据分析,当设计基准期取为50年时,上述概率密度曲线的峰值烈度(多遇烈度)所对应的超越概率为63.2%,因此,可以将这一烈度定义为小震烈度,又称众值地震烈度。我国地震区划图所规定的各地的基本烈度,可取为中震对应的烈度,它在50年内的超越概率为10%,一般将此烈度定义为抗震设防烈度。大震是罕遇的地震,它所对应的地震烈度在50年内超越概率为2%。根据统计分析,若以基本烈度为基准,则多遇烈度比基本烈度约低1.55度,而罕遇烈度比基本烈度约高1度,如图2.8所示。三个烈度水准之间的关系如表2.5所示。

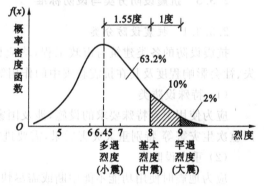

图 2.8　三种烈度含义及其关系

表 2.5　　　　　　　　　　　　三种烈度水准比较

烈度水准	地震水准	50年超越概率	烈度关系(度)
多遇烈度	多遇地震动(小震)	63.2%	$I_0 - 1.55$
基本烈度	设防地震动(中震)	10%	I_0
罕遇烈度	罕遇地震动(大震)	2%	$I_0 + 1$

2.3.2 抗震设计方法

我国抗震设计规范采用了简化的两阶段设计方法。

第一阶段设计——承载力验算:

按多遇烈度（小震）对应的地震作用效应和其他荷载效应的基本组合,验算结构构件的承载能力和结构弹性变形,以满足第一水准抗震设防目标（小震不坏）。在多遇地震作用下,结构应能处于正常使用状态。设计内容包括截面抗震承载力验算、结构弹性变形验算以及抗震构造措施等。通常将此阶段设计称为承载力验算。

第二阶段设计——弹塑性变形验算:

在罕遇烈度（大震）对应的地震作用效应作用下验算结构的弹塑性变形,以满足第三水准抗震设防目标的要求（大震不倒）。在罕遇地震作用下,结构进入弹塑性状态,产生较大的非弹性变形。为满足"大震不倒"的要求,应控制结构的弹塑性变形在允许的范围内。此阶段设计通常称为弹塑性变形验算。

第二水准要求可采取相应的抗震构造措施满足第二水准要求（中震可修）。

在实际抗震设计中,并非所有结构都需进行第二阶段设计。对于大多数结构,一般可只进行第一阶段设计,而通过概念设计和抗震构造措施来满足第三水准的设计要求。只有对特殊要求的建筑、地震时,易倒塌的结构以及有明显薄弱层的不规则结构,除进行第一阶段设计外,还要进行结构薄弱部位的弹塑性层间变形验算,并采取相应的抗震构造措施来实现第三水准的设防要求。

此外,《建筑抗震设计规范（2016 年版）》（GB 50011—2010）对主要城市和地区的抗震设防烈度、设计基本地震加速度值给出了具体规定,同时指出了相应的设计地震分组（设计地震分组主要是为了反映潜在震源远近的影响,第一组震中距较小;第三组震中距较大）。我国主要城镇抗震设防烈度、设计基本地震加速度和设计地震分组详见《建筑抗震设计规范（2016 年版）》（GB 50011—2010）附录 A。

2.3.3　抗震设防分类与设防标准

2.3.3.1　抗震设防分类

抗震设防的各类建筑与市政工程,均应根据其遭受地震破坏后可能造成的人员伤亡、经济损失、社会影响程度及其在抗震救灾中的作用等因素划分为下列四个抗震设防类别:

（1）特殊设防类

应为使用上有特殊要求的设施,涉及国家公共安全的重大建筑与市政工程和地震时可能发生严重次生灾害等 特别重大灾害后果,需要进行特殊设防的建筑与市政工程,简称甲类;

（2）重点设防类

应为地震时使用功能不能中断或需尽快恢复的生命线相关建筑与市政工程,以及地震时可能导致大量人员伤亡等重大灾害后果,需要提高设防标准的建筑与市政工程,简称乙类;

（3）标准设防类

应为除本条第（1）款、第（2）款、第（4）款以外按标准要求进行设防的建筑与市政工程,简称丙类;

（4）适度设防类应为使用上人员稀少且震损不致产生次生灾害,允许在一定条件下适度降低设防要求的建筑与市政工程。简称丁类。

2.3.3.2　各抗震设防类别建筑与市政工程设防标准

① 标准设防类,应按本地区抗震设防烈度确定其抗震措施和地震作用达到在遭遇高于当地抗震设防烈度的预估罕遇地震影响时不致倒塌或发生危及生命安全的严重破坏的抗震设防目标。

② 重点设防类,应按本地区抗震设防烈度提高一度的要求加强其抗震措施;但抗震设防烈度为 9 度时应按比 9 度更高的要求采取抗震措施;地基基础的抗震措施,应符合有关规定。同时,应按本地区抗震设防烈度确定其地震作用。

③ 特殊设防类,应按本地区抗震设防烈度提高一度的要求加强其抗震措施;但抗震设防烈度为 9 度时应按比 9 度更高的要求采取抗震措施。同时,应按批准的地震安全性评价的结果且高于本地区抗震设防烈度的要求确定其地震作用。

④ 适度设防类,允许比本地区抗震设防烈度的要求适当降低其抗震措施,但抗震设防烈度为 6 度时不应降低。一般情况下,仍应按本地区抗震设防烈度确定其地震作用。

⑤ 当工程场地 I 类时,对特殊设防类和重点设防类工程,允许按本地区设防烈度的要求采取抗震构造措施;对标准设防类工程,抗震构造措施允许按本地区设防烈度降低一度,但不得低于 6 度的要求采用。

⑥ 对于城市桥梁,其多遇地震作用尚应根据抗震设防类别的不同乘以相应的重要性系数进行调整。特殊设防类、重点设防类、标准设防类以及适度设防类的城市桥梁,其重要性系数分别不应低于 2.0、1.7、1.3 和 1.0。

2.4 建筑抗震设计的总体要求

建筑抗震设计包括三个层次的内容与要求:概念设计、抗震计算、抗震措施。

概念设计:根据地震灾害和工程经验等所形成的基本设计原则和设计思想,进行建筑和结构总体布置并确定细部构造的过程。概念设计在总体上把握抗震设计的基本原则。

抗震计算:为建筑抗震设计提供定量手段。

抗震措施:除地震作用计算和抗力计算以外的抗震设计内容,包括抗震构造措施。这可以从保证结构整体性、加强局部薄弱环节等意义上保证抗震计算的有效性。

抗震构造措施:根据抗震概念设计原则,一般不需计算而对结构和结构各部分必须采取的各种细部要求。

抗震设计在总体上要求把握的基本原则可以概括为:

① 注意场地选择;
② 合理选择结构形式;
③ 合理利用结构延性;
④ 设置多道防线;
⑤ 重视非结构因素。

2.4.1 注意场地选择

选择建筑场地时,应根据工程需要以及地震活动情况、工程地质和地震地质的有关资料对抗震有利、一般、不利和危险地段作出综合评价。对不利地段应提出避开要求,当无法避开时,应采取有效的抗震措施。对危险地段,严禁建造甲、乙类的建筑,不应建造丙类的建筑。各类地段的划分见表 2.6。

表 2.6 有利、一般、不利和危险地段的划分

地段类别	地质、地形、地貌
有利地段	稳定基岩、坚硬土、开阔平坦密实均匀的中硬土等
一般地段	不属于有利、不利和危险的地段
不利地段	软弱土、液化土,条状突出的山嘴,高耸孤立的山丘,陡坡,陡坎,河岸和边坡边缘,平面分布上成因、岩性、状态明显不均匀的土层(含故河道、疏松的断层破碎带、暗埋的塘浜沟谷和半填半挖地基),高含水量的可塑黄土,地表存在结构性裂缝等
危险地段	地震时可能发生滑坡、崩塌、地陷、地裂、泥石流等及发震断裂带上可能发生地表错位的部位

2.4.2 合理选择结构形式

2.4.2.1 抗震结构体系

抗震结构体系是抗震设计应考虑的关键问题,结构方案的选取是否合理,对安全性和经济性起决定性作用。结构体系应根据建筑的抗震设防类别、抗震设防烈度、建筑高度、场地条件、地基、结构材料和施工等因素,经技术、经济和使用条件综合比较确定。

① 结构体系应符合下列各项要求:

a. 应具有明确的计算简图和合理的地震作用传递途径;

b. 应避免因部分结构或构件破坏而导致整个结构丧失抗震能力或对重力荷载的承载能力;

c. 应具备必要的抗震承载力、良好的变形能力和消耗地震能量的能力;

d. 对可能出现的薄弱部位,应采取措施提高其抗震能力。

② 结构体系尚应符合下列各项要求:

a. 宜有多道抗震防线;

b. 宜具有合理的刚度和承载力分布,避免因局部削弱或突变形成薄弱部位,产生过大的应力集中或塑性变形集中;

c. 结构在两个主轴方向的动力特性宜相近。

③ 结构构件应符合下列要求:

a. 砌体结构应按规定设置钢筋混凝土圈梁和构造柱、芯柱,或采用约束砌体、配筋砌体等;

b. 混凝土结构构件应控制截面尺寸和受力钢筋、箍筋的设置,防止剪切破坏先于弯曲破坏、混凝土的压溃先于钢筋的屈服、钢筋的锚固黏结破坏先于钢筋破坏;

c. 预应力混凝土的构件应配有足够的非预应力钢筋;

d. 钢结构构件的尺寸应合理控制,避免局部失稳或整个构件失稳;

e. 多、高层的混凝土楼、屋盖宜优先采用现浇混凝土板,当采用预制装配式混凝土楼、屋盖时,应从楼盖体系和构造上采取措施确保各预制板之间连接的整体性。

④ 结构各构件之间的连接应符合下列要求:

a. 构件节点的破坏不应先于其连接的构件;

b. 预埋件的锚固破坏不应先于连接件;

c. 装配式结构构件的连接应能保证结构的整体性;

d. 预应力混凝土构件的预应力钢筋宜在节点核心区以外锚固。

2.4.2.2 把握建筑体型

建筑结构不规则可能造成较大地震扭转效应,产生严重应力集中,或形成抗震薄弱层。因此,在建筑抗震设计中,为了防止地震时建筑发生扭转和应力集中或塑性变形集中而形成薄弱部位,建筑平面、立面和竖向剖面应符合下列布置原则:

① 建筑及其抗侧力结构的平面布置宜对称、规则、均匀,并应具有良好的整体性。

② 建筑的立面和竖向剖面宜规则,结构的质量与侧向刚度宜均匀变化,竖向抗侧力构件的截面尺寸和材料强度宜自下而上逐渐减小,避免抗侧力结构的侧向刚度和承载力突变。上部结构刚度较小时会形成鞭端效应。

2.4.3 合理利用结构延性

除强度与刚度要求外,在地震区结构要有良好的抵抗塑性变形的能力,即延性要求。这样,通

过结构的塑性变形来吸收和消耗地震输入能量,有利于
抗御倒塌破坏,提高抗震潜力。

　　所以抗御强烈地震的正确做法是:利用结构的弹塑
性阶段的性能,通过结构一定限度内的塑性变形来消耗
地震时输入结构的能量。采用这种方法可减小结构的
截面尺寸,降低造价。所以,在结构设计时通过构造措
施进行延性设计。

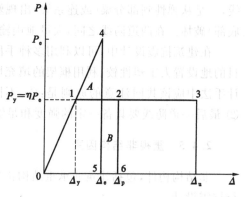

图 2.9　弹性与延性关系

　　设某一结构的外力、最大位移的关系如图 2.9 所
示。图中 Δ_y 为屈服变形,Δ_e 为对应外力 P_e 的弹性变
形,Δ_p 为对应点 2 的弹塑性变形,Δ_u 为结构变形极限,
P_y 为结构屈服强度。若仅按弹性设计结构,则对相应
于 $\triangle 045$ 面积的地震输入能量,要求结构至少具有 P_e 的抗力才可保证结构不破坏。在多数情况
下,这将是很不经济的。而若利用弹塑性变形,则只需要求结构具有抗力 P_y,同时,允许结构达到
变形 Δ_p。此时,由于面积 A 与面积 B 相等,结构所吸收的能量可保持与前一方案一致,从而使结
构可以承受同样的地震作用。显然,P_y 比 P_e 小得多。这样,便降低了结构截面尺寸,因而降低了
造价。由于允许结构出现一定的弹塑变形所造成的损害,可以从限制设计变形处于可修的范围之
内及地震发生是偶然事件两方面得到补偿。不仅如此,如果把图 2.9 中的 0-1-4 看作脆性材料的
变形过程结构,而将图中 0-1-2-3 看作延性材料结构的变形过程,则脆性结构在点 4 将破坏,而延性
结构可以工作到点 3 才破坏。由此可见,脆性结构尽管抗力很大,但吸收地震能量的能力并不强;
而延性结构却因可以吸收更多地震输入能量而有利于抗御结构倒塌的发生。

　　在结构设计中,可以通过各种各样的构造措施和耗能手段来增强结构与构件的延性。例如,对
于钢筋混凝土结构,可以采用强剪弱弯、强节点弱构件的设计策略促使梁以弯曲形式产生较大变形
提高延性;对于砌体结构,可以采用墙体配筋、构造柱-圈梁体系等措施增加结构的延性。

2.4.4　设置多道防线

　　在建筑抗震设计时设置多道防线是抗震概念设计的一个重要组成部分。

　　多道抗震防线的概念可以从图 2.10 的解释中得到基本认识。在图 2.10(a) 中,强梁弱柱型的
框架结构在底层柱的上下端出现塑性铰,或单肢剪力墙结构在底部出现屈服变形,将迅速导致结构
的倒塌。而在图 2.10(b) 中,强柱弱梁型的框架结构或双肢剪力墙加连梁的结构,则需要全部梁
端出现塑性铰并迫使结构底部也出现屈服变形时,结构才会破坏。显然,后者至少存在两道抗震防

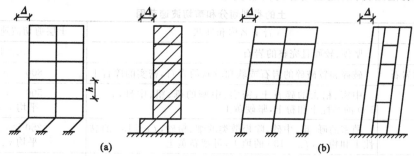

(a)   (b)

图 2.10　结构屈服机制

(a) 局部机制(L 机制);(b) 总体机制(T 机制)

线,一是从弹性到部分梁(或连系梁)出现塑性铰,二是从梁塑性铰发生较大转动到柱根(或剪力墙底部)破坏。在两道防线之间,大量地震输入能量被结构的弹塑性变形所消耗。

在建筑抗震设计中,可以利用多种手段实现设置多道防线的目的。例如:采用超静定结构、有目的地设置人工塑性铰、利用框架的填充墙、设置耗能元件或耗能装置等。但在各种灵活多样的设计手法中应该共同注意的原则是:① 不同的设防阶段应使结构周期有明显差别,以避免共振;② 最后一道防线要具备一定的强度和足够的变形潜力。

2.4.5　重视非结构因素

非结构构件,包括建筑非承重结构构件和建筑附属机电设备。自身及其与结构主体连接,应进行抗震设计。

为了防止附加震害,减少损失,应处理好非承重结构构件与主体结构之间的如下关系:

① 附着于楼、屋面结构上的非结构构件,以及楼梯间的非承重墙体,应与主体结构有可靠的连接或锚固,避免地震时倒塌伤人或砸坏重要设备。

② 框架结构的围护墙和隔墙,应估计其设置对结构抗震的不利影响,避免不合理设置而导致主体结构的破坏。

③ 幕墙、装饰贴面与主体结构应有可靠连接,避免地震时脱落伤人。

④ 安装在建筑上的附属机械、电气设备系统的支座和连接,应符合地震时使用功能的要求,且不应导致相关部件的损坏。

2.5　场地、地基和基础

2.5.1　建筑场地

2.5.1.1　场地土类型

建筑场地:工程群体所在地,具有相似的反应谱特征。其范围相当于厂区、居民小区和自然村或不小于 1.0 km^2 的平面面积。

场地土:场地范围内的地基土。研究表明,场地土质坚硬程度不同对场地地震动的大小有明显影响。场地土的地震剪切波速是场地土的重要地震动参数,剪切波速的大小反映了场地土的坚硬程度,即"土层刚度"。因此,《建筑抗震设计规范(2016 年版)》(GB 50011—2010)根据场地土层的剪切波速大小及范围,将场地土划分为 5 种类型,如表 2.7 所示。

表 2.7　　　　　　　　　　　　　土的类型划分和剪切波速范围

土的类型	岩土名称和性状	土层剪切波速范围(m/s)
岩石	坚硬、较硬且完整的岩石	$v_s > 800$
坚硬土或软质岩石	破碎和较破碎的岩石或软和较软的岩石,密实的碎石土	$800 \geqslant v_s > 500$
中硬土	中密、稍密的碎石土,密实、中密的砾、粗、中砂,$f_{ak} > 150$ 的黏性土和粉土,坚硬黄土	$500 \geqslant v_s > 250$ 平均 $v_s = 375$
中软土	稍密的砾、粗、中砂,除松散类的细、粉砂,$f_{ak} \leqslant 150$ 的黏性土和粉土,$f_{ak} > 130$ 的填土,可塑新黄土	$250 \geqslant v_s > 150$ 平均 $v_s = 200$
软弱土	淤泥和淤泥质土,松散的砂,新近沉积的黏性土和粉土,$f_{ak} \leqslant 130$ 的填土,流塑黄土	$v_s \leqslant 150$

注:f_{ak}——由荷载试验等方面得到的地基静承载力特征值(kPa);

　　v_s——岩土剪切波速。

2.5.1.2 场地类别

(1) 场地覆盖层厚度(d_{ov})

场地覆盖层厚度的确定,应符合下列要求:

① 一般情况下,应按地面至剪切波速大于 500 m/s 且其下卧各层岩土的剪切波速均不小于 500 m/s 的土层顶面的距离确定;

② 当地面 5 m 以下存在剪切波速大于相邻上部各土层土剪切波速 2.5 倍的土层,且该层及其下卧岩土的剪切波速均不小于 400 m/s 时,可按地面至该层土顶面的距离确定;

③ 剪切波速均大于 500 m/s 的孤石、透镜体,应视同周围土层;

④ 土层中的火山岩硬夹层,应视为刚体,其厚度应从覆盖土层中扣除。

(2) 土层的等效剪切波速(v_{se})

土层的等效剪切波速 v_{se} 反映各土层的平均刚度。如图 2.11 所示,设场地土计算深度上范围内有多种性质不同的土层,则地震波通过各土层所需的等效剪切波速计算如下:

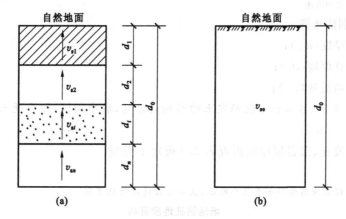

图 2.11 土层等效剪切波速计算

(a) 原来土层;(b) 折算土层

$$v_{se} = \frac{d_0}{t} \tag{2.6}$$

$$t = \sum_{i=1}^{n} \frac{d_i}{v_{si}} \tag{2.7}$$

将式(2.6)和式(2.7)合并,得:

$$v_{se} = \frac{d_0}{t} = \frac{d_0}{\sum_{i=1}^{n} \dfrac{d_i}{v_{si}}} \tag{2.8}$$

式中　v_{se}——土层等效剪切波速(m/s);

　　　v_{si}——计算深度范围内第 i 土层的剪切波速(m/s);

　　　t——剪切波在地面至计算深度之间的传播时间(s);

　　　d_0——土层计算深度(m),取覆盖层厚度和 20 m 两者的较小值;

　　　d_i——计算深度范围内第 i 土层的厚度(m);

　　　n——计算深度范围内土层的分层数。

(3) 场地类别

建筑场地的类别是场地条件的基本表征,场地条件对地震的影响已被大量地震观测记录所证实。研究表明,场地的土层刚度和场地覆盖层厚度是影响场地地震动的主要因素。而场地土层刚度可通过土层等效剪切波速来反映。《建筑抗震设计规范(2016 年版)》(GB 50011—2010)根据场地土层的等效剪切波速和覆盖层厚度将建筑场地划分为 4 类,如表 2.8 所示。建筑场地划分的目的,是在地震作用计算时根据不同的场地条件,可以采用合理的计算参数。

表 2.8   各类建筑场地的覆盖层厚度   (单位:m)

岩石的剪切波速或土的等效剪切波速(m/s)	场地类别				
	I_0	I_1	II	III	IV
$v_s > 800$	0				
$800 \geqslant v_s > 500$		0			
$500 \geqslant v_{se} > 250$		<5	$\geqslant 5$		
$250 \geqslant v_{se} > 150$		<3	3~50	>50	
$v_{se} \leqslant 150$		<3	3~15	15~80	>80

注:表中 v_s 是岩石的剪切波速。

场地土类型判别法步骤:

① 确定覆盖层厚度(d_{ov});

② 确定土层计算厚度(d_0);

③ 计算等效剪切波速(v_{se});

注:当利用土的类型、名称和形状确定土的剪切波速时,取中间值,即中硬土:375 m/s;中软土:200 m/s;软弱土:150 m/s。

④ 按等效剪切波速、覆盖层厚度再查表 2.8 确定土类型。

【例 2.1】 某场地钻孔地质资料如表 2.9 所示,试确定该建筑场地类别。

表 2.9   场地钻孔地质资料

土层底部深度(m)	土层厚度 d_i(m)	岩土名称	剪切波速 v_s(m/s)
1.50	1.50	杂填土	180
3.50	2.00	粉土	240
7.50	4.00	中砂	310
15.50	8.00	砾砂	520

【解】 (1)场地覆盖层厚度

$$d_{ov} = 7.5 \text{ m} < 20 \text{ m}$$

(2)计算厚度

$$d_0 = 7.5 \text{ m}$$

(3)等效剪切波速

$$t = \sum_{i=1}^{n} \frac{d_i}{v_{si}} = \frac{1.50}{180} + \frac{2.00}{240} + \frac{4.00}{310} = 0.0296 \text{ (s)}$$

$$v_{se} = \frac{d_0}{t} = \frac{7.5}{0.0296} = 253.4 \text{ (m/s)}$$

(4)建筑场地类别

查表 2.8 得建筑场地为 II 类。

【例 2.2】 某建筑场地无剪切波速数据,钻孔资料如表 2.10 所示,试确定该建筑场地类别。

表2.10   **场地钻孔地质资料**

土层底部深度(m)	土层厚度 d_i(m)	岩土名称	静承载力特征值 f_{ak}(kPa)
2.20	2.20	杂填土	130
8.00	5.80	粉质黏土	140
12.50	4.50	黏土	160
20.70	8.20	中密的中砂	180
25.00	4.30	基岩	—

【解】 (1) 覆盖层厚度

$$d_{ov} = 20.7 \text{ m} > 20 \text{ m}$$

(2) 计算厚度

$$d_0 = 20 \text{ m}$$

(3) 等效剪切波速

由表2.7可查出各层土的平均剪切波速。

杂填土($f_{ak} = 130$ kPa):150 m/s。

粉质黏土($f_{ak} = 140$ kPa):200 m/s。

黏土($f_{ak} = 160$ kPa):375 m/s。

中密的中砂($f_{ak} = 180$ kPa):375 m/s。

$$t = \frac{2.20}{150} + \frac{5.80}{200} + \frac{4.50}{375} + \frac{7.50}{375} = 0.076 \text{ (s)}$$

$$v_{se} = \frac{d_0}{t} = \frac{20}{0.076} = 263.16 \text{ (m/s)}$$

(4) 建筑场地类别

查表2.8得该建筑场地为Ⅱ类。

2.5.1.3 场地卓越周期

场地的卓越周期:地震波的某个谐波分量的周期,恰好为该波穿过覆盖层所需时间的4倍时,覆盖层地面振动将最显著,振幅放大系数将为最大值,此时场地的周期为卓越周期。卓越周期的计算公式如下:

$$T = \frac{4d_{ov}}{v_{se}} \tag{2.9}$$

研究卓越周期的意义:

① 根据卓越周期的大小,可判别场地土的软硬情况;

② 根据卓越周期可防止发生共振现象。

根据卓越周期的大小,可判别场地土质的软硬情况,卓越周期长,则场地土软,卓越周期是场地的重要动力特性之一。震害调查表明,凡建筑物的自振周期与场地的卓越周期相等或接近时,建筑物的震害都有加重的趋势,这是由于建筑物发生共振现象所致。因此,在建筑抗震设计中,应使建筑物的自振周期避开场地的卓越周期,以避免发生共振现象。

卓越周期的长短随场地土类型、地质构造、震级、震源深度、震中距等多种因素而变化,主要反映了场地特性。当地震大到一定级别(如5级)以上时,各地的地震动特性与地震大小无关,而且有固定的卓越周期。即同一场地的不同地震,各卓越周期均大致相同。

2.5.1.4 场地区划

对于中等规模以上的城市,我国《建筑抗震设计规范(2016年版)》(GB 50011—2010)允许采用经过批准的抗震设防区划进行抗震设防。这就牵涉了场地设计地震动的区域划分问题。这种区域划分一般给出城区范围内的场地类别区域划分(又称场地小区划)、设防地震动参数区划和场地地面破坏潜势区划等结果。这里,仅简单介绍场地小区划的基本内容。

场地区划的基本方法与过程是:

① 收集城区范围内的工程地质、水文地质、地震地质资料;

② 依据上述资料做出所考虑区域的控制剖面图,确立场地小区划的平面控制点;

③ 视具体情况适当补充进行工程地质勘探和剪切波速测试工作;

④ 按照工程地质资料统计给出不同类别土的剪切波速随深度变化的经验关系;

⑤ 依据控制剖面图、剪切波速的经验关系,计算平面控制点的浅层岩土等效剪切波速,并决定各控制点覆盖层厚度;

⑥ 根据等效剪切波速和点覆盖层厚度,对城区范围内的场地做出小区划分。

细致的场地区划工作可以达到节约投入、一劳永逸的效果。建筑抗震设计人员应注意向当地地震主管部门咨询有关资料,视具体情况应用于设计之中。

2.5.2 地基基础抗震验算

2.5.2.1 地基抗震设计原则

一般地基具有很好的抗震性能,极少有因地基承载力不足而导致的震害。造成上部建筑物破坏的主要原因是松软土地基和不均匀地基。因此,设计地震区的建筑物时,应根据不同的土质情况采用不同的处理方案。

(1) 松软土地基

对饱和的淤泥和淤泥质土、冲填土和杂填土、不均匀地基土,尽管在静力条件下具有一定的承载能力,但在地震时地面运动的影响下会全部或部分地丧失承载能力,或者产生不均匀沉陷和过量沉陷,造成建筑物的破坏或影响其正常使用。所以,采取的方法是:

① 采用地基处理措施(置换、加密、强夯),消除土的动力不稳定性;

② 采用桩基等深基础,避开可能失效的地基对上部建筑的不利影响。

(2) 一般地基

《建筑抗震设计规范(2016年版)》(GB 50011—2010)规定下述建筑可不进行天然地基及基础的抗震承载力验算:

① 《建筑抗震设计规范(2016年版)》(GB 50011—2010)规定可不进行上部结构抗震验算的建筑。

② 地基主要受力层范围内不存在软弱黏性土层的下列建筑:

a. 一般的单层厂房和单层空旷房屋;

b. 砌体房屋;

c. 不超过8层且高度在24 m以下的一般民用框架和框架-抗震墙房屋;

d. 基础荷载与c项相当的多层框架厂房和多层混凝土-抗震墙房屋。

注: 软弱黏性土层指7度、8度和9度时,地基承载力特征值分别小于80 kPa、100 kPa和120 kPa的土层。

除上述松软土地基外,一般性地基具有很好的抗震性能,极少有因地基承载力不足而导致的震害。原因如下:

① 一般天然地基在静力荷载作用下具有相当大的安全储备;

② 地基在建筑物自重长期作用下产生固结,使承载力提高;

③ 动载短期荷载作用下,地基动承载力也有所提高。

所以,大量的一般地基具有良好的抗震性能,按地基静力承载力设计的地基能够满足抗震要求。规范规定了相当大部分的建筑物可不进行天然地基及基础的抗震承载力验算。

2.5.2.2 地基土抗震承载力验算

我国《建筑抗震设计规范(2016 年版)》(GB 50011—2010)采用地基土静承载力乘以调整系数后的值作为抗震承载力设计值:

$$f_{aE} = \zeta_a f_a \tag{2.10}$$

式中　f_{aE}——地基土调整后的地基抗震承载力;

　　　ζ_a——地基土抗震承载力调整系数,见表 2.11;

　　　f_a——深宽修正后的地基土静承载力特征值。

表 2.11　　　　　　　　　　　　　　地基抗震承载力调整系数

岩土名称和性状	ζ_a
岩石,密实的碎石,密实的砾、粗、中砂,$f_{ak} \geqslant 300$ kPa 的黏性土和粉土	1.5
中密、稍密的碎石土,中密、稍密的砾、粗、中砂,密实和中密的细、粉砂,150 kPa$\leqslant$ $f_{ak} < 300$ kPa 的黏性土和粉土,坚硬黄土	1.3
稍密的砾、粗、中砂,100 kPa$\leqslant f_{ak} < 150$ kPa 的黏性土和粉土,新近沉积的黏性土和粉土,可塑的黄土	1.1
淤泥和淤泥质土,松散的砂,填土,新近堆积黄土和流塑的黄土	1.0

地基土抗震承载力一般高于地基土静承载力,其原因是:地震作用下只考虑地基土的弹性变形而不考虑永久变形。

2.5.2.3 地基的抗震验算

验算天然地基地震作用下的竖向承载力时,按地震作用效应标准组合的基础底面平均压力和边缘最大压力应符合下列各式要求(图 2.12):

基础底面平均压力应符合

$$p \leqslant f_{aE} \tag{2.11}$$

式中　p——考虑地震作用时,基础底面的平均压力。

$$p = \frac{p_{max} + p_{min}}{2}$$

基础底面边缘最大压应力应满足

$$p_{max} \leqslant 1.2 f_{aE} \tag{2.12}$$

《建筑抗震设计规范(2016 年版)》(GB 50011—2010)规定,对于高宽比大于 4 的高层建筑,在地震作用下基础底面不宜出现拉应力;其他建筑基础底面与地基土之间零应力区面积不应超过基底面积的 15%,即 $b' \geqslant 0.85b$,如图 2.13 所示。

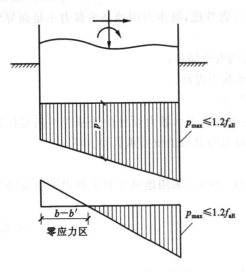

图 2.12　基底压力验算

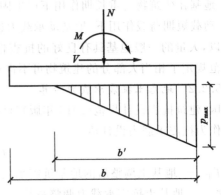

图 2.13　基底压力分布

2.5.3　地基土的液化

砂土液化及其
危害视频

2.5.3.1　地基土液化及其危害

（1）地基土的液化

当饱和的砂土和粉土受到地震时，因土颗粒之间变密，在短时间内孔隙中的水来不及排出，使土颗粒处于悬浮状态如同液体一样，这种现象即为地基土的液化，如图 2.14 所示。

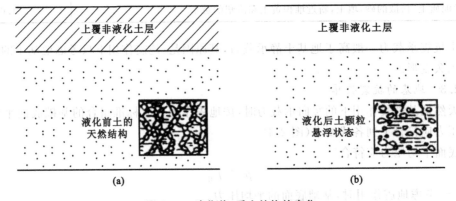

图 2.14　液化前、后土结构的变化

（a）液化前土的天然结构；（b）液化后土颗粒悬浮状态

（2）地基土液化的危害

地基土液化引起的危害具体表现为：

① 地面开裂下沉，使建筑物产生过度下沉或整体倾斜，甚至倒塌；

② 不均匀沉降引起上部结构破坏；

③ 地面喷水冒砂，室内地坪破坏，设备基础上浮或下沉。

根据国内外的调查，在各种由于地基失效引起的震害中，80%是由土体液化造成的。由液化造成严重震害的例子很多，如1964年的美国阿拉斯加地震及1964年的日本新潟地震，都出现了由大量砂土地基液化而造成的建筑物不均匀下沉、倾斜甚至翻倒。其中最典型的是日本新潟某公寓住宅群普遍倾斜,最严重的倾角竟有 80°之多。我国 1975 年的辽宁海城地震和 1976 年的河北唐山地震也都发生了大面积的地基液化震害,如唐山地震的液化范围达到了 2.4 万平方千米。

2.5.3.2 场地土液化的影响因素

(1) 土层的地质年代和组成

土的地质年代越古老,其土层的固结度、密实度和结构性也就越好,抗液化能力就越强。

(2) 土层的相对密度

密实程度小,则空隙比大,容易液化。

(3) 土中黏粒含量

黏粒是指粒径小于或等于 0.005 mm 的土颗粒,土中的黏粒含量越高,则越不易液化。细砂与粗砂比较,由于细砂的透水性较差,地震时容易产生空隙水的超压作用,故细砂比粗砂容易液化。

(4) 上覆盖非液化土层的厚度和地下水位的深度

上覆盖非液化土层的厚度是指地震时能抑制可液化土层喷水冒砂的厚度,一般从第一层可液化土层的顶面算至地表。

地下水位越深,其饱和砂土层上的有效覆盖层压力越大,则砂土层越不容易发生液化。

(5) 地震烈度和地震持续时间

地震烈度越高,地震持续时间越长,饱和的砂土越容易液化。

(6) 土层的埋深

土层液化深度一般小于 10 m(少数小于 15 m)。

2.5.3.3 液化的判别

我国学者在总结国内外大量震害资料的基础上,经过长期的研究和验证,提出了较为系统而实用的地基土液化两步判别方法,即初步判别法和标准贯入试验判别法。

(1) 初步判别法

《建筑抗震设计规范(2016 年版)》(GB 50011—2010)规定,对饱和状态的砂土或粉土(不含黄土),当抗震设防烈度为 6 度时,一般情况下可不进行液化判别和处理;烈度为 7 度及 7 度以上设防地区,应进行液化判别。当符合下列条件之一时,可初步判别为不液化或可以不考虑液化影响:

① 地质年代为第四纪晚更新世(Q_3)及其以前且设防烈度为 7 度、8 度时;

② 粉土的黏粒(粒径小于 0.005 mm 的颗粒)含量百分率,当设防烈度为 7 度、8 度、9 度时,分别不小于 10%、13% 和 16%;

③ 天然地基的建筑,当上覆非液化土层厚度和地下水位深度符合下列条件之一时:

$$d_u > d_0 + d_b - 2 \tag{2.13}$$

$$d_w > d_0 + d_b - 3 \tag{2.14}$$

$$d_u + d_w > 1.5d_0 + 2d_b - 4.5 \tag{2.15}$$

式中 d_u——上覆非液化土层厚度(m),计算宜将淤泥和淤泥质土层扣除;

      d_w——地下水位深度(m),宜按设计基准期内年平均最高水位采用,也可按近期内年最高水位采用;

      d_0——液化土特征深度(m),可按表 2.12 采用;

      d_b——基础埋置深度(m),不超过 2 m 时应采用 2 m。

(2) 标准贯入试验判别法

当上述所有条件均不能满足时,地基土存在液化可能。此时,应进行第二步判别,即采用标准贯入试验法判别土层是否可能发生液化。

表 2.12　　　　　　　　　　　液化土特征深度 d_0　　　　　　　　　　　（单位：m）

饱和土类别	设防烈度		
	7 度	8 度	9 度
粉土	6	7	8
砂土	7	8	9

注：当区域的地下水位处于变动状态时，应按不利的情况考虑。

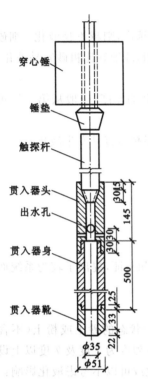

图 2.15　标准贯入试验设备示意图

① 进行标准贯入试验。

标准贯入试验的设备，主要由标准贯入器、触探杆、穿心锤（标准质量为 63.5 kg）三部分组成，见图 2.15。试验时，先用钻具钻至试验土层标高以上 15 cm 处，将标准贯入器打至标高位置，然后在锤落距为 76 cm 的条件下，连续打入 30 cm，记录所需锤击数为 $N_{63.5}$。

② 液化判别。

当饱和砂土、粉土的初步判别认为需进一步进行液化判别时，应采用标准贯入试验判别法判别地面下 20 m 范围内土的液化；但对规范规定可不进行天然地基及基础的抗震承载力验算的各类建筑，可只判别地面下 15 m 范围内土的液化。当饱和土标准贯入锤击数（未经杆长修正）小于或等于液化判别标准贯入锤击数临界值时，应判为液化土。当有成熟经验时，还可采用其他判别方法。

在地面下 20 m 深度范围内，液化判别标准贯入锤击数临界值可按下式计算：

$$N_{cr} = N_0\beta\left[\ln(0.6d_s + 1.5) - 0.1d_w\right]\sqrt{\frac{3}{\rho_c}} \qquad (2.16)$$

式中　N_{cr}——液化判别标准贯入锤击数临界值；

N_0——液化判别标准贯入锤击数基准值，按表 2.13 采用；

d_s——饱和土标准贯入点深度（m）；

ρ_c——黏粒含量百分率，当小于 3 或为砂土时，应采用 3；

β——调整系数，设计地震第一组取 0.80，第二组取 0.95，第三组取 1.05。

表 2.13　　　　　　　　　　液化判别标准贯入锤击数基准值 N_0

设计基本地震加速度（g）	0.10	0.15	0.20	0.30	0.40
液化判别标准贯入锤击数基准值	7	10	12	16	19

2.5.3.4　液化地基的评价

对存在液化砂土层、粉土层的地基，应探明各液化土层的深度和厚度，按下式计算每个钻孔的液化指数，并按表 2.14 综合划分地基的液化等级：

$$I_{lE} = \sum_{i=1}^{n}\left(1 - \frac{N_i}{N_{cri}}\right)d_iW_i \qquad (2.17)$$

式中　I_{lE}——液化指数；

N_i, N_{cri}——i 点标准贯入锤击数的实测值和临界值，当实测值大于临界值时，应取临界值的数值，当只需要判别 15 m 范围以内的液化时，15 m 以下的实测值可按临界值采用；

n——在判别深度范围内每一个钻孔标准贯入试验点的总数；

d_i——i点所代表的土层厚度(m)，可采用与该标准贯入试验点相邻的上、下两标准贯入试验点深度差的一半，但上界不高于地下水位深度，下界不深于液化土层底面的深度；

W_i——i土层单位土层厚度的层位影响权函数值(m^{-1})，当该层中点深度不大于5 m时应采用10，等于20 m时应采用0，5～20 m时应按线性内插法取值。

根据液化指数的大小，可将液化地基划分为3个等级，如表2.14所示。强震时，不同等级的液化地基对地面和建筑物可能造成的危害也不同，如表2.15所示。

表2.14   **液化等级与液化指数的对应关系**

液化等级	轻微	中等	严重
液化指数 I_{lE}	$0 < I_{lE} \leqslant 6$	$6 < I_{lE} \leqslant 18$	$I_{lE} > 18$

表2.15   **液化等级和对建筑物的相应危害程度**

液化等级	液化指数(20 m)	地面喷水冒砂情况	对建筑物危害情况
轻微	<6	地面无喷水冒砂，或仅在洼地、河边有零星的喷水冒砂点	危害性小，一般不至引起明显的震害
中等	6～18	喷水冒砂的可能性大，从轻微到严重均有，多数属中等	危害性较大，可能造成不均匀沉陷和开裂，有时不均匀沉陷可达200 mm
严重	>18	一般喷水冒砂都很严重，地面变形很明显	危害性大，不均匀沉陷可能大于200 mm，高重心结构可能产生不允许的倾斜

2.5.3.5 地基抗液化措施

对于液化地基，要根据建筑物的重要性、地基液化等级的大小，针对不同情况采取不同层次的抗液化措施。当液化土层比较平坦、均匀时，可依据表2.16采取适当的措施。一般情况下，不应将未经处理的液化土层作为天然地基的持力层。

表2.16   **地基抗液化措施**

建筑抗震设防类别	地基的液化等级		
	轻微	中等	严重
重点设防类建筑	部分消除液化沉陷，或对基础和上部结构处理	全部消除液化沉陷，或部分消除液化沉陷且对基础和上部结构处理	全部消除液化沉陷
标准设防类建筑	基础和上部结构处理	基础和上部结构处理，或更高要求的措施	全部消除液化沉陷，或部分消除液化沉陷且对基础和上部结构处理
适度设防类建筑	不采取措施	不采取措施	基础和上部结构处理，或其他经济的措施

（1）全部消除地基液化沉陷的措施

① 采用桩基时，桩端伸入液化深度以下稳定土层中的长度(不包括桩尖部分)，应按计算确定，且对碎石土，砾、粗、中砂，坚硬黏性土和密实粉土尚不应小于0.8 m，对其他非岩石土尚不宜小于1.5 m。

② 采用深基础时，基础底面应埋入液化深度以下的稳定土层中，其深度不应小于 0.5 m。

③ 采用加密法（如振冲、振动加密、挤密碎石桩、强夯等）加固时，应处理至液化深度下界；振冲或挤密碎石桩加固后，桩间土的标准贯入锤击数不宜小于 2.5.3.3 节规定的液化判别标准贯入锤击数临界值。

④ 用非液化土替换全部液化土层，或增加上覆非液化土层的厚度。

⑤ 采用加密法或换土法处理时，在基础边缘以外的处理宽度，应超过基础底面下处理深度的 1/2 且不小于基础宽度的 1/5。

（2）部分消除地基液化沉陷的措施

① 处理深度应使处理后的地基液化指数减小，其值不宜大于 5，大面积筏基、箱基的中心区域，处理后的液化指数可比上述规定降低 1；对独立基础和条形基础，尚不应小于基础底面下液化土特征深度和基础宽度的较大值。

注：中心区域指位于基础外边界以内沿长宽方向距外边界大于相应方向 1/4 长度的区域。

② 采用振冲或挤密碎石桩加固后，桩间土的标准贯入锤击数不宜小于液化判别标准贯入锤击数临界值。

③ 基础边缘以外的处理宽度，应符合上述（1）条⑤款的要求。

④ 采取减小液化震陷的其他方法，如增厚上覆非液化土层的厚度，改善周边的排水条件等。基础边缘以外的处理宽度，应超过基础底面下处理深度的 1/2 且不小于基础宽度的 1/5。

（3）基础和上部结构处理

① 选择合理的基础埋置深度。

② 调整基础底面积，减小基础的偏心。

③ 加强基础的整体性和刚度，如采用箱基、筏基或钢筋混凝土交叉条形基础，加设基础圈梁等。

④ 减轻荷载，增强上部结构的整体刚度和均匀对称性，合理设置沉降缝，避免采用对不均匀沉降敏感的结构形式。

⑤ 管道穿过建筑处应预留足够尺寸或采用柔性接头等。

📚 知识归纳

① 地震的基本概念及常用地震术语（包括震源、震中、震源深度、震中距、震源距、极震区等）；地震按其成因分为天然地震和诱发地震，按震源深浅程度分为浅源地震、中源地震和深源地震；地震波分为体波和面波。

② 地震动的三要素包括地震动的峰值（最大振幅）：反映地震动的强度特征；频谱：反映地震动的周期分布特征；持续时间：考查地震动的循环作用程度的强弱。

③ 地震震级与地震烈度的关系；地震烈度与震级、震源深度、震中距、地质条件等因素有关；地震烈度包括多遇（小震）烈度、基本（中震）烈度和罕遇（大震）烈度；抗震设防烈度一般情况下取基本烈度。

④ 建筑抗震设防类别根据使用功能重要性划分为特殊设防类、重点设防类、标准设防类和适度设防类；各抗震设防类别的建筑应满足相应的抗震设防标准。抗震设防标准的依据是抗震设防烈度，抗震设防标准包括地震作用和抗震措施两方面的要求。

⑤ 建筑三水准抗震设防目标可简单概述为"小震不坏，中震可修，大震不倒"。

⑥ 建筑抗震设计通过两阶段设计方法实现三水准的抗震设防目标，第一阶段设计是承载力验

算,实现第一水准的设防要求并通过抗震措施实现第二水准的设防要求;第二阶段设计是弹塑性变形验算,实现第三水准的设防要求。

⑦ 建筑抗震设计包括概念设计、抗震计算和抗震措施三个层次的内容。

⑧ 建筑场地类别根据场地土层的等效剪切波速和场地土覆盖层厚度划分为 4 类。

思考题

2.1　什么是地震震级? 什么是地震烈度? 什么是抗震设防烈度?

2.2　什么是地震波? 地震波包含了哪几种波?

2.3　什么是地震动的三要素? 它们的作用是什么?

2.4　简述众值烈度、基本烈度和罕遇烈度的划分标准及其关系。

2.5　我国规范依据建筑使用功能的重要性将建筑分为哪几类? 分类的作用是什么?

2.6　什么是三水准设防目标和两阶段设计方法?

2.7　建筑抗震设计一般包括哪些方面的内容?

2.8　什么是建筑抗震概念设计? 它主要包括哪几方面的内容?

2.9　什么样的建筑结构为平面不规则或竖向不规则?

2.10　在选择建筑抗震结构体系时,应注意符合哪些要求?

2.11　什么是土层等效剪切波速? 如何计算?

2.12　什么是场地覆盖层厚度? 如何确定?

2.13　如何确定建筑场地类别?

2.14　建筑场地和场地土两者有何区别? 如何分类?

2.15　什么是场地的卓越周期? 有何意义?

2.16　哪些建筑物可不进行天然地基及基础的抗震承载力验算?

2.17　什么是地基土的液化? 会造成哪些危害?

2.18　如何判别地基土的液化?

2.19　地基土液化程度如何评价?

习　　题

某场地钻孔地质资料如表 2.17 所示,试确定该建筑场地类别。

表 2.17　　　　　　　　　　　　　　　**场地钻孔地质资料**

土层底部深度(m)	土层厚度 d_i(m)	岩土名称	剪切波速 v_s(m/s)
2.20	2.20	杂填土	180
8.00	5.80	粉土	200
16.20	8.20	中砂	260
20.70	4.50	卵石	420
25.10	4.30	碎石	530

3 多、高层建筑结构荷载

◎ 内容提要

本章主要内容包括：多、高层建筑结构竖向荷载和水平荷载的确定方法，水平荷载中风荷载标准值、总风荷载的计算方法，单、多自由度体系的地震反应分析，水平地震作用及竖向地震作用计算方法，结构基本周期的近似计算方法。教学重点为风荷载和地震作用计算。教学难点为单、多自由度体系的地震反应分析，平扭耦合振动时地震作用计算及地震作用效应组合。

重难点

◎ 能力要求

通过本章的学习，学生应具备运用结构设计规范进行多、高层建筑结构荷载计算的能力。

建筑物都应该能够抵抗外荷载。施加于多、高层建筑的荷载有竖向荷载和水平荷载。本章主要讨论竖向荷载和水平荷载的特点及其计算方法。

3.1 竖向荷载

多、高层建筑结构上的竖向荷载主要是永久荷载和可变荷载。

3.1.1 永久荷载

永久荷载又称为恒荷载，包括结构构件、维护构件、面层及装饰、固定设备、长期储物的自重，土压力、水压力，以及其他需要按永久荷载考虑的荷载。

民用建筑二次装修很普遍，而且增加的荷载较大，在计算面层及装饰自重时必须考虑二次装修的自重。

固定设备主要包括：电梯及自动扶梯，采暖、空调及给排水设备，电器设备，管道、电缆及支架等。

结构自重的标准值可按结构构件的设计尺寸与材料单位体积的自重计算确定。常用材料和构件的自重可按《建筑结构荷载规范》(GB 50009—2012)附录 A 确定。

固定隔墙的自重可按永久荷载考虑，位置可灵活布置的隔墙自重应按可变荷载考虑。

3.1.2 可变荷载

可变荷载又称为活荷载，包括楼面和屋面活荷载，按《工程结构通用规范》(GB 55001—2021)的有关规定采用。楼面活荷载是指人群、家具、物品（民用建筑）和机器、设备、堆料（工业建筑）等产生的分布荷载。屋面活荷载是指人群或只考虑检修人员及维修工具等产生的分布荷载；有大量排灰的工业建筑及其附近的建筑，其屋面往往有积灰荷载；有些建筑的屋面还设置屋顶花园或直升机停机坪,由此产生的荷载,可按《工程结构通用规范》(GB 55001—2021)的有关规定采用。雪荷载按照屋面积雪分布系数和基本雪压确定,屋面积雪分布系数应根据不同类别的屋面形式按《建筑结构荷载规范》(GB 50009—2012)表 7.2.1 确定;基本雪压应采用《建筑结构荷载规范》(GB 50009—2012)附录 E 中表 E.5 规定的方法确定的 50 年重现期的雪压,对于雪荷载敏感的(大跨、轻质屋盖)结构,应采用 100 年重现期的雪压。

3.2 水 平 荷 载

多、高层建筑结构上的水平荷载有风荷载和地震作用。下面主要介绍水平荷载——风荷载和地震作用的计算方法。

3.2.1 风荷载

空气流动形成的风遇到建筑物时,在建筑物表面产生的压力或吸力称为风荷载。风荷载的作用是不规则的,其大小主要和风的性质、风速、风向有关,和该建筑物所在地的地貌及环境有关,同时和建筑物本身的高度、形状、离地面的高度以及表面状况有关。

确定高层建筑风荷载的方法有两种:

① 按规范方法计算(大多数建筑);

② 风洞试验+计算(高柔建筑、特殊建筑)。

3.2.1.1 单位面积上的风荷载标准值

垂直作用于建筑物表面单位面积上的风荷载标准值 w_k(kN/m²)按式(3.1)计算。

(1) 当计算主要承重结构时

$$w_k = \beta_z \mu_z \mu_s w_0 \tag{3.1}$$

式中 w_k——风荷载标准值;

w_0——基本风压值(kN/m²);

μ_z——风压高度变化系数;

μ_s——风荷载体型系数;

β_z——z 高度处的风荷载放大系数。

① 基本风压值 w_0。

基本风压值 w_0 是根据当地气象台站历年来的最大风速,统一换算为离地 10m 高,自记 10min 平均年最大风速,经统计分析确定重现期为 50 年的最大风速,作为当地的基本风速 v_0,再按以下贝努利公式计算得到:$w_0 = \rho v_0^2/2$。它应根据现行《建筑结构荷载规范》(GB 50009—2012)中"全国基本风压分布图"采用,一般多、高层建筑采用重现期 50 年的基本风压值;特殊高层建筑采用重现期 100 年的基本风压值。

对风荷载比较敏感的高层建筑,承载力设计时应按基本风压的 1.1 倍采用。对风荷载是否敏感,主要与高层建筑的体型、结构体系和自振特性有关,目前尚无实用的划分标准。一般情况下,对于房屋高度大于 60 m 的高层建筑,承载力设计时风荷载计算可按基本风压的 1.1 倍采用;对于房屋高度不超过 60 m 的高层建筑,风荷载取值是否提高,可由设计人员根据实际情况确定。上述规定,对设计工作年限为 50 年和 100 年的高层建筑结构都是适用的。

② 风压高度变化系数 μ_z。

风速的大小与高度有关,一般近地面处的风速较小,随高度的增加,风速逐渐增大,直到某一高度处达到最大值。而风速的变化与地貌及周围环境有关,在近海海面、海岛、海岸及沙漠地区,地面空旷,空气流动几乎无阻挡物,风速随高度的增加最快;有密集建筑群且房屋较高的城市市区,风的流动受到阻挡,风速随高度的增加要缓慢一些,如图 3.1 所示。

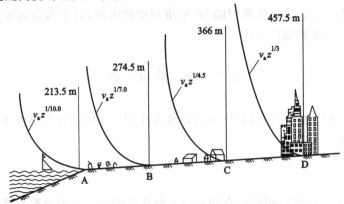

图 3.1　风速随高度以及地面粗糙度的变化情况

《建筑结构荷载规范》把地面粗糙度分为 A、B、C、D 四类。

A 类:近海海面、海岸、湖岸、海岛及沙漠地区。

B 类:田野、乡村、丛林、丘陵及房屋比较稀疏的城镇及城市郊区。

C 类:有密集建筑群的城市市区。

D 类:有密集建筑群且房屋较高的城市市区。

表 3.1 给出了各类地区风压沿高度变化系数。位于山峰和山坡地的高层建筑,其风压高度系数还要进行修正,可查阅《建筑结构荷载规范》(GB 50009—2012)。

表 3.1　　　　　　　　　　　　　　　　　　**风压高度变化系数**

离地面或海平面高度	地面粗糙度类别			
(m)	A	B	C	D
5	1.09	1.00	0.65	0.51
10	1.28	1.00	0.65	0.51
15	1.42	1.13	0.65	0.51
20	1.52	1.23	0.74	0.51
30	1.67	1.39	0.88	0.51
40	1.79	1.52	1.00	0.60
50	1.89	1.62	1.10	0.69
60	1.97	1.71	1.20	0.77
70	2.05	1.79	1.28	0.84
80	2.12	1.87	1.36	0.91
90	2.18	1.93	1.43	0.98
100	2.23	2.00	1.50	1.04
150	2.46	2.25	1.79	1.33
200	2.64	2.46	2.03	1.58
250	2.78	2.63	2.24	1.81
300	2.91	2.77	2.43	2.02
350	2.91	2.91	2.60	2.22
400	2.91	2.91	2.76	2.40
450	2.91	2.91	2.91	2.58
500	2.91	2.91	2.91	2.74
≥550	2.91	2.91	2.91	2.91

对于山区的建筑物,风压高度变化系数除可按表 3.1 中平坦地面粗糙度类别确定外,还应考虑地形条件的修正,修正系数 η 按下列规定采用。

a. 对于山峰和山坡(图 3.2),修正系数应按下列规定采用。

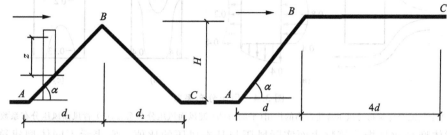

图 3.2　山峰和山坡的示意

（a）顶部 B 处的修正系数可按下式计算：

$$\eta_B = \left[1 + k\tan\alpha\left(1 - \frac{z}{2.5H}\right)\right]^2 \tag{3.2}$$

式中　$\tan\alpha$——山峰或山坡在迎风面一侧的坡度,当 $\tan\alpha$ 大于 0.3 时,取 0.3;

　　　k——系数,对山峰取 2.2,对山坡取 1.4;

　　　H——山顶或山坡全高(m);

　　　z——建筑物计算位置离建筑物地面的高度(m),当 $z>2.5H$ 时,取 $z=2.5H$。

（b）其他部位的修正系数,可按图 3.2 所示,取 A、C 处的修正系数 η_A、η_C 为 1,AB 间和 BC 间的修正系数按 η 的线性插值确定。

b. 对于山间盆地、谷地等闭塞地形,η 可在 0.75～0.85 范围内选取。

c. 对于与风向一致的谷口、山口,η 可在 1.20～1.50 范围内选取。

对于远海海面和海岛的建筑物或构筑物,风压高度变化系数除可按 A 类粗糙度类别(表 3.1)确定外,还应考虑表 3.2 中给出的修正系数。

表 3.2　　　　　　　**远海海面和海岛的修正系数 η**

距海岸距离(km)	η
<40	1.0
40～60	1.0～1.1
60～100	1.1～1.2

③ 风荷载体型系数 μ_s。

当风流动经过建筑物时,各个部位受到的风力是不同的,如图 3.3 所示。确定风荷载体型系数是一个比较复杂的问题,它不但与建筑的平面外形、高宽比、风向与受风墙面所成的角度有关,还与建筑物的立面处理、周围建筑物密集程度及其高低等有关。当风流经建筑物时,对建筑物不同部位会产生不同的效果。图 3.4 示出了对某建筑物的实测结果,图 3.4(a)是房屋平面风压分布系数,表明当空气流动经过房屋时,在迎风面产生压力,在背风面和侧风面产生吸力,而且各面风作用力并不均匀;图 3.4(b)、(c)是房屋立面表面风压分布系数,表明沿房屋每个立面风压值也并不均匀。

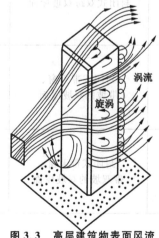

图 3.3　高层建筑物表面风流示意图

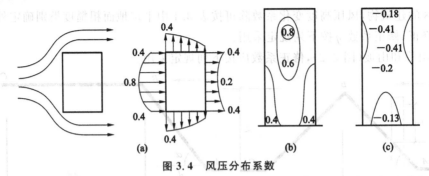

图 3.4　风压分布系数

(a) 空气流经建筑物时风压对建筑物的作用(平面)；(b) 迎风面风压分布系数；(c) 背风面风压分布系数

　　风荷载体型系数是指建筑物表面实际风压与基本风压的比值。它表示不同体型建筑物表面风力的大小，一般取决于建筑物的平面形状等。风荷载体型系数在产生压力时为正，产生吸力时为负。

　　计算主体结构的风荷载效应时，风荷载体型系数可按表 3.3 确定或由风洞试验确定。

表 3.3　　　　　　　　　　　　　风荷载体型系数 μ_s（常用）

项次	类别	体型及体型系数 μ_s
1	封闭式双坡屋面	 （图示） $\begin{array}{c\|c} \alpha & \mu_s \\ \hline \leqslant 15° & -0.6 \\ 30° & 0 \\ \geqslant 60° & +0.8 \end{array}$ 中间值按插入法计算
2	封闭式带天窗双坡屋面	（图示） 带天窗的拱形屋面可按本图采用
3	封闭式双跨双坡屋面	（图示） 迎风坡面的 μ_s 按第1项采用
4	封闭式带天窗、带坡的双坡屋面	（图示）
5	封闭式带天窗、带双坡的双坡屋面	（图示）

续表

项次	类别	体型及体型系数 μ_s
6	封闭式带天窗的双跨双坡屋面	迎风面第2跨的天窗面的μ_s按下列采用： 当$a \leq 4h$时，取$\mu_s = 0.2$ 当$a > 4h$时，取$\mu_s = 0.6$
7	封闭式带女儿墙的双坡屋面	当屋面坡度不大于15%时，屋面上的体型系数可按无女儿墙的屋面采用
8	封闭式带天窗、挡风板的屋面	
9	封闭式带天窗、挡风板的双跨屋面	
10	封闭式房屋和构筑物	(a) 正多边形（包括矩形）平面 (b) Y形平面 (c) L形平面 (d) ∏形平面 (e) 十字形平面 (f) 截角三角形平面

续表

项次	类别	体型及体型系数 μ_s
11	高度超过45m的矩形截面高层建筑	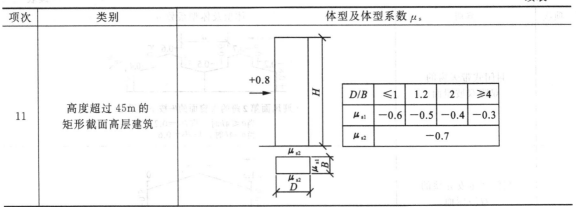

注：对于项次10中的高层建筑，计算主体结构的风荷载效应时，风荷载体型系数 μ_s 可按下列规定采用。

① 圆形平面建筑取0.8。

② 正多边形及截角三角形平面建筑，由下式计算：

$$\mu_s = 0.8 + 1.2/\sqrt{n}$$

式中　n——多边形的边数。

③ 高宽比 H/B 不大于4的矩形、方形、十字形平面建筑取1.3。

④ 下列建筑取1.4：

　　a. V形、Y形、弧形、双十字形、井字形平面建筑；

　　b. L形、槽形和高宽比 H/B 大于4的十字形平面建筑；

　　c. 高宽比 H/B 大于4，长宽比 L/B 不大于1.5的矩形、鼓形平面建筑。

当多个建筑物，特别是群集的高层建筑，相互间距较近时，宜考虑风力相互干扰的群体效应；一般可将单独建筑物的体型系数 μ_s 乘以相互干扰系数。相互干扰系数可按下列规定确定：

a. 对矩形平面高层建筑，当单个施扰建筑与受扰建筑高度相近时，根据施扰建筑的位置，对于顺风向风荷载，可在1.00～1.10之间选取，对于横风向风荷载，可在1.00～1.20之间选取；

b. 其他情况可比照类似条件的风洞试验资料确定，必要时宜通过风洞试验资料确定。

④ 风荷载放大系数 β_z。

风作用是不规则的，风压随着风速、风向的紊乱变化而不停地改变。通常把风作用的平均值看成稳定风压，即平均风压，实际风压是在平均风压上下波动着的，如图3.5所示。平均风压使建筑物产生一定的侧移，而波动风压使建筑物在该侧移附近左右摇晃。如果周围高层建筑物密集，还会产生涡流现象。

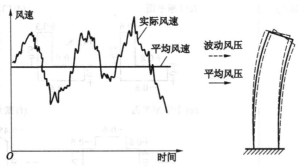

图3.5　平均风压与波动风压

这种波动风压会在建筑物上产生一定的动力效应。通过实测及功率谱分析可以发现，风载波动是周期性的，基本周期往往很长，甚至超过60 s。它与一般建筑物的自振周期相比，相差较大。例如，一般多层钢筋混凝土结构的自振周期为0.4～1 s，因而风对一般多层建筑造成的动力效应不大。但是风载波动中的短周期成分对于高度较大或刚度较小的高层建筑可能产生一些不可忽视的动力效应,在设计中必须考虑。目前考虑的方法是采用风荷载放大系数 β_z。确定风荷载放大系数时考虑结构的动力特性及房屋周围的环境,设计时用它加大风荷载,仍然按照静力作用计算风载效应。这是一种近似方法,把动力问题化为静力计算,可以大大简化设计工作。但是如果建筑物的高度很大(如超过 200 m),特别是对较柔的结构,最好进行风洞试验。用通过实测得到的风对建筑物的作用作为设计依据较为安全可靠。

《建筑结构荷载规范》(GB 50009—2012)规定对于高度大于 30m 且高宽比大于 1.5 的房屋,以及基本自振周期 T_1 大于 0.25 s 的各种高耸结构,应考虑风压脉动对结构发生顺风向风振的影响。顺风向风振响应计算应按结构随机振动理论进行。

主要受力结构的风荷载放大系数应根据地形特征、脉动风特性、结构周期、阻尼比等因素确定,其值不应小于 1.2。

对于一般竖向悬臂型结构,如高层建筑和构架、塔架、烟囱等高耸结构,均可仅考虑结构第一振型的影响,结构的顺风向风荷载可采用风荷载放大系数法计算。z 高度处的风荷载放大系数 β_z 可按下式计算:

$$\beta_z = 1 + 2gI_{10}B_z\sqrt{1+R^2} \tag{3.3}$$

式中 g——峰值因子,可取 2.5;

I_{10}——10 m 高度名义湍流强度,对应 A、B、C 和 D 类地面粗糙度,可分别取 0.12、0.14、0.23 和 0.39;

R——脉动风荷载的共振分量因子;

B_z——脉动风荷载的背景分量因子。

A. 脉动风荷载的共振分量因子 R 可按下列公式计算:

$$R = \sqrt{\frac{\pi}{6\zeta_1}\frac{x_1^2}{(1+x_1^2)^{\frac{4}{3}}}} \tag{3.4a}$$

$$x_1 = \frac{30f_1}{\sqrt{k_w w_0}} \qquad (x_1 > 5) \tag{3.4b}$$

式中 f_1——结构第 1 阶自振频率(Hz),$f_1 = 1/T_1$;

k_w——地面粗糙度修正系数,对 A 类、B 类、C 类和 D 类地面粗糙度分别为 1.28、1.0、0.54 和 0.26;

ζ_1——结构阻尼比,对钢结构可取 0.01,对有填充墙的钢结构房屋可取 0.02,对钢筋混凝土及砌体结构可取 0.05,对其他结构可根据工程经验确定。

关于 T_1 的计算方法按照《建筑结构荷载规范》(GB 50009—2012)附录 F 的经验公式计算。

钢筋混凝土框架、框剪和剪力墙结构的基本自振周期可按下列规定采用。

a. 钢筋混凝土框架和框剪结构的基本自振周期按式(3.5a)计算:

$$T_1 = 0.25 + 0.53 \times 10^{-3}\frac{H^2}{\sqrt[3]{B}} \tag{3.5a}$$

式中 H——房屋总高度(m);

B——房屋宽度(m)。

b. 钢筋混凝土剪力墙结构的基本自振周期按下式计算:

$$T_1 = 0.03 + 0.03\frac{H}{\sqrt[3]{B}} \tag{3.5b}$$

B. 脉动风荷载的背景分量因子 B_z 可按下列规定确定。

a. 对体型和质量沿高度均匀分布的高层建筑和高耸结构,可按式(3.6)计算:

$$B_z = kH^{a_1} \rho_x \rho_z \frac{\phi_1(z)}{\mu_z} \tag{3.6}$$

式中　　$\phi_1(z)$——结构第 1 阶振型系数;

　　　　H——结构总高度(m),对 A、B、C 和 D 类地面粗糙度,H 的取值分别不应大于 300 m、350 m、450 m 和 550 m;

　　　　ρ_x——脉动风荷载水平方向相关系数;

　　　　ρ_z——脉动风荷载竖直方向相关系数;

　　　　k, a_1——系数,按表 3.4 取值。

表 3.4　　　　　　　　　　　　　　　　系数 k 和 a_1

粗糙度类别		A	B	C	D
高层建筑	k	0.944	0.670	0.295	0.112
	a_1	0.155	0.187	0.261	0.346
高耸结构	k	1.276	0.910	0.404	0.155
	a_1	0.186	0.218	0.292	0.376

b. 对迎风面和侧风面的宽度沿高度按直线或接近直线变化,而质量沿高度按连续规律变化的高耸结构,式(3.6)计算的背景分量因子 B_z 应乘以修正系数 θ_B 和 θ_v。θ_B 为构筑物在 z 高度处的迎风面宽度 $B(z)$ 与底部宽度 $B(0)$ 的比值;θ_v 可按表 3.5 确定。

表 3.5　　　　　　　　　　　　　　　　修正系数 θ_v

$B(H)/B(0)$	1	0.9	0.8	0.7	0.6	0.5	0.4	0.3	0.2	≤0.1
θ_v	1.00	1.10	1.20	1.32	1.50	1.75	2.08	2.53	3.30	5.60

脉动风荷载的空间相关系数可按下列规定确定。

(a) 竖直方向的相关系数可按下式计算:

$$\rho_z = \frac{10\sqrt{H + 60e^{-\frac{H}{60}} - 60}}{H} \tag{3.7}$$

式中　　H——结构总高度(m);对 A、B、C 和 D 类地面粗糙度,H 的取值分别不应大于 300 m、350 m、450 m 和 550 m。

(b) 水平方向相关系数可按下式计算:

$$\rho_x = \frac{10\sqrt{B + 50e^{-\frac{B}{50}} - 50}}{B} \tag{3.8}$$

式中　　B——结构迎风面宽度(m),$B \leq 2H$。

对迎风面宽度较小的高耸结构,水平方向相关系数可取 $\rho_x = 1$。

(c) $\phi_1(z)$ 振型系数应根据结构动力计算确定。对外形、质量、刚度沿高度按连续规律变化的竖向悬臂型高耸结构及沿高度比较均匀的高层建筑,振型系数 $\phi_1(z)$ 也可根据相对高度 z/H 由表 3.6 和表 3.7 确定。

迎风面宽度远小于其高度的高耸结构,其振型系数可按表 3.6 采用。

表 3.6 高耸结构的振型系数

相对高度 z/H	振型序号			
	1	2	3	4
0.1	0.02	−0.09	0.23	−0.39
0.2	0.06	−0.30	0.61	−0.75
0.3	0.14	−0.53	0.76	−0.43
0.4	0.23	−0.68	0.53	0.32
0.5	0.34	−0.71	0.02	0.71
0.6	0.46	−0.59	−0.48	0.33
0.7	0.59	−0.32	−0.66	−0.40
0.8	0.79	0.07	−0.40	−0.64
0.9	0.86	0.52	0.23	−0.05
1.0	1.00	1.00	1.00	1.00

迎风面宽度较大的高层建筑,当剪力墙和框架均起主要作用时,其振型系数可按表 3.7 采用。

表 3.7 高层建筑的振型系数

相对高度 z/H	振型序号			
	1	2	3	4
0.1	0.02	−0.09	0.22	−0.38
0.2	0.08	−0.30	0.58	−0.73
0.3	0.17	−0.50	0.70	−0.40
0.4	0.27	−0.68	0.46	0.33
0.5	0.38	−0.63	−0.03	0.68
0.6	0.45	−0.48	−0.49	0.29
0.7	0.67	−0.18	−0.63	−0.47
0.8	0.74	0.17	−0.34	−0.62
0.9	0.86	0.58	0.27	−0.02
1.0	1.00	1.00	1.00	1.00

对于风敏感的或跨度大于 36 m 的柔性屋盖结构,应考虑风压脉动对结构产生风振的影响。屋盖结构的风振响应,宜依据风洞试验结果按随机振动理论计算确定。

(2)当计算围护结构时

实际上风压在建筑物表面上是不均匀的,在某些风压较大的部位,要考虑局部风荷载对某些构件的不利作用。在角隅、檐口、边棱处和在附属结构的部位(如阳台、雨篷等外挑构件),局部风压大大超过平均风压。所以,当计算围护结构中直接承受风压的幕墙构件(包括门窗)的风荷载时,单位面积上的风荷载标准值 w_k(kN/m²)按下式计算:

$$w_k = \beta_{gz}\mu_z\mu_{s1}w_0 \tag{3.9}$$

式中　β_{gz}——高度 z 处的阵风系数,其值不小于 $1+\dfrac{0.7}{\sqrt{\mu_z}}$,见表3.8;

　　　　μ_{sl}——局部风压体型系数。

表3.8　　　　　　　　　　　　　　　　阵风系数 β_{gz}

离地面高度(m)	地面粗糙度类别			
	A	B	C	D
5	1.65	1.70	2.05	2.40
10	1.60	1.70	2.05	2.40
15	1.57	1.66	2.05	2.40
20	1.55	1.63	1.99	2.40
30	1.53	1.59	1.90	2.40
40	1.51	1.57	1.85	2.29
50	1.49	1.55	1.81	2.20
60	1.48	1.54	1.78	2.14
70	1.48	1.52	1.75	2.09
80	1.47	1.51	1.73	2.04
90	1.46	1.50	1.71	2.01
100	1.46	1.50	1.69	1.98
150	1.43	1.47	1.63	1.87
200	1.42	1.45	1.59	1.79
250	1.41	1.43	1.57	1.74
300	1.40	1.42	1.54	1.70
350	1.40	1.41	1.53	1.67
400	1.40	1.41	1.51	1.64
450	1.40	1.41	1.50	1.62
500	1.40	1.41	1.50	1.60
550	1.40	1.41	1.50	1.59

　　《建筑结构荷载规范》(GB 50009—2012)计算围护构件及其连接的风荷载时,可按下列规定采用局部风压体型系数 μ_{sl}:

　　a. 封闭式矩形平面房屋的墙面及屋面可按表3.9的规定采用;

　　b. 檐口、雨篷、遮阳板、边棱处的装饰条等突出构件取-2.0;

　　c. 其他房屋和构筑物可按《建筑结构荷载规范》(GB 50009—2012)第8.3.1条(表3.3)的1.25倍取值。

表 3.9 　　　　　　　　　　　　　封闭式矩形平面房屋的局部体型系数 μ_{s1}

项次	类别	体型及局部体型系数	备注
1	封闭式矩形平面房屋的墙面	 （图） 迎风面　1.0 侧面　S_a　−1.4 　　　S_b　−1.0 背风面　−0.6	E 应取 $2H$ 和迎风宽度 B 中较小者

（表续下方双坡屋面）

	a	≤5	15	30	≥45
R_a	$H/D\leqslant0.5$	−1.8 0.0	−1.5 +0.2	−1.5 0.0	0.0
	$H/D\geqslant1.0$	−2.0 0.0	−2.0 +0.2	+0.7	+0.7
R_b		−1.8 0.0	−1.5 +0.2	−1.5 +0.7	0.0 +0.7
R_c		−1.2 0.0	−0.6 +0.2	−0.3 +0.4	0.0 +0.6
R_d		−0.6 +0.2	−1.5 0.0	−0.5 0.0	−0.3 0.0
R_e		−0.6 0.0	−0.4 0.0	−0.4 0.0	−0.2 0.0

项次 2 类别：封闭式矩形平面房屋的双坡屋面

备注：
1. E 应取 $2H$ 和迎风宽度 B 中较小者；
2. 中间值可按线性插值法计算（应对相同符号项插值）；
3. 同时给出两个值的区域应分别考虑正负风压的作用；
4. 风沿纵轴吹来时，靠近山墙的屋面可参照左侧表中 $a\leqslant5$ 时的 R_a 和 R_b 取值

续表

项次	类别	体型及局部体型系数	备注
3	封闭式矩形平面房屋的单坡屋面	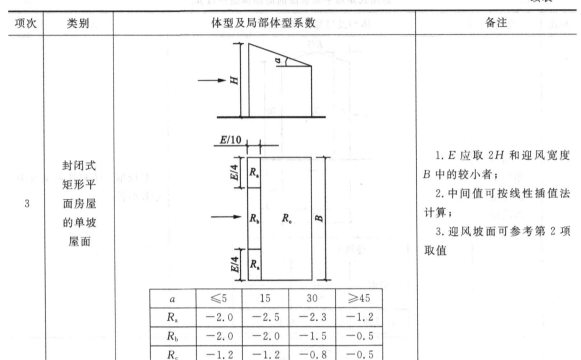	1. E 应取 $2H$ 和迎风宽度 B 中的较小者； 2. 中间值可按线性插值法计算； 3. 迎风坡面可参考第 2 项取值

a	$\leqslant 5$	15	30	$\geqslant 45$
R_a	-2.0	-2.5	-2.3	-1.2
R_b	-2.0	-2.0	-1.5	-0.5
R_c	-1.2	-1.2	-0.8	-0.5

3.2.1.2 总风荷载标准值

在建筑结构设计时,应分别计算风荷载对建筑物的总体效应。总体效应是指作用在建筑物上,全部风荷载使结构产生的内力及位移。计算总体效应时,要考虑建筑承受的总风荷载,它是各个表面承受风力的合力,并且是沿高度变化的分布荷载。z 高度处的总风荷载 w_z(kN/m)可按下式计算:

$$w_z = \beta_z \mu_z w_0 (\mu_{s1} B_1 \cos\alpha_1 + \mu_{s2} B_2 \cos\alpha_2 + \cdots + \mu_{si} B_i \cos\alpha_i + \cdots + \mu_{sn} B_n \cos\alpha_n) \quad (3.10)$$

式中 n——建筑外围表面数;

B_i——第 i 个表面的宽度;

μ_{si}——第 i 个表面的风荷载体型系数;

α_i——第 i 个表面法线与总风荷载作用方向的夹角。

当建筑某个表面与风力作用方向垂直时,$\alpha_i = 0°$,$\cos\alpha_i = 1$,这个表面的风压全部计入总风荷载。当某个表面与风力作用方向平行时,$\alpha_i = 90°$,$\cos\alpha_i = 0$,这个表面的风压不计入总风荷载。其他与风作用方向成某一夹角的表面,都应计入该表面上风力在风作用方向的投影值。要注意区别是风压力还是风吸力,以便作矢量相加。

3.2.1.3 风洞试验

风洞试验是测量风对建筑物作用大小的有效手段。风洞尺寸一般为:宽 2～4 m,高 2～3 m,长 5～30 m。

《高层建筑混凝土结构技术规程》(JGJ 3—2010)规定:

房屋高度大于 200 m 或有下列情况之一时,宜采用风洞试验判断确定建筑物的风荷载。

① 平面形状或立面形状复杂;

② 立面开洞或连体建筑;

③ 周围地形和环境较复杂。

3.2.2 地震作用

3.2.2.1 地震作用概念

地震作用:由地震动引起的结构动态作用。即地震时在振动过程中作用在结构上的惯性力。地震作用是非荷载作用,是间接作用,所以可理解为等效地震荷载。

地震作用可分为水平地震作用和竖向地震作用。

当质量和刚度明显不均匀、不对称时,结构还应考虑扭转影响。通常认为水平地震作用对结构起主要作用,所以一般建筑只考虑水平地震作用。

地震作用效应是指地震作用在结构中所产生的内力、变形和位移。

3.2.2.2 结构地震反应

由地震动引起的结构内力、变形、位移及速度与加速度等统称为结构地震反应。地震时,地面上原来静止的结构因运动而产生强迫震动。因此,结构地震反应是动力反应,其大小不仅与地面运动有关,还与结构动力特征有关。

地震反应的求解采用结构动力学方法:

① 拟静力法——等效荷载法;

② 直接动力法——时程分析法。

3.2.2.3 结构动力计算简图、体系自由度及重力荷载代表值

(1) 结构动力计算简图

假定:

① 近似认为全部质量集中在楼、屋盖;

② 墙、柱视为无重量弹性杆。

工程上常采用集中化方法描述结构的质量,以此决定结构的动力计算简图。

具体的方法是:

① 首先定出结构质量集中位置,取结构各区域主要质量的质心为质量集中位置(如屋盖、楼盖及水箱等),将该区域主要质量集中在该点;

② 忽略其次要质量或将次要质量合并到相邻主要质量的质点上去;

③ 墙、柱视为无重量弹性杆,形成结构质点体系(单质点体系、多质点体系),如图3.6所示。

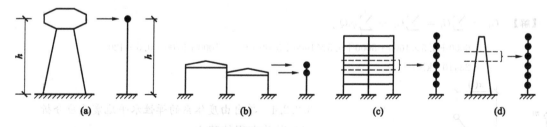

图 3.6 结构动力计算简图

(2) 体系自由度

确定结构各质点运动的独立参数为结构运动的体系自由度(例如:一个质点在空间有三个自由度,若限制质点在一个平面内,则一个自由质点有两个自由度)。

(3) 重力荷载代表值

计算地震作用时,建筑的重力荷载代表值应取结构和构配件的自重标准值和各可变荷载的组合值之和。

第 i 层重力荷载代表值计算表达式为：

$$G_i = G_{ki} + \sum_{j=1}^{n} \psi_j Q_{kj} \tag{3.11}$$

$$G_E = \sum G_i \tag{3.12}$$

式中　G_{ki}——第 i 层结构或构件的永久荷载标准值之和；

　　　Q_{kj}——第 i 层结构或构件的第 j 个可变荷载标准值（顶层考虑雪荷载）；

　　　ψ_j——第 j 个可变荷载的组合值系数，见表 3.10。

表 3.10   组合值系数

可变荷载种类		组合值系数
雪荷载		0.5
屋面积灰荷载		0.5
屋面活荷载		不计入
按实际情况计算的楼面活荷载		1.0
按等效均布荷载计算的楼面活荷载	藏书库、档案库	0.8
	其他民用建筑	0.5
起重机悬吊物的重力	硬钩吊车	0.3
	软钩吊车	不计入

注：硬钩吊车的吊重较大时，组合值系数应按实际情况采用。

【例 3.1】　4 层框架结构荷载标准值分布如表 3.11 所示，试求总重力荷载代表值。

表 3.11   框架结构荷载标准值分布

位置	荷载标准值分布		
	恒荷（kN）	活荷（kN）	雪荷（kN）
顶层屋盖处	5700	600	420
三层屋盖处	5000	1000	
二层屋盖处	5000	1000	
一层屋盖处	6000	1000	

【解】　$G_E = \sum G_i = \sum G_{ki} + \sum_{j=1}^{n} \psi_j Q_{kj}$

　　　　$= 6000 + 0.5 \times 1000 + 5000 + 0.5 \times 1000 + 5000 + 0.5 \times 1000 + 5700 + 0.5 \times 420$

　　　　$= 23410 \ (kN)$

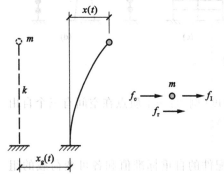

图3.7　水平地震作用下单自由度体系的振动

3.2.2.4　单自由度体系的弹性水平地震反应分析

（1）运动方程的建立

水平地震作用下的单质点的运动状态如图 3.7 所示。

图 3.7 中体系具有集中质量 m，由刚度系数为 k 的弹性直杆支承，$x_g(t)$ 表示地面水平位移，是时间 t 的函数，它的变化规律可由地震时地面运动实测记录求得；$x(t)$ 表示质点对于地面的相对弹性位移或相对位移反应，它也是时间 t 的函数，是待求的未知量。则质点的相对速度为 $\dot{x}(t)$、加速度为

$\ddot{x}(t)$。取质点为隔离体,其上作用有 3 种力,即质点惯性力 f_I、阻尼力 f_c 和弹性恢复力 f_r。

惯性力是质点的质量 m 与绝对加速度 $[\ddot{x}(t)+\ddot{x}_g(t)]$ 的乘积,但方向与质点加速度方向相反,即

$$f_I = -m \cdot [\ddot{x}(t)+\ddot{x}_g(t)] \qquad (3.13)$$

式中 m——质点的质量。

阻尼力是造成结构震动衰减的力,它是由结构材料内摩擦、节点连接件摩擦、周围介质等对结构运动的阻碍造成的。工程中通常采用黏滞阻尼理论进行计算,即假定阻尼力与质点的相对速度 $\dot{x}(t)$ 成正比,而方向相反,即

$$f_c = -c \cdot \dot{x}(t) \qquad (3.14)$$

式中 c——阻尼系数。

弹性恢复力是使质点从振动位置恢复到平衡位置的力,它由弹性支承杆水平方向变形引起,其大小与质点的相对位移 $x(t)$ 成正比,但方向相反,即

$$f_r = -k \cdot x(t) \qquad (3.15)$$

式中 k——体系刚度。

根据达郎贝尔原理,质点在三个力的作用下处于平衡,其运动平衡方程为:

$$f_I + f_c + f_r = 0 \qquad (3.16)$$

将式(3.13)～式(3.15)代入式(3.16)得

$$-m \cdot [\ddot{x}(t)+\ddot{x}_g(t)] - c \cdot \dot{x}(t) - k \cdot x(t) = 0 \qquad (3.17)$$

经整理,得

$$m\ddot{x}(t) + c\dot{x}(t) + kx(t) = -m\ddot{x}_g(t) \qquad (3.18)$$

令 $\omega = \sqrt{\dfrac{k}{m}}$,$\zeta = \dfrac{c}{2\omega m}$,则 $k = \omega^2 m$,$c = 2\omega\zeta m$。将其代入式(3.18)得

$$\ddot{x}(t) + 2\zeta\omega\dot{x}(t) + \omega^2 x(t) = -\ddot{x}_g(t) \qquad (3.19)$$

式中 ω——结构振动圆频率;

ζ——结构的阻尼比。

式(3.19)即单质点弹性体系在地震作用下的运动微分方程,是一个常系数二阶非齐次线性微分方程。

(2)运动方程的求解

单质点弹性体系在地震作用下的运动微分方程式(3.19)的解包含两部分:一个是对应于齐次微分方程的解,另一个是微分方程的特解。前者表示自由振动,后者表示强迫振动。

① 方程的齐次解。

$$\ddot{x}(t) + 2\zeta\omega\dot{x}(t) + \omega^2 x(t) = 0 \qquad (3.20)$$

根据微分方程理论,其通解为:

$$x(t) = e^{-\zeta\omega t}(c_1\cos\omega_D t + c_2\sin\omega_D t) \qquad (3.21)$$

式(3.21)中,$\omega_D = \omega\sqrt{1-\zeta^2}$,$\omega_D$ 为有阻尼的自振频率,c_1 和 c_2 为常数,其值可按问题的初始条件确定。当阻尼为零时,即 $\zeta=0$,于是式(3.21)变为:

$$x(t) = c_1\cos\omega t + c_2\sin\omega t \qquad (3.22)$$

根据初始条件来确定常数 c_1 和 c_2,当 $t=0$ 时,其中 $x(0)$ 和 $\dot{x}(0)$ 分别为初始位移和初始速度。将 $t=0$ 和 $x(t)=x(0)$ 代入式(3.21)得:

$$c_1 = x(0)$$

再将式(3.21)对时间 t 求一阶导数，并将 $t=0$、$\dot{x}(t)=\dot{x}(0)$ 代入式(3.22)得：

$$c_2 = \frac{\dot{x}+\zeta\omega x(0)}{\omega_D}$$

将所求得的 c_1 和 c_2 值代入式(3.21)得齐次线性微分方程的解为

$$x(t) = e^{-\zeta\omega t}\left[x(0)\cos\omega_D t + \frac{\dot{x}(0)+\zeta\omega x(0)}{\omega_D}\sin\omega_D t\right] \tag{3.23}$$

当阻尼为零时，即 $\zeta=0$，$\omega_D=\omega$，于是式(3.23)变为

$$x(t) = x(0)\cos\omega t + \frac{\dot{x}(0)}{\omega}\sin\omega t \tag{3.24}$$

体系的振动周期为

$$T = \frac{2\pi}{\omega_D} = 2\pi\sqrt{\frac{m}{k}} \tag{3.25}$$

在建筑抗震设计中，由于阻尼比 ζ 的值很小，它的变化范围在 $0.01\sim0.1$ 之间，计算时通常取 0.05。因此，有阻尼自振频率 $\omega_D=\omega\sqrt{1-\zeta^2}$ 和无阻尼自振频率 ω 很接近，即 $\omega_D\approx\omega$。也就是说，计算体系的自振频率时，通常可不考虑阻尼的影响。

② 方程的特解。

地震作用下的运动微分方程为

$$\ddot{x}(t) + 2\zeta\omega\dot{x}(t) + \omega^2 x(t) = -\ddot{x}_g(t)$$

式中，$\ddot{x}_g(t)$ 为地面水平地震动的加速度，在工程设计上一般取实测地震加速度记录。由于地震动的随机性，对强迫振动反应不可能求得具体的解析表达式，只能利用数值积分的方法求出数值解。在动力学中，一般有阻尼强迫振动位移反应由杜哈梅(Duhamel)积分给出：

$$dx(t) = -e^{-\zeta\omega(t-\tau)}\frac{\ddot{x}_g(\tau)d\tau}{\omega_D}\sin\omega_D(t-\tau) \tag{3.26}$$

时间为 $t(>\tau)$ 时刻的微分位移如图3.8所示。

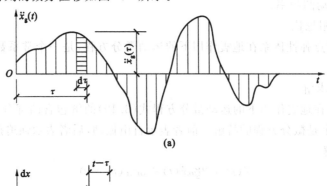

图 3.8　地震作用下运动方程解答附图

(a) 地面加速度的时程曲线；(b) 微分脉冲引起的位移反应

利用杜哈梅积分，将所有瞬时脉冲引起的微分位移叠加可得单自由度体系运动的特解——时间为 t 的位移：

$$x(t) = -\frac{1}{\omega_D}\int_0^t \ddot{x}_g(\tau)e^{-\zeta\omega(t-\tau)}\sin\omega_D(t-\tau)d\tau \tag{3.27}$$

③ 方程的通解。

根据线性常微分方程理论：

运动方程的通解＝齐次解＋特解

对于受地震作用的单自由度运动体系,上式的意义为:体系地震反应＝自由振动＋强迫振动。

根据式(3.19),将式(3.20)与式(3.27)取和,即为常微分方程的通解。当结构体系初位移和初速度为零时,则体系自由振动反应为零;即使结构体系初位移或初速度不为零,由于体系有阻尼,体系的自由振动也会很快衰减,一般可不考虑,而仅取强迫振动位移反应作为单自由度体系水平地震位移反应。

3.2.2.5 单自由度体系的水平地震作用及反应谱

(1) 水平地震作用

水平地震作用就是地震时结构质点上受到的水平方向的最大惯性力。即

$$F(t) = -m[\ddot{x}_g(t) + \ddot{x}(t)] \tag{3.28}$$

质点的绝对加速度为:

$$a = \ddot{x}(t) + \ddot{x}_g(t) \tag{3.29}$$

为了求得在地震作用下结构经受的最大地震作用,需计算出质点的最大绝对加速度 S_a:

$$S_a = |a|_{max} = |\ddot{x}(t) + \ddot{x}_g(t)|_{max} \tag{3.30}$$

则地震时结构经受的最大地震作用为:

$$F = mS_a \tag{3.31}$$

由振动方程得:

$$F(t) = -m[\ddot{x}(t) + \ddot{x}_g(t)] = c\dot{x}(t) + kx(t) \tag{3.32}$$

因为式(3.32)中 $c\dot{x}(t)$ 相对 $kx(t)$ 很小,可忽略阻尼力,所以

$$F(t) = -m[\ddot{x}(t) + \ddot{x}_g(t)] \approx kx(t) \tag{3.33a}$$

$$F = k|x|_{max} \tag{3.33b}$$

因为 $k = \omega^2 m$,式(3.33a)可写成:

$$F(t) = m\omega^2 x(t) \tag{3.34a}$$

或

$$F = |m\omega^2 x|_{max} \tag{3.34b}$$

(2) 地震反应谱

① 定义与计算。

单自由度体系的地震最大绝对加速度反应与其自振周期 T 的关系曲线称为地震反应谱。

在计算中,因为结构阻尼比一般较小,取 $\omega_D \approx \omega$,并将地震位移反应表达式(3.27)微分两次得:

$$S_a(T) = \omega \left| \int_0^t \ddot{x}_g(\tau) e^{-\zeta\omega(t-\tau)} \sin\omega(t-\tau) d\tau \right|_{max} \tag{3.35}$$

体系自振周期取 $T = \dfrac{2\pi}{\omega}$,可得地震反应谱曲线方程为:

$$S_a(T) = \frac{2\pi}{T} \left| \int_0^t \ddot{x}_g(\tau) e^{-\frac{\zeta 2\pi}{T}(t-\tau)} \sin\frac{2\pi}{T}(t-\tau) d\tau \right|_{max} \tag{3.36}$$

② $S_a(T)$ 的意义与影响因素。

地震反应谱是用来求最大地震反应的。其影响因素主要为体系阻尼比和地震动。

体系阻尼比越小,体系地震加速度反应越大,地震反应谱值也越大;地震动振幅越大,地震反

应谱值也越大。

（3）地震作用计算的设计反应谱

专门研究可供结构抗震设计用的反应谱称为设计反应谱。

由地震反应谱可计算单自由度体系水平地震作用为：

$$F = mS_a(T) \tag{3.37}$$

为方便计算，将式(3.31)作如下变换：

$$F = mS_a(T) = mg \frac{|\ddot{x}_g|_{max}}{g} \cdot \frac{S_a(T)}{|\ddot{x}_g|_{max}} = Gk\beta \tag{3.38}$$

式中 G——体系质点的重力荷载代表值，$G = mg$；

k——地震系数，$k = \dfrac{|\ddot{x}_g|_{max}}{g}$；

β——动力系数，$\beta = \dfrac{S_a(T)}{|\ddot{x}_g|_{max}}$。

① 地震系数 k。

地震系数 k 是地面运动加速度最大绝对值与重力加速度之比值，即

$$k = \frac{|\ddot{x}_g|_{max}}{g} \tag{3.39}$$

通过地震系数可将地震动振幅对地震反应谱的影响分离出来。一般地面运动加速度峰值越大，地震烈度越高，即地震系数与地震烈度之间有一定的对应关系。大量统计分析表明，烈度每增加 1 度，地震系数 k 值大致增加 1 倍。《建筑抗震设计规范(2016 年版)》(GB 50011—2010)中采用的地震系数与基本烈度的对应关系如表 3.12 所示。设计基本加速度是 50 年设计基准期超越概率 10% 的地震加速度的设计取值。取表 3.12 中 k 乘以 g 即可。

表 3.12   地震系数与基本烈度的关系

设防烈度	6 度	7 度	8 度	9 度
地震系数 k	0.05	0.10(0.15)	0.20(0.30)	0.40

注：括号中数值(按左右次序)分别对应于设计基本地震加速度为 0.15g 和 0.30g 的地区。

② 动力系数 β。

动力系数 β 是体系最大重力加速度反应与地面加速度最大绝对值之比，含义为质点最大加速度比地面最大加速度放大的倍数，可表示为：

$$\beta = \frac{S_a(T)}{|\ddot{x}_g|_{max}} \tag{3.40}$$

图 3.9 是根据某次地震时地面加速度记录 $\ddot{x}_g(t)$ 和阻尼比 $\zeta = 0.05$ 绘制的动力系数 β 反应谱曲线。由图 3.9 可见，当结构自振周期 T 小于某一数值 T_g 时，β 反应谱曲线将随 T 的增加急剧上升；当 $T = T_g$ 时，动力系数 β 达到最大值；当 $T > T_g$ 时，曲线波动下降。这里的 T_g 就是对应反应谱曲线峰值的结构自振周期。设计特征周期是抗震设计用的地震影响系数曲线中，反应地震震级、震中距、场地类别等因素的下降段起始点对应的周期值(图 3.10)，简称特征周期。T_g 按表 3.13 取用。这个周期与场地的振动卓越周期相符。所以，当结构自振周期与场地的卓越周期相等或相近时，地震反应最大。因此，在结构抗震设计中，应使结构的自振周期远离场地的卓越周期，以避免发生共振现象。

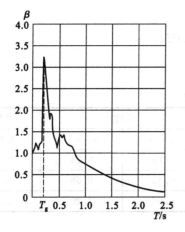

图 3.9 β 反应谱曲线

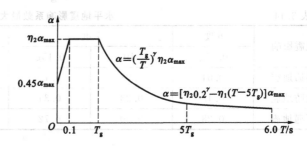

图 3.10 单自由度地震影响系数 α 反应谱曲线

表 3.13 特征周期 T_g 值 （单位：s）

设计地震分组	场地类别				
	I_0	I_1	II	III	IV
第一组	0.20	0.25	0.35	0.45	0.65
第二组	0.25	0.30	0.40	0.55	0.75
第三组	0.30	0.35	0.45	0.65	0.90

注：计算罕遇地震作用时，特征周期应增加 0.05 s。

③ 地震影响系数 α。

为了简化计算，将上述地震系数 k 和动力系数 β 的乘积用 α 表示，并称为地震影响系数。

$$\alpha = k\beta = \frac{|\ddot{x}_g(t)|_{max}}{g} \cdot \frac{S_a}{|\ddot{x}_g(t)|_{max}} = \frac{S_a}{g} \tag{3.41}$$

所以，地震影响系数 α 就是单质点最大绝对加速度 S_a 与重力加速度 g 之比。《建筑抗震设计规范（2016 年版）》(GB 50011—2010) 就是以地震影响系数 α 作为抗震设计依据的，其数值应根据地震烈度、场地类别、设计地震分组以及结构自振周期和阻尼比确定。

当建筑结构阻尼比 $\zeta = 0.05$ 时，地震影响系数 α 值按图 3.10 采用。由图 3.10 可知设计地震影响系数反应谱曲线分为四段，每段的计算公式为：

a. 上升段 $(0 \leqslant T < 0.1)$

$$\alpha = [0.45 + 10(\eta_2 - 0.45)T]\alpha_{max} \tag{3.42}$$

b. 最大水平段 $(0.1 \leqslant T \leqslant T_g)$

$$\alpha = \eta_2 \alpha_{max} \tag{3.43}$$

c. 曲线下降段 $(T_g < T \leqslant 5T_g)$

$$\alpha = \left(\frac{T_g}{T}\right)^\gamma \eta_2 \alpha_{max} \tag{3.44}$$

d. 直线下降段 $(5T_g < T \leqslant 6.0)$

$$\alpha = [\eta_2 0.2^\gamma - \eta_1(T - 5T_g)]\alpha_{max} \tag{3.45}$$

式中　T_g——特征周期，见表 3.13；

　　　α_{max}——地震影响系数最大值，见表 3.14；

　　　γ——衰减指数，$\zeta = 0.05$ 时，取 $\gamma = 0.9$；

η_2——阻尼调整系数，$\zeta=0.05$ 时，取 $\eta_2=1$；

η_1——直线下降斜率调整系数，$\zeta=0.05$ 时，取 $\eta_1=0.02$；

T——单质点体系自振周期(s)，$T=2\pi\sqrt{\dfrac{G\delta}{g}}$。

表 3.14　　　　　　　　　　　　　　　水平地震影响系数最大值

地震影响	6 度	7 度		8 度		9 度
	0.05g	0.10g	0.15g	0.20g	0.30g	0.40g
多遇地震	0.04	0.08	0.12	0.16	0.24	0.32
设防地震	0.12	0.23	0.34	0.45	0.68	0.90
罕遇地震	0.28	0.50	0.72	0.90	1.20	1.40

④ 阻尼对地震影响系数的影响。

当建筑结构的阻尼比按有关规定不等于 0.05 时，其地震影响系数仍按图 3.10 确定，但形状参数应作调整：

a. 曲线下降段的衰减指数的调整：

$$\gamma = 0.9 + \frac{0.05 - \zeta}{0.3 + 6\zeta} \tag{3.46}$$

b. 直线下降段的下降斜率调整系数应按下式确定：

$$\eta_1 = 0.02 + \frac{0.05 - \zeta}{4 + 32\zeta} \geqslant 0 \tag{3.47}$$

c. 阻尼调整系数应按下式确定：

$$\eta_2 = 1 + \frac{0.05 - \zeta}{0.08 + 1.6\zeta} \geqslant 0.55 \tag{3.48}$$

（4）水平地震作用计算

根据抗震设计反应谱，可以比较容易地确定结构上所受地震作用，其计算公式为：

$$F = mS_a = mg\alpha = \alpha \cdot G \tag{3.49}$$

所以水平地震作用标准值可写为：

$$F_{Ek} = \alpha G_E \tag{3.50}$$

式中　　F_{Ek}——水平地震作用标准值；

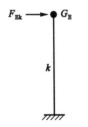

图 3.11　单自由度体系水平
地震作用计算简图

α——地震影响系数；

G_E——重力荷载代表值。

单自由度体系水平地震作用计算简图如图 3.11 所示。

水平地震作用计算步骤：

① 确定计算简图并计算结构重力荷载 G_E；

② 计算结构侧向刚度 k；

③ 计算结构自振周期 T；

④ 确定地震参数：查表 3.13、表 3.14 和图 3.10 得 T_g、α_{max}、α；

⑤ 计算水平地震作用标准值：$F_{Ek} = \alpha G_E$。

【例 3.2】　如图 3.12 所示，单层钢筋混凝土框架，$G=1200$ kN，设梁刚度 $EI=\infty$，柱截面 $b\times h=350$ mm $\times$ 350 mm，柱抗侧移刚度为 $k_1=k_2=3.0\times10^3$ kN/m，阻尼比 $\zeta=0.05$。设防烈度 7 度，设计基本地震加速度为 0.10g，

Ⅲ类场地,该地区设计地震分组为第一组。试计算该框架在多遇地震下的水平地震作用 F_{Ek}。

【解】 (1)确定计算简图

地震作用计算简图如图3.13所示。

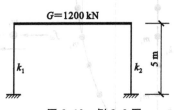

图 3.12　例 3.2 图

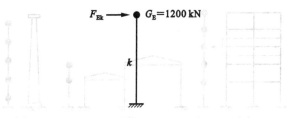

图 3.13　地震作用计算简图

(2)计算结构侧向刚度 k

柱抗侧移刚度为两柱抗侧移刚度之和

$$k = k_1 + k_2 = 2 \times 3.0 \times 10^3 = 6.0 \times 10^3 (\mathrm{kN/m})$$

(3)计算结构自振周期 T

$$T = \frac{2\pi}{\omega} = 2\pi\sqrt{\frac{m}{k}} = 2\pi\sqrt{\frac{G}{gk}} = 2\pi\sqrt{\frac{1200 \times 10^3}{9.8 \times 6 \times 10^6}} = 0.897 (\mathrm{s})$$

(4)确定地震参数

查表3.13、表3.14得: $T_g = 0.45$ s, $\alpha_{max} = 0.08$。

因为 $T_g = 0.45$ s $< T = 0.897$ s $< 5T_g = 5 \times 0.45$ s $= 2.25$ s,故 α 处于反应谱曲线下降段,其地震影响系数为:

$$\alpha = \left(\frac{T_g}{T}\right)^\gamma \eta_2 \alpha_{max} = \left(\frac{0.45}{0.897}\right)^{0.9} \times 1 \times 0.08 = 0.043$$

(5)计算水平地震作用

$$F_{Ek} = \alpha G_E = 0.043 \times 1200 = 51.965 (\mathrm{kN})$$

3.2.2.6　多自由度体系的地震反应分析

(1)多自由度弹性体系计算简图

在实际工程中,大多数建筑结构(如多、高层建筑,多跨不等高厂房,烟囱等)简化为多质点体系进行分析,如图3.14所示。计算简图为一串有多质点的悬臂杆体系。其中,质量 m_i 为第 i 层楼(屋)盖及其上、下各一半层高范围内的全部质量(根据重力荷载代表值确定),并集中在楼面标高处。固端位置一般取至基础顶面。有 n 层房屋可简化成 n 个质点的多自由度弹性体系。

(2)多自由度体系运动方程

在地震水平振动激励下,多自由度弹性体系的位移状态将发生变化,如图3.15所示。

图3.15中 m_i、k_i 为 i 质点的质量、刚度系数。$x_g(t)$ 表示地面水平位移,则 i 质点的相对位移为 $x_i(t)$,相对速度为 $\dot{x}_i(t)$,加速度为 $\ddot{x}_i(t)$。取 i 质点为隔离体,其上作用有3种力, i 质点惯性力 f_{Ii}、阻尼力 f_{ci} 和弹性恢复力 f_{ri}。根据单自由度体系运动方程可列出多自由度体系运动方程,即:

$$f_{Ii} + f_{ci} + f_{ri} = 0 \tag{3.51}$$

$$M\ddot{x}(t) + C\dot{x}(t) + Kx(t) = -MI\ddot{x}_g(t) \tag{3.52}$$

式中　M——体系质量矩阵;

　　　K——体系刚度矩阵;

　　　C——体系阻尼矩阵;

　　　I——单位列向量, $I = [1,1,\cdots,1]^T$。

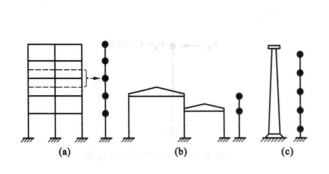

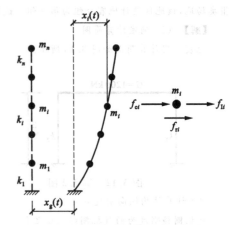

图 3.14　多质点弹性体系　　　　　　图 3.15　多质点弹性体系水平振动

当体系简化为图 3.15 所示的集中质量模型时,质量矩阵为对角矩阵、刚度矩阵为对称矩阵。则其矩阵形式分别为:

$$\boldsymbol{M} = \begin{bmatrix} m_1 & & & 0 \\ & m_2 & & \\ & & \ddots & \\ 0 & & & m_n \end{bmatrix} \quad \boldsymbol{C} = \begin{bmatrix} c_{11} & c_{12} & \cdots & c_{1n} \\ c_{21} & c_{22} & \cdots & c_{2n} \\ \vdots & \vdots & & \vdots \\ c_{n1} & c_{n2} & \cdots & c_{nn} \end{bmatrix} \quad \boldsymbol{K} = \begin{bmatrix} k_{11} & k_{12} & \cdots & k_{1n} \\ k_{21} & k_{22} & \cdots & k_{2n} \\ \vdots & \vdots & & \vdots \\ k_{n1} & k_{n2} & \cdots & k_{nn} \end{bmatrix} \quad (3.53)$$

式中　m_i——质点质量;

　　　c_{ij}——当 j 自由度产生单位速度,其余自由度不动时,i 自由度上产生的阻尼力;

　　　k_{ij}——当 j 自由度产生单位位移,其余自由度不动时,i 自由度上需要施加的力。

$x_i(t)$、$\dot{x}_i(t)$、$\ddot{x}_i(t)$ 的向量分别为:

$$\boldsymbol{x}(t) = \begin{Bmatrix} x_1(t) \\ x_2(t) \\ \vdots \\ x_n(t) \end{Bmatrix} \quad \dot{\boldsymbol{x}}(t) = \begin{Bmatrix} \dot{x}_1(t) \\ \dot{x}_2(t) \\ \vdots \\ \dot{x}_n(t) \end{Bmatrix} \quad \ddot{\boldsymbol{x}}(t) = \begin{Bmatrix} \ddot{x}_1(t) \\ \ddot{x}_2(t) \\ \vdots \\ \ddot{x}_n(t) \end{Bmatrix} \quad (3.54)$$

(3) 多自由度体系的自由振动

① 自振频率及周期。

研究自由振动时,不考虑阻尼影响。此时体系可不受外界作用,可令 $\ddot{x}_g(t) = 0$,则自由振动方程为:

$$\boldsymbol{M}\ddot{\boldsymbol{x}}(t) + \boldsymbol{K}\boldsymbol{x}(t) = \boldsymbol{0} \quad (3.55)$$

设方程解的形式为:

$$\boldsymbol{x}(t) = \boldsymbol{X}\sin(\omega t + \varphi) \quad (3.56)$$

式中　$\boldsymbol{X}$——各质点振幅向量,$\boldsymbol{X} = \{X_1, X_2, \cdots, X_n\}^{\mathrm{T}}$;

　　　ω——体系自振频率;

　　　φ——相位角。

将式(3.56)对时间 t 二次微分,得

$$\ddot{\boldsymbol{x}}(t) = -\omega^2 \boldsymbol{X}\sin(\omega t + \varphi) \quad (3.57)$$

将式(3.56)、式(3.57)代入式(3.55),得

$$(\boldsymbol{K} - \omega^2 \boldsymbol{M})\{\boldsymbol{X}\} = \boldsymbol{0} \quad (3.58)$$

因为振动过程中 $X\neq0$，所以式(3.58)的系数行列式必须为零，即

$$|K-\omega^2M|=0 \qquad\qquad (3.59)$$

式(3.59)称为体系的频率方程或特征方程。式(3.59)可进一步写为

$$\begin{vmatrix} k_{11}-\omega^2m_1 & k_{12} & \cdots & k_{1n} \\ k_{21} & k_{22}-\omega^2m_2 & \cdots & k_{2n} \\ \vdots & \vdots & & \vdots \\ k_{n1} & k_{n2} & \cdots & k_{nn}-\omega^2m_n \end{vmatrix}=0 \qquad (3.60)$$

K、M 为常数矩阵，式(3.60)是 ω^2 的 n 次代数方程，将有 n 个解。体系有多少个自由度就有多少个自振频率，解得的自振频率从小到大排列依次为 $\omega_1,\omega_2,\cdots,\omega_j,\cdots,\omega_n$。其中，最小自振频率 ω_1，称为第一频率或基本频率。ω_j 称为第 j 阶自振频率。有 n 个自由度的体系，就有 n 个自振频率，即有 n 种自由振动方式或振型。

频率特点是：频率 ω 只与结构固有参数 K、M 有关，与外荷载无关，因此，也称为结构的固有频率。一旦结构形式给定，ω 即有其确定值，不会因荷载作用形式改变。

对应于体系的各阶自振频率 $\omega_1,\omega_2,\cdots,\omega_j,\cdots,\omega_n$ 的周期分别为 $T_1=2\pi/\omega_1$，$T_2=2\pi/\omega_2$，$\cdots$，$T_j=2\pi/\omega_j$，$\cdots$，$T_n=2\pi/\omega_n$。其中，$T_1=2\pi/\omega_1$ 为结构体系的基本周期。

② 振型。

多自由度体系以某一阶自振频率 ω_j 自由振动时，各质点的任意时刻位移幅值的比值是一定的，不随时间而变化，因此把反应体系自由振动形状的向量 X_j 称为振型，也称为第 j 阶振型。

体系有多少个自由度就有多少个自振频率，从小到大排列依次为 $\omega_1,\omega_2,\cdots,\omega_j,\cdots,\omega_n$，与其对应的振型为第 1 振型（又称基本振型），第 2 振型，$\cdots$，第 j 振型，$\cdots$，第 n 振型。振型值是将频率 ω_j 代入式(3.58)可求对应于每一阶自振频率下各质点的相对振幅比值，由此可得到的体系变形曲线图见图 3.16，称为该阶频率下的振型或主振型。有 n 个自振频率，就有 n 个振型。体系的第 j 阶振型可用振型列向量表示：

$$X_j=\begin{Bmatrix} X_{j1} \\ X_{j2} \\ \vdots \\ X_{jn} \end{Bmatrix} \qquad\qquad (3.61)$$

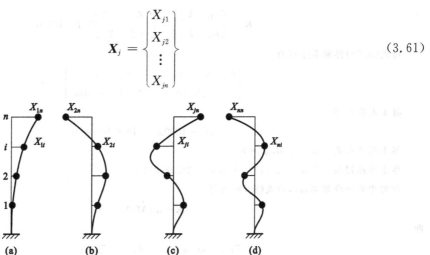

图 3.16　振型曲线

(a) 第 1 振型；(b) 第 2 振型；(c) 第 j 振型；(d) 第 n 振型

振型的特点：各质点的振型值并非代表其绝对位移值，而只反映各质点振幅之间的相对比值关系。同一振型下，各点的振幅比值不变。因此，各点幅值可按相同比例放大或缩小，即只改变大小

和方向,保持振动形状不变。

在实际工程计算中,绘制振型曲线时,常令某一质点的位移为1,另一质点的位移要根据相应比值确定。

【例3.3】　图3.17(a)所示为二层框架结构,横梁刚度无限大,集中于楼面和屋面的质量分别为 $m_1=100\times 10^3$ kg, $m_2=50\times 10^3$ kg,各楼层层间剪切刚度为 $k_1=4\times 10^4$ kN/m, $k_2=2\times 10^4$ kN/m。试求结构的自振频率和振型。

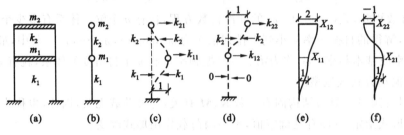

图3.17　例3.3图

(a) 二层框架;(b) 计算简图;(c) 刚度系数 k_{11}、k_{21} 计算;(d) 刚度系数 k_{12}、k_{22} 计算;(e) 第1振型;(f) 第2振型

【解】　将结构简化为图3.17(b)所示的两自由度弹性体系。

结构的质量矩阵为

$$\boldsymbol{M}=\begin{bmatrix} m_1 & 0 \\ 0 & m_2 \end{bmatrix}=\begin{bmatrix} 100 & 0 \\ 0 & 50 \end{bmatrix}\times 10^3 \text{ kg}$$

根据刚度系数的定义,分别使质点1和质点2产生单位水平位移,如图3.17(c)、(d)所示,则

$$k_{11}=k_1+k_2=6\times 10^4 \text{ kN/m}$$
$$k_{12}=k_{21}=-k_2=-2\times 10^4 \text{ kN/m}$$
$$k_{22}=k_2=2\times 10^4 \text{ kN/m}$$

于是,刚度矩阵为

$$\boldsymbol{K}=\begin{bmatrix} k_{11} & k_{12} \\ k_{21} & k_{22} \end{bmatrix}=\begin{bmatrix} 6 & -2 \\ -2 & 2 \end{bmatrix}\times 10^4 \text{ kN/m}$$

由式(3.60)得频率方程为

$$\begin{vmatrix} 6\times 10^4-100\omega^2 & -2\times 10^4 \\ -2\times 10^4 & 2\times 10^4-50\omega^2 \end{vmatrix}=0$$

将上式展开得

$$\omega^4-1000\omega^2+16\times 10^4=0$$

解上列方程式得 $\omega_1^2=200$, $\omega_2^2=800$。

体系自振圆频率为 $\omega_1=14.14$ rad/s, $\omega_2=28.28$ rad/s。

相对于第一阶频率 ω_1,由式(3.58)可得

$$(\boldsymbol{K}-\omega_1^2\boldsymbol{M})\boldsymbol{X}_1=0$$

即

$$\begin{bmatrix} k_{11}-m_1\omega_1^2 & k_{12} \\ k_{21} & k_{22}-m_2\omega_1^2 \end{bmatrix}\begin{Bmatrix} X_{11} \\ X_{12} \end{Bmatrix}=0$$

由上式得第1振型幅值的相对比值为

$$\frac{X_{12}}{X_{11}}=\frac{m_1\omega_1^2-k_{11}}{k_{12}}=\frac{100\times 200-6\times 10^4}{-2\times 10^4}=\frac{2}{1}$$

同理,第2振型幅值的相对比值为

$$\frac{X_{22}}{X_{21}} = \frac{m_1\omega_2^2 - k_{11}}{k_{12}} = \frac{100 \times 800 - 6 \times 10^4}{-2 \times 10^4} = \frac{-1}{1}$$

因此,第 1 振型为 $X_1 = \begin{Bmatrix} X_{11} \\ X_{12} \end{Bmatrix} = \begin{Bmatrix} 1 \\ 2 \end{Bmatrix}$;第 2 振型为 $X_2 = \begin{Bmatrix} X_{21} \\ X_{22} \end{Bmatrix} = \begin{Bmatrix} 1 \\ -1 \end{Bmatrix}$。

振型图分别如图 3.17(e)、(f)所示。

上述算式为两个自由度的情况,对多自由度体系,采用手算方法较为困难,因此通常利用计算机进行分析。

③ 振型的正交性。

两个不同主振型对应位置上的质量或刚度、位移乘积的代数和为零,这就是主振型的正交性。

a. 质量正交。

对于两个不同的主振型($j \neq k$)可得到下式:

$$\boldsymbol{X}_j \boldsymbol{M} \boldsymbol{X}_k = 0 \tag{3.62}$$

展开得:

$$m_1 X_{j1} X_{k1} + m_2 X_{j2} X_{k2} + \cdots + m_n X_{jn} X_{kn} = 0 \tag{3.63}$$

即:

$$\sum_{i=1}^{n} m_i X_{ji} X_{ki} = 0 \quad (j \neq k) \tag{3.64}$$

b. 刚度正交。

对于两个不同的主振型($j \neq k$)可得到下式:

$$\boldsymbol{X}_j \boldsymbol{K} \boldsymbol{X}_k = 0 \tag{3.65}$$

展开得:

$$K_1 X_{j1} X_{k1} + K_2 X_{j2} X_{k2} + \cdots + K_n X_{jn} X_{kn} = 0 \tag{3.66}$$

即:

$$\sum_{i=1}^{n} K_i X_{ji} X_{ki} = 0 \quad (j \neq k) \tag{3.67}$$

【例 3.4】 某二层弯曲型结构振型图如图 3.18 所示,$m = m_1 = m_2$。试验算振型的正交性。

【解】 根据式(3.64)可得:

$$\sum_{i=1}^{n} m_i X_{ji} X_{ki} = m \times 1 \times 1 + m \times 1.618 \times (-0.618)$$
$$= 0$$

故该振型是质量正交。

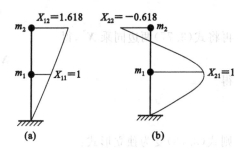

图 3.18 振型图
(a) 第 1 振型;(b) 第 2 振型

(4) 地震反应分析的振型分解法

振型分解法是求解多自由度弹性体系动力响应的一种重要方法。振型分解法的思路是:利用振型正交性,将耦联的多自由度运动微分方程分解为若干个彼此独立的单自由度微分方程,再根据单自由度体系结果分别得出各个独立方程的解,然后将各个独立解组合叠加,得到总的地震反应。

一般振型关于阻尼矩阵不具有正交性,因此,必须假定体系的阻尼矩阵 C 也满足正交性:

$$\boldsymbol{X}_j \boldsymbol{C} \boldsymbol{X}_k = 0 \quad (j \neq k) \tag{3.68}$$

在分析中,阻尼矩阵通常采用瑞雷(Rayleigh)阻尼矩阵形式,将阻尼矩阵表示为质量矩阵与刚

度矩阵的线性组合，即

$$C = aM + bK \tag{3.69}$$

式中　a,b——比例常数。

由振型正交性可知，振型是相互独立的向量，根据线性代数理论，n 维向量 x 可以表示为 n 个独立向量的线性组合，即

$$x = Xq \tag{3.70}$$

式中　q——广义坐标向量，$q = (q_1(t), q_2(t), \cdots, q_n(t))$；

　　X——振型矩阵，$X = (X_1, X_2, \cdots, X_n)$。

将式（3.70）代入式（3.52）得

$$MX\ddot{q} + CX\dot{q} + KXq = -MI\ddot{x}_g \tag{3.71}$$

将式（3.71）两边左乘 X_j^{T}，得

$$X_j^{\mathrm{T}}MX\ddot{q} + X_j^{\mathrm{T}}CX\dot{q} + X_j^{\mathrm{T}}KXq = -X_j^{\mathrm{T}}MI\ddot{x}_g \tag{3.72}$$

将式（3.72）展开相乘后，根据振型正交性，除第 j 项外，其他各项均为零。因此，式（3.72）可化简为

$$X_j^{\mathrm{T}}MX_j\ddot{q}_j(t) + X_j^{\mathrm{T}}CX_j\dot{q}_j(t) + X_j^{\mathrm{T}}KX_jq_j(t) = -X_j^{\mathrm{T}}MI\ddot{x}_g \tag{3.73}$$

将式（3.73）两边同除以 $X_j^{\mathrm{T}}MX_j$，并令

$$2\omega_j\zeta_j = \frac{X_j^{\mathrm{T}}CX_j}{X_j^{\mathrm{T}}MX_j} \tag{3.74}$$

$$\gamma_j = \frac{X_j^{\mathrm{T}}MI}{X_j^{\mathrm{T}}MX_j} = \frac{\sum_{i=1}^n m_i X_{ji}}{\sum_{i=1}^n m_i X_{ji}^2} \tag{3.75}$$

式（3.58）可改写为：

$$KX = \omega^2 MX \tag{3.76}$$

式（3.76）对体系任意第 j 阶频率和振型均成立，即

$$KX_j = \omega_j^2 MX_j \tag{3.77}$$

再将式（3.77）两边同乘 X_j^{T}，得

$$X_j^{\mathrm{T}}KX_j = \omega_j^2 X_j^{\mathrm{T}}MX_j \tag{3.78}$$

得

$$\omega_j^2 = \frac{X_j^{\mathrm{T}}KX_j}{X_j^{\mathrm{T}}MX_j} \tag{3.79}$$

则式（3.73）变为独立形式：

$$\ddot{q}_j(t) + 2\omega_j\zeta_j\dot{q}_j(t) + \omega_j^2 q_j(t) = -\gamma_j\ddot{x}_g \tag{3.80}$$

式中　γ_j——第 j 阶振型参与系数；

　　ζ_j——第 j 阶振型阻尼比。

式（3.69）中的系数 a、b 通常由试验根据第 1、2 阶振型和阻尼比，按下式计算：

$$a = \frac{2\omega_1\omega_2(\zeta_1\omega_2 - \zeta_2\omega_1)}{\omega_2^2 - \omega_1^2} \tag{3.81}$$

$$b = \frac{2(\zeta_2\omega_2 - \zeta_1\omega_1)}{\omega_2^2 - \omega_1^2} \tag{3.82}$$

式(3.80)即相当于自振频率为 ω_j、阻尼比为 ζ_j 的单自由度弹性体系方程。因此,原来 n 个自由度体系的 n 维耦联运动方程(取 $i=1,2,\cdots,n$),可以被分解为 n 个彼此独立的关于广义坐标 $q_j(t)$ 的单自由度体系运动方程,第 j 方程的自振频率和阻尼比即是原来多自由度体系的第 j 阶频率和阻尼比。对每一个独立的单自由度方程求解,可分别求出各阶广义坐标 $q_1(t)$、$q_2(t)$、$\cdots$、$q_n(t)$。则由杜哈梅积分可得式(3.80)的解为

$$q_j(t) = -\frac{\gamma_j}{\omega}\int_0^t \ddot{x}_{\mathrm{g}}(\tau)\mathrm{e}^{-\zeta\omega(t-\tau)}\sin\omega(t-\tau)\mathrm{d}\tau = \gamma_j\Delta_j(t) \tag{3.83}$$

求出各阶广义坐标后,即可按式(3.70)进行组合,求出体系各质点位移。第 i 质点的位移为

$$x_i(t) = X_{1i}q_1(t) + X_{2i}q_2(t) + \cdots + X_{ji}q_j(t) + \cdots + X_{ni}q_n(t)$$

$$= \sum_{j=1}^n X_{ji}q_j(t) = \sum_{j=1}^n \gamma_j\Delta_j(t)X_{ji} \tag{3.84}$$

式中 $\Delta_j(t)$——阻尼比为 ζ_j、自振频率为 ω_j 的单自由度体系的地震位移反应。

式(3.84)表明,多自由度体系的地震反应可以通过分解为各阶振型的地震反应求解,故称为振型分解法。按振型分解法计算结构地震反应时,通常不需要计算全部振型。理论分析表明,低阶振型对结构地震反应的贡献最大,高阶振型对地震反应的贡献很小。所以一般仅考虑取前 $2\sim3$ 个振型,当基本自振周期大于 1.5 s 或房屋高宽比大于 5 时,振型个数可适当增加。

3.2.2.7 多自由度体系的水平地震作用计算

多自由度弹性体系最大地震作用的计算方法有振型分解反应谱法和底部剪力法。

(1)振型分解反应谱法

振型分解反应谱法的主要思路是利用振型分解法的概念将多自由度体系分解成若干个单自由度体系,然后引用单自由度体系的反应谱理论来计算各振型的地震作用及地震作用效应,然后进行组合。该方法简便、实用。

① 水平地震作用计算。

根据单自由度体系的反应谱理论,由式(3.34b)及式(3.49),单自由度体系水平地震作用为:

$$F = \left| m\omega^2 x(t) \right|_{\max} = \alpha G_{\mathrm{E}}$$

对多自由度体系第 j 阶振型质点 i 的最大地震作用可以写为:

$$F_{ji} = \left| m_i\omega_j^2 x_{ji}(t) \right|_{\max} \tag{3.85}$$

由振型分解法可知:

$$x_{ji}(t) = X_{ji}q_j(t) \tag{3.86}$$

将式(3.86)代入式(3.85),则有

$$F_{ji} = \left| m_i\omega_j^2 X_{ji}q_j(t) \right|_{\max} = \left| m_i\omega_j^2 X_{ji}\gamma_j\Delta_j(t) \right|_{\max}$$

$$= \gamma_j X_{ji}\left| m_i\omega_j^2\Delta_j(t) \right|_{\max} = \gamma_j X_{ji}\alpha_j G_i \tag{3.87}$$

式中 F_{ji}——第 j 阶振型质点 i 的水平地震作用;

X_{ji}——第 j 阶振型质点 i 的振型值;

α_j——与第 j 阶振型自振周期 T_j 相应的地震影响系数,按图 3.10 所示确定;

G_i——质点 i 的重力荷载代表值,按式(3.11)确定;

γ_j——第 j 阶振型参与系数。

$$\gamma_j = \frac{\displaystyle\sum_{i=1}^n m_i X_{ji}}{\displaystyle\sum_{i=1}^n m_i X_{ji}^2} = \frac{\displaystyle\sum_{i=1}^n G_i X_{ji}}{\displaystyle\sum_{i=1}^n G_i X_{ji}^2} \tag{3.88}$$

② 水平地震作用下的剪力计算。

第 j 振型第 i 层水平地震作用剪力 V_{ji} 为：

$$V_{ji} = \sum_{i=i}^{n} F_{ji} \qquad (3.89)$$

③ 振型组合。

按上述方法求出相应于各振型 j、各质点 i 的水平地震作用 F_{ji} 后，即可用一般结构力学方法计算相应于各振型时结构的弯矩、剪力、轴向力和变形等地震作用效应，并用 S_j 表示第 j 振型的作用效应。由于相应于各振型的地震作用下 F_{ji} 均为最大值，所以相应各振型的地震作用效应 S_j 也为最大值，但结构振动时，相应于各振型的最大地震作用效应一般不会同时发生，因此，在求结构总的地震效应时不应是各振型效应的简单代数和。《建筑抗震设计规范（2016 年版）》（GB 50011—2010）根据概率论的方法，得出了结构地震作用效应"平方和开平方"的近似组合计算公式：

$$S_{Ek} = \sqrt{\sum_{j=1}^{n} S_j^2} \qquad (3.90)$$

式中　S_{Ek}——水平地震标准值的效应；

　　　　S_j——第 j 振型水平地震作用产生的作用效应。

因式（3.90）进行组合时，往往只有前几个振型影响比较大，故从工程应用角度，一般仅考虑取前 2~3 个振型。当基本自振周期大于 1.5 s 或房屋高宽比大于 5 时，振型个数可适当增加。

④ 长周期结构地震内力调整。

长周期结构，α 下降较快，而其地震反应更大，但振型分解并未考虑。《建筑与市政工程抗震通用规范》（GB 55002—2021）规定，结构任一楼层的水平地震剪力应符合下式（又称剪重比验算）：

$$V_{Eki} \geqslant \lambda \sum_{j=i}^{n} G_j \qquad (3.91)$$

式中　V_{Eki}——第 i 层水平地震剪力标准值；

　　　　λ——最小地震剪力系数，不应小于表 3.15 规定的基准值，对于竖向不规则结构的薄弱层，尚应乘以1.15的增大系数；

　　　　G_j——第 j 层重力荷载代表值。

多遇地震下，建筑与市政工程结构的最小地震剪力系数取值应符合下列规定：

a. 对扭转不规则或基本周期小于 3.5s 的结构，最小地震剪力系数不应小于表 3.15 的基准值；

b. 对基本周期大于 5.0s 的结构，最小地震剪力系数不应小于表 3.15 的基准值的 0.75 倍；

c. 对基本周期介于 3.5s 和 5s 之间的结构，最小地震剪力系数不应小于表 3.15 的基准值的 $(9.5-T_1)/6$ 倍（T_1 为结构计算方向的基本周期）。

表 3.15　　　　　　　　　　　　　　　　**最小地震剪力系数基准值**

设防烈度	6 度	7 度	7 度(0.15g)	8 度	8 度(0.30g)	9 度
λ_0	0.008	0.016	0.024	0.032	0.048	0.064

⑤ 地震作用下的位移计算。

第 j 振型、第 i 质点的层间相对位移（层间位移）：

$$\Delta u_{ji} = \frac{V_{ji}}{k_i} = \frac{\sum_{i=1}^{n} F_{ji}}{k_i} \qquad (3.92)$$

式中 V_{ji}——第 j 振型、第 i 质点的剪力；

Δu_{ji}——第 j 振型、第 i 质点的层间位移。

第 j 振型、第 n 质点的结构顶点位移（顶点位移）：

$$\Delta_{jn} = \sum_{i=1}^{n} \Delta u_{ji} \tag{3.93}$$

各振型下，结构顶点总位移（顶点总位移）：

$$\Delta_n = \sqrt{\sum_{j=1}^{n} \Delta_{jn}^2} \tag{3.94}$$

式中 Δ_{jn}, Δ_n——由各振型地震作用下产生的结构顶点位移、顶点总位移。

【例 3.5】 如图 3.19 所示框架结构，设防烈度为 8 度，设计基本地震加速度为 $0.20g$，I_1 类建筑场地，地震分组为第一组。试用振型分解反应谱法计算多遇地震作用下该框架的层间地震剪力及顶点位移。

已知振型：$\begin{Bmatrix} X_{11} \\ X_{12} \end{Bmatrix} = \begin{Bmatrix} 0.488 \\ 1.000 \end{Bmatrix}$ 和 $\begin{Bmatrix} X_{21} \\ X_{22} \end{Bmatrix} = \begin{Bmatrix} 1.710 \\ -1.000 \end{Bmatrix}$。

各振型对应的周期：$T_1 = 0.358$ s，$T_2 = 0.156$ s。

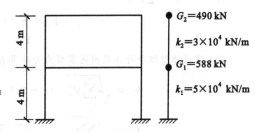

图 3.19 例 3.5 图

（右侧图中标注）$G_2 = 490$ kN；$k_2 = 3 \times 10^4$ kN/m；$G_1 = 588$ kN；$k_1 = 5 \times 10^4$ kN/m；4 m；4 m

【解】 （1）确定地震参数

由设防烈度 8 度（$0.20g$），多遇地震查出 $\alpha_{max} = 0.16$，由 I_1 类场地和设计地震分组查出 $T_g = 0.25$ s。

（2）对各个振型计算水平地震作用

第 1 振型：

① 确定地震影响系数 α_1。

因为 $T_g = 0.25 < T_1 = 0.358 < 5T_g = 1.25$，所以取反应谱的曲线下降段：

$$\alpha_1 = \left(\frac{T_g}{T_1}\right)^{\gamma} \eta_2 \alpha_{max}$$

取阻尼系数 $\zeta = 0.05$，则 $\gamma = 0.9$，$\eta_2 = 1$。

因此：

$$\alpha_1 = \left(\frac{T_g}{T_1}\right)^{\gamma} \eta_2 \alpha_{max} = \left(\frac{0.25}{0.358}\right)^{0.9} \times 1 \times 0.16 = 0.1158$$

② 计算振型参与系数。

$$\gamma_1 = \frac{\sum_{i=1}^{n} G_i X_{1i}}{\sum_{i=1}^{n} G_i X_{1i}^2} = \frac{588 \times 0.488 + 490 \times 1}{588 \times 0.488^2 + 490 \times 1^2} = 1.23$$

③ 计算水平地震作用。

$$F_{1i} = \alpha_1 \gamma_1 X_{1i} G_i$$

$$F_{11} = \alpha_1 \gamma_1 X_{11} G_1 = 0.1158 \times 1.23 \times 0.488 \times 588 = 40.9 \text{ (kN)}$$

$$F_{12} = \alpha_1 \gamma_1 X_{12} G_2 = 0.1158 \times 1.23 \times 1 \times 490 = 69.8 \text{ (kN)}$$

④ 计算第 1 振型时的层间地震剪力。

由公式 $V_{1i} = \sum_{i=1}^{n} F_{1i}$ 得：

$$V_{11} = F_{11} + F_{12} = 40.9 + 69.8 = 110.7 \text{ (kN)}$$

$$V_{12} = F_{12} = 69.8 \text{ kN}$$

第 2 振型：

① 确定地震影响系数 α_2。

因为 $0.1 \text{ s} < T_2 = 0.156 \text{ s} < T_g = 0.25 \text{ s}, \eta_2 = 1$, 所以取反应谱的水平段：

$$\alpha_2 = \eta_2 \alpha_{max} = 0.16$$

② 计算振型参与系数。

$$\gamma_2 = \frac{\sum_{i=1}^{n} G_i X_{2i}}{\sum_{i=1}^{n} G_i X_{2i}^2} = \frac{588 \times 1.71 + 490 \times (-1)}{588 \times 1.71^2 + 490 \times (-1)^2} = 0.233$$

③ 计算水平地震作用。

$$F_{2i} = \alpha_2 \gamma_2 X_{2i} G_i$$

$$F_{21} = \alpha_2 \gamma_2 X_{21} G_1 = 0.16 \times 0.233 \times 1.71 \times 588 = 37.5 \text{ (kN)}$$

$$F_{22} = \alpha_2 \gamma_2 X_{22} G_2 = 0.16 \times 0.233 \times (-1) \times 490 = -18.3 \text{ (kN)}$$

④ 计算第 2 振型时的层间地震剪力。

由公式 $V_{2i} = \sum_{i=1}^{n} F_{2i}$ 得：

$$V_{21} = F_{21} + F_{22} = 37.5 + (-18.3) = 19.2 \text{ (kN)}$$

$$V_{22} = F_{22} = -18.3 \text{ (kN)}$$

（3）通过振型组合计算层间地震剪力并验算剪重比

$$V_i = \sqrt{\sum_{j=1}^{m} V_{ji}^2} \quad (i = 1, 2, \cdots, n)$$

$$V_1 = \sqrt{\sum_{j=1}^{m} V_{j1}^2} = \sqrt{V_{11}^2 + V_{21}^2} = \sqrt{110.7^2 + 19.2^2} = 112.4 \text{ (kN)}$$

$$> \lambda \sum_{j=i}^{n} G_j = 0.032 \times (588 + 490) = 34.5 \text{ (kN)}$$

$$V_2 = \sqrt{\sum_{j=1}^{m} V_{j2}^2} = \sqrt{V_{12}^2 + V_{22}^2} = \sqrt{69.8^2 + (-18.3)^2} = 72.2 \text{ (kN)}$$

$$> \lambda \sum_{j=i}^{n} G_j = 0.032 \times 490 = 15.68 \text{ (kN)}$$

层间地震剪力图如图 3.20 所示。

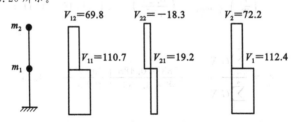

图 3.20　层间地震剪力图

（4）顶点位移计算

各振型水平地震作用产生的结构顶点位移为

$$\Delta_{12} = \sum_{i=1}^{2} \Delta u_{1i} = \sum_{i=1}^{2} \frac{V_{1i}}{k_i} = \frac{110.7}{50000} + \frac{69.8}{30000} = 0.0045 \text{ (m)} = 4.5 \text{ (mm)}$$

$$\Delta_{22} = \sum_{i=1}^{2} \Delta u_{2i} = \sum_{i=1}^{2} \frac{V_{2i}}{k_i} = \frac{19.2}{50000} + \frac{-18.3}{30000} = -0.00023 \text{ (m)} = -0.23 \text{ (mm)}$$

通过振型组合求结构的最大顶点位移为

$$\Delta_2 = \sqrt{\sum_{j=1}^{2} \Delta_{j2}^2} = \sqrt{4.5^2 + (-0.23)^2} = 4.51 \text{ (mm)}$$

（2）底部剪力法

多自由度体系按振型分解反应谱法求地震作用时需要计算结构的各个自振频率和振型,运算较繁。为了简化计算,《建筑抗震设计规范（2016 年版）》（GB 50011—2010）规定,高度不超过 40 m、以剪切变形为主且质量和刚度沿高度分布比较均匀的结构,以及近似于单质点体系的结构,可采用底部剪力法等简化方法求结构的水平地震作用（即底部剪力法的适用范围）。

因为当建筑物高度不超过 40 m,以剪切变形为主且质量和刚度沿高度分布比较均匀时,结构振动往往以第一振型为主,而且基本振型接近于直线,可简化为倒三角形,见图 3.21。

① 计算假定。

结构的地震反应可用第一振型反应表征,即计算时仅取第 1 振型。

结构的第一振型为线性倒三角形,即任意质点的第 1 振型位移与其高度成正比。

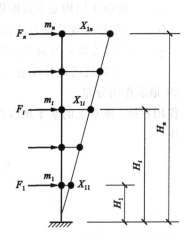

图 3.21 底部剪力法计算简图

$$\frac{X_{11}}{H_1} = \cdots = \frac{X_{1i}}{H_i} = \cdots = \frac{X_{1n}}{H_n} = C \qquad (3.95)$$

$$X_{1i} = CH_i \qquad (3.96)$$

式中　C——比例常数;

　　　H_i——质点 i 离地面的高度。

② 底部剪力的计算。

根据振型分解反应谱法,对于第 1 振型、第 i 质点的水平地震作用为:

$$F_{1i} = \alpha_1 \gamma_1 X_{1i} G_i = \alpha_1 \gamma_1 CH_i G_i \qquad (3.97)$$

则结构总水平地震作用标准值,即结构底部剪力为:

$$F_{Ek} = \sum_{i=1}^{n} F_{1i} = \alpha_1 \gamma_1 C \sum_{i=1}^{n} H_i G_i \qquad (3.98)$$

$$\gamma_1 = \frac{\sum_{i=1}^{n} G_i CH_i}{\sum_{j=1}^{n} G_j (CH_j)^2} = \frac{\sum_{i=1}^{n} G_i H_i}{C \sum_{j=1}^{n} G_j H_j^2} \qquad (3.99)$$

$$F_{Ek} = \alpha_1 \gamma_1 C \sum_{i=1}^{n} H_i G_i = \alpha_1 \frac{\left(\sum_{i=1}^{n} G_i H_i\right)^2}{\sum_{j=1}^{n} G_j H_j^2} \qquad (3.100)$$

式中　G_i, G_j——集中于质点 i、j 的重力荷载代表值;

　　　H_i, H_j——质点 i、j 的计算高度。

令

$$\chi = \frac{\left(\sum_{i=1}^{n} G_i H_i\right)^2}{\sum_{j=1}^{n} G_j H_j^2 \cdot \sum_{i=1}^{n} G_i}$$

则

$$F_{Ek} = \alpha_1 \chi \sum_{i=1}^{n} G_i \qquad (3.101)$$

又

$$\sum_{i=1}^{n} G_i = G_E \quad G_{eq} = \chi G_E$$

$$F_{Ek} = \alpha_1 G_{eq} \tag{3.102}$$

式中　F_{Ek}——结构总水平地震作用标准值（底部剪力）；

　　　α_1——相应于结构基本自振周期的水平地震影响系数，按图 3.10 所示确定；

　　　G_{eq}——结构等效总重力荷载；

　　　χ——结构等效重力荷载系数，对单质点体系取 $\chi=1$，对多质点体系一般取 $\chi=0.8\sim0.9$，《建筑抗震设计规范（2016 年版）》（GB 50011—2010）取 $\chi=0.85$。

③ 地震作用分布。

作用在第 i 质点上的水平地震作用标准值为：

由

$$F_{Ek} = \sum_{j=1}^{n} F_j = \alpha_1 \gamma_1 C \sum_{j=1}^{n} H_j G_j \tag{3.103}$$

得

$$\alpha_1 \gamma_1 C = \frac{1}{\sum\limits_{j=1}^{n} H_j G_j} F_{Ek} \tag{3.104}$$

$$F_{1i} = \alpha_1 \gamma_1 X_{1i} G_i = \alpha_1 \gamma_1 C H_i G_i \tag{3.105}$$

将式（3.104）代入式（3.105），得各质点地震作用 F_i 的计算式为：

$$F_{1i} = F_i = \frac{H_i G_i}{\sum\limits_{j=1}^{n} H_j G_j} F_{Ek} \tag{3.106}$$

④ 层间位移及顶点位移计算。

层间位移及顶点位移计算方法同振型分解法。

⑤ 底部剪力法的修正。

a. 高阶振型的影响。

式（3.106）的地震作用计算公式仅考虑了第 1 阶振型的影响。实际上，当结构基本周期较长（$T_1>1.4T_g$）时，高阶振型对地震作用的影响将不能忽略。分析表明，对于周期较长的多层结构，按式（3.106）计算的结构顶部质点的地震作用偏小，为此，需要对式（3.106）进行修正。

《建筑抗震设计规范（2016 年版）》（GB 50011—2010）规定，当结构基本周期 $T_1>1.4T_g$ 时，将主体结构顶部质点上附加一个水平地震作用 ΔF_n。

$$\Delta F_n = \delta_n F_{Ek} \tag{3.107}$$

式中　δ_n——顶部附加地震作用系数，对于多层钢筋混凝土房屋和钢结构房屋按表 3.16 采用，对于多层内框架砖房取 $\delta_n=0.2$，其他房屋可不考虑；

　　　ΔF_n——顶部附加水平地震作用。

表 3.16　　　　　　　　　　　　顶部附加地震作用系数 δ_n

$T_g(s)$	$T_1>1.4T_g$	$T_1\leqslant1.4T_g$
$T_g\leqslant0.35$	$\delta_n=0.08T_1+0.07$	
$0.35<T_g\leqslant0.55$	$\delta_n=0.08T_1+0.01$	$\delta_n=0$
$T_g>0.55$	$\delta_n=0.08T_1-0.02$	

所以,当考虑高阶振型的影响时,结构的底部剪力仍按式(3.102)计算而保持不变,但各质点的地震作用需按 $F_{Ek} - \Delta F_n = (1 - \delta_n)F_{Ek}$ 进行分布,则各质点上修正后的地震作用为:

$$F_i = \frac{H_i G_i}{\sum\limits_{j=1}^{n} H_j G_j}(1 - \delta_n)F_{Ek} \qquad (3.108)$$

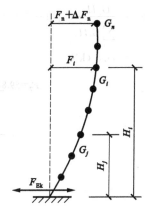

图 3.22　结构水平地震作用计算简图

修正后的顶点水平地震作用为 $F_n + \Delta F_n$,如图 3.22 所示。

第 i 质点的地震作用下的剪力为:

$$V_i = \sum_{i=i}^{n} F_i \qquad (3.109)$$

底部剪力为:

$$V_1 = \sum_{i=1}^{n} F_i = F_{Ek} \qquad (3.110)$$

b. 鞭梢效应。

当建筑物有突出屋面的小屋时,由于这部分的重量和刚度突然变小,使得突出屋面的小屋振幅急剧增大,地震特别强烈。这一现象称为鞭梢效应。因此,当采用底部剪力法计算地震作用时,《建筑抗震设计规范(2016 年版)》(GB 50011—2010)规定:突出屋面的屋顶间、女儿墙、烟囱等地震作用效应宜乘以增大系数 3,此增大的部分不往下传递,但与该突出部分相连的构件应予计入。

注:① 当有顶部小屋时,附加地震作用 ΔF_n 应加在主体结构的顶层,不应加在小屋的顶部。

② 长周期结构地震内力调整(剪重比验算)及位移计算方法同振型分析法。

【例 3.6】 已知条件同例 3.5,试用底部剪力法计算结构在多遇地震下的水平地震作用、层间地震剪力、层间位移及顶点位移计算。

【解】 (1)确定地震参数

$$\alpha_{max} = 0.16, \quad T_g = 0.25 \text{ s}$$

因为 $T_g < T_1 < 5T_g$,所以,取反应谱的曲线下降段:$\zeta = 0.05$,则 $\gamma = 0.9$,$\eta_2 = 1$。

$$\alpha_1 = \left(\frac{T_g}{T_1}\right)^\gamma \eta_2 \alpha_{max} = \left(\frac{0.25}{0.358}\right)^{0.9} \times 1 \times 0.16 = 0.1158$$

(2)计算底部剪力

$$G_{eq} = 0.85 \sum_{i=1}^{n} G_i = 0.85 \times (490 + 588) = 916 \text{ (kN)}$$

$$F_{Ek} = \alpha_1 \cdot G_{eq} = 0.1158 \times 916 = 106.1 \text{ (kN)}$$

(3)是否考虑顶部附加地震作用

因为 $T_1 = 0.358 \text{ s} > 1.4T_g = 0.35 \text{ s}$,则查表 3.16 得:

$$\delta_n = 0.08T_1 + 0.07 = 0.08 \times 0.358 + 0.07 = 0.0986$$

顶部附加地震作用 ΔF_n 为:

$$\Delta F_n = \delta_n F_{Ek} = 0.0986 \times 106.1 = 10.5 \text{ (kN)}$$

(4)计算各质点上水平地震作用(图 3.23)

$$F_1 = \frac{G_1 H_1}{\sum\limits_{j=1}^{2} G_j H_j} F_{Ek}(1 - \delta_n) = \frac{588 \times 4}{588 \times 4 + 490 \times 8} \times 106.1 \times (1 - 0.0986)$$

$$= 35.9 \text{ (kN)}$$

$$F_2 = \frac{G_2 H_2}{\sum_{j=1}^{2} G_j H_j} F_{Ek}(1-\delta_n) = \frac{490 \times 8}{588 \times 4 + 490 \times 8} \times 106.1 \times (1-0.0986)$$

$$= 59.8 \text{ (kN)}$$

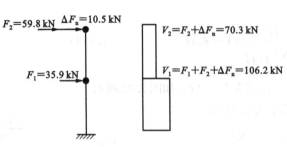

图 3.23　地震作用及层间剪力

（5）层间地震剪力、剪重比验算

$$V_2 = F_2 + \Delta F_n = 59.8 + 10.5 = 70.3 \text{ (kN)}$$

$$> \lambda \sum_{j=i}^{n} G_j = 0.032 \times 490 = 15.68 \text{ (kN)}$$

$$V_1 = F_1 + F_2 + \Delta F_n = 35.9 + 70.3 = 106.2 \text{ (kN)}$$

$$> \lambda \sum_{j=i}^{n} G_j = 0.032 \times (588 + 490) = 34.5 \text{ (kN)}$$

（6）层间位移及顶点位移计算

层间位移：

$$\Delta u_1 = \frac{V_1}{K_1} = \frac{106.2}{50000} = 0.00212 \text{ (m)} = 2.12 \text{ (mm)}$$

$$\Delta u_2 = \frac{V_2}{K_2} = \frac{70.3}{30000} = 0.00234 \text{ (m)} = 2.34 \text{ (mm)}$$

顶点位移：

$$\Delta_2 = \sum_{i=1}^{2} \Delta \mu_i = 2.12 + 2.34 = 4.46 \text{ (mm)}$$

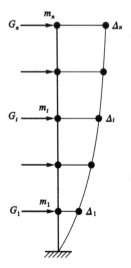

图 3.24　按能量法计算基本
周期的计算简图

3.2.2.8　结构基本周期的近似计算

基本周期的近似计算方法：① 能量法；② 等效质量法；③ 顶点位移法；④ 矩阵迭代法。本节主要介绍能量法和顶点位移法。

（1）能量法

这个方法是根据体系在振动过程中能量守恒定律导出的，能量法（或称 Rayleigh 法）是求多质点体系基频（周期）的一种近似方法。设一多质点弹性体系，对应于质点 m_i 的重力荷载代表值为 $G_i = m_i g$。用能量法计算结构体系基本周期的精确程度取决于假定的第 1 阶振型与实际振型的近似程度，根据瑞雷理论，沿振动方向施加等于体系荷重的静力作用，由此产生的变形曲线作为体系的第 1 阶振型可得到满意的结果。如图 3.24 所示，假设各质点的重力荷载代表值 G_i 水平作用于相应的质点上所产生的弹性变形曲线为基本振型，与 G_i 对应的最大水平位移为 Δ_i。因此，在振动过程中，各质点的水平位移为

$$x_i(t) = \Delta_i \sin(\omega_1 t + \varphi) \quad (i = 1, 2, \cdots, n) \tag{3.111}$$

则瞬时速度为：

$$\dot{x}_i(t) = \Delta_i \omega_1 \cos(\omega_1 t + \varphi) \quad (i = 1, 2, \cdots, n) \tag{3.112}$$

式中　Δ_i——在各假设水平荷载 G_i 同时作用下，质点 i 处的最大水平弹性位移(m)。

根据能量守恒原理，无阻尼弹性体系自由振动时，任一时刻的动能与变形位能之和保持不变；当体系在振动中位移达到最大时，变形位能最大，即 $U_{\max}$，而动能为零；在经过静平衡位置时，动能最大，即 $T_{\max}$，而变形位能为零。

动力学中动能公式为：

$$T = \frac{1}{2} m v^2 \tag{3.113}$$

任意时刻体系的动能为：

$$T = \frac{1}{2} \sum_{i=1}^{n} m_i \dot{x}_i^2(t) \tag{3.114}$$

$$T = \frac{1}{2} \omega_1^2 \cos^2(\omega_1 t + \varphi) \sum_{i=1}^{n} m_i \Delta_i^2 \tag{3.115}$$

则体系的最大动能为：

$$T_{\max} = \frac{1}{2} \omega_1^2 \sum_{i=1}^{n} m_i \Delta_i^2 \tag{3.116}$$

结构的基本振型可以近似取为当重力荷载水平作用于质点上时的结构弹性曲线。故体系的最大变形位能为：

$$U_{\max} = \frac{1}{2} \sum_{i=1}^{n} m_i g \Delta_i \tag{3.117}$$

由公式 $T_{\max} = U_{\max}$ 得（根据能量守恒定律）：

$$\frac{1}{2} \omega_1^2 \sum_{i=1}^{n} m_i \Delta_i^2 = \frac{1}{2} \sum_{i=1}^{n} m_i g \Delta_i \tag{3.118}$$

则得自振频率计算公式：

$$\omega_1^2 = \frac{\sum_{i=1}^{n} m_i g \Delta_i}{\sum_{i=1}^{n} m_i \Delta_i^2}$$

则：

$$\omega_1 = \sqrt{\frac{g \sum_{i=1}^{n} m_i \Delta_i}{\sum_{i=1}^{n} m_i \Delta_i^2}} \tag{3.119}$$

结构的基本周期为：

$$T_1 = \frac{2\pi}{\omega_1} = 2\pi \sqrt{\frac{\sum_{i=1}^{n} m_i \Delta_i^2}{g \sum_{i=1}^{n} m_i \Delta_i}} \approx 2 \sqrt{\frac{\sum_{i=1}^{n} G_i \Delta_i^2}{\sum_{i=1}^{n} G_i \Delta_i}} \quad (\pi \approx \sqrt{g}) \tag{3.120}$$

（2）顶点位移法

顶点位移法的基本思路是：根据结构在重力荷载 G_i 水平作用下的假想顶点位移 Δ 来推导求得

的悬臂结构的基本周期的一种方法。即只要求出结构的假想顶点水平位移，就可以按公式求出结构的基本周期。

例如：质量沿高度均匀分布的弯曲型悬臂杆、悬臂杆在均布荷载作用下的位移如图 3.25 所示。

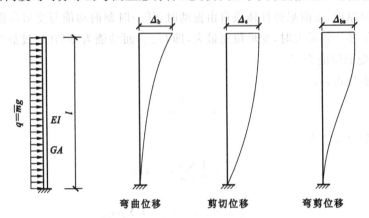

弯曲位移　　　　剪切位移　　　　弯剪位移

图 3.25　顶点位移法计算基本周期

均布质量的悬臂杆弯曲振动时，基本周期为：

$$T_1 = 1.60\sqrt{\Delta_b} \tag{3.121}$$

式中　Δ_b——在假设水平荷载 G_i 同时作用下，弯曲振动结构体系的顶点位移。

剪切振动时的基本周期为：

$$T_1 = 1.80\sqrt{\Delta_s} \tag{3.122}$$

式中　Δ_s——在假设水平荷载 G_i 同时作用下，剪切振动结构体系的顶点位移。

弯剪振动时的基本周期为：

$$T_1 = 1.70\sqrt{\Delta_{bs}} \tag{3.123}$$

式中　Δ_{bs}——在假设水平荷载 G_i 同时作用下，弯剪振动结构体系的顶点位移。

（3）基本周期的修正

以上几种方法计算基本周期时，只考虑承重结构，未考虑非承重结构对刚度的影响（非承重结构会使结构增加刚度，周期缩短），这样使计算周期偏长，会使地震作用偏小而不安全。所以为使计算结果更符合实际，应对理论计算式乘周期折减系数 ψ_T 来修正。修正后的周期为：

能量法：

$$T_1 = 2\psi_T \sqrt{\dfrac{\sum_{i=1}^{n} m_i \Delta_i^2}{\sum_{i=1}^{n} m_i \Delta_i}} \tag{3.124}$$

顶点位移法：

$$T_1 = 1.7\psi_T \sqrt{\Delta_{bs}} \tag{3.125}$$

式中　ψ_T——当非承重墙为砌体墙时，考虑砌体墙影响的周期折减系数。

ψ_T 的取值：框架结构可取 $\psi_T=0.6\sim0.7$；框架-剪力墙结构可取 $\psi_T=0.7\sim0.8$；框架-核心筒结构可取 $\psi_T=0.8\sim0.9$；剪力墙结构可取 $\psi_T=0.8\sim1.0$。

【例 3.7】　钢筋混凝土 3 层框架计算简图如图 3.26 所示，各层高均为 5 m，各楼层重力荷载代表值分别为：

$G_1 = G_2 = 1200$ kN, $G_3 = 800$ kN；楼板刚度无穷大，各楼层抗侧移刚度分别为：
$k_1 = k_2 = 4.5 \times 10^4$ kN/m, $k_3 = 4.0 \times 10^4$ kN/m。试分别按能量法和顶点位移法
计算结构基本自振周期（取填充墙影响折减系数 $\psi_T = 0.7$）。

【解】　（1）计算将各楼层重力荷载水平作用于结构时引起的侧移值。计算
结果列于表 3.17。

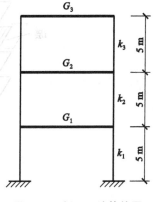

图 3.26　例 3.7 计算简图

表 3.17　　　　　　　　　　　　例 3.7 侧移计算

层数	楼层重力荷载 G_i(kN)	楼层剪力 $V_i = \sum_i^n G_i$ (kN)	楼层侧移刚度 k_i (kN/m)	层间侧移 $\Delta u_i = V_i/k_i$ (m)	楼层侧移 $\Delta_i = \sum_1^i \Delta u_i$ (m)
3	800	800	40000	0.0200	0.1355
2	1200	2000	45000	0.0444	0.1155
1	1200	3200	45000	0.0711	0.0711

（2）按能量法计算基本周期

由式（3.124）得

$$T_1 = 2\psi_T \sqrt{\frac{\sum_{i=1}^n G_i \Delta_i^2}{\sum_{i=1}^n G_i \Delta_i}} = 2 \times 0.7 \times \sqrt{\frac{800 \times 0.1355^2 + 1200 \times 0.1155^2 + 1200 \times 0.0711^2}{800 \times 0.1355 + 1200 \times 0.1155 + 1200 \times 0.0711}} = 0.466 \text{ (s)}$$

（3）按顶点位移法计算基本周期

由式（3.125）得

$$T_1 = 1.7\psi_T \sqrt{\Delta_{bs}} = 1.7 \times 0.7 \times \sqrt{0.1355} = 0.438 \text{ (s)}$$

3.2.2.9　结构平扭耦合振动时地震作用与双向水平地震影响

上述讨论的单向水平地震作用下结构沿地震方向反应及地震作用计算，只适用于结构平面布置规则、无显著刚度与质量偏心的情况。对结构平面不满足均匀、规则、对称的要求，存在较大的偏心的结构，质量中心与刚度中心不重合，将导致水平地震下结构的扭转振动。此时结构振动分为平移振动和扭转振动。

产生扭转振动的原因：

① 外因——地面运动存在转动分量或地面各质点存在相位差；

② 内因——结构本身质量中心与刚度中心不重合。

产生扭转振动的结果：加重结构破坏或成为导致破坏的主要因素。因此《建筑抗震设计规范（2016 年版）》(GB 50011—2010)规定，对质量和刚度明显不均匀、不对称的结构，应考虑双向水平振动作用下的扭转影响。

（1）平扭耦合振动时地震作用计算

当考虑平扭耦合振动时，应按扭转耦联振型分解法计算地震作用及其效应。假定楼盖平面内刚度为无限大，将质量分别就近集中到各楼板平面上，则扭转耦联时的结构计算简图可简化为图 3.27(a)所示的串联刚片系，而不是仅考虑平移振动时的串联质点系。

设每层刚片具有 3 个自由度，即 x、y 两主轴方向的平移和平面内的转角 φ。当结构具有 n 层时，则结构共有 $3n$ 个自由度。自由振动时，任一振型 j 在任意层 i 具有 3 个振型位移，即两个正交的水平位移 X_{ji}、Y_{ji} 和一个转角位移 φ_{ji}。按扭转耦联振型分解反应谱法计算时，第 j 阶振型、第 i 层的水平地震作用如图 3.27(b)所示，标准值由下列公式计算：

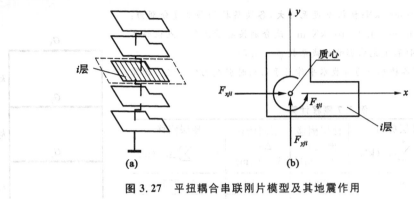

图 3.27　平扭耦合串联刚片模型及其地震作用

(a) 串联刚片模型；(b) 刚片上质心处地震作用

$$F_{xji} = \alpha_j \gamma_{tj} X_{ji} G_i \qquad (3.126)$$

$$F_{yji} = \alpha_j \gamma_{tj} Y_{ji} G_i \qquad (3.127)$$

$$F_{tji} = \alpha_j \gamma_{tj} r_i^2 \varphi_{ji} G_i \qquad (3.128)$$

式中　F_{xji}，F_{yji}，F_{tji}——j 振型、i 层的 x 方向、y 方向和转角方向的地震作用标准值；

　　　X_{ji}，Y_{ji}——j 振型、i 层质心在 x、y 方向的水平相对位移；

　　　φ_{ji}——j 振型、i 层相对扭转角；

　　　r_i——i 层转动半径，可取 i 层绕质心的转动惯量除以该层质量的商的正二次方根；

　　　γ_{tj}——计入扭转的 j 振型的参与系数，可按下列公式确定。

当仅取 x 方向地震作用时

$$\gamma_{tj} = \gamma_{xj} = \frac{\sum_{i=1}^{n} X_{ji} G_i}{\sum_{i=1}^{n} (X_{ji}^2 + Y_{ji}^2 + \varphi_{ji}^2 r_i^2) G_i} \qquad (3.129)$$

当仅取 y 方向地震作用时

$$\gamma_{tj} = \gamma_{yj} = \frac{\sum_{i=1}^{n} Y_{ji} G_i}{\sum_{i=1}^{n} (X_{ji}^2 + Y_{ji}^2 + \varphi_{ji}^2 r_i^2) G_i} \qquad (3.130)$$

当取与 x 方向斜交的地震作用时

$$\gamma_{tj} = \gamma_{xj} \cos\theta + \gamma_{yj} \sin\theta \qquad (3.131)$$

式中　θ——地震作用方向与 x 方向的夹角。

注： 当规则结构不进行扭转耦联计算时，平行于地震作用方向的两个边榀，其地震作用效应应乘以增大系数。一般情况下，短边可按 1.15 采用，长边可按 1.05 采用；当扭转刚度较小时，周边各构件宜按不小于 1.3 采用。角部构件宜同时乘以两个方向各自的增大系数。

（2）平扭耦合地震作用效应的组合

由每一振型地震作用按静力分析方法求得某一特定最大振型地震反应后，同样需进行振型组合求该特定最大总地震反应。由于平扭耦合体系有 x 向、y 向和扭转三个主震方向，故组合数较多，应为 3 倍以上。此外，由于平扭耦合影响一些振型的频率间隔可能很小，振型组合时需考虑不同振型地震反应间的相关性。为此可采用完全二次振型组合法计算地震作用效应。

单向水平地震作用的扭转效应按下式计算：

$$S_{Ek} = \sqrt{\sum_{j=1}^{m}\sum_{k=1}^{m}\rho_{jk}S_jS_k} \qquad (3.132)$$

$$\rho_{jk} = \frac{8\sqrt{\zeta_j\zeta_k}(\zeta_j + \lambda_T\zeta_k)\lambda_T^{1.5}}{(1-\lambda_T^2)^2 + 4\zeta_j\zeta_k(1+\lambda_T^2)\lambda_T + 4(\zeta_j^2 + \zeta_k^2)\lambda_T^2} \qquad (3.133)$$

式中　S_{Ek}——地震作用标准值的扭转效应；

S_j、S_k——第 j、k 阶振型地震作用标准值的效应；

ζ_j、ζ_k——第 j、k 阶振型的阻尼比；

m——振型组合系数，可取 9～15 个振型；

ρ_{jk}——第 j 阶振型与第 k 阶振型的耦联系数；

λ_T——第 k 阶振型与第 j 阶振型的自振周期比。

（3）双向水平地震影响

按式（3.132）可分别求出 x、y 向水平地震作用效应 S_x、S_y。由于 S_x、S_y 不一定在同一时刻发生，可采用平方和开方的方式确定由双向水平地震产生的地震作用效应。根据强震观测记录的统计分析，两个方向水平地震加速度的最大值不相等，二者之比约为 $1:0.85$，则可按下面两式的较大值确定双向水平地震作用效应：

$$S_{Ek} = \sqrt{S_x^2 + (0.85S_y)^2} \qquad (3.134)$$

或

$$S_{Ek} = \sqrt{S_y^2 + (0.85S_x)^2} \qquad (3.135)$$

式中　S_x，S_y——x 方向、y 方向单向水平地震作用按式（3.132）计算的扭转效应。

3.2.2.10　竖向地震作用

竖向地震作用，在结构中引起竖向振动，对高烈度、高柔结构振害严重。因为竖向地震作用使高层建筑、高耸结构产生上下拉应力，从而使自重产生的压应力减小，发生受拉破坏；竖向地震作用使大跨结构增加竖向荷载而使结构发生强度破坏或失稳破坏等。因此，《建筑抗震设计规范（2016年版）》（GB 50011—2010）规定，高层建筑中的大跨度、长悬臂结构，7 度（$0.15g$）、8 度抗震设计时应计入竖向地震作用；9 度抗震设计时应计算竖向地震作用。

（1）高耸结构及高层建筑

竖向地震反应谱曲线的变化规律与水平地震反应谱曲线的变化规律基本相同。竖向地震动加速度峰值为水平地震动加速度峰值的 $1/2\sim 2/3$，因此，可近似取竖向地震影响系数最大值为水平地震影响系数最大值的 65%。

可采用类似于水平地震作用的底部剪力法计算高耸结构及高层建筑的竖向地震作用。即首先确定结构底部总竖向地震作用，然后计算作用在结构各质点上的竖向地震作用，如图 3.28 所示。计算公式如下：

$$F_{Evk} = \alpha_{vmax}G_{eq} \qquad (3.136)$$

$$\alpha_{vmax} = 0.65\alpha_{max} \qquad (3.137)$$

$$G_{eq} = 0.75\sum_{i=1}^{n}G_i \qquad (3.138)$$

$$F_{vi} = \frac{G_iH_i}{\sum_{j=1}^{n}G_jH_j}F_{Evk} \qquad (3.139)$$

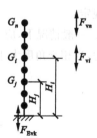

图 3.28　高耸结构与高层建筑竖向地震作用

式中　F_{Evk}——结构总竖向地震作用标准值；

　　　F_{vi}——质点 i 的竖向地震作用标准值；

　　　α_{vmax}——竖向地震影响系数的最大值，可取水平地震影响系数最大值的 65%；

　　　G_{eq}——结构等效总重力荷载，可取其重力荷载代表值的 75%。

由式（3.139）计算出各楼层质点的竖向地震作用之后，可进一步确定楼层的竖向地震作用效应，这时可按各构件承受的重力荷载代表值的比例分配，并宜乘 1.5 的增大系数。

（2）大跨度结构

大量分析表明，对一般尺度的平板型网架、大跨度屋盖、长悬臂结构等大跨度结构的各主要构件，竖向地震作用内力与重力荷载的内力比值彼此相差一般不大，因而可以认为竖向地震作用的分布与重力荷载的分布相同。为简化计算对跨度、长度小于《建筑抗震设计规范（2016 年版）》（GB 50011—2010）5.1.2 条第 5 款规定且规则的平板型网架和大于 24 m 屋架、屋盖横梁及托架的竖向地震作用标准值，宜取：

$$F_{Ev} = \zeta_v G \tag{3.140}$$

式中　F_{Ev}——竖向地震作用标准值；

　　　ζ_v——竖向地震作用系数，对于平板型网架和大于 24 m 屋架按表 3.18 采用，长悬臂和其他长悬臂构件和不属于表 3.18 的大跨度结构的竖向地震作用标准值，7 度（0.15g）、8 度和 9 度可分别取该结构、构件重力荷载代表值的 8%、10% 和 20%，即 $\zeta_v=0.08$、$\zeta_v=0.1$ 和 $\zeta_v=0.2$。设计基本加速度为 0.30g 时，可取该结构、构件重力荷载代表值的 15%，即 $\zeta_v=0.15$。

表 3.18　　　　　　　　　　　　竖向地震作用系数

结构类别	设防烈度	场地类别		
		I	II	III、IV
平板型网架、钢屋架	8 度	可不计算(0.10)	0.08(0.12)	0.10(0.15)
	9 度	0.15	0.15	0.20
钢筋混凝土屋架	8 度	0.10(0.15)	0.13(0.19)	0.13(0.19)
	9 度	0.20	0.25	0.25

注：括号中数值用于设计基本加速度为 0.30g 的地区。

3.2.2.11　地震作用计算的一般规定

① 《高层建筑混凝土结构技术规程》（JGJ 3—2010）规定高层建筑结构的地震作用计算应符合下列规定：

a. 一般情况下，应至少在建筑结构的两个主轴方向分别计算水平地震作用；有斜交抗侧力构件的结构，当相交角度大于 15° 时，应分别计算各抗侧力构件方向的水平地震作用（图 3.29）。

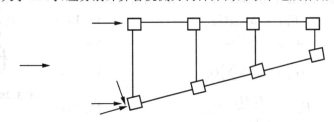

图 3.29　相交角度大于 15° 的斜交抗侧力构件的结构

b. 质量和刚度分布明显不对称的结构,应计算双向水平地震作用下的扭转影响;其他情况,应计算单项水平地震作用下的扭转影响。不对称的结构见图 3.30～图 3.33。

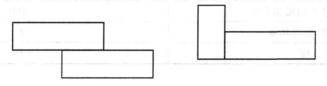

图 3.30　建筑平面不对称

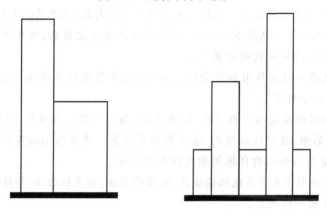

图 3.31　建筑立面不对称

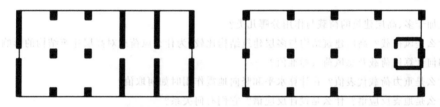

图 3.32　刚度不对称

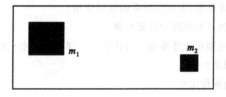

图 3.33　质量不对称

c. 高层建筑中的大跨度、长悬臂结构,7 度(0.15g)、8 度抗震设计时应计入竖向地震作用。

d. 9 度抗震设计时应计算竖向地震作用。

②《建筑抗震设计规范(2016 年版)》(GB 50011—2010)规定地震作用的计算方法。

各类建筑结构的抗震计算,应采用下列方法:

a. 高度不超过 40 m、以剪切变形为主且质量和刚度沿高度分布比较均匀的结构,以及近似于单质点体系的结构,可采用底部剪力法等简化方法。

b. 除 a 项以外的建筑结构,宜采用振型分解反应谱法。

c. 特别不规则建筑、甲类建筑和表 3.19 所列高度范围的高层建筑,应采用时程分析法进行多遇地震下的补充计算[其余计算方法见《建筑抗震设计规范(2016 年版)》(GB 50011—2010)第 31～32 面]。

表 3.19　　时程分析的房屋高度范围

烈度、场地类别	房屋高度范围(m)
8 度 Ⅰ、Ⅱ 类场地和 7 度	＞100
8 度 Ⅲ、Ⅳ 类场地	＞80
9 度	＞60

 **知识归纳**

① 多、高层建筑结构上的竖向荷载包括永久荷载和可变荷载；水平荷载包括风荷载和地震作用。

② 风荷载标准值 w_k 计算包括基本风压确定，风压高度变化系数、风载体型系数及风荷载放大系数对基本风压的修正；总风荷载的计算方法。

③ 地震作用包括水平地震作用和竖向地震作用；地震作用计算方法包括底部剪力法、振型分解反应谱法和时程反应分析法。

④ 抗震设计反应谱曲线包括直线上升段、水平段、曲线下降段和直线下降段 4 部分，包括地震系数、动力系数、地震影响、设计特征周期、地震影响系数等。建筑结构地震影响系数应根据设防烈度、场地类别设计地震分组和结构自振周期及阻尼比确定。

⑤ 结构基本自振周期计算方法包括能量法、等效质量法、顶点位移法、矩阵迭代法及经验公式。

⑥ 地震作用计算的一般规定。

思考题

3.1　施加于多、高层建筑的荷载与作用分哪几类？

3.2　什么是风荷载？高层建筑结构与多层建筑结构比较，为什么风荷载对高层建筑结构的影响更显著？

3.3　如何计算风荷载及总风荷载标准值？

3.4　什么是重力荷载代表值？在计算水平和竖向地震作用时如何取值？

3.5　什么是地震反应谱？什么是设计反应谱？它们有何关系？

3.6　什么是地震系数和地震影响系数？它们有何关系？

3.7　什么是地震作用？如何计算单、多质点体系的地震作用？

3.8　简述振型分解反应谱法的基本原理和计算步骤。

3.9　简述底部剪力法的适用范围和计算步骤。为什么在顶部有附加水平地震作用？

3.10　如何计算结构的自振周期？

3.11　哪些结构需考虑竖向地震作用？

习　题

3.1　4 层框架结构荷载标准值分布如表 3.20 所示，试求总重力荷载代表值。

表 3.20　　框架结构荷载标准值分布

位置	荷载标准值分布		
	恒荷载(kN)	活荷载(kN)	雪荷载(kN)
顶层屋盖处	5000	500	400
三层屋盖处	4000	800	
二层屋盖处	4000	800	
一层屋盖处	5300	800	

3.2　单层框架结构，其重力荷载代表值 $G=1200$ kN，结构的自振周期 $T=0.88$ s，结构的阻尼比 $\zeta=0.01$。Ⅱ类场地土，设防烈度为 7 度，设计基本地震加速度为 $0.10g$，建筑所在地区的设计地震分组为第二组。试确定在多遇地震作用下钢框架的水平地震作用标准值。

3.3　已知某两个质点的弹性体系如图 3.34 所示，其层间刚度为 $k_1=k_2=20800$ kN/m，质点质量为 $m_1=m_2=50\times10^3$ kg。试求该体系的自振周期和振型。

3.4　有一钢筋混凝土三层框架如图 3.35 所示，Ⅱ类场地，抗震设防烈度为 8 度，设计基本加速度为 $0.20g$，设计地震组别为第一组，$\zeta=0.05$，$G_1=G_2=2646$ kN，$G_3=1764$ kN，$k_1=2.45\times10^5$，$k_2=1.95\times10^5$，$k_3=0.98\times10^5$。已知结构各阶周期和振型为：

$$T_1=0.467\text{ s},\quad T_2=0.208\text{ s},\quad T_3=0.134\text{ s}$$

$$\boldsymbol{X}_1=\left\{\begin{matrix}0.334\\0.667\\1.000\end{matrix}\right\},\quad \boldsymbol{X}_2=\left\{\begin{matrix}-0.667\\-0.666\\1.000\end{matrix}\right\},\quad \boldsymbol{X}_3=\left\{\begin{matrix}4.019\\-3.035\\1.000\end{matrix}\right\}$$

试用振型分解反应谱法求多遇地震下框架各层地震剪力和框架顶点位移。

3.5　试用底部剪力法计算图 3.36 所示三质点体系在多遇地震下的各层地震剪力。已知抗震设防烈度为 8 度，设计基本加速度为 $0.20g$，Ⅲ 类场地一组，$\zeta=0.05$，$G_1=1200$ kN，$G_2=1100$ kN，$G_3=900$ kN，$T_1=0.716$ s，$\delta_n=0.0673$。

3.6　试计算图 3.37 所示 4 层框架的基本周期。已知各楼层的重力荷载为：$G_1=10460$ kN，$G_2=9330$ kN，$G_3=9330$ kN，$G_4=8910$ kN，各层层间侧移刚度为 $k_1=5.84\times10^5$ kN/m，$k_2=5.82\times10^5$ kN/m，$k_3=5.82\times10^5$ kN/m，$k_4=4.74\times10^5$ kN/m。

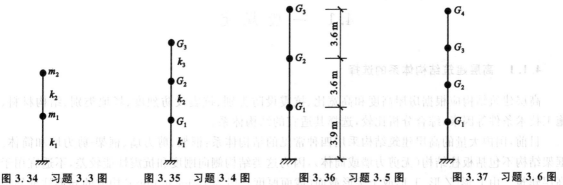

图 3.34　习题 3.3 图　　　图 3.35　习题 3.4 图　　　图 3.36　习题 3.5 图　　　图 3.37　习题 3.6 图

4 结构设计的基本规定和设计要求

内容提要

本章主要内容包括:结构设计的一般规定、结构总体布置原则、水平位移限值和舒适度要求、构件承载力设计表达式、抗震结构延性要求和抗震等级、结构设计的基本要求、荷载组合和地震作用组合的效应及最不利内力。教学重点为结构总体布置原则、水平位移限值和构件承载力设计表达式、结构抗震等级的划分和作用效应组合。教学难点为结构总体布置原则、结构抗震等级的划分和作用效应组合。

重难点

能力要求

通过本章的学习,学生应具备正确运用结构设计的基本规定和基本要求进行结构设计的能力。

4.1 一般规定

4.1.1 高层建筑结构体系的选择

高层建筑结构应根据房屋高度和高宽比、抗震设防类别、抗震设防烈度、场地类别、结构材料、施工技术条件等因素,综合分析比较,选择其适宜的结构体系。

目前,国内大量的高层建筑结构采用四种常见的结构体系:框架、剪力墙、框架-剪力墙和筒体。框架结构不包括板柱结构(无剪力墙或筒体),因为这类结构侧向刚度和抗震性能较差,不适宜用于高层建筑。由 L 形、Z 形、T 形或十字形截面(截面厚度一般为 180~300 mm)构成的异形柱框架结构,目前已有行业标准《混凝土异形柱结构技术规程》(JGJ 149—2017)。剪力墙结构包括部分框支剪力墙结构(有部分框支柱及转换结构构件)、具有较多短肢剪力墙且带有筒体或一般剪力墙的剪力墙结构。框架加小井筒(一个或多个)的结构可以归入框架-剪力墙结构。

板柱-剪力墙结构的板柱指无内部纵梁和横梁的无梁楼盖结构。由于在板柱框架体系中加入了剪力墙或筒体,故主要由剪力墙构件承受侧向力,侧向刚度也有很大的提高。这种结构目前在国内外高层建筑中有较多的应用,但其适用高度仍受到限制,宜低于框架-剪力墙结构。有些震害表明,板柱结构的板柱节点破坏较严重,包括板的冲切破坏或柱端破坏。

20 世纪 80 年代后,筒体结构在我国已广泛应用于高层办公建筑和高层旅馆建筑。由于它刚度大,有较高承载力,可以空间整体受力,因而在层数较多时有较大优势。

一些较新颖的结构体系(如巨型框架结构、巨型桁架结构、悬挂结构等),目前工程较少,经验还不多,宜针对具体工程研究其设计方法。

4.1.2 结构的规则性

建筑结构的规则性对抗震能力的重要影响的认识始于若干现代建筑在较强地震中的表现。其中最为典型的是 1972 年 12 月 23 日南美洲的马那瓜(Managua)地震。马那瓜有两幢高层建筑,相隔不远。其中,中央银行大厦是 15 层钢筋混凝土单层框架,钢筋混凝土电梯井筒和楼梯间布置在平面的一端;18 层美洲银行大厦的主要抗侧力结构是钢筋混凝土井筒,内筒由 4 个 L 形小井筒和小井筒之间的连梁组成。结构平面分别见图 4.1(a)、(b)。中央银行大厦建筑结构严重不规则,结构刚度严重不对称,地震作用下结构的扭转效应加重了单跨框架结构的震害,五层框架柱严重开裂、纵筋压屈、混凝土剥落,电梯井的墙体开裂,非结构构件破坏甚至塌毁。美洲银行大厦建筑结构很规则,结构平面布置对称、均匀,扭转反应小;钢筋混凝土内筒的刚度大,地震作用下的变形小;仅在 3～17 层四个 L 形小井筒之间的连梁出现斜裂缝,耗散能量,L 形小井筒没有发现裂缝和破坏,震后稍加修复连梁后即恢复使用。

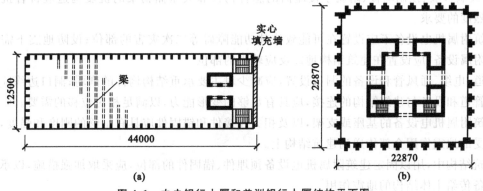

图 4.1　中央银行大厦和美洲银行大厦结构平面图

(a) 中央银行大厦结构平面图;(b) 美洲银行大厦结构平面图

①　高层建筑不应采用严重不规则的结构体系,并应符合下列规定:

a. 应具有必要的承载能力、刚度和延性;

b. 应避免因部分结构或构件的破坏而导致整个结构丧失承受重力荷载、风荷载和地震作用的能力;

c. 对可能出现的薄弱部位,应采取有效的加强措施。

②　高层建筑的结构体系宜符合下列规定:

a. 结构的竖向和水平布置宜使结构具有合理的刚度和承载力分布,避免因刚度和承载力局部突变或结构扭转效应而形成薄弱部位;

b. 抗震设计时宜具有多道设防线。

4.1.3　非荷载作用的影响

非荷载效应一般是指温度变化、混凝土收缩和徐变、支座沉降等对结构或结构构件产生的影响。在较高的钢筋混凝土高层建筑结构设计中应考虑非荷载效应的不利影响。

高度较高的高层建筑的温度应力比较明显,房屋高度不低于 150 m 的高层建筑外墙宜采用各类建筑幕墙。幕墙包覆主体结构而使主体结构免受外界温度变化的影响,有效地减少了主体结构温度应力的不利影响。幕墙是外墙的一种结构形式,由于面板材料的不同,建筑幕墙可以分为玻璃幕墙、铝板或钢板幕墙、石材幕墙和混凝土幕墙。实际工程中可采用多种材料组成的混合幕墙。

4.1.4　非结构构件及附属机电设备的影响

建筑的非结构构件及附属机电设备,其自身及与结构主体的连接,应进行抗震设防。

建筑主体结构中,幕墙、围护墙、隔墙、女儿墙、雨篷、商标、广告牌、顶篷支架、大型储物架等建筑非结构构件的安装部位,应采取加强措施,以承受由非结构构件传递的地震作用。

围护墙、隔墙、女儿墙等非承重墙体的设计与构造应符合下列规定：

① 采用砌体墙时，应设置拉结筋、水平系梁、圈梁、构造柱等与主体结构可靠拉结。

② 墙体及其与主体结构的连接应具有足够变形能力，以适应主体结构不同方向的层间变形需求。

③ 人流出入口和通道处的砌体女儿墙应与主体结构锚固，防震缝处女儿墙的自由端应予以加强。

建筑装饰构件的设计与构造应符合下列规定：

① 各类顶棚的构件及与楼板的连接件，应能承受顶棚、悬挂重物和有关机电设施的自重和地震附加作用；其锚固的承载力应大于连接件的承载力。

② 悬挑构件或一端由柱支承的构件，应与主体结构可靠连接。

③ 玻璃幕墙、预制墙板、附属于楼屋面的悬臂构件和大型储物架的抗震构造应符合抗震设防类别和烈度的要求。

建筑附属机电设备不应设置在可能致使其功能障碍等二次灾害的部位；设防地震下需要连续工作的附属设备，应设置在建筑结构地震反应较小的部位。

管道、电缆、通风管和设备的洞口设置，应减少对主要承重结构构件的削弱；洞口边缘应有补强措施。管道和设备与建筑结构的连接，应具有足够的变形能力，以满足相对位移的需要。

建筑附属机电设备的基座或支架，以及相关连接件和锚固件应具有足够的刚度和强度，应能将设备承受的地震作用全部传递到建筑结构上。

建筑结构中，用以固定建筑附属机电设备预埋件、锚固件的部位，应采取加强措施，以承受附属机电设备传给主体结构的地震作用。

4.2　结构总体布置原则

高层建筑结构体系确定后，要特别重视建筑体型和结构总体布置，使建筑物具有良好的造型和合理的传力路径。建筑体型是指建筑的平面和立面；结构总体布置是指结构构件的平面布置和竖向布置。建筑体型和结构总体布置对结构的抗震性能起决定性的作用。建筑师根据建筑的使用功能、建设场地、美学等确定建筑的平面和立面；结构工程师根据结构抵抗竖向荷载、抗风、抗震的要求布置结构构件。因此，结构受力性能与技术经济指标能否做到先进合理与结构布置密切相关。

4.2.1　房屋的适用高度和高宽比

《高层建筑混凝土结构技术规程》(JGJ 3—2010)规定，钢筋混凝土高层建筑结构的最大适用高度应区分为 A 级和 B 级。B 级高度高层建筑结构的最大适用高度可较 A 级适当放宽，其结构抗震等级、有关的计算和构造措施应相应加严，并应符合《高层建筑混凝土结构技术规程》(JGJ 3—2010)有关条文的规定。

4.2.1.1　最大适用高度

《高层建筑混凝土结构技术规程》(JGJ 3—2010)规定了各种结构体系的最大适用高度。这里所说的房屋高度是指室外地面到主要屋面板板顶的高度，不包括局部突出屋面的电梯机房、水箱和构架等高度。

A 级高度的高层建筑是指常规的、一般的高层建筑，是与现行国家"设计规范""规程"各项设计规定和要求相适应的最大高度；也是目前数量最多、应用最广泛的建筑。B 级高度的高层建筑是指更高的，因而对设计有更严格要求的建筑。

A 级钢筋混凝土乙类和丙类高层建筑的最大适用高度应符合表 4.1 的规定。具有较多短肢剪力墙的剪力墙结构的最大适用高度尚应符合《高层建筑混凝土结构技术规程》(JGJ 3—2010)第7.1.8 条的规定。框架-剪力墙、剪力墙和筒体结构高层建筑,其高度超过表 4.1 规定时为 B 级高度高层建筑。B 级高度钢筋混凝土乙类和丙类高层建筑的最大适用高度应符合表 4.2 的规定,并应遵守《高层建筑混凝土结构技术规程》(JGJ 3—2010)规定的更严格的计算和构造措施。抗震设计的 B 级高度的高层建筑,按有关规定应进行超限高层建筑的抗震设防专项审查复核。

平面和竖向均不规则的高层建筑结构,其最大适用高度宜适当降低,一般降低 10%左右。

特别指出,应用表 4.1 和表 4.2 时,应注意以下问题:

① 对于房屋高度超过 A 级高度高层建筑最大适用高度的框架结构、板柱-剪力墙结构以及 9 度抗震设计的各类结构,因研究成果和工程经验尚显不足,在 B 级高度高层建筑中未予列入。

② 具有较多短肢剪力墙结构的抗震性能有待于进一步研究和工程实践检验,根据《高层建筑混凝土结构技术规程》(JGJ 3—2010)第 7.1.8 条的规定,其最大适用高度比剪力墙结构适当降低,7 度时不应大于 100 m,8 度(0.20g)和 8 度(0.30g)时分别不应大于 80 m 和 60 m;高层建筑不应全部采用短肢剪力墙;B 级高度高层建筑及 9 度时 A 级高度高层建筑不应采用这种结构。

表 4.1　　　　　　　　**A 级高度钢筋混凝土高层建筑的最大适用高度**　　　　　　　　(单位:m)

结构体系		非抗震设计	抗震设防烈度				
			6 度	7 度	8 度		9 度
					0.20g	0.30g	
框架		70	60	50	40	35	24
框架-剪力墙		150	130	120	100	80	50
剪力墙	全部落地剪力墙	150	140	120	100	80	60
	部分框支剪力墙	130	120	100	80	50	不应采用
筒体	框架-核心筒	160	150	130	100	90	70
	筒中筒	200	180	150	120	100	80
板柱-剪力墙		110	80	70	55	40	不应采用

注:① 表中框架不含异形柱框架结构;
　　② 部分框支剪力墙结构是指地面以上有部分框支剪力墙的剪力墙结构;
　　③ 甲类建筑,6 度、7 度、8 度时宜按本地区抗震设防烈度提高 1 度后符合本表的要求,9 度时应专门研究;
　　④ 框架结构、板柱-剪力墙结构以及 9 度抗震设防的表列其他结构,当房屋高度超过本表数值时,结构设计应有可靠依据,并采取有效的加强措施。

表 4.2　　　　　　　　**B 级高度钢筋混凝土高层建筑的最大适用高度**　　　　　　　　(单位:m)

结构体系		非抗震设计	抗震设防烈度			
			6 度	7 度	8 度	
					0.20g	0.30g
框架-剪力墙		170	160	140	120	100
剪力墙	全部落地剪力墙	180	170	150	130	110
	部分框支剪力墙	150	140	120	100	80
筒体	框架-核心筒	220	210	180	140	120
	筒中筒	300	280	230	170	150

注:① 部分框支剪力墙结构是指地面以上有部分框支剪力墙的剪力墙结构;
　　② 甲类建筑,6、7 度时宜按本地区抗震设防烈度提高 1 度后符合本表的要求,8 度时应专门研究;
　　③ 当房屋高度超过表中数值时,结构设计应有可靠依据,并采取有效的加强措施。

③《高层建筑混凝土结构技术规程》(JGJ 3—2010)第 10.1.3 条规定,7 度和 8 度抗震设计时,剪力墙结构错层高层建筑的房屋高度,分别不宜大于 80 m 和 60 m;框架-剪力墙结构错层高层建筑的房屋高度分别不应大于 80 m 和 60 m。

④ 当为房屋高度超出表 4.2 最大高度的特殊工程时,则应通过专门的审查、论证,补充多方面的计算分析,必要时进行相应的结构试验研究,采取专门的加强构造措施,才能予以实施。抗震设计的超限高层建筑,可按《高层建筑混凝土结构技术规程》(JGJ 3—2010)3.11 节的规定进行结构抗震性能设计。

⑤ 框架-核心筒结构中,除周边框架外,内部带有部分仅承受竖向荷载的柱与无梁楼板时,不属于本条所说的板柱-剪力墙结构。

⑥ 表 4.2 中,框架-剪力墙结构的高度均低于框架-核心筒结构的高度,其主要原因是,框架-核心筒结构的核心筒相对于框架-剪力墙结构的剪力墙较强,核心筒成为主要抗侧力构件,结构设计上也有更严格的要求。

4.2.1.2　房屋高宽比

高层建筑的高宽比,是对房屋的结构刚度、整体稳定、承载能力和经济合理性的宏观控制。即使房屋高度不变,地震倾覆力矩在结构竖向构件中引起的压力和拉力,也会随着房屋高宽比的加大而增大,结构侧移也随之增大。因此,对于钢筋混凝土结构,在控制房屋高度的同时,房屋的高宽比也应该得到控制。

在结构设计满足《高层建筑混凝土结构技术规程》(JGJ 3—2010)规定的承载力、稳定、抗倾覆、变形和舒适度等基本要求后,仅从结构安全角度上讲高宽比限值不是必须满足的,主要影响结构设计的经济性。

《高层建筑混凝土结构技术规程》(JGJ 3—2010)第 3.3.2 条规定,钢筋混凝土高层建筑结构的高宽比不宜超过表 4.3 的规定;从目前大多数高层建筑来看,这一限值是各方面都可以接受的,也是比较经济合理的。目前国内超限高层建筑中,高宽比超过这一限值是极个别的,例如,上海金茂大厦(88 层,420 m)为 7.6,深圳地王大厦(81 层,320 m)为 8.8。

表 4.3　　　　　　　　　　　钢筋混凝土高层建筑结构适用的最大高宽比

结构体系	非抗震设计	抗震设防烈度		
		6 度、7 度	8 度	9 度
框架	5	4	3	—
板柱-剪力墙	6	5	4	—
框架-剪力墙、剪力墙	7	6	5	4
框架-核心筒	8	7	6	4
筒中筒	8	8	7	5

在复杂体型的高层建筑中,如何计算高宽比是比较难以确定的问题。一般场合,可按所考虑方向的最小投影宽度计算高宽比,但对突出建筑物平面很小的局部结构(如楼梯间、电梯间等),一般不应包含在计算宽度内;对于不宜采用最小投影宽度计算高宽比的情况,应由设计人员根据实际情况确定合理的计算方法;对带有裙房的高层建筑,当裙房的面积和刚度相对于其上部塔楼的面积和刚度较大时,计算高宽比的房屋高度和宽度可按裙房以上塔楼结构考虑。

【例 4.1】　某高层建筑,屋面上皮标高为 +120.00 m,屋面上有一高 32 m 的尖塔和高 10 m 的局部建筑,室内外高差 1.2 m。试确定房屋的计算高度。

【解】 根据表 4.1,房屋高度指室外地面到主要屋面高度,不包括局部突出屋面的电梯机房、水箱、构架等高度。

$$H=120.0+1.2=121.2（m）$$

【例 4.2】 有一幢 A 级高度的钢筋混凝土高层筒中筒结构,矩形平面的宽度为 20 m,长度为 30 m,抗震设防烈度 7 度。试确定该房屋适用的最大高度。

【解】 根据表 4.3,该房屋的最大高宽比 $\dfrac{H}{B}=8$,故

$$H=8B=8\times20=160（m）$$

根据表 4.1,抗震设防烈度为 7 度时,筒中筒结构的最大高度 $H=150$ m<160 m,故取 $H=150$ m。

4.2.2 结构平面布置和竖向布置

建筑设计应符合抗震概念设计要求,不应采用严重不规则的设计方案。规则的建筑结构体现在体型(平面和立面)规则,结构平面布置均匀、对称并具有较好的抗扭刚度;结构竖向布置均匀,结构的刚度、承载力和质量分布均匀,没有明显、实质的不连续(突变)。

4.2.2.1 结构平面布置的一般原则

结构平面布置必须考虑有利于抵抗水平和竖向荷载,受力明确,传力直接,力求均匀、对称,减少扭转的影响。在地震作用下,建筑平面要力求简单、规则,风力作用下则可适当放宽。

① 高层建筑承受较大的风力。在沿海地区,风力成为高层建筑的控制性荷载,采用风压较小的平面形状有利于抗风设计。对抗风有利的平面形状是简单、规则的凸平面,如圆形、正多边形、椭圆形、鼓形等平面。对抗风不利的平面是有较多凹凸的复杂形状平面,如 V 形、Y 形、H 形、弧形等平面。

② 抗震设防的高层建筑在一个独立结构单元内,宜使结构平面形状简单、对称、规则,减少偏心,刚度和承载力分布均匀。不应采用严重不规则的平面布置,以减少震害。

《高层建筑混凝土结构技术规程》(JGJ 3—2010)第 3.4.3 部分对建筑平面布置和形状作了规定,如图 4.2 所示。

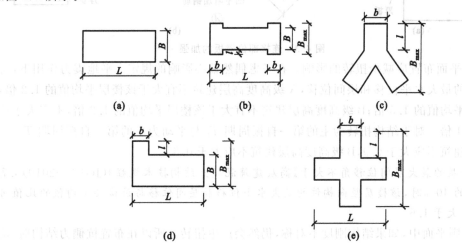

图 4.2 建筑平面

(a) 矩形平面;(b) H 形平面;(c) Y 形平面;(d) L 形平面;(e) 十字形平面

③ 除平面形状外,各部分尺寸都有一定的要求。平面过于狭长的建筑物在地震时因两端地震波输入有相位差而容易产生不规则振动,进而产生较大的震害。长矩形平面的尺寸目前一般在 70~80 m,但最长的结构单元长度已达 114 m(北京昆仑饭店)和 138 m(北京京伦饭店)。表 4.4

给出了 L/B 的最大限值。在实际工程中，L/B 在 6 度、7 度抗震设计时最好不超过 4；在 8 度、9 度抗震设计时最好不超过 3。

框架-筒体结构和筒中筒结构更应选取双向对称的规则平面，如矩形、正方形、正多边形、圆形，当采用矩形平面时，L/B 不宜大于 2。

④ 平面有较长的外伸时，外伸段容易产生局部振动而引起凹角处破坏。外伸部分 l/b 的限值在表 4.4 中已列出，但在实际工程设计中最好控制 $l/b \leqslant 1$。

表 4.4 平面尺寸及突出部位尺寸的比值限值

设防烈度	L/B	l/B_{max}	l/b
6 度、7 度	$\leqslant 6.0$	$\leqslant 0.35$	$\leqslant 2.0$
8 度、9 度	$\leqslant 5.0$	$\leqslant 0.30$	$\leqslant 1.5$

⑤ 角部重叠和细腰形的平面图形，在中央部位形成狭窄部分，在地震中容易产生震害，尤其在凹角部位，因为应力集中容易使楼板开裂、破坏。这些部位应采用加大楼板厚度、增加板内配筋、设置集中配筋的边梁、边梁内配置 1‰ 以上的拉筋、配置 45°斜向钢筋等方法予以加强。哑铃形平面中狭窄的楼板连接部位是薄弱部位，板中剪力在两侧反向振动时可能达到很大的数值。因此连接部位板厚应加大，板内设置双层双向钢筋网，每层、每向配筋率不小于 0.25%。

位于凹角处的楼板宜配置加强筋（如 4Φ16 的 45°斜向筋），自凹角顶点延伸入楼板内的长度不小于 l_{aE}（受拉钢筋抗震锚固长度），如图 4.3 所示。

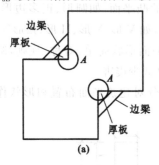
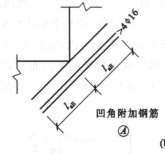
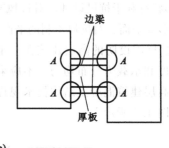

图 4.3 连接部位楼板的加强

⑥ 结构平面布置应减少扭转的影响。在考虑偶然偏心影响的规定水平地震力作用下，对于楼层竖向构件的最大水平位移和层间位移，A 级高度高层建筑不宜大于该楼层平均值的 1.2 倍，不应大于该楼层平均值的 1.5 倍；B 级高度高层建筑不宜大于该楼层平均值的 1.2 倍，不应大于该楼层平均值的 1.4 倍。对于结构扭转为主的第一自振周期 T_t 与平动为主的第一自振周期 T_1 之比，A 级高度高层建筑不应大于 0.9，B 级高度高层建筑不应大于 0.85。

注：当楼层的最大层间位移角不大于《高层建筑混凝土结构技术规程》(JGJ 3—2010)3.7.3 条规定的限值的 40% 时，该楼层竖向构件的最大水平位移和层间位移与该楼层平均值的比值可适当放松，但不应大于 1.6。

⑦ 在规则平面中，如果结构刚度不对称，仍然会产生扭转。所以在布置抗侧力结构时，应使结构均匀分布，令荷载合力作用线通过结构刚度中心，以减少扭转的影响。尤其是布置楼梯间、电梯间更要注意，楼电梯井筒往往有较大的刚度，它对结构刚度的对称性有显著的影响。

为了防止楼板削弱后产生过大的应力集中，楼电梯间不宜设在平面凹角部位和端部角区，但在建筑布置上，从功能考虑，往往在上述部位设楼电梯间。如确实非设不可，则应采用剪力墙筒体予以加强。

⑧ 如图 4.4 所示的井字形平面建筑,由于立面阴影的要求,平面凹入很深,中央设置楼电梯间后,楼板四边所剩无几,很容易发生震害,必须予以加强。在不妨碍建筑使用的原则下,则可采用下面两种措施之一:a. 如图 4.4 所示,设置拉梁 a,为美观也可以设置拉板(板厚可为250～300 mm)。拉梁、拉板内配置受拉钢筋。b. 如图 4.4 所示,增设不上人的外挑板或可以使用的阳台 b,在板内双层双向配筋,每层、每向配筋 0.25%。

⑨ 在高层建筑周边设置低层裙房时,裙房可以单边、两边和三边围合设置,如图 4.5(a)～(c)所示,甚至高层主楼置于裙房内,如图 4.5(d)所示。当裙房面积较小,与主楼相比其刚度也不大时,上、下层刚度中心不一致而产生的扭转影响较小,可以采用图 4.5(a)～(c)的偏置形式;当裙房面积较大,裙房边长

图 4.4 井字形平面建筑

与主楼边长之比 B/b、L/l 大于 1.5 时,宜采用图 4.5(d)的内置式,并且裙房刚度中心 O' 与主楼刚度中心 O 的偏心不宜大于裙房相应边长的 20%。实际操作时可按质量中心考虑。

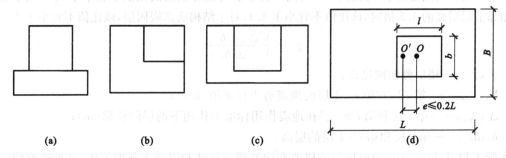

图 4.5 主楼与裙房的平面布置

(a) 单边设置;(b) 两边设置;(c) 三边围合设置;(d) 主楼置于裙房内

⑩ 当楼板平面过于狭长、有较大的凹入和开洞而使楼板有过大削弱时,应在设计中考虑楼板变形产生的不利影响。有效楼板宽度不宜小于该层楼面宽度的 50%;楼板开洞总面积不宜超过楼面面积的 30%;在扣除凹入和开洞后,楼板任意方向的最小净宽度不宜小于 5 m,且开洞后每一边的楼板净宽度不应小于 2 m。如图 4.6 所示。

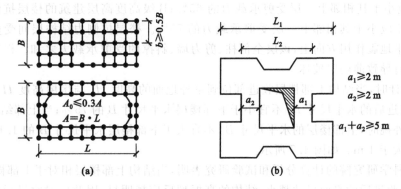

图 4.6 楼板凹入和开洞结构设计要求

4.2.2.2 结构竖向布置的一般原则

历次地震震害表明,结构刚度沿竖向突变、外形外挑内收等,都会产生变形在某些楼层的过分集中,出现严重震害甚至倒塌。所以设计中应力求使建筑竖向体型规则、均匀,避免有过大的外挑

和内收。结构的承载力和侧向刚度宜下大上小，逐渐均匀变化，连续，不要突变，不应采用竖向布置严重不规则的结构。1995 年阪神地震中，大阪和神户市不少建筑产生中部楼层严重破坏的现象，其中一个原因就是结构刚度在中部楼层产生突变。有些是柱截面尺寸和混凝土强度在中部楼层突然减小，有些是由于使用要求而剪力墙在中部楼层突然取消，这些都引发了楼层刚度的突变，进而产生严重震害。

① 正常设计的高层建筑下部楼层的侧向刚度宜大于上部楼层的侧向刚度，否则变形会集中于刚度小的下部楼层而形成结构软弱层。《高层建筑混凝土结构技术规程》（JGJ 3—2010）第 3.5.2 条规定，抗震设计时高层建筑相邻楼层的侧向刚度应符合下列规定：

a. 对于框架结构，楼层与其相邻上层的侧向刚度比 γ_1 可按式（4.1）计算，且本层与相邻上层的比值不宜小于 0.7，与相邻上部三层刚度平均值的比值不宜小于 0.8。

$$\gamma_1 = \frac{V_i \Delta_{i+1}}{V_{i+1} \Delta_i} \tag{4.1}$$

b. 对于框架-剪力墙结构、板柱-剪力墙结构、剪力墙结构、框架-核心筒结构、筒中筒结构，楼层与其相邻上层的侧向刚度比 γ_2 可按式（4.2）计算，且本层与相邻上层的比值不宜小于 0.9；当本层层高大于相邻上层层高的 1.5 倍时，该比值不宜小于 1.1；对于结构底部嵌固层，该比值不宜小于 1.5。

$$\gamma_2 = \frac{V_i \Delta_{i+1}}{V_{i+1} \Delta_i} \frac{h_i}{h_{i+1}} \tag{4.2}$$

式中　γ_1, γ_2——楼层侧向刚度比；

V_i, V_{i+1}——第 i 层和第 $i+1$ 层的地震剪力标准值（kN）；

Δ_i, Δ_{i+1}——第 i 层和第 $i+1$ 层在地震作用标准值作用下的层间位移（m）；

h_i, h_{i+1}——第 i 层和第 $i+1$ 层的层高。

实际工程设计中，往往沿竖向是分段改变构件截面尺寸和混凝土强度等级，这种改变使刚度发生变化，也应自下而上递减。从施工方便来说，改变次数不宜太多；但从结构受力角度来看，改变次数太少，每次变化太大则容易产生刚度突变，所以一般沿竖向变化不超过 4 次。每次改变，梁、柱尺寸减小 100～150 mm，墙厚减少 50 mm，混凝土强度降低一个等级为宜。最好尺寸减小与强度降低错开楼层，避免同层同时改变。

② A 级高度高层建筑的楼层抗侧力结构的层间受剪承载力不宜小于其相邻上一层受剪承载力的 80%，不应小于其相邻上一层受剪承载力的 65%；B 级高度高层建筑的楼层抗侧力结构的层间受剪承载力不应小于其相邻上一层受剪承载力的 75%。楼层抗侧力结构层间受剪承载力是指在所考虑的水平地震作用方向上，该层全部柱、剪力墙、斜撑的受剪承载力之和。楼层抗侧力结构的承载力突变将导致薄弱层破坏。

③ 抗震设计时，当结构上部楼层收进部位到室外地面的高度 H_1 与房屋高度 H 之比大于 0.2 时，上部楼层收进后的水平尺寸 B_1 不宜小于下部楼层水平尺寸 B 的 75%；当上部结构楼层相对于下部结构楼层外挑时，上部楼层的水平尺寸 B_1 不宜大于下部楼层水平尺寸 B 的 1.1 倍，且水平外挑尺寸 a 不宜大于 4 m。如图 4.7 所示。

中国建筑科学研究院的计算分析和试验研究表明，当结构上部楼层相对于下部楼层收进时，收进的部位越高，收进后的平面尺寸越小，结构的高振型反应越明显，因此应对收进后的平面尺寸加以限制。当上部结构楼层相对于下部结构楼层外挑时，结构的扭转效应和竖向地震作用效应明显，对抗震不利，因此对其外挑尺寸加以限制，设计上应考虑竖向地震作用的影响。

④ 抗震设计时，结构竖向抗侧力构件宜上、下连续贯通。若结构竖向抗侧力构件上、下不连续，则对结构抗震不利。部分竖向抗侧力构件不连续，也易使结构形成薄弱部位，应采取有效措施。

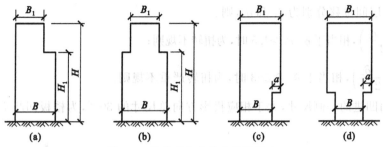

图 4.7　结构竖向收进和外挑示意

底层或底部若干层由于取消一部分剪力墙或柱子而产生刚度突变。这常出现在底部大空间剪力墙结构或框筒的下部大柱距楼层。这时，应尽量加大落地剪力墙和下层柱的截面尺寸，并提高这些楼层混凝土强度等级，尽量减少刚度削弱的程度。如果建筑功能要求必须取消中间楼层的部分墙体，则取消的墙体不宜多于 1/3，不得超过半数，其余墙体应加强配筋。顶层设置空旷的大房间，取消部分剪力墙或内柱，其楼层侧向刚度和承载力可能比下部楼层相差较多，是不利于抗震的结构，顶层取消的剪力墙也不宜多于 1/3，不得超过一半。同时应进行更详细的计算分析，并采取有效的构造措施，如采用弹性或弹塑性时程分析法进行补充计算、柱子箍筋全长加密配置、大跨屋面构件要考虑竖向地震产生的不利影响等。

⑤ 楼层质量沿高度宜均匀分布，楼层质量不宜大于相邻下部楼层质量的 1.5 倍。

⑥ 不宜采用同一楼层刚度和承载力变化同时不满足①、②条规定的高层建筑结构。

⑦ 侧向刚度变化、承载力变化、竖向抗侧力构件连续性不符合①、②、④条要求的楼层，其对应于地震作用标准值的剪力应乘以 1.25 的增大系数。

⑧ 高层建筑宜设地下室。

震害调查表明：有地下室的高层建筑的破坏较轻，而且有地下室对提高地基的承载力有利，对结构抗震有利，另外，现代高层建筑设置地下室也往往是建筑功能所要求的。设置地下室有如下的结构功能：

a. 利用土体的侧压力防止水平力作用下结构的滑移、倾覆；

b. 减小土的重量，降低地基的附加压力；

c. 提高地基土的承载能力；

d. 减少地震作用对上部结构的影响。

4.2.3　不规则结构

建筑体型应简单，结构布置应规则，但在实际工程中，不规则是难以避免的。《建筑抗震设计规范（2016 年版）》（GB 50011—2010）列举了三种平面不规则类型和三种竖向不规则类型，并要求对不规则结构的水平地震作用和内力进行调整。

4.2.3.1　不规则类型

平面不规则类型包括扭转不规则、楼板凹凸不规则和楼板局部不连续。

① 采用楼盖在其自身平面内的刚度为无限大对结构进行抗震计算，在具有偶然偏心的规定水平力作用下，楼层两端抗侧力构件弹性水平位移（或层间位移）的最大值与平均值的比值大于 1.2 时，为扭转不规则；大于 1.5 时，为扭转严重不规则。如图 4.8 所示，楼层两端抗侧力构件

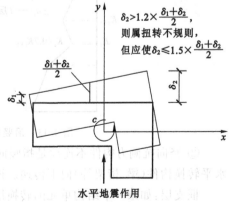

图 4.8　建筑结构平面的扭转不规则示例

弹性水平位移或层间位移分别为 δ_1 和 δ_2，则：

$\delta_2 > 1.2\left(\dfrac{\delta_1 + \delta_2}{2}\right)$，相当于 $\delta_2/\delta_1 > 1.5$ 时，为扭转不规则；

$\delta_2 > 1.5\left(\dfrac{\delta_1 + \delta_2}{2}\right)$，相当于 $\delta_2/\delta_1 > 3$ 时，为扭转严重不规则。

② 结构平面凹进的一侧尺寸，大于相应投影方向总尺寸的 30%，为楼板凹凸不规则。如图 4.9 所示。

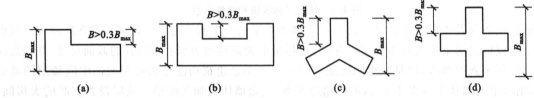

图 4.9　建筑结构平面的凹角或凸角不规则示例

③ 楼板的尺寸和平面刚度急剧变化，例如，楼板的有效宽度小于典型宽度的 50%，或开洞面积大于该楼面面积的 30%，或较大的楼层错层，为楼板局部不连续。如图 4.10 所示。

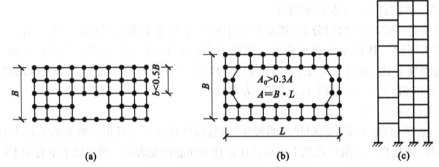

图 4.10　建筑结构平面的局部不连续示例（大开洞及错层）

竖向不规则类型包括侧向刚度不规则、竖向抗侧力构件不连续和楼层承载力突变。

① 竖向刚度不规则是指该层的侧向刚度小于相邻上一层的 70%，或小于其上相邻三个楼层侧向刚度平均值的 80%，如图 4.11 所示。除顶层或出屋面小建筑外，局部收进的水平向尺寸大于相邻下一层的 25%，则该层称为软弱层。

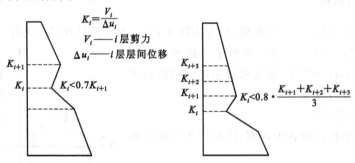

图 4.11　沿竖向的侧向刚度不规则（有软弱层）示例

② 竖向抗侧力构件不连续是指竖向抗侧力构件（柱、剪力墙、抗震支撑）在某层中断，其内力由水平转换构件（梁、桁架等）向下传递。该层称为转换层，指转换构件所在的楼层。

框支层：如果一个结构单元的转换层以上为剪力墙，转换层以下为框架，那么转换层以下的楼层为框支层，如图 4.12 所示。

③ 楼层承载力突变是指抗侧力结构的层间受剪承载力小于相邻上一楼层的 80%。该层称为薄弱层。如图 4.13 所示。

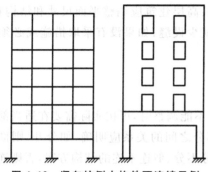

图 4.12　竖向抗侧力构件不连续示例

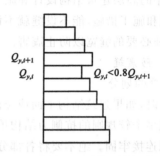

图 4.13　竖向抗侧力结构屈服抗剪强度
非均匀变化(有薄弱层)

4.2.3.2　计算模型及内力调整

不规则的建筑结构,应按下列要求进行水平地震作用计算和内力调整,并应对薄弱部位采取有效的抗震构造措施。

① 平面不规则而竖向规则的建筑结构,应采用空间结构计算模型,并应符合下列要求:

a. 扭转不规则时,应计算扭转影响,且在具有偶然偏心的规定水平力作用下楼层两端抗侧力构件弹性水平位移或层间位移的最大值与平均值的比值不宜大于 1.5,当最大层间位移远小于规范限值时,可适当放宽。

b. 凹凸不规则或楼板局部不连续时,应采用符合楼板平面内实际刚度变化的计算模型;高烈度或不规则程度较大时,宜计入楼板局部变形的影响。

c. 平面不对称且凹凸不规则或局部不连续,可根据实际情况分块计算扭转位移比,对扭转较大的部位应采用局部的内力增大系数。

② 平面规则而竖向不规则的建筑结构,应采用空间结构计算模型,刚度小的楼层的地震剪力应乘以不小于 1.15 的增大系数,其薄弱层应按《建筑抗震设计规范(2016 年版)》(GB 50011—2010)有关规定进行弹塑性变形分析,并应符合下列要求:

a. 竖向抗侧力构件不连续时,该构件传递给水平转换构件的地震内力应根据烈度高低和水平转换构件的类型、受力构件、几何尺寸等,乘以 1.25～2.0 的增大系数;

b. 侧向刚度不规则时,相邻层的侧向刚度比应依据其结构类型符合《建筑抗震设计规范(2016 年版)》(GB 50011—2010)相关章节的规定;

c. 楼层承载力突变时,薄弱层抗侧力结构的受剪承载力不应小于相邻上一楼层的 65%。

③ 平面不规则且竖向不规则的建筑结构,应根据不规则类型的数量和程度,有针对性地采取不低于本条①、②款的要求的各项抗震措施。特别不规则的建筑应专门研究,采取有效的加强措施或对薄弱部位采用相应的抗震设计方法。

4.2.4　变形缝的设置

在房屋建筑的总体布置中,为消除结构不规则、收缩和温度应力、不均匀沉降对结构的有害影响,可以用防震缝、伸缩缝和沉降缝将房屋分成若干独立的部分,成为独立的结构单元。

房屋建筑设置"三缝"可以解决产生过大变形和内力的问题,但又会产生许多新的问题。例如,由于缝两侧均需布置剪力墙或框架而使结构复杂和建筑使用不便;"三缝"使建筑立面处理困难、地

下部分容易渗漏、防水困难等，而更为突出的是，地震时，缝两侧结构进入弹塑性状态，位移急剧增大而发生相互碰撞，产生严重的震害。

近 10 多年的高层建筑结构设计和施工经验总结表明：高层建筑应调整平面尺寸和结构布置，采取构造措施和施工措施，能不设缝就不设缝，能少设缝就少设缝；如果没有采取措施或必须设缝时，则必须保证必要的缝宽以防止震害。

4.2.4.1　防震缝

（1）防震缝的划分

抗震设计时，如果建筑结构平面或竖向布置不规则且不能调整时，可按实际需要在适当部位设置防震缝形成多个较规则的抗侧力结构单元，建筑物各部分之间的关系应明确，如分开，则彻底分开；如相连，则连接牢固。绝不要将各部分之间设计成似分不分、似连不连的结构方案，否则连接处在地震中很容易受到破坏。

（2）防震缝的宽度

在地震作用时，由于结构开裂、局部损坏和进入弹塑性变形，其水平位移比弹性状态下增大很多。因此，伸缩缝和沉降缝两侧很容易发生碰撞。许多高层建筑都是有缝必碰，轻则装修、女儿墙破碎、面砖剥落，重则顶层结构损坏。2008 年汶川地震中也有许多类似震害实例。另外，设缝后，常带来许多建筑、结构及设备上的困难，基础防水也不容易处理。近年来，国内外较多的高层建筑从设计和施工方面采取了有效措施后，不设或少设缝，从实践上看来是成功的、可行的。

为防止建筑物在地震中相碰，防震缝应根据抗震设防烈度、结构材料种类、结构类型、结构单元的高度和高差以及可能的地震扭转效应的情况留有足够的宽度，其两侧的上部结构应完全断开。防震缝净宽度原则上应大于两侧结构允许的水平地震位移之和。

防震缝的最小宽度应符合下列要求：

① 框架结构（包括设置少量抗震墙的框架结构）房屋，高度不超过 15 m 时，不应小于 100 mm，超过 15 m 时，6 度、7 度、8 度和 9 度分别每增加高度 5 m、4 m、3 m 和 2 m，且宜加宽 20 mm；

② 框架-剪力墙结构房屋不应小于第①项规定数值的 70%，剪力墙结构房屋不应小于本款第①项规定数值的 50%，且二者均不宜小于 100 mm；

③ 防震缝两侧结构体系和房屋高度不同时，防震缝的宽度应按不利的结构类型和较低的房屋高度确定。

8、9 度框架结构房屋防震缝两侧结构层高相差较大时，防震缝两侧框架柱的箍筋应沿房屋全高加密，并可根据需要在缝两侧沿房屋全高各设置不少于两道垂直于防震缝的抗撞墙。抗撞墙的布置宜避免加大扭转效应，其长度可不大于 1/2 层高，抗震等级可同框架结构；框架构件的内力应按设置和不设置抗撞墙两种计算模型的不利情况取值。如图 4.14 所示。

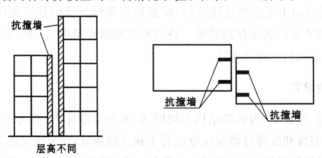

图 4.14　抗撞墙示意图

当相邻结构的基础存在较大沉降差时,宜增大防震缝的宽度;防震缝宜按房屋全高设置;当不作为沉降缝时,地下室、基础可以不设防震缝,但在与上部防震缝对应处应加强构造和连接;结构单元之间或主楼与裙房之间如无可靠措施,不要采用主楼框架柱设牛腿,低层屋面或楼面梁搁在牛腿上的做法,也不要用牛腿托梁的办法设防震缝,因为地震时各单元之间,尤其是高低层之间的振动情况是不相同的,连接处容易压碎、拉断。

考虑到目前结构形式和结构体系较为复杂,例如,连体结构中连接体与主体建筑之间可能采用铰接等情况,如采用牛腿托梁的做法,则应采取类似桥墩支撑桥面结构的做法,在较长、较宽的牛腿上设置滚轴或铰支承,而不是采用焊接等固定连接方式,并应适应地震作用下相应的位移要求。

抗震设计时,伸缩缝、沉降缝的宽度均应符合防震缝最小宽度的要求。

4.2.4.2 伸缩缝

新浇筑的混凝土在硬结过程中由于收缩而产生收缩应力;季节温度的变化、室内外温差以及向阳面与靠阴面之间的温差都会使混凝土结构热胀冷缩产生温度应力。混凝土收缩和温度应力常常会使混凝土结构产生裂缝。为了避免收缩裂缝和温度裂缝,房屋建筑可以设置伸缩缝。

当高层建筑未采用任何可靠措施时,其伸缩缝的最大间距见《高层建筑混凝土结构技术规程》(JGJ 3—2010)第3.4.12条的规定,宜符合表4.5的要求。伸缩缝的最大间距应理解为房屋平面两端点之间的直线距离而非弧线或曲线的周长。

表4.5 伸缩缝的最大间距

结构体系	施工方法	最大间距(m)
框架结构	现浇	55
剪力墙结构	现浇	45

注:① 框架-剪力墙结构的伸缩缝间距可根据结构的具体布置情况取表4.5中框架结构与剪力墙结构之间的数值;
② 当屋面无保温或隔热措施、混凝土的收缩较大或室内结构因施工外露时间较长时,伸缩缝间距应适当减小;
③ 位于气候干燥地区、夏季炎热且暴雨频繁地区的结构,伸缩缝的间距宜适当减小。

高层建筑结构不仅平面尺度大,而且竖向的高度也很大,温度变化和混凝土收缩不仅会产生水平方向的变形和内力,而且也会产生竖向的变形和内力。是否增大伸缩缝最大间距,或甚至不设伸缩缝,其关键在于如何减少温度应力和混凝土收缩应力,以及如何提高混凝土的抗裂能力。一般由构造措施或施工措施来解决。

《高层建筑混凝土结构技术规程》(JGJ 3—2010)第3.4.13条规定,当采用有效的构造措施和施工措施减少温度和混凝土收缩对结构的影响时,可适当放宽伸缩缝的间距。这些措施可包括但不限于下列方面。

① 顶层、底层、山墙和纵墙端开间等温度变化影响较大的部位提高配筋率,减少温度裂缝和收缩裂缝的宽度,并使其分布均匀,避免出现明显的集中裂缝。

② 顶层加强保温和隔热措施,外墙设置外保温层。房屋结构顶部温度应力较大,采取隔热措施可以有效减小温度应力;混凝土外墙设置外保温层是减少主体结构受温度变化影响的有效措施。

③ 每30～40 m间距留出施工后浇带,带宽800～1000 mm,混凝土后浇,钢筋采用搭接接头,钢筋搭接长度一般为35d,如图4.15所示。留出后浇带后,施工过程中混凝土可以自由收缩,从而大大减少了收缩应力。混凝土的抗拉强度可以大部分用来抵抗温度应力,提高结构抵抗温度变化的能力。后浇带混凝土可在主体混凝土施工后45 d浇注,后浇混凝土施工时的温度尽量与主体混凝土施工时的温度相近。

施工后浇带的作用在于减少混凝土的收缩应力,并不直接减少温度应力,而是提高它对温度应

力的耐受能力。所以后浇带应通过整个建筑物的横截面,分开全部墙、梁和板,使得两边都可以自由收缩。后浇带可以选择对结构受力影响较小的部位曲折通过,不要在一个平面内,以免全部钢筋都在同一平面内搭接。一般情况下,后浇带可设在框架梁和楼板的 1/3 跨处或设在剪力墙洞口上方连梁的跨中或内外墙连接处,如图 4.16 所示。

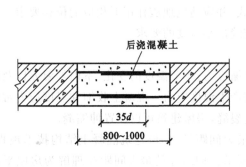

图 4.15　后浇带

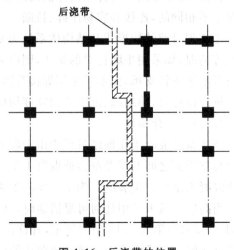

图 4.16　后浇带的位置

④ 顶部楼层改用刚度较小的结构形式(如剪力墙结构顶层局部改为框架-剪力墙结构)或顶部设局部温度缝,将结构划分为长度较小的区段。

⑤ 采用收缩小的水泥,减少水泥用量,在混凝土中加入适量的外加剂。

⑥ 提高每层楼板的构造配筋率或采用部分预应力结构。

4.2.4.3　沉降缝

当同一建筑物的各部分由于基础沉降而产生显著沉降差,有可能产生结构难以承受的内力和变形时,可采用沉降缝将两部分分开。沉降缝不但应贯通上部结构,而且应贯通基础本身,使各部分自由沉降,避免由于沉降差引起裂缝和破坏。通常沉降缝用来划分同一高层建筑中层数相差很多、荷载相差很大的各部分,最典型的是用来分开主楼和裙房。

在地基条件许可的时候,通过采取措施减小沉降差,可以不设沉降缝,把主体结构和裙房的基础做成整体。这些措施是:

① 当压缩性很小的土质不太深时,可以利用天然地基,把主体结构和裙房放在一个刚度很大的整体基础上;土质不好时,可以用桩基将重量传到压缩性小的土层中。

② 当土质比较好,且房屋的沉降能在施工期间完成时,可以在施工时设置后浇带,将主体结构与裙房从基础到房顶暂时断开,待主体结构施工完毕,且大部分沉降完成后,再浇筑后浇带的混凝土,将结构连成整体。设计基础时,要考虑两个阶段的不同受力状态,并分别验算。

③ 裙房面积不大时,可以从主体结构的箱形基础上悬挑基础梁,承受裙房的重量。

目前,广州、深圳等地多采用基岩端承桩,主楼、裙房间可不设缝;北京的高层建筑则一般采用施工时留后浇带的方法。

【例 4.3】　贴近已有三层框架结构建筑的一侧拟建 10 层框架结构的建筑,原有建筑层高为 4 m,新的建筑层高均为 3 m,两者之间需设防震缝,该地区为抗震设防烈度 7 度。试选用符合规定的防震缝最小宽度。

【解】　原框架结构高度为 $3 \times 4 = 12(m)$,拟建框架高度为 $10 \times 3 = 30(m)$,按较低房屋高度确定缝宽,因高度低于 15 m,采用缝宽 100 mm。

【例 4.4】 建于设防烈度为 7 度区的某钢筋混凝土框架-剪力墙结构房屋相邻结构单元的屋面高度分别为 76.5 m 和 60.5 m。试确定防震缝的最小宽度。

【解】 按高度为 60.5 m 的框剪结构考虑

$$\delta = 0.7 \times \left(100 + \frac{60.5 - 15}{4} \times 20\right) = 229.25 \ (\text{mm}) > 100 \ (\text{mm})$$

【例 4.5】 8 度设防区内某高层剪力墙结构,主体高度为 75 m,裙房高度为 12 m,主体与裙房间设有防震缝。试确定其最小缝宽。

【解】 按高度为 12 m 的裙房来考虑,因房屋高度低于 15 m,取 $\delta = 100$ mm。

【例 4.6】 某高层框架-剪力墙结构,抗震设防烈度为 8 度,高度为 60 m,相邻结构为框架结构,高度为 24 m。试计算防震缝的最小宽度。

【解】 按高度为 24 m 的框架结构考虑

$$\delta = 100 + \frac{24 - 15}{3} \times 20 = 160 \ (\text{mm}) > 100 \ (\text{mm})$$

4.3 水平位移限值和舒适度要求

4.3.1 水平位移控制

高层建筑层数多、高度大,为了保证高层建筑结构具有必要的刚度,应对其层间位移加以控制。侧向位移控制实际上是对构件截面大小、刚度大小的一个宏观指标。在正常使用条件下,高层建筑结构应具有足够的刚度,避免产生过大的位移而影响结构的承载力、稳定和使用要求。

在正常使用条件下,限制高层建筑侧向位移的主要目的有如下四个方面。

① 保证主体结构基本处于弹性受力状态,对钢筋混凝土结构来讲,要避免混凝土墙或柱出现裂缝;同时将混凝土梁等楼面裂缝构件的数量、宽度和高度限制在规范允许范围之内。

② 保证填充墙、隔墙、幕墙等非结构构件的完好,避免产生明显损伤。

③ 过大的侧向位移会使结构产生附加内力,严重时会加速结构的倒塌。这是因为产生侧向位移后,建筑物的竖向荷载会产生附加弯矩,侧移愈大,附加弯矩也愈大。

④ 过大的侧向变形会使人有不舒适感,影响正常使用。

4.3.1.1 弹性变形验算

为防止框架、剪力墙、框架-剪力墙等结构中的非结构构件在多遇地震作用(或风荷载下)出现过重破坏,应限制房屋的层间位移。考虑到层间位移控制是一个宏观的侧向刚度指标,为便于设计人员在工程设计中应用,采用层间最大位移与层高之比 $\Delta u/h$,即层间位移角 θ 作为控制指标。即

$$\Delta u_e \leqslant [\theta_e]h \tag{4.3}$$

式中 Δu_e——多遇地震作用(或风荷载)标准值产生的楼层内最大的弹性层间位移,计算时,除以弯曲变形为主的高层建筑外,可不扣除整体弯曲变形;应计入扭转变形,各作用分项系数均应采用 1.0;钢筋混凝土结构构件的截面刚度可采用弹性刚度。

$[\theta_e]$——弹性层间位移角限值,宜按表 4.6 采用。

h——层高。

按弹性方法计算的楼层层间最大位移与层高之比 $\Delta u/h$ 宜符合以下规定:

① 高度不大于 150 m 的高层建筑,楼层层间最大位移与层高之比 $\Delta u/h$ 不宜大于表 4.6 的限值;

② 高度不小于 250 m 的高层建筑,其楼层层间最大位移与层高之比 $\Delta u/h$ 不宜大于 1/500;

③ 高度在 150～250 m 之间的高层建筑,其楼层层间最大位移与层高之比 $\Delta u/h$ 的限值按第①条和第②条的限值线性插入取用。

表 4.6   弹性层间位移角限值

结构类型	$[\theta_e]$（$\Delta u/h$ 限值）
框架	1/550
框架-剪力墙、框架-核心筒、板柱-剪力墙	1/800
筒中筒、剪力墙	1/1000
除框架结构外的转换层	1/1000

注:楼层层间最大位移以楼层最大的水平位移差计算,不扣除整体弯曲变形。抗震设计时,楼层位移计算不考虑偶然偏心的影响。

4.3.1.2　弹塑性变形验算

（1）计算范围

震害经验表明,如果结构中存在薄弱层或薄弱部位,在强烈地震作用下,由于结构的薄弱部位产生了弹塑性变形,导致结构构件严重破坏甚至引起房屋倒塌。为防止出现这种情况,《建筑抗震设计规范(2016 年版)》(GB 50011—2010)第 5.5.2 条规定下列结构应进行罕遇地震作用下薄弱层(部位)的抗震变形验算:① 8 度Ⅲ、Ⅳ类场地和 9 度时,高大的单层钢筋混凝土柱厂房的横向排架;② 7～9 度时楼层屈服强度系数小于 0.5 的钢筋混凝土框架结构和框排架结构;③ 高度大于150 m 的结构;④ 甲类建筑和 9 度抗震设防的乙类建筑结构;⑤ 采用隔震和消能减震技术的建筑结构。同时还规定下列结构宜进行罕遇地震作用下薄弱层(部位)的抗震变形验算:① 对采用时程分析法且竖向不规则类型的高层建筑结构;② 7 度Ⅲ、Ⅳ类场地和 8 度抗震设防的乙类建筑结构;③ 板柱-剪力墙结构和底部框架砌体房屋;④ 高度不大于 150 m 的其他高层钢结构;⑤ 不规则的地下建筑结构及地下空间综合体。

（2）计算方法

① 简化方法。

不超过 12 层且刚度无突变的钢筋混凝土框架和框排架结构、单层钢筋混凝土柱厂房可采用简化方法计算结构薄弱层(部位)的弹塑性位移。

按弹性方法计算时,需要确定结构薄弱层(部位)的位置。所谓结构薄弱层,是指在强烈地震作用下结构首先发生屈服并产生较大弹塑性变形的部位。发生的部位为楼层屈服强度系数 ξ_y 最小或相对较小的楼层。

对于多、高层建筑结构,楼层屈服强度系数为按钢筋混凝土构件实际配筋和材料强度标准值计算的楼层受剪承载力 V_y 和按罕遇地震作用标准值计算的楼层弹性地震剪力 V_e 的比值。按下式计算:

$$\xi_y = \frac{V_y}{V_e} \tag{4.4}$$

对于排架柱,楼层屈服强度系数为按实际配筋面积、材料强度标准值和轴向力计算的正截面受弯承载力 M_y 与按罕遇地震作用标准值的弹性地震弯矩 M_e 的比值。按下式计算:

$$\xi_y = \frac{M_y}{M_e} \tag{4.5}$$

楼层屈服强度系数大小及其沿高度分布情况可判断结构薄弱层部位。对于结构楼层屈服强度系数沿高度分布不均匀的结构,薄弱楼层的位置十分明显,即 $\xi_y(i)$ 为相对小的楼层,可用下式判断:

$$\xi_y(i) < \frac{0.8[\xi_y(i+1) + \xi_y(i-1)]}{2} \quad i \neq \begin{cases} 1 \\ n \end{cases} \tag{4.6a}$$

$$\xi_y(n) < 0.8\xi_y(n-1) \qquad i = n \tag{4.6b}$$

$$\xi_y(1) < 0.8\xi_y(2) \qquad i = 1 \tag{4.6c}$$

否则,认为楼层屈服强度系数沿建筑高度分布均匀。

《建筑抗震设计规范(2016年版)》(GB 50011—2010)第5.5.4规定,结构薄弱层(部位)的位置可按下列情况确定:

a. 楼层屈服强度系数沿高度分布均匀的结构,可取底层;

b. 楼层屈服强度系数沿高度分布不均匀的结构,可取该系数最小的楼层(部位)和相对较小的楼层,一般不超过2~3处;

c. 单层厂房,可取上柱。

弹塑性层间位移可按下列公式计算:

$$\Delta u_p = \eta_p \Delta u_e \tag{4.7a}$$

或

$$\Delta u_p = \mu \Delta u_y = \frac{\eta_p}{\xi_y} \Delta u_y \tag{4.7b}$$

式中 Δu_p——弹塑性层间位移。

Δu_y——层间屈服位移。

μ——楼层延性系数。

Δu_e——罕遇地震作用下按弹性分析的层间位移。

η_p——弹塑性层间位移增大系数,当薄弱层(部位)的屈服强度系数不小于相邻层(部位)该系数平均值的0.8时,可按表4.7采用;当不大于该平均值的0.5时,可按表内相应数值的1.5倍采用;其他情况可用内插法取值。

ξ_y——楼层屈服强度系数。

表4.7 **弹塑性层间位移增大系数**

结构类型	总层数 n 或部位	ξ_y		
		0.5	0.4	0.3
多层均匀框架结构	2~4	1.30	1.40	1.60
	5~7	1.50	1.65	1.80
	8~12	1.80	2.00	2.20
单层厂房	上柱	1.30	1.60	2.00

结构薄弱层(部位)弹塑性层间位移应符合下式要求:

$$\Delta u_p \leqslant [\theta_p]h \tag{4.8}$$

式中 $[\theta_p]$——弹塑性层间位移角限值,可按表4.8采用;对框架结构,当轴压比小于0.4时,可提高10%;当柱子全高的箍筋构造比柱端加密区规定的体积配箍率大30%时,可提高20%,但累计不超过25%。

h——薄弱层楼层高度或单层厂房上柱高度。

表 4.8　　　　　　　　　　　弹塑性层间位移角限值

结构体系	$[\theta_p]$
单层钢筋混凝土柱排架	1/30
框架结构	1/50
框架-剪力墙结构、框架-核心筒结构、板柱-剪力墙结构	1/100
剪力墙结构和筒中筒结构	1/120
除框架结构外的转换层	1/120

② 除上述用简化方法以外的建筑结构，可采用静力弹塑性分析方法或弹塑性时程分析法等。
③ 规则结构可采用弯剪层模型或平面杆系模型，属于不规则结构应采用空间模型。

4.3.2　舒适度要求

4.3.2.1　风振舒适度

高层建筑在风荷载作用下将产生振动，过大的振动加速度将使在高楼内居住的人们感觉不舒适，甚至不能忍受。两者的关系如表 4.9 所示，其中 g 为重力加速度。

表 4.9　　　　　　　　　　　舒适度与风振加速度关系

不舒适的程度	建筑物的加速度	不舒适的程度	建筑物的加速度
无感觉	$<0.005g$	十分扰人	$0.05g\sim0.15g$
有感	$0.005g\sim0.015g$	不能忍受	$>0.15g$
扰人	$0.015g\sim0.05g$		

《高层建筑混凝土结构技术规程》(JGJ 3—2010)第 3.7.6 条规定，高度不小于 150 m 的高层钢筋混凝土结构应满足风振舒适度要求，按照《建筑结构荷载规范》(GB 50009—2012)的规定，10 年一遇的风荷载取值计算的顺风向与横风向结构顶点最大加速度 a_{max} 不应超过表 4.10 的限值，结构顶点的顺风向和横风向振动最大加速度可按《高层民用建筑钢结构技术规程》(JGJ 99—2015)的规定计算，也可通过专门风洞试验结果确定，计算时结构阻尼比宜取 0.01～0.02。

表 4.10　　　　　　　　　　　结构顶点最大加速度限值

使用功能	a_{max} (m/s²)
住宅、公寓	0.15
办公、旅馆	0.25

4.3.2.2　楼盖舒适度

《高层建筑混凝土结构技术规程》(JGJ 3—2010)第 3.7.7 条规定，楼盖结构应具有适宜的舒适度。楼盖结构的竖向振动频率不宜小于 3 Hz，竖向振动加速度峰值不应超过表 4.11 的限值。楼盖结构竖向振动加速度可按《高层建筑混凝土结构技术规程》(JGJ 3—2010)附录 A 计算。

表 4.11　　　　　　　　　　　楼盖竖向振动加速度限值

人员活动环境	峰值加速度限值(m/s²)	
	竖向自振频率不大于 2 Hz	竖向自振频率不小于 4 Hz
住宅、办公	0.07	0.05
商场及室内连廊	0.22	0.15

注：楼盖结构竖向自振频率为 2～4 Hz 时，峰值加速度限值可按线性插值选取。

4.4　构件承载力设计表达式

高层建筑结构设计应保证结构在可能同时出现的各种外荷载作用下,各个构件及其连接均有足够的承载力。我国《工程结构可靠性设计统一标准》(GB 50153—2008)规定,构件按极限状态设计,承载力极限状态要求采用荷载效应组合得到的构件最不利内力进行构件截面承载力验算。结构构件承载力验算表达式为:

持久、短暂设计状况

$$\gamma_0 S_d \leqslant R_d \qquad\qquad (4.9)$$

式中　γ_0——结构重要性系数,对安全等级为一级结构构件,不应小于 1.1;对安全等级为二级的结构构件,不应小于 1.0。

S_d——作用组合的效应设计值,应符合本书 4.7 节中的规定。

R_d——构件承载力设计值。

地震设计状况

$$S_d \leqslant \frac{R_d}{\gamma_{RE}} \qquad\qquad (4.10)$$

式中　γ_{RE}——构件承载力抗震调整系数。

构件承载力设计值 R_d 是一种抗力函数,需按持久、短暂设计状况和地震设计状况的两种情况分别采用。因地震作用属低周期反复作用,在反复荷载作用下承载力降低,构件的正截面抗弯承载力虽仍可与静力荷载时基本相同,但截面抗剪承载力要比受静力荷载时下降 20% 左右。考虑到地震是一种偶然作用,作用时间短,材料性能也与静力作用不同,因此可靠度可略降低。对于第一阶段的抗震设计,《建筑抗震设计规范(2016 年版)》(GB 50011—2010)统一采用 R_d/γ_{RE} 的形式来表示抗震设计的抗力函数,即抗震设计的抗震承载力设计值。其中 R_d 表示各有关规范所规定的构件承载力设计值。式(4.10)中系数 γ_{RE} 为承载力抗震调整系数,实际上是对地震设计状况时构件承载力设计值的调整,将承载力又略微提高。《高层建筑混凝土结构技术规程》(JGJ 3—2010)第3.8.2 规定,钢筋混凝土构件的承载力抗震调整系数应按表 4.12 采用。γ_{RE} 都小于 1.0,也就是说,该系数可提高承载力,是一种安全度的调整。特别强调,当仅考虑竖向地震作用时,各类结构构件的承载力抗震调整系数应取为 1.0。

表 4.12　　　　　　　　　　　　　　承载力抗震调整系数

构件类别	梁	轴压比小于 0.15 的柱	轴压比不小于 0.15 的柱	剪力墙		各类构件	节点
受力状态	受弯	偏压	偏压	偏压	局部承压	受剪、偏拉	受剪
γ_{RE}	0.75	0.75	0.80	0.85	1.0	0.85	0.85

不同受力状态下构件的延性是不同的。受弯构件的延性和耗能能力好,而受剪或小偏心受压构件的延性和耗能能力就差,即受弯构件的弹塑性变形性能好,相应的安全度较大,故它的 γ_{RE} 值可比受剪或偏心受压构件的 γ_{RE} 值小。其次,在地震设计状况时不再考虑结构重要性系数 γ_0,因为在确定抗震设防类别时已考虑了该建筑物的重要性,γ_0 的作用已体现,在此不必重复。

4.5　抗震结构延性要求和抗震等级

4.5.1　延性结构的概念

延性是指构件或结构屈服以后，具有承载力不降低或基本不降低且有足够塑性变形能力的一种性能。如结构（或构件甚至材料）超越弹性极限后直至破坏产生的变形愈大，延性能力愈好。如超越弹性极限后随即破坏，则表示其延性性能差，称它为脆性。一般用延性比表示延性，即塑性变形能力的大小。塑性变形可以耗散地震能量，大部分抗震结构在中震作用下都因进入塑性状态而耗能。

对抗震结构宜采用延性性能好的材料，即钢或合理配置的钢筋混凝土而成的延性性能好的构件（即延性构件），并以此构成延性性能好的结构（延性结构）。这样，当结构遭受罕遇地震作用时，其可依靠钢材屈服后有足够的延性，在超越弹性变形后的塑性变形过程中吸收和耗散地震能量。大部分抗震结构在中震作用下都进入塑性状态而耗能，因而能将结构保存下来，不至倒塌。

要使结构成为延性结构，首先在结构体系上应是超静定的，而不是呈悬臂状的静定结构，并且还要使塑性铰最先出现在超静定结构的次要构件或水平构件上，然后才出现在主要构件或竖向构件上，以形成多道抗震防线，延长非弹性变形的发展过程，增大变形能力，吸收和耗散地震能量，提高结构的防倒塌能力；其次，还要注意采用延性构件和延性较好的材料。

构件的延性性能，常以构件的极限变形与构件出现塑性铰时的变形的比值来衡量。如图 4.17 所示，对于钢筋混凝土构件，屈服变形定义为钢筋屈服时的变形，极限变形一般定义为承载力降低 $10\% \sim 20\%$ 时的变形。当受拉钢筋屈服以后，即进入塑性状态，构件刚度降低，随着变形迅速增加，构件承载力略有增大，当承载力开始降低，就达到极限状态。构件延性比是指极限变形（转角 φ_u 或挠度 f_u）与屈服变形（转角 φ_y 或挠度 f_y）的比值。这项指标值愈大，则表示该构件的延性性能愈好。

结构的延性性能通常以最大承载力的 $80\% \sim 90\%$ 时的结构顶点位移 Δ_u 与结构开始出现塑性铰时的结构顶点位移 Δ_y 的比值（Δ_u/Δ_y）来衡量。如图 4.18 所示，对于钢筋混凝土结构，当某个杆件出现塑性铰时，结构开始出现塑性变形，但结构刚度只略有降低；当出现塑性铰的杆件增多以后，塑性变形加大，结构刚度继续降低；当塑性铰达到一定数量以后，结构也会出现"屈服"现象，即结构进入塑性变形迅速增大而承载力略微增大的阶段，是"屈服"后的弹塑性阶段。"屈服"时的位移定义为屈服位移 Δ_y；当整个结构不能维持其承载能力，即承载力下降到最大承载力的 $80\% \sim 90\%$ 时，达到极限位移 Δ_u。结构延性比 μ 通常是指达到极限时顶点位移 Δ_u 与屈服时顶点位移 Δ_y 的比值。这项指标值愈大，则表示该结构的延性性能愈好。

在"小震不坏、中震可修、大震不倒"的抗震设计原则下，钢筋混凝土结构都应设计成延性结构，

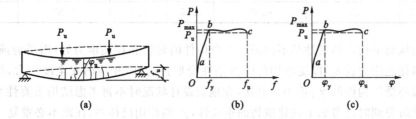

图 4.17　梁的构件延性性能

(a) 梁破坏前形态；(b) P-f 曲线；(c) P-φ 曲线

a—转折点 1，出现裂缝；b—转折点 2，钢筋屈服；c—破坏

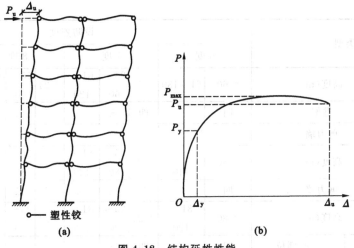

图 4.18 结构延性性能

(a) 结构破坏前形态；(b) P-Δ 曲线

即在设防烈度地震作用下，允许部分构件出现塑性铰，这种状态是中震"可修"状态；当合理控制塑性铰部位、构件又具备足够的延性时，可做到在大震作用下结构不倒塌。高层建筑各体系都是由梁、柱、框架和剪力墙组成，作为抗震墙结构都应该设计成延性框架和延性剪力墙。

当设计成延性结构时，由于塑性变形可以耗散地震能量，结构变形虽会加大，但结构承受的地震作用（惯性力）不会很快上升，内力也不会加大，因此，具有延性的结构可降低对结构的承载力要求，也可以说，延性结构用它的变形能力（而不是承载力）抵抗罕遇地震作用，如果结构的延性不好，则必须有足够大的承载力抵抗地震。然而后者会多用材料，对于地震发生概率极小的地区，延性结构是一种经济的设计对策。

提高高层建筑的延性是通过合理选择结构体系、合理布置结构、对构件及其连接采取各种构造措施等多方面努力才能实现的，施工质量好坏对结构延性也有很大影响。结构的延性不能也不是通过计算能达到的，而是通过设立抗震结构的抗震等级要求、加强构造措施的方法保证结构的延性。

4.5.2 抗震等级的划分

抗震设计时，钢筋混凝土结构房屋应根据设防类别、设防烈度、结构类型和房屋高度采用不同的抗震等级，并应符合相应的内力调整和抗震构造要求。抗震等级的高低体现了对结构抗震性能要求的严格程度。《高层建筑混凝土结构技术规程》(JGJ 3—2010)规定，A 级高度丙类建筑钢筋混凝土结构的抗震等级应按表 4.13 确定。当本地区设防烈度为 9 度时，A 级高度乙类建筑的抗震等级应按特一级采用，甲类建筑应采取更有效的抗震措施。B 级高度丙类建筑钢筋混凝土结构的抗震等级应有更严格的要求，按表 4.14 确定。

表 4.13　　　　　　　　　　　　**A 级高度的高层建筑结构的抗震等级**

结构类型		设防烈度						
		6 度		7 度		8 度		9 度
	高度(m)	≤24	25～60	≤24	25～50	≤24	25～40	≤24
框架	框架	四	三	三	二	二	一	一
	跨度不小于 18 m 的框架	三		二		一		一

续表

结构类型		设防烈度								
		6 度		7 度			8 度			9 度	
				≤24	25～60	61～120	≤24	25～60	61～100	≤24	25～50
框架-剪力墙	高度(m)	≤60	61～130	≤24	25～60	61～120	≤24	25～60	61～100	≤24	25～50
	框架	四	三	四	三	二	三	二	一	二	
	剪力墙	三		三		二	二		一	一	
剪力墙	高度(m)	≤80	81～140	≤24	25～80	81～120	≤24	25～80	81～100	≤24	25～60
	剪力墙	四	三	四	三	二	三	二	一	二	
部分框支剪力墙	高度(m)	≤80	81～120	≤24	25～80	81～100	≤24	25～80			
	剪力墙 一般部位	四	三	四	三	二	三	二			
	剪力墙 加强部位	三	二	三	二	一	二	一			
	框支层框架	二		二		一	一				
框架-核心筒	高度(m)	≤150		≤130			≤100			≤70	
	框架	三		二			一			一	
	核心筒	二		二			一			一	
筒中筒	高度(m)	≤180		≤150			≤120			≤80	
	外筒	三		二			一			一	
	内筒	三		二			一			一	
板柱-剪力墙	高度(m)	≤35	36～80	≤35	36～70		≤35	36～55			
	框架、板柱的柱	三	二	二	二		二	二			
	剪力墙	二	二	二	一		二	一			

　　说明: 表 4.13 除框架结构外不包括 24 m 以下结构的抗震等级,应用时可查阅《建筑抗震设计规范(2016 年版)》(GB 50011—2010)表 6.1.2。

表 4.14　　**B 级高度的高层建筑结构抗震等级**

结构类型		烈度		
		6 度	7 度	8 度
框架-剪力墙	框架	二	一	一
	剪力墙	二	一	特一
剪力墙	剪力墙	二	一	一
框支-剪力墙	非底部加强部位的剪力墙	二	一	一
	底部加强部位的剪力墙	一	一	特一
	框支框架	一	特一	特一
框架-核心筒	框架	二	一	一
	筒体	二	一	特一
筒中筒	外筒	二	一	特一
	内筒	二	一	特一

　　注:底部带转换层的筒体结构,其转换框架和底部加强部位筒体的抗震等级应按表 4.14 中部分框支-剪力墙结构的规定采用。

特别强调,钢筋混凝土结构的抗震措施包括内力调整和抗震构造措施,不仅要按建筑抗震设防类别区别对待,而且还要按抗震等级划分。不同的抗震设防类别在考虑抗震等级时采用的抗震设防烈度与计算地震作用时的抗震设防烈度不一定相同。这样,可以对同一设防烈度下不同高度的房屋采用不同的抗震等级;同一建筑物中不同结构部分也可以采用不同抗震等级;同一构件内力调整和构造措施可采用不同的抗震等级。这是因为同样烈度下的不同结构体系,不同高度有不同的抗震要求。例如,次要抗侧力构件的抗震要求可低于主要抗侧力构件;较高的房屋,地震反应大,位移延性的要求也高,墙肢底部塑性铰区的曲率延性要求也高;建筑场地类别不同,抗震构造措施也有区别。因此,在确定房屋的抗震等级时,应特别注意符合下列要求。

① 丙类建筑的抗震等级可直接按表 4.13、表 4.14 确定;抗震设防类别为甲、乙、丁建筑的抗震等级则应按第 2 章抗震设防分类和抗震设防标准的规定调整后再按表 4.13、表 4.14 确定。

② 建筑场地为 I 类时,除 6 度外可按表 4.13、表 4.14 内降低一度所对应的抗震等级采取抗震构造措施,但相应的计算要求不应降低。

③ 建筑场地为 III、IV 类时,对设计基本加速度为 $0.15g$ 和 $0.30g$ 的地区,宜分别按抗震设防烈度 8 度 $(0.20g)$ 和 9 度 $(0.40g)$ 时各类建筑的要求采取抗震构造措施。

④ 设置少量抗震墙的框架结构,在规定的水平力作用下,底层框架部分所承担的地震倾覆力矩大于结构总地震倾覆力矩的 50% 时,其框架的抗震等级应按框架结构确定,抗震墙的抗震等级可与其框架的抗震等级相同。

⑤ 抗震设计时,当地下室顶板作为上部结构的嵌固部位时,地下一层相关范围的抗震等级应与上部结构相同,地下一层以下抗震构造措施的抗震等级可逐层降低一级,但不应低于四级。地下室中超出上部主楼相关范围且无上部结构的部分,抗震构造措施的抗震等级可根据具体情况采用三级或四级。

带地下室的多层和高层建筑,当地下结构的刚度和受剪承载力比上部楼层相对较大时,地下室顶板视作嵌固部位,在地震作用下的屈服部位将发生在地上楼层,同时将影响到地下一层,地面以下地震影响虽然逐渐减小,但地下一层的抗震等级不能降低。《高层建筑混凝土结构技术规程》(JGJ 3—2010) 第 3.9.5 条规定:地下一层"相关范围"一般指主楼周边外延 1~2 跨的地下室范围。《建筑抗震设计规范(2016 年版)》(GB 50011—2010) 第 6.1.3 条规定:多层建筑可不考虑相关范围的影响。如图 4.19 所示。

⑥ 裙房与主楼相连,除应按裙房本身确定抗震等级外,裙房相关范围不应低于主楼的抗震等级;主楼结构在裙房顶板对应的相邻上下各一层应适当加强抗震构造措施。裙房与主楼分离时,应按裙房本身确定抗震等级。

裙房与主楼相连,主楼结构在裙房顶板对应的上、下各一层受刚度与承载力突变影响较大,抗震措施需适当加强。裙房与主楼之间设防震缝,在大震作用下可能发生碰撞,也需要采取加强措施。

裙房与主楼相连的相关范围,一般可从主楼周边外延 3 跨且不小于 20 m,相关范围以外的区域可按裙房自身的结构类型确定其抗震等级。裙房偏置时,其端部有较大扭转效应,也需要加强。如图 4.19 所示。

表 4.15 和表 4.16 分别给出确定结构抗震措施和抗震构造措施应考虑的设防烈度。

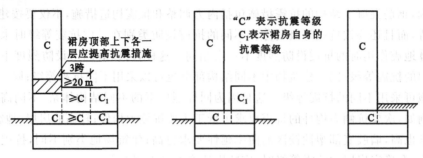

图 4.19　裙房和地下室的抗震等级

表 4.15　　　　　　　　　确定结构抗震措施时应考虑的设防烈度

抗震设防类别	场地类别	设计基本地震加速度					
		$0.05g$	$0.10g$	$0.15g$	$0.20g$	$0.30g$	$0.40g$
甲、乙类	Ⅰ～Ⅳ	7	8	8	9	9	9*
丙类	Ⅰ～Ⅳ	6	7	7	8	8	9
丁类	Ⅰ～Ⅳ	6	7⁻	7⁻	8⁻	8⁻	9⁻

注:① 对划分为重点设防类(乙类)而规模很小的工业建筑,当改用抗震性能较好的材料且符合抗震规范对结构体系的要求时,允许按标准设防类(丙类)设防。
　　② 9* 表示应按比 9 度更高的要求采取抗震措施。
　　③ 7⁻、8⁻、9⁻表示可以比本地区抗震设防烈度的要求适当降低抗震措施。

表 4.16　　　　　　　　　确定结构抗震构造措施时应考虑的设防烈度

抗震设防类别	场地类别	设计基本地震加速度					
		$0.05g$	$0.10g$	$0.15g$	$0.20g$	$0.30g$	$0.40g$
甲、乙类	Ⅰ	6	7	7	8	8	9
	Ⅱ	7	8	8	9	9	9*
	Ⅲ、Ⅳ	7	8	8*	9	9*	9*
丙类	Ⅰ	6	6	6	7	7	8
	Ⅱ	6	7	7	8	8	9
	Ⅲ、Ⅳ	6	7	8	8	9	9
丁类	Ⅰ	6	6	6	7	7	8
	Ⅱ	6	7⁻	7⁻	8⁻	8⁻	9⁻
	Ⅲ、Ⅳ	6	7⁻	7	8⁻	8	9⁻

注:① 9* 表示应按比 9 度更高的要求采取抗震措施。
　　② 7⁻、8⁻、9⁻表示可以比本地区抗震设防烈度的要求适当降低抗震措施。

【例 4.7】　已知某框架结构为丙类建筑,总高 $H=33$ m,抗震设防烈度为 7 度,设计基本加速度为 $0.15g$,建筑场地类别为Ⅲ类。试确定采用的抗震等级。

【解】　① 根据《高层建筑混凝土结构技术规程》(JGJ 3—2010)表 3.3.1-1 的规定,丙类建筑,抗震设防烈度为 7 度,$H=33$ m<50 m,属于 A 级高度房屋。

② 根据《高层建筑混凝土结构技术规程》(JGJ 3—2010)第 3.9.1.2 的规定,应按设防烈度 7 度考虑抗震措施所采用的抗震等级。

③ 根据《高层建筑混凝土结构技术规程》(JGJ 3—2010)第 3.9.2 条规定,因建筑场地类别为Ⅲ类,设计基本加速度为 $0.15g$,应按设防烈度为 8 度(0.20g)考虑抗震构造措施所采用的抗震等级。

④ 根据《高层建筑混凝土结构技术规程》(JGJ 3—2010)第 3.9.3 条查得,考虑抗震措施的设防烈度为 7 度, $H=33$ m>24 m,框架的抗震等级为二级;考虑抗震构造措施的设防烈度为 8 度(0.20g),$H=33$ m>24 m,框架的抗震等级为一级。

4.6　结构抗震性能设计和抗连续倒塌设计基本要求

4.6.1　结构抗震性能设计

抗震设计的高层建筑混凝土结构,当其房屋高度、规则性、结构类型等超过《高层建筑混凝土结构技术规程》(JGJ 3—2010)的规定或抗震设防标准等有特殊要求时,可采用结构抗震性能设计方法进行补充分析和论证。

结构抗震性能设计应分析结构方案的特殊性、选用适宜的结构抗震性能目标,并采取满足预期的抗震性能目标的措施。

4.6.1.1　结构抗震性能目标

结构抗震性能目标应综合考虑抗震设防类别、设防烈度、场地条件、结构的特殊性、建造费用、震后损失和修复难易程度等各项因素选定。结构抗震性能目标分为 A、B、C、D 四个等级,结构抗震性能分为 1、2、3、4、5 五个水准(表 4.17),每个性能目标均与一组在指定地震地面运动下的结构抗震性能水准相对应。

表 4.17　　　　　　　　　　　　　　　　结构抗震性能水准

地震水准	性能目标			
	A	B	C	D
多遇地震	1	1	1	1
设防烈度地震	1	2	3	4
预估的罕遇地震	2	3	4	5

4.6.1.2　结构抗震性能水准

结构抗震性能水准可按表 4.18 进行宏观判别。表 4.18 对五个性能水准结构地震后的预期性能情况,包括损坏情况及继续使用的可能性提出了要求,据此可对各性能水准结构的抗震性能进行宏观判断。

表 4.18　　　　　　　　　　　　　　各性能水准结构预期的震后性能状况

结构抗震性能水准	宏观损坏程度	损坏部位			继续使用的可能性
		关键构件	普通竖向构件	耗能构件	
1	完好、无损坏	无损坏	无损坏	无损坏	不需要修理即可继续使用
2	基本完好、轻微损坏	无损坏	无损坏	轻微损坏	稍加修理即可继续使用
3	轻度损坏	轻微损坏	轻微损坏	轻度损坏、部分中度损坏	一般修理后可继续使用
4	中度损坏	轻度损坏	部分构件中度损坏	中度损坏、部分比较严重损坏	修复或加固后可继续使用
5	比较严重破坏	中度破坏	部分构件比较严重损坏	比较严重破坏	需排险大修

注:"关键构件"是指该构件的失效可能引起结构的连接破坏或危及生命安全的严重破坏;"普通竖向构件"是指"关键构件"之外的竖向构件;"耗能构件"包括框架梁、剪力墙连梁及耗能支撑等。

4.6.1.3　结构抗震性能水准的设计要求

各个性能水准结构的设计基本要求是判别结构性能水准的基本准则。不同抗震性能水准的结构可按下列规定进行设计。

① 第一性能水准的结构，应满足弹性设计要求。在多遇地震作用下，其承载力和变形应符合《高层建筑混凝土结构技术规程》（JGJ 3—2010）的有关规定；在设防烈度地震作用下，结构构件的抗震承载力应符合下式规定：

$$\gamma_G S_{GE} + \gamma_{Eh} S_{Ehk}^* + \gamma_{Ev} S_{Evk}^* \leqslant \frac{R_d}{\gamma_{RE}} \tag{4.11a}$$

式中　R_d、γ_{RE}——分别为构件承载力设计值和承载力抗震调整系数，同本书第 4.4 节；

　　　　S_{GE}、γ_G、γ_{Eh}、γ_{Ev}——物理量含义同本书 4.8 节；

　　　　S_{Ehk}^*——水平地震作用标准值的构件内力，不需考虑与抗震等级有关的增大系数；

　　　　S_{Evk}^*——竖向地震作用标准值的构件内力，不需考虑与抗震等级有关的增大系数。

② 第二性能水准的结构，在设防烈度地震或预估的罕遇地震作用下，关键构件及普通竖向构件的抗震承载力宜符合式（4.11a）的规定；耗能构件的受剪承载力宜符合式（4.11a）的规定，其正截面承载力应符合下式规定：

$$S_{GE} + S_{Ehk}^* + 0.4 S_{Evk}^* \leqslant R_k \tag{4.11b}$$

式中　R_k——截面承载力标准值，按材料强度标准值计算。

③ 第三性能水准的结构应进行弹塑性计算分析。在设防烈度地震或预估的罕遇地震作用下，关键构件及普通竖向构件的正截面承载力宜符合式（4.11b）的规定，水平长悬臂结构和大跨度结构中的关键构件正截面承载力尚应符合式（4.11c）的规定，其受剪承载力宜符合式（4.11a）的规定；部分耗能构件进入屈服阶段，但其受剪承载力应符合式（4.11b）的规定。在预估的罕遇地震作用下，结构薄弱部位的层间位移角应满足本书 4.3.1.2 小节的规定。

$$S_{GE} + 0.4 S_{Ehk}^* + S_{Evk}^* \leqslant R_k \tag{4.11c}$$

④ 第四性能水准的结构应进行弹塑性计算分析。在设防烈度或预估的罕遇地震作用下，关键构件的抗震承载力应符合式（4.11b）的规定；水平长悬臂结构和大跨度结构中的关键正截面承载力尚应符合式（4.11c）的规定，部分竖向构件以及大部分耗能构件进入屈服阶段，但钢筋混凝土竖向构件的受剪截面应符合式（4.11d）的规定，钢-混凝土组合剪力墙的受剪截面应符合式（4.11e）的规定。在预估的罕遇地震作用下，结构薄弱部位的层间位移角应符合本书 4.3.1.2 小节的规定。

$$V_{GE} + V_{Ek}^* \leqslant 0.15 f_{ck} b h_0 \tag{4.11d}$$

$$(V_{GE} + V_{Ek}^*) - (0.25 f_{ak} A_a + 0.5 f_{spk} A_{sp}) \leqslant 0.15 f_{ck} b h_0 \tag{4.11e}$$

式中　V_{GE}——重力荷载代表值作用下的构件剪力（N）；

　　　　V_{Ek}^*——地震作用标准值的构件剪力（N），不需考虑与抗震等级有关的增大系数；

　　　　f_{ck}——混凝土轴心抗压强度标准值（N/mm²）；

　　　　f_{qk}——剪力墙端部暗柱中型钢的强度标准值（N/mm²）；

　　　　A_a——剪力墙端部暗柱中型钢的截面面积（mm²）；

　　　　f_{spk}——剪力墙墙内钢板的强度标准值（N/mm²）；

　　　　A_{sp}——剪力墙墙内钢板的横截面面积（mm²）。

⑤ 第五性能水准的结构应进行弹塑性计算分析。在预估的罕遇地震作用下，关键构件的抗震承载力宜符合式（4.11b）的规定；较多的竖向构件进入屈服阶段，但同一楼层的竖向构件不宜全部屈服；竖向构件的受剪面应符合式（4.11d）或式（4.11e）的规定；允许部分耗能构件发生比较严重的

破坏;结构薄弱部位的层间位移角应符合本书 4.3.1.2 小节的规定。

4.6.2 抗连续倒塌设计基本要求

安全等级为一级的高层建筑结构应满足抗连续倒塌概念设计要求;有特殊要求时,可采用拆除构件方法进行抗连续倒塌设计。

结构连续倒塌是指结构因突发事件或严重超载而造成局部结构破坏失效,继而引起与失效破坏构件相连的构件连续破坏,最终导致相对于初始局部破坏更大范围的倒塌破坏。结构产生局部构件失效后,破坏范围可能沿水平方向和竖直方向发展,其中破坏沿竖向发展更为突出,当偶然因素导致局部结构破坏失效时,如果整体结构不能形成有效的多重荷载传递途径,破坏范围就可能沿水平或者竖直方向蔓延,最终导致结构发生大范围的倒塌甚至是整体倒塌。

4.6.2.1 抗连续倒塌概念设计

抗连续倒塌概念设计应符合下列规定:

① 应采取必要的结构连接措施,增强结构的整体性;

② 主体结构宜采用多跨规则的超静定结构;

③ 结构构件应具有适宜的延性,避免剪切破坏、压溃破坏、锚固破坏、节点先于构件破坏;

④ 结构构件应具有一定的反向承载能力;

⑤ 周边及边跨框架的柱距不宜过大;

⑥ 转换构件应具有整体多道传递重力荷载途径;

⑦ 钢筋混凝土结构梁宜刚接,梁板顶、底钢筋在支座处宜按受拉要求连续贯通;

⑧ 钢结构框架梁柱宜刚接;

⑨ 独立基础之间宜采用拉梁连接。

4.6.2.2 抗连续倒塌拆除构件方法设计

① 抗连续倒塌的拆除构件方法应符合下列规定。

a. 逐个分别拆除结构周边柱、底层内部柱以及转换桁架腹杆等重要构件。

b. 可采用弹性静力方法分析剩余结构的内力与变形。

c. 剩余结构构件承载力应符合下式要求:

$$R_d \geqslant \beta S_d \qquad (4.12)$$

式中　S_d——永久荷载标准值产生的效应;

　　　　R_d——剩余结构构件承载力设计值,可按本书第 4.6.2.3 小节的规定计算;

　　　　β——效应折减系数,对中部水平构件取 0.67,对其他构件取 1.0。

② 当拆除某构件不满足结构抗连续倒塌设计要求时,在该构件表面附加 80 kN/m² 侧向偶然作用设计值,此时其承载力应满足下列公式要求:

$$R_d \geqslant S_d \qquad (4.13a)$$

$$S_d = S_{Gk} + 0.6 S_{Qk} + S_{Ad} \qquad (4.13b)$$

式中　R_d——构件承载力设计值;

　　　　S_d——作用组合的效应设计值;

　　　　S_{Qk}——活荷载标准值的效应;

　　　　S_{Ad}——侧向偶然作用设计值的效应。

4.6.2.3 荷载效应组合

结构抗连续倒塌设计时,荷载组合的效应设计值可按下式确定:

$$S_d = \eta_d(S_{Gk} + \sum \psi_{qi} S_{Qi,k}) + \psi_w S_{wk} \tag{4.14}$$

式中　S_{Gk}——永久荷载标准值产生的效应；

　　　　$S_{Qi,k}$——第 i 个竖向可变荷载标准值产生的效应；

　　　　S_{wk}——风荷载标准值产生的效应；

　　　　ψ_{qi}——可变荷载的准永久值系数；

　　　　ψ_w——风荷载组合值系数，取 0.2；

　　　　η_d——竖向荷载动力放大系数，当构件直接与被拆除竖向构件相连时取 2.0，其他构件取 1.0。

构件截面承载力计算时，混凝土强度可取标准值；钢材强度，正截面承载力验算时，可取标准值的 1.25 倍，受剪承载力验算时可取标准值。

4.7　结构设计的基本要求

4.7.1　结构计算的基本假定

多、高层建筑是一个复杂的空间结构，它不仅平面形状多变，立面体型也各种各样，而且结构形式和结构体系各不相同。多、高层建筑中，既有框架、剪力墙和筒体等竖向抗侧力结构，又有水平放置的楼板将它们连为整体。对这种高次超静定、多种结构形式组合在一起的空间结构，要进行内力和位移计算，就必须进行计算模型的简化，引入一些基本假定，得到合理的计算图形。

4.7.1.1　弹性工作状态假定

多、高层建筑结构的内力和位移按弹性方法进行计算。在非抗震设计时，在竖向和风荷载作用下，结构应保持正常使用状态，结构处于弹性工作阶段；在抗震设计时，结构按照多遇地震（小震）进行计算，此时结构处于不裂、不坏的弹性阶段。所以，从结构整体来说，基本上处于弹性工作状态，按弹性方法进行计算。这样，叠加原理可以使用，不同荷载作用时，可以进行内力组合。

至于某些情况下可以考虑局部构件的塑性变形内力重分布，以及罕遇地震作用下的第二阶段验算，结构均已进入弹塑性阶段。现行规范的处理方法仍多以弹性计算的结果通过调整或修正来解决。

4.7.1.2　平面抗侧力结构和刚性楼板假定

① 一榀框架或一片剪力墙在其自身平面内刚度很大，可以抵抗在本身平面内的抗侧力；而在平面外的刚度很小，可以忽略，即垂直于该平面的方向不能抵抗侧向力。因此，整个结构可以划分成不同方向的平面抗侧力结构，共同抵抗结构承受的侧向水平荷载。

② 刚性楼板假定。

水平放置的楼板，在其自身平面内刚度很大，可以视为刚度无限大的平板；楼板平面外的刚度很小，可以忽略。刚性楼板将各平面抗侧力结构连接在一起共同承受侧向水平荷载。

4.7.2　水平荷载作用的方向

实际风荷载和水平地震作用都可能沿任意方向。在结构计算中常假设水平力作用于结构平面的主轴方向，对互相正交的两个轴分别进行内力分析。对矩形平面的结构，当抗侧力结构沿两个边长方向正交布置时，正、反两个方向荷载相等，符号相反，只需做一次计算，将内力冠以正、负号即可。但是，在平面布置复杂或不对称的结构中，一个方向的水平荷载可能对另一部分构件形成不利内力，这时要选择不同方向的水平荷载（荷载大小也可能不同）分别进行内力分析，然后按不同工况分别组合。

4.7.3 竖向活荷载的布置

恒荷载是长期作用在结构上的,在计算内力时必须满布。竖向活荷载是可变的,不同的布置会产生不同的内力。

众所周知,对连续梁结构,活荷载在不同跨的不同布置,对梁的支座弯矩和跨中弯矩的影响是不同的,即通过活荷载的不利布置可以得到支座截面和跨中截面的最不利设计弯矩和剪力。对高层空间结构而言,同样存在楼面活荷载不利布置问题,只是活荷载不利布置方式比连续梁结构更为复杂,通常以楼面梁围成的平面区域(房间)为单位考虑活荷载的不利布置,其计算工作量比连续梁成倍增加。

一方面,高层建筑结构层数多,每层的房间也很多,活荷载在各层间的分布情况极其繁多,难以一一计算。所以一般考虑楼面活荷载不利布置时,也仅考虑活荷载在同一楼层内的不利布置,而不考虑不同层之间的相互影响,这种做法在国际上也是常用的,其精度可以满足实际工程设计的要求。

另一方面,目前国内混凝土结构高层建筑由永久荷载和活荷载引起的单位面积重力荷载,框架和框架-剪力墙结构为 $12\sim14\ kN/m^2$,剪力墙和筒体结构为 $13\sim16\ kN/m^2$,而其中活荷载部分为 $2\sim3\ kN/m^2$,只占全部重力的 $15\%\sim20\%$,活荷载不利分布的影响较小。所以一般情况下,可不考虑楼面活荷载不利布置的影响。

高层建筑结构内力计算中,当楼面活荷载大于 $4\ kN/m^2$ 时,其不利分布对梁弯矩的影响会比较明显,计算时应予以考虑。除进行活荷载不利分布的详细计算分析外,也可将未考虑活荷载不利分布计算的框架梁弯矩乘以放大系数予以近似考虑,该放大系数通常可取为 $1.1\sim1.3$,活荷载大时可选用较大值。近似考虑活荷载分布不利影响时,梁正、负弯矩应同时予以放大,而并非只考虑梁跨中正弯矩的增大。对柱、剪力墙的影响相对不明显。

4.7.4 钢筋混凝土框架梁弯矩塑性调幅

工程设计中,在竖向荷载作用下,框架梁端负弯矩往往很大,有时配筋困难,不便于施工;同时超静定钢筋混凝土结构在达到承载能力极限状态之前,总会产生不同程度的塑性内力重分布,其最终内力分布取决于构件的截面设计情况和节点构造情况。因此允许主动考虑塑性变形内力重分布对梁端负弯矩进行适当调幅,达到调整配筋分布、节约材料、方便施工的目的。但是钢筋混凝土构件的塑性变形能力总体上是有限的,其塑性转动能力与梁端节点的配筋构造设计密切相关,为保证正常使用状态下的性能和结构安全,梁端弯矩调整的幅度应加以限制。一般情况下,装配整体式框架梁端负弯矩调幅系数可取为 $0.7\sim0.8$;现浇框架梁端负弯矩调幅系数可取为 $0.8\sim0.9$。同时,框架梁端负弯矩减小后,梁跨中弯矩应按平衡条件相应增大。

截面设计时,为保证框架梁跨中截面底部钢筋不至于过少,其正弯矩设计值不应少于竖向荷载作用下按简支梁计算的跨中弯矩设计值的 50%。

计算截面设计内力时,应先对竖向荷载作用下框架梁的弯矩进行调幅,再与水平作用产生的框架梁弯矩进行组合,即规范规定的仅对竖向荷载产生的弯矩进行梁端弯矩调幅,其余荷载作用产生的弯矩不调幅,以保证框架梁正截面抗弯设计的安全度。

4.7.5 楼面梁的扭矩

高层建筑结构楼面梁受楼板(有时还有次梁)的约束作用,无约束的独立梁极少,其受力性能与

无楼板的独立梁有较大的不同。当结构计算中未考虑楼盖对梁扭转的约束作用时，梁的扭转变形和扭矩计算值过大，往往与实际不符，造成抗扭截面设计比较困难。因此可对梁的计算扭矩予以适当折减。计算分析表明，梁的扭矩折减系数与楼盖（楼板和梁）的约束作用和梁的位置密切相关，边梁、中梁、有无次梁支撑等，梁扭矩折减系数的变化幅度较大，下限到 0.1 以下，上限可到 0.7 以上，因此应根据具体情况确定楼面梁的扭矩折减系数。考虑到问题的复杂性，相关规范没有给出确定的梁扭矩折减系数值，而由设计人员根据具体情况合理确定。当没有充分计算依据或参考依据的情况下，建议梁的扭矩折减系数不宜过小，以避免抗扭刚度不足而造成裂缝等工程事故。

4.7.6　结构的嵌固部位

高层建筑结构计算中，主体结构计算模型的底部嵌固部位，理论上应限制构件在两个水平方向的平动位移和绕竖轴的转角位移，并将上部结构的剪力全部传递给地下室结构。因此对作为主体结构嵌固部位地下室楼层的整体刚度和承载力应加以控制。

《建筑结构抗震设计规范（2016 年版）》（GB 50011—2010）第 6.1.14 条规定，地下室顶板作为上部结构的嵌固部位时，应符合下列要求：

① 地下室顶板应避免开设大洞口；地下室在地上结构相关范围的顶板应采用现浇梁板结构，相关范围以外的地下室顶板宜采用现浇梁板结构；其楼板厚度不宜小于 180 mm，混凝土强度等级不宜小于 C30，应采用双层双向钢筋，且每层每个方向的配筋率不宜小于 0.25%。

② 结构地上一层的侧向刚度，不宜大于相关范围地下一层侧向刚度的 0.5 倍；地下室周边宜有与其顶板相连的抗震墙。

③ 地下室顶板对应于地上框架柱的梁柱节点除应满足抗震计算要求外，还应符合下列规定之一。

　a. 地下一层柱截面每侧纵向钢筋不应小于地上一层柱对应纵向钢筋的 1.1 倍，且地下一层柱上端和节点左右端梁实配的抗震受弯承载力之和应大于地上一层柱下端实配的抗震受弯承载力的 1.3 倍。

　b. 地下一层梁刚度较大时，柱截面每侧的纵向钢筋面积应大于地上一层对应柱每侧纵向钢筋面积的 1.1 倍；同时梁端顶面和底面的纵向钢筋面积均应比计算增大 10% 以上。

④ 地下一层抗震墙墙肢端部边缘构件纵向钢筋的截面面积，不应少于地上一层对应抗震墙端部边缘构件纵向钢筋的截面面积。

一般情况下，这些控制条件是容易满足的。当地下室不能满足嵌固部位的楼层刚度比规定时，有条件时可增加地下室楼层的侧向刚度，或者将主体结构的嵌固部位下移至符合要求的部位，例如筏形基础顶面或箱形基础顶面等。

主体结构嵌固部位上部楼层（地上一层）与下部楼层（地下室一层）的侧向刚度比可按下列方法计算：

$$\gamma = \frac{G_1 A_1}{G_0 A_0} \times \frac{h_0}{h_1} \tag{4.15}$$

$$A_i = A_{wi} + \sum_{j=1}^{n_{ci}} C_{ij} A_{ci,j} \quad (i = 0, 1) \tag{4.16}$$

$$C_{ij} = 2.5 \times \left(\frac{h_{ci,j}}{h_i} \right)^2 \quad (i = 0, 1) \tag{4.17}$$

式中　G_0，G_1——地下一层和地上一层的混凝土剪变模量；

A_0，A_1——地下一层和地上一层的折算受剪截面面积，按式（4.16）计算；

A_{wi}——第 i 层全部剪力墙在计算方向的有效截面面积（不包括翼缘面积），若墙肢方向与计算方向有夹角，可取其在计算方向的投影面积；

$A_{ci,j}$——第 i 层第 j 根柱的截面面积；

h_i——第 i 层的层高；

$h_{ci,j}$——第 i 层第 j 根柱沿计算方向的截面高度；

n_{ci}——第 i 层柱总数；

C_{ij}——第 i 层第 j 根柱截面面积折算系数，当计算值大于 1 时取 1。

地下室顶板作为上部结构嵌固部位的有关要求，最关键的是做到地震时地上一层的柱底出现塑性铰，相当于"强梁弱柱"的概念。严格地说，嵌固端柱底的弯矩要由地下室顶板梁和地下室柱顶的弯矩共同承担，即采用提高地下室顶板梁和地下室柱顶的受弯承载力的方法来实现柱底的嵌固条件。

对于边柱和角柱，由于只有一面有梁，为满足该梁端截面受弯承载力不小于上柱下端实际受弯承载力的要求，可采用增大梁截面或不增大梁截面而增加梁配筋的方法。

4.7.7 结构整体稳定和倾覆

任何情况下，应该保证高层建筑结构的稳定和有足够抵抗倾覆的能力。由于高层建筑的刚度一般较大，又有许多楼板作为横向隔板，在重力荷载作用下一般都不会出现整体丧失稳定的问题。但是在水平荷载作用下，出现侧移后，重力荷载会产生附加弯矩，附加弯矩又增大侧移，这是一种二阶效应，严重时还会使结构位移逐渐加大而倒塌。因此，在某些情况下，高层建筑结构计算要考虑二阶效应，也就是所谓的整体稳定验算。

4.7.7.1 重力二阶效应

所谓重力二阶效应，一般包括 $P\text{-}\delta$ 效应和 $P\text{-}\Delta$ 效应。

① 由于构件自身挠曲引起的附加重力二阶效应，即 $P\text{-}\delta$ 效应，或叫挠曲二阶效应，其影响相对较小，二阶内力与构件挠曲形态有关，一般中段大、端部为零；在钢筋混凝土柱承载力验算时考虑挠曲影响的弯矩增大系数 η，即考虑这种二阶效应影响。

② 结构在水平荷载或水平地震作用下产生侧移变形后，重力荷载由于该侧移而引起的附加效应，即重力 $P\text{-}\Delta$ 效应。当柔性结构，如钢筋混凝土框架结构，受到水平荷载时，上部重力荷载会由于其水平位移而产生额外附加的（二阶）倾覆弯矩，如图 4.20 所示。

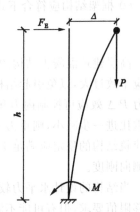

图 4.20 重力二阶效应示意图

$$M = M_1 + M_2 = F_E h + P\Delta$$

式中，$M_1 = F_E h$ 为初始（一阶）弯矩，$M_2 = P\Delta$ 为二阶弯矩。由于 M_2 的加入，又使 Δ 增大，同时附加弯矩又进一步增大，如此反复，对柔弱的结构可能产生累积性的变形，导致结构失稳倒塌。

4.7.7.2 楼层刚重比

对一般高层建筑结构而言，由于构件的长细比不大，其挠曲二阶效应（$P\text{-}\delta$ 效应）的影响相对很小，一般可以忽略不计。

高层建筑只要有水平侧移，就会引起重力荷载作用下的侧移二阶效应（$P\text{-}\Delta$ 效应），其大小与结构侧移和重力荷载自身大小直接相关，而结构侧移与结构侧向刚度和水平作用大小密切相关。所以需要控制结构有足够的侧向刚度,宏观上有两个容易控制的指标:一是结构侧移应满足相关规范规定的位移限制条件;二是结构的楼层剪力与该层及其以上各层重力荷载代表值的比值(即楼层剪重比)应满足最小值规定。一般情况下,满足了这些规定,可基本保证结构的整体稳定性,且重力二阶效应的影响最小。对抗震设计的结构,楼层剪重比必须满足《高层建筑混凝土结构技术规程》(JGJ 3—2010)第4.3.12条的规定;对非抗震设计的结构,虽然《建筑结构荷载规范》(GB 50009—2012)规定基本风压的取值不得小于0.3 kN/m²,可保证水平风荷载产生的楼层剪力不至于过小,但对楼层剪重比没有最小值规定。因此,对非抗震设计的高层建筑结构,当水平荷载较小时,虽然侧移满足楼层位移限值条件,但侧向刚度可能依然偏小,可能不满足结构整体稳定要求或重力二阶效应不能忽略。

综上所述,结构的侧向刚度和重力荷载是影响结构稳定和重力 P-Δ 效应的主要因素。侧向刚度与重力荷载的比值称为结构的刚重比。刚重比的最低要求就是结构稳定要求,称为刚重比下限条件。当刚重比小于此下限条件时,则重力 P-Δ 效应将使内力和位移增量急剧增长,可能导致结构整体失稳;当结构刚度增大,刚重比达到一定量值时,结构侧移变小,重力 P-Δ 效应影响不明显,计算上可以忽略不计,此时的刚重比称之为上限条件;在刚重比的下限条件和上限条件之间,重力 P-Δ 效应应予以考虑。

4.7.7.3　结构整体稳定

如果结构满足《高层建筑混凝土结构技术规程》(JGJ 3—2010)5.4.4条要求,不会产生整体结构失稳。

① 剪力墙结构、框架-剪力墙结构、筒体结构应符合下式要求:

$$EJ_d \geqslant 1.4H^2 \sum_{i=1}^{n} G_i \tag{4.18}$$

② 框架结构应符合下式要求:

$$D_i \geqslant 10 \sum_{j=i}^{n} \frac{G_j}{h_i} \tag{4.19}$$

高层建筑混凝土结构的稳定设计主要是控制风荷载或水平地震作用下,重力荷载产生的二阶效应不致过大,以免引起结构的失稳倒塌。如果结构的刚重比满足式(4.18)或式(4.19)的规定,则重力 P-Δ 效应可控制内力和位移的增量在20%以内,结构的稳定具备适宜的安全储备。若结构的刚重比进一步减小,则重力 P-Δ 效应将会呈非线性关系急剧增长,直至引起结构的整体失稳。高层建筑结构的稳定应满足本条的规定,不应再放松要求。如果不满足上述规定,应调整并增大结构的侧向刚度。

当结构的设计水平力较小,如计算的楼层剪重比过小(如小于0.02),结构刚度虽能满足水平位移限值要求,但有可能不满足稳定要求。

4.7.7.4　不考虑 P-Δ 效应的刚重比要求

如果结构满足《高层建筑混凝土结构技术规程》(JGJ 3—2010)第5.4.1条要求,重力 P-Δ 效应导致的内力和位移增量在5%左右,重力二阶效应的影响较小,可忽略不计。

① 剪力墙结构、框架-剪力墙结构、板柱剪力墙结构、筒体结构:

$$EJ_d \geqslant 2.7H^2 \sum_{i=1}^{n} G_i \tag{4.20}$$

② 框架结构:

$$D_i \geqslant 20 \sum_{j=i}^{n} \frac{G_j}{h_i} \tag{4.21}$$

式中　EJ_d——结构一个主轴方向的弹性等效侧向刚度,可按倒三角形分布荷载作用下结构顶点位移相等的原则,将结构的侧向刚度折算为竖向悬臂受弯构件的等效侧向刚度,按式(4.22)计算;

　　　　H——房屋高度;

　　　　G_i,G_j——第 i、j 楼层重力荷载代表值,取 1.3 倍的永久荷载标准值与 1.5 倍的楼面可变荷载标准值的组合值;

　　　　h_i——第 i 楼层层高;

　　　　D_i——第 i 楼层的弹性等效侧向刚度,可取该层剪力与层间位移的比值;

　　　　n——结构计算总层数。

实际上,一般钢筋混凝土结构均能满足本条的规定,通常无须考虑重力二阶效应的影响。

4.7.7.5　结构等效侧向刚度的近似计算

结构的弹性等效侧向刚度 EJ_d,根据《高层建筑混凝土结构技术规程》(JGJ 3—2010)第 5.4.1 条规定,可近似按倒三角形分布荷载作用下结构顶点位移相等的原则,将结构的侧向刚度折算为竖向悬臂受弯杆件的等效侧向刚度。即:

$$EJ_d = \frac{11qH^4}{120u} \tag{4.22}$$

式中　q——水平作用的倒三角形分布荷载的最大值;

　　　　u——在最大值为 q 的倒三角形荷载作用下结构顶点质心的弹性水平位移;

　　　　H——房屋高度。

4.7.7.6　$P\text{-}\Delta$ 效应的近似考虑

高层建筑结构在水平力作用下,如果结构的刚重比满足式(4.18)或式(4.19)的结构稳定要求(下限条件),但不满足式(4.20)或式(4.21)的刚重比上限条件要求,则应考虑重力二阶效应对结构构件的不利影响。

《高层建筑混凝土结构技术规程》(JGJ 3—2010)采用楼层内力和位移增大系数法,即不考虑二阶效应的初始内力和位移乘以考虑二阶效应影响的增大系数后,作为考虑二阶效应的内力和位移。该方法对弹性或线弹性计算同样适用。在位移计算时不考虑结构刚度折减,以便与规范的弹性位移限制条件一致;在计算内力增大系数时,结构构件的弹性刚度乘以 0.5 的折减系数,结构内力增量控制在 20% 以内。按此规定,考虑重力二阶效应的结构位移可采用未考虑重力二阶效应的结果乘以位移增大系数,但位移限制条件不变;考虑重力二阶效应的结构构件(梁、柱、剪力墙)端部的弯矩和剪力值,可采用未考虑重力二阶效应的结果乘以内力增大系数。结构的位移增大系数 F_1、F_{1i} 以及结构构件弯矩和剪力增大系数 F_2、F_{2i} 分别按下列规定近似计算:

① 对框架结构,可按下列公式计算:

$$F_{1i} = \frac{1}{1 - \sum_{j=i}^{n} \dfrac{G_j}{D_i h_i}} \quad (i = 1, 2, \cdots, n) \tag{4.23}$$

$$F_{2i} = \frac{1}{1 - 2\sum_{j=i}^{n} \dfrac{G_j}{D_i h_i}} \quad (i = 1, 2, \cdots, n) \tag{4.24}$$

② 对剪力墙结构、框架-剪力墙结构、简体结构,可按下列公式计算:

$$F_1 = \frac{1}{1 - 0.14H^2 \sum_{i=1}^{n} \dfrac{G_i}{EJ_d}} \tag{4.25}$$

$$F_2 = \cfrac{1}{1 - 0.28H^2 \sum\limits_{i=1}^{n} \cfrac{G_i}{EJ_\mathrm{d}}} \tag{4.26}$$

4.7.7.7　高层建筑整体倾覆验算问题

当高层建筑高宽比较大，水平风荷载或地震作用较大，地基刚度较弱时，如果高层建筑的侧移较大，其重力作用合力作用点移至基底平面范围以外，则建筑可能发生倾覆。结构的整体倾覆验算十分重要，直接关系到整体结构安全度的控制。事实上，正常设计的高层建筑不会出现倾覆问题，因为在设计时一般都要控制高宽比(H/B)，而且，在基础设计时，高宽比大于 4 的高层建筑，基础底面不宜出现零应力区；高宽比不大于 4 的高层建筑，基础底面与地基之间零应力区面积不应超过基础底面积的 15%。计算时，质量偏心较大的裙房与主楼可分开。

4.8　荷载组合和地震作用组合的效应及最不利内力

在截面承载力验算的式(4.9)和式(4.10)中，左边各项就是组合的内力。它们是由恒荷载、活荷载、风荷载和地震作用分别计算内力后进行组合，然后选择得到的最不利内力。因为结构承受着多种荷载，在使用期限内可能出现多种组合情况（有时称为工况），设计时要将可能出现的、对结构不利情况都要考虑到，也就是要做不同的工况组合。不同构件的最不利内力不一定来自同一工况。同一构件的不同截面或不同设计要求，也可能对应不同的工况，应分别验算。

4.8.1　荷载组合和地震作用组合的效应

内力组合是要组合构件控制截面处的内力，组合工况分为持久、短暂设计状况组合和地震设计状况组合两类。由于承载力验算是承载力极限状态验算，在内力组合时，根据荷载性质不同，荷载效应要乘以各自的分项系数和组合值系数。

4.8.1.1　持久、短暂设计状况的组合

持久、短暂设计状况的组合应用于非抗震设计及 6 度抗震设防但不要求计算地震作用的结构。《建筑结构可靠性设计统一标准》(GB 50068—2018)8.2.9 条、《建筑与市政工程抗震通用规范》(GB 55002—2021)4.3.2 条和《高层建筑混凝土结构技术规程》(JGJ 3—2010)5.6 条对应考虑的工况和各种工况中的分项系数和组合系数作了规定。

① 持久、短暂设计状况下，当荷载与荷载效应按线性关系考虑时，荷载基本组合的效应设计值应按下式确定：

$$S_\mathrm{d} = \gamma_\mathrm{G} S_\mathrm{Gk} + \gamma_\mathrm{L} \psi_\mathrm{Q} \gamma_\mathrm{Q} S_\mathrm{Qk} + \psi_\mathrm{w} \gamma_\mathrm{w} S_\mathrm{wk} \tag{4.27}$$

式中　S_d——荷载组合的效应设计值；

　　　$\gamma_\mathrm{G}, \gamma_\mathrm{Q}, \gamma_\mathrm{w}$——永久荷载效应、可变荷载效应、风荷载效应的分项系数；

　　　γ_L——考虑结构设计工作年限的荷载调整系数，设计工作年限为 50 年时取 1.0，设计工作年限为 100 年时取 1.1；

　　　$S_\mathrm{Gk}, S_\mathrm{Qk}, S_\mathrm{wk}$——永久荷载效应、楼面可变荷载效应、风荷载效应的标准值；

　　　$\psi_\mathrm{Q}, \psi_\mathrm{w}$——楼面活荷载组合值系数和风荷载组合值系数，当可变荷载效应起控制作用时，应分别取 1.0 和 0.6 或 0.7 和 1.0。

注：对书库、档案库、储藏室、通风机房和电梯机房，本条楼面活荷载组合值系数取 0.7 的场合应取为 0.9。

② 持久、短暂设计状况，荷载基本组合的分项系数应按下列三项规定采用。

a. 永久荷载的分项系数 γ_G：当其效应对结构承载力不利时，应取 1.3，当其效应对结构承载力有利时，应取 1.0。

b. 楼面活荷载的分项系数 γ_Q：一般情况下应取 1.5。

c. 风荷载的分项系数 γ_w 应取 1.5。

③ 根据式(4.27)表示组合的一般规律，高层建筑的持久、短暂设计状况组合工况有二种：

$$S = 1.3(1.0)S_{Gk} + 1.0 \times 1.5\gamma_L S_{Qk} \pm 0.6 \times 1.5 S_{wk} \qquad (4.28a)$$

$$S = 1.3(1.0)S_{Gk} \pm 1.0 \times 1.5 S_{wk} + 0.7 \times 1.5\gamma_L S_{Qk} \qquad (4.28b)$$

4.8.1.2 地震设计状况的组合

所有要求计算地震作用的结构要进行地震设计状况的组合。

《建筑与市政工程抗震通用规范》(GB 55002—2021)4.3.2 条和《高层建筑混凝土结构技术规程》(JGJ 3—2010)5.6.3 条规定：

① 地震设计状况，当作用与作用效应按线性关系考虑时，荷载和地震作用基本组合的效应设计值应按下式确定：

$$S_d = \gamma_G S_{GE} + \gamma_{Eh} S_{Ehk} + \gamma_{Ev} S_{Evk} + \psi_w \gamma_w S_{wk} \qquad (4.29)$$

式中 S_d——荷载效应和地震作用组合的效应设计值；

S_{GE}——重力荷载代表值的效应；

S_{Ehk}——水平地震作用标准值的效应，尚应乘以相应的增大系数、调整系数；

S_{Evk}——竖向地震作用标准值的效应，尚应乘以相应的增大系数、调整系数；

γ_G、γ_w——重力荷载、风荷载分项系数；

γ_{Eh}、γ_{Ev}——水平地震作用、竖向地震作用分项系数；

ψ_w——风荷载的组合值系数，应取 0.2。

② 地震设计状况，荷载和地震作用基本组合的分项系数按表 4.19 采用。当重力荷载效应对结构承载力有利时，表 4.19 中 γ_G 不应大于 1.0。

表 4.19   地震设计状况时荷载和作用的分项系数

参与组合的荷载和作用	γ_G	γ_{Eh}	γ_{Ev}	γ_w	说明
重力荷载及水平地震作用	1.3	1.4	—	—	抗震设计的高层建筑结构均应考虑
重力荷载及竖向地震作用	1.3	—	1.4	—	9 度抗震设计时考虑；水平长悬臂结构和大跨度结构 7 度(0.15g)、8 度、9 度抗震设计时考虑
重力荷载、水平地震及竖向地震作用	1.3	1.4	0.5	—	9 度抗震设计时考虑；水平长悬臂结构和大跨度结构 7 度(0.15g)、8 度、9 度抗震设计时考虑
重力荷载、水平地震作用及风荷载	1.3	1.4	—	1.5	60 m 以上的高层建筑考虑
重力荷载、水平地震作用、竖向地震作用及风荷载	1.3	1.4	0.5	1.5	60 m 以上的高层建筑，9 度抗震设计时考虑；水平长悬臂结构和大跨度结构 7 度(0.15g)、8 度、9 度抗震设计时考虑
	1.3	0.5	1.4	1.5	水平长悬臂结构和大跨度结构 7 度(0.15g)、8 度、9 度抗震设计时考虑

注：① g 为重力加速度；

② 表中"—"号表示组合中不考虑该项荷载或作用效应。

注：组合前标准值的调整：

组合之前的地震作用效应标准值，尚应按照有关规定进行适当放大、调整。《高层建筑混凝土结构技术规程》(JGJ 3—2010)规定需要调整的有：

　　a. 框架-剪力墙结构、筒体结构、混合结构中框架柱、框支结构中的框支柱剪力调整；

　　b. 框支柱地震轴力增大；

　　c. 带转换层结构转换构件的地震内力增大；

　　d. 结构薄弱层楼层剪力增大；

　　e. 地震作用下可能的楼层剪重比调整（最小地震剪力系数要求等）。

③ 非抗震设计时，应按 4.8.1.1 小节的规定进行荷载组合的效应计算。抗震设计时，应同时按 4.8.1.1 小节和 4.8.1.2 小节的规定进行荷载和地震作用组合的效应计算；按 4.8.1.2 小节计算的组合内力设计值尚应按《高层建筑混凝土结构技术规程》(JGJ 3—2010)的有关规定进行调整。同一构件的不同截面或不同设计要求，可能对应不同的组合工况，应分别进行验算。

注：组合后设计值的调整：

　　a. "强柱弱梁"调整柱的弯矩设计值，包括中间层的柱端弯矩调整、柱根弯矩的增大、框支柱柱端弯矩的调整、角柱柱端弯矩的调整；

　　b. "强剪弱弯"调整梁、柱、剪力墙的剪力设计值；

　　c. 框支柱轴力的增大；

　　d. 剪力墙弯矩设计值的调整；

　　e. 双肢剪力墙的剪力设计值和弯矩设计值的调整。

【例 4.8】 在 8 度抗震设防区，有一高 50 m、三跨、12 层的钢筋混凝土框架大楼。设计工作年限为 50 年，安全等级为二级。在永久荷载、楼面活荷载、风荷载及水平地震作用标准值作用下，已算得位于第 6 层的横梁边跨 A 端弯矩分别为 -25 kN·m、-9 kN·m、± 18 kN·m、± 40 kN·m。试求第 6 层横梁边跨 A 端弯矩设计值 M_A。

【解】 （1）地震设计状况

8 度抗震设防框架结构，可不考虑竖向地震作用影响，$H = 50$ m < 60 m，$\psi_w = 0$。

左震：
$$M_A = 1.0 \times (-25 - 0.5 \times 9) + 1.4 \times 40 = 26.5 \text{ (kN·m)}$$

右震：
$$M_A = 1.3 \times (-25 - 0.5 \times 9) + 1.4 \times (-40) = -94.35 \text{ (kN·m)}$$

（2）持久、短暂设计状况

设计工作年限为 50 年，安全等级为二级，$\gamma_L = 1.0$，$\gamma_0 = 1.0$。

$\gamma_G = 1.3(1.0)$，$\gamma_Q = 1.5$，$\gamma_w = 1.5$，ψ_Q、ψ_w 有两组值，即 $\psi_Q = 1.0$、$\psi_w = 0.6$ 及 $\psi_Q = 0.7$、$\psi_w = 1.0$。

左风：
$$M_A = 1.0 \times (-25) + 1.0 \times 1.5 \times 18 = 2 \text{ (kN·m)（下部受拉）}$$
$$M_A = 1.3 \times (-25) + 1.0 \times 1.0 \times 1.5 \times (-9) + 0.6 \times 1.5 \times 18 = -29.8 \text{ (kN·m)（上部受拉）}$$
$$M_A = 1.3 \times (-25) + 1.0 \times 0.7 \times 1.5 \times (-9) + 1.0 \times 1.5 \times 18 = -14.95 \text{ (kN·m)（上部受拉）}$$

右风：
$$M_A = 1.3 \times (-25) + 1.0 \times 1.0 \times 1.5 \times (-9) + 0.6 \times 1.5 \times (-18) = -62.2 \text{ (kN·m)}$$
$$M_A = 1.3 \times (-25) + 1.0 \times 0.7 \times 1.5 \times (-9) + 1.0 \times 1.5 \times (-18) = -68.95 \text{ (kN·m)}$$

（3）第 6 层横梁边跨 A 端弯矩设计值 M_A

地震设计状况：

边跨 A 端负弯矩设计值

$$\gamma_{RE} M_A = 0.75 \times (-94.35) = -70.76 \ (kN \cdot m)$$

边跨 A 端正弯矩设计值

$$\gamma_{RE} M_A = 0.75 \times 26.5 = 19.88 \ (kN \cdot m)$$

持久、短暂设计状况：

边跨 A 端负弯矩设计值

$$\gamma_0 M_A = 1.0 \times (-68.95) = -68.95 \ (kN \cdot m)$$

边跨 A 端正弯矩设计值

$$\gamma_0 M_A = 1.0 \times 2 = 2 \ (kN \cdot m)$$

由以上计算可知，M_A 的弯矩设计值应分别取 $-70.76 \ kN \cdot m$ 及 $19.88 \ kN \cdot m$ 进行截面配筋设计。

【例 4.9】 某框架-剪力墙结构，高 82 m，设计工作年限为 50 年。其中框架为三跨，经计算得梁左边跨的内力标准值如表 4.20 所示。试确定最不利内力设计值。

【解】 (1) 持久、短暂设计状况

左端弯矩：

表 4.20 框架梁左边跨内力标准值

荷载	左端 $M(kN \cdot m)$	跨中 $M(kN \cdot m)$	右端 $M(kN \cdot m)$	剪力 $V(kN)$
恒荷载	-43.84	67.28	-61.12	85.34
活荷载	-13.62	20.90	-18.99	26.51
重力荷载	-50.65	77.74	-70.62	98.60
风荷载	± 31.80	± 3.60	± 24.7	± 10.10
地震作用	± 226.25	± 25.30	± 175.65	± 71.80

左风：

$$M_b^l = -1.0 \times 43.84 + 1.5 \times 31.80 = 0.68 \ (kN \cdot m)(下部受拉)$$
$$M_b^l = -1.3 \times 43.84 - 1.0 \times 1.0 \times 1.5 \times 13.62 + 0.6 \times 1.5 \times 31.80 = -48.8 \ (kN \cdot m)(上部受拉)$$
$$M_b^l = -1.3 \times 43.84 - 1.0 \times 0.7 \times 1.5 \times 13.62 + 1.0 \times 1.5 \times 31.80 = -23.59 \ (kN \cdot m)(上部受拉)$$

右风：

$$M_b^l = -1.3 \times 43.84 - 1.0 \times 1.0 \times 1.5 \times 13.62 - 0.6 \times 1.5 \times 31.80 = -106.94 \ (kN \cdot m)(上部受拉)$$
$$M_b^l = -1.3 \times 43.84 - 1.0 \times 0.7 \times 1.5 \times 13.62 - 1.0 \times 1.5 \times 31.80 = -118.99 \ (kN \cdot m)(上部受拉)$$

右端弯矩：

左风：

$$M_b^r = -1.3 \times 61.12 - 1.0 \times 1.0 \times 1.5 \times 18.99 - 0.6 \times 1.5 \times 24.7 = -130.17 \ (kN \cdot m)(上部受拉)$$
$$M_b^r = -1.3 \times 61.12 - 1.0 \times 0.7 \times 1.5 \times 18.99 - 1.0 \times 1.5 \times 24.7 = -136.45 \ (kN \cdot m)(上部受拉)$$

右风：

$$M_b^r = -1.3 \times 61.12 - 1.0 \times 1.0 \times 1.5 \times 18.99 + 0.6 \times 1.5 \times 24.7 = -85.71 \ (kN \cdot m)(上部受拉)$$
$$M_b^r = -1.3 \times 61.12 - 1.0 \times 0.7 \times 1.5 \times 18.99 + 1.0 \times 1.5 \times 24.7 = -63.35 \ (kN \cdot m)(上部受拉)$$

跨中弯矩：

$$M = 1.3 \times 67.28 + 1.0 \times 1.0 \times 1.5 \times 20.90 + 0.6 \times 1.5 \times 3.6 = 122.05 \ (kN \cdot m)$$
$$M = 1.3 \times 67.28 + 1.0 \times 0.7 \times 1.5 \times 20.90 + 1.0 \times 1.5 \times 3.6 = 114.83 \ (kN \cdot m)$$

剪力：

$$V = 1.3 \times 85.34 + 1.0 \times 1.0 \times 1.5 \times 26.51 + 0.6 \times 1.5 \times 10.1 = 159.8 \ (kN)$$
$$V = 1.3 \times 85.34 + 1.0 \times 0.7 \times 1.5 \times 26.51 + 1.0 \times 1.5 \times 10.1 = 153.92 \ (kN)$$

（2）地震设计状况

因 $H=82$ m>60 m，应同时考虑风荷载和地震作用组合，且应考虑风荷载和地震作用可能出现正反方向。

左震：

$$M_b^l=-1.0\times50.65+1.4\times226.25+0.2\times1.5\times31.8=275.64 \text{ (kN·m)}$$

$$M_b^r=-1.3\times70.62-1.4\times175.65-0.2\times1.5\times24.7=-345.13 \text{ (kN·m)}$$

右震：

$$M_b^l=-1.3\times50.65-1.4\times226.25-0.2\times1.5\times31.8=-392.14 \text{ (kN·m)}$$

$$M_b^r=-1.0\times70.62+1.4\times175.65+0.2\times1.5\times24.7=182.7 \text{ (kN·m)}$$

跨中弯矩：

$$M=1.3\times77.74+1.4\times25.30+0.2\times1.5\times3.6=137.56 \text{ (kN·m)}$$

剪力：

$$V=1.3\times98.60+1.4\times71.80+0.2\times1.5\times10.1=231.73 \text{ (kN)（未考虑调整）}$$

【例 4.10】 某 14 层框架-剪力墙结构，总高 48 m，位于 9 度设防区，经计算已得底层某柱的内力标准值如表 4.21 所示。试确定最不利内力（M、V）设计值（不考虑内力的调整）。

表 4.21　　　　　　　　　　　　　底层柱的内力标准值

荷载类型	上端 M(kN·m)	下端 M(kN·m)	$N_{\max}$(kN)	$N_{\min}$(kN)
重力荷载	$+32$	$+20$	$+960$	$+720$
风荷载	±120	±240	±200	±150
水平地震作用	±200	±400	±400	±300
竖向地震作用	—	—	$+98$	-98

【解】　① 总高 $H=48$ m<60 m，可不考虑风荷载参与组合。

② 设防烈度为 9 度，应考虑竖向地震作用。

③ 根据 4.8.1.2 小节的规定：在组合最小轴力时，取 $\gamma_G=1.0$。

④ 根据 4.8.1.2 小节的规定：

$$内力设计值=1.3(1.0)\times重力荷载效应+1.4\times水平地震效应+0.5\times竖向地震效应$$

⑤

$$M_c^t=1.3\times32+1.4\times(+200)=321.6 \text{ (kN·m)}$$

或

$$M_c^t=1.0\times32+1.4\times(-200)=-248 \text{ (kN·m)}$$

$$M_c^b=1.3\times20+1.4\times400=586 \text{ (kN·m)}$$

或

$$M_c^b=1.0\times20+1.4\times(-400)=-540 \text{ (kN·m)}$$

$$N_{\max}=1.3\times960+1.4\times400+0.5\times98=1857 \text{ (kN)}$$

$$N_{\min}=1.0\times720-1.4\times300-0.5\times98=251 \text{ (kN)}$$

4.8.2　控制截面及最不利内力

结构设计时，分别按各个构件进行内力组合，而且是针对各构件控制截面进行组合，获得控制截面上最不利内力作为该构件配筋设计依据。

控制截面通常是内力最大的截面。对于框架梁或连梁，两个支座截面及跨中截面为控制截面（短连梁只有支座截面为控制截面）；对于框架柱或墙肢，各层柱（墙肢）的两端为控制截面。

梁支座截面的最不利内力为最大正弯矩和支座最大负弯矩，以及最大剪力；跨中截面的最不利内力为最大正弯矩,有时也可能出现负弯矩。

柱(墙)是偏压构件。大偏压时弯矩愈大愈不利,小偏压时轴力愈大愈不利。因此要组合几种不利内力,取其中配筋最大者为最不利内力。根据偏压构件的破坏形态,可能有四组不利内力:

① $|M|_{max}$ 及相应的轴力 N;

② N_{max} 及相应的 M;

③ N_{min} 及相应的 M;

④ 柱(墙)还要组合最大剪力 V。

截面配筋计算时,应采用构件端部截面的内力,而不是轴线处的内力。

知识归纳

① 结构设计总体布置原则包括房屋的适用高度和高宽比、结构平面布置和竖向布置原则、不规则结构及变形缝的设置要求。

② 在正常使用条件下,高层建筑结构应具有足够的刚度,避免产生过大的位移而影响结构的承载力、稳定和使用要求。在风荷载和地震作用下应对其层间位移加以控制。

③ 高度不小于150 m的高层钢筋混凝土结构应满足风振舒适度要求,按照现行国家标准《建筑结构荷载规范》(GB 50009—2012)规定的10年一遇的风荷载取值计算的顺风向与横风向结构顶点最大加速度不应规定限值;楼盖结构应具有适宜的舒适度。楼盖结构的竖向振动频率不宜小于3 Hz。

④ 建筑结构设计应保证结构在可能同时出现的各种外荷载作用下,各个构件及其连接均有足够的承载力。我国《工程结构可靠性设计统一标准》(GB 50153—2008)规定,构件按极限状态设计,承载力极限状态要求采用荷载效应组合得到的构件最不利内力进行构件截面承载力验算;构件的承载力设计值 R_d 是一种抗力函数,需按持久、短暂设计状况和地震设计状况的两种情况分别采用。

⑤ 钢筋混凝土结构房屋应根据设防类别、烈度、结构类型和房屋高度采用不同的抗震等级,并应符合相应的计算和构造措施要求。钢筋混凝土结构的抗震措施包括内力调整和抗震构造措施,不仅要按建筑抗震设防类别区别对待,而且要按抗震等级划分,不同的抗震设防类别在考虑抗震等级时采用的抗震设防烈度与计算地震作用时的抗震设防烈度不一定相同,同一构件内力调整和构造措施可采用不同的抗震等级。应特别注意不同设防类别、场地类别、地下室、裙房等对抗震等级的要求。

⑥ 荷载组合和地震作用组合的效应组合工况分为持久、短暂设计状况组合和地震设计状况组合两类。由于承载力验算是承载力极限状态验算,因此在内力组合时,根据荷载性质不同,荷载效应要乘各自的分项系数和组合值系数。

思考题

4.1 结构的平面和竖向布置应注意哪些问题?何为平面不规则结构?为什么要规定建筑平面尺寸的各种限值?何为竖向不规则结构?

4.2 何为伸缩缝、沉降缝和防震缝?对这些缝的位置、构造、宽度有什么主要要求?

4.3 什么情况下伸缩缝间距应适当减小?采取什么措施伸缩缝间距可适当放宽?

4.4 在高层建筑结构中,为什么要控制房屋高宽比?高宽比限值与什么因素有关?

4.5 为什么要限制房屋的总高度?房屋的高度限值主要与什么因素有关?

4.6 为什么要限制高层建筑的水平位移？如果验算水平位移不满足规范要求,应采取哪些措施？

4.7 延性和延性比是什么？为什么抗震结构要具有延性？

4.8 为什么抗震设计要区分抗震等级？抗震等级与延性要求是什么关系？

4.9 在进行承载力验算时,地震设计状况组合与持久、短暂设计状况组合有什么区别？为什么有这些区别？

4.10 选择抗震措施的烈度和结构抗震设防烈度有什么不同？二者是什么关系？

4.11 为什么钢筋混凝土框架梁的弯矩要进行塑性调幅？如何进行调幅？调幅与组合的先后次序怎样安排？

习 题

框架梁的无震作用组合和有震作用组合。条件:某框架-剪力墙结构,① 高78 m;② 高56 m;其中框架为三跨,经计算得梁左边跨的内力标准值如表4.22所示。

要求:分别确定框架梁最不利内力设计值。

表 4.22 框架梁左边跨内力标准值

荷载	左端 $M(\mathrm{kN \cdot m})$	跨中 $M(\mathrm{kN \cdot m})$	右端 $M(\mathrm{kN \cdot m})$	剪力 $V(\mathrm{kN})$
恒荷载	−36.45	65.47	−60.60	84.97
活荷载	−12.56	20.37	−17.89	27.49
风荷载	±30.40	±3.46	±23.90	±10.06
地震作用	±215.36	±25.21	±174.78	±70.98

5 框架结构

内容提要

本章主要内容包括：框架结构平面布置原则及结构计算简图的确定方法、框架在竖向荷载作用下内力的计算方法、框架在水平荷载作用下内力和侧移的计算方法、框架结构抗震设计及构造要求。教学重点为框架结构的内力计算方法和抗震设计。教学难点为延性耗能框架的设计方法。

能力要求

通过本章的学习，学生应掌握框架结构的内力计算方法、抗震设计内容和构造要求，具备对框架结构进行设计的能力。

重难点

5.1 概　　述

5.1.1 框架结构

梁、柱通过刚性节点连接组成的结构单元称为框架，全部荷载均由框架承受的结构体系称为框架体系。框架为平面抗侧力单元，只能抵抗自身平面内的侧向力，必须在两个正交的主轴方向布置框架，形成空间结构，以抵抗各方向的侧向力。

框架结构在水平力作用下的侧移由两部分组成，第一部分是由梁柱弯曲变形产生的剪切型侧移，自下而上层间位移逐渐减小；第二部分是由柱轴向变形产生的弯曲型侧移，自下而上层间位移逐渐加大。框架结构侧移以第一部分的剪切型变形为主，随着建筑高度的增加，弯曲型变形比例逐渐加大，但结构总侧移曲线仍然呈现剪切型变形特征，框架结构的层间位移规律为自下而上逐渐减小，最大层间位移出现在结构下部，如图 5.1 所示。

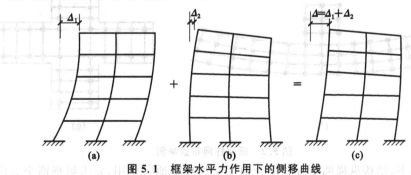

图 5.1　框架水平力作用下的侧移曲线

框架的侧移大小取决于框架的抗侧刚度，而抗侧刚度主要取决于梁、柱截面尺寸。由于梁、柱是线形杆件，截面惯性矩小，刚度较小，而结构侧移较大，因此限制了框架结构房屋的使用高度。但在抗震地区，通过合理的设计，利用框架的变形能力，可将框架设计成抗震性能较好的延性结构。

　　框架结构的优点是建筑平面布置灵活,可以形成较大的空间,需要时可以分割成小房间,外墙为非承重构件,可使立面设计更灵活多变。结构构件类型少,易于采用定型模板,做成整体性和抗震性均好的结构。因此,在多层及高度不大的高层建筑中,框架结构是一种较好的结构体系。

5.1.2　框架结构平面布置

　　房屋的结构布置是否合理,对结构的安全性、适用性、耐久性影响很大。因此,应根据房屋的高度、荷载情况及建筑的使用和造型等要求,确定合理的结构布置方案。

5.1.2.1　结构平面布置

（1）柱网的布置

　　框架结构应布置成双向抗侧力体系,柱网布置好后,用两个方向的梁把柱连起来即形成框架结构,为空间结构体系。结构平面长边方向框架称为纵向框架,短边方向框架称为横向框架。柱网的布置除应满足建筑功能和生产工艺要求外,应使结构受力合理。所以,柱网应规则、整齐、传力体系明确。平面布置宜均匀、对称,具有良好的整体性。柱距可以采用 $4 \sim 5$ m 的小柱距,也可以采用 $6 \sim 9$ m 的大柱距,柱距以 300 mm 为模数。当采用预应力楼盖或钢梁-混凝土组合楼盖时,柱距可以更大。柱网布置常见的方案如图 5.2 所示。

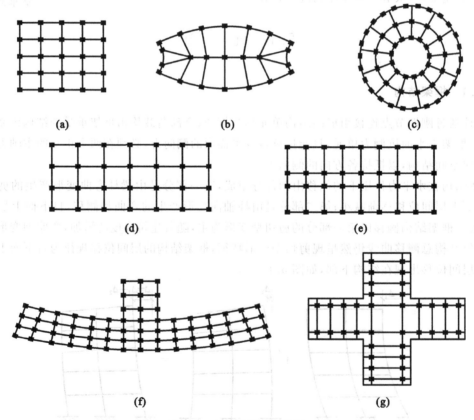

图 5.2　框架柱网布置举例

　　在地震作用下,结构纵横两个方向要分别承受相近的地震作用,要求纵横两个方向的抗侧能力相近。

　　（2）变形缝的设置

　　变形缝有伸缩缝、沉降缝、防震缝三种。平面面积较大的框架结构和形状不规则的结构应根据有关规定适当设缝。但对于多层和高层结构,则应尽量少设或不设缝,这可以简化构造,方便施工,降低造价,增强结构的整体性和空间刚度。在设计中,应通过调整平面形状、尺寸、体型,选择节点连接方式,配置构造钢筋等措施,来防止由于温度变化、不均匀沉降、地震作用等因素引起的结构和非结构的破坏。

5.1.2.2　结构竖向布置

竖向布置是指结构沿竖向的变化情况。在满足建筑功能要求的同时,应尽可能规则简单。常见的结构沿竖向的变化有:

① 沿竖向的基本不变化,这是常用的且受力合理的形式。

② 局部抽柱,如底层或顶层大空间。

③ 结构上部逐层收进或挑出。

为了有利于结构受力,在平面上,框架梁宜拉通对直;在竖向上,框架柱宜上下对中,梁柱轴线宜在同一竖向平面内。

5.1.3　一般规定

5.1.3.1　关于单跨框架

单跨框架结构是指整栋建筑全部或绝大部分采用单跨框架的结构。由于单跨框架超静定次数少,耗能能力弱,一旦柱子出现塑性铰,结构出现连续倒塌的可能性很大。因此,《建筑抗震设计规范(2016 年版)》(GB 50011—2010)规定:甲、乙类建筑以及高度大于 24 m 的丙类建筑,不应采用单跨框架结构;高度不大于 24 m 的丙类建筑,不宜采用单跨框架结构。

5.1.3.2　楼梯间的抗震设计要求

发生地震时,楼梯间是重要的紧急竖向逃生通道,楼梯间(包括楼梯板)的破坏会延误人员撤离及救援工作,从而造成重大伤亡,因此,楼梯间应具有足够的抗倒塌能力,楼梯构件的组合内力设计值应包括与地震作用效应的组合,楼梯梁柱的抗震等级应与框架结构本身相同。

框架结构楼梯构件与主体整浇时,楼梯板起到斜支撑的作用,对结构的刚度、承载力、规则性影响较大。若楼梯间布置不当,则会造成结构平面不规则,抗震设计时应尽量避免出现这种现象。因此,《高层建筑混凝土结构技术规程》(JGJ 3—2010)对抗震设计时框架结构的楼梯间作如下规定:

① 楼梯间的布置应尽量减小其造成的结构平面不规则;

② 宜采用现浇钢筋混凝土楼梯,楼梯结构应有足够的抗倒塌能力;

③ 宜采取措施减小楼梯对主体结构的影响;

④ 当钢筋混凝土楼梯与主体结构整体连接时,应考虑楼梯对地震作用及其效应的影响,并应对楼梯构件进行抗震承载力验算。

5.1.3.3　框架梁对框架柱的偏心处理

框架梁、柱中心线宜重合。当梁、柱中心线不重合时,在计算中应考虑偏心对梁柱节点核心区受力和构造的不利影响,以及梁荷载对柱的偏心影响。

框架梁、柱中心线之间的偏心距,9 度抗震设计时不应大于柱截面在该方向宽度的 1/4;非抗震设计和 6~8 度抗震设计时不宜大于柱截面在该方向宽度的 1/4,如偏心距大于该方向柱宽的 1/4,可采取增设水平加腋的方法,能明显改善梁柱节点承受反复荷载性能。梁水平加腋的尺寸的具体要求详见本章第 5.6.4.2 小节。

5.1.3.4　关于混合承重问题

框架结构和砌体结构是两种截然不同的结构体系,其抗侧刚度、变形能力等相差很大,这两种

结构在同一建筑物中混合使用,对建筑物的抗震性能将产生很不利的影响,甚至造成严重破坏。因此,《高层建筑混凝土结构技术规程》(JGJ 3—2010)规定:框架结构抗震设计时,不应采用部分有砌体墙承重的混合形式。框架结构中的楼梯间、电梯间及局部出屋面的电梯机房、楼梯间、水箱间等,应采用框架承重,而不应采用砌体墙承重。

5.1.3.5　框架填充墙

由于框架结构的填充墙是非结构构件,是由建筑专业布置,并表示在建筑图上,结构专业图上却不予表示,所以经常被结构设计人员忽略。国内外皆有由于填充墙布置不当而造成震害的例子。

震害情况之一,框架结构上部若干层填充墙布置较多,而底部墙体较少,形成竖向刚度突变。例如某一旅馆为5层框架结构,底层为大堂、餐厅等,隔墙较少,刚度较小,2～5层为客房,填充墙较多,刚度较大。在地震中,底层全部破坏,上部4层落下来压在底层,损失很大。

震害情况之二,在外墙柱子之间,有通长整开间的窗台墙嵌固在柱间,使柱子净高减少很多,形成短柱,地震时,墙以上的柱形成交叉裂缝而破坏。

此外,当两根柱子之间嵌砌有刚度较大的砌体填充墙时,由于墙体会吸收较多的地震作用,所以墙两端的柱子受力会加大。

震害情况之三,填充墙的布置偏于平面一侧,形成较大的刚度偏心,地震时由于扭转而产生的附加内力,设计中并未考虑,因而造成破坏。

因此,为防止砌体填充墙对结构设计的不利影响,框架结构填充墙及隔墙宜选用轻质墙体,抗震设计时,框架结构若采用砌体填充墙,其布置应符合《高层建筑混凝土结构技术规程》(JGJ 3—2010)的规定:

① 避免形成上下层刚度变化过大;

② 避免形成短柱;

③ 减少因抗侧刚度偏心而造成的结构扭转。

抗震设计时,为保证砌体填充墙自身的稳定性,应符合下列四项规定。

① 砌体砂浆强度等级不应低于M5,当采用砖及混凝土砌块时,砌块的强度等级不应低于MU5,当采用轻质砌块时,砌块的强度等级不应低于MU2.5。墙顶应与框架梁或楼板密切结合。

② 砌体填充墙应沿框架柱全高每隔500 mm左右设置2根直径6 mm的拉筋,6度时拉筋宜沿墙全长贯通,7～9度时拉筋应沿墙全长贯通。

③ 墙长大于5 m时,墙顶与梁(板)宜有钢筋拉结;墙长大于8 m或是层高2倍时,宜设置间距不大于4 m的钢筋混凝土构造柱;墙高超过8 m时,墙体半高处(或门洞上皮)宜设置与柱相连且沿墙全长贯通的钢筋混凝土水平系梁。

④ 楼梯间采用砌体填充墙时,应设置间距不大于层高且不大于4 m的钢筋混凝土构造柱,并应采用钢丝网砂浆面层加强。

5.2　框架结构计算简图

5.2.1　基本假定

实际的框架结构处于空间受力状态,应采用空间框架的分析方法进行框架结构的内力计算。但当框架较规则,荷载和刚度分布较均匀时,可不考虑框架的空间工作影响,按以下两个基本假定将框架结构划分成纵、横两个方向的平面框架进行计算。

①　每榀框架只承受与自身平面平行的水平荷载,框架平面外刚度很小,可忽略。

②　联系各榀框架的楼板在自身平面内刚度很大,平面外刚度很小,可以忽略。每榀框架在楼板处的侧移值相同。

5.2.2　计算简图

5.2.2.1　计算单元的确定

在此基本假定下,复杂的结构计算大为简化。以图 5.3 所示结构为例,结构由 7 片横向平面框架和 3 片纵向平面框架通过刚性楼板连接在一起。在横向水平荷载作用下,只考虑横向框架起作用,而略去纵向框架的作用,即横向水平荷载由 7 片横向框架共同承担。在纵向水平荷载作用下,只考虑纵向框架起作用,而略去横向框架的作用,即纵向水平荷载由 3 片纵向框架共同承担。

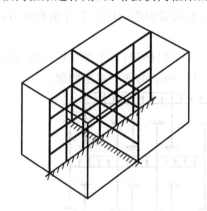
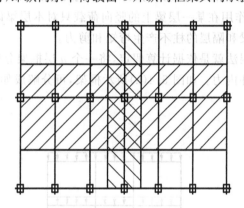

图 5.3　框架计算单元的选取

5.2.2.2　跨度与柱高的确定

计算简图的形状、尺寸以梁柱轴线为基准,梁的跨度取柱轴线之间的距离,底层柱高取从基础顶面算起到一层板底的距离,其余各层的层高取相邻两楼盖板底到板底的距离。

5.2.2.3　构件截面抗弯刚度计算

计算框架梁截面惯性矩 I 时应考虑楼板的影响,在梁端节点附近由于负弯矩作用,楼板受拉,影响较小;在梁跨中由于正弯矩作用,楼板处于梁的受压区,形成 T 形截面,对梁截面抗弯刚度影响较大。在设计计算中,一般仍假定梁截面惯性矩 I 沿轴线不变。对于现浇楼盖,当框架梁两侧均有楼板时,取 $I = 2I_0$,当框架梁一侧有楼板时,取 $I = 1.5I_0$;对于装配整体式楼盖,当框架梁两侧均有楼板时,取 $I = 1.5I_0$,当框架梁一侧有楼板时,取 $I = 1.2I_0$,I_0 为不考虑楼板影响时梁截面的惯性矩。

5.2.2.4　荷载计算

水平荷载(风和地震作用)一般简化为作用于框架节点的水平集中力,每片平面框架分担的水平荷载与它们的抗侧刚度有关。

竖向荷载按平面框架的负荷面积分配给各片平面框架,负荷面积按梁板布置情况确定。

5.3　框架结构在竖向荷载作用下的近似计算

框架结构简化为平面框架后,即可按照框架的负载面积计算作用在框架上的竖向荷载。

多层多跨框架在竖向荷载作用下,侧移很小,各层荷载对其他层杆件的内力影响不大,可采用力矩分配法计算。现在分析框架某层的竖向荷载对其他层的影响问题。由结构力学可知,等截面

直杆远端固定时,弯矩传递系数为0.5;远端铰接时,弯矩传递系数为0。实际情况介于固定和铰接之间,因此,弯矩传递系数为0~0.5。首先,荷载在本层节点产生的不平衡力矩经过分配和传递,才影响本层杆件的远端。然后,在远端进行分配才会影响到相邻层。在框架结构中,构件的远端一般与几个杆件相连,故传给远端的弯矩要在分配给相邻的各杆件后再向这几个杆件的远端传递,这样才能将弯矩传给其他层的梁和隔层的柱,第二次传递的弯矩就更小了,可忽略不计。

5.3.1　分层法

5.3.1.1　计算假定

分层法计算框架在竖向荷载作用下的内力时,可采用如下计算假定:

① 忽略框架在竖向荷载作用下的侧移;

② 作用在某一层梁上的竖向荷载只对本层梁以及与本层梁相连的柱产生弯矩和剪力,而对其他层的梁和隔层的柱不产生弯矩和剪力。

分层法就是依据计算假定,将一个n层框架分解成n个单层框架,每个单层框架用力矩分配法计算杆件内力。如图5.4(a)所示框架,可分解成如图5.4(b)所示的四个单层刚架。

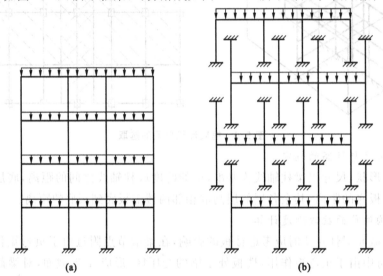

(a)　　　　　　　　　　　　　　(b)

图5.4　框架分层法计算简图

分层计算所得的梁端弯矩即为其最后弯矩,而每一柱(底层柱除外)属于上下两层刚架,所以柱的弯矩为上下两层弯矩相加。

分层计算时将柱的远端视为固定端,而实际结构中,除底层柱外,其他层柱端并不是固定端,在柱端有节点转角,柱的远端处于弹性约束状态。为考虑这一差别,应将除底层柱外的其他层柱的线刚度乘以折减系数0.9,并将传递系数取为1/3。底层柱的传递系数仍为1/2。

5.3.1.2　用力矩分配法计算各单层框架内力

① 将框架分层以后,各单层框架柱的远端视为固定端。

② 计算各单层框架在竖向荷载作用下的梁固端弯矩。

③ 计算梁、柱的线刚度和弯矩分配系数。

梁的线刚度为:

$$i_b = \frac{EI}{l}$$

式中 I——梁、柱截面惯性矩;

　　　l——梁跨度。

柱的线刚度为:

$$I_c = \frac{EI}{h}$$

式中 h——柱高。

计算梁截面惯性矩 I 时,对现浇楼盖:中间框架 $I=2I_0$;边框架 $I=1.5I_0$。

I_0 是不考虑楼板影响时矩形梁的截面惯性矩。除底层柱外的其他层柱的线刚度乘以折减系数 0.9,并将传递系数取为 $1/3$。

5.3.1.3 框架内力

① 用力矩分配法算得的各单层框架梁上的弯矩,即为所求框架梁的弯矩。将相邻两个单层框架中同一根柱的弯矩叠加,即得框架柱弯矩。此时,节点上的弯矩可能不平衡,必要时可将节点不平衡弯矩再分配一次。

② 根据杆端弯矩及梁上荷载求出框架剪力和轴力。

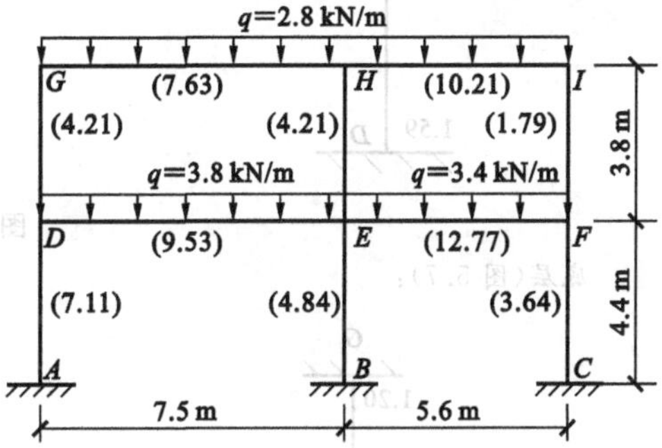

【例 5.1】 图 5.5 为二层框架结构,试利用分层法计算框架弯矩,并画出弯矩图(括号内数值为杆件相对线刚度)。

【解】 (1)求各节点的梁柱弯矩分配系数

计算结果见表 5.1。

图 5.5 框架计算简图

表 5.1 　　　　各层梁柱线刚度及弯矩分配系数计算

层次	节点	相对线刚度				相对线刚度总和	分配系数			
		左梁	右梁	上柱	下柱		左梁	右梁	上柱	下柱
顶层	G		7.63		$4.21×0.9=3.79$	11.42		0.668		0.332
	H	7.63	10.21		$4.21×0.9=3.79$	21.63	0.353	0.472		0.175
	I	10.21			$1.79×0.9=1.61$	11.82	0.864			0.136
底层	D		9.53	$4.21×0.9=3.79$	7.11	20.43		0.466	0.186	0.348
	E	9.53	12.77	$4.21×0.9=3.79$	4.84	30.93	0.308	0.413	0.123	0.156
	F	12.77		$1.79×0.9=1.61$	3.64	18.02	0.709		0.089	0.202

(2)固端弯矩计算

$$M_{GH} = -M_{HG} = -\frac{1}{12} \times 2.8 \times 7.5^2 = -13.13 \ (kN \cdot m)$$

$$M_{HI} = -M_{IH} = -\frac{1}{12} \times 2.8 \times 5.6^2 = -7.32 \ (kN \cdot m)$$

$$M_{DE} = -M_{ED} = -\frac{1}{12} \times 3.8 \times 7.5^2 = -17.81 \ (kN \cdot m)$$

$$M_{EF} = -M_{FE} = -\frac{1}{12} \times 3.4 \times 5.6^2 = -8.89 \ (kN \cdot m)$$

(3)分层法计算各节点弯矩

顶层(图 5.6):

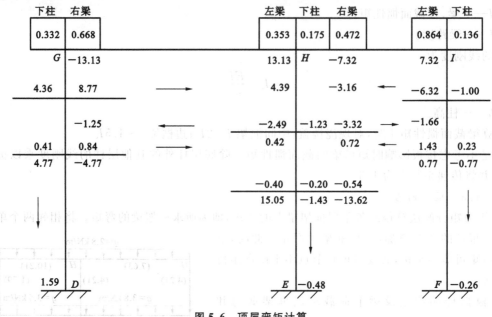

图 5.6　顶层弯矩计算

底层（图 5.7）：

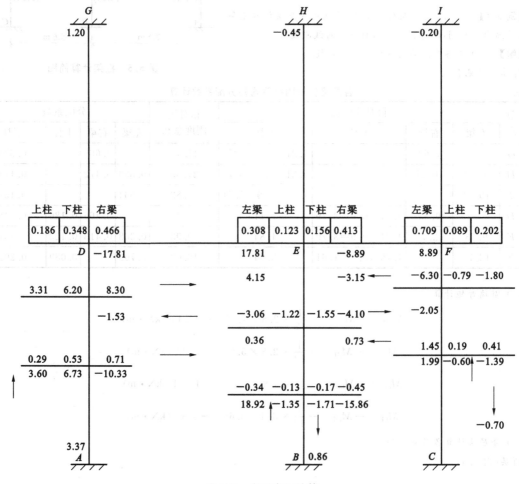

图 5.7　底层弯矩计算

(4) 画弯矩图

同一层柱的柱端弯矩叠加后的弯矩图见图 5.8，最后节点的不平衡弯矩可再进行分配，使节点弯矩达到平衡(其弯矩图略画)。

(5) 计算梁、柱端剪力(具体计算略)

$$V_b = \frac{1}{2}ql + \frac{M_b^l + M_b^r}{l}$$

$$V_c = \frac{M_c^t + M_c^b}{h}$$

(6) 计算柱轴力(具体计算略)

$$N_i = N_{i+1} + V_i$$

15.05
13.62
4.77
0.77
5.97
0.97
18.92
1.88
10.33
15.86
1.99
0.86
6.73
1.39
5.19
1.83
1.71
3.37
0.86
0.70

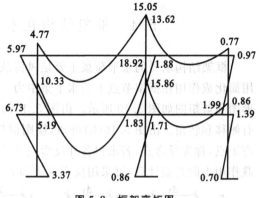

图 5.8 框架弯矩图

5.3.2 弯矩二次分配法

弯矩二次分配法是在满足工程计算精确度的条件下，对力矩分配法计算过程进行简化。框架不必分层，整体计算，所有节点同时分配力矩，又同时向远端传递，再将节点的不平衡再分配一次，即完成。这种方法适合于手算。

弯矩二次分配法的计算要点：

① 计算各个杆的线刚度的公式为梁 $i_b = \frac{EI}{l}$，柱 $i_c = \frac{EI}{h}$；

② 计算各个杆固端弯矩和弯矩分配系数，计算弯矩分配系数时，柱的线刚度不折减；

③ 将所有节点的不平衡弯矩同时反号分配(第一次分配)；

④ 将各个杆端的分配弯矩乘以传递系数同时向远端传递(第一次传递)；

⑤ 将各节点传递弯矩同时反号分配(第二次分配)；

⑥ 将各个杆端固端弯矩、分配弯矩、传递弯矩叠加，即为各个杆端的最终弯矩。

【例 5.2】 已知框架同例 5.1(见图 5.5)，试利用弯矩二次分配法计算其框架弯矩。

【解】 利用弯矩二次分配法计算，计算过程如图 5.9 所示。

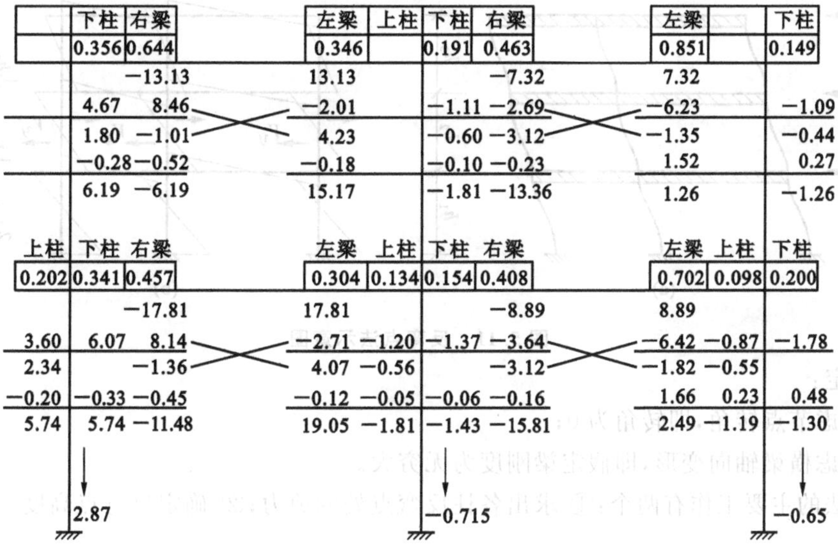

下柱 右梁
0.356 0.644
−13.13
4.67 8.46
1.80 −1.01
−0.28 −0.52
6.19 −6.19
左梁 上柱 下柱 右梁
0.346 0.191 0.463
13.13 −7.32
−2.01 −1.11 −2.69
4.23 −0.60 −3.12
−0.18 −0.10 −0.23
15.17 −1.81 −13.36
左梁 下柱
0.851 0.149
7.32
−6.23 −1.09
−1.35 −0.44
1.52 0.27
1.26 −1.26
上柱 下柱 右梁
0.202 0.341 0.457
−17.81
3.60 6.07 8.14
2.34 −1.36
−0.20 −0.33 −0.45
5.74 5.74 −11.48
左梁 上柱 下柱 右梁
0.304 0.134 0.154 0.408
17.81 −8.89
−2.71 −1.20 −1.37 −3.64
4.07 −0.56 −3.12
−0.12 −0.05 −0.06 −0.16
19.05 −1.81 −1.43 −15.81
左梁 上柱 下柱
0.702 0.098 0.200
8.89
−6.42 −0.87 −1.78
−1.82 −0.55
1.66 0.23 0.48
2.49 −1.19 −1.30
2.87
−0.715
−0.65

图 5.9 例 5.2 弯矩二次分配法计算图

5.4　框架结构在水平荷载作用下内力近似计算

框架结构承受的水平荷载主要是风荷载和水平地震作用。为简化计算，可将风荷载和地震作用简化成作用在框架节点上的水平集中力。在水平荷载作用下，框架将产生侧移和转角，框架的变形图和弯矩图如图5.10所示。由图5.10(a)可见，底层框架柱下端无侧移和转角，上部各节点则有侧移和转角。由图5.10(b)可知，规则框架在水平荷载作用下，在柱中弯矩均为直线，均有一零弯矩点，称为反弯点，若求得各柱反弯点位置和剪力，则柱的弯矩就可求。多层框架结构在水平荷载作用下的近似计算，可采用反弯点法和D值法。

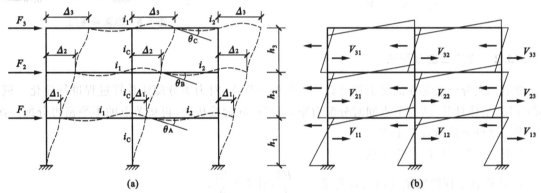

图 5.10　水平荷载作用下框架变形和弯矩示意图
(a) 框架变形示意图；(b) 弯矩示意图

5.4.1　反弯点法

5.4.1.1　反弯点法的计算假定

对层数不多的框架，柱轴力较小，截面积也较小，梁的截面较大，框架梁的线刚度要比柱的线刚度大得多，框架节点的转角很小，当框架梁柱线刚度比大于3时，框架在水平荷载作用下梁的弯曲变形很小，可以将梁的刚度视为无穷大，框架节点转角为零，其变形可简化为图5.11。

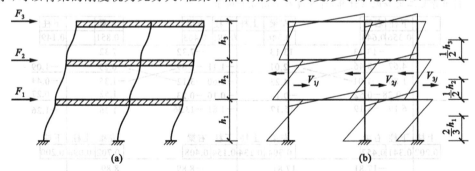

图 5.11　反弯点法示意图

计算假定：
① 不考虑节点转角，即转角为0；
② 不考虑横梁轴向变形，即假定梁刚度为无穷大。
反弯点法的主要工作有两个：① 求出各柱反弯点处的剪力；② 确定反弯点高度。

5.4.1.2 柱反弯点位置的确定

当梁的线刚度假定为无穷大,柱端无转角,柱两端弯矩相等,反弯点在柱的中点。对于上层各框架柱,当框架梁柱线刚度比大于 3 时,柱端转角很小,反弯点接近中点,可假定就在柱的中点,反弯点高度 $\bar{y}=h/2$。对于底层柱,由于底端固定而上部有转角,反弯点向上移,通常假定反弯点在距底端 2/3 高度处,底层柱反弯点高度 $\bar{y}=\dfrac{2}{3}h$。

5.4.1.3 柱剪力的确定

(1) 柱的侧移刚度 d

根据计算假定,框架柱端无转角但有水平位移时如图 5.12 所示,柱剪力与水平位移的关系为:

$$V = \frac{12i_c}{h^2}\Delta_u$$

$$d = \frac{12i_c}{h^2} \quad\quad (5.1)$$

$$d = \frac{V}{\Delta_u} \quad\quad (5.2)$$

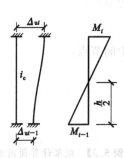

图 5.12 两端固接柱侧移时变形和弯矩图

式中　i_c——柱的线刚度;

　　　h——柱高度;

　　　Δ_u——柱端侧移,$\Delta_u=\Delta_{ui}-\Delta_{ui-1}$;

　　　d——柱的侧移刚度,其物理意义是柱上下两端有单位侧移时,柱中产生的剪力。

(2) 柱剪力的确定

由计算假定可知,不考虑横梁变形时,同层各柱顶的相对位移均相等。由此可得第 i 层第 j 根柱剪力:

$$V_{i1} = d_{i1}\Delta_{ui}$$
$$\vdots$$
$$V_{ij} = d_{ij}\Delta_{ui}$$

第 i 层柱的总剪力:

$$V_i = V_{i1} + V_{i2} + \cdots + V_{ij}$$
$$V_i = (d_{i1} + d_{i2} + \cdots + d_{ij})\Delta_{ui}$$

第 i 层的侧移:

$$\Delta_i = \frac{V_i}{\displaystyle\sum_{n=1}^{j} d_{in}} \quad\quad (5.3)$$

则第 i 层第 m 柱剪力:

$$V_{im} = \frac{d_{im}}{\displaystyle\sum_{n=1}^{j} d_{in}} V_i \qu\quad (5.4)$$

可见各柱剪力的大小是按各柱侧移刚度分配给各柱的。

5.4.1.4 梁端、柱端弯矩的计算

求出各柱剪力后,根据已知各柱反弯点位置,可求出各柱端弯矩。求出所有柱端弯矩后,根据节点力矩平衡求梁的弯矩。

（1）柱端弯矩的计算

柱上端弯矩：

$$M = V(h - \bar{y}) \tag{5.5}$$

柱下端弯矩：

$$M = V\bar{y} \tag{5.6}$$

（2）梁端弯矩的计算

梁端总弯矩可由节点平衡求得，并按各梁的线刚度分配。

边节点：

$$M_b^l = \sum M_c \tag{5.7}$$

中间节点：

$$M_b^l = \frac{i_b^l}{i_b^l + i_b^r} \sum M_c \tag{5.8}$$

$$M_b^r = \frac{i_b^r}{i_b^l + i_b^r} \sum M_c \tag{5.9}$$

【例5.3】 框架计算简图见图5.13，用反弯点法求梁柱弯矩。

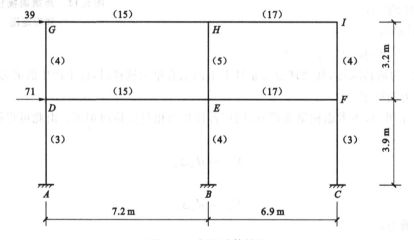

图5.13 框架计算简图

【解】 （1）求出各柱反弯点处的剪力值

第二层

$$V_{DG} = V_{IF} = \frac{4}{4+5+4} \times 39 = 12 \text{ (kN)}$$

$$V_{EH} = \frac{5}{4+5+4} \times 39 = 15 \text{ (kN)}$$

第一层

$$V_{AD} = V_{CF} = \frac{3}{3+4+3} \times (39+71) = 33 \text{ (kN)}$$

$$V_{BE} = \frac{4}{3+4+3} \times (39+71) = 44 \text{ (kN)}$$

（2）求各柱柱端弯矩

第二层

$$M_{DG} = M_{GD} = M_{FI} = M_{IF} = 12 \times \frac{3.2}{2} = 19.2 \text{ (kN \cdot m)}$$

$$M_{EH} = M_{HE} = 15 \times \frac{3.2}{2} = 24 \text{ (kN} \cdot \text{m)}$$

第一层

$$M_{AD} = M_{CF} = \frac{2}{3} \times 3.9 \times 33 = 85.8 \text{ (kN} \cdot \text{m)}$$

$$M_{DA} = M_{FC} = \frac{1}{3} \times 3.9 \times 33 = 42.9 \text{ (kN} \cdot \text{m)}$$

$$M_{BE} = \frac{2}{3} \times 3.9 \times 44 = 114.4 \text{ (kN} \cdot \text{m)}$$

$$M_{EB} = \frac{1}{3} \times 3.9 \times 44 = 57.2 \text{ (kN} \cdot \text{m)}$$

(3)求各横梁梁端弯矩

第二层

$$M_{GH} = M_{IH} = 19.2 \text{ kN} \cdot \text{m}$$

$$M_{HG} = \frac{15}{15+17} \times 24 = 11.25 \text{ (kN} \cdot \text{m)}$$

$$M_{HI} = \frac{17}{15+17} \times 24 = 12.75 \text{ (kN} \cdot \text{m)}$$

第一层

$$M_{DE} = M_{FE} = M_{DG} + M_{DA} = 19.2 + 42.9 = 62.1 \text{ (kN} \cdot \text{m)}$$

$$M_{ED} = \frac{15}{15+17} \times (24 + 57.2) = 38.06 \text{ (kN} \cdot \text{m)}$$

$$M_{EF} = \frac{17}{15+17} \times (24 + 57.2) = 43.14 \text{ (kN} \cdot \text{m)}$$

(4)绘制弯矩图

弯矩图见图 5.14。

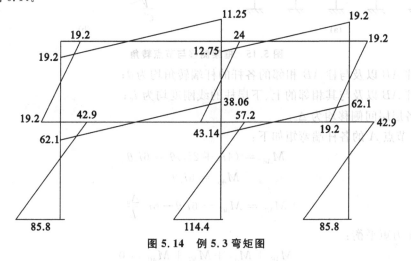

图 5.14　例 5.3 弯矩图

5.4.2　D 值法

　　计算层数较多的框架时,由于柱截面尺寸较大,梁柱相对线刚度比会减少,框架节点的转角对柱抗侧刚度和反弯点位置会有较大的影响。用反弯点法计算时,会有较大的误差,此时可用 D 值法计算。D 值法是在反弯点法的基础上,考虑上述的影响,对柱的抗侧刚度和反弯点位置予以修正,所以此法也称修正反弯点法。D 值法计算要点如下:

5.4.2.1　柱的侧移刚度 D 值

当柱两端有相对侧移 Δ_u 和转角 θ 时,柱的剪力为:

$$V = \frac{12i_c}{h^2}\Delta_u - \frac{12i_c}{h}\theta \tag{5.10}$$

则

$$D = \frac{V}{\Delta_u} \tag{5.11}$$

$$D = \frac{12i_c}{h^2} - \frac{12i_c}{h\Delta_u}\theta \tag{5.12}$$

式中　D——修正后柱的抗侧刚度,与 Δ_u、θ 有关。

图 5.15(a)所示为多层框架,在水平荷载作用下,各节点将产生侧移和转角。框架节点 A、B 及与之相连的各杆件变形情况如图 5.15(b)所示。为方便分析,推导 D 值时,做如下假定:

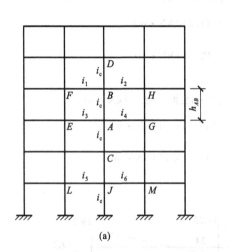
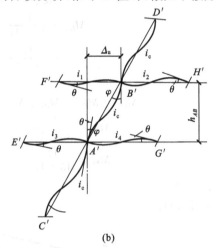

(a)　　　　　　　　　　　　　　(b)

图 5.15　框架侧移与节点转角

① 假定柱 AB 以及与柱 AB 相邻的各杆的杆端转角均为 θ;

② 假定柱 AB 以及与其相邻的上、下层柱的线刚度均为 i_c;

③ 假定各层层间侧移均为 Δ_u。

则汇交于节点 A 的各杆端弯矩如下:

$$M_{AE} = (4i_3 + 2i_3)\theta = 6i_3\theta$$

$$M_{AG} = 6i_4\theta$$

$$M_{AB} = M_{AC} = 6i_c\theta - 6i_c\frac{\Delta_u}{h}$$

由节点 A 力矩平衡:

$$M_{AE} + M_{AC} + M_{AG} + M_{AB} = 0$$

可得:

$$6(i_3 + i_4)\theta + 12i_c\theta - 12i_c\frac{\Delta_u}{h} = 0$$

同理,由节点 B 力矩平衡得:

$$6(i_1 + i_2)\theta + 12i_c\theta - 12i_c\frac{\Delta_u}{h} = 0$$

将上两式相加、整理得:

$$\theta = \frac{2}{2 + \dfrac{i_1 + i_2 + i_3 + i_4}{2i_c}} \cdot \frac{\Delta_u}{h}$$

令

$$k = \frac{i_1 + i_2 + i_3 + i_4}{2i_c} \tag{5.13}$$

则

$$\theta = \frac{2}{2 + k} \cdot \frac{\Delta_u}{h}$$

式中　k——梁柱线刚度比。

对于边柱 $i_1 = i_3 = 0$，可得

$$k = \frac{i_2 + i_4}{2i_c} \tag{5.14}$$

对于框架底层柱，由于底端为固定端，无转角，故可按类似方法推导出梁柱线刚度比：

$$k = \frac{i_1 + i_2}{i_c} \tag{5.15}$$

将 θ 代入式（5.12）得：

$$D = \frac{12i_c}{h^2} - \frac{12i_c}{h^2} \times \frac{2}{2 + k}$$

$$= \frac{k}{2 + k} \frac{12i_c}{h^2}$$

令

$$\alpha = \frac{k}{2 + k} \tag{5.16}$$

则

$$D = \alpha \frac{12i_c}{h^2} \tag{5.17}$$

α 表示梁柱刚度比对柱刚度的影响。当梁柱刚度比 k 值无穷大时，$\alpha = 1$，$D = d$；当梁柱刚度比较小时，$\alpha < 1$，$D < d$。因此，α 称为柱刚度修正系数。柱刚度修正系数见表5.2。

表 5.2　　　　　　　　　　　　　　柱刚度修正系数

楼层	简图	k	α
一般		$k = \dfrac{i_1 + i_2 + i_3 + i_4}{2i_c}$	$\alpha = \dfrac{k}{2 + k}$
底层		$k = \dfrac{i_1 + i_2}{i_c}$	$\alpha = \dfrac{0.5 + k}{2 + k}$

5.4.2.2　柱反弯点位置

反弯点到柱下端的距离与柱高度的比值，称为反弯点高度比，用 y 表示。反弯点到柱底的距离即为 yh。

柱反弯点的位置与柱两端的约束条件有关，当柱上下两端固定或转角相同时，反弯点在中点；两端约束刚度不同时，转角也不相同，反弯点移向转角较大的一端，也就是向约束刚度较小的一端移动。

影响柱两端约束刚度的主要因素有：

① 荷载的形式；

② 结构总层数与该层所在位置；

③ 柱上、下层横梁刚度比；

④ 柱上、下层层高变化。

在 D 值法中，通过力学分析求得标准情况下的标准反弯点高度比 y_0，再根据上、下层横梁刚度比及上、下层层高变化，对 y_0 进行修正。

（1）标准反弯点高度比 y_0

标准反弯点高度比是在等高、等跨、各层梁柱线刚度都不变的多层框架在水平荷载作用下求得的反弯点高度比。表 5.3、表 5.4 列出了在均布水平荷载、倒三角形分布荷载下的 y_0。

表 5.3　　　　　　　　均布水平荷载下各层柱标准高度比 y_0

m	n	K													
		0.1	0.2	0.3	0.4	0.5	0.6	0.7	0.8	0.9	1.0	2.0	3.0	4.0	5.0
1	1	0.08	0.75	0.70	0.65	0.65	0.60	0.60	0.60	0.60	0.55	0.55	0.55	0.55	0.55
2	2	0.45	0.40	0.35	0.35	0.35	0.35	0.40	0.40	0.40	0.40	0.45	0.45	0.45	0.45
	1	0.95	0.80	0.75	0.70	0.65	0.65	0.65	0.60	0.60	0.60	0.55	0.55	0.55	0.50
3	3	0.15	0.20	0.20	0.25	0.30	0.30	0.30	0.35	0.35	0.35	0.40	0.45	0.45	0.45
	2	0.55	0.50	0.45	0.45	0.45	0.45	0.45	0.45	0.45	0.45	0.50	0.50	0.50	0.50
	1	1.00	0.85	0.80	0.75	0.70	0.70	0.65	0.65	0.65	0.60	0.55	0.55	0.55	0.55
4	4	−0.05	0.05	0.15	0.20	0.25	0.30	0.30	0.35	0.35	0.35	0.40	0.45	0.45	0.45
	3	0.25	0.30	0.30	0.35	0.35	0.40	0.40	0.40	0.40	0.45	0.45	0.50	0.50	0.50
	2	0.65	0.55	0.50	0.50	0.45	0.45	0.45	0.45	0.45	0.45	0.50	0.50	0.50	0.50
	1	1.10	0.90	0.80	0.75	0.70	0.70	0.65	0.65	0.65	0.60	0.55	0.55	0.55	0.55
5	5	−0.20	0.00	0.15	0.20	0.25	0.30	0.30	0.30	0.35	0.35	0.40	0.45	0.45	0.45
	4	0.10	0.20	0.25	0.30	0.35	0.35	0.40	0.40	0.40	0.45	0.45	0.50	0.50	0.50
	3	0.40	0.40	0.40	0.40	0.40	0.45	0.45	0.45	0.45	0.45	0.50	0.50	0.50	0.50
	2	0.65	0.55	0.50	0.50	0.50	0.50	0.50	0.50	0.50	0.50	0.50	0.50	0.50	0.50
	1	1.20	0.95	0.80	0.75	0.75	0.70	0.70	0.65	0.65	0.65	0.55	0.55	0.55	0.55
6	6	−0.30	0.00	0.10	0.20	0.25	0.25	0.30	0.30	0.35	0.35	0.40	0.45	0.45	0.45
	5	0.00	0.20	0.25	0.30	0.35	0.35	0.40	0.40	0.40	0.45	0.45	0.50	0.50	0.50
	4	0.20	0.30	0.35	0.35	0.40	0.40	0.40	0.45	0.45	0.45	0.45	0.50	0.50	0.50
	3	0.40	0.40	0.40	0.45	0.45	0.45	0.45	0.45	0.45	0.45	0.50	0.50	0.50	0.50
	2	0.70	0.60	0.55	0.50	0.50	0.50	0.50	0.50	0.50	0.50	0.50	0.50	0.50	0.50
	1	1.20	0.95	0.85	0.80	0.75	0.70	0.70	0.65	0.65	0.65	0.55	0.55	0.55	0.55
7	7	−0.35	−0.05	0.10	0.20	0.20	0.25	0.30	0.30	0.35	0.35	0.40	0.45	0.45	0.45
	6	−0.10	0.15	0.25	0.30	0.35	0.35	0.35	0.40	0.40	0.40	0.45	0.45	0.50	0.50
	5	0.10	0.25	0.30	0.35	0.40	0.40	0.40	0.45	0.45	0.45	0.45	0.50	0.50	0.50
	4	0.30	0.35	0.40	0.40	0.40	0.45	0.45	0.45	0.45	0.45	0.50	0.50	0.50	0.50
	3	0.50	0.45	0.45	0.45	0.45	0.45	0.45	0.45	0.45	0.45	0.50	0.50	0.50	0.50
	2	0.75	0.60	0.55	0.50	0.50	0.50	0.50	0.50	0.50	0.50	0.50	0.50	0.50	0.50
	1	1.20	0.95	0.85	0.80	0.75	0.70	0.70	0.65	0.65	0.65	0.55	0.55	0.55	0.55
8	8	−0.35	−0.15	0.10	0.15	0.25	0.25	0.30	0.30	0.35	0.35	0.40	0.45	0.45	0.45
	7	−0.10	0.15	0.25	0.30	0.35	0.35	0.40	0.40	0.40	0.40	0.45	0.50	0.50	0.50
	6	0.05	0.25	0.30	0.35	0.40	0.40	0.40	0.45	0.45	0.45	0.45	0.50	0.50	0.50
	5	0.20	0.30	0.35	0.35	0.40	0.40	0.45	0.45	0.45	0.45	0.50	0.50	0.50	0.50
	4	0.35	0.40	0.40	0.45	0.45	0.45	0.45	0.45	0.45	0.45	0.50	0.50	0.50	0.50
	3	0.50	0.45	0.45	0.45	0.45	0.45	0.45	0.45	0.50	0.50	0.50	0.50	0.50	0.50
	2	0.75	0.60	0.55	0.55	0.50	0.50	0.50	0.50	0.50	0.50	0.50	0.50	0.50	0.50
	1	1.20	1.00	0.85	0.80	0.75	0.70	0.70	0.65	0.65	0.65	0.55	0.55	0.55	0.55

续表

m	n	K													
		0.1	0.2	0.3	0.4	0.5	0.6	0.7	0.8	0.9	1.0	2.0	3.0	4.0	5.0
9	9	−0.40	−0.05	0.10	0.20	0.25	0.25	0.30	0.30	0.35	0.35	0.45	0.45	0.45	0.45
	8	−0.15	0.15	0.20	0.30	0.35	0.35	0.35	0.40	0.40	0.40	0.45	0.45	0.50	0.50
	7	0.05	0.25	0.30	0.35	0.40	0.40	0.40	0.45	0.45	0.45	0.45	0.50	0.50	0.50
	6	0.15	0.30	0.35	0.40	0.40	0.45	0.45	0.45	0.45	0.45	0.50	0.50	0.50	0.50
	5	0.25	0.35	0.40	0.40	0.45	0.45	0.45	0.45	0.45	0.45	0.50	0.50	0.50	0.50
	4	0.40	0.40	0.40	0.45	0.45	0.45	0.45	0.45	0.45	0.45	0.50	0.50	0.50	0.50
	3	0.55	0.45	0.45	0.45	0.45	0.45	0.45	0.45	0.50	0.50	0.50	0.50	0.50	0.50
	2	0.80	0.65	0.55	0.55	0.50	0.50	0.50	0.50	0.50	0.50	0.50	0.50	0.50	0.50
	1	1.20	1.00	0.85	0.80	0.75	0.70	0.70	0.65	0.65	0.65	0.55	0.55	0.55	0.55
10	10	−0.40	−0.05	0.10	0.20	0.25	0.30	0.30	0.30	0.35	0.35	0.40	0.45	0.45	0.45
	9	−0.15	0.15	0.25	0.30	0.35	0.35	0.40	0.40	0.40	0.40	0.45	0.45	0.50	0.50
	8	0.00	0.25	0.30	0.35	0.40	0.40	0.40	0.45	0.45	0.45	0.45	0.50	0.50	0.50
	7	0.10	0.30	0.35	0.40	0.40	0.45	0.45	0.45	0.45	0.45	0.50	0.50	0.50	0.50
	6	0.20	0.35	0.40	0.40	0.45	0.45	0.45	0.45	0.45	0.45	0.50	0.50	0.50	0.50
	5	0.30	0.40	0.40	0.45	0.45	0.45	0.45	0.45	0.45	0.45	0.50	0.50	0.50	0.50
	4	0.40	0.40	0.45	0.45	0.45	0.45	0.45	0.45	0.45	0.50	0.50	0.50	0.50	0.50
	3	0.55	0.50	0.45	0.45	0.45	0.50	0.50	0.50	0.50	0.50	0.50	0.50	0.50	0.50
	2	0.80	0.65	0.55	0.55	0.55	0.50	0.50	0.50	0.50	0.50	0.50	0.50	0.50	0.50
	1	1.30	1.00	0.85	0.80	0.75	0.70	0.70	0.65	0.65	0.65	0.60	0.55	0.55	0.55
11	11	−0.40	0.05	0.10	0.20	0.25	0.30	0.30	0.30	0.35	0.35	0.40	0.45	0.45	0.45
	10	−0.15	0.15	0.25	0.30	0.35	0.35	0.40	0.40	0.40	0.40	0.45	0.45	0.50	0.50
	9	0.00	0.25	0.30	0.35	0.40	0.40	0.40	0.45	0.45	0.45	0.45	0.50	0.50	0.50
	8	0.10	0.30	0.35	0.40	0.40	0.45	0.45	0.45	0.45	0.45	0.50	0.50	0.50	0.50
	7	0.20	0.35	0.40	0.45	0.45	0.45	0.45	0.45	0.45	0.45	0.50	0.50	0.50	0.50
	6	0.25	0.35	0.40	0.45	0.45	0.45	0.45	0.45	0.45	0.45	0.50	0.50	0.50	0.50
	5	0.35	0.40	0.40	0.45	0.45	0.45	0.45	0.45	0.45	0.50	0.50	0.50	0.50	0.50
	4	0.40	0.40	0.45	0.45	0.45	0.45	0.45	0.50	0.50	0.50	0.50	0.50	0.50	0.50
	3	0.55	0.50	0.50	0.50	0.50	0.50	0.50	0.50	0.50	0.50	0.50	0.50	0.50	0.50
	2	0.80	0.65	0.60	0.55	0.55	0.50	0.50	0.50	0.50	0.50	0.50	0.50	0.50	0.50
	1	1.30	1.00	0.85	0.80	0.75	0.70	0.70	0.65	0.65	0.65	0.60	0.55	0.55	0.55
12 以 上	↓1	−0.40	−0.05	0.10	0.20	0.25	0.30	0.30	0.30	0.35	0.35	0.40	0.45	0.45	0.45
	2	−0.15	0.15	0.25	0.30	0.35	0.35	0.40	0.40	0.40	0.40	0.45	0.45	0.50	0.50
	3	0.00	0.25	0.30	0.35	0.40	0.40	0.40	0.45	0.45	0.45	0.45	0.50	0.50	0.50
	4	0.10	0.30	0.35	0.40	0.40	0.45	0.45	0.45	0.45	0.45	0.50	0.50	0.50	0.50
	5	0.20	0.35	0.40	0.40	0.45	0.45	0.45	0.45	0.45	0.45	0.50	0.50	0.50	0.50
	6	0.25	0.35	0.40	0.45	0.45	0.45	0.45	0.45	0.45	0.45	0.50	0.50	0.50	0.50
	7	0.30	0.40	0.40	0.45	0.45	0.45	0.45	0.45	0.50	0.50	0.50	0.50	0.50	0.50
	8	0.35	0.40	0.45	0.45	0.45	0.45	0.45	0.50	0.50	0.50	0.50	0.50	0.50	0.50
	中间	0.40	0.40	0.45	0.45	0.45	0.45	0.50	0.50	0.50	0.50	0.50	0.50	0.50	0.50
	4	0.45	0.45	0.45	0.45	0.50	0.50	0.50	0.50	0.50	0.50	0.50	0.50	0.50	0.50
	3	0.60	0.50	0.50	0.50	0.50	0.50	0.50	0.50	0.50	0.50	0.50	0.50	0.50	0.50
	2	0.80	0.65	0.60	0.55	0.55	0.50	0.50	0.50	0.50	0.50	0.50	0.50	0.50	0.50
	↑1	1.30	1.00	0.85	0.80	0.75	0.70	0.70	0.65	0.65	0.65	0.55	0.55	0.55	0.55

注:

$$K=\frac{i_1+i_2+i_3+i_4}{2i_c}。$$

（图中 i_1、i_2 为上部梁线刚度，i_3、i_4 为下部梁线刚度，i_c 为柱线刚度。）

表 5.4　　　　　　　　　倒三角形分布荷载下标准反弯点高度比 y_0

m	n	K													
		0.1	0.2	0.3	0.4	0.5	0.6	0.7	0.8	0.9	1.0	2.0	3.0	4.0	5.0
1	1	0.80	0.75	0.70	0.65	0.65	0.60	0.60	0.60	0.60	0.55	0.55	0.55	0.55	0.55
2	2	0.50	0.45	0.40	0.40	0.40	0.40	0.40	0.40	0.40	0.45	0.45	0.45	0.45	0.50
	1	1.00	0.85	0.75	0.70	0.70	0.65	0.65	0.65	0.60	0.60	0.55	0.55	0.55	0.55
3	3	0.25	0.25	0.25	0.30	0.30	0.35	0.35	0.35	0.40	0.40	0.45	0.45	0.45	0.50
	2	0.60	0.50	0.50	0.50	0.50	0.45	0.45	0.45	0.45	0.45	0.50	0.50	0.50	0.50
	1	1.15	0.90	0.80	0.75	0.75	0.70	0.70	0.65	0.65	0.65	0.60	0.55	0.55	0.55
4	4	0.10	0.15	0.20	0.25	0.30	0.30	0.35	0.35	0.35	0.40	0.45	0.45	0.45	0.45
	3	0.35	0.35	0.35	0.40	0.40	0.40	0.40	0.45	0.45	0.45	0.45	0.50	0.50	0.50
	2	0.70	0.60	0.55	0.50	0.50	0.50	0.50	0.50	0.50	0.50	0.50	0.50	0.50	0.50
	1	1.20	0.95	0.85	0.80	0.75	0.70	0.70	0.70	0.65	0.65	0.55	0.55	0.55	0.55
5	5	−0.05	0.10	0.20	0.25	0.30	0.30	0.35	0.35	0.35	0.35	0.40	0.45	0.45	0.45
	4	0.20	0.25	0.35	0.35	0.40	0.40	0.40	0.40	0.40	0.45	0.45	0.50	0.50	0.50
	3	0.45	0.40	0.45	0.45	0.45	0.45	0.45	0.45	0.45	0.45	0.50	0.50	0.50	0.50
	2	0.75	0.60	0.55	0.55	0.50	0.50	0.50	0.50	0.50	0.50	0.50	0.50	0.50	0.50
	1	1.30	1.00	0.85	0.80	0.75	0.70	0.70	0.65	0.65	0.65	0.65	0.55	0.55	0.55
6	6	−0.15	0.05	0.15	0.20	0.25	0.30	0.30	0.35	0.35	0.35	0.40	0.45	0.45	0.45
	5	0.10	0.25	0.30	0.35	0.35	0.40	0.40	0.40	0.45	0.45	0.45	0.50	0.50	0.50
	4	0.30	0.35	0.40	0.40	0.45	0.45	0.45	0.45	0.45	0.45	0.50	0.50	0.50	0.50
	3	0.50	0.45	0.45	0.45	0.45	0.45	0.45	0.45	0.45	0.50	0.50	0.50	0.50	0.50
	2	0.80	0.65	0.55	0.55	0.55	0.50	0.50	0.50	0.50	0.50	0.50	0.50	0.50	0.50
	1	1.30	1.00	0.85	0.80	0.75	0.70	0.70	0.65	0.65	0.65	0.60	0.55	0.55	0.55
7	7	−0.20	0.05	0.15	0.20	0.25	0.30	0.30	0.35	0.35	0.35	0.45	0.45	0.45	0.45
	6	0.05	0.20	0.30	0.35	0.35	0.40	0.40	0.40	0.40	0.45	0.45	0.50	0.50	0.50
	5	0.20	0.30	0.35	0.40	0.40	0.45	0.45	0.45	0.45	0.45	0.50	0.50	0.50	0.50
	4	0.35	0.40	0.40	0.45	0.45	0.45	0.45	0.45	0.45	0.45	0.50	0.50	0.50	0.50
	3	0.55	0.50	0.50	0.50	0.50	0.50	0.50	0.50	0.50	0.50	0.50	0.50	0.50	0.50
	2	0.80	0.65	0.60	0.55	0.55	0.55	0.50	0.50	0.50	0.50	0.50	0.50	0.50	0.50
	1	1.30	1.00	0.90	0.80	0.75	0.70	0.70	0.70	0.65	0.65	0.60	0.55	0.55	0.55
8	8	−0.20	0.05	0.15	0.20	0.25	0.30	0.30	0.35	0.35	0.35	0.45	0.45	0.45	0.45
	7	0.00	0.20	0.30	0.35	0.35	0.40	0.40	0.40	0.40	0.45	0.45	0.50	0.50	0.50
	6	0.15	0.30	0.35	0.40	0.40	0.45	0.45	0.45	0.45	0.45	0.50	0.50	0.50	0.50
	5	0.30	0.40	0.40	0.45	0.45	0.45	0.45	0.45	0.45	0.45	0.50	0.50	0.50	0.50
	4	0.40	0.45	0.45	0.45	0.45	0.45	0.45	0.50	0.50	0.50	0.50	0.50	0.50	0.50
	3	0.60	0.50	0.50	0.50	0.50	0.50	0.50	0.50	0.50	0.50	0.50	0.50	0.50	0.50
	2	0.85	0.65	0.60	0.55	0.55	0.55	0.50	0.50	0.50	0.50	0.50	0.50	0.50	0.50
	1	1.30	1.00	0.90	0.80	0.75	0.70	0.70	0.70	0.65	0.65	0.60	0.55	0.55	0.55
9	9	−0.25	0.00	0.15	0.20	0.25	0.30	0.30	0.35	0.35	0.40	0.45	0.45	0.45	0.45
	8	0.00	0.20	0.30	0.35	0.35	0.40	0.40	0.40	0.40	0.45	0.45	0.50	0.50	0.50
	7	0.15	0.30	0.35	0.40	0.40	0.45	0.45	0.45	0.45	0.45	0.50	0.50	0.50	0.50
	6	0.25	0.35	0.40	0.40	0.45	0.45	0.45	0.45	0.45	0.50	0.50	0.50	0.50	0.50
	5	0.35	0.40	0.45	0.45	0.45	0.45	0.45	0.45	0.50	0.50	0.50	0.50	0.50	0.50
	4	0.45	0.45	0.45	0.45	0.45	0.50	0.50	0.50	0.50	0.50	0.50	0.50	0.50	0.50
	3	0.60	0.50	0.50	0.50	0.50	0.50	0.50	0.50	0.50	0.50	0.50	0.50	0.50	0.50
	2	0.85	0.65	0.60	0.55	0.55	0.55	0.55	0.50	0.50	0.50	0.50	0.50	0.50	0.50
	1	1.35	1.00	0.90	0.80	0.75	0.75	0.70	0.70	0.65	0.65	0.60	0.55	0.55	0.55
10	10	−0.25	0.00	0.15	0.20	0.25	0.30	0.30	0.35	0.35	0.40	0.45	0.45	0.45	0.45
	9	−0.05	0.20	0.30	0.35	0.35	0.40	0.40	0.40	0.40	0.45	0.45	0.50	0.50	0.50
	8	0.10	0.30	0.35	0.40	0.40	0.40	0.45	0.45	0.45	0.45	0.50	0.50	0.50	0.50
	7	0.20	0.35	0.40	0.40	0.45	0.45	0.45	0.45	0.45	0.50	0.50	0.50	0.50	0.50
	6	0.30	0.40	0.40	0.45	0.45	0.45	0.45	0.45	0.45	0.50	0.50	0.50	0.50	0.50

续表

m	n	K													
		0.1	0.2	0.3	0.4	0.5	0.6	0.7	0.8	0.9	1.0	2.0	3.0	4.0	5.0
10	5	0.40	0.45	0.45	0.45	0.45	0.45	0.45	0.50	0.50	0.50	0.50	0.50	0.50	0.50
	4	0.50	0.45	0.45	0.45	0.50	0.50	0.50	0.50	0.50	0.50	0.50	0.50	0.50	0.50
	3	0.60	0.55	0.50	0.50	0.50	0.50	0.50	0.50	0.50	0.50	0.50	0.50	0.50	0.50
	2	0.85	0.65	0.60	0.55	0.55	0.55	0.55	0.50	0.50	0.50	0.50	0.50	0.50	0.50
	1	1.35	1.00	0.90	0.80	0.75	0.75	0.70	0.70	0.65	0.65	0.60	0.55	0.55	0.55
11	11	−0.25	0.00	0.15	0.20	0.25	0.30	0.30	0.30	0.35	0.35	0.45	0.45	0.45	0.45
	10	−0.05	0.20	0.25	0.30	0.35	0.40	0.40	0.40	0.40	0.45	0.45	0.50	0.50	0.50
	9	0.10	0.30	0.35	0.40	0.40	0.40	0.45	0.45	0.45	0.45	0.50	0.50	0.50	0.50
	8	0.20	0.35	0.40	0.40	0.45	0.45	0.45	0.45	0.45	0.45	0.50	0.50	0.50	0.50
	7	0.25	0.40	0.45	0.45	0.45	0.45	0.45	0.45	0.50	0.50	0.50	0.50	0.50	0.50
	6	0.35	0.40	0.45	0.45	0.45	0.45	0.45	0.50	0.50	0.50	0.50	0.50	0.50	0.50
	5	0.40	0.45	0.45	0.45	0.45	0.50	0.50	0.50	0.50	0.50	0.50	0.50	0.50	0.50
	4	0.50	0.50	0.50	0.50	0.50	0.50	0.50	0.50	0.50	0.50	0.50	0.50	0.50	0.50
	3	0.65	0.55	0.50	0.50	0.50	0.50	0.50	0.50	0.50	0.50	0.50	0.50	0.50	0.50
	2	0.85	0.65	0.60	0.55	0.55	0.55	0.55	0.50	0.50	0.50	0.50	0.50	0.50	0.50
	1	1.35	1.05	0.90	0.80	0.75	0.75	0.70	0.70	0.65	0.65	0.60	0.55	0.55	0.55
12以上	↓1	−0.30	0.00	0.15	0.20	0.25	0.30	0.30	0.30	0.35	0.35	0.40	0.45	0.45	0.45
	2	−0.10	0.20	0.25	0.30	0.35	0.40	0.40	0.40	0.40	0.40	0.45	0.45	0.45	0.45
	3	0.05	0.25	0.35	0.40	0.40	0.40	0.45	0.45	0.45	0.45	0.45	0.50	0.50	0.50
	4	0.15	0.30	0.40	0.40	0.45	0.45	0.45	0.45	0.45	0.45	0.50	0.50	0.50	0.50
	5	0.25	0.35	0.50	0.45	0.45	0.45	0.45	0.45	0.45	0.50	0.50	0.50	0.50	0.50
	6	0.30	0.40	0.50	0.45	0.45	0.45	0.50	0.50	0.50	0.50	0.50	0.50	0.50	0.50
	7	0.35	0.40	0.55	0.45	0.45	0.45	0.50	0.50	0.50	0.50	0.50	0.50	0.50	0.50
	8	0.35	0.45	0.55	0.45	0.50	0.50	0.50	0.50	0.50	0.50	0.50	0.50	0.50	0.50
	中间	0.45	0.45	0.55	0.45	0.50	0.50	0.50	0.50	0.50	0.50	0.50	0.50	0.50	0.50
	4	0.55	0.50	0.50	0.50	0.50	0.50	0.50	0.50	0.50	0.50	0.50	0.50	0.50	0.50
	3	0.65	0.55	0.50	0.50	0.50	0.50	0.50	0.50	0.50	0.50	0.50	0.50	0.50	0.50
	2	0.70	0.70	0.60	0.55	0.55	0.55	0.55	0.50	0.50	0.50	0.50	0.50	0.50	0.50
	↑1	1.35	1.05	0.90	0.80	0.75	0.70	0.70	0.70	0.65	0.65	0.60	0.55	0.55	0.55

（2）上、下层横梁刚度不同时的反弯点高度比修正值 y_1

当某柱的上、下层横梁刚度不同，柱上、下节点转角也不同时，反弯点位置有变化，应将标准反弯点高度比 y_0 加以修正，修正系数为 y_1（表 5.5），见图 5.16(a)。

表 5.5　　　　　　　　　　　　上、下层横梁刚度变化时修正值 y_1

α_1	K													
	0.1	0.2	0.3	0.4	0.5	0.6	0.7	0.8	0.9	1.0	2.0	3.0	4.0	5.0
0.4	0.55	0.40	0.30	0.25	0.20	0.20	0.20	0.15	0.15	0.15	0.05	0.05	0.05	0.05
0.5	0.45	0.30	0.20	0.20	0.15	0.15	0.15	0.10	0.10	0.10	0.05	0.05	0.05	0.05
0.6	0.30	0.20	0.15	0.15	0.10	0.10	0.10	0.10	0.05	0.05	0.05	0	0	0
0.7	0.20	0.15	0.10	0.10	0.10	0.10	0.05	0.05	0.05	0.05	0	0	0	0
0.8	0.15	0.10	0.05	0.05	0.05	0.05	0.05	0.05	0.05	0	0	0	0	0
0.9	0.05	0.05	0.05	0.05	0	0	0	0	0	0	0	0	0	0

注：

$\alpha_1 = \dfrac{i_1+i_2}{i_3+i_4}$，当 $i_1+i_2 > i_3+i_4$ 时，则 α_1 取倒数，即 $\alpha_1 = \dfrac{i_3+i_4}{i_1+i_2}$，并且 y_1 取负号；K 按表 5.2 计算；底层可不考虑此项修正，即取 $y_1 = 0$。

当 $i_1+i_2<i_3+i_4$ 时,反弯点应向上移动,取 $\alpha_1=\dfrac{i_1+i_2}{i_3+i_4}$,$y_1$ 取正值。

当 $i_1+i_2>i_3+i_4$ 时,反弯点应向下移动,取 $\alpha_1=\dfrac{i_3+i_4}{i_1+i_2}$,$y_1$ 取负值。

底层柱不考虑修正值 y_1。

（3）上、下层层高变化时的反弯点高度比修正值 y_2 和 y_3

层高有变化时,反弯点位置的变化见图5.16(b)。

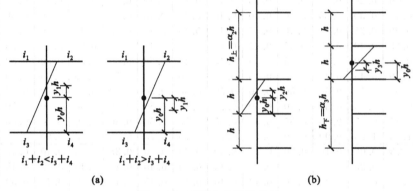

图 5.16　反弯点位置变化图

(a) 上、下层梁刚度变化；(b) 层高变化

α_2 为上层层高 $h_上$ 和本层层高 h 之比。当 $\alpha_2>1$ 时,反弯点向上移动,y_2 为正值;当 $\alpha_2<1$ 时,反弯点向下移动,y_2 为负值,顶层不考虑修正值 y_2。

α_3 为下层层高 $h_下$ 和本层层高 h 的比值。对于底层不考虑修正值 y_3。

柱反弯点高度比可用下式计算:

$$y = y_0 + y_1 + y_2 + y_3 \tag{5.18}$$

上、下层层高变化时修正值 y_2 和 y_3 见表5.6。

表 5.6　　　　　　　　　　　　　上、下层层高变化时修正值 y_2 和 y_3

α_2	α_3	K													
		0.1	0.2	0.3	0.4	0.5	0.6	0.7	0.8	0.9	1.0	2.0	3.0	4.0	5.0
2.0		0.25	0.15	0.15	0.10	0.10	0.10	0.10	0.10	0.05	0.05	0.05	0.05	0	0
1.8		0.20	0.15	0.10	0.10	0.10	0.05	0.05	0.05	0.05	0.05	0.05	0	0	0
1.6	0.4	0.15	0.10	0.10	0.05	0.05	0.05	0.05	0.05	0.05	0.05	0	0	0	0
1.4	0.6	0.10	0.05	0.05	0.05	0.05	0.05	0.05	0.05	0.05	0	0	0	0	0
1.2	0.8	0.05	0.05	0.05	0	0	0	0	0	0	0	0	0	0	0
1.0	1.0	0	0	0	0	0	0	0	0	0	0	0	0	0	0
0.8	1.2	−0.05	−0.05	−0.05	0	0	0	0	0	0	0	0	0	0	0
0.6	1.4	−0.10	−0.05	−0.05	−0.05	−0.05	−0.05	−0.05	−0.05	0	0	0	0	0	0
0.4	1.6	−0.15	−0.10	−0.10	−0.05	−0.05	−0.05	−0.05	−0.05	−0.05	−0.05	0	0	0	0
	1.8	−0.20	−0.15	−0.10	−0.10	−0.10	−0.05	−0.05	−0.05	−0.05	−0.05	−0.05	0	0	0
	2.0	−0.25	−0.15	−0.15	−0.10	−0.10	−0.10	−0.10	−0.10	−0.05	−0.05	−0.05	−0.05	0	0

注:$\alpha_2=h_上/h$,$\alpha_3=h_下/h$,h 为计算层层高,$h_上$ 为上一层层高,$h_下$ 为下一层层高;K 按表5.2计算;y_2 按 K 及 α_2 查表,对顶层可不考虑该项修正;y_3 按 K 及 α_3 查表,对底层可不考虑此项修正。

【例 5.4】 要求用 D 值法计算图 5.17 所示框架结构内力，框架计算简图中给出了水平力及各杆件的线刚度的相对值。

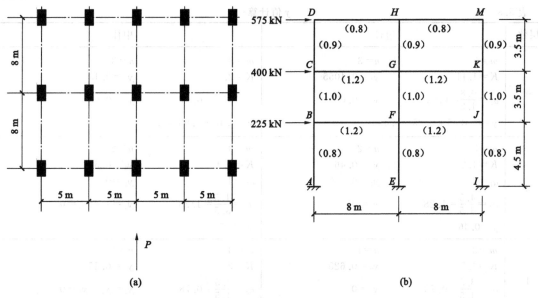

图 5.17 框架结构平面布置及其计算简图

【解】 (1) 计算层剪力 V_i、D_{ij}、V_{ij}

$$V_i = \sum_{j=i}^{n} F_i, \quad D_{ij} = \alpha_{ij}\frac{12i_c}{h_i^2}, \quad V_{ij} = \frac{D_{ij}}{\sum D_{ij}}V_i$$

计算结果见表 5.7。

表 5.7   **框架柱 D_{ij}、V_i、V_{ij} 值计算**

层数	层剪力 (kN)	边柱 D 值	中柱 D 值	$\sum D$	每根边柱剪力 (kN)	每根中柱剪力 (kN)
3	575	$K=\dfrac{0.8+1.2}{2\times0.9}=1.11$ $D=\dfrac{1.11}{2+1.11}\times$ $0.9\times\dfrac{12}{3.5^2}$ $=0.315$	$K=\dfrac{2\times(0.8+1.2)}{2\times0.9}$ $=2.22$ $D=\dfrac{2.22}{2+2.22}\times$ $0.9\times\dfrac{12}{3.5^2}$ $=0.464$	5.47	$V_3=\dfrac{0.315}{5.47}\times$ 5.75×10^2 $=33.1$	$V_3=\dfrac{0.464}{5.47}\times5.75\times10^2$ $=48.8$
2	975	$K=\dfrac{1.2+1.2}{2\times1}=1.2$ $D=\dfrac{1.2}{2+1.2}\times$ $1\times\dfrac{12}{3.5^2}$ $=0.367$	$K=\dfrac{4\times1.2}{2\times1.0}=2.4$ $D=\dfrac{2.4}{2+2.4}\times$ $1\times\dfrac{12}{3.5^2}$ $=0.534$	6.34	$V_2=\dfrac{0.367}{6.34}\times$ 9.75×10^2 $=56.4$	$V_2=\dfrac{0.534}{6.34}\times9.75\times10^2$ $=82.1$
1	1200	$K=\dfrac{1.2}{0.8}=1.5$ $D=\dfrac{0.5+1.5}{2+1.5}\times$ $0.8\times\dfrac{12}{4.5^2}$ $=0.271$	$K=\dfrac{1.2+1.2}{0.8}=3$ $D=\dfrac{0.5+3}{2+3}\times$ $0.8\times\dfrac{12}{4.5^2}$ $=0.332$	4.37	$V_1=\dfrac{0.271}{4.37}\times12\times10^2$ $=74.4$	$V_1=\dfrac{0.332}{4.37}\times12\times10^2$ $=91.2$

（2）计算 $y(y_0 + y_1 + y_2 + y_3)$

计算结果见表5.8。

表5.8 　　　　　　　　　　　　　　　 **y 值计算**

层数	边柱		中柱	
3	$m=3$ $K=1.11$ $\alpha_1=\dfrac{0.8}{1.2}=0.67$ $y=0.4055+0.05=0.455$	$n=3$ $y_0=0.4055$ $y_1=0.05$	$m=3$ $K=2.22$ $\alpha_1=\dfrac{0.8}{1.2}=0.67$ $y=0.45+0.05=0.5$	$n=3$ $y_0=0.45$ $y_1=0.05$
2	$m=3$ $K=1.2$ $\alpha_1=1$ $a_3=\dfrac{4.5}{3.5}=1.28$ $y=0.46$	$n=2$ $y_0=0.46$ $y_1=0$ $y_3=0$	$m=3$ $K=2.4$ $\alpha_1=1$ $a_3=\dfrac{4.5}{3.5}=1.28$ $y=0.5$	$n=2$ $y_0=0.5$ $y_1=0$ $y_1=y_2=y_3=0$
1	$m=3$ $K=1.5$ $\alpha_2=\dfrac{3.5}{4.5}=0.78$ $y=0.625$	$n=1$ $y_0=0.625$ $y_2=0$	$m=3$ $K=3$ $\alpha_2=\dfrac{3.5}{4.5}=0.78$ $y=0.55$	$n=1$ $y_0=0.55$ $y_1=y_2=y_3=0$

（3）计算柱端、梁端弯矩

① 柱端弯矩。

第三层：

边柱

$$\bar{y}=yh=0.455\times3.5=1.59\ (\text{m})$$
$$M_{CD}=M_{KM}=V_{3边}\bar{y}=33.1\times1.59=52.6\ (\text{kN}\cdot\text{m})$$
$$M_{DC}=M_{MK}=V_{3边}(h-\bar{y})=33.1\times(3.5-1.59)=63.2\ (\text{kN}\cdot\text{m})$$

中柱

$$\bar{y}=yh=0.5\times3.5=1.75\ (\text{m})$$
$$M_{GH}=M_{HG}=V_{3中}\bar{y}=48.8\times1.75=85.4\ (\text{kN}\cdot\text{m})$$

第二层：

边柱

$$\bar{y}=yh=0.46\times3.5=1.61\ (\text{m})$$
$$M_{BC}=M_{JK}=V_{2边}\bar{y}=56.4\times1.61=90.8\ (\text{kN}\cdot\text{m})$$
$$M_{CB}=M_{KJ}=V_{2边}(h-\bar{y})=56.4\times(3.5-1.61)=106.6\ (\text{kN}\cdot\text{m})$$

中柱

$$\bar{y}=yh=0.5\times3.5=1.75\ (\text{m})$$
$$M_{FG}=M_{GF}=V_{2中}\bar{y}=82.1\times1.75=143.7\ (\text{kN}\cdot\text{m})$$

第一层：

边柱

$$\bar{y}=yh=0.625\times4.5=2.81\ (\text{m})$$
$$M_{AB}=M_{IJ}=V_{1边}\bar{y}=74.4\times2.81=209.1\ (\text{kN}\cdot\text{m})$$
$$M_{BA}=M_{JI}=V_{1边}(h-\bar{y})=74.4\times(4.5-2.81)=125.7\ (\text{kN}\cdot\text{m})$$

中柱

$$\bar{y} = yh = 0.55 \times 4.5 = 2.48 \ (\text{m})$$
$$M_{EF} = V_{1中} \bar{y} = 91.2 \times 2.48 = 226.2 \ (\text{kN} \cdot \text{m})$$
$$M_{FE} = V_{1中}(h - \bar{y}) = 91.2 \times (4.5 - 2.48) = 184.2 \ (\text{kN} \cdot \text{m})$$

② 梁端弯矩。

第三层

$$M_{DH} = M_{MH} = M_{DC} = M_{MK} = 63.2 \ \text{kN} \cdot \text{m}$$
$$M_{HD} = M_{HM} = \frac{1}{2} M_{HG} = \frac{1}{2} \times 85.4 = 42.7 \ (\text{kN} \cdot \text{m})$$

第二层

$$M_{CG} = M_{CD} + M_{CB} = M_{KG} = 52.6 + 106.6 = 159.2 \ (\text{kN} \cdot \text{m})$$
$$M_{GC} = M_{GK} = \frac{1}{2}(M_{GH} + M_{GF}) = \frac{1}{2} \times (85.4 + 143.7) = 114.6 \ (\text{kN} \cdot \text{m})$$

第一层

$$M_{BF} = M_{BC} + M_{BA} = M_{JF} = 90.8 + 125.7 = 216.5 \ (\text{kN} \cdot \text{m})$$
$$M_{FB} = M_{FJ} = \frac{1}{2}(M_{FG} + M_{FE}) = \frac{1}{2} \times (143.7 + 184.2) = 164.0 \ (\text{kN} \cdot \text{m})$$

（4）画弯矩图（见图 5.18）

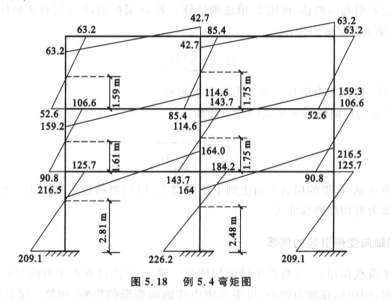

图 5.18　例 5.4 弯矩图

5.5　框架结构在水平荷载作用下的侧移计算

对于高层建筑，控制其侧移是很重要的。侧移过大，会使结构发生开裂，导致装修破坏、构件失稳甚至破坏，影响结构的安全性，也会使人的感觉不舒服，影响房屋的使用。

框架结构的侧移主要在水平荷载作用下产生。框架结构侧移的控制主要是控制结构的层间相对位移。

框架结构的侧移，由梁柱弯曲变形引起的侧移和柱轴向变形引起的侧移两部分组成。梁柱弯曲变形引起的侧移曲线属于剪切型变形，如图 5.19(b)所示。而柱轴向变形引起的侧移属于弯曲型变形，如图 5.19(c)所示。为理解上述两部分变形，可以把框架看作空腹悬臂柱，如图 5.19(d)所示。截面高度即为框架跨度，通过反弯点将某层切开，空腹悬臂柱截面剪力是由框架柱的剪力组成，而梁柱弯曲变形是由柱中的剪力引起的，所以变形曲线呈剪切型。空腹悬臂柱截面弯矩是由框架两侧受拉压柱的轴力组成力偶，柱轴向变形是由轴力引起的，相当于弯矩产生的变形，所以变形曲线呈弯曲型。

框架在水平荷载作用下的变形见图 5.19。

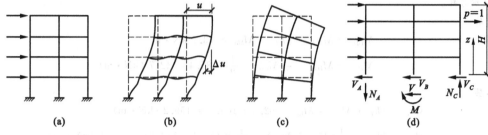

(a)   (b)   (c)   (d)

图 5.19　水平荷载下框架侧移

对于多层框架，由柱轴力引起的侧移在框架总的侧移中所占比例较小，可不予考虑。对于高层框架，水平荷载产生的柱轴力较大，由柱轴力引起的侧移值也较大，在侧移计算中不可忽略。

5.5.1　梁柱弯曲变形引起的侧移

梁柱弯曲变形引起的侧移，可用 D 值法来计算。若 m 层框架，第 i 层有 n 根柱子，则由 D 值法原理可知，框架第 i 层层剪力为：

$$V_i = \sum_{j=1}^{n} D_{ij} \Delta_{ui}^{M} \tag{5.19}$$

式中　Δ_{ui}^{M}——第 i 层框架由梁柱弯曲变形引起的侧移。

则第 i 层框架的层间侧移可按式(5.20)计算：

$$\Delta_{ui}^{M} = \frac{V_i}{\sum\limits_{j=1}^{n} D_{ij}} \tag{5.20}$$

由以上计算可见，框架的层剪力由上到下逐层增大，层间侧移也表现为由上到下逐层增大，框架的侧移曲线即为剪切型侧移曲线。

5.5.2　柱轴向变形引起的侧移

框架在水平荷载作用下，柱将产生轴向拉伸和压缩，框架因此而产生弯曲型侧移。近似法计算框架水平侧移时，因中间柱轴力较小，可不考虑中柱轴向变形的影响，则第 i 层处由柱轴向变形引起的侧移可近似表示为：

$$\delta_{ui}^{N} = \frac{V_0 H^3}{EA_1 B^2} F_n \tag{5.21}$$

式中　V_0——底部总剪力；

   H,B——框架总高度及结构宽度（框架边柱之间距离）；

   E,A_1——混凝土弹性模量及框架底层柱截面面积；

   F_n——框架柱轴向变形引起的侧移系数。

由图 5.20 的曲线查出，图中系数 γ 为框架边柱顶层截面面积 A_n 与底层截面面积 A_1 之比，即 $\gamma = A_n/A_1$。图中 H_i 为第 i 层高度。

第 i 层层间侧移为：

$$\Delta_{ui}^{N} = \delta_{ui}^{N} - \delta_{ui-1}^{N} \tag{5.22}$$

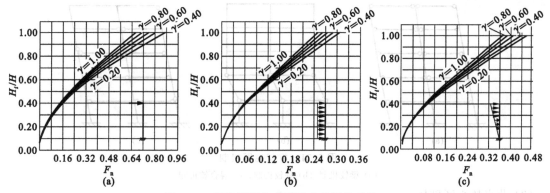

图 5.20　框架柱轴向变形产生的侧移系数 F_n

(a) 顶部集中力作用；(b) 均布荷载作用；(c) 倒三角形分布荷载作用

框架结构的侧移应为上述两部分侧移的叠加。总层间侧移：

$$\Delta_{ui} = \Delta_{ui}^{M} + \Delta_{ui}^{N} \tag{5.23}$$

5.6　框架结构抗震设计

5.6.1　延性耗能框架的概念设计

5.6.1.1　结构延性的概念

按目前我国抗震设防标准要求，结构在多遇地震作用下应处于弹性阶段，具有足够的强度和刚度。在遭遇高于本地区设防烈度的罕遇地震时，结构具有足够的延性和耗能能力。

延性是指结构或构件屈服后，在承载力基本不降低情况下的塑性变形能力，即塑性变形能力的大小。

在相同的地震作用下，延性好的结构利用塑性变形吸收地震能量，可以大大地降低地震作用的影响。因此，具有延性的结构利用变形能力来抵抗罕遇地震作用，在降低了对结构承载力要求的同时，对结构塑性变形能力提出了更高的要求。混凝土属于脆性性质材料，而钢筋具有良好的塑性性能。通过合理的设计，减少混凝土脆性危害，充分发挥钢筋的塑性性能，可以实现延性结构。

5.6.1.2　框架结构震害的延性比较

（1）整体破坏

框架进入塑性阶段后，由于塑性铰出现位置的不同，整体破坏分为梁铰机制和柱铰机制。

图 5.21(a)为一梁铰机制框架，塑性铰首先出现在梁中。试验证明，由于梁铰分散在各层，即塑性变形分散在各层，当部分或全部梁端均出现塑性铰时，结构仍能继续承受外荷载，直到柱底部均出现塑性铰，框架才能形成机构而破坏。这种破坏形态可以使框架在破坏前有较大的变形，吸收和耗散较多的地震能量，因此是具有较好的抗震性能的延性破坏。

图 5.21(b)为一柱铰机制框架，塑性铰首先出现在柱中。当某一层柱的上下端均出现塑性铰时，整个框架形成机构而破坏。塑性变形集中在该层，整个结构变形较小，其他各层梁、柱的承载力和耗能能力均无法发挥作用。而且柱为压弯构件，在高轴压力下很难形成塑性铰。

在实际工程中，很难实现完全的梁铰机制，往往是梁铰、柱铰混合机制，如图 5.21(c)所示。

（2）弯曲（压弯）破坏与剪切破坏

弯曲破坏和大偏心受压破坏均为延性破坏，耗能能力较强。小偏心受压破坏延性和耗能能力大大低于大偏心受压破坏。梁、柱的剪切破坏均为脆性破坏，延性较小，耗能能力较差。

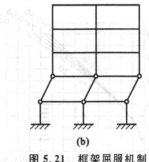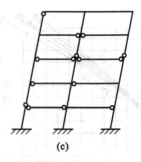

图 5.21　框架屈服机制

(a) 梁铰机制；(b) 柱铰机制；(c) 混合铰机制

（3）节点核心区破坏

梁-柱节点核心区破坏为脆性的剪切破坏，在地震往复作用下，节点核心区出现交叉斜裂缝，混凝土被压碎，伸入核心区的纵筋与混凝土的黏结破坏，纵筋拔出，梁、柱构件不能再形成抗侧力结构，导致框架失效。

综上所述，为使钢筋混凝土框架成为延性耗能框架，应采用以下抗震概念设计。

① 强柱弱梁。

塑性铰应尽可能出现在梁端，推迟或避免柱端形成塑性铰，形成延性较好的梁铰机制。在设计中，将柱端弯矩的设计值予以提高，柱实际抗弯承载力高于梁的实际抗弯承载力。

② 强剪弱弯。

在构件弯曲破坏前，应避免发生脆性的剪切破坏。在设计中，应使构件中可能出现塑性铰区段的抗剪承载力高于其对应的抗弯承载力。

③ 强核心区、强锚固。

核心区的破坏会影响构件性能的发挥，在构件塑性铰充分发挥作用前，应保证核心区的完整性和纵筋的可靠锚固。在设计中，核心区的受剪承载力应大于汇交于同一节点的两侧梁达到受弯承载力时对应的核心区的剪力。伸入核心区的梁、柱纵向钢筋，在核心区内具有足够的锚固长度，避免黏结锚固破坏。

④ 限制柱轴压比，加强箍筋对混凝土的约束。

5.6.2　框架梁抗震设计

5.6.2.1　影响框架梁延性的主要因素

在强柱弱梁的框架中，框架的延性主要是由框架梁提供的，框架梁是主要延性耗能构件。影响框架梁延性的主要因素有如下三个方面。

（1）破坏形态

梁的破坏形态有弯曲破坏和剪切破坏，剪切破坏是延性小且耗能差的脆性破坏，对于抗震的延性框架，不仅要求框架梁在塑性铰出现前不发生剪切破坏，而且要求在塑性铰转动过程中也不发生剪切破坏。通过强剪弱弯设计，可避免剪切破坏。三种弯曲破坏中，只有适筋梁是延性破坏，具有形成塑性铰的能力。

（2）截面相对受压区高度

在适筋梁的范围内，框架梁的延性也不同，截面相对受压区高度越大，延性越差；截面相对受压区高度越小，延性越好。相对受压区高度与截面配筋率有关，可通过控制配筋率来减小框架梁端塑性铰截面的相对受压区高度。

(3) 塑性铰区混凝土约束程度

在塑性铰区配置足够数量的封闭箍筋,对提高塑性铰的转动能力十分有效。足够的箍筋可以防止受压钢筋过早压屈,提高混凝土的极限压应变,这些都有利于发挥塑性铰的变形和耗能能力。因此,在梁的两端设置箍筋加密区。

5.6.2.2 正截面受弯承载力

在非抗震框架中,梁截面可设计成一般的适筋梁。在抗震框架中,除要考虑承载力抗震调整系数 γ_{RE} 外,还要确保梁具有足够的延性,即梁端的塑性铰区的转动能力。根据塑性理论,应控制塑性铰区相对受压区高度,并在端部截面设置一定比例的受压钢筋,设计成双筋截面,以减小相对受压区高度,保证梁的延性。

框架梁受弯承载力按下列公式验算:

非抗震设计时

$$M \leqslant (A_s - A_s')f_y(h_0 - 0.5x) + f_y'A_s'(h_0 - a_s') \tag{5.24a}$$

抗震设计时

$$M \leqslant \frac{1}{\gamma_{RE}}[(A_s - A_s')f_y(h_0 - 0.5x) + f_y'A_s'(h_0 - a_s')] \tag{5.24b}$$

式中 M——梁端截面组合弯矩设计值;

A_s,A_s'——受拉钢筋和受压钢筋的截面面积;

f_y,f_y'——受拉钢筋和受压钢筋的抗拉强度设计值,一般情况下,$f_y = f_y'$;

γ_{RE}——承载力抗震调整系数,取 $\gamma_{RE} = 0.75$。

5.6.2.3 斜截面抗剪承载力

(1) 梁端剪力设计值的调整

抗震设计中,按照强剪弱弯的原则,延性框架梁在塑性铰出现以前,不应发生剪切破坏,塑性铰出现后,也不应过早被剪切破坏。根据框架抗震等级,四级框架取考虑地震作用组合的剪力设计值;对于一、二、三级框架梁端部截面组合的剪力设计值,按下列公式调整:

对一级框架结构和 9 度时的框架应符合

$$V = 1.1(M_{bua}^l + M_{bua}^r)/l_n + V_{Gb} \tag{5.25}$$

式中 M_{bua}^l,M_{bua}^r——梁左、右端截面逆时针或顺时针方向实配的正截面受弯承载力所对应的弯矩值,可根据实配钢筋面积(计入受压钢筋和梁有效翼缘宽度范围内的楼板钢筋,有效翼缘宽度可取梁两侧各 6 倍板厚)和材料强度标准值并考虑承载力抗震调整系数计算。

其他情况

$$V = \eta_{vb}(M_b^l + M_b^r)/l_n + V_{Gb} \tag{5.26}$$

式中 V——梁端截面组合的剪力设计值;

η_{vb}——梁端剪力增大系数,一、二、三级分别取 1.3、1.2、1.1;

l_n——梁净跨;

V_{Gb}——考虑地震作用组合的重力荷载代表值(9 度时还应包括竖向地震作用标准值)作用下,按简支梁分析的梁端截面剪力设计值;

M_b^l,M_b^r——梁左、右端截面逆时针或顺时针方向截面组合的弯矩设计值,弯矩方向的选取应使 V 达到最大值为准,当抗震等级为一级框架且梁两端弯矩均为负弯矩时,绝对值最小的弯矩应取零。

四级框架和塑性铰范围以外,梁的剪力设计值取最不利组合得到的剪力值。

【例 5.5】 某全现浇框架结构，重力荷载作用下框架一层边跨梁左端弯矩标准值 $M_{GE}^l = -54$ kN·m，梁右端弯矩标准值 $M_{GE}^r = -56$ kN·m，按简支梁计算的梁端剪力标准值 $V_{Gbk} = 73$ kN；水平地震作用下框架一层边跨梁左端弯矩标准值 $M_{Ehk}^l = \pm 240$ kN·m，梁右端弯矩标准值 $M_{Ehk}^r = 210$ kN·m；梁净跨 $l_n = 5.4$ m，抗震等级为二级，如图 5.22 所示，试计算第一层边跨梁在地震作用组合下梁端弯矩设计值和剪力设计值。

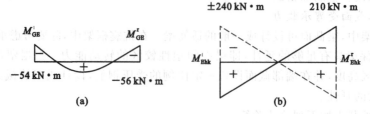

图 5.22　重力荷载及水平地震作用下框架梁端弯矩图

（图中实线、虚线为左、右水平地震作用下框架一层边跨梁端弯矩图）

（a）重力荷载作用下框架一层边跨梁端弯矩图；（b）左、右水平地震作用下框架一层边跨梁端弯矩图

【解】 地震设计状况作用效应组合

$$S = \gamma_G S_{GE} + \gamma_{Eh} S_{Ehk}$$

左震：

$$M_b^l = 1.0 \times (-54) + 1.4 \times 240 = 282 \ (\text{kN} \cdot \text{m})$$

$$M_b^r = 1.3 \times (-56) + 1.4 \times (-210) = -366.8 \ (\text{kN} \cdot \text{m})$$

右震：

$$M_b^l = 1.3 \times (-54) + 1.4 \times (-240) = -406.2 \ (\text{kN} \cdot \text{m})$$

$$M_b^r = 1.0 \times (-56) + 1.4 \times 210 = 238 \ (\text{kN} \cdot \text{m})$$

支座负弯矩设计值：

$$M_b^l = -406.2 \ \text{kN} \cdot \text{m} \qquad M_b^r = -366.8 \ \text{kN} \cdot \text{m}$$

支座正弯矩设计值：

$$M_b^l = 282 \ \text{kN} \cdot \text{m} \qquad M_b^r = 238 \ \text{kN} \cdot \text{m}$$

梁端剪力设计值：

按"强剪弱弯"要求调整，$V_b = \eta_{Vb}(M_b^l + M_b^r)/l_n + V_{Gb}$。

抗震等级为二级，剪力增大系数 $\eta_{Vb} = 1.2$。

左震：

$$M_b^l + M_b^r = 282 + 366.8 = 648.8 \ (\text{kN} \cdot \text{m})$$

右震：

$$M_b^l + M_b^r = 406.2 + 238 = 644.2 \ (\text{kN} \cdot \text{m})$$

取左震或右震梁端弯矩代数和较大值

$$V_b = \eta_{Vb}(M_b^l + M_b^r)/l_n + V_{Gb}$$
$$= 1.2 \times (282 + 366.8)/5.4 + 1.3 \times 73 = 239.1 \ (\text{kN})$$

（2）斜截面受剪承载力

梁受剪承载力计算公式：

持久、短暂设计状况

$$V \leqslant \alpha_{cv} f_t b h_0 + f_{yv} \frac{A_{sv}}{s} h_0 \tag{5.27a}$$

地震设计状况

$$V \leqslant \frac{1}{\gamma_{RE}} \left(0.6 \alpha_{cv} f_t b h_0 + f_{yv} \frac{A_{sv}}{s} h_0 \right) \tag{5.27b}$$

（3）梁截面限制条件

梁截面尺寸过小时，塑性铰区域内截面剪压比会过大，截面在箍筋充分发挥作用前，过早地出现斜裂缝而导致混凝土破坏现象,因此梁截面应符合下列公式的要求。

持久、短暂设计状况:

$$V \leqslant 0.25\beta_c f_c b h_0 \tag{5.28}$$

地震设计状况:

跨高比大于 2.5 的梁

$$V \leqslant \frac{1}{\gamma_{RE}}(0.2\beta_c f_c b h_0) \tag{5.29a}$$

跨高比不大于 2.5 的梁

$$V \leqslant \frac{1}{\gamma_{RE}}(0.15\beta_c f_c b h_0) \tag{5.29b}$$

5.6.3 框架柱抗震设计

框架柱是框架的竖向构件,地震时柱的破坏和丧失承载力比梁更容易引起框架的倒塌。虽然框架设计强调了强柱弱梁的抗震概念设计,但由于实际地震作用具有不确定性,不能保证框架柱一定不出现塑性铰,因此,使框架柱具有足够的安全储备的同时,还应具有足够的延性和耗能能力。

框架柱在弯矩、轴力和剪力共同作用下,有正截面的大、小偏压破坏和斜截面的剪切破坏等多种破坏形式。大偏心受压柱具有较好的延性,耗能能力强,柱的抗震设计应尽可能实现大偏心受压破坏,防止脆性的剪切破坏,通过一些构造措施来改善延性很差的小偏心受压柱的延性。

5.6.3.1 影响柱延性的主要因素

(1)剪跨比

剪跨比为柱端截面弯矩与剪力和截面有效高度乘积的比值,是反映柱端截面弯矩与剪力相对大小的参数,表达式为

$$\lambda = \frac{M^c}{V^c h_0} \tag{5.30}$$

框架柱在地震中的
破坏案例图

式中 λ——框架柱剪跨比,反弯点位于柱高中部的框架柱,可取柱净高 H_n

与柱截面计算方向 2 倍有效高度 h_0 的比值,即 $\lambda = \frac{H_n}{2h_0}$;

M^c——柱端截面未经调整的组合弯矩计算值,取柱上、下端的较大值;

V^c——柱端截面与组合弯矩对应的组合剪力计算值;

h_0——柱截面计算方向有效高度。

剪跨比是影响柱破坏形态的重要因素。试验表明,当剪跨比 $\lambda > 2$ 时为长柱,相对弯矩较大,一般会发生延性较好的压弯破坏;当 $1.5 < \lambda \leqslant 2$ 时为短柱,一般会发生剪切破坏,若配有足够的箍筋,则可以出现稍有延性的剪压破坏;当 $\lambda < 1.5$ 时为极短柱,会发生脆性的斜拉破坏。

(2)轴压比

轴压比是指考虑地震作用组合的轴压力设计值与混凝土轴心抗压强度和柱全截面面积乘积的比值。

$$\mu = \frac{N}{f_c A} \tag{5.31}$$

试验表明,柱的位移延性比随轴压比的增大而减小。构件的破坏形态也与轴压比有关,随轴压比增大,截面相对受压区高度增加,当相对受压区高度超过界限值时,就会由延性较好的大偏压破坏变成延性较差的小偏压破坏。对于短柱,增大相对受压区高度就可能由具有一定延性的剪压破坏变成完全脆性的斜拉破坏。

（3）箍筋数量

柱中箍筋对核心混凝土起着有效的约束作用，可显著提高受压区混凝土的极限压应变，阻止柱身斜裂缝的开展，从而大大提高柱的延性。在柱端塑性铰区适当加密箍筋，对提高柱的变形能力十分有利。箍筋对核心混凝土的约束程度与箍筋强度和数量以及混凝土的强度有关，用配箍特征值 λ_V 来表示箍筋对混凝土的约束程度。配箍特征值表达式：

$$\lambda_V = \rho_V \frac{f_{yv}}{f_c} \tag{5.32}$$

但加密箍筋对提高柱的延性的作用随轴压比的增大而减小。

5.6.3.2 正截面受压承载力

（1）轴力、弯矩设计值

抗震设计时，柱的轴力设计值取考虑地震作用组合的轴力值。对于弯矩，一、二、三、四级框架梁、柱节点处考虑地震作用组合的柱端弯矩设计值，应根据强柱弱梁的原则进行调整。

根据强柱弱梁的要求，在同一节点的上、下柱端截面抗弯承载力要大于左右梁端截面的抗弯承载力，计算配筋时，柱端弯矩应按下列公式予以调整。

一级框架结构和 9 度时的框架应符合：

$$\sum M_c = 1.2 \sum M_{bua} \tag{5.33a}$$

式中 $\sum M_{bua}$ ——节点左、右梁端截面顺时针或逆时针方向实配的正截面受弯承载力值之和，可根据实配钢筋面积（计入受压钢筋和梁有效翼缘宽度范围内的楼板钢筋）和材料强度标准值并考虑承载力抗震调整系数计算。

其他情况：

$$\sum M_c = \eta_c \sum M_b \tag{5.33b}$$

式中 $\sum M_c$ ——节点上、下柱端截面顺时针或逆时针方向组合的弯矩设计值之和，上、下柱端弯矩设计值可按弹性分析的弯矩比例进行分配；

$\sum M_b$ ——节点左、右梁端截面顺时针或逆时针方向组合的弯矩设计值之和，当抗震等级为一级且框架节点左、右梁端均为负弯矩时，绝对值较小的弯矩应取零；

η_c ——柱端弯矩增大系数，对框架结构，二、三、四级分别取 1.5、1.3、1.2；其他结构类型中的框架，一、二、三、四级分别取 1.4、1.2、1.1、1.1。

当反弯点不在柱的层高范围内时，说明这些层的框架梁相对较弱，为避免在竖向荷载和地震共同作用下变形集中，压屈失稳，柱端弯矩也应加大，将柱端弯矩设计值可直接乘以上述柱端弯矩增大系数 η_c。

框架顶层柱和轴压比小于 0.15 的梁柱节点不按式（5.33）调整，直接取考虑地震作用组合的弯矩值。

框架结构计算嵌固端即底层柱下端过早出现塑性铰，将影响整个结构的抗地震倒塌能力，因此，一、二、三、四级框架结构底层柱底截面的弯矩设计值，应分别采用考虑地震作用组合的弯矩值乘以增大系数 1.7、1.5、1.3、1.2。底层柱纵筋应按上下端不利情况配置。

一、二、三级框架角柱的弯矩值按上述方法调整后再乘以不小于 1.1 的增大系数。

（2）正截面受压承载力计算

柱端轴力、弯矩设计值确定后，按偏心受压构件计算承载力，角柱按双向偏心受压构件计算。

5.6.3.3 斜截面受剪承载力

(1) 剪力设计值

抗震设计时,一、二、三、四级框架柱端考虑地震作用组合的剪力设计值应根据强剪弱弯的原则进行调整。

根据强剪弱弯的要求,柱的受剪承载力应大于其受弯承载力对应的剪力。框架柱端剪力设计值应按下列公式予以调整。

一级框架结构和 9 度时的框架应符合:

$$V = \frac{1.2(M_{cua}^t + M_{cua}^b)}{H_n} \tag{5.34a}$$

式中 M_{cua}^t, M_{cua}^b——柱上、下端顺时针或逆时针方向实配的正截面受弯承载力所对应的弯矩值,可根据实配钢筋面积、材料强度标准值和重力荷载代表值产生的轴向力并考虑承载力抗震调整系数计算。

其他情况:

$$V = \frac{\eta_{vc}(M_c^t + M_c^b)}{H_n} \tag{5.34b}$$

式中 M_c^t, M_c^b——柱上、下端顺时针或逆时针方向截面组合的弯矩设计值,应按公式(5.33a)求得;

η_{vc}——柱端剪力增大系数,对于框架结构,二、三、四级分别取 1.3、1.2、1.1,其他结构类型中的框架,一、二、三、四级分别取 1.4、1.2、1.1、1.1;

H_n——柱净高。

一、二、三、四级框架角柱的剪力值按上述方法调整后再乘以不小于的 1.1 的增大系数。

(2)受剪承载力计算

① 当矩形截面框架柱轴力为压力时,受剪承载力按下列公式验算:

持久、短暂设计状况

$$V \leqslant \frac{1.75}{\lambda+1} f_t bh_0 + f_{yv} \frac{A_{sv}}{s} h_0 + 0.07N \tag{5.35a}$$

地震设计状况

$$V \leqslant \frac{1}{\gamma_{RE}} \left(\frac{1.05}{\lambda+1} f_t bh_0 + f_{yv} \frac{A_{sv}}{s} h_0 + 0.056N \right) \tag{5.35b}$$

式中 λ——框架柱的剪跨比,当 $\lambda < 1$ 时,取 $\lambda = 1$,当 $\lambda > 3$ 时,取 $\lambda = 3$;

N——考虑风荷载或地震作用组合的框架柱轴向压力设计值,当 $N > 0.3 f_c A$ 时,取 $N = 0.3 f_c A$。

② 当矩形截面框架柱轴力为拉力时,受剪承载力降低,按下列公式验算:

持久、短暂设计状况

$$V \leqslant \frac{1.75}{\lambda+1} f_t bh_0 + f_{yv} \frac{A_{sv}}{s} h_0 - 0.2N \tag{5.36a}$$

地震设计状况

$$V \leqslant \frac{1}{\gamma_{RE}} \left(\frac{1.05}{\lambda+1} f_t bh_0 + f_{yv} \frac{A_{sv}}{s} h_0 - 0.2N \right) \tag{5.36b}$$

式中 N——与剪力设计值 V 对应的轴向拉力设计值。

当式(5.36a)右边的计算值或式(5.36b)右边括号内的计算值小于 $f_{yv} \frac{A_{sv}}{s} h_0$ 时,取 $f_{yv} \frac{A_{sv}}{s} h_0$,且

不应小于 $0.36f_tbh_0$。

（3）柱截面限制条件

持久、短暂设计状况：

$$V \leqslant 0.25\beta_c f_c bh_0 \tag{5.37a}$$

地震设计状况：

剪跨比大于2的柱

$$V \leqslant \frac{1}{\gamma_{RE}}(0.2\beta_c f_c bh_0) \tag{5.37b}$$

剪跨比不大于2的柱

$$V \leqslant \frac{1}{\gamma_{RE}}(0.15\beta_c f_c bh_0) \tag{5.37c}$$

5.6.4　框架节点核心区抗震设计

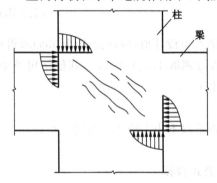

竖向荷载和水平地震作用下，节点核心区主要承受梁柱传来的压力和剪力，处于剪压状态，受力比较复杂，如图5.23所示。节点核心区开裂前主要由混凝土承担剪力，核心区开裂后主要由箍筋承担剪力。如果箍筋不足，则由于其抗剪承载力不足出现多条交叉斜裂缝，混凝土挤压破坏，柱内纵筋压屈。保证节点核心区不发生剪切破坏的主要措施是，通过抗剪验算，保证节点核心区配置足够的抗剪钢筋，使核心区不会先于梁柱破坏，实现强节点核心区。另外，垂直框架方向的梁对核心区有明显的约束作用，可提高节点核心区的抗剪承载力。

图5.23　节点核心区斜裂缝

在地震作用下，通过节点核心区的梁中纵向钢筋一侧受拉，另一侧受压，循环往复，很容易出现黏结力的破坏，导致纵向钢筋在核心区内滑移，使核心区的抗剪承载力降低，也会加大梁端塑性铰区的裂缝宽度。为此，设计中应处理好纵筋在核心区内的锚固构造，做到强锚固。

5.6.4.1　节点核心区剪力设计值

根据核心区的抗震设计概念，在梁端出现端塑性铰时，核心区不应剪切屈服，取梁端达到受弯承载力的核心区剪力为剪力设计值。图5.24为中柱节点核心区受力简图，取上半部分为隔离体，由平衡条件得：

$$V_j = (f_{yk}A_s^b + f_{yk}A_s^t) - V_c = \frac{M_b^l + M_b^r}{h_{b0} - a_s'} - \frac{M_c^b + M_c^t}{H_c - h_b} = \frac{M_b^l + M_b^r}{h_{b0} - a_s'}\left(1 - \frac{h_{b0} - a_s'}{H_c - h_b}\right)$$

一、二、三级框架节点核心区的剪力设计值，按下列公式确定。

（1）顶层端节点和中间节点

一级框架结构和9度时的框架：

$$V_j = \frac{1.15(M_{bua}^l + M_{bua}^r)}{h_{b0} - a_s'} \tag{5.38a}$$

其他情况：

$$V_j = \frac{\eta_{jb}(M_b^l + M_b^r)}{h_{b0} - a_s'} \tag{5.38b}$$

（2）其他层端节点和中间节点

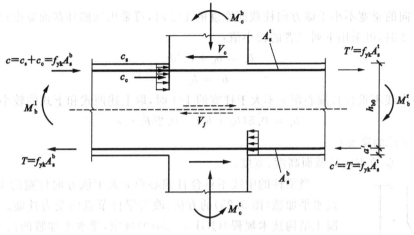

图 5.24 节点核心区受力简图

一级框架结构和 9 度时的框架：

$$V_j = \frac{1.15(M_{\text{bua}}^l + M_{\text{bua}}^r)}{h_{b0} - a_s'}\left(1 - \frac{h_{b0} - a_s'}{H_c - h_b}\right) \tag{5.39a}$$

式中 $M_{\text{bua}}^l + M_{\text{bua}}^r$——节点左、右梁端逆时针或顺时针方向按实配钢筋面积（计入受压筋）和材料强度标准值计算的受弯承载力所对应的弯矩值之和。

其他情况：

$$V_j = \frac{\eta_{jb}(M_b^l + M_b^r)}{h_{b0} - a_s'}\left(1 - \frac{h_{b0} - a_s'}{H_c - h_b}\right) \tag{5.39b}$$

式中 V_j——梁柱节点核心区剪力设计值；

h_{b0}——梁截面有效高度，节点两侧梁截面高度不等时可采用平均值；

H_c——柱的计算高度，可采用节点上、下柱反弯点之间的距离；

h_b——梁的截面高度，节点两侧梁截面高度不等时可采用平均值；

η_{jb}——节点剪力增大系数，对于框架结构，一、二、三级分别取 1.5、1.35、1.2，而对于其他结构类型中的框架，一、二、三级分别取 1.35、1.2、1.1；

$M_b^l + M_b^r$——节点左、右梁端逆时针或顺时针方向组合弯矩设计值之和，一级时节点左、右梁端均为负弯矩，绝对值较小的弯矩应取零。

四级框架节点核心区，可不进行抗震验算，各抗震等级框架节点均应满足构造措施要求。

5.6.4.2 节点核心区受剪承载力验算

（1）节点核心区截面验算

为防止节点核心区水平截面过小，造成节点混凝土先被压碎，节点核心区受剪水平截面应满足：

$$V_j \leqslant \frac{1}{\gamma_{\text{RE}}}(0.30\eta_j\beta_c f_c b_j h_j) \tag{5.40}$$

式中 η_j——正交梁的约束影响系数，楼板为现浇板、梁柱中线重合、四侧各梁截面宽度不小于该侧柱截面宽度的 1/2 且正交方向梁高度不小于框架梁高度的 3/4 时，采用 1.5，其他情况采用 1.0；

h_j——节点核心区截面高度，取验算方向柱截面高度，$h_j = h_c$；

γ_{RE}——承载力抗震调整系数，取 0.85；

b_j——节点核心区有效计算宽度，可按下列规定采用。

当验算方向的梁宽不小于该方向柱截面宽度的 1/2 时，可采用该侧柱截面宽度；当小于该侧柱截面宽度的 1/2 时，可采用下列二者的较小值：

$$b_j = b_b + 0.5h_c \tag{5.41a}$$

$$b_j = b_c \tag{5.41b}$$

当梁柱的中线不重合且偏心距 e 不大于柱宽的 1/4 时，取上述两式和下式的较小值：

$$b_j = 0.5(b_b + b_c) + 0.25h_c - e \tag{5.41c}$$

式中　b_b——梁截面宽度；

　　　　h_c、b_c——验算方向柱截面高度、宽度。

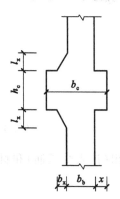

图 5.25　水平加腋梁

当梁柱的中线不重合且偏心距 e 大于该方向柱宽的 1/4，可采取增设水平加腋（图 5.25）的方法，改善梁柱节点的受力性能。《高层建筑混凝土结构技术规程》(JGJ 3—2010)规定，梁水平加腋的尺寸及框架节点有效宽度应符合下列两项要求。

① 梁水平加腋的厚度可取梁高，其水平尺寸宜满足下列要求：

$$\frac{b_x}{l_x} \leqslant \frac{1}{2} \tag{5.42a}$$

$$\frac{b_x}{b_b} \leqslant \frac{2}{3} \tag{5.42b}$$

$$b_b + b_x + x \geqslant \frac{b_c}{2} \tag{5.42c}$$

式中　b_x——梁水平加腋宽度(mm)；

　　　　l_x——梁水平加腋长度(mm)；

　　　　b_c——沿偏心方向柱截面宽度(mm)；

　　　　x——非加腋侧梁边到柱边的距离(mm)。

② 梁采用水平加腋时，框架节点有效宽度 b_j 宜符合下列要求。

当 $x = 0$ 时，b_j 按下式计算：

$$b_j \leqslant b_b + b_x \tag{5.43}$$

当 $x \neq 0$ 时，b_j 取式(5.44a)、式(5.44b)计算的较大值，且满足式(5.44c)的要求：

$$b_j \leqslant b_b + b_x + x \tag{5.44a}$$

$$b_j \leqslant b_b + 2x \tag{5.44b}$$

$$b_j \leqslant b_b + 0.5h_c \tag{5.44c}$$

式中　h_c——柱截面高度(mm)。

(2) 受剪承载力验算

9 度的一级：

$$V_j \leqslant \frac{1}{\gamma_{RE}} \left(0.9\eta_j f_t b_j h_j + f_{yv} A_{svj} \frac{h_{b0} - a_s'}{s} \right) \tag{5.45a}$$

其他情况：

$$V_j \leqslant \frac{1}{\gamma_{RE}} \left(1.1\eta_j f_t b_j h_j + 0.05\eta_j N \frac{b_j}{b_c} + f_{yv} A_{svj} \frac{h_{b0} - a_s'}{s} \right) \tag{5.45b}$$

式中　N——组合剪力设计值的上柱组合轴力较小值，其取值不应大于柱的截面面积和混凝土轴心抗压强度设计值的乘积的 50%，取 $N = 0.5 f_c b_c h_c$，当 N 为拉力时，取 $N = 0$；

　　　　A_{svj}——核心区有效计算宽度范围内验算方向同一截面各肢箍筋的全部截面面积。

5.7 框架结构的抗震构造要求

5.7.1 框架梁的抗震构造要求

5.7.1.1 框架梁截面尺寸

框架梁的截面尺寸应满足承载力、刚度和构造要求,一般根据刚度要求按跨高比确定截面高度。框架梁截面高度 $h=(1/10\sim1/18)l$,当荷载较大时,可以选较大的跨高比。

截面宽度 $b=(1/2\sim1/3)h$。当梁净跨 l_n 与截面高度 h 的比值较小时,梁截面易发生剪切破坏,梁的延性较差,所以梁的跨高比 l_n/h 不宜小于 4;梁截面宽度不应小于 200 mm,也不宜小于柱截面宽度的一半,梁截面高宽比 h/b 不宜大于 4。

5.7.1.2 梁的纵向钢筋

① 截面相对受压区和纵向受拉钢筋的最小配筋率。

抗震设计时,计入受压钢筋的梁端截面混凝土受压区高度与截面有效高度的比值应满足下列公式要求:

一级抗震

$$\frac{x}{h_0}\leqslant 0.25$$

二、三级抗震

$$\frac{x}{h_0}\leqslant 0.35$$

框架梁纵向受拉钢筋的最小配筋率在非抗震设计时,不应小于 0.002 和 $0.45f_t/f_y$ 的较大值,在抗震设计时,不应小于表 5.9 的规定值。

表 5.9   **梁纵向受拉钢筋最小配筋率(%)**

抗震等级	位置	
	支座(取较大值)	跨中(取较大值)
一级	0.4 和 $80f_t/f_y$	0.3 和 $65f_t/f_y$
二级	0.3 和 $65f_t/f_y$	0.25 和 $55f_t/f_y$
三、四级	0.25 和 $55f_t/f_y$	0.2 和 $45f_t/f_y$

② 抗震设计时,梁端纵向受拉钢筋的配筋率不宜大于 2.5%,不应大于 2.75%;当大于 2.5%时,受压钢筋的配筋率不应小于受拉钢筋的一半。梁端截面的底面和顶面纵向钢筋配筋量的比值除按计算确定外,一级不应小于 0.5,二、三级不应小于 0.3。

沿梁全长顶面和底面至少应配二根通长的纵向钢筋。一、二级抗震设计时,钢筋直径不应小于 14 mm,且分别不应少于梁两端顶面和底面纵向钢筋中较大截面面积的 1/4;三、四级抗震设计和非抗震设计时,钢筋直径不应小于 12 mm。

对于矩形截面,一、二、三级抗震等级框架梁内贯通中柱的每根纵向钢筋的直径不宜大于柱在该方向截面尺寸的 1/20。

5.7.1.3　梁的箍筋

① 梁端箍筋加密区。

在地震作用下，梁中弯矩和剪力方向改变，梁端部塑性铰区会产生交叉斜裂缝，竖向裂缝也会贯通，这对抗剪非常不利。因此，在梁端塑性铰范围内设置箍筋加密区，可以有效约束混凝土，防止混凝土过早被压碎，以及避免受压钢筋压屈。抗震设计时，梁端箍筋加密区箍筋的最小直径、最大间距应满足表 5.10 的要求；当梁端纵向钢筋配筋率大于 2% 时，表 5.10 中箍筋直径应增大 2 mm。

表 5.10　　　　　　　　　　　梁端箍筋加密区的长度、最小直径、最大间距

抗震等级	加密区长度（取较大值）(mm)	箍筋最大间距（取最小值）(mm)	箍筋最小直径(mm)
一级	2h 和 500	$h/4,6d,100$	10
二级		$h/4,8d,100$	8
三级	1.5h 和 500	$h/4,8d,150$	8
四级		$h/4,8d,150$	6

注：① h 为梁截面高度，d 为纵向钢筋直径。
　　② 对于一、二级抗震等级的框架梁，当箍筋直径大于 12 mm、肢数不少于 4 肢且肢距不大于 150 mm 时，箍筋加密区最大间距允许适当放宽，但不应大于 150 mm。

箍筋必须为封闭箍筋，梁端加密区箍筋肢距，一级不宜大于 200 mm 和 20 倍箍筋直径的较大值，二、三级不宜大于 250 mm 和 20 倍箍筋直径的较大值，四级不宜大于 300 mm。

② 抗震设计时，第一个箍筋应设置在距支座边缘 50 mm 处；框架梁沿全长的箍筋的配箍率满足下列构造要求：

一级

$$\rho_{sv} \geqslant 0.30 \frac{f_t}{f_{yv}}$$

二级

$$\rho_{sv} \geqslant 0.28 \frac{f_t}{f_{yv}}$$

三、四级

$$\rho_{sv} \geqslant 0.26 \frac{f_t}{f_{yv}}$$

非加密区箍筋的最大间距不宜大于加密区箍筋间距的 2 倍。

非抗震设计时，框架梁的箍筋应符合《混凝土结构设计规范（2015 年版）》（GB 50010—2010）的规定。

5.7.2　框架柱的抗震构造要求

5.7.2.1　框架柱的截面尺寸

框架柱截面形式常为正方形、矩形和圆形，也可设计成其他截面形式。柱截面尺寸宜符合下列要求：

① 抗震设计时，矩形柱截面的边长，四级或不超过 2 层时不应小于 300 mm，一、二、三级且超过 2 层时不宜小于 400 mm，圆形柱截面直径，四级或不超过 2 层时不应小于 350 mm，一、二、三级且超过 2 层时不宜小于 450 mm，非抗震设计时，不宜小于 250 mm；

② 柱的剪跨比宜大于 2,以避免形成短柱;

③ 柱截面高宽比不宜大于 3。

5.7.2.2 柱轴压比的限制

轴压比的增大会减小柱的延性,抗震设计时,为确保柱的延性,需限制柱的轴压比。表 5.11 给出了剪跨比大于 2、混凝土强度等级不高于 C60 的柱的轴压比限值。对于Ⅳ类场地上较高的高层建筑,其轴压比应适当减少。

表 5.11   柱轴压比限值

结构类型	抗震等级			
	一级	二级	三级	四级
框架	0.65	0.75	0.85	0.9
板柱-剪力墙、框架-剪力墙、框架-核心筒、筒中筒	0.75	0.85	0.9	0.95
部分框支剪力墙	0.6	0.7	—	

注:① 轴压比指考虑地震作用组合的轴压力设计值与柱全截面面积和混凝土轴心抗压强度设计值乘积的比值。
② 表 5.11 中数值适用于混凝土强度等级不高于 C60 的柱,当混凝土强度等级为 C65~C70 时,轴压比限值应比表中数值降低 0.05;当混凝土强度等级为 C75~C80 时,轴压比限值应比表中数值降低 0.10。
③ 表 5.11 中数值适用于剪跨比大于 2 的柱子,剪跨比不大于 2 但大于 1.5 的柱,轴压比限值应比表中数值降低 0.05;剪跨比不大于 1.5 的柱,轴压比限值应专门研究并采取特殊构造措施。
④ 沿柱全高采用井字复合箍,箍筋间距不大于 100 mm、肢距不大于 200 mm、直径不小于 12 mm,或沿柱全高采用连续复合螺旋箍,且螺距不大于 80 mm、肢距不大于 200 mm、直径不小于 12 mm 时,轴压比限值可增加 0.10。
⑤ 在柱截面中设置有附加纵筋形成的芯柱,且附加纵向钢筋的截面面积不小于柱截面面积的 0.8% 时,柱轴压比限值可增加 0.05;当本项措施与注④的措施共同采用时,轴压比限值可增加 0.15,但箍筋的配箍特征值仍可按轴压比限值增加 0.10 的要求确定。
⑥ 调整后的柱轴压比限值不应大于 1.05。

【例 5.6】 某高层现浇框架结构,该地区抗震设防烈度为 8 度,设计基本加速度为 0.20g,高度为 39 m,丙类建筑,Ⅰ类场地,设计地震分组为第一组,在重力荷载、风荷载、水平地震作用标准值作用下某层柱的轴力分别为:$N_{GEk} = 4920$ kN,$N_{wk} = \pm 100$ kN,$N_{Ehk} = \pm 380$ kN,柱截面尺寸为 700 mm×700 mm,混凝土强度等级为 C40,$f_c = 19.1$ MPa,已知该柱剪跨比 $\lambda = 1.8$,试验算该柱轴压比是否满足要求。

【解】 (1) 确定抗震等级

抗震设防烈度为 8 度,丙类建筑,Ⅰ类场地验算轴压比应降低 1 度,因此,验算轴压比设防烈度按 7 度考虑。因房屋高度 39 m<50 m 为 A 级高度。查表得抗震等级为二级。

(2) 计算轴力设计值 N

$$N = 1.3 \times 4920 + 1.4 \times 380 = 6928 \text{ (kN)}$$

(3) 轴压比验算

因为柱剪跨比 $\lambda = 1.8$,$[\mu_N] = 0.75 - 0.05 = 0.70$,故

$$\mu = \frac{N}{f_c A} = \frac{6928 \times 10^3}{19.1 \times 700 \times 700} = 0.74 < [\mu_N] = 0.70$$

轴压比不满足要求。

5.7.2.3 柱纵向钢筋

① 柱的纵筋宜对称配置,柱中全部钢筋的配筋率不应小于表 5.12 的规定。同时,柱截面每一侧配筋率不小于 0.2%。抗震设计时,对Ⅳ类场地上较高的高层建筑,表 5.12 中数值应增加 0.1。

柱中全部钢筋配筋率,抗震设计时,不应大于 5%;非抗震设计时,不宜大于 5%,不应大于 6%。

对于抗震等级为一级且剪跨比不大于 2 的柱,其单侧纵向受拉钢筋配筋率不宜大于 1.2%。

边柱、角柱考虑地震作用组合产生小偏心受拉时，柱内纵筋总截面面积应比计算值增加25%。

表5.12 <center>柱纵向钢筋最小配筋率（%）</center>

柱类型	抗震等级			
	一级	二级	三级	四级
中柱、边柱	0.90(1.00)	0.70(0.80)	0.60(0.70)	0.50(0.60)
角柱、框支柱	1.10	0.90	0.80	0.70

注：① 表中括号内数值适用于房屋建筑纯框架结构柱；
　　② 采用400 MPa纵向受力钢筋时，应按表中规定值增加0.05%采用；
　　③ 当柱的混凝土强度等级为C60以上时，应按表规定值增加0.10%采用。

② 对于截面尺寸大于400 mm的柱，一、二、三级抗震设计时其纵向钢筋的间距不宜大于200 mm，抗震等级为四级和非抗震设计时，柱纵向钢筋的间距不宜大于300 mm，柱纵向钢筋净距均不应小于50 mm。

5.7.2.4 柱的箍筋

抗震设计时，柱中箍筋的作用除了承担剪力、防止受压钢筋压屈外，箍筋对塑性铰区混凝土的约束作用是影响柱延性的主要因素之一。长柱的塑性铰一般出现在柱的两端，在柱端设置箍筋加密区，通过箍筋对混凝土的约束作用来增加柱的延性。

① 柱端箍筋加密区的范围。

抗震设计时，在柱端塑性铰区的箍筋应加密范围应按下列规定采用：

底层柱的上端和其他层各柱的两端，取矩形截面长边尺寸、柱净高的1/6和500 mm三者的最大值；

底层柱根部以上柱净高的1/3范围内；

底层柱刚性地面上下各500 mm；

剪跨比不大于2的柱、因填充墙形成的柱净高与截面高度之比不大于4的柱，以及一、二级框架的角柱的全高范围；

需要提高变形能力的柱的全高范围。

② 柱端箍筋加密区的构造要求。

柱箍筋在上述规定的范围内加密，加密区箍筋间距和直径应按表5.13采用。

表5.13 <center>柱箍筋加密区的箍筋最大间距和最小直径</center>

抗震等级	箍筋最大间距(mm)	箍筋最小直径(mm)
一级	6d和100的较小值	10
二级	8d和100的较小值	8
三级、四级	8d和150（柱根100）的较小值	8

注：① 表中d为柱纵向钢筋的直径(mm)；
　　② 柱根指柱底部嵌固部位的加密区范围。

一级框架柱箍筋直径大于12 mm、箍筋肢距不大于150 mm及二级框架柱箍筋直径不小于10 mm、箍筋肢距不大于200 mm时，除柱根外最大间距应允许采用150 mm；三、四级框架柱的截面尺寸不大于400 mm时，箍筋最小直径应允许采用6 mm。

剪跨比不大于2的柱，箍筋应全高加密，且箍筋间距不应大于100 mm。

③ 柱箍筋加密区的体积配箍率。

柱箍筋加密区的箍筋除满足强剪弱弯的要求外,还通过规定的最小配箍特征值计算体积配箍率来满足对混凝土约束的要求。柱箍筋加密区的体积配箍率 ρ_v 应符合下式要求:

$$\rho_v \geqslant \lambda_v \frac{f_c}{f_{yv}} \tag{5.42}$$

式中　ρ_v——柱箍筋体积配箍率,为按箍筋范围以内的核心混凝土计算的体积配箍率,计算复合箍筋体积配箍率时,应扣除重叠部分的箍筋体积,计算复合螺旋箍筋的体积配箍率时,其非螺旋箍筋的体积应乘以换算系数0.8;

　　　　λ_v——柱最小配箍特征值,应按表5.14采用;

　　　　f_{yv}——箍筋的抗拉设计强度;

　　　　f_c——混凝土轴心抗压强度,当柱混凝土强度等级低于C35时,应按C35计算。

表 5.14　　　　　　　　　　　　柱端箍筋加密区最小配箍特征值 λ_v

抗震等级	箍筋形式	轴压比								
		≤0.3	0.4	0.5	0.6	0.7	0.8	0.9	1.0	1.05
一级	普通箍、复合箍	0.10	0.11	0.13	0.15	0.17	0.20	0.23		
	螺旋箍、复合或连续复合箍	0.08	0.09	0.11	0.13	0.15	0.18	0.21		
二级	普通箍、复合箍	0.08	0.09	0.11	0.13	0.15	0.17	0.19	0.22	0.24
	螺旋箍、复合或连续复合箍	0.06	0.07	0.09	0.11	0.13	0.15	0.17	0.20	0.22
三、四级	普通箍、复合箍	0.06	0.07	0.09	0.11	0.13	0.15	0.17	0.20	0.22
	螺旋箍、复合或连续复合箍	0.05	0.06	0.07	0.09	0.11	0.13	0.15	0.18	0.20

对一、二、三、四级框架柱,箍筋加密区范围内的体积配箍率还应分别不小于0.8%、0.6%、0.4%、0.4%。加密区箍筋肢距,一级不宜大于200 mm,二、三级不宜大于250 mm和20倍箍筋直径的较大值,四级不宜大于300 mm。每根纵向钢筋宜在两个方向有箍筋约束;采用拉筋组合箍时,拉筋宜拉紧纵向钢筋并勾住封闭箍筋。剪跨比不大于2的柱宜采用复合螺旋箍或复合井字箍,其体积配箍率不应小于1.2%;设防烈度为9度时,不应小于1.5%。

柱非加密区箍筋的体积配箍率不宜小于加密的1/2;间距不应大于加密区箍筋间距的2倍,且一、二级框架不应大于10倍纵向钢筋直径,三、四级框架不应大于15倍纵向钢筋直径。

④ 非抗震设计时,框架柱截面周边箍筋应为封闭箍筋,箍筋间距不应大于400 mm,且不应大于构件截面短边尺寸和最小纵筋直径的15倍;箍筋直径不应小于最大纵筋直径的1/4,且不应小于6 mm;当柱中全部纵向钢筋配筋率超过3%时,箍筋直径不应小于8 mm,箍筋间距不应大于最小纵筋直径的10倍,且不应大于200 mm;箍筋末端应做成135°弯钩且弯钩末端平直段长度不应小于10倍纵筋直径。当柱每边纵筋多于3根时,应设置复合箍筋。

常见的柱箍筋形式如图5.26所示。

5.7.2.5　框架节点核心区构造要求

抗震设计时,框架节点核心区的水平箍筋应符合抗震设计柱中箍筋规定。一、二、三级框架节点核心区配箍特征值分别不小于0.12、0.10、0.08,且箍筋的体积配箍率分别不宜小于0.6%、0.5%、0.4%。柱剪跨比不大于2的框架节点核心区的配箍特征值不宜小于核心区上、下柱端配箍特征值中的较大值。

非抗震设计时,框架节点核心区的水平箍筋应符合非抗震设计柱中箍筋规定,但箍筋间距不宜大于250 mm。对周边有梁与之相连的节点,可仅沿节点周边设置矩形箍筋。

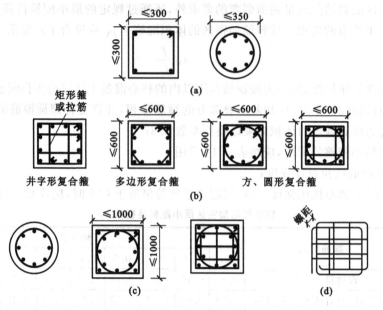

图 5.26　柱箍筋形式

(a) 普通箍；(b) 井字复合箍；(c) 螺旋箍；(d) 连续复合矩形螺旋箍

5.7.3　钢筋的连接与锚固

5.7.3.1　钢筋的连接

钢筋的连接应能保证钢筋之间的传力要求。钢筋的常用连接方式有机械连接、绑扎搭接和焊接。机械连接的质量和性能比较稳定，在一些比较重要的部位，如一、二级框架柱，三级框架底层柱宜采用机械连接。

受力钢筋的连接接头宜设置在构件受力较小的部位，位于同一连接区段内的受拉钢筋接头面积百分率不宜超过 50%。受拉钢筋直径大于 25 mm、受压钢筋直径大于 28 mm 时，不宜采用绑扎搭接。抗震设计时，受力钢筋的连接接头宜避开梁端、柱端箍筋加密区范围；当无法避开时，宜采用机械连接且钢筋接头面积百分率不应超过 50%。

受拉钢筋绑扎搭接的搭接长度按下式计算，且不小于 300 mm。

非抗震设计：

$$l_1 = \zeta l_a$$

式中　l_a——非抗震设计时受拉钢筋的锚固长度，按《混凝土结构设计规范（2015 年版）》（GB 50010—2010)确定。

抗震设计：

$$l_{1E} = \zeta l_{aE}$$

式中　l_{aE}——抗震设计时受拉钢筋的锚固长度，可根据抗震等级计算，一、二级时，$l_{aE} = 1.15 l_a$，三级时，$l_{aE} = 1.05 l_a$，四级时，$l_{aE} = 1.0 l_a$；

　　　　ζ——受拉钢筋搭接长度修正系数，同一连接区段内搭接钢筋面积百分率不大于 25%、50%、100% 时，分别取 1.2、1.4、1.6。

5.7.3.2　钢筋的锚固

非抗震设计时，框架梁、柱纵向钢筋在节点核心区的锚固要求见图 5.27。

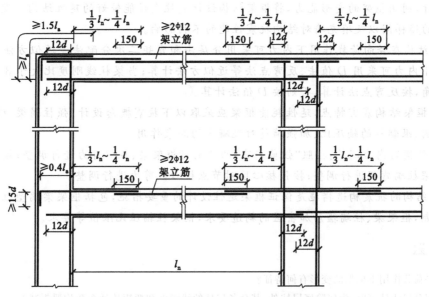

图 5.27　非抗震设计时,框架梁、柱纵向钢筋在节点核心区的锚固要求

抗震设计时,框架梁、柱纵向钢筋在节点核心区的锚固要求见图 5.28。

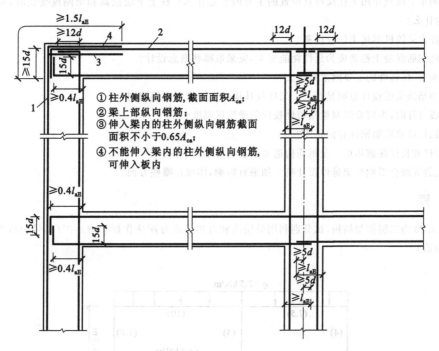

①柱外侧纵向钢筋,截面面积 A_{ca};
②梁上部纵向钢筋;
③伸入梁内的柱外侧纵向钢筋截面面积不小于 $0.65A_{ca}$;
④不能伸入梁内的柱外侧纵向钢筋,可伸入板内

图 5.28　抗震设计时,框架梁、柱纵向钢筋在节点核心区的锚固要求

知识归纳

① 框架结构是多、高层建筑的一种主要结构形式。结构设计时,需先进行结构布置和拟定梁、柱截面尺寸,确定结构计算简图;然后进行荷载计算、结构分析、内力组合和截面设计,并绘制结构施工图。

② 根据房屋的高度、荷载情况及使用和造型要求,确定合理的结构布置方案。在抗震地区,通

过合理的设计,利用框架的变形能力,将框架结构设计成抗震性能较好的延性结构。设计时应注意与主体整浇的楼梯间以及填充墙对结构抗震性能的不利影响。

③ 框架结构在竖向荷载作用下内力可采用分层法和弯矩二次分配法等近似方法计算。在水平荷载作用下内力可采用 D 值法、反弯点法等近似方法计算;当梁柱线刚度比大于 3 时可不考虑框架节点转角,按反弯点法计算,否则按 D 值法计算。

④ 比较框架结构震害特点,延性耗能框架应采取以下抗震概念设计:强柱弱梁、强剪弱弯、强核心区强锚固、限制柱的轴压比、加强箍筋对混凝土的约束作用。

⑤ 框架结构的内力调整:按照"强剪弱弯"的原则对框架梁、柱端剪力进行调整;按"强柱弱梁"的原则对框架柱端弯矩进行调整;按强核心区对节点核心区剪力进行调整。

⑥ 框架结构的抗震构造措施是保证框架延性设计的重要措施,包括框架梁端塑性铰区相对受压区高度限制,框架梁、柱端箍筋加密区的构造要求,框架柱轴压比限值等要求。

思考题

5.1　水平荷载作用下框架的变形有何特征?

5.2　采用分层法计算时,为何除底层柱外,其余各层柱的线刚度和弯矩传递系数均要折减?

5.3　反弯点法和 D 值法的异同点是什么? D 值的意义是什么?

5.4　影响水平荷载作用下柱反弯点位置的主要因素是什么? 柱上下层层高和梁刚度变化时,反弯点的位置如何变化? 为什么?

5.5　为什么梁铰机制优于柱铰机制?

5.6　为使钢筋混凝土框架成为延性耗能框架,应采取哪些概念设计?

5.7　影响梁、柱延性的主要因素是什么?

5.8　框架结构抗震设计原则是什么? 怎样设计构件才能实现上述原则?

5.9　抗震设计时,为何要限制梁端塑性铰区的受压区高度?

5.10　梁、柱端箍筋加密区有何作用?

5.11　短柱和长柱在破坏形态及钢筋构造要求上有何不同?

5.12　抗震等级会影响框架延性设计吗? 如果有影响,体现在哪些方面?

习题

5.1　图 5.29 为二层框架结构,试分别利用分层法和弯矩二次分配法作框架弯矩图(括号中的数值表示各杆件线刚度相对值)。

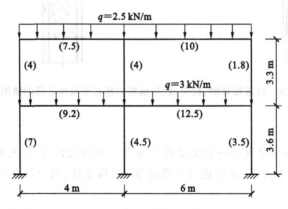

图 5.29　习题 5.1 图

5.2 图 5.30 为框架结构,每层楼盖处作用的水平力为作用在该榀框架上的水平力,用反弯点法作图示框架结构的弯矩图,图中括号内的数字为梁柱相对线刚度值。

5.3 图 5.31 为框架结构,每层楼盖处作用的水平力为作用在该榀框架上的水平力。试利用 D 值法计算框架的内力并画出弯矩图(括号中的数值表示各杆件线刚度相对值)。

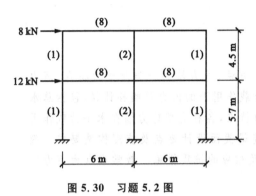

图 5.30 习题 5.2 图

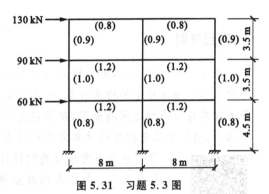

图 5.31 习题 5.3 图

5.4 某高层框架结构,抗震等级为二级,考虑地震作用组合时,左震时梁端弯矩设计值为:$M_b^l = 508.2$ kN·m,右端 $M_b^r = -256.4$ kN·m;右震时梁端弯矩设计值为:$M_b^l = -273.1$ kN·m,右端 $M_b^r = 448.5$ kN·m;与地震作用组合的竖向荷载作用下梁端剪力设计值 $V_{Gb} = 128.6$ kN,梁净跨 $l_n = 6$ m,求框架梁的剪力设计值。

5.5 某高层现浇框架结构,设防烈度为 7 度(0.10g),高度 27 m,丙类建筑,I 类场地,设计地震分组为一组。该结构第三层框架边柱的轴向压力标准值分别为:重力荷载效应轴向力标准值 $N_{GEk} = 2000$ kN,风荷载效应轴向力标准值 $N_{wk} = 110$ kN,水平地震作用效应轴向力标准值 $N_{Ehk} = 280$ kN。柱截面为 500 mm×500 mm,混凝土为 C40 ($f_c = 19.1$ N/mm²),已知该柱剪跨比 $\lambda > 2.0$,验算该层轴压比。

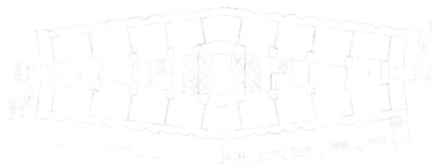

6 剪力墙结构

◎ 内容提要

　　本章主要内容包括：剪力墙结构的布置原则与方法、剪力墙的分类及受力特点、剪力墙在竖向荷载作用下的内力计算、剪力墙在水平荷载作用下的内力及侧移计算(包括总水平力在各片剪力墙之间的分配,单片剪力墙的受力特点,各种类型剪力墙在水平荷载作用下内力、侧移及等效刚度的计算方法)、剪力墙及连梁截面设计要点及抗震构造要求。教学重点为剪力墙结构的设计方法及相应的抗震措施。教学难点为剪力墙结构的受力特点及内力分析。

重难点

◎ 能力要求

　　通过本章的学习,学生应具备对剪力墙进行结构设计的能力。

6.1 概　述

　　剪力墙结构是由一系列纵向、横向剪力墙及楼盖所组成的承受竖向荷载和水平荷载作用的结构,墙体同时也作为维护及房间分隔构件。竖向荷载由楼盖直接传到剪力墙上,因此剪力墙的间距取决于楼板的跨度。一般情况下,剪力墙结构间距为3～8 m,因此它适用于高层住宅、公寓、饭店、宾馆、医院病房等平面墙体布置较多的建筑。

　　剪力墙结构采用现浇钢筋混凝土,整体性好,刚度大,在水平荷载作用下侧向变形小,抗震及抗风性能都较强,承载力要求也比较容易满足,适合于建造较高的高层建筑。

　　当住宅、公寓、饭店等建筑,在底部一层或多层需设置机房、汽车房、商店、餐厅等较大平面空间用房时,可以设计成为上部为一般剪力墙结构,底部为部分剪力墙落到基础,其余为框架承托上部剪力墙的框支剪力墙结构。

　　剪力墙结构的平面体形,可根据建筑功能需要设计成各种形状。剪力墙应按各类房屋使用要求、满足抗侧力刚度和承载力要求进行合理布置。图6.1～图6.3为各类建筑的剪力墙结构平面布置实例。

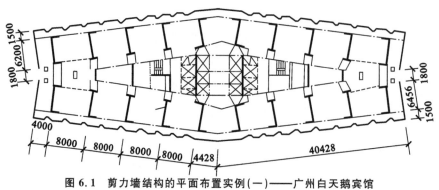

图6.1　剪力墙结构的平面布置实例(一)——广州白天鹅宾馆

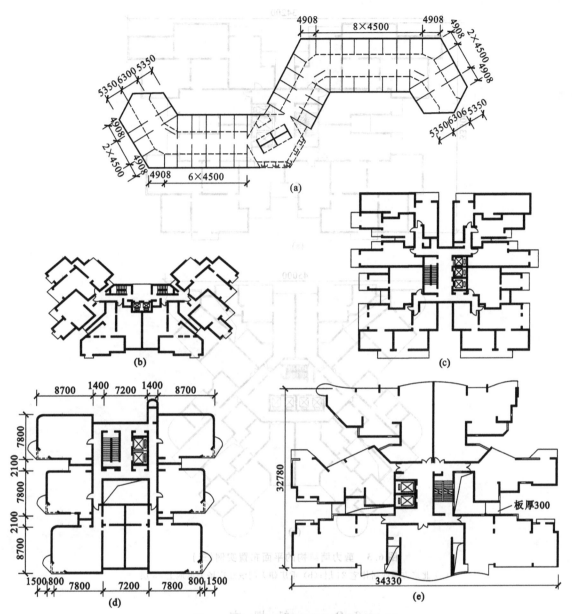

图 6.2 剪力墙结构的平面布置实例(二)

(a) 北京昆仑饭店 30 层,100 m;(b) 北京万科星园住宅 30 层;

(c) 北京绿景苑住宅 C 座 18 层;(d) 上海国泰公寓 24 层;(e) 广州东风小区嘉和苑三期住宅 17 层

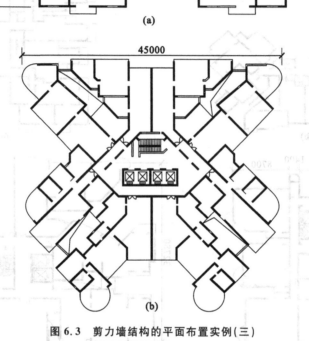

图 6.3   剪力墙结构的平面布置实例（三）
（a）北京方圆逸居住宅 24 层；（b）重庆朝天门滨江广场公寓地上 43 层

6.2 一般规定

6.2.1 剪力墙布置

剪力墙是主要抗侧力构件,合理布置剪力墙是结构具有良好的整体抗震性能的基础。

6.2.1.1 双向布置剪力墙及抗侧刚度

剪力墙结构中,剪力墙结构宜沿主轴方向或其他方向双向布置,形成空间结构。抗震设计的剪力墙,应避免仅单向有墙的结构形式,并宜使两个方向抗侧刚度接近,即两个方向的自振周期宜接近。另外,剪力墙的抗侧刚度及承载力均较大,为了充分发挥剪力墙的作用,减轻结构重量,增大剪力墙结构的可利用空间,墙不宜布置太密,使结构具有适宜的侧向刚度。剪力墙结构的侧向刚度不宜过大。侧向刚度过大会使地震力加大,自重加大,并不有利。

剪力墙墙肢截面宜简单、规则。剪力墙的两端尽可能与另一方向的墙连接,成为I形、T形或L形等有翼缘的墙,以增大剪力墙的刚度和稳定性。在楼梯间、电梯间,两个方向的墙相互连接成井筒,以增大结构的抗扭能力。

6.2.1.2　竖向刚度均匀

剪力墙宜自下到上连续布置,上到顶、下到底,中间楼层不宜中断,避免刚度突变。

剪力墙布置对结构的抗侧刚度有很大影响,剪力墙沿高度不连续,将造成结构沿高度刚度突变。墙厚度沿竖向应逐渐减薄,不宜变截面厚度时变化过大,允许沿高度改变墙厚和混凝土强度等级,或减少部分墙肢,但使抗侧刚度沿高度逐渐减小,而不是突变。

6.2.1.3　墙肢高宽比

剪力墙应具有延性,细高的剪力墙(高宽比大于3)容易设计成弯曲破坏的延性剪力墙,从而可避免脆性的剪切破坏,提高变形能力。当墙的长度很长时,为了满足每个墙段高宽比大于3的要求,可通过开设洞口将长墙分成长度较小、较均匀的联肢墙或独立墙肢,洞口连梁宜采用约束弯矩较小的弱连梁(其跨高比宜大于6),使其可近似认为分成了独立墙段,如图6.4所示。此外,墙段长度较小时,受弯产生的裂缝宽度较小,墙体的配筋能够充分地发挥作用。因此墙段的长度(即墙段截面高度)不宜大于8 m。当墙肢长度超过8 m时,应采用施工时墙上留洞,完工时砌填充墙结构洞的方法,把长墙肢分成短墙肢,如图6.5所示,或仅在计算简图开洞处理。计算简图开洞处理是指结构计算时设有洞,施工时仍为混凝土墙。当一个结构单元中仅有一段墙的墙肢长度超过8 m或接近8 m时,墙的水平分布筋和竖向分布筋按墙设置,混凝土整浇;当一个结构单元中有两个及两个以上长度超过8 m的大墙肢时,在计算洞处连梁及洞口边缘构件按要求设置,在洞范围仅设置竖向φ8@250 mm、水平φ6@250 mm的构造筋,伸入连梁及边缘构件满足锚固长度,混凝土与整墙一起浇灌。这样处理可避免洞口与填充墙、混凝土墙不同材料因收缩出现裂缝,一旦地震,按前一种处理大墙肢开裂不会危及安全,按后一种处理大墙肢的开裂控制在计算洞范围。

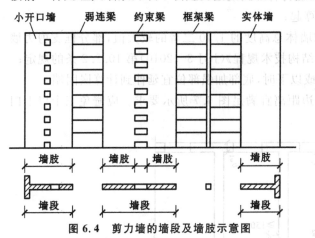

图6.4　剪力墙的墙段及墙肢示意图

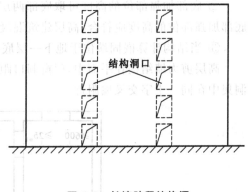

图6.5　长墙肢留结构洞

6.2.1.4　剪力墙洞口的布置

剪力墙洞口的布置会极大地影响剪力墙的力学性能。

① 剪力墙的门窗洞口宜上下对齐、成列布置,形成明确的墙肢和连梁,宜避免造成墙肢宽度相差悬殊的洞口设置;应力分布比较规则,又与当前普遍应用程序的计算简图较为符合,设计结果安全可靠。同时宜避免使墙肢刚度相差悬殊的洞口设置。

② 抗震设计时,一、二、三级抗震等级剪力墙的底部加强部位不宜采用上、下洞口不对齐的错

洞墙；如无法避免错洞墙，则应控制错洞墙洞口之间的水平距离不小于 2 m，设计时应仔细计算分析，并在洞口周边采取有效构造措施，如图 6.6(a)、(b)所示。一、二、三级抗震等级的剪力墙全高均不宜采用洞口局部重叠的叠合错洞墙。当无法避免叠合错洞布置时，应按有限元法仔细计算分析并在洞口周边采取加强措施，如图 6.6(c)所示；或采用其他轻质材料填充将叠合洞口转化为规则洞口，如图 6.6(d)所示。

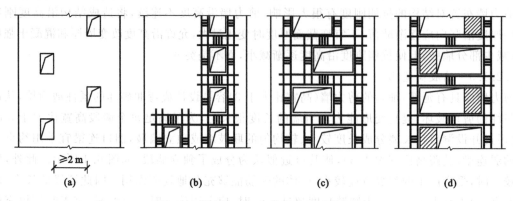

图 6.6　剪力墙洞口不对齐时的构造措施

(a) 一般错洞墙；(b) 底部局部错洞墙；(c) 叠合错洞墙构造之一；(d) 叠合错洞墙构造之二

③ 具有不规则洞口剪力墙的内力和位移计算可按弹性平面有限元方法得到的应力进行配筋，即可不考虑混凝土的抗拉作用，并加强构造措施。

6.2.1.5　剪力墙加强部位

抗震设计时，为保证剪力墙底部出现塑性铰后具有足够大的延性，应对可能出现塑性铰的部位加强抗震措施，包括提高其抗剪切破坏的能力、设置约束边缘构件等，该加强部位称为"底部加强部位"。

抗震设计时，剪力墙底部加强部位的范围，应符合下列规定：

① 底部加强部位的高度应从地下室顶板算起；

② 底部加强部位的高度可取底部两层和墙体总高度的 1/10 二者的较大值，部分框支剪力墙底部加强部位的高度应符合《高层建筑混凝土结构技术规程》(JGJ 3—2010)第 10.2.2 条的规定；

③ 当结构计算嵌固端位于地下一层底板或以下时，底部加强部位宜延伸到计算嵌固端。

高层剪力墙结构在平面中，门窗洞口距墙边距离宜满足图 6.7 所示要求。应避免三个以上门洞集中在同一十字交叉墙附近。

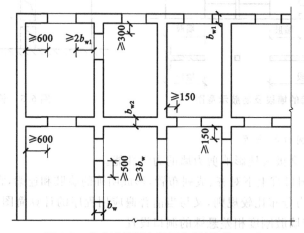

图 6.7　剪力墙平面布置示意图(单位:mm)

高层剪力墙结构的女儿墙宜采用现浇。当采用预制女儿墙板时,高度一般不宜大于1.5 m,且拼接板缝应设置现浇钢筋混凝土小柱。

屋顶局部突出的电梯机房、楼梯间、水箱间等小房墙体,应采用现浇混凝土,且使下部剪力墙延伸,不得采用砌体结构。

高层剪力墙结构,当在顶层设置大房间将部分剪力墙去掉时,大房间应尽量设在结构单元的中间部位。楼板和屋顶板宜采用现浇或其他整体性好的楼板,板厚不宜小于180 mm,配筋按转换层要求。当设屋顶梁时,为保证剪力墙有足够的承压承载力,可将梁做成宽梁。

剪力墙间距取决于房间开间尺寸及楼板跨度,一般为3~8 m。剪力墙间距过小,将导致结构重量、刚度过大,从而使结构所受地震作用增大。为适当减小结构刚度与重量,在可能的条件下,剪力墙间距尽可能取大值。

6.2.2　有关短肢剪力墙设计要求

短肢剪力墙是指截面厚度不大于300 mm、各肢截面高度与厚度之比的最大值大于4但不大于8的剪力墙。当墙肢的截面高度与厚度之比不大于4时,宜按框架柱进行截面设计。

抗震设计时,高层建筑结构不应全部采用短肢剪力墙结构;B级高度高层建筑以及抗震设防烈度为9度的A级高度高层建筑,不宜布置短肢剪力墙,不应采用具有较多短肢剪力墙的剪力墙结构。当采用具有较多短肢剪力墙的剪力墙结构时,应符合下列规定:

① 在规定的水平地震作用下,短肢剪力墙承担的底部倾覆力矩不宜大于结构底部总地震倾覆力矩的50%;

② 房屋适用高度应比一般剪力墙结构的最大适用高度适当降低,7度、8度(0.2g)和8度(0.3g)时分别不应大于100 m、80 m和60 m。

具有较多短肢剪力墙的剪力墙结构是指在规定的水平地震作用下,短肢剪力墙承担的底部倾覆力矩不小于结构底部总倾覆力矩的30%的剪力墙结构。

近年兴起的短肢剪力墙结构,有利于住宅建筑布置,又可进一步减轻结构自重,应用逐渐广泛。但是由于短肢剪力墙抗震性能较差,地震区应用经验不多,考虑高层住宅建筑的安全,短肢剪力墙布置不宜过多。

6.2.3　梁的布置与剪力墙的关系

剪力墙的特点是平面内刚度及承载力大,而平面外刚度及承载力都相对较小。因此,应注意剪力墙平面外受弯时的安全问题。当剪力墙与平面外方向的大梁连接时,会造成墙肢平面外产生弯矩,而一般情况下并不验算墙的平面外的刚度和承载力。当梁高大于约2倍墙厚时,刚性连接梁的梁端弯矩将使剪力墙平面外产生较大的弯矩,因此应采取措施以保证剪力墙平面外的安全。

当剪力墙或核心筒墙肢与其平面外相交的楼面梁刚接时,可沿楼面梁轴线方向设置与梁相连的剪力墙、扶壁柱或在墙内设置暗柱,并应符合下列规定。

① 设置沿楼面梁轴线方向与梁相连的剪力墙时,墙的厚度不宜小于梁的截面宽度。

② 设置扶壁柱时,其截面宽度不应小于梁宽,其截面高度可计入墙厚。

③ 墙内设置暗柱时,暗柱的截面高度可取墙的厚度,暗柱的截面宽度可取梁宽加2倍墙厚。

④ 应通过计算确定暗柱或扶壁柱的纵向钢筋(或型钢),纵向钢筋的总配筋率不宜小于表6.1的规定。

表 6.1　　　　　　　　　　　暗柱、扶壁柱纵向钢筋的构造配筋率

设计状况	抗震设计				非抗震设计
	一级	二级	三级	四级	
配筋率(%)	0.9	0.7	0.6	0.5	0.5

注：采用 400 MPa 级钢筋时，表中数值宜增加 0.10。

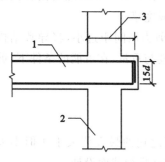

图 6.8　楼面梁伸出墙面形成梁头

1—楼面梁；2—剪力墙；
3—楼面梁钢筋锚固水平投影长度

⑤ 楼面梁的水平钢筋应伸入剪力墙或扶壁柱，伸入长度应符合钢筋锚固要求。钢筋锚固段的水平投影长度，非抗震设计时不宜小于 $0.4l_{ab}$，抗震设计时不宜小于 $0.4l_{abE}$；当锚固段的水平投影长度不满足要求时，可将楼面梁伸出墙面形成梁头，梁的纵筋伸入梁头后弯折锚固，如图 6.8 所示。也可采取其他可靠的锚固措施。

因为无论如何，梁可以开裂但不能掉落，可靠锚固是防止掉落的必要措施。梁与墙的连接有两种情况：当梁与墙在同一平面内时，多数为刚接，梁钢筋在墙内的锚固长度应与梁、柱连接时相同。当梁与墙不在同一平面时，可能为刚接或半刚接，梁钢筋锚固都应符合锚固长度要求。

此外，对截面较小的楼面梁，也可通过支座弯矩调幅或变截面梁（梁端截面减小）实现铰接或半刚接设计，以减小墙肢平面外弯矩。此时应相应加大梁的跨中弯矩，这种情况下也必须保证梁纵向钢筋在墙内的锚固要求。

⑥ 暗柱或扶壁柱应设置箍筋，箍筋直径，一、二、三级时不应小于 8 mm，四级及非抗震时不应小于 6 mm，且均不应小于纵向钢筋直径的 1/4；箍筋间距，一、二、三级时不应大于150 mm，四级及非抗震时不应大于 200 mm。

楼面主梁支承不宜在剪力墙或核心筒的连梁上。

楼面梁支承在连梁上时，连梁产生扭转，一方面不能有效约束楼面梁，另一方面连梁受力十分不利，因此要尽量避免。楼板次梁等截面较小的梁支承在连梁上时，次梁端部可按铰接处理。

两端与剪力墙在平面内相连的梁为连梁。剪力墙开洞形成跨高比小于 5 的连梁，应按连梁进行设计。当连梁跨高比不小于 5 时，宜按框架梁设计。一端与剪力墙、另一端与框架柱相连的跨高比小于 5 的梁宜按连梁设计。连梁的抗震等级与所连接的剪力墙的抗震等级相同。

6.3　剪力墙结构的受力分析及分类

6.2 节已详细讨论剪力墙结构的布置问题。图 6.9 为一高层建筑剪力墙结构的平面布置及剖面示意图。从图 6.9 可以看出，剪力墙是由一系列的竖向纵横墙和平面楼板组合在一起的一个空间盒子式结构体系。

6.3.1　剪力墙结构的受力分析

剪力墙主要承受两类荷载：一类是楼板传来的竖向荷载，在地震区还应包括竖向地震作用的影响；另一类是水平荷载，包括水平风荷载和水平地震作用。剪力墙的受力分析包括竖向荷载作用下的受力分析和水平荷载作用下的受力分析。在竖向荷载作用下，各片剪力墙所受的内力比较简单，可按照材料力学原理进行分析。在水平荷载作用下，剪力墙的受力分析比较复杂，因此本节着重讨

论剪力墙在水平荷载作用下的受力分析。

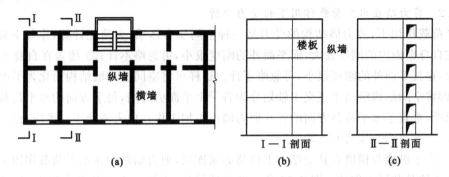

图 6.9　剪力墙结构平面及剖面示意图
(a) 平面布置；(b) Ⅰ—Ⅰ剖面；(c) Ⅱ—Ⅱ剖面

6.3.1.1　剪力墙在竖向荷载作用下的受力分析

在竖向荷载作用下，结构的分析常采用简化分析方法，不考虑结构单元内各片剪力墙之间的协同工作，即竖向荷载通过钢筋混凝土楼板传递到剪力墙，每片墙所承受的竖向荷载为该片墙负载范围内的永久荷载和可变荷载。当为现浇楼盖时，各层楼面传给剪力墙的可能为三角形或梯形分布荷载以及集中荷载，如图 6.10 所示，剪力墙自重按均布荷载计算。

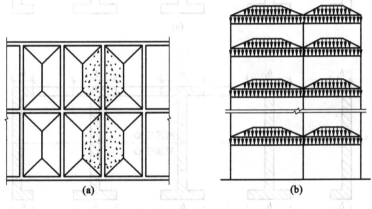

图 6.10　剪力墙的竖向荷载作用

竖向荷载作用下剪力墙的内力计算，不考虑结构的连续性，可近似地认为各片剪力墙只承受轴力，其弯矩和剪力等于零。各片剪力墙承受的轴力由墙体自重和楼板传来的荷载两部分组成，其中楼板传来的荷载可近似地按其受荷面积进行分配。各墙肢的轴力以洞口轴线作为荷载分界线，计算墙自重重力荷载应扣除洞口部分。

① 整截面墙计算截面的轴力为该截面以上全部竖向荷载之和。

② 整体小开口墙，每层传给各墙肢的荷载为相邻洞口轴线之间范围内计算截面以上全部荷载之和。

③ 无偏心荷载时，联肢墙计算方法与整体小开口墙相同，连梁在竖向荷载下可近似按两端固定（两端与墙相连）或一端固定一端铰接（与柱相连）的梁计算弯矩和剪力求出连梁梁端弯矩后再按上、下层墙肢的刚度分配到剪力墙上；偏心竖向荷载作用下，双肢墙内力计算可查相关表格，多肢墙在偏心竖向荷载作用下，端部墙肢可与临近墙肢按双肢墙计算，中部墙肢可分别与相邻左右墙肢按双肢墙计算，近似取两次结果的平均值。

④ 壁式框架在竖向荷载作用下，壁梁、壁柱的内力计算和框架在竖向荷载作用下的内力计算

方法相同，可采用分层法或弯矩二次分配法。

6.3.1.2　剪力墙在水平荷载作用下的受力分析

在水平荷载作用下，剪力墙结构的受力是一种空间受力体系，为简化计算，作如下假定：① 各榀剪力墙在自身平面内的刚度较大，而平面外的刚度很小，可忽略不计；② 楼盖在自身平面内的刚度为无限大，在其平面外的刚度很小，可忽略不计。这样可将空间剪力墙结构简化为平面结构体系进行分析，即将空间结构沿两个正交主轴划分为若干个平面剪力墙，每个方向的水平荷载由该方向的剪力墙承受，垂直于水平荷载方向的各片剪力墙不参加工作。剪力墙处于二维应力状态。

6.3.1.3　剪力墙翼缘的有效宽度

实际上，由于纵墙与横墙在其交结面上位移必须连续，剪力墙结构在水平荷载作用下，纵、横两个方向的剪力墙是共同工作的。图 6.11 所示剪力墙结构，在横向水平荷载作用下，只考虑横墙起作用，而"略去"纵墙的作用，如图 6.11(b)所示；在纵向水平荷载作用时，只考虑纵墙起作用，而"略

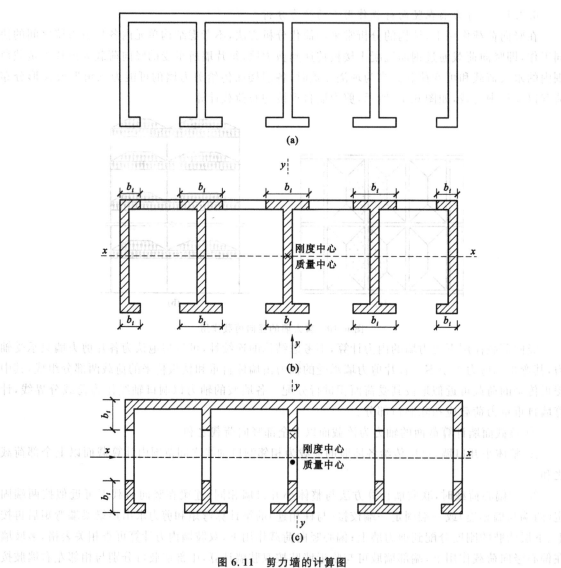

图 6.11　剪力墙的计算图

(a) 剪力墙平面示意图；(b) 横向水平荷载计算；(c) 纵向水平荷载计算

去"横墙的作用,如图 6.11(c)所示。需要指出的是,这里所谓"略去"另一方向剪力墙的影响,并非完全略去,而是将其影响体现在与它相交的另一方向剪力墙端部存在的翼缘,将翼缘部分作为剪力墙的一部分来计算。即纵墙的一部分可作为横墙的有效翼缘,横墙的一部分也可作为纵墙的有效翼缘,如图 6.12 所示。现浇剪力墙翼缘的有效宽度可按相应规范要求计算。具体规定如下:

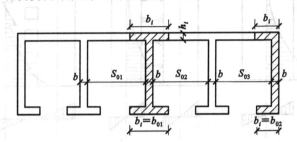

图 6.12　剪力墙翼缘宽度

《混凝土结构设计规范(2015 年版)》(GB 50010—2010)第 9.4.3 条规定:在承载力计算中,剪力墙的翼缘计算宽度可取剪力墙的间距、门窗洞间翼墙的宽度、剪力墙厚度加两侧各 6 倍翼墙厚度、剪力墙墙肢总高度的 1/10 四者中的最小值。

《建筑抗震设计规范(2016 年版)》(GB 50011—2010)第 6.2.13.3 条规定:抗震墙结构、部分框支抗震墙结构、框架-抗震墙结构、框架-核心筒结构、筒中筒结构、板柱-抗震墙结构计算内力和变形时,其抗震墙应计入端部翼墙的共同工作。按照《建筑抗震设计规范(2016 年版)》(GB 50011—2010)第 6.2.13.3 条规定:翼墙的有效长度,每侧由墙面算起可取相邻抗震墙净间距的一半、至门窗洞口的墙长度及抗震墙总高度的 15% 三者的最小值。

特别指出,翼墙的有效长度《高层建筑混凝土结构技术规程》(JGJ 3—2010)对此未作规定,《建筑抗震设计规范(2016 年版)》(GB 50011—2010)和《混凝土结构设计规范(2015 年版)》(GB 50010—2010)二者的规定是有差异的。计算内力和变形时执行《建筑抗震设计规范》的规定;在承载力计算中执行《混凝土结构设计规范(2015 年版)》(GB 50010—2010)的规定。

6.3.2　剪力墙的分类及受力特点

高层建筑中应用的剪力墙结构,实际上是一种悬臂型结构,它的受力情况将随洞口的大小形状和位置的不同而变化。在通常矩形洞口且位置接近横向尺度中部的情况下,其受力特点主要决定于洞口的大小,据此可将剪力墙分为不同的类型,每种类型有不同的力学特性,因而所采用的力学计算模型和计算方法也不同,如图 6.13 所示。

① 整截面墙是指没有洞口的实体墙或洞口很小,且孔洞净距及孔洞边至墙边距离大于孔洞长边尺寸时,可忽略洞口的影响,作为整体墙考虑。其受力状态如同竖向悬臂杆件,当剪力墙高宽比较大时,受弯变形后截面仍保持平面,法向应力呈线性分布,变形属于弯曲型。

② 整体小开口墙是指洞口稍大且成列布置的墙,截面上法向应力偏离直线分布,相当于整体弯矩直线分布应力和墙肢局部弯曲应力的叠加。墙肢的局部弯矩一般不超过总弯矩的 15%,且墙肢在大部分楼层没有反弯点。变形基本上属于弯曲型。

③ 联肢墙,其洞口更大且成列布置,使连梁刚度比墙肢刚度小很多,连梁中部有反弯点,各墙肢单独作用比较显著,可看成是若干单肢剪力墙由连梁联结起来的剪力墙。当开有一列洞口时为双肢墙,当开有多列洞口时为多肢墙。变形已由弯曲型逐渐向剪切型过渡。

④ 壁式框架,洞口大而宽、墙肢宽度相对较小,墙肢刚度与连梁刚度接近时,剪力墙的受力性

能与框架结构类似。其特点是墙肢截面的法向应力分布明显出现局部弯矩，在许多楼层内墙肢有反弯点。变形曲线已接近于剪切型。

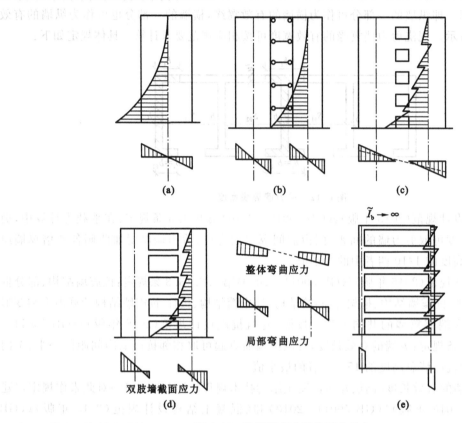

图 6.13　各类型剪力墙的受力特点

（a）整截面墙；（b）单独悬臂墙；（c）整体小开口墙；（d）双肢墙；（e）壁式框架

6.3.3　剪力墙类型判别方法

6.3.3.1　剪力墙整体工作系数 α

图 6.14 所示为有 k 列洞口、$k+1$ 列墙肢的剪力墙。剪力墙因洞口尺寸不同而形成不同宽度的连梁和墙肢，其整体性取决于连梁与墙肢之间的相对刚度，用剪力墙整体工作系数 α 来表示，即连梁总的抗弯线刚度与墙肢总的抗弯线刚度之比为 α^2，则剪力墙整体工作系数 α 为

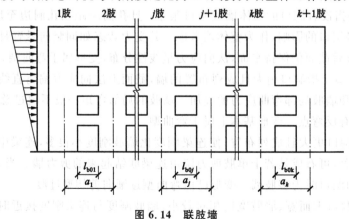

图 6.14　联肢墙

$$\alpha = H \sqrt{\frac{12}{Th \sum\limits_{j=1}^{k+1} I_j} \sum\limits_{j=1}^{k} \frac{I_{bj}a_j^2}{l_{bj}^3}} \quad （多肢墙） \tag{6.1}$$

式中　H——剪力墙总高；

　　　T——考虑墙肢轴向变形影响系数,当为 3~4 肢时取 0.8,5~7 肢时取 0.85,8 肢以上时取 0.9；

　　　h——层高；

　　　k——洞口列数；

　　　a_j——第 j 列洞口两侧墙肢轴线距离；

　　　I_j——第 j 墙肢截面的惯性矩；

　　　I_{bj}——第 j 列连梁的折算惯性矩,按下式计算

$$I_{bj} = \frac{I_{b0j}}{1 + \frac{30\mu I_{b0j}}{A_{bj}l_{bj}^2}} \tag{6.2}$$

式中　A_{bj}——第 j 列连梁的截面面积；

　　　I_{b0j}——第 j 列连梁的截面惯性矩；

　　　μ——截面剪应力分布不均匀系数,矩形截面 $\mu = 1.2$,I形截面 $\mu = $ 全面积/腹板截面面积,

　　　　　　T形截面按表 6.2 取值；

　　　l_{bj}——第 j 列连梁计算跨度,按下式计算

$$l_{bj} = l_{b0j} + \frac{1}{2}h_{bj} \tag{6.3}$$

式中　l_{b0j}——第 j 列洞口连梁的净跨度；

　　　h_{bj}——第 j 列连梁的截面高度。

表 6.2　　　　　　　　　　　　　　　　T形截面剪应力不均匀系数 μ

h_w/t	b_f'/t					
	2	4	6	8	10	12
2	1.383	1.496	1.521	1.511	1.483	1.445
4	1.441	1.876	2.287	2.682	3.061	3.424
6	1.362	1.097	2.033	2.367	2.698	3.026
8	1.313	1.572	1.838	2.106	2.374	2.641
10	1.283	1.489	1.707	1.927	2.148	2.370
12	1.264	1.432	1.614	1.800	1.988	2.178
15	1.245	1.374	1.519	1.669	1.820	1.973
20	1.228	1.317	1.422	1.534	1.648	1.763
30	1.214	1.264	1.328	1.399	1.473	1.549
40	1.208	1.240	1.284	1.334	1.387	1.442

注:b_f'为翼缘宽度;t为剪力墙厚度;h_w为剪力墙截面高度。

对于双肢墙,剪力墙整体工作系数 α 为

$$\alpha = H \sqrt{\frac{12I_b a^2}{h(I_1 + I_2)l_b^3} \frac{I}{I_n}} \quad （双肢墙） \tag{6.4}$$

式中　I——剪力墙对组合截面形心的惯性矩；

I_1, I_2——双肢墙中墙肢 1、2 的截面惯性矩；

I_n——扣除墙肢惯性矩后剪力墙的惯性矩，按下式计算

$$I_n = I - \sum_{j=1}^{k+1} I_j \qquad (6.5)$$

剪力墙整体工作系数 α 愈大，说明连梁的相对刚度愈大，剪力墙的整体性愈好，从而使剪力墙的侧向刚度增大，侧移减小；同时墙肢的总体弯矩占总抵抗弯矩的比例加大，局部弯矩所占比例减小。

6.3.3.2　墙肢惯性矩比 I_n/I

整体工作系数越大，说明剪力墙整体性越强，这样的剪力墙可能是整体小开口墙，也可能是壁式框架。因为后者梁线刚度大于柱线刚度，其 α 值很大，结构整体性也很强，但它的受力特点与框架相同，因此剪力墙类别的划分应根据墙肢的整体性和墙肢受力后沿高度方向墙肢弯矩图是否出现反弯点两个方面考虑。墙肢是否出现反弯点，与墙肢惯性矩的比值 I_n/I、整体系数 α、层数 n 等多种因素有关。I_n/I 值反映了剪力墙截面削弱的程度，I_n/I 值小，说明截面削弱较少、洞口狭窄、墙肢相对较强；I_n/I 值大，说明截面削弱较多、洞口较宽、墙肢相对较弱。因此，当 I_n/I 值大到某一定值时，剪力墙墙肢则表现出框架柱的受力特点，即沿高度方向出现反弯点。因此，通常将 I_n/I 与其限值 ζ 的关系式作为剪力墙分类的第二个判别式。

6.3.3.3　剪力墙分类判别式

① 当剪力墙无洞口或虽有洞口但洞口面积与墙面面积之比小于 0.16，且孔洞净距及孔洞边至墙边距离大于孔洞长边尺寸时，按整截面墙计算。

② 当 $\alpha < 1$ 时，可不考虑连梁的约束作用，各墙肢分别按独立的悬臂墙计算。

③ 当 $1 \leqslant \alpha < 10$ 时，按联肢墙计算。

④ 当 $\alpha \geqslant 10$ 且 $I_n/I \leqslant \zeta$ 时，按整体小开口墙计算。

⑤ 当 $\alpha \geqslant 10$ 且 $I_n/I > \zeta$ 时，按壁式框架计算。

以上各项中系数 ζ 由整体系数 α 和层数 n 按表 6.3 取值。

表 6.3　　　　　　　　　　　　　　　　系数 ζ 的数值

荷载	均布荷载					倒三角形荷载				
	层数 n									
α	8	10	12	16	20	8	10	12	16	20
10	0.832	0.897	0.945	1.000	1.000	0.887	0.938	0.974	1.000	1.000
12	0.810	0.874	0.926	0.978	1.000	0.867	0.915	0.950	0.994	1.000
14	0.797	0.858	0.901	0.957	0.993	0.833	0.901	0.933	0.976	1.000
16	0.788	0.847	0.888	0.943	0.977	0.844	0.889	0.924	0.963	0.989
18	0.781	0.838	0.879	0.932	0.965	0.837	0.881	0.913	0.953	0.978
20	0.775	0.832	0.871	0.923	0.956	0.832	0.875	0.906	0.945	0.970
22	0.771	0.827	0.864	0.917	0.948	0.828	0.871	0.901	0.939	0.964
24	0.768	0.823	0.861	0.911	0.943	0.825	0.867	0.897	0.935	0.959
26	0.766	0.820	0.857	0.907	0.937	0.822	0.864	0.893	0.931	0.956
28	0.763	0.818	0.854	0.903	0.934	0.820	0.861	0.889	0.928	0.953
$\geqslant 30$	0.762	0.815	0.853	0.900	0.930	0.818	0.858	0.885	0.925	0.949

6.3.4　内力在各榀剪力墙间的分配

6.3.4.1　剪力墙结构的平面协同工作分析

在进行内力和位移计算时，剪力墙结构可分为两类，第一类包括整截面墙、整体小开口墙和联肢墙，第二类为壁式框架。

(1) 结构单元内只有第一类墙体

当结构单元内只有第一类剪力墙时,各片剪力墙的协同工作计算简图如图 6.15(a)所示,即将剪力墙视为一根竖向悬臂构件,按剪力墙的等效抗弯刚度分配剪力和弯矩,再进行各墙肢的内力计算。

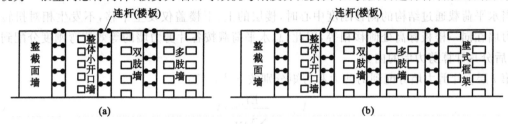

图 6.15 剪力墙协同工作简图

(2) 结构单元内只有第二类墙体

当结构单元内只有壁式框架时,其内力和位移可按带刚域的框架采用 D 值法进行计算。

(3) 结构单元内同时有第一、二类墙体

当结构单元内既有整截面墙、整体小开口墙及联肢墙,又有壁式框架时,各片剪力墙的协同工作计算简图如图 6.15(b)所示。先将水平荷载作用方向的所有第一类剪力墙合并为综合剪力墙,将所有壁式框架合并为综合框架,然后按框架-剪力墙铰接体系分析方法,计算出水平荷载作用下剪力墙结构的内力和位移。

6.3.4.2 剪力墙的等效抗弯刚度

如前面所述,楼层的水平力在各抗侧力结构间的分配应按位移协调的原则确定。因此,水平力在各片剪力墙之间的分配主要与剪力墙的侧移刚度有关。

在高层建筑中,轴向变形和剪切变形对结构的侧移有较大影响。在进行内力和稳定性等计算时,直接引入轴向变形和剪切变形是比较困难的。为简化计算,一般可采用等效截面刚度法,现简述如下:

结构的刚度大,在荷载作用下的位移小;反之,结构的刚度小,在荷载作用下的位移大。因此,可用结构在相同荷载作用下的位移大小间接反映结构刚度的大小。如图 6.16(a)所示,在水平荷载作用下,剪力墙顶点水平位移 Δ 是由弯曲变形、剪切变形和轴向变形三部分产生的。现假想有一根如图 6.16(b)所示的只有弯曲变形的竖向悬臂杆(高度和剪力墙相同),使其在相同水平荷载作用下产生的顶点水平位移 Δ 与剪力墙的顶点位移相同,则此假想悬臂杆的截面刚度称为剪力墙的等效抗弯刚度。即考虑剪力墙的弯曲、剪切和轴向变形之后的顶点位移,按顶点位移相等的原则,折算成一个只考虑弯曲变形的等效竖向悬臂杆的刚度。

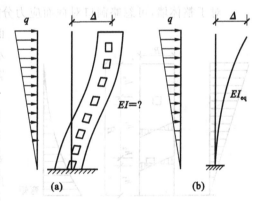

图 6.16 剪力墙等效抗弯刚度

因此,剪力墙(包括整截面墙、整体小开口墙、联肢墙和壁式框架)的等效抗弯刚度可根据其在三种典型荷载作用下的顶点位移,按下列公式确定:

$$EI_{eq} = \begin{cases} \dfrac{11V_0H^3}{60\Delta} & \text{(倒三角形荷载)} \\[2mm] \dfrac{V_0H^3}{8\Delta} & \text{(均布荷载)} \\[2mm] \dfrac{V_0H^3}{3\Delta} & \text{(顶部集中荷载)} \end{cases} \tag{6.6}$$

式中　V_0——水平荷载在墙底部产生的总剪力。

根据式(6.6)的计算结果，并将有关系数适当简化，就可得到各类剪力墙的等效抗弯刚度 EI_{eq}。

6.3.4.3　水平力在各剪力墙之间的分配

当水平荷载通过结构的侧移刚度中心时，楼层的上、下楼盖仅发生平移，不发生相对扭转。各片剪力墙在同一楼板标高处侧移相等，因此，总水平荷载按各片剪力墙的等效抗弯刚度分配到每片墙，然后分片计算剪力墙的内力。

第 i 层 j 片剪力墙分配到的剪力和弯矩分别按下式计算：

$$V_{ij} = \frac{EI_{eqj}}{\sum\limits_{j=1}^{k} EI_{eqj}} V_i \tag{6.7}$$

$$M_{ij} = \frac{EI_{eqj}}{\sum\limits_{j=1}^{k} EI_{eqj}} M_i \tag{6.8}$$

式中　V_i——水平荷载作用下计算截面的总剪力；

　　　M_i——水平荷载作用下计算截面的总弯矩。

当水平荷载不通过结构的侧移刚度中心时，楼层的上、下楼盖不仅发生相对平移，而且发生相对扭转。关于考虑扭转时水平力的分配可查阅相应参考资料。

6.4　整截面剪力墙的内力和位移计算

6.4.1　整截面剪力墙的内力计算

对于整体墙，可忽略洞口对截面应力分布的影响，其受力性能如同一个整体的悬臂墙一样，截面中正应力分布图形符合直线分布规律，如图 6.17 所示。整截面剪力墙的内力可按上端自由、下端固定的悬臂构件用材料力学公式计算。

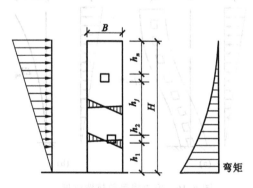

图 6.17　整截面剪力墙正应力分布图

6.4.2　整截面剪力墙的位移计算

整截面剪力墙的位移同样可用材料力学公式计算。对于开有洞口的墙体还应考虑洞口对截面面积 A 及刚度的削弱使位移增大的影响。

考虑洞口影响的剪力墙的折算面积 A_q 取无洞口截面面积 A 与洞口削弱系数 γ_0 的乘积。

$$A_q = \gamma_0 A \tag{6.9}$$

$$\gamma_0 = 1 - 1.25\sqrt{\frac{A_d}{A_0}} \tag{6.10}$$

式中　A——剪力墙截面毛面积；

　　　A_0——剪力墙总立面面积；

　　　A_d——剪力墙洞口总立面面积。

考虑洞口影响的剪力墙的折算惯性矩 I_q，取有洞口截面与无洞口截面惯性矩沿竖向各墙段的加权平均值。

$$I_q = \frac{\sum\limits_{j=1}^{n} I_j h_j}{\sum\limits_{j=1}^{n} h_j} \tag{6.11}$$

式中　I_j——剪力墙沿竖向各墙段的截面惯性矩,无洞口段与有洞口段分别计算;

　　　n——总分段数;

　　　h_j——剪力墙沿竖向各段相应的高度。

由于剪力墙墙肢截面高度较大,除考虑弯曲变形外,还应考虑剪切变形对侧向位移的影响。图 6.18 所示为水平均布荷载作用的剪力墙,当不考虑轴向变形的影响时,顶点位移为:

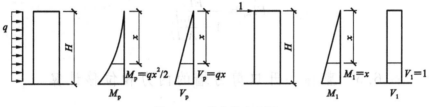

图 6.18　剪力墙内力图

$$\Delta = \int_0^H \frac{M_1 M_p}{EI_q} \mathrm{d}x + \int_0^H \frac{\mu V_1 V_p}{GA_q} \mathrm{d}x = \frac{1}{EI_q} \int_0^H x \cdot \frac{1}{2} qx^2 \mathrm{d}x + \frac{\mu}{GA_q} \int_0^H 1 \cdot qx \mathrm{d}x$$

$$= \frac{qH^4}{8EI_q} + \frac{\mu q H^2}{2GA_q} = \frac{V_0 H^3}{8EI_q} + \frac{\mu V_0 H}{2GA_q} = \frac{V_0 H^3}{8EI_q}\left(1 + \frac{4\mu EI_q}{GA_q H^2}\right)$$

同理,可求出倒三角形分布荷载和顶点水平集中荷载作用下的顶点位移值。在三种常用水平荷载作用下,剪力墙顶点位移值分别为:

$$\Delta = \begin{cases} \dfrac{11}{60} \dfrac{V_0 H^3}{EI_q}\left(1 + \dfrac{3.64\mu EI_q}{GA_q H^2}\right) & \text{(倒三角形荷载)} \\[3mm] \dfrac{1}{8} \dfrac{V_0 H^3}{EI_q}\left(1 + \dfrac{4\mu EI_q}{GA_q H^2}\right) & \text{(均布荷载)} \\[3mm] \dfrac{1}{3} \dfrac{V_0 H^3}{EI_q}\left(1 + \dfrac{3\mu EI_q}{GA_q H^2}\right) & \text{(顶部集中荷载)} \end{cases} \tag{6.12}$$

式中　V_0——基底处的总剪力;

　　　μ——截面上剪应力分布不均匀系数。

为了计算方便,引入等效抗弯刚度 EI_{eq} 的概念,三种典型荷载作用下的顶点位移值统一表示为式(6.13):

$$\Delta = \begin{cases} \dfrac{11}{60} \dfrac{V_0 H^3}{EI_{eq}} & \text{(倒三角形荷载)} \\[3mm] \dfrac{1}{8} \dfrac{V_0 H^3}{EI_{eq}} & \text{(均布荷载)} \\[3mm] \dfrac{1}{3} \dfrac{V_0 H^3}{EI_{eq}} & \text{(顶部集中荷载)} \end{cases} \tag{6.13}$$

式(6.13)中,EI_{eq} 为剪力墙等效抗弯刚度,即考虑剪力墙的弯曲变形、剪切变形后,按照顶点位移相等的原则,折算成一个只考虑弯曲变形的等效竖向悬臂杆的刚度。它把剪切变形与弯曲变形综合成用弯曲变形的形式表达,这里

$$EI_{eq} = \begin{cases} \dfrac{EI_q}{1 + \dfrac{3.64\mu EI_q}{GA_q H^2}} & \text{（倒三角形荷载）} \\[3mm] \dfrac{EI_q}{1 + \dfrac{4\mu EI_q}{GA_q H^2}} & \text{（均布荷载）} \\[3mm] \dfrac{EI_q}{1 + \dfrac{3\mu EI_q}{GA_q H^2}} & \text{（顶部集中荷载）} \end{cases} \tag{6.14}$$

式(6.14)中三个式子相差不大,将式内系数取平均值,并以混凝土剪切模量 $G = 0.425E$ 代入,则式(6.14)可简化为

$$EI_{eq} = \frac{EI_q}{1 + \dfrac{9\mu I_q}{A_q H^2}} \tag{6.15}$$

6.5　整体小开口剪力墙的内力和位移计算

6.5.1　整体小开口剪力墙的内力计算

整体小开口剪力墙在水平荷载作用下的内(应)力分布有如下特点:

① 正应力在整个截面上基本上是直线分布,局部弯矩不超过整体弯矩的15％;

② 在大部分楼层沿墙肢的高度方向,墙肢弯矩没有反弯点,如图6.19所示。

因此,在计算内力和位移时,仍可应用材料力学的计算公式,但须考虑局部弯曲应力的作用并作一些修正。

6.5.1.1　墙肢内力

墙肢弯矩:

$$M_j = 0.85M_p \frac{I_j}{I} + 0.15M_p \frac{I_j}{\sum I_j} \tag{6.16}$$

式中　M_p——外荷载作用下在计算截面所产生的总弯矩;

M_j——第 j 墙肢承担的弯矩;

I——剪力墙截面对组合截面形心的惯性矩;

I_j——第 j 墙肢的截面惯性矩。

墙肢轴力:

$$N_j = 0.85M_p \frac{A_j a_j}{I} \tag{6.17}$$

式中　N_j——第 j 墙肢承担的轴力;

A_j——第 j 墙肢的截面面积;

a_j——第 j 墙肢的截面形心到组合截面形心的距离。

式(6.16)中,右端第一项为整体弯矩在墙肢中产生的弯矩,占总弯矩的85％;第二项为墙肢局部弯矩,占总弯矩的15％。

墙肢剪力:

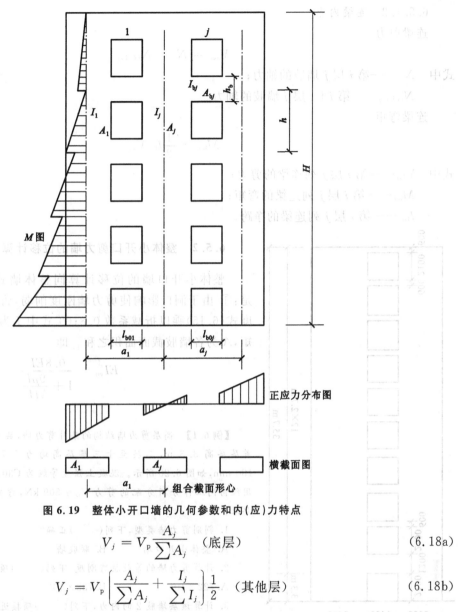

图 6.19 整体小开口墙的几何参数和内(应)力特点

$$V_j = V_p \frac{A_j}{\sum A_j} \quad (\text{底层}) \tag{6.18a}$$

$$V_j = V_p \left(\frac{A_j}{\sum A_j} + \frac{I_j}{\sum I_j} \right) \frac{1}{2} \quad (\text{其他层}) \tag{6.18b}$$

式中　V_p——外荷载作用下在计算截面产生的总剪力。

当剪力墙多数墙肢基本均匀,又符合整体小开口墙的条件,但夹有个别细小墙肢,小墙肢会产生显著的局部弯曲,作为近似,仍可按上述整体小开口墙计算内力,但小墙肢端部宜附加局部弯矩的修正,即

$$M_j = M_{j0} + \Delta M_j \tag{6.19a}$$

$$\Delta M_j = V_j \frac{h_0}{2} \tag{6.19b}$$

式中　M_{j0}——按整体小开口墙计算的第 j 小墙肢的弯矩;

　　　V_j——按整体小开口墙计算的第 j 小墙肢的剪力;

　　　h_0——小墙肢洞口高度;

　　　ΔM_j——小墙肢局部弯曲增加的弯矩。

6.5.1.2　连梁内力

连梁剪力

$$V_{bij} = N_{ij} - N_{(i+1)j} \tag{6.20a}$$

式中　N_{ij}——第 i 层 j 墙肢的轴力；

$\quad\quad N_{(i+1)j}$——第 $i+1$ 层 j 墙肢的轴力。

连梁弯矩

$$M_{bij} = \frac{1}{2} l_{b0j} V_{bij} \tag{6.20b}$$

式中　V_{bij}——第 i 层 j 列连梁的剪力；

$\quad\quad M_{bij}$——第 i 层 j 列连梁的弯矩；

$\quad\quad l_{b0j}$——第 i 层 j 列连梁的净跨。

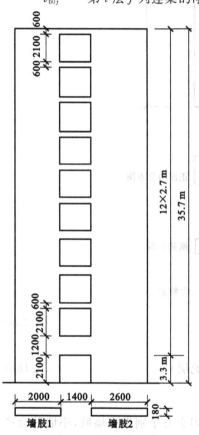

图 6.20　剪力墙尺寸

6.5.2　整体小开口剪力墙的位移计算

整体小开口墙的位移计算同整体墙式(6.14)，所不同的是：① 由于洞口影响使剪力墙刚度削弱，将剪力墙等效抗弯刚度式(6.15)乘以折减系数0.8；② 式中 I 为组合截面形心惯性矩，A 为各墙肢截面面积之和。即

$$EI_{eq} = \frac{0.8EI}{1 + \dfrac{9\mu I}{AH^2}} \tag{6.21}$$

【例 6.1】　高层剪力墙结构的某片剪力墙，共 13 层，总高度 35.7 m。首层层高 3.3 m，二层至十三层层高均为 2.7 m，墙厚度各层均为 180 mm，如图 6.20 所示。混凝土强度等级为 C30，第二层总水平地震作用经协同工作分析分配的剪力 $V_w = 509$ kN，弯矩 $M_w = 3837$ kN·m。

要求：

1. 判别剪力墙类型，下列（　　）正确？

A. 整体小开口墙　　　　　B. 联肢墙

2. 计算剪力墙的等效抗弯刚度，下列（　　）项接近？

A. 722×10^5　　　　　B. 738×10^5

3. 计算该层墙肢 2 的内力，下列（　　）项接近？

A. $M_2 = 667.31$ kN·m　　B. $M_2 = 650$ kN·m

$\quad N_2 = 775.22$ kN　　　　$N_2 = 756$ kN

$\quad V_2 = 318.81$ kN　　　　$V_2 = 305$ kN

【解】　1. 正确答案 A。

计算墙肢、连梁刚度和剪力墙对组合截面形心的惯性矩及整体系数 α，判别剪力墙类型。

(1) 二层至十三层的计算

连梁截面尺寸 180 mm×600 mm，则

$$I_{b0} = \frac{b_w h_b^3}{12} = \frac{0.18 \times 0.6^3}{12} = 3.24 \times 10^{-3} (m^4)$$

连梁的折算惯性矩

$$I_b = \frac{I_{b0}}{1 + \dfrac{30\mu I_{b0}}{A_b l_b^2}} = \frac{3.24 \times 10^{-3}}{1 + \dfrac{30 \times 1.2 \times 3.24 \times 10^{-3}}{0.18 \times 0.6 \times 1.7^2}} = 2.36 \times 10^{-3} (m^4)$$

墙肢：

$$I_1 = \frac{b_w h_w^3}{12} = \frac{0.18 \times 2^3}{12} = 0.12 \ (\text{m}^4)$$

$$A_1 = 0.18 \times 2 = 0.36 \ (\text{m}^2)$$

$$I_2 = \frac{b_w h_w^3}{12} = \frac{0.18 \times 2.6^3}{12} = 0.264 \ (\text{m}^4)$$

$$A_2 = 0.18 \times 2.6 = 0.468 \ (\text{m}^2)$$

剪力墙对组合截面形心的惯性矩计算：

形心到墙边距离

$$x = \frac{0.18 \times 2 \times 1 + 0.18 \times 2.6 \times 4.7}{0.18 \times (2 + 2.6)} = 3.09 \ (\text{m})$$

墙肢 1 至形心距 $a_1 = 2.09$ m，墙肢 2 至形心距 $a_2 = 1.61$ m，则

$$I = I_1 + A_1 a_1^2 + I_2 + A_2 a_2^2 = 0.12 + 0.36 \times 2.09^2 + 0.264 + 0.468 \times 1.61^2 = 3.170 \ (\text{m}^4)$$

$$I_n = I - (I_1 + I_2) = 3.17 - (0.12 + 0.264) = 2.786 \ (\text{m}^4)$$

剪力墙整体系数 α 计算：

$$\alpha = H \sqrt{\frac{12 I_b a^2}{h (I_1 + I_2) l_b^3} \frac{I}{I_n}} = 35.7 \times \sqrt{\frac{12 \times 2.36 \times 10^{-3} \times 3.7^2}{2.7 \times (0.12 + 0.264) \times 1.7^3} \times \frac{3.17}{2.786}} = 10.5$$

当 $\alpha = 10.5$，总层数 $n = 13$ 时，由表 6.3 并经插入计算可得系数 $\zeta = 0.979$。

$$\frac{I_n}{I} = \frac{2.786}{3.17} = 0.879 < \zeta = 0.979, \quad \alpha = 10.5 > 10$$

故二层至十三层剪力墙属于整体小开口墙。

（2）首层的计算

连梁截面尺寸 180 mm×1200 mm，则

$$I_{b0} = \frac{b_w h_b^3}{12} = \frac{0.18 \times 1.2^3}{12} = 25.9 \times 10^{-3} (\text{m}^4)$$

连梁的折算惯性矩

$$I_b = \frac{I_{b0}}{1 + \frac{30 \mu I_{b0}}{A_b l_b^2}} = \frac{25.9 \times 10^{-3}}{1 + \frac{30 \times 1.2 \times 25.9 \times 10^{-3}}{0.18 \times 1.2 \times 2^2}} = 12.5 \times 10^{-3} (\text{m}^4)$$

墙肢几何参数同二层至十三层。

剪力墙整体系数 α 计算：

$$\alpha = H \sqrt{\frac{12 I_b a^2}{h (I_1 + I_2) l_b^3} \frac{I}{I_n}} = 35.7 \times \sqrt{\frac{12 \times 12.5 \times 10^{-3} \times 3.7^2}{3.3 \times (0.12 + 0.264) \times 2.0^3} \times \frac{3.17}{2.786}} = 24.24$$

当 $\alpha = 24.24$，总层数 $n = 13$ 时，由表 6.3 并经插入计算可得系数 $\zeta = 0.91$。

$$\frac{I_n}{I} = \frac{2.786}{3.17} = 0.879 < \zeta = 0.91, \quad \alpha = 24.24 > 10$$

故首层至十三层剪力墙均属于整体小开口墙。

2. 正确答案 B。

① 由于剪力墙首层的层高及墙组合截面惯性矩与上部各层不同，因此，剪力墙的组合截面惯性矩及弯曲刚度应取各层加权平均值。

各层墙组合截面惯性矩加权平均值：

$$I = \frac{\sum_{j=1}^n I_j h_j}{H} = \frac{3.17 \times 3.3 + 3.17 \times 2.7 \times 12}{35.7} = 3.17 \ (\text{m}^4)$$

各层墙弯曲刚度加权平均值：

$$E_c I = \frac{\sum_{j=1}^n E_{cj} I_j h_j}{H} = \frac{300 \times 3.17 \times 3.3 + 300 \times 3.17 \times 12 \times 2.7 \times 10^5}{35.7}$$

$$= 951 \times 10^5 (\text{kN} \cdot \text{m}^2)$$

② 各层剪力墙面积加权平均值。

$$A_w = \frac{\sum_{j=1}^{n} A_j h_j}{H} = \frac{(0.36 + 0.468) \times 3.3 + (0.36 + 0.468) \times 2.7 \times 12}{35.7} = 0.828 \, (\text{m}^2)$$

③ 剪力墙等效抗弯刚度。

$$EI_{eq} = \frac{0.8 E_c I}{1 + \frac{9\mu I}{AH^2}} = \frac{0.8 \times 951 \times 10^5}{1 + \frac{9 \times 1.2 \times 3.17}{0.828 \times 35.7^2}} = 738 \times 10^5 (\text{kN} \cdot \text{m}^2)$$

3. 正确答案 A。

墙肢 2：

弯矩

$$M_2 = 0.85 M_w \frac{I_2}{I} + 0.15 M_w \frac{I_2}{I_1 + I_2} = 0.85 \times 3837 \times \frac{0.264}{3.17} + 0.15 \times 3837 \times \frac{0.264}{0.12 + 0.264}$$
$$= 667.3 \, (\text{kN} \cdot \text{m})$$

轴力

$$N_2 = 0.85 M_w \frac{A_2 a_2}{I} = 0.85 \times 3837 \times \frac{0.468 \times 1.61}{3.17} = 775.22 \, (\text{kN})$$

剪力

$$V_2 = V_w \left(\frac{A_2}{A_1 + A_2} + \frac{I_2}{I_1 + I_2} \right) \frac{1}{2}$$
$$= 509 \times \left(\frac{0.468}{0.36 + 0.48} + \frac{0.12}{0.12 + 0.264} \times 264 \right) \times \frac{1}{2}$$
$$= 318.81 \, (\text{kN})$$

6.6 联肢剪力墙的内力和位移计算

联肢剪力墙洞口较大，整体性受到影响，剪力墙的截面变形不再符合平截面假定，剪力墙水平截面上的正应力已不再呈直线分布。此时，可将剪力墙划分为许多墙肢和连梁，再将连梁看成墙肢间的连杆，并把此连杆用一系列沿层高均匀、离散分布的连续连杆代替，连续连杆在层高范围内的总抗弯刚度与原结构中连梁的抗弯刚度相等，从而使连梁的内力可以用沿竖向分布的连续函数表示，用相应的微分方程求解。这种方法称为连续化方法，又称连续连杆法。对于联肢墙，连续化方法是一种相对比较精确的手算方法，而且通过连续化方法可以清楚地了解剪力墙受力和变形的一些规律。

6.6.1 双肢墙的计算

6.6.1.1 连续连杆法的基本假设

图 6.21(a) 为双肢剪力墙结构的几何参数，墙肢可以为矩形截面或 T 形、L 形截面（翼缘）参加工作，但都以截面的形心线作为墙肢的轴线，连梁一般取矩形截面。

从图 6.21(a) 可以看出，双肢剪力墙是由连梁将两墙肢联结在一起，且墙肢的刚度一般比连梁的刚度大很多。各墙肢之间的连梁既传递水平力（压力或拉力），又传递剪力和弯矩。由于柱梁刚度比太大，用一般的渐近解法比较麻烦，特别是要考虑轴向变形的影响更是如此，因此，我们采用了一些进一步的假设，然后用连续连杆法求解。

① 将每一楼层处的连梁简化为均布在整个楼层高度上的连续连杆，这样就把双肢仅在楼层标

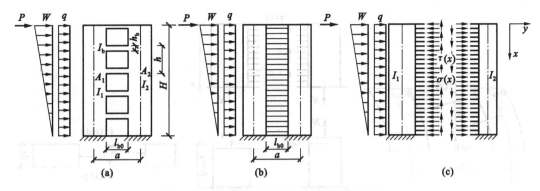

图 6.21　双肢剪力墙的计算简图和基本体系

(a) 结构尺寸；(b) 计算简图；(c) 基本体系

高处通过连系梁连接在一起的结构[图 6.21(a)]，变成在整个高度上的双肢都由连续连杆连接在一起的连续结构[图 6.21(b)]。将有限点的连接变成无限点的连接的这一假设，为建立微分方程提供前提。

　　② 忽略连梁的轴向变形，即假定两个墙肢在同一标高处的水平位移相等。并假定两个墙肢在同一标高处的转角和曲率相等，且连梁的反弯点在连梁的跨中。

　　③ 墙肢截面面积及惯性矩、连梁截面面积及惯性矩、层高等几何参数沿墙高均为常数。

　　根据以上基本假设，连续化方法适用于开洞规则、由下到上墙厚及层高都不变的联肢墙。实际工程中不可避免地会有变化，如果变化不多，可取各楼层的平均值作为计算参数。这样虽然对计算精度有一定影响，但在工程上是允许的。如果是很不规则的剪力墙，本方法不适用。此外，层数愈多，本方法计算精度愈高，对低层和多层剪力墙计算误差也较大。

　　6.6.1.2　微分方程的建立

　　图 6.21(a)双肢剪力墙的计算简图如图 6.21(b)所示。用力法求解时，基本体系取如图 6.21(c)所示。将两片墙沿连梁的反弯点处切开，成静定的悬臂墙。连梁切口处的内力仅有剪力集度 $\tau(x)$ 和轴力集度 $\sigma(x)$。由于假设②的存在，$\sigma(x)$ 与 $\tau(x)$ 的求解无关，故可仅将 $\tau(x)$ 作为未知数求解。剪力集度 $\tau(x)$ 是一个连续函数，通过在切口处变形协调（相对位移为 0）条件，建立剪力 $\tau(x)$ 的微分方程，求解微分方程后得出 $\tau(x)$，积分后得连梁剪力 V_b，再通过平衡条件求出连梁梁端弯矩、墙肢轴力及弯矩，这就是连续化方法的基本思路。

　　切口处的竖向相对位移可通过在切口处施加一对方向相反的单位力求得。基本体系在切口处的竖向位移由三部分组成，即墙肢弯曲变形产生的相对位移 $\delta_1(x)$，墙肢轴向变形产生的相对位移 $\delta_2(x)$，连梁弯曲变形和剪切变形产生的相对位移 $\delta_3(x)$，如图 6.22 所示。

　　切开处沿 $\tau(x)$ 方向的变形连续条件可用下式表达：

$$\delta_1(x) + \delta_2(x) + \delta_3(x) = 0 \tag{6.22}$$

　　① 由墙肢弯曲变形产生的相对位移 $\delta_1(x)$，见图 6.22(a)，当墙段弯曲变形有转角 θ_m 时，切口处的相对位移为：

$$\delta_1(x) = -a\theta_m(x) \tag{6.23}$$

　　② 由墙肢轴向变形产生的相对位移 $\delta_2(x)$，见图 6.22(b)。在水平荷载作用下，一个墙肢受拉，另一个墙肢受压，且二者大小相等、方向相反。由隔离体平衡条件可得：

$$N_p(x) = \int_0^x \tau(x)\mathrm{d}x$$

　　在墙肢底面切口处不会有相对位移，但愈向上，轴向变形愈大，由 x 到 H 积分可得由墙肢轴向

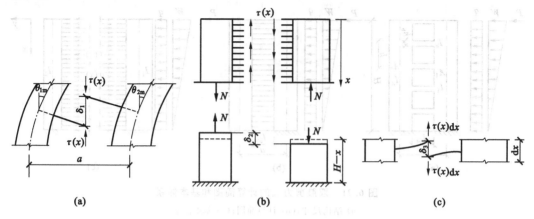

图 6.22　连梁切口处的变形

(a) 墙肢弯曲变形；(b) 墙肢轴向变形；(c) 连梁弯曲及剪切变形

变形产生的切口处的相对位移为

$$\delta_2(x) = \int_x^H \frac{N_p(x) \cdot 1}{EA_1}dx + \int_x^H \frac{N_p(x) \cdot 1}{EA_2}dx = \frac{1}{E}\left(\frac{1}{A_1} + \frac{1}{A_2}\right)\int_x^H \int_0^x \tau(x)dxdx \quad (6.24)$$

③ 由连梁弯曲变形和剪切变形产生的相对位移 $\delta_3(x)$，见图 6.22(c)。水平荷载产生的连梁切口处剪力集度 $\tau(x)$，引起连梁的弯矩和剪力分别为 M_p、V_p，切口处单位力作用下引起的连梁弯矩和剪力分别为 M_1、V_1，则

$$M_p = \tau(x)y, \quad V_p = \tau(x), \quad M_1 = y, \quad V_1 = 1$$

连梁在切口处产生的相对位移为

$$\delta_3(x) = 2\int_0^{l_b/2} \frac{M_p M_1}{EI_{b0}}dy + 2\int_0^{l_b/2} \frac{\mu V_p V}{GA_b}dy = \frac{\tau(x)hl_b^3}{12EI_{b0}} + \frac{\mu\tau(x)hl_b}{GA_b} = \frac{\tau(x)hl_b^3}{12EI_b} \quad (6.25)$$

式中　I_b——连梁的折算惯性矩，是以弯曲形式表达的，考虑了弯曲和剪切变形的惯性矩，$I_b = $

$$\frac{I_{b0}}{1 + \frac{12\mu EI_{b0}}{GA_b l_b^2}} \approx \frac{I_{b0}}{1 + \frac{30\mu I_{b0}}{A_b l_b^2}};$$

　　　　h——层高；

　　　　l_b——连梁的计算跨度，$l_b = l_{b0} + \dfrac{h_b}{2}$，$h_b$ 为连梁的截面高度；

　　　　A_b——连梁的截面面积；

　　　　I_{b0}——连梁的惯性矩。

将式(6.23)~式(6.25)代入式(6.22)，可得位移协调方程如下：

$$-a\theta_m + \frac{1}{E}\left(\frac{1}{A_1} + \frac{1}{A_2}\right)\int_x^H \int_0^x \tau(x)dxdx + \frac{\tau(x)hl_b^3}{12EI_b} = 0 \quad (6.26a)$$

微分两次，得

$$-a\theta_m'' - \frac{1}{E}\left(\frac{1}{A_1} + \frac{1}{A_2}\right)\tau(x) + \frac{hl_b^3}{12EI_b}\tau''(x) = 0 \quad (6.26b)$$

如图 6.23 所示，在 x 处截断剪力墙，由平衡条件可得：

$$M(x) = M_1(x) + M_2(x) = M_p(x) - aN(x) = M_p(x) - \int_0^x a\tau(x)dx$$

式中　$M_1(x)$——墙肢 1 对 x 截面的弯矩；

$M_2(x)$——墙肢 2 对 x 截面的弯矩；

$M_p(x)$——外荷载对 x 截面的外力矩；

a——剪力墙截面轴线之间的距离。

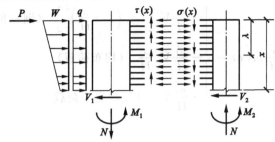

图 6.23　双肢墙墙肢内力

由梁的弯曲理论有：

$$EI_1 \frac{\mathrm{d}^2 y_{1m}}{\mathrm{d}x^2} = M_1(x), \quad EI_2 \frac{\mathrm{d}^2 y_{2m}}{\mathrm{d}x^2} = M_2(x)$$

将上两式叠加，并利用假设②的条件：

$$\frac{\mathrm{d}^2 y_{1m}}{\mathrm{d}x^2} = \theta'_{1m} = \frac{\mathrm{d}^2 y_{2m}}{\mathrm{d}x^2} = \theta'_{2m} = \frac{\mathrm{d}^2 y_m}{\mathrm{d}x^2} = \theta'_m$$

得到

$$E(I_1 + I_2)\theta'_m = M_1(x) + M_2(x) = M_p(x) - \int_0^x a\tau(x)\mathrm{d}x \tag{6.27a}$$

对 x 微分一次

$$E(I_1 + I_2)\theta''_m = V_p(x) - a\tau(x) \tag{6.27b}$$

式中　$V_p(x)$——外荷载对 x 截面的总剪力。

$V_p(x)$ 与外荷载的形式有关，对常用的三种外荷载，$V_p(x)$ 表达式为：

$$V_p(x) = \begin{cases} V_0\left[1 - \left(1 - \dfrac{x}{H}\right)^2\right] & \text{（倒三角形荷载）} \\[2mm] V_0\dfrac{x}{H} & \text{（均布荷载）} \\[2mm] V_0 & \text{（顶部集中荷载）} \end{cases} \tag{6.28}$$

式中　V_0——剪力墙底部（$x=H$）处的总剪力，即全部水平力的总和。

将 $V_p(x)$ 代入式（6.27b），并令 $m(x) = a\tau(x)$，可得三种荷载下的 θ''_m 表达式

$$\theta''_m = \frac{1}{E(I_1 + I_2)}\left\{V_0\left[\left(1 - \frac{x}{H}\right)^2 - 1\right] + m(x)\right\} \quad \text{（倒三角形荷载）} \tag{6.29a}$$

$$\theta''_m = \frac{1}{E(I_1 + I_2)}\left[-V_0\left(\frac{x}{H}\right) + m(x)\right] \quad \text{（均布荷载）} \tag{6.29b}$$

$$\theta''_m = \frac{1}{E(I_1 + I_2)}\left[-V_0 + m(x)\right] \quad \text{（顶部集中荷载）} \tag{6.29c}$$

将式（6.29）代入式（6.26b），并令（括号内为这些参数的名称和物理意义）

$$D = \frac{2I_b a^2}{l_b^3} \quad \text{（连梁的刚度系数）}$$

$$\alpha_1^2 = \frac{6H^2 D}{h(I_1 + I_2)} \quad \text{（连梁与墙肢刚度比，未考虑墙肢轴向变形的整体系数）}$$

$$S = \frac{aA_1A_2}{A_1+A_2} \quad （双肢墙组合截面形心轴的面积矩）$$

整理后，得

$$m''(x) - \frac{\alpha^2}{H^2}m(x) = \begin{cases} -\dfrac{\alpha_1^2}{H^2}V_0\left[1-\left(1-\dfrac{x}{H}\right)^2\right] & （倒三角形荷载）\\[2mm] -\dfrac{\alpha_1^2}{H^2}V_0\dfrac{x}{H} & （均布荷载）\\[2mm] -\dfrac{\alpha_1^2}{H^2}V_0 & （顶部集中荷载） \end{cases} \tag{6.30}$$

其中

$$\alpha^2 = \alpha_1^2 + \frac{6H^2D}{haS} \quad （考虑墙肢轴向变形的整体系数）$$

这就是双肢墙的基本微分方程式。它是根据力法原理，由切口处的变形连续条件推得的。它是关于 $m(x)$ 的二阶非齐次线性微分方程。$m(x)$ 称为连梁对墙肢的线约束弯矩。

6.6.1.3　微分方程的解

为使方程表达式进一步简化并便于制表，将参数转化为无量纲表示。

令

$$\xi = \frac{x}{H}, \quad m(\xi) = \varphi(\xi)V_0\frac{\alpha_1^2}{\alpha^2}$$

则式（6.30）可转化为

$$\varphi''(\xi) - \alpha^2\varphi(\xi) = \begin{cases} -\alpha^2[1-(1-\xi)^2] & （倒三角形荷载）\\ -\alpha^2\xi & （均布荷载）\\ -\alpha^2 & （顶部集中荷载） \end{cases} \tag{6.31}$$

方程的解由齐次方程的通解

$$\varphi_1(\xi) = C_1\operatorname{ch}(\alpha\xi) + C_2\operatorname{sh}(\alpha\xi)$$

和特解

$$\varphi_2(\xi) = \begin{cases} 1-(1-\xi)^2-\dfrac{2}{\alpha^2} & （倒三角形荷载）\\ \xi & （均布荷载）\\ 1 & （顶部集中荷载） \end{cases}$$

两部分组成，即一般解为

$$\varphi(\xi) = C_1\operatorname{ch}(\alpha\xi) + C_2\operatorname{sh}(\alpha\xi) + \begin{cases} 1-(1-\xi)^2-\dfrac{2}{\alpha^2} & （倒三角形荷载）\\ \xi & （均布荷载）\\ 1 & （顶部集中荷载） \end{cases} \tag{6.32}$$

其中 C_1、C_2 为任意常数，由边界条件确定。

① 当 $x=0$，即 $\xi=0$ 时，墙顶弯矩为零，因而

$$\theta_m' = -\frac{\mathrm{d}^2 y_m}{\mathrm{d}\xi^2} = 0$$

将 θ_m' 代入式（6.27a），可得 $\tau'(x)=0$。

将式（6.32）求出的一般解代入上式后，可求得

$$C_2 = \begin{cases} -\dfrac{2}{\alpha} & \text{（倒三角形荷载）} \\[2mm] -\dfrac{1}{\alpha} & \text{（均布荷载）} \\[2mm] 0 & \text{（顶部集中荷载）} \end{cases}$$

② 当 $x=H$，即 $\xi=1$ 时，墙底弯曲变形转角 $\theta_m=0$。

将 θ_m 代入式（6.26a），可得 $\tau(1)=0$。

将式（6.32）求出的一般解代入上式后，可求得 C_1 的方程：

$$C_1 \operatorname{ch}\alpha + C_2 \operatorname{sh}\alpha = \begin{cases} -\left(1-\dfrac{2}{\alpha^2}\right) & \text{（倒三角形荷载）} \\[2mm] -1 & \text{（均布荷载）} \\[2mm] -1 & \text{（顶部集中荷载）} \end{cases}$$

因此

$$C_1 = \begin{cases} -\left(1-\dfrac{2}{\alpha^2}-\dfrac{2\operatorname{sh}\alpha}{\alpha}\right)\dfrac{1}{\operatorname{ch}\alpha} & \text{（倒三角形荷载）} \\[2mm] -\left(1-\dfrac{\operatorname{sh}\alpha}{\alpha}\right)\dfrac{1}{\operatorname{ch}\alpha} & \text{（均布荷载）} \\[2mm] -\dfrac{1}{\operatorname{ch}\alpha} & \text{（顶部集中荷载）} \end{cases}$$

将 C_1、C_2 代入式（6.32）并整理后，得到三种常见荷载作用下 $\varphi(\xi)$ 的表达式：

$$\varphi(\xi) = \begin{cases} 1-(1-\xi)^2+\left(\dfrac{2\operatorname{sh}\alpha}{\alpha}-1+\dfrac{2}{\alpha^2}\right)\dfrac{\operatorname{ch}(\alpha\xi)}{\operatorname{ch}\alpha}-\dfrac{2}{\alpha}\operatorname{sh}(\alpha\xi)-\dfrac{2}{\alpha^2} & \text{（倒三角形荷载）} \\[2mm] \left(\dfrac{\operatorname{sh}\alpha}{\alpha}-1\right)\dfrac{\operatorname{ch}(\alpha\xi)}{\operatorname{ch}\alpha}-\dfrac{1}{\alpha}\operatorname{sh}(\alpha\xi)+\xi & \text{（均布荷载）} \\[2mm] 1-\dfrac{\operatorname{ch}(\alpha\xi)}{\operatorname{ch}\alpha} & \text{（顶部集中荷载）} \end{cases} \tag{6.33}$$

三种常见荷载下的 $\varphi(\xi)$ 都是相对坐标 ξ 及整体系数 α 的函数，可以制成表格，方便计算。表 6.4～表 6.6 分别为三种常见荷载下的 $\varphi(\xi)$ 值。

6.6.1.4　双肢墙的内力计算

图 6.24 是由连梁剪力计算连梁内力及墙肢内力的方法。

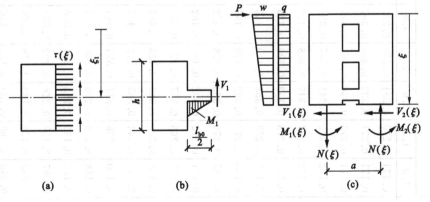

图 6.24　连梁、墙肢的内力

(a) 连杆内力；(b) 连梁剪力、弯矩；(c) 墙肢轴力及弯矩

表 6.4　倒三角形荷载下的 $\varphi(\xi)$ 值

ξ	1.0	1.5	2.0	2.5	3.0	3.5	4.0	4.5	5.0	5.5	6.0	6.5	7.0	7.5	8.0	8.5	9.0	9.5	10.0	10.5
0.00	0.171	0.270	0.331	0.358	0.363	0.356	0.342	0.325	0.307	0.289	0.273	0.257	0.243	0.230	0.218	0.207	0.197	0.188	0.179	0.172
0.05	0.171	0.271	0.332	0.360	0.367	0.361	0.348	0.332	0.316	0.299	0.283	0.269	0.256	0.243	0.233	0.223	0.214	0.205	0.198	0.191
0.10	0.171	0.273	0.336	0.367	0.377	0.374	0.365	0.352	0.338	0.324	0.311	0.299	0.288	0.278	0.270	0.262	0.255	0.248	0.243	0.238
0.15	0.172	0.275	0.341	0.377	0.391	0.393	0.388	0.380	0.370	0.360	0.350	0.341	0.333	0.326	0.320	0.314	0.309	0.305	0.301	0.298
0.20	0.172	0.277	0.347	0.388	0.408	0.415	0.416	0.412	0.407	0.402	0.396	0.390	0.385	0.381	0.377	0.373	0.371	0.368	0.366	0.364
0.25	0.171	0.278	0.353	0.399	0.425	0.439	0.446	0.448	0.448	0.447	0.445	0.443	0.440	0.439	0.437	0.436	0.434	0.433	0.433	0.432
0.30	0.170	0.279	0.358	0.410	0.443	0.463	0.476	0.484	0.489	0.492	0.494	0.496	0.496	0.497	0.497	0.497	0.498	0.498	0.498	0.499
0.35	0.168	0.279	0.362	0.419	0.459	0.486	0.506	0.519	0.530	0.537	0.543	0.547	0.550	0.553	0.555	0.557	0.559	0.560	0.561	0.562
0.40	0.165	0.276	0.363	0.426	0.472	0.506	0.532	0.552	0.567	0.579	0.588	0.596	0.601	0.606	0.610	0.614	0.616	0.619	0.621	0.622
0.45	0.161	0.272	0.362	0.430	0.482	0.522	0.554	0.579	0.599	0.616	0.629	0.639	0.648	0.655	0.661	0.665	0.669	0.672	0.675	0.677
0.50	0.156	0.266	0.357	0.429	0.487	0.533	0.570	0.601	0.626	0.647	0.663	0.677	0.688	0.697	0.705	0.711	0.716	0.721	0.724	0.727
0.55	0.149	0.256	0.348	0.423	0.485	0.537	0.579	0.615	0.645	0.670	0.690	0.707	0.721	0.733	0.742	0.750	0.757	0.762	0.767	0.771
0.60	0.140	0.244	0.335	0.412	0.477	0.533	0.580	0.620	0.654	0.683	0.707	0.728	0.745	0.759	0.771	0.781	0.789	0.796	0.802	0.807
0.65	0.130	0.228	0.317	0.394	0.461	0.519	0.570	0.614	0.652	0.685	0.712	0.736	0.756	0.774	0.788	0.801	0.811	0.820	0.828	0.834
0.70	0.118	0.209	0.293	0.368	0.435	0.495	0.548	0.594	0.636	0.671	0.703	0.730	0.753	0.774	0.791	0.807	0.820	0.831	0.841	0.849
0.75	0.103	0.185	0.263	0.334	0.399	0.458	0.511	0.559	0.602	0.640	0.674	0.704	0.731	0.755	0.775	0.794	0.810	0.824	0.837	0.848
0.80	0.087	0.158	0.226	0.290	0.350	0.406	0.457	0.504	0.547	0.587	0.622	0.654	0.683	0.709	0.733	0.754	0.774	0.791	0.807	0.821
0.85	0.069	0.126	0.182	0.236	0.288	0.337	0.383	0.426	0.467	0.504	0.539	0.571	0.601	0.629	0.654	0.678	0.700	0.720	0.738	0.756
0.90	0.048	0.089	0.130	0.171	0.210	0.248	0.285	0.321	0.354	0.386	0.417	0.446	0.473	0.499	0.523	0.546	0.568	0.588	0.609	0.628
0.95	0.025	0.047	0.069	0.092	0.115	0.137	0.159	0.181	0.202	0.222	0.242	0.262	0.280	0.299	0.316	0.334	0.351	0.367	0.383	0.398
1.00	0.000	0.000	0.000	0.000	0.000	0.000	0.000	0.000	0.000	0.000	0.000	0.000	0.000	0.000	0.000	0.000	0.000	0.000	0.000	0.000

α

续表

ξ \ α	11.0	11.5	12.0	12.5	13.0	13.5	14.0	14.5	15.0	15.5	16.0	16.5	17.0	17.5	18.0	18.5	19.0	19.5	20.0	20.5
0.00	0.165	0.158	0.152	0.147	0.142	0.137	0.132	0.128	0.124	0.120	0.117	0.113	0.110	0.107	0.104	0.102	0.099	0.097	0.95	0.092
0.05	0.185	0.180	0.174	0.170	0.165	0.161	0.158	0.154	0.151	0.148	0.145	0.143	0.140	0.138	0.136	0.134	0.132	0.130	0.129	0.127
0.10	0.233	0.229	0.226	0.222	0.219	0.217	0.214	0.212	0.210	0.208	0.207	0.205	0.204	0.203	0.201	0.200	0.199	0.199	0.198	0.197
0.15	0.295	0.293	0.290	0.288	0.287	0.285	0.284	0.283	0.282	0.281	0.280	0.280	0.279	0.278	0.278	0.278	0.277	0.277	0.277	0.276
0.20	0.363	0.361	0.360	0.360	0.358	0.358	0.358	0.357	0.357	0.357	0.357	0.356	0.356	0.356	0.356	0.356	0.356	0.356	0.356	0.356
0.25	0.432	0.431	0.431	0.431	0.431	0.431	0.431	0.431	0.431	0.431	0.431	0.431	0.432	0.432	0.432	0.432	0.432	0.432	0.432	0.433
0.30	0.499	0.498	0.500	0.500	0.500	0.501	0.501	0.502	0.502	0.502	0.503	0.503	0.503	0.503	0.504	0.504	0.504	0.504	0.505	0.505
0.35	0.563	0.564	0.565	0.566	0.566	0.567	0.568	0.568	0.569	0.568	0.568	0.570	0.570	0.571	0.571	0.571	0.571	0.572	0.572	0.572
0.40	0.624	0.625	0.626	0.627	0.628	0.628	0.629	0.630	0.631	0.631	0.632	0.632	0.633	0.633	0.633	0.634	0.634	0.634	0.634	0.635
0.45	0.679	0.681	0.682	0.684	0.685	0.686	0.686	0.687	0.688	0.688	0.688	0.688	0.690	0.690	0.691	0.691	0.691	0.692	0.692	0.692
0.50	0.730	0.732	0.733	0.735	0.736	0.737	0.738	0.738	0.740	0.741	0.741	0.742	0.742	0.743	0.743	0.743	0.744	0.744	0.744	0.745
0.55	0.774	0.777	0.778	0.781	0.782	0.784	0.785	0.786	0.787	0.788	0.788	0.789	0.790	0.790	0.790	0.791	0.791	0.792	0.792	0.792
0.60	0.811	0.815	0.818	0.820	0.822	0.824	0.826	0.827	0.828	0.829	0.830	0.831	0.831	0.832	0.833	0.833	0.833	0.834	0.834	0.834
0.65	0.840	0.844	0.848	0.852	0.855	0.857	0.859	0.861	0.863	0.864	0.865	0.867	0.867	0.868	0.869	0.870	0.870	0.871	0.871	0.871
0.70	0.857	0.863	0.868	0.873	0.878	0.881	0.884	0.887	0.890	0.892	0.893	0.895	0.896	0.898	0.899	0.900	0.901	0.901	0.902	0.903
0.75	0.858	0.866	0.874	0.881	0.887	0.892	0.897	0.901	0.903	0.908	0.911	0.914	0.916	0.918	0.920	0.921	0.923	0.924	0.925	0.926
0.80	0.834	0.846	0.856	0.866	0.874	0.882	0.889	0.896	0.901	0.907	0.911	0.916	0.919	0.923	0.926	0.929	0.932	0.934	0.936	0.938
0.85	0.772	0.786	0.800	0.813	0.825	0.836	0.846	0.855	0.864	0.872	0.879	0.886	0.893	0.899	0.904	0.909	0.914	0.918	0.922	0.926
0.90	0.646	0.663	0.679	0.694	0.708	0.722	0.735	0.748	0.760	0.771	0.781	0.792	0.801	0.810	0.819	0.827	0.835	0.843	0.850	0.857
0.95	0.413	0.428	0.442	0.456	0.469	0.483	0.495	0.508	0.520	0.532	0.543	0.555	0.566	0.576	0.587	0.597	0.607	0.617	0.626	0.635
1.00	0.000	0.000	0.000	0.000	0.000	0.000	0.000	0.000	0.000	0.000	0.000	0.000	0.000	0.000	0.000	0.000	0.000	0.000	0.000	0.000

表 6.5　　均布荷载下的 $\varphi(\xi)$ 值

ξ \ α	1.0	1.5	2.0	2.5	3.0	3.5	4.0	4.5	5.0	5.5	6.0	6.5	7.0	7.5	8.0	8.5	9.0	9.5	10.0	10.5
0.00	0.113	0.178	0.216	0.231	0.232	0.224	0.213	0.199	0.186	0.173	0.161	0.150	0.141	0.132	0.124	0.117	0.110	0.105	0.099	0.095
0.05	0.113	0.178	0.217	0.233	0.234	0.228	0.217	0.204	0.191	0.179	0.168	0.157	0.148	0.140	0.133	0.126	0.120	0.115	0.110	0.106
0.10	0.113	0.179	0.219	0.237	0.241	0.236	0.227	0.217	0.206	0.195	0.185	0.176	0.168	0.161	0.155	0.149	0.144	0.140	0.136	0.133
0.15	0.114	0.181	0.223	0.244	0.251	0.249	0.243	0.235	0.226	0.218	0.210	0.203	0.196	0.191	0.186	0.181	0.178	0.174	0.171	0.168
0.20	0.114	0.183	0.228	0.252	0.363	0.265	0.263	0.258	0.252	0.246	0.241	0.235	0.231	0.227	0.223	0.220	0.217	0.215	0.213	0.211
0.25	0.114	0.185	0.233	0.261	0.276	0.283	0.285	0.284	0.281	0.278	0.257	0.272	0.269	0.266	0.264	0.262	0.260	0.258	0.257	0.256
0.30	0.114	0.186	0.237	0.270	0.290	0.302	0.308	0.311	0.312	0.312	0.312	0.310	0.309	0.308	0.307	0.306	0.305	0.304	0.303	0.303
0.35	0.113	0.187	0.242	0.279	0.304	0.321	0.332	0.339	0.344	0.347	0.349	0.350	0.351	0.351	0.351	0.351	0.351	0.351	0.351	0.351
0.40	0.111	0.186	0.245	0.287	0.317	0.339	0.355	0.367	0.367	0.382	0.387	0.390	0.393	0.395	0.396	0.397	0.398	0.398	0.399	0.399
0.45	0.109	0.185	0.246	0.293	0.328	0.355	0.376	0.393	0.406	0.416	0.424	0.430	0.434	0.438	0.441	0.443	0.444	0.445	0.446	0.447
0.50	0.106	0.182	0.246	0.296	0.336	0.369	0.395	0.416	0.433	0.447	0.458	0.467	0.474	0.479	0.483	0.487	0.490	0.492	0.493	0.495
0.55	0.103	0.178	0.242	0.296	0.341	0.378	0.409	0.435	0.456	0.474	0.488	0.500	0.510	0.517	0.524	0.529	0.533	0.536	0.539	0.541
0.60	0.097	0.171	0.236	0.293	0.341	0.382	0.418	0.448	0.474	0.495	0.513	0.528	0.541	0.551	0.560	0.567	0.573	0.577	0.581	0.585
0.65	0.091	0.162	0.226	0.284	0.335	0.380	0.419	0.453	0.483	0.508	0.530	0.549	0.565	0.578	0.589	0.599	0.607	0.614	0.619	0.624
0.70	0.083	0.150	0.212	0.270	0.322	0.369	0.411	0.449	0.482	0.511	0.537	0.559	0.578	0.585	0.609	0.622	0.632	0.642	0.650	0.657
0.75	0.074	0.135	0.194	0.249	0.300	0.348	0.392	0.431	0.467	0.499	0.528	0.554	0.576	0.597	0.614	0.630	0.644	0.657	0.667	0.677
0.80	0.063	0.116	0.169	0.220	0.269	0.315	0.358	0.398	0.435	0.469	0.500	0.528	0.553	0.577	0.598	0.617	0.634	0.650	0.664	0.677
0.85	0.050	0.094	0.138	0.182	0.225	0.266	0.306	0.344	0.379	0.413	0.444	0.473	0.500	0.525	0.548	0.570	0.590	0.609	0.626	0.643
0.90	0.036	0.067	0.100	0.134	0.167	0.200	0.233	0.264	0.294	0.323	0.351	0.378	0.403	0.427	0.450	0.472	0.493	0.513	0.532	0.550
0.95	0.019	0.036	0.054	0.074	0.093	0.113	0.133	0.152	0.171	0.190	0.209	0.227	0.245	0.262	0.279	0.296	0.312	0.328	0.343	0.358
1.00	0.000	0.000	0.000	0.000	0.000	0.000	0.000	0.000	0.000	0.000	0.000	0.000	0.000	0.000	0.000	0.000	0.000	0.000	0.000	0.000

续表

ξ	α 11.0	11.5	12.0	12.5	13.0	13.5	14.0	14.5	15.0	15.5	16.0	16.5	17.0	17.5	18.0	18.5	19.0	19.5	20.0	20.5
0.00	0.090	0.086	0.083	0.079	0.076	0.074	0.071	0.068	0.066	0.064	0.062	0.060	0.058	0.057	0.055	0.054	0.052	0.051	0.050	0.048
0.05	0.102	0.098	0.095	0.092	0.090	0.087	0.085	0.083	0.081	0.079	0.077	0.076	0.075	0.073	0.072	0.071	0.070	0.069	0.068	0.067
0.10	0.130	0.127	0.124	0.122	0.120	0.119	0.117	0.116	0.114	0.113	0.112	0.111	0.110	0.109	0.109	0.108	0.107	0.107	0.106	0.106
0.15	0.167	0.165	0.163	0.162	0.160	0.159	0.158	0.157	0.156	0.156	0.155	0.154	0.154	0.153	0.153	0.153	0.152	0.152	0.152	0.152
0.20	0.209	0.208	0.207	0.206	0.205	0.204	0.204	0.203	0.203	0.202	0.202	0.202	0.201	0.201	0.201	0.201	0.201	0.200	0.200	0.200
0.25	0.255	0.254	0.253	0.253	0.252	0.252	0.251	0.251	0.251	0.251	0.250	0.250	0.250	0.250	0.250	0.250	0.250	0.250	0.250	0.250
0.30	0.302	0.302	0.301	0.301	0.301	0.301	0.300	0.300	0.300	0.300	0.300	0.300	0.300	0.300	0.300	0.300	0.300	0.300	0.299	0.288
0.35	0.351	0.350	0.350	0.350	0.350	0.350	0.350	0.350	0.350	0.350	0.350	0.350	0.350	0.349	0.349	0.349	0.349	0.349	0.349	0.349
0.40	0.399	0.399	0.399	0.399	0.399	0.399	0.399	0.399	0.399	0.399	0.399	0.399	0.399	0.399	0.399	0.399	0.399	0.399	0.399	0.399
0.45	0.448	0.448	0.448	0.448	0.448	0.449	0.449	0.449	0.449	0.449	0.449	0.449	0.449	0.449	0.449	0.449	0.449	0.449	0.449	0.449
0.50	0.496	0.496	0.497	0.498	0.498	0.498	0.499	0.499	0.499	0.499	0.499	0.499	0.499	0.499	0.499	0.499	0.499	0.499	0.499	0.499
0.55	0.543	0.544	0.545	0.546	0.547	0.549	0.548	0.548	0.548	0.548	0.549	0.549	0.549	0.549	0.549	0.549	0.549	0.549	0.549	0.549
0.60	0.587	0.589	0.591	0.593	0.594	0.595	0.596	0.596	0.597	0.597	0.598	0.598	0.598	0.599	0.599	0.599	0.599	0.599	0.599	0.599
0.65	0.628	0.632	0.634	0.637	0.639	0.641	0.642	0.643	0.644	0.645	0.646	0.646	0.647	0.647	0.648	0.648	0.648	0.648	0.649	0.649
0.70	0.663	0.668	0.672	0.676	0.679	0.682	0.684	0.687	0.688	0.690	0.691	0.692	0.693	0.694	0.695	0.696	0.696	0.697	0.697	0.697
0.75	0.686	0.693	0.709	0.706	0.711	0.715	0.719	0.1723	0.726	0.729	0.731	0.733	0.735	0.737	0.738	0.740	0.741	0.742	0.743	0.744
0.80	0.689	0.699	0.709	0.717	0.725	0.732	0.739	0.744	0.750	0.754	0.759	0.763	0.766	0.768	0.772	0.775	0.777	0.779	0.781	0.783
0.85	0.657	0.671	0.684	0.696	0.707	0.718	0.727	0.736	0.744	0.752	0.759	0.765	0.771	0.777	0.782	0.787	0.792	0.796	0.800	0.803
0.90	0.567	0.583	0.598	0.613	0.327	0.640	0.653	0.665	0.676	0.687	0.698	0.707	0.717	0.726	0.734	0.742	0.750	0.575	0.764	0.771
0.95	0.373	0.387	0.401	0.414	0.428	0.440	0.453	0.465	0.477	0.489	0.500	0.511	0.522	0.533	0.543	0.553	0.563	0.572	0.582	0.591
1.00	0.000	0.000	0.000	0.000	0.000	0.000	0.000	0.000	0.000	0.000	0.000	0.000	0.000	0.000	0.000	0.000	0.000	0.000	0.000	0.000

表 6.6　顶部集中力作用下的 $\varphi(\xi)$ 值

ξ	α																			
	1.0	1.5	2.0	2.5	3.0	3.5	4.0	4.5	5.0	5.5	6.0	6.5	7.0	7.5	8.0	8.5	9.0	9.5	10.0	10.5
0.00	0.351	0.574	0.734	0.836	0.900	0.939	0.963	0.977	0.986	0.991	0.995	0.996	0.998	0.998	0.999	0.999	0.999	0.999	0.999	0.999
0.05	0.351	0.573	0.732	0.835	0.899	0.938	0.962	0.977	0.986	0.991	0.994	0.996	0.998	0.998	0.999	0.999	0.999	0.999	0.999	0.999
0.10	0.348	0.570	0.728	0.831	0.896	0.935	0.960	0.975	0.984	0.990	0.994	0.996	0.997	0.998	0.999	0.999	0.999	0.999	0.999	0.999
0.15	0.344	0.564	0.722	0.825	0.890	0.931	0.956	0.972	0.982	0.988	0.992	0.995	0.997	0.998	0.998	0.999	0.999	0.999	0.999	0.999
0.20	0.338	0.555	0.712	0.816	0.882	0.924	0.951	0.968	0.979	0.986	0.991	0.994	0.996	0.997	0.998	0.999	0.999	0.999	0.999	0.999
0.25	0.331	0.544	0.700	0.804	0.871	0.915	0.943	0.962	0.974	0.982	0.988	0.992	0.994	0.996	0997	0.998	0.998	0.999	0.999	0.999
0.30	0.322	0.531	0.684	0.788	0.857	0.903	0.933	0.954	0.968	0.977	0.984	0.989	0.992	0.994	0.996	0.997	0.998	0.998	0.999	0.999
0.35	0.311	0.515	0.666	0.770	0.840	0.888	0.921	0.944	0.960	0.971	0.979	0.985	0.989	0.992	0.994	0.996	0.997	0.998	0.998	0.998
0.40	0.299	0.496	0.644	0.748	0.820	0.870	0.905	0.931	0.949	0.962	0.972	0.979	0.984	0.988	0.991	0.993	0.995	0.996	0.997	0.998
0.45	0.285	0.474	0.619	0.722	0.795	0.848	0.886	0.914	0.935	0.951	0.962	0.971	0.978	0.983	0.987	0.990	0.992	0.994	0.995	0.996
0.50	0.269	0.449	0.589	0.692	0.766	0.821	0.862	0.893	0.917	0.935	0.950	0.961	0.969	0.976	0.981	0.985	0.988	0.991	0.993	0.994
0.55	0.251	0.421	0.556	0.656	0.731	0.788	0.832	0.867	0.893	0.915	0.932	0.946	0.957	0.965	0.972	0.978	0.982	0.986	0.988	0.991
0.60	0.231	0.390	0.518	0.616	0.691	0.760	0.796	0.834	0.864	0.889	0.909	0.925	0.939	0.950	0.959	0.966	0.972	0.977	0.981	0.985
0.65	0.210	0.356	0.476	0.569	0.643	0.703	0.752	0.792	0.826	0.854	0.877	0.897	0.913	0.927	0.939	0.948	0.957	0.964	0.969	0.974
0.70	0.186	0.318	0.428	0.516	0.588	0.647	0.697	0.740	0.776	0.807	0.834	0.857	0.877	0.894	0.909	0.921	0.932	0.942	0.950	0.957
0.75	0.161	0.276	0.374	0.455	0.523	0.581	0.631	0.675	0.713	0.747	0.776	0.803	0.826	0.846	0.864	0.880	0.894	0.907	0.917	0.927
0.80	0.133	0.230	0.314	0.386	0.448	0.502	0.550	0.593	0.632	0.667	0.698	0.727	0.753	0.776	0.798	0.817	0.834	0.850	0.864	0.877
0.85	0.103	0.179	0.248	0.307	0.360	0.407	0.450	0.490	0.527	0.561	0.593	0.622	0.650	0.675	0.698	0.720	0.740	0.759	0.776	0.793
0.90	0.071	0.125	0.174	0.217	0.257	0.294	0.329	0.632	0.393	0.423	0.451	0.478	0.503	0.527	0.550	0.572	0.593	0.613	0.632	0.650
0.95	0.036	0.065	0.091	0.115	0.138	0.160	0.181	0.201	0.221	0.240	0.259	0.277	0.295	0.312	0.329	0.346	0.362	0.378	0.393	0.408
1.00	0.000	0.000	0.000	0.000	0.000	0.000	0.000	0.000	0.000	0.000	0.000	0.000	0.000	0.000	0.000	0.000	0.000	0.000	0.000	0.000

续表

ξ	α																			
	11.0	11.5	12.0	12.5	13.0	13.5	14.0	14.5	15.0	15.5	16.0	16.5	17.0	17.5	18.0	18.5	19.0	19.5	20.0	20.5
0.00	0.999	0.999	0.999	0.999	0.999	0.999	1.000	1.000	1.000	1.000	1.000	1.000	1.000	1.000	1.000	1.000	1.000	1.000	1.000	1.000
0.05	0.999	0.999	0.999	0.999	0.999	0.999	0.999	0.999	1.000	1.000	1.000	1.000	1.000	1.000	1.000	1.000	1.000	1.000	1.000	1.000
0.10	0.999	0.999	0.999	0.999	0.999	0.999	0.999	0.999	0.999	1.000	1.000	1.000	1.000	1.000	1.000	1.000	1.000	1.000	1.000	1.000
0.15	0.999	0.999	0.999	0.999	0.999	0.999	0.999	0.999	0.999	0.999	1.000	1.000	1.000	1.000	1.000	1.000	1.000	1.000	1.000	1.000
0.20	0.999	0.999	0.999	0.999	0.999	0.999	0.999	0.999	0.999	0.999	0.999	0.999	0.999	1.000	1.000	1.000	1.000	1.000	1.000	1.000
0.25	0.999	0.999	0.999	0.999	0.999	0.999	0.999	0.999	0.999	0.999	0.999	0.999	0.999	0.999	0.999	1.000	1.000	1.000	1.000	1.000
0.30	0.999	0.999	0.999	0.999	0.999	0.999	0.999	0.999	0.999	0.999	0.999	0.999	0.999	0.999	0.999	0.999	0.999	0.999	1.000	1.000
0.35	0.999	0.999	0.999	0.999	0.999	0.999	0.999	0.999	0.999	0.999	0.999	0.999	0.999	0.999	0.999	0.999	0.999	0.999	0.999	0.999
0.40	0.998	0.998	0.999	0.999	0.999	0.999	0.999	0.999	0.999	0.999	0.999	0.999	0.999	0.999	0.999	0.999	0.999	0.999	0.999	0.999
0.45	0.997	0.998	0.998	0.998	0.999	0.999	0.999	0.999	0.999	0.999	0.999	0.999	0.999	0.999	0.999	0.999	0.999	0.999	0.999	0.999
0.50	0.995	0.996	0.997	0.998	0.998	0.998	0.998	0.999	0.999	0.999	0.999	0.999	0.999	0.999	0.999	0.999	0.999	0.999	0.999	0.999
0.55	0.992	0.994	0.995	0.996	0.997	0.997	0.998	0.998	0.998	0.999	0.999	0.999	0.999	0.999	0.999	0.999	0.999	0.999	0.999	0.999
0.60	0.987	0.989	0.991	0.993	0.994	0.995	0.996	0.996	0.997	0.997	0.998	0.998	0.998	0.999	0.999	0.999	0.999	0.999	0.999	0.999
0.65	0.978	0.982	0.985	0.987	0.989	0.991	0.992	0.993	0.994	0.995	0.996	0.996	0.997	0.997	0.998	0.999	0.999	0.999	0.999	0.999
0.70	0.963	0.969	0.972	0.976	0.979	0.982	0.985	0.987	0.988	0.990	0.991	0.992	0.993	0.994	0.995	0.996	0.996	0.997	0.997	0.997
0.75	0.936	0.943	0.950	0.956	0.961	0.965	0.969	0.973	0.976	0.979	0.981	0.983	0.985	0.987	0.988	0.990	0.991	0.992	0.993	0.994
0.80	0.889	0.899	0.909	0.917	0.925	0.932	0.939	0.945	0.950	0.954	0.959	0.963	0.966	0.968	0.972	0.975	0.977	0.979	0.981	0.983
0.85	0.808	0.821	0.834	0.846	0.857	0.868	0.877	0.886	0.894	0.902	0.909	0.915	0.921	0.927	0.932	0.937	0.942	0.946	0.950	0.953
0.90	0.667	0.683	0.698	0.713	0.727	0.740	0.753	0.765	0.776	0.787	0.798	0.808	0.817	0.826	0.834	0.842	0.850	0.857	0.864	0.871
0.95	0.423	0.437	0.451	0.464	0.478	0.490	0.503	0.515	0.527	0.538	0.550	0.561	0.572	0.583	0.593	0.603	0.613	0.622	0.632	0.641
1.00	0.000	0.000	0.000	0.000	0.000	0.000	0.000	0.000	0.000	0.000	0.000	0.000	0.000	0.000	0.000	0.000	0.000	0.000	0.000	0.000

（1）连梁内力

通过上面的计算，求得了任意高度 ξ 处的 $\varphi(\xi)$ 值，由 $\varphi(\xi)$ 可求得连梁的约束弯矩为

$$m(\xi) = \varphi(\xi)V_0 \frac{\alpha_1^2}{\alpha^2} \tag{6.34}$$

连梁约束弯矩 $m(\xi)$ 是沿高度变化的连续函数，第 i 层连梁的约束弯矩 m_i、剪力 V_{bi} 应为该层连梁上、下各半层范围内诸连续化小连梁约束弯矩、剪力之和。为计算方便，可近似取该层实际连梁所在处小连梁的线约束弯矩、剪力乘以层高，如图 6.24 所示。

第 i 层连梁弯矩为

$$m_i = m_i(\xi) \cdot h_i \tag{6.35}$$

第 i 层连梁剪力为

$$V_{bi} = m_i(\xi) \frac{h_i}{a} \tag{6.36}$$

第 i 层连梁端部弯矩为

$$M_{bi} = V_{bi} \cdot \frac{l_{b0}}{2} \tag{6.37}$$

（2）墙肢内力

已知连梁内力后，可由隔离体平衡求出墙肢内力。

第 i 层墙肢轴力：

根据力的平衡条件，其为 i 层墙肢截面以上所有连梁剪力之和，两个墙肢轴力大小相等、方向相反。

$$N_{i1} = -N_{i2} = \sum_{k=i}^{n} V_{bk} \tag{6.38a}$$

第 i 层墙肢弯矩：

两墙肢截面以上弯矩之和 M_i 为：

$$M_i = M_{pi} - \sum_{k=i}^{n} m_k \tag{6.38b}$$

式中　M_{pi}——外荷载作用下 i 层截面处的总弯矩。

由于两墙肢的截面曲率相同，故各墙肢所承担的截面弯矩按各墙肢的抗弯刚度进行分配。即

$$\left.\begin{aligned} M_{i1} &= \frac{I_1}{I_1 + I_2}M_i \\ M_{i2} &= \frac{I_2}{I_1 + I_2}M_i \end{aligned}\right\} \tag{6.39}$$

第 i 层墙肢剪力：

各墙肢所承担的截面剪力按各墙肢的等效抗弯刚度分配。即

$$\left.\begin{aligned} V_{i1} &= \frac{I_{eq1}}{I_{eq1} + I_{eq2}}V_{pi} \\ V_{i2} &= \frac{I_{eq2}}{I_{eq1} + I_{eq2}}V_{pi} \end{aligned}\right\} \tag{6.40}$$

式中　I_{eqj}——考虑剪切变形影响的墙肢等效惯性矩。

$$I_{eqj} = \frac{I_j}{1 + \dfrac{12\mu EI_j}{GA_j h^2}} \tag{6.41}$$

V_{pi}——外荷载作用下 i 层截面处的总剪力。

6.6.1.5 双肢墙的位移与等效刚度

剪力墙在水平荷载作用下的位移一部分是由墙肢弯曲变形产生的水平位移 y_m,另一部分是由墙肢的剪切变形产生的水平位移 y_v。

由公式(6.27a)

$$E(I_1 + I_2)\theta_m' = M_1(x) + M_2(x) = M_p(x) - \int_0^x \alpha\tau(x)\mathrm{d}x$$

得到

$$\frac{\mathrm{d}^2 y_m}{\mathrm{d}\xi^2} = \theta_m' = \frac{1}{E(I_1 + I_2)}\left[M_p(\xi) - \int_0^\xi \alpha\tau(\xi)\mathrm{d}\xi\right]$$

将上式积分两次,可得由于弯曲变形产生的水平位移 y_m 为

$$y_m = \frac{1}{E(I_1 + I_2)}\left[\int_1^\xi\int_1^\xi M_p(\xi)\mathrm{d}\xi\mathrm{d}\xi - \int_1^\xi\int_1^\xi\int_\xi^0 \alpha\tau(\xi)\mathrm{d}\xi\mathrm{d}\xi\mathrm{d}\xi\right]$$

由墙肢的剪切变形产生的水平位移 y_v 由剪切变形与剪力墙剪力之间的下述关系积分求出:

$$\frac{\mathrm{d}y_v}{\mathrm{d}\xi} = -\frac{\mu V_p}{G(A_1 + A_2)}$$

$$y_v = -\frac{\mu}{G(A_1 + A_2)}\int_1^\xi V_p(\xi)\mathrm{d}\xi$$

因而,剪力墙的水平位移为

$$y = y_m + y_v = \frac{1}{E(I_1 + I_2)}\left[\int_1^\xi\int_1^\xi M_p(\xi)\mathrm{d}\xi\mathrm{d}\xi - \int_1^\xi\int_1^\xi\int_\xi^0 \alpha\tau(\xi)\mathrm{d}\xi\mathrm{d}\xi\mathrm{d}\xi\right] - \frac{\mu}{G(A_1 + A_2)}\int_1^\xi V_p(\xi)\mathrm{d}\xi$$

对于常用的三种荷载,积分后便可求得。

(1) 倒三角形荷载作用下

$$y = \frac{V_0 H^3}{60E(I_1 + I_2)}(1 - T)(11 - 15\xi + 5\xi^4 - \xi^5) + \frac{\mu V_0 H}{G(A_1 + A_2)}\left[(1 - \xi)^2 - \frac{1}{3}(1 - \xi^3)\right] -$$

$$\frac{V_0 H^3 T}{E(I_1 + I_2)}\left\{C_1\frac{1}{\alpha^3}[\mathrm{sh}(\alpha\xi) + (1 - \xi)\alpha\,\mathrm{ch}\alpha - \mathrm{sh}\alpha] + \right.$$

$$\left. C_2\frac{1}{\alpha^3}\left[\mathrm{ch}(\alpha\xi) + (1 - \xi)\alpha\,\mathrm{sh}\alpha - \mathrm{ch}\alpha - \frac{1}{2}\alpha^2\xi^2 + \alpha^2\xi - \frac{1}{2}\alpha^2\right] - \frac{1}{3\alpha^2}(2 - 3\xi + \xi^2)\right\} \quad (6.42)$$

(2) 均布荷载作用下

$$y = \frac{V_0 H^3}{24E(I_1 + I_2)}(1 - T)(3 - 4\xi + \xi^4) + \frac{\mu V_0 H}{2G(A_1 + A_2)}(1 - \xi^2) -$$

$$\frac{V_0 H^3 T}{E(I_1 + I_2)}\left\{C_1\frac{1}{\alpha^3}[\mathrm{sh}(\alpha\xi) + (1 - \xi)\alpha\,\mathrm{ch}\alpha - \mathrm{sh}\alpha] + \right.$$

$$\left. C_2\frac{1}{\alpha^3}\left[\mathrm{ch}(\alpha\xi) + (1 - \xi)\alpha\,\mathrm{sh}\alpha - \mathrm{ch}\alpha - \frac{1}{2}\alpha^2\xi^2 + \alpha^2\xi - \frac{1}{2}\alpha^2\right]\right\} \quad (6.43)$$

(3) 顶部集中荷载作用下

$$y = \frac{V_0 H^3}{6E(I_1 + I_2)}(1 - T)(2 - 3\xi + \xi^3) + \frac{\mu V_0 H}{G(A_1 + A_2)}(1 - \xi) -$$

$$\frac{V_0 H^3 T}{E(I_1 + I_2)}\left\{C_1\frac{1}{\alpha^3}[\mathrm{sh}(\alpha\xi) + (1 - \xi)\alpha\,\mathrm{ch}\alpha - \mathrm{sh}\alpha] + \right.$$

$$\left. C_2\frac{1}{\alpha^3}\left[\mathrm{ch}(\alpha\xi) + (1 - \xi)\alpha\,\mathrm{sh}\alpha - \mathrm{ch}\alpha - \frac{1}{2}\alpha^2\xi^2 + \alpha^2\xi - \frac{1}{2}\alpha^2\right]\right\} \quad (6.44)$$

式中 T——轴向变形影响系数,$T = \dfrac{\alpha_1^2}{\alpha^2}$。

当 $\xi=0$ 时，将前面求得的 C_1、C_2 代入后，经整理，得顶点水平位移为

$$\Delta = \begin{cases} \dfrac{11}{60}\dfrac{V_0 H^3}{E(I_1+I_2)}(1+3.64\gamma^2-T+\psi_a T) & \text{（倒三角形荷载）} \\[2mm] \dfrac{1}{8}\dfrac{V_0 H^3}{E(I_1+I_2)}(1+4\gamma^2-T+\psi_a T) & \text{（均布荷载）} \\[2mm] \dfrac{1}{3}\dfrac{V_0 H^3}{E(I_1+I_2)}(1+3\gamma^2-T+\psi_a T) & \text{（顶部集中荷载）} \end{cases} \tag{6.45}$$

式中　γ——考虑墙肢剪切变形的影响系数，$\gamma^2=\dfrac{\mu E(I_1+I_2)}{H^2 G(A_1+A_2)}$。

$$\psi_a = \begin{cases} \dfrac{60}{11}\dfrac{1}{\alpha^2}\left(\dfrac{2}{3}+\dfrac{2\operatorname{sh}\alpha}{\alpha^3\operatorname{ch}\alpha}-\dfrac{2}{\alpha^2\operatorname{ch}\alpha}-\dfrac{\operatorname{sh}\alpha}{\alpha\operatorname{ch}\alpha}\right) & \text{（倒三角形荷载）} \\[2mm] \dfrac{8}{\alpha^2}\left(\dfrac{1}{2}+\dfrac{1}{\alpha^2}-\dfrac{1}{\alpha^2\operatorname{ch}\alpha}-\dfrac{\operatorname{sh}\alpha}{\alpha\operatorname{ch}\alpha}\right) & \text{（均布荷载）} \\[2mm] \dfrac{3}{\alpha^2}\left(1-\dfrac{1}{\alpha}\dfrac{\operatorname{sh}\alpha}{\operatorname{ch}\alpha}\right) & \text{（顶部集中荷载）} \end{cases} \tag{6.46}$$

ψ_a 为与 α 有关的参数，计算时可查表 6.7。

表 6.7　　　　　　　　　　　　　　　　　　ψ_a 值表

α	倒三角形荷载	均布荷载	顶部集中荷载	α	倒三角形荷载	均布荷载	顶部集中荷载
1.000	0.720	0.722	0.715	11.000	0.026	0.027	0.022
1.500	0.537	0.540	0.528	11.500	0.023	0.025	0.020
2.000	0.399	0.403	0.388	12.000	0.022	0.023	0.019
2.500	0.302	0.306	0.290	12.500	0.020	0.021	0.017
3.000	0.234	0.238	0.222	13.000	0.019	0.020	0.016
3.500	0.186	0.190	0.175	13.500	0.017	0.018	0.015
4.000	0.151	0.155	0.140	14.000	0.016	0.017	0.014
4.500	0.125	0.128	0.115	14.500	0.015	0.016	0.013
5.000	0.105	0.108	0.096	15.000	0.014	0.015	0.012
5.500	0.089	0.092	0.081	15.500	0.013	0.014	0.011
6.000	0.077	0.080	0.069	16.000	0.012	0.013	0.010
6.500	0.067	0.070	0.059	16.500	0.012	0.013	0.010
7.000	0.058	0.061	0.052	17.000	0.011	0.012	0.009
7.500	0.052	0.054	0.046	17.500	0.011	0.011	0.009
8.000	0.046	0.048	0.041	18.000	0.010	0.011	0.008
8.500	0.041	0.043	0.036	18.500	0.009	0.010	0.008
9.000	0.037	0.039	0.036	19.000	0.009	0.009	0.007
9.500	0.034	0.035	0.029	19.500	0.008	0.009	0.007
10.000	0.031	0.032	0.027	20.000	0.008	0.009	0.007
10.500	0.028	0.030	0.024	20.500	0.008	0.008	0.006

同样由式（6.45）引出剪力墙等效抗弯刚度，可以直接按受弯悬臂杆的计算公式计算顶点位移。

$$\Delta = \begin{cases} \dfrac{11}{60}\dfrac{V_0 H^3}{EI_{eq}} & \text{（倒三角形荷载）} \\[2mm] \dfrac{1}{8}\dfrac{V_0 H^3}{EI_{eq}} & \text{（均布荷载）} \\[2mm] \dfrac{1}{3}\dfrac{V_0 H^3}{EI_{eq}} & \text{（顶部集中荷载）} \end{cases} \tag{6.47}$$

式中 EI_{eq}——双肢剪力墙的等效抗弯刚度,三种荷载下分别为

$$EI_{eq} = \begin{cases} \dfrac{E(I_1+I_2)}{1+3.64\gamma^2-T+\psi_a T} & \text{(倒三角形荷载)} \\[3mm] \dfrac{E(I_1+I_2)}{1+4\gamma^2-T+\psi_a T} & \text{(均布荷载)} \\[3mm] \dfrac{E(I_1+I_2)}{1+3\gamma^2-T+\psi_a T} & \text{(顶部集中荷载)} \end{cases} \tag{6.48}$$

6.6.1.6 关于墙肢剪切变形和轴向变形的影响

在前面的公式推导中,$G(A_1+A_2)$ 反映墙肢的剪切刚度;计算结果中,$\gamma^2=\dfrac{\mu E(I_1+I_2)}{H^2 G(A_1+A_2)}$ 为反映考虑墙肢剪切变形的影响系数,叫作剪切系数。当忽略剪切变形的影响时,$\gamma=0$。

在前面公式中,α_1^2 是未考虑墙肢轴向变形的整体参数,α^2 是考虑墙肢轴向变形的整体参数,它们的比值 $T=\dfrac{\alpha_1^2}{\alpha^2}=\dfrac{Sa}{I_1+I_2+Sa}=\dfrac{I_n}{I}$,叫作轴向变形影响系数。

图 6.25 为一 20 层双肢剪力墙,图中给出了考虑弯曲、轴向、剪切变形,考虑弯曲、轴向变形,仅考虑弯曲变形三种情况比较曲线。

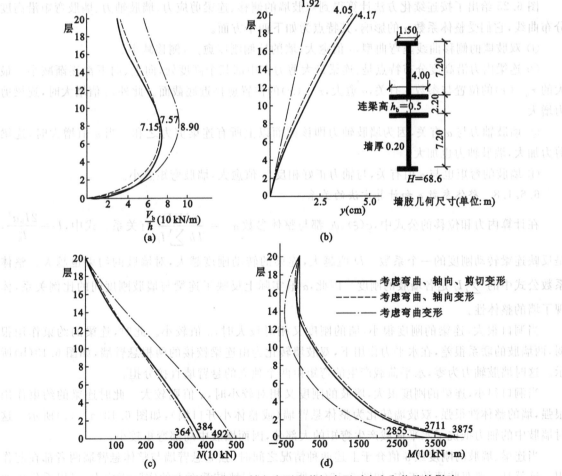

图 6.25 双肢墙弯曲变形、轴向变形和剪切变形对内力和位移的影响

(a) 连梁剪力;(b) 水平位移;(c) 墙肢轴力;(d) 墙肢弯矩

从①、②曲线的对比可以看出，不考虑剪切变形的影响，误差是不大的。一般说来，当高宽比 $\frac{H}{B} \geqslant 4$ 时，剪切变形的影响对双肢墙影响较小，可忽略剪切变形的影响，误差一般不超过 10%；对多肢墙由于高宽比较小，剪切变形的影响较大，可达 20%。《高层建筑混凝土结构技术规程》(JGJ 3—2010)规定，对剪力墙宜考虑剪切变形的影响。

从②、③曲线的对比可以看出，不考虑轴向变形的影响，误差是相当大的，轴向变形影响与层数有关，层数愈多，轴向变形影响愈大。忽略轴向变形对内力和位移的误差大致如表 6.8 所列。

表 6.8　　　　　　　　　　　　　　轴向变形对内力和位移的影响

误差	层数			
	10	15	20	30
内力	±(10~15)%	±20%	±(20~30)%	±50%
位移	偏小 30%	偏小 50%	偏小 200%	偏小 400% 以上

所以，《高层建筑混凝土结构技术规程》(JGJ 3—2010)规定，对 50 m 以上或高宽比大于 4 的结构宜考虑墙肢在水平荷载作用下轴向变形对内力和位移的影响。

6.6.1.7　双肢剪力墙的内力和位移分布规律

图 6.25 给出了按连续化方法计算得到双肢墙的侧移、连梁剪应力、墙肢轴力、墙肢弯矩沿高度分布曲线，它们受整体系数 α 的影响，其特点为如下四个方面。

① 双肢墙的侧移曲线呈弯曲型，α 值愈大，墙的抗侧刚度愈大，侧移减小。

② 连梁内力沿高度分布特点是：连梁最大剪力在中部某个高度处，向上、向下都逐渐减小。最大的 $\tau_{max}(x)$ 的位置与参数 α 有关，α 愈大，$\tau_{max}(x)$ 的位置愈接近底截面。此外，α 值增大时，连梁剪力增大。

③ 墙肢轴力与 α 有关，因为墙肢轴力即该截面以上所有连梁剪力之和。当 α 值增大时，连梁剪力加大，墙肢轴力也加大。

④ 墙肢的弯矩也与 α 值有关，与轴力正好相反，α 值愈大，墙肢弯矩愈小。

6.6.1.8　整体参数 α 和计算方法的关系

在计算内力和位移的公式中，$\varphi(\xi)$、ψ_a 都与整体参数 $\alpha^2 = \dfrac{6H^2D}{Th\sum I_i}$ 有关系。式中，$D = \dfrac{2I_b a^2}{l_b^3}$，是反映连梁转动刚度的一个系数。$D$ 值越大，连梁的转动刚度越大，对墙肢的约束也越大。整体系数公式中的 $\sum I_i$ 是各墙肢的刚度。因此，α 值实际上反映了连梁与墙肢刚度间的比例关系，体现了墙的整体性。

当洞口很大，连梁的刚度很小，墙的刚度又相对较大时，α 值较小。此时，连梁的约束作用很弱，两墙肢的联系很差，在水平力作用下，双肢墙转化为由连梁铰接的两根悬臂墙，如图 6.13(b)所示。这时墙肢轴力为零，水平荷载产生的弯矩由两个独立的悬臂墙直接分担。

当洞口很小，连梁的刚度很大，墙肢的刚度又相对较小时，α 值则较大。此时连梁的约束作用很强，墙的整体性很强，双肢墙转化为整体悬臂墙（或整体小开口墙），如图 6.13(a)、(c)所示。这时墙肢中的轴力抵抗了水平荷载产生弯矩的大部分，因而墙肢中局部弯矩较小。

当连梁、墙肢的刚度或 α 值介于上述两种情况之间时，独立悬臂墙与整体悬臂墙两者都在起作用。这就是一般双肢墙的工作，如图 6.13(d)所示。这时墙肢截面上的实际正应力，可以看作由两部分弯曲应力组成，其中一部分是作为整体悬臂墙作用产生的弯曲正应力，另一部分是作为独立悬臂墙作用产生的局部弯矩正应力。

以上分析中,对 α 很大的情况,归结为趋向整体墙,还有另一种情形,如孔洞很大,但梁柱刚度比很大,此时算出的 α 也很大,这时结构整体性也很强,但已属于框架的受力特点,如图 6.13(e)所示。所以,划分墙的类别和计算方法,除分析整体性外,还要分析沿墙肢高度的变化规律。

从沿墙肢高度弯矩变化图的规律看,整体墙和单独悬臂墙在水平荷载作用下,其作用如同一个悬臂杆,弯矩图没有反弯点,变形以弯曲型为主,如图 6.13(a)所示。整体小开口墙和双肢墙,由于有连梁约束弯矩的作用,墙肢弯矩图在约束梁处产生突变;从反弯点的角度看,或者很少数的层上有反弯点,如图 6.13(c)所示,或者没有反弯点,如图 6.13(d)所示,它们的变形仍以弯曲型为主。壁式框架的弯矩图不仅每层有突变,而且多数层中弯矩图有反弯点,如图 6.13(e)所示,其变形以剪切型为主。

最后要指出的是,以上分析都是从双肢墙的结果的分析中得出的。当墙开有多列孔洞时,形成多肢墙。多肢墙和双肢墙一样,由于开口大小的不同,连梁和墙肢刚度的不同,也会引起内力的变化。多肢墙的受力更复杂些,影响的因素也更多些。实验分析表明,在双肢墙理论分析基础上得到的判别条件,也可以应用到多肢墙中。但是这时的整体系数 α 应用多肢墙的公式计算,它已经是综合了各跨连梁刚度和各墙肢刚度之后的一个综合参数了。

6.6.2 多肢墙的计算

多肢剪力墙的分析方法与双肢墙类似,仍采用连续连杆法求解。图 6.26 为多肢剪力墙的几何参数和结构尺寸。

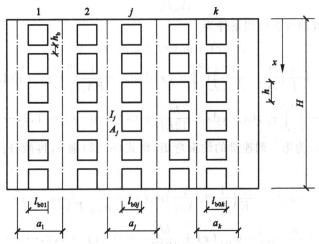

图 6.26 多肢剪力墙的结构尺寸

6.6.2.1 微分方程的建立

用于计算多肢墙的连续连杆法的基本假定与双肢墙相同。根据基本假定,将连续化的连杆沿中点切开,剪力集度为 $\tau_j(x)$。图 6.27 为多肢墙计算的基本体系。

同双肢墙一样,由每一个切口处的竖向相对位移为零的变形协调条件,均可建立一个微分方程。这里与双肢墙不同的是,除 $\tau_j(x)$ 的影响外,$\tau_{j-1}(x)$ 和 $\tau_{j+1}(x)$ 产生的轴力也对第 j 跨连梁切口处产生位移。

由墙肢弯曲变形产生的位移为

$$\delta_{1j}(x) = -a_j \theta_m \tag{6.49}$$

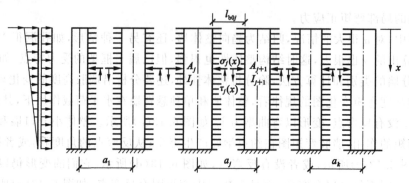

图 6.27　多肢墙的基本体系

由墙肢轴向变形产生的位移为

$$\delta_{2j}(x) = \frac{1}{E}\left(\frac{1}{A_j}+\frac{1}{A_{j+1}}\right)\int_x^H\int_0^x \tau_j(x)\mathrm{d}x\mathrm{d}x - \frac{1}{EA_j}\int_x^H\int_0^x \tau_{j-1}(x)\mathrm{d}x\mathrm{d}x -$$

$$\frac{1}{EA_{j+1}}\int_x^H\int_0^x \tau_{j+1}(x)\mathrm{d}x\mathrm{d}x \tag{6.50}$$

由连梁弯曲和剪切变形产生的位移为

$$\delta_{3j}(x) = 2\tau_j(x)\left(\frac{hl_{bj}^2}{24EI_{b0j}}+\frac{\mu h l_{bj}}{2GA_{bj}}\right) = \frac{hl_{bj}^3}{12EI_{bj}}\tau_j(x) \tag{6.51}$$

式中　I_{bj}——连梁的折算惯性矩，$I_{bj}=\dfrac{I_{b0j}}{1+\dfrac{30\mu EI_{b0j}}{A_{bj}l_{bj}^2}}$。

第 j 列连梁切口处的变形协调条件为

$$\delta_{1j}(x)+\delta_{2j}(x)+\delta_{3j}(x) = 0$$

$$-a_j\theta_m + \frac{1}{E}\left(\frac{1}{A_j}+\frac{1}{A_{j+1}}\right)\int_x^H\int_0^x \tau_j(x)\mathrm{d}x\mathrm{d}x - \frac{1}{EA_j}\int_x^H\int_0^x \tau_{j-1}(x)\mathrm{d}x\mathrm{d}x -$$

$$\frac{1}{EA_{j+1}}\int_x^H\int_0^x \tau_{j+1}(x)\mathrm{d}x\mathrm{d}x + \frac{hl_{bj}^3}{12EI_{bj}}\tau_j(x) = 0 \quad (j=1,2,\cdots,k) \tag{6.52}$$

令 $m_j(x)=a_j\tau_j(x)$ 为第 j 列连梁的约束弯矩，将式（6.52）乘 a，再微分两次，可得第 j 列连梁的微分方程式：

$$-a_j^2\theta_m'' + \frac{1}{E}\left(\frac{1}{A_j}+\frac{1}{A_{j+1}}\right)m_j(x) + \frac{a_j}{a_{j-1}}\frac{1}{EA_j}m_{j-1}(x)$$

$$+ \frac{a_j}{a_{j+1}}\frac{1}{EA_{j+1}}m_{j+1}(x) + \frac{hl_{bj}^3}{12EI_{bj}} = 0 \quad (j=1,2,\cdots,k) \tag{6.53}$$

这里与双肢墙不同的是，每一跨连梁有一个微分方程式，因而得到的是二阶线性微分方程组。对于有 k 列洞口的墙，则有 k 个微分方程，这就是多肢墙由连续连杆法计算时得到的基本微分方程组。为便于求解，可将每层的 k 个微分方程叠加。设各跨连梁切口处未知力之和 $\sum\limits_{j=1}^{k} m_j(x) = m(x)$ 为未知量，待求出每层的 $m(x)$ 后，再按比例求出每层每跨的 $m_j(x)$，分配到各跨连梁，最后利用平衡条件便可求得各墙肢的弯矩、轴力、剪力和各跨连梁的弯矩、剪力。

将式（6.53）所有微分方程叠加，并经整理可得

$$-E\sum_{j=1}^{k} I_{bj}\frac{a_1^2}{H^2}\theta_m'' + m''(x) + \frac{6}{h}\sum_{j=1}^{k}\frac{D_j}{a_j}\left(\frac{1}{S_j}\eta_j - \frac{1}{a_{j-1}A_j}\eta_{j-1} - \frac{1}{a_{j+1}A_{j+1}}\eta_{j+1}\right)m(x) = 0 \tag{6.54}$$

式中　D_j——第 j 列连梁的刚度系数，$D_j = \dfrac{2I_{\mathrm{b}j}a_j^2}{l_{\mathrm{b}j}^3}$；

α_1——第 j 列连梁墙肢刚度比，未考虑墙肢轴向变形影响系数，$\alpha_1^2 = \dfrac{6H^2}{h\sum\limits_{j=1}^{k+1} I_j}\sum\limits_{j=1}^{k} D_j$；

S_j——第 j、$j+1$ 列墙肢组合截面形心轴的面积矩，$S_j = \dfrac{a_j A_j A_{j+1}}{A_j + A_{j+1}}$。

在双肢墙中曾推导过墙肢变形与外荷载的关系为

$$\theta_{\mathrm{m}}' = -\frac{M(x)}{E\sum\limits_{j=1}^{k+1} I_j} = -\frac{1}{E\sum\limits_{j=1}^{k+1} I_j}\left[M_{\mathrm{p}}(x) - \int_0^x m(x)\,\mathrm{d}x\right]$$

$$\theta_{\mathrm{m}}'' = -\frac{1}{E\sum\limits_{j=1}^{k+1} I_j}\left[V_{\mathrm{p}}(x) - m(x)\right]$$

$$\theta_{\mathrm{v}} = -\frac{\mathrm{d}y_{\mathrm{v}}}{\mathrm{d}x} = \frac{\mu}{GA}V_{\mathrm{p}}(x)$$

$$A = \sum_{j=1}^{k+1} A_j$$

式中　$M_{\mathrm{p}}(x)$——外荷载引起的计算截面的总弯矩；

$V_{\mathrm{p}}(x)$——外荷载引起的计算截面的总剪力。

对于常用的三种荷载，双肢墙推导得：

$$\theta_{\mathrm{m}}'' = \begin{cases} \dfrac{V_0}{E\sum\limits_{j=1}^{k+1} I_j}\left[\left(1-\dfrac{x}{H}\right)^2 - 1\right] + \dfrac{m(x)}{E\sum\limits_{j=1}^{k+1} I_j} & \text{（倒三角形荷载）} \\[2em] \dfrac{V_0}{E\sum\limits_{j=1}^{k+1} I_j}\left(-\dfrac{x}{H}\right) + \dfrac{m(x)}{E\sum\limits_{j=1}^{k+1} I_j} & \text{（均布荷载）} \\[2em] -\dfrac{V_0}{E\sum\limits_{j=1}^{k+1} I_j} + \dfrac{m(x)}{E\sum\limits_{j=1}^{k+1} I_j} & \text{（顶部集中荷载）} \end{cases}$$

将 θ_{m}'' 代入式（6.54），可得

$$m''(x) - \frac{\alpha_1^2}{H^2}m(x) = \begin{cases} -\dfrac{\alpha_1^2}{H^2}V_0\left[1-\left(1-\dfrac{x}{H}\right)^2\right] & \text{（倒三角形荷载）} \\[1.5em] -\dfrac{\alpha_1^2}{H^2}V_0\,\dfrac{x}{H} & \text{（均布荷载）} \\[1.5em] -\dfrac{\alpha_1^2}{H^2}V_0 & \text{（顶部集中荷载）} \end{cases} \qquad (6.55)$$

其中

$$\alpha^2 = \alpha_1^2 + \frac{6H^2}{h}\sum_{j=1}^{k}\frac{D_j}{a_j}\left(\frac{1}{S_j}\eta_j - \frac{1}{a_{j-1}A_j}\eta_{j-1} - \frac{1}{a_{j+1}A_{j+1}}\eta_{j+1}\right)$$

这就是多肢墙的总体微分方程，以总约束弯矩 $m(x) = \sum\limits_{j=1}^{k} m_j(x)$ 为未知量。其中，α_1^2 为不考

虑轴向变形影响时的整体系数，α^2 为考虑轴向变形影响时的整体系数，$\alpha^2 > \alpha_1^2$，$\eta_j = \dfrac{m_j(x)}{m(x)} =$

$\dfrac{m_j(x)}{\sum\limits_{j=1}^{k} m_j(x)}$，称为第 j 列连梁的约束弯矩分配系数。

6.6.2.2　微分方程的解

由于式(6.55)和式(6.30)类似，所以可以利用双肢墙的结果来解答。

令

$$\xi = \frac{x}{H}, \quad m(\xi) = \varphi(\xi) V_0 \frac{\alpha_1^2}{\alpha^2} \tag{6.56}$$

式(6.55)可转化为

$$\varphi''(\xi) - \alpha^2 \varphi(\xi) = \begin{cases} -\alpha^2 [1 - (1-\xi)^2] & \text{（倒三角形荷载）} \\ -\alpha^2 \xi & \text{（均布荷载）} \\ -\alpha^2 & \text{（顶部集中荷载）} \end{cases}$$

该式的一般解为

$$\varphi(\xi) = C_1 \operatorname{ch}(\alpha\xi) + C_2 \operatorname{sh}(\alpha\xi) + \begin{cases} 1 - (1-\xi)^2 - \dfrac{2}{\alpha^2} & \text{（倒三角形荷载）} \\ \xi & \text{（均布荷载）} \\ 1 & \text{（顶部集中荷载）} \end{cases} \tag{6.57}$$

这里 φ、C_1、C_2 的表达式均与双肢墙相同，只是计算时有关参数应按多肢墙的公式计算。

将 C_1、C_2 代入式(6.57)，得到三种常见荷载下的 $\varphi(\xi)$ 的具体表达式(6.33)，根据多肢墙的相对坐标 ξ 及整体系数 α 可由表 6.4～表 6.6 查出三种常见荷载下的 $\varphi(\xi)$ 值。

将查得的 $\varphi(\xi)$ 值代入式(6.56)，可计算出总约束弯矩为

$$m(\xi) = \varphi(\xi) V_0 T \tag{6.58}$$

第 i 层的总约束弯矩为

$$m_i(\xi) = \varphi(\xi) V_0 T h \tag{6.59}$$

第 i 层 j 列连梁的约束弯矩为

$$m_{ij}(\xi) = \eta_j m_i(\xi) = \eta_j \varphi(\xi) V_0 T h \tag{6.60a}$$

式中　T——多肢墙轴向变形影响系数。

$$T = \frac{\alpha_1^2}{\alpha^2} = \frac{1}{1 + \dfrac{\sum I_j}{\sum D_j} \sum \left[\dfrac{D_j}{a_j} \left(\dfrac{1}{S_j} \eta_j - \dfrac{1}{a_{j-1} A_{j-1}} \eta_{j-1} - \dfrac{1}{a_{j+1} A_{j+1}} \eta_{j+1} \right) \right]} \tag{6.60b}$$

为便于计算，当为 3～4 肢时，可近似取 $T=0.80$；当为 5～7 肢时，$T=0.85$；当为 8 肢以上时，$T=0.90$。η_j 为第 j 列连梁的约束弯矩分配系数。

6.6.2.3　约束弯矩分配系数 η_j

每层连梁总约束弯矩 $m_i(\xi)$ 按一定比例分配到各跨连梁，见式(6.60)，这里关键是要解决如何确定约束弯矩分配系数 η_j 的问题。

影响连梁的约束弯矩分配系数的因素有各连梁的刚度系数 D_j 和各连梁跨中点处剪力的分布关系。

(1) 各连梁的刚度系数 D_j

各跨连梁的约束弯矩与各连梁的刚度系数 D_j 有关，D_j 值越大的梁，分配到的约束弯矩越大，η_j 值就越大；反之，D_j 值越小的梁，分配到的约束弯矩越小，η_j 值就越小。

（2）各连梁跨中点处剪力的分布关系

在水平荷载作用下，墙肢剪力使墙肢截面产生水平和竖向剪应力，第 j 跨连梁跨度中点处的竖向剪应力 $\tau_j(x)$ 与该列连梁约束弯矩有关，即 $m_j(x)=a_j\tau_j(x)$，而 $m(x)=\sum\limits_{j=1}^{k}m_j(x)$，因此，$m(x)$ 在各连梁之间的分配还应与各连梁跨中处的剪应力分布有关。跨度中点处剪应力较大的梁，分配到的约束弯矩大；反之，跨度中点处剪应力小的梁 η_j 值就小。

连梁跨中点处剪应力分布规律与连梁的竖向位置 $\xi=\dfrac{x}{H}$ 和水平位置 $\dfrac{r_j}{B}$ 有关，如图 6.28 所示，还与墙的整体系数 α 有关。

试验表明，靠近墙中间部位剪应力较大，靠近墙两侧剪应力较小。低层部分剪应力沿水平方向变化较平缓，高层部分中间大两端小的趋势较明显。

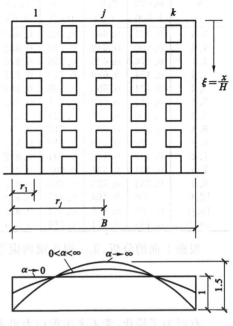

图 6.28 多肢墙连梁剪应力分布

此外，从墙的整体性看，对整体性很差的墙，即 $\alpha\to 0$，剪应力沿水平方向呈直线平均分布，墙肢上各点剪应力与平均值之比为 1；对整体性很好的墙，即 $\alpha\to\infty$，剪应力呈抛物线分布，在两端 $\left(\dfrac{r_j}{B}=0\text{ 和 }1\right)$ 剪应力为零，在中间 $\left(\dfrac{r_j}{B}=\dfrac{1}{2}\right)$ 剪应力为平均值的 1.5 倍（矩形截面墙）；当墙的整体性介于两者之间，即 $0<\alpha<\infty$，剪应力分布介于两者之间。

据此，用 φ_j 表示第 j 列连梁跨中剪应力与平均剪应力之比，即

$$\varphi_j=\frac{1}{1+\dfrac{\alpha}{4}}\left[1+1.5\alpha\frac{r_j}{B}\left(1-\frac{r_j}{B}\right)\right] \tag{6.61}$$

式中 r_j——第 j 列连梁中点至墙边的距离。

φ_j 可根据连梁所在的位置 $\dfrac{r_j}{B}$ 及 α 由表 6.9 查得。计算 α 时，由于 α 式中的 η_j 尚为未知，因此可先按 $\alpha=\alpha_1$ 及 $\dfrac{r_j}{B}$ 查表 6.9 求 φ_j。

表 6.9　　　　　　　　　　　　　　　　　约束弯矩分配系数 φ_j

α	r_j/B										
	0.000	0.05	0.10	0.15	0.20	0.25	0.30	0.35	0.40	0.45	0.50
	1.000	0.95	0.90	0.85	0.80	0.75	0.70	0.65	0.60	0.55	0.50
0.0	1.000	1.000	1.000	1.000	1.000	1.000	1.000	1.000	1.000	1.000	1.000
0.4	0.903	0.934	0.958	0.978	0.996	1.011	1.023	1.033	1.040	1.044	1.045
0.8	0.833	0.880	0.923	0.960	0.993	1.020	1.043	1.060	1.073	1.080	1.083
1.2	0.769	0.835	0.893	0.945	0.990	1.028	1.060	1.084	1.101	1.111	1.115
1.6	0.714	0.795	0.868	0.932	0.988	1.035	1.074	1.104	1.125	1.138	1.142
2.0	0.666	0.761	0.846	0.921	0.986	1.041	1.086	1.121	1.146	1.161	1.166
2.4	0.625	0.731	0.827	0.911	0.985	1.046	1.097	1.136	1.165	1.181	1.187
2.8	0.588	0.705	0.810	0.903	0.983	1.051	1.107	1.150	1.181	1.199	1.205
3.2	0.555	0.682	0.795	0.895	0.982	1.055	1.115	1.162	1.195	1.215	1.222

α	r_j/B										
	0.000	0.05	0.10	0.15	0.20	0.25	0.30	0.35	0.40	0.45	0.50
	1.000	0.95	0.90	0.85	0.80	0.75	0.70	0.65	0.60	0.55	0.50
3.6	0.525	0.661	0.782	0.888	0.981	1.059	1.123	1.172	1.208	1.229	1.236
4.0	0.500	0.642	0.770	0.882	0.980	1.062	1.130	1.182	1.220	1.242	1.250
4.4	0.476	0.625	0.759	0.876	0.979	1.065	1.136	1.191	1.230	1.254	1.261
4.8	0.454	0.610	0.749	0.871	0.978	1.068	1.141	1.199	1.240	1.264	1.272
5.2	0.434	0.595	0.739	0.867	0.977	1.070	1.146	1.206	1.248	1.274	1.282
5.6	0.416	0.582	0.731	0.862	0.976	1.072	1.151	1.212	1.256	1.282	1.291
6.0	0.400	0.571	0.724	0.859	0.975	1.075	1.156	1.219	1.264	1.291	1.300
6.4	0.384	0.560	0.716	0.855	0.975	1.076	1.160	1.224	1.270	1.298	1.307
6.8	0.370	0.549	0.710	0.852	0.974	1.078	1.163	1.229	1.277	1.305	1.314
7.2	0.357	0.540	0.701	0.848	0.974	1.080	1.167	1.234	1.282	1.311	1.321
7.6	0.344	0.531	0.698	0.846	0.973	1.081	1.170	1.239	1.288	1.317	1.327
8.0	0.333	0.523	0.693	0.843	0.973	1.083	1.173	1.243	1.293	1.323	1.333
12.0	0.250	0.463	0.655	0.823	0.969	1.093	1.195	1.273	1.330	1.363	1.375
16.0	0.200	0.428	0.632	0.811	0.967	1.100	1.208	1.292	1.352	1.388	1.400
20.0	0.166	0.404	0.616	0.804	0.966	1.104	1.261	1.302	1.366	1.404	1.416

根据上面的分析,第 j 列连梁约束弯矩分配系数可按下式计算:

$$\eta_j = \frac{D_j\varphi_j}{\sum_{j=1}^{k}D_j\varphi_j} \tag{6.62}$$

有时为了简化,常不考虑剪应力沿水平方向分布因素的影响,直接由连梁的刚度系数 D_j 的比值确定约束弯矩分配系数,即取 $\varphi_j=1$。

6.6.2.4　多肢墙的内力计算

(1) 连梁内力

与双肢墙的计算步骤相同,首先根据求出的 $\varphi(\xi)$ 由式(6.59)得到 i 层的总约束弯矩 $m_i(\xi)$,再由式(6.60)求出第 i 层 j 列连梁的约束弯矩为

$$m_{ij}(\xi) = \eta_j m_i(\xi) = \eta_j\varphi(\xi)V_0Th$$

第 i 层 j 列连梁剪力

$$V_{bij} = \frac{1}{a_j}m_{ij}(\xi) \tag{6.63}$$

第 i 层 j 列连梁弯矩

$$M_{bij} = V_{bij}\frac{l_{b0j}}{2} \tag{6.64}$$

(2) 墙肢内力

第 i 层第 1 墙肢轴力

$$N_{i1} = \sum_{s=i}^{n}V_{b,s1} \tag{6.65a}$$

第 i 层第 j 墙肢轴力

$$N_{ij} = \sum_{s=i}^{n}[V_{bsj} - V_{b,s(j-1)}] \tag{6.65b}$$

第 i 层第 $k+1$ 墙肢轴力

$$N_{i,(k+1)} = \sum_{s=i}^{n}V_{b,sk} \tag{6.65c}$$

第 i 层第 j 墙肢弯矩,按弯曲刚度进行分配

$$M_{ij} = \frac{I_j}{\sum\limits_{j=1}^{k+1} I_j}\left(M_{pi} - \sum_{s=i}^{n} m_s\right) \tag{6.66}$$

式中　M_{pi}——水平荷载在第 i 层产生的总弯矩；

　　　m_s——第 s 层($s \geqslant i$)的总约束弯矩。

第 i 层第 j 墙肢剪力，近似按各墙肢等效惯性矩进行分配

$$V_{ij} = \frac{I_{eqj}}{\sum\limits_{j=1}^{k+1} I_{eqj}} V_{pi} \tag{6.67}$$

式中　V_{pi}——水平荷载在第 i 层产生的总剪力。

6.6.2.5　多肢墙的位移计算

顶部位移公式与双肢墙相同，仍为

$$\Delta = \begin{cases} \dfrac{11}{60}\dfrac{V_0 H^3}{EI_{eq}} & \text{（倒三角形荷载）} \\[3mm] \dfrac{1}{8}\dfrac{V_0 H^3}{EI_{eq}} & \text{（均布荷载）} \\[3mm] \dfrac{1}{3}\dfrac{V_0 H^3}{EI_{eq}} & \text{（顶部集中荷载）} \end{cases} \tag{6.68}$$

与双肢墙不同的是，三种荷载下多肢剪力墙的等效抗弯刚度 EI_{eq} 分别为

$$EI_{eq} = \begin{cases} \dfrac{E\sum\limits_{j=1}^{k+1} I_j}{1 + 3.64\gamma^2 - T + \psi_a T} & \text{（倒三角形荷载）} \\[4mm] \dfrac{E\sum\limits_{j=1}^{k+1} I_j}{1 + 4\gamma^2 - T + \psi_a T} & \text{（均布荷载）} \\[4mm] \dfrac{E\sum\limits_{j=1}^{k+1} I_j}{1 + 3\gamma^2 - T + \psi_a T} & \text{（顶部集中荷载）} \end{cases} \tag{6.69}$$

式(6.69)中，$\gamma^2 = \dfrac{E\sum \mu_j I_j}{H^2 G \sum A_j}$。

【例 6.2】　图 6.29 所示为 11 层三肢剪力墙，试计算其内力和位移（图中单位为 m）。

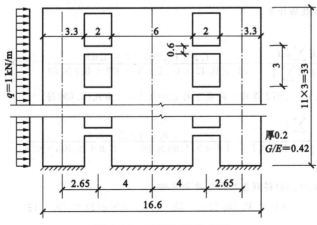

图 6.29　11 层三肢剪力墙

【解】 (1) 计算几何参数

连梁：

惯性矩

$$I_{b01} = I_{b02} = \frac{0.2 \times 0.6^3}{12} = 0.0036 \ (\text{m}^4)$$

计算跨度

$$l_{b1} = l_{b2} = l_{b01} + \frac{h_b}{2} = 2 + \frac{0.6}{2} = 2.3 \ (\text{m})$$

折算惯性矩

$$I_{b1} = I_{b2} = \frac{I_{b01}}{1 + \dfrac{12\mu E I_{b01}}{G A_{b1} l_{b1}^2}} = \frac{0.0036}{1 + \dfrac{12 \times 1.2 \times 0.0036}{0.42 \times 0.2 \times 0.6 \times 2.3^2}} = 0.003 \ (\text{m}^4)$$

连梁刚度系数

$$D_1 = D_2 = \frac{2 I_{b1} a_1^2}{l_1^3} = \frac{2 \times 0.003 \times 6.65^2}{2.3^3} = 2.18 \times 10^{-2}$$

墙肢：

惯性矩

$$I_1 = I_3 = \frac{0.2 \times 3.3^3}{12} = 0.59895 \ (\text{m}^4)$$

$$I_2 = \frac{0.2 \times 6^3}{12} = 3.60 \ (\text{m}^4)$$

等效惯性矩

$$I_{eq1} = I_{eq3} = \frac{I_1}{1 + \dfrac{12\mu E I_1}{G A_1 h^2}} = \frac{0.599}{1 + \dfrac{12 \times 1.2 \times 0.599}{0.42 \times 0.2 \times 3.3 \times 3^2}} = 0.134 \ (\text{m}^4)$$

$$I_{eq2} = \frac{I_2}{1 + \dfrac{12\mu E I_2}{G A_2 h^2}} = \frac{3.6}{1 + \dfrac{12 \times 1.2 \times 3.6}{0.42 \times 0.2 \times 6 \times 3^2}} = 0.290 \ (\text{m}^4)$$

(2) 计算综合参数

由式(6.54)得

$$\alpha_1^2 = \frac{6 H^2}{h \sum\limits_{j=1}^{k+1} I_j} \sum_{j=1}^{k} D_j = \frac{6 \times 33^2}{3 \times (0.599 \times 2 + 3.6)} \times (2.18 \times 10^{-2} \times 2) = 19.78$$

对于三肢墙，取轴向变形影响系数 $T = 0.8$，由式(6.60)得考虑轴向变形的整体系数

$$\alpha^2 = \frac{\alpha_1^2}{T} = \frac{19.78}{0.8} = 24.73$$

$\alpha = 4.972 < 10$，可按多肢墙计算。

剪切参数

$$\gamma^2 = \frac{E \sum \mu_j I_j}{H^2 G \sum A_j} = \frac{1.2 \times (0.599 \times 2 + 3.6)}{33^2 \times 0.42 \times (0.2 \times 3.3 \times 2 + 0.2 \times 6)} = 4.99 \times 10^{-3}$$

等效刚度由表6.7，按 $\alpha = 4.972$ 查均布荷载下的 $\psi_a = 0.108$。由式(6.69)得

$$I_{eq} = \frac{\sum\limits_{j=1}^{k+1} I_j}{1 + 4\gamma^2 - T + \psi_a T} = \frac{0.599 \times 2 + 3.6}{1 + 4 \times 4.99 \times 10^{-3} - 0.8 + 0.108 \times 0.8} = 15.67 \ (\text{m}^4)$$

(3) 内力计算

根据求得的 $\varphi(\xi)$，由式(6.59)得到各层的总约束弯矩：

$$m_i(\xi) = V_0 Th\varphi(\xi) = 33 \times 0.8 \times 3 \times \varphi(\xi) = 79.2\varphi(\xi)$$

式中 $\varphi(\xi)$ 可查表 6.5 求得。

顶层总约束弯矩为上式的一半。

因只有两列连梁,且对称布置,所以 $\eta_j = \dfrac{1}{2}$。

各层连梁剪力为

$$V_{bi1} = V_{bi2} = \frac{m_{ij}(\xi)}{a_j} = \frac{m_i(\xi)\eta_j}{a_j} = \frac{m_i(\xi)}{13.3}$$

各层连梁的弯矩为

$$M_{bi1} = M_{bi2} = V_{bij}\frac{l_{b0j}}{2} = \frac{m_i(\xi)}{13.3}$$

墙肢弯矩

$$M_{ij} = \frac{I_j}{\sum\limits_{j=1}^{k+1} I_j}\left(M_{pi} - \sum_{s=i}^{n} m_s\right)$$

墙肢轴力

$$N_{i1} = N_{i3} = \sum_{s=i}^{n} V_{bs}, \quad N_{i2} = 0$$

墙肢剪力

$$V_{ij} = \frac{I_{eqj}}{\sum\limits_{j=1}^{k+1} I_{eqj}} V_{pi}$$

列成表格计算,计算过程和各层结果如表 6.10 和表 6.11 所示。

表 6.10　　　　　　　　　　　　　　　相关参数计算结果表

层数	ξ	$\varphi(\xi)$	$m_i(\xi)$	$\sum\limits_{s=i}^{n} m_s(\xi)$	$M_{pi} = \dfrac{V_0 H}{2}\xi^2$
11	0	0.187	7.41	7.41	0
10	0.0909	0.204	16.16	23.57	4.50
9	0.1818	0.243	19.25	42.82	18.00
8	0.2727	0.295	23.36	66.18	40.49
7	0.3636	0.353	27.96	94.14	71.98
6	0.4545	0.408	32.31	126.45	112.48
5	0.5454	0.454	35.96	162.41	161.97
4	0.6363	0.485	38.41	200.82	220.46
3	0.7272	0.478	37.86	238.68	287.94
2	0.8181	0.425	33.66	272.34	364.43
1	0.9090	0.280	22.18	294.52	449.91
0	1	0	0	294.52	544.50

表 6.11　　　　　　　　　　　　　　　内力计算结果表

层数	V_{bij} (kN)	M_{bij} (kN·m)	$M_{pi} - \sum\limits_{s=i}^{n} m_s(\xi)$	$M_1 = M_3$ (kN·m)	M_2 (kN·m)	$V_1 = V_3$ (kN)	V_2 (kN)	$N_1 = N_3$ (kN)
11	0.56	0.56	−7.41	−0.92	−5.56	0	0	0.56
10	1.22	1.22	−19.07	−2.38	−14.30	0.72	1.56	1.78
9	1.45	1.45	−24.82	−3.10	−18.61	1.44	3.12	3.23

续表

层数	V_{bij} (kN)	M_{bij} (kN·m)	$M_{pi} - \sum\limits_{s=i}^{n} m_s(\xi)$	$M_1 = M_3$ (kN·m)	M_2 (kN·m)	$V_1 = V_3$ (kN)	V_2 (kN)	$N_1 = N_3$ (kN)
8	1.76	1.76	−25.69	−3.21	−19.27	2.16	4.68	4.99
7	2.10	2.10	−22.16	−2.77	−16.62	2.88	6.24	7.09
6	2.43	2.43	−13.97	−1.75	−10.48	3.60	7.80	9.52
5	2.70	2.70	−0.44	−0.06	−0.33	4.32	9.36	12.22
4	2.89	2.89	19.64	2.46	14.73	5.04	10.92	15.11
3	2.85	2.85	49.26	6.16	36.95	5.76	12.48	17.96
2	2.53	2.53	92.09	11.51	69.07	6.48	14.04	20.49
1	1.67	1.67	155.39	19.42	116.54	7.20	15.60	22.16
0	0	0	249.98	31.17	187.03	7.92	17.16	22.16

（4）位移计算

顶点位移

$$\Delta = \frac{V_0 H^3}{8 E I_{eq}} = \frac{33 \times 33^3}{8 \times 2.6 \times 10^7 \times 15.67} = 0.000364 \text{（m）}$$

6.7　壁式框架在水平荷载作用下的近似计算

6.7.1　计算简图及特点

具有多列洞口的剪力墙，当剪力墙洞口尺寸较大，且洞口上连梁的刚度大于或接近于洞口侧墙肢的刚度时，剪力墙的受力性能已接近于框架，其变形曲线已接近剪切型，宜按壁式框架进行计算，见图 6.30。

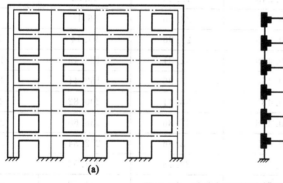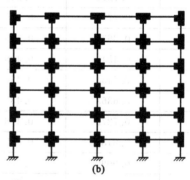

图 6.30　壁式框架的计算简图

壁式框架的轴线取壁梁（即连梁）和壁柱（即墙肢）截面的形心线。一般情况下，楼层的层高与壁梁间距不一定完全一样，为简化起见，视两者相等，即取楼面为壁梁轴线，$h_w = h$。

在壁式框架中，因其高梁、宽柱的截面（其杆件截面相对跨度较大）特点，在梁柱铰接区形成一个不产生弹性变形的刚性节点区域（不再是一个节点），这样梁柱端部一定长度内都属于这个刚域范围。所谓"刚域"，是指梁、柱结合区的截面比梁、柱的截面大很多，其结合区弯、剪变形很小，可以忽略不计，内力分析时可认为是绝对刚性的，故称为"刚域"。因此，壁式框架的梁、柱实际上都是带刚域的杆件，壁式框架就是杆端带有刚域的变截面刚架。

刚域的长度通过试验与比较计算确定。刚域尺寸的合理确定,会在一定程度上影响结构的整体分析。目前常用的取法是:梁的刚域与梁高 h_b 有关,进入结合区的长度为 $h_b/4$;柱的刚域与柱宽 h_c 有关,进入结合区的长度为 $h_c/4$。如图 6.31 所示。

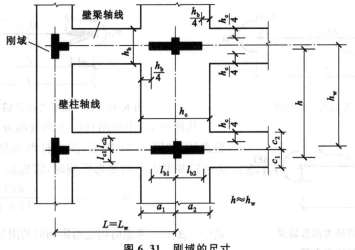

图 6.31　刚域的尺寸

在内力和位移计算中,壁式框架梁、柱节点区的刚域长度按下式近似计算:

$$
\left.
\begin{aligned}
l_{b1} &= a_1 - \frac{h_b}{4} \\
l_{b2} &= a_2 - \frac{h_b}{4} \\
l_{c1} &= c_1 - \frac{h_c}{4} \\
l_{c2} &= c_2 - \frac{h_c}{4}
\end{aligned}
\right\}
\tag{6.70}
$$

当式(6.70)计算的刚域长度为负值时,应取为零。

壁式框架与普通框架的区别:① 梁柱节点较大,存在刚域;② 墙肢与连梁截面尺寸较大,剪切变形的影响不能忽略。

应当指出的是,由于高层结构自重等随高度增大而快速增大,因此还需考虑轴向变形的影响。所以不管是哪一类剪力墙,一般均应考虑弯、剪、轴三种变形影响。

壁式框架可用矩阵位移法用计算机软件计算,也可沿用普通框架结构 D 值法进行计算。原理和步骤与普通框架一样,针对壁式框架与普通框架的区别,相应要进行一些修正。D 值法是一种较为方便的近似计算方法,适合于手算。

6.7.2　带刚域杆考虑剪切变形后刚度系数和 D 值计算

普通框架中某等截面直杆当其两端各转动一单位转角($\theta_1 = \theta_2 = 1$)时,如图 6.32 所示,需施加的杆端弯矩为:

$$
\left.
\begin{aligned}
m_{12} &= \frac{6EI}{l} = 6i \\
m_{21} &= \frac{6EI}{l} = 6i \\
m &= m_{12} + m_{21} = 12i
\end{aligned}
\right\}
\tag{6.71}
$$

对于带刚域且考虑剪切变形的杆件，当杆端转动单位转角（$\theta_1=\theta_2=1$）时，杆件的变形如图 6.33 所示，杆端的转动刚度系数 m_{12}、m_{21} 及它们的总和 $m=m_{12}+m_{21}$ 可采用等截面杆的刚度系数推导出来。

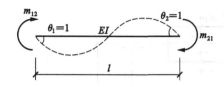

图 6.32　等截面杆的刚度系数

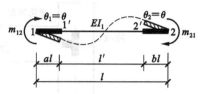

图 6.33　带刚域杆考虑剪切变形后的刚度系数

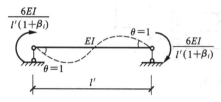

图 6.34　等截面杆考虑剪切变
形后的刚度系数

从图 6.33 中取出杆的无刚域部分等截面直杆 $1'2'$ 为脱离体，如图 6.34 所示，图中杆两端转动单位转角（$\theta_1=\theta_2=1$）并考虑剪切变形影响时，需施加的杆端弯矩为

$$m_{1'2'}=m_{2'1'}=\frac{6EI}{l'(1+\beta_i)}$$

式中　β_i——考虑剪切变形影响后的附加系数，$\beta_i=\dfrac{12\mu EI}{GAl'^2}$。

今将杆的变形作如下分解，如图 6.35 所示，首先在点 $1'$ 和 $2'$ 处假设一铰，再将杆端 1、2 各产生单位转角，如图 6.35(b)所示，此时 $1'2'$ 仍为直杆（图中虚线），并绕铰转动一角度 φ，根据几何关系可知，$\varphi=\dfrac{(a+b)l}{l'}=\dfrac{a+b}{1-a-b}$。然后，再在铰接处加上一对弯矩 $m_{1'2'}$ 和 $m_{2'1'}$，让 $1'2'$ 杆从斜直线位置转为要求的变形位置，如图 6.35(c)所示，使 $1'2'$ 杆两端各转动一转角 $1+\varphi=\dfrac{1}{1-a-b}$，消除了铰的作用，即将 $1'$、$2'$ 两截面的内力暴露出来，同时暴露出来的还有一对剪力 $V_{1'2'}$、$V_{2'1'}$，如图 6.35(d)所示。因此：

$1'2'$ 段的杆端弯矩

$$m_{1'2'}=m_{2'1'}=\frac{6EI}{l'(1+\beta_i)}\left(\frac{1}{1-a-b}\right)=\frac{6EI}{(1-a-b)^2l(1+\beta_i)}$$

$1'2'$ 段的杆端剪力

$$V_{1'2'}=V_{2'1'}=-\frac{m_{1'2'}+m_{2'1'}}{l'}=-\frac{12EI}{(1-a-b)^3l^2(1+\beta_i)}$$

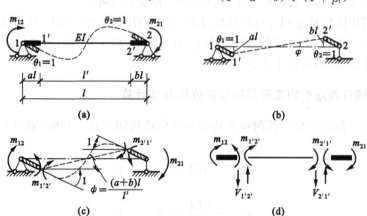

(a)

(b)

(c)

(d)

图 6.35　带刚域杆刚度系数的推导过程

根据刚性边端的平衡条件,可求出 12 杆的杆端弯矩,即梁端约束弯矩系数为

$$
\left.
\begin{aligned}
m_{12} &= m_{1'2'} - V_{1'2'}(al) = \frac{6EI(1+a-b)}{l(1-a-b)^3(1+\beta_i)} = 6ic \\
m_{21} &= m_{2'1'} - V_{2'1'}(bl) = \frac{6EI(1+b-a)}{l(1-a-b)^3(1+\beta_i)} = 6ic' \\
m &= m_{12} + m_{21} = \frac{12EI}{l(1-a-b)^3(1+\beta_i)} = 6i(c+c')
\end{aligned}
\right\}
\tag{6.72}
$$

式中 c,c'——刚域和剪切变形影响对左右杆件线刚度的修正系数。

$$
\left.
\begin{aligned}
c &= \frac{1+a-b}{(1-a-b)^3(1+\beta_i)} \\
c' &= \frac{1+b-a}{(1-a-b)^3(1+\beta_i)}
\end{aligned}
\right\}
\tag{6.73}
$$

$$
i = \frac{EI}{l}
$$

当不考虑剪切变形时,式(6.73)中 $\beta_i = 0$。

将式(6.72)与式(6.71)对比说明,带刚域杆件的转动刚度系数是由等截面杆乘以相应的系数 c、c' 及 $\dfrac{c+c'}{2}$ 得到的。其中:

壁式框架梁修正后的刚度为

$$
\left.
\begin{aligned}
K_{12} &= ci \\
K_{21} &= c'i
\end{aligned}
\right\}
\tag{6.74a}
$$

壁式框架柱修正后的刚度为

$$
K_c = \frac{c+c'}{2} i_c
\tag{6.74b}
$$

因此,考虑梁刚度影响,壁柱侧移刚度 D 值为

$$
D = \alpha K_c \frac{12}{h^2} = \alpha \frac{12}{h^2} \frac{c+c'}{2} i_c
\tag{6.75}
$$

式中 α——柱刚度修正系数,α 值的计算公式如表 6.12 所示。

表 6.12　　壁式框架柱侧移刚度修正值 α

楼层	壁梁壁柱修正刚度值	梁柱刚度比	α	附注
一般层	① $K_2=ci_2$　$K_o=\dfrac{c+c'}{2}i_o$　$K_4=ci_4$　　② $K_1=c'i_1$　$K_2=ci_2$　$K_o=\dfrac{c+c'}{2}i_o$　$K_3=c'i_3$　$K_4=ci_4$	① 情况 $K=\dfrac{K_2+K_4}{2K_c}$　② 情况 $K=\dfrac{K_1+K_2+K_3+K_4}{2K_c}$	$\alpha=\dfrac{K}{2+K}$	i_i 为梁未考虑刚域修正前的刚度 $i_i=\dfrac{EI_i}{l_i}$
底层	① $K_2=ci_2$　$K_o=\dfrac{c+c'}{2}i_o$　　② $K_1=c'i_1$　$K_2=ci_2$　$K_o=\dfrac{c+c'}{2}i_o$	① 情况 $K=\dfrac{K_2}{K_c}$　② 情况 $K=\dfrac{K_1+K_2}{K_c}$	$\alpha=\dfrac{0.5+K}{2+K}$	i_c 为梁未考虑刚域修正前的刚度 $i_c=\dfrac{EI_c}{h}$

6.7.3　壁式框架柱反弯点高度比

壁柱反弯点高度比按式(6.76)计算，见图6.36。

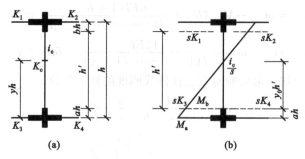

图 6.36　壁柱反弯点高度比

$$y = a + sy_0 + y_1 + y_2 + y_3 \qquad (6.76)$$

式中　a——柱下端刚域长度与柱总高的比值；

s——无刚域部分柱高与柱总高的比值，$s = h'/h$；

y_0——标准反弯点高度比，该值可根据框架总层数及本层所在楼层数以及梁柱线刚度比 K 由普通框架在均布荷载或倒三角形荷载作用下各层柱标准反弯点高度比的计算表格中查得，K 取该层柱上下壁梁的平均相对刚度与壁柱相对刚度的比值，按下式计算：

$$K = s^2 \frac{K_1 + K_2 + K_3 + K_4}{2i_c}$$

y_1——上下梁刚度变化修正值，由上下壁梁刚度比值 $\alpha_1 = \dfrac{K_1 + K_2}{K_3 + K_4}$ 或 $\alpha_1 = \dfrac{K_3 + K_4}{K_1 + K_2}$（刚度较小者为分子）及 K 查普通框架相应表格得到；

y_2——上层层高变化的修正值，由上层层高对该层层高的比值 $\alpha_2 = \dfrac{h_{上}}{h}$ 及 K 查普通框架相应表格得到，对最上层不考虑该项修正；

y_3——下层层高变化的修正值，由下层层高对该层层高的比值 $\alpha_3 = \dfrac{h_{下}}{h}$ 及 K 查普通框架相应表格得到，对最下层不考虑该项修正。

壁式框架的 D 值及反弯点高度比的修正值求得后，其他的计算与第5章普通框架完全相同。

【例6.3】　图6.37所示为壁式框架，试用 D 值法求其 M 图。

【解】　本题取楼面为壁梁的轴线，柱中线为柱轴线，如图6.37所示。第2~6层为标准层，结点刚域如图6.38(a)所示；底层结点的刚域如图6.38(b)所示。

材料性能

$$E = 3.0 \times 10^4 \text{ MPa}, \quad G = 0.42E$$

杆件惯性矩

$$I_b = \frac{0.2 \times 1^3}{12} = 0.016667 \text{ (m}^4\text{)} \quad (标准层梁)$$

$$I_{b1} = \frac{0.2 \times 2.5^3}{12} = 0.26042 \text{ (m}^4\text{)} \quad (底层梁)$$

$$I_{1,3} = \frac{0.2 \times 1.3^3}{12} = 0.03662 \text{ (m}^4\text{)} \quad (边柱)$$

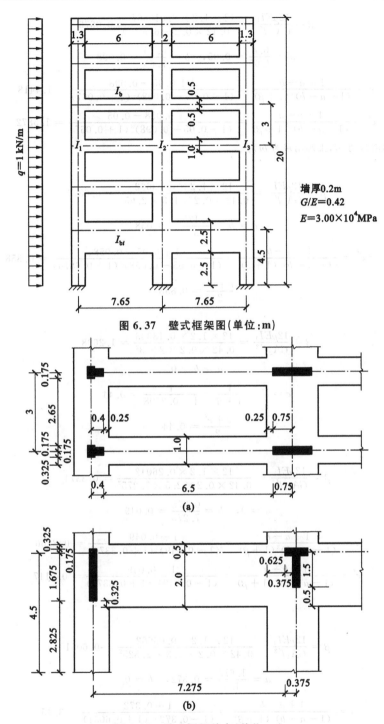

图 6.37 壁式框架图(单位:m)

图 6.38 壁式框架结点(单位:m)

(a)标准层结点;(b)底层结点

$$I_2 = \frac{0.2 \times 2^3}{12} = 0.13333 \ (\text{m}^4) \quad (\text{中柱})$$

以下各值中,长度单位均用 m,力的单位均用 kN,不再注明。

(1)壁梁和壁柱的刚度系数

标准层梁:

$$\beta = \frac{12\mu EI_b}{GA_b l'^2} = \frac{12 \times 1.2 \times 0.016667}{0.42 \times 0.2 \times 6.5^2} = 0.0676$$

$$a = \frac{0.4}{7.65} = 0.05, \quad b = \frac{0.75}{7.65} = 0.098$$

$$c = \frac{1+a-b}{(1-a-b)^3(1+\beta)} = \frac{1+0.05-0.098}{(1-0.05-0.098)^3(1+0.067)} = 1.4418$$

$$c' = \frac{1+b-a}{(1-a-b)^3(1+\beta)} = \frac{1+0.098-0.05}{(1-0.05-0.098)^3(1+0.067)} = 1.5872$$

标准层柱(下端刚域为 al，上端刚域为 bl)：

边柱

$$\beta = \frac{12\mu EI_1}{GA_1 l'^2} = \frac{12 \times 1.2 \times 0.03662}{0.42 \times 0.2 \times 1.3 \times 2.65^2} = 0.6876$$

$$a = b = \frac{0.175}{3} = 0.058$$

$$c = c' = \frac{1+a-b}{(1-a-b)^3(1+\beta)} = \frac{1+0.05-0.058}{(1-0.05-0.058)^3(1+0.6876)} = 0.858$$

$$\frac{c+c'}{2} = 0.858$$

中柱

$$\beta = \frac{12\mu EI_1}{GA_2 l'^2} = \frac{12 \times 1.2 \times 0.13333}{0.42 \times 0.2 \times 2 \times 3^2} = 1.2698$$

$$a = b = 0$$

$$c = c' = \frac{1}{1+\beta} = \frac{1}{1+0.2698} = 0.44$$

$$\frac{c+c'}{2} = 0.44$$

底层梁：

$$\beta = \frac{12\mu EI_b}{GA_{b1} l'^2} = \frac{12 \times 1.2 \times 0.26042}{0.42 \times 0.2 \times 2.5 \times 7.275^2} = 0.3374$$

$$a = 0, \quad b = \frac{0.375}{7.275} = 0.049$$

$$c = \frac{1+a-b}{(1-a-b)^3(1+\beta)} = \frac{1-0.049}{(1-0.049)^3(1+0.3374)} = 0.8266$$

$$c' = \frac{1+b-a}{(1-a-b)^3(1+\beta)} = \frac{1+0.049}{(1-0.049)^3(1+0.3374)} = 0.9117$$

底层柱：

边柱

$$\beta = \frac{12\mu EI_1}{GA_1 l'^2} = \frac{12 \times 1.2 \times 0.03662}{0.42 \times 0.2 \times 1.3 \times 2.825^2} = 0.6051$$

$$a = \frac{1.675}{4.5} = 0.372, \quad b = 0$$

$$c = \frac{1+a-b}{(1-a-b)^3(1+\beta)} = \frac{1+0.372}{(1-0.372)^3(1+0.6051)} = 3.45$$

$$c' = \frac{1+b-a}{(1-a-b)^3(1+\beta)} = \frac{1-0.372}{(1-0.372)^3(1+0.6051)} = 1.58$$

$$\frac{c+c'}{2} = \frac{3.45+1.58}{2} = 2.515$$

中柱

$$\beta = \frac{12\mu EI_1}{GA_2 l'^2} = \frac{12 \times 1.2 \times 0.13333}{0.42 \times 0.2 \times 2 \times 3^2} = 1.2698$$

$$a = \frac{1.5}{4.5} = 0.333, \quad b = 0$$

$$c = \frac{1+a}{(1-a)^3(1+\beta)} = \frac{1+0.333}{(1-0.333)^3(1+1.2698)} = 1.9795$$

$$c' = \frac{1}{(1-a)^2(1+\beta)} = \frac{1}{(1-0.333)^2(1+1.2698)} = 0.9902$$

$$\frac{c+c'}{2} = \frac{1.9795+0.9902}{2} = 1.485$$

（2）剪力分配系数

第 3～6 层：

边柱

$$K_i = c i_b = 1.4418\frac{EI_b}{l}, \quad K_c = \frac{c+c'}{2}i_c = 0.858\frac{EI_1}{h}$$

$$K = \frac{2K_i}{2K_c} = \frac{2\times1.4418\dfrac{EI_b}{l}}{2\times0.858\dfrac{EI_1}{h}} = 0.2999$$

$$\alpha = \frac{K}{2+K} = \frac{0.2999}{2+0.2999} = 0.13$$

$$D_1 = \alpha\frac{12K_c}{h^2} = 0.13\times\frac{12}{h^2}\times0.858\frac{EI_1}{h} = 0.004085\frac{12E}{h^3}$$

中柱

$$K_i = c' i_b = 1.5872\frac{EI_b}{l}$$

$$K_c = \frac{c+c'}{2}i_c = 0.44\frac{EI_2}{h}$$

$$K = \frac{4K_i}{2K_c} = \frac{4\times1.5872\dfrac{EI_b}{l}}{2\times0.44\dfrac{EI_1}{h}} = 0.3538$$

$$\alpha = \frac{K}{2+K} = \frac{0.3538}{2+0.3538} = 0.15$$

$$D_2 = \alpha\frac{12K_c}{h^2} = 0.15\times\frac{12}{h^2}\times0.44\frac{EI_1}{h} = 0.0088\frac{12E}{h^3}$$

$$\frac{D_1}{\sum D_i} = \frac{0.004085}{2\times0.004085+0.0088} = 0.24$$

$$\frac{D_2}{\sum D_i} = \frac{0.0088}{2\times0.004085+0.0088} = 0.52$$

第 2 层：

边柱

$$K_2 = 1.4418\frac{EI_b}{l}, \quad K_4 = 0.8266\frac{EI_b}{l}, \quad K_c = \frac{c+c'}{2}i_c = 0.858\frac{EI_1}{h}$$

$$K = \frac{K_2+K_4}{2K_c} = \frac{1.4418\dfrac{EI_b}{l}+0.8266\dfrac{EI_b}{l}}{2\times0.858\dfrac{EI_1}{h}} = 1.49$$

$$\alpha = \frac{K}{2+K} = \frac{1.49}{2+1.49} = 0.427$$

$$D_1 = \alpha\frac{12K_c}{h^2} = 0.427\times\frac{12}{h^2}\times0.858\frac{EI_1}{h} = 0.013416\frac{12E}{h^3}$$

中柱

$$K_1 = K_2 = 1.5872 \frac{EI_b}{l}$$

$$K_3 = K_4 = 0.9117 \frac{EI_{b1}}{l}$$

$$K_c = \frac{c + c'}{2} i_c = 0.44 \frac{EI_2}{h}$$

$$K = \frac{K_1 + K_2 + K_3 + K_4}{2K_c} = \frac{2 \times 1.5872 \frac{EI_b}{l} + 2 \times 0.8266 \frac{EI_b}{l}}{2 \times 0.44 \frac{EI_2}{h}} = 1.76$$

$$\alpha = \frac{K}{2 + K} = \frac{1.76}{2 + 1.76} = 0.468$$

$$D_2 = \alpha \frac{12K_c}{h^2} = 0.468 \times \frac{12}{h^2} \times 0.44 \times 0.13333 \frac{E}{h} = 0.027455 \frac{12E}{h^3}$$

$$\frac{D_1}{\sum D_i} = \frac{0.013416}{2 \times 0.013416 + 0.27455} = 0.247$$

$$\frac{D_2}{\sum D_i} = \frac{0.027455}{2 \times 0.013416 + 0.027455} = 0.506$$

底层：

边柱

$$K_2 = 0.8266 \frac{EI_b}{l}$$

$$K_c = \frac{c + c'}{2} i_c = 2.515 \frac{EI_1}{h_1}$$

$$K = \frac{K_2}{K_c} = \frac{0.8266 \times 0.26042}{7.65} \times \frac{4.5}{2.515 \times 0.03662} = 1.3749$$

$$\alpha = \frac{0.5 + K}{2 + K} = \frac{0.5 + 1.3749}{2 + 1.3749} = 0.5555$$

$$D_1 = \alpha \frac{12K_c}{h_1^2} = 0.5555 \times \frac{12}{h_1^2} \times 2.515 \frac{EI_1}{h_1} = 0.05116 \frac{12E}{h_1^3}$$

中柱

$$K_i = c' i_b = 0.9117 \frac{EI_b}{l}$$

$$K_c = \frac{c + c'}{2} i_c = 1.485 \frac{EI_2}{h_1}$$

$$K = \frac{2K_i}{K_c} = \frac{2 \times 0.9117 \times 0.26042}{1.485 \times 0.13333} = 1.4107$$

$$\alpha = \frac{0.5 + K}{2 + K} = \frac{0.5 + 1.4107}{2 + 1.4107} = 0.56$$

$$D_2 = \alpha \frac{12K_c}{h_1^2} = 0.56 \times \frac{12}{h^2} \times 1.485 \times \frac{EI_2}{h} = 0.1109 \frac{12E}{h_1^3}$$

$$\frac{D_1}{\sum D_i} = \frac{0.05116}{2 \times 0.05116 + 0.1109} = 0.24$$

$$\frac{D_2}{\sum D_i} = \frac{0.1109}{2 \times 0.05116 + 0.1109} = 0.52$$

（3）反弯点高度

标准反弯点高度比及各种修正值计算结果如图6.39所示。

（4）柱弯矩

由各柱分配得到的剪力，根据反弯点位置计算柱上、下端弯矩，计算结果见图6.40，均为轴线交点处的弯矩值。剪力 V 单位为 kN，弯矩 M 的单位为 kN·m。

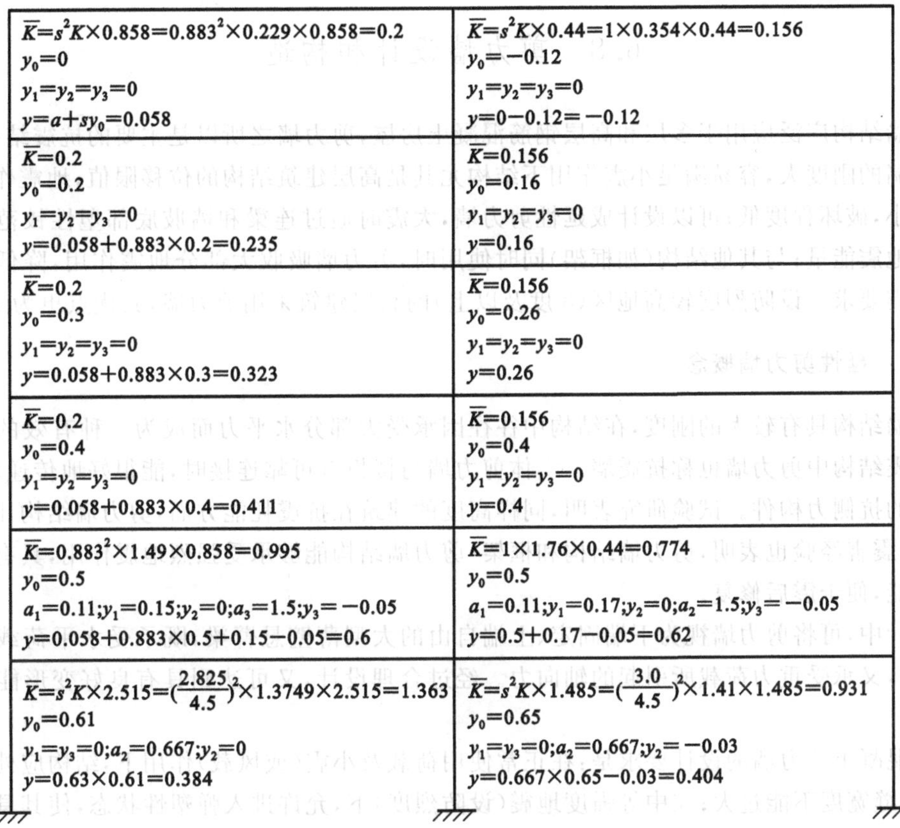

$\overline{K}=s^2K\times0.858=0.883^2\times0.229\times0.858=0.2$ $y_0=0$ $y_1=y_2=y_3=0$ $y=a+sy_0=0.058$	$\overline{K}=s^2K\times0.44=1\times0.354\times0.44=0.156$ $y_0=-0.12$ $y_1=y_2=y_3=0$ $y=0-0.12=-0.12$
$\overline{K}=0.2$ $y_0=0.2$ $y_1=y_2=y_3=0$ $y=0.058+0.883\times0.2=0.235$	$\overline{K}=0.156$ $y_0=0.16$ $y_1=y_2=y_3=0$ $y=0.16$
$\overline{K}=0.2$ $y_0=0.3$ $y_1=y_2=y_3=0$ $y=0.058+0.883\times0.3=0.323$	$\overline{K}=0.156$ $y_0=0.26$ $y_1=y_2=y_3=0$ $y=0.26$
$\overline{K}=0.2$ $y_0=0.4$ $y_1=y_2=y_3=0$ $y=0.058+0.883\times0.4=0.411$	$\overline{K}=0.156$ $y_0=0.4$ $y_1=y_2=y_3=0$ $y=0.4$
$\overline{K}=0.883^2\times1.49\times0.858=0.995$ $y_0=0.5$ $a_1=0.11;y_1=0.15;y_2=0;a_3=1.5;y_3=-0.05$ $y=0.058+0.883\times0.5+0.15-0.05=0.6$	$\overline{K}=1\times1.76\times0.44=0.774$ $y_0=0.5$ $a_1=0.11;y_1=0.17;y_2=0;a_2=1.5;y_3=-0.05$ $y=0.5+0.17-0.05=0.62$
$\overline{K}=s^2K\times2.515=(\frac{2.825}{4.5})^2\times1.3749\times2.515=1.363$ $y_0=0.61$ $y_1=y_3=0;a_2=0.667;y_2=0$ $y=0.63\times0.61=0.384$	$\overline{K}=s^2K\times1.485=(\frac{3.0}{4.5})^2\times1.41\times1.485=0.931$ $y_0=0.65$ $y_1=y_3=0;a_2=0.667;y_2=-0.03$ $y=0.667\times0.65-0.03=0.404$

图 6.39 反弯点高度计算

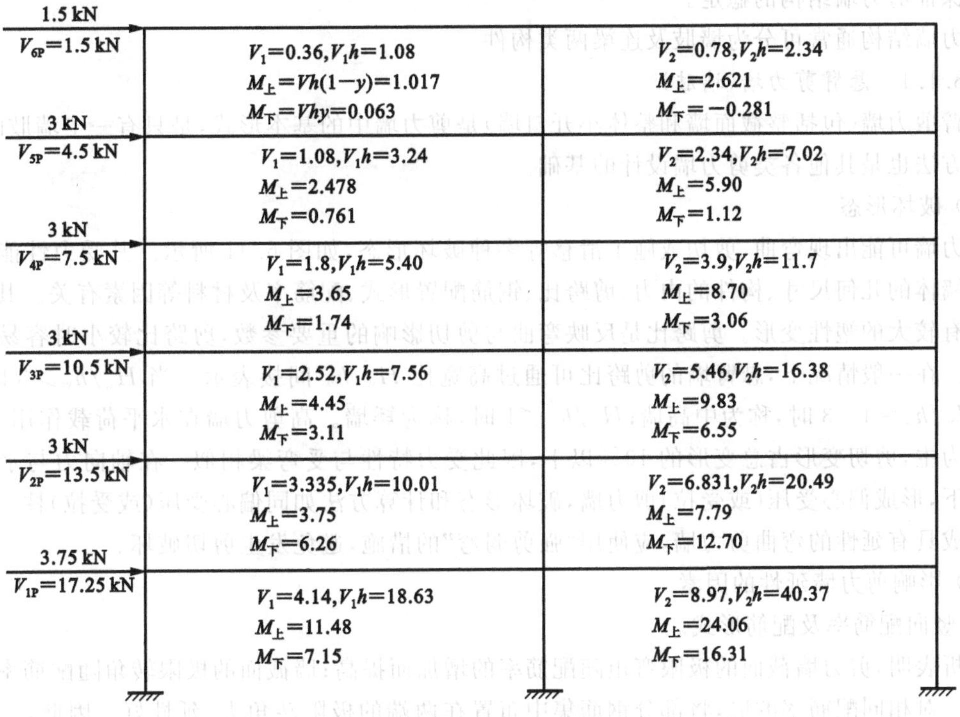

荷载		
1.5 kN $V_{6P}=1.5$ kN	$V_1=0.36,V_1h=1.08$ $M_上=Vh(1-y)=1.017$ $M_下=Vhy=0.063$	$V_2=0.78,V_2h=2.34$ $M_上=2.621$ $M_下=-0.281$
3 kN $V_{5P}=4.5$ kN	$V_1=1.08,V_1h=3.24$ $M_上=2.478$ $M_下=0.761$	$V_2=2.34,V_2h=7.02$ $M_上=5.90$ $M_下=1.12$
3 kN $V_{4P}=7.5$ kN	$V_1=1.8,V_1h=5.40$ $M_上=3.65$ $M_下=1.74$	$V_2=3.9,V_2h=11.7$ $M_上=8.70$ $M_下=3.06$
3 kN $V_{3P}=10.5$ kN	$V_1=2.52,V_1h=7.56$ $M_上=4.45$ $M_下=3.11$	$V_2=5.46,V_2h=16.38$ $M_上=9.83$ $M_下=6.55$
3 kN $V_{2P}=13.5$ kN	$V_1=3.335,V_1h=10.01$ $M_上=3.75$ $M_下=6.26$	$V_2=6.831,V_2h=20.49$ $M_上=7.79$ $M_下=12.70$
3.75 kN $V_{1P}=17.25$ kN	$V_1=4.14,V_1h=18.63$ $M_上=11.48$ $M_下=7.15$	$V_2=8.97,V_2h=40.37$ $M_上=24.06$ $M_下=16.31$

图 6.40 柱端弯矩计算

6.8　剪力墙设计和构造

剪力墙结构广泛应用于多层和高层钢筋混凝土房屋,剪力墙之所以是主要的抗震结构构件,是因为剪力墙的刚度大,容易满足小震作用下结构尤其是高层建筑结构的位移限值;地震作用下剪力墙的变形小,破坏程度低;可以设计成延性剪力墙,大震时通过连梁和墙肢底部塑性铰范围的塑性变形耗散地震能量;与其他结构(如框架)同时使用时,剪力墙吸收大部分地震作用,降低其他结构构件的抗震要求。设防烈度较高地区(8度及以上)的高层建筑采用剪力墙,其优点更为突出。

6.8.1　延性剪力墙概念

剪力墙结构具有较大的刚度,在结构中往往因承受大部分水平力而成为一种有效的抗侧力结构。在抗震结构中剪力墙也称抗震墙。实体剪力墙与楼板有可靠连接时,能很好地传递水平力,是一种很好的抗侧力构件。试验研究表明,同样高度的建筑在抗震耗能方面,剪力墙结构比延性框架大20倍。震害经验也表明,剪力墙结构和框架-剪力墙结构能够承受强烈地震作用,具有裂而不倒的良好性能,便于震后修复。

在设计中,可将剪力墙视为下端固定、上端自由的大型薄壁悬臂梁,既承受水平荷载所引起的弯矩、剪力,又承受重力荷载所引起的轴向力。经过合理设计,又可达到具有良好变形能力的延性构件。

钢筋混凝土剪力墙的设计要求是:在正常使用荷载及小震(或风载)作用下,结构应处于弹性工作阶段,裂缝宽度不能过大;在中等强度地震(设防烈度)下,允许进入弹塑性状态,使其具有足够的承载能力、延性及良好吸收地震能量的能力;在强烈地震(罕遇烈度)作用下剪力墙不允许倒塌。此外还应保证剪力墙结构的稳定。

剪力墙结构通常可分为墙肢及连梁两类构件。

6.8.1.1　悬臂剪力墙(墙肢)

悬臂剪力墙(包括整截面墙和整体小开口墙)是剪力墙中的基本形式,是只有一个墙肢的构件,其设计方法也是其他各类剪力墙设计的基础。

(1)破坏形态

剪力墙可能出现弯曲、剪切或施工滑移等多种破坏形态,如图6.41所示。其受力性能和破坏特征与墙体的几何尺寸、构件的内力、剪跨比、钢筋配置形式、配筋率及材料等因素有关。其中弯曲破坏具有较大的塑性变形。剪跨比是反映弯曲与剪切影响的重要参数,剪跨比较小时容易出现剪切破坏。在一般情况下,悬臂墙的剪跨比可通过高宽比 H_w/h_w 间接表示。当 $H_w/h_w>3$ 时,称为高墙;$H_w/h_w=1\sim3$ 时,称为中高墙;$H_w/h_w<1$ 时,称为矮墙。高剪力墙在水平荷载作用下,以弯曲变形为主,剪切变形占总变形的10%以下,因此受力特性与受弯梁相似。在轴向力与水平力共同作用下,形成偏心受压(或受拉)剪力墙,破坏形态和计算方法如同偏心受压(或受拉)柱。剪力墙应设计成具有延性的弯曲剪力墙,应使用"强剪弱弯"的措施,避免发生剪切破坏。

(2)影响剪力墙延性的因素

① 竖向配筋率及配筋形式。

分析表明,剪力墙截面的极限弯矩随配筋率的增加而提高;墙截面的极限转角随配筋率的增加而降低。对相同配筋率的墙,将部分钢筋集中布置在两端的极限转角大、延性好。因此,一般情况下,为达到既增大强度又提高延性的目的,设计剪力墙时,除按构造要求在墙内配置分布筋外,还应

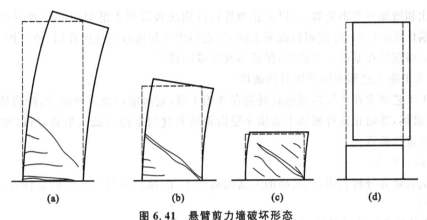

图 6.41　悬臂剪力墙破坏形态

(a) 弯曲破坏；(b)、(c) 剪切破坏；(d) 滑移破坏

尽可能将其余所需的抗弯钢筋集中布置在墙的端部。

② 轴向力。

随着轴向力的增大，截面承载力提高，延性明显降低，故应对轴压比进行控制。不过，对实体剪力墙而言，墙截面承受的轴向力，一般仅为抗压承载力的 20% 左右，轴向力对延性的影响不是很明显。

③ 截面形式。

当截面没有翼缘时，延性较差；当截面有翼缘时，会改善墙体的延性性能，随着翼缘面积与横截面面积之比的增加，延性也相应增加。

④ 混凝土强度等级。

混凝土强度等级对抗弯承载力影响不大，但对延性影响很大。随混凝土强度等级的提高，延性也提高，尤其当墙的受压区有翼缘时，延性的提高更为明显。当混凝土强度等级低于 C20 时，延性将很小。

（3）中、高墙的延性设计

要使悬臂剪力墙具有延性，首先要防止出现剪切破坏和锚固破坏，充分发挥弯曲作用下的钢筋抗拉作用，使剪力墙的塑性铰具有延性。

① 减小受压区高度或加大混凝土极限压应变。

受压区高度减小或混凝土极限压应变增大，都可以增大截面极限曲率，提高延性。为使受压区高度减小，在非对称配筋情况下，应注意不使受拉钢筋过多而增大受压区高度；在对称配筋情况下，尽可能降低轴向压力，以避免受压区高度的增大。为提高墙的延性，可在墙两端设置端柱或暗柱。柱内箍筋不仅可以约束混凝土，提高混凝土极限压应变，而且还可以使墙具有较强的边框，防止剪切裂缝迅速贯通全墙，这对抗震是很有利的。

② 加强墙底塑性铰区的变形能力。

悬臂剪力墙是静定结构，只能出现一个塑性铰。塑性铰的位置虽可以通过配筋设计加以控制，但由于墙基底截面弯矩和剪力均为最大，塑性铰通常在底部截面出现，故规定使剪力墙的塑性铰限制在底部，对底部的塑性铰区通过抗震措施提高变形能力，以增加墙的延性。为安全起见，剪力墙各截面的弯矩设计值要调整增大，使各截面的受弯承载力有所加强。

③ 避免过早剪切破坏和锚固破坏。

由于墙截面高度 h_w 大，而腹板厚度 b_w 较小，后者对剪切变形较为敏感。

塑性铰区，首先必须按强剪弱弯的原则设计，保证在抗弯纵筋屈服前，墙不剪坏。其次，还应严

格控制剪压比和增加分布钢筋数量,以防止塑性铰区因腹板混凝土酥裂而发生剪切滑移破坏。当在墙内设置端柱或暗柱后,即使腹板混凝土酥裂,它们仍可起抗弯和抗剪作用,使结构不至于倒塌。此外还要注意墙钢筋在基础中的锚固,保证不发生锚固破坏。

④ 防止水平施工缝截面的剪切滑移破坏。

由于施工工艺要求在各层楼板标高处都存在施工缝,它可能形成薄弱部位,特别是在地震作用下,可能出现破坏,要防止这种破坏主要依靠竖向钢筋和缝间摩擦力抵抗滑移,所以要对施工缝的竖向钢筋面积进行验算。

⑤ 配筋构造要求。

大量的试验研究分析表明,满足墙的配筋构造要求,能保证墙具有较好的延性,这是设计时必须认真考虑的。

（4）矮墙的抗震性能及设计要求

$H_w/h_w<1$ 的墙为矮墙,在高墙中,剪跨比 $M/Vh_{w0} \leqslant 1$ 的部分也具有矮墙的性质。矮墙的特点是在一般情况下都发生斜裂缝剪切破坏,但是由试验可知,如果配筋合理,做到强剪弱弯,则可以使斜裂缝较为分散而细小,从而保证即使吸收了较大的能量也不致脆性破坏。

6.8.1.2　联肢剪力墙

（1）联肢剪力墙的延性

联肢剪力墙的延性取决于墙肢的延性、连梁的延性及连梁的刚度和强度。最理想的情况是连梁先于墙肢屈服,且连梁具有足够的延性,待墙肢底部出现塑性铰后形成图 6.42(a)所示的机构。数量众多的连梁端部塑性铰既可较多地吸收地震能量,又能继续传递弯矩与剪力,而且对墙肢形成约束弯矩,使其保持足够的刚度和承载力。墙肢底部的塑性铰也具有延性。这样的联肢剪力墙延性最好。

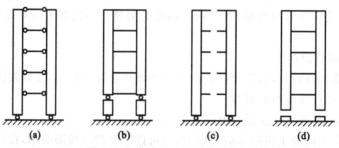

图 6.42　联肢剪力墙的破坏机构

当连梁的刚度及承载力较高时,连梁可能不屈服,这使联肢墙与整体悬臂墙类似,首先在墙底部出现塑性铰,形成如图 6.42(b)所示的机构。只要墙肢不过早剪切破坏,则这种破坏仍属于有延性的弯曲破坏。但与图 6.42(a)相比,耗能集中在底层少数几个铰上。这种破坏结构不如前者多铰破坏机构好。

当连梁的抗剪承载力很小,首先剪切破坏时,会使墙肢丧失约束而形成单独墙肢。与连梁不破坏的墙相比,墙肢中轴力减小,弯矩加大,墙的侧向刚度大大降低。但是,如果能保持墙肢处于良好的工作状态,那么结构仍可继续承载,直至墙肢截面屈服才会形成如图 6.42(c)所示的机构。只要墙肢塑性铰具有延性,则这种破坏也属于延性的弯曲破坏,但同样没有多铰破坏机构好。

墙肢破坏是一种脆性破坏,因而没有延性或延性很小,如图 6.42(d)所示。值得注意的是,设计中往往由于疏忽,将连梁设计过强而引起墙肢剪坏。

由此可见,按"强墙弱梁"的原则设计联肢墙,并按"强剪弱弯"的原则设计墙肢和连梁,可以得到较为理想的延性联肢墙结构,它比悬臂墙更为合理。

如果连梁较强而形成整体墙,则要注意与悬臂墙相类似的塑性铰区的加强设计;如果连梁跨高比较小而出现剪切破坏,则应按多道设防的原则,即考虑独立墙肢抵抗地震作用的情况设计墙肢。

(2)连梁的延性

由上所述,为了使联肢剪力墙形成理想的多铰机构,具有较大的延性,除对墙肢进行合理设计外,连梁的延性对联肢剪力墙起着更为重要的作用。

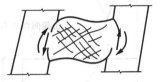

连梁与普通梁在截面尺寸和受力变形等方面有所不同,通常是跨度小而梁高大(接近为深梁),同时竖向荷载产生的弯矩与剪力不大,而在水平荷载下与墙肢相互作用产生的约束弯矩与剪力较大,约束弯矩在梁两端方向相反。这种反弯作用使梁产生很大的剪切变形,对剪应力十分敏感,容易出现斜裂缝。在反复荷载作用下,易形成交叉裂缝,使混凝土酥裂,导致剪切破坏,延性较差,如图6.43所示。

图6.43 连梁受力与变形

6.8.2 剪力墙截面设计

剪力墙在竖向与水平荷载共同作用下,将承受轴力、弯矩与剪力的作用,因此,钢筋混凝土剪力墙应进行平面内的斜截面受剪、偏心受压或偏心受拉、平面外轴心受压承载力验算。在集中荷载作用下墙内无暗柱时还应进行局部受压承载力验算。

非抗震设计和抗震设计的剪力墙,分别按持久、短暂设计状况和地震设计状况进行荷载效应组合,取控制截面的最不利组合内力或对其调整后的内力(统称为内力设计值)进行截面设计。墙肢的控制截面一般取墙底截面以及改变墙厚,改变混凝土强度等级,改变配筋量的截面。

6.8.2.1 剪力墙钢筋的布置方式

剪力墙截面呈片状(截面高度 h_w 远大于截面厚度 b_w),除在端部配有纵向受力钢筋外,在端部以外还配有横向和竖向分布钢筋,竖向分布钢筋参与抵抗弯矩,横向分布钢筋主要抵抗墙肢所受的剪力,计算承载力时应包括分布钢筋的作用。分布钢筋一般比较细,容易压曲,为简化计算,验算压弯承载力时不考虑受压竖向分布钢筋的作用。此外还配有箍筋和拉结筋。如图6.44所示,墙肢纵向受力钢筋集中配置在墙肢的端部并与箍筋一道形成暗柱。

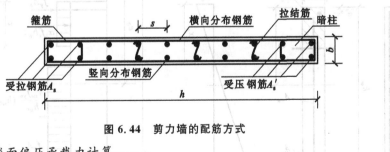

图6.44 剪力墙的配筋方式

6.8.2.2 正截面偏压承载力计算

(1)弯矩和剪力设计值

剪力墙肢的塑性铰一般出现在底部加强部位。对于一级抗震等级的剪力墙,为了更有把握实现塑性铰出现在底部加强部位,保证其他部位不出现塑性铰,因此要求增大一级抗震等级剪力墙底部加强部位以上部位的弯矩设计值,为了实现"强剪弱弯"设计要求,弯矩增大部位剪力墙的剪力设计值也应相应增大。

《高层建筑混凝土结构技术规程》(JGJ 3—2010)7.2.5条规定,一级剪力墙的底部加强部位以

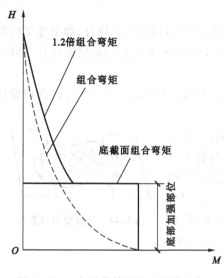

图 6.45　一级抗震等级设计的剪力墙各截面弯矩设计值

上部位,墙肢的组合弯矩设计值和组合剪力设计值应乘以增大系数,弯矩增大系数可取为 1.2,剪力增大系数可取为 1.3,如图 6.45 所示。

（2）正截面偏心受压承载力计算公式

和柱一样,墙肢也可根据破坏形态不同分为大偏心受压和小偏心受压两种情况。根据平截面假定及极限状态下截面应力分布假定,并进行简化后得到截面计算公式。

采用以下假定建立墙肢截面偏心受压承载力计算公式:① 截面变形符合平截面假定;② 不考虑受拉混凝土的作用;③ 受压区混凝土的应力图形用等效矩形应力图块计算;④ 在剪力墙腹板中 1.5 倍受压区范围之外,受拉区竖向分布钢筋全部屈服并参与受力计算,中和轴附近受拉、受压应力都很小,受压区的竖向分布钢筋应力也很小,因此计算时忽略 1.5 倍受压区范围之内分布钢筋作用。实际上,由于竖向分布钢筋都比较细(多数在φ12以下),容易产生压曲现象,所以计算时忽略受压区竖向分布钢筋作用,使设计偏于安全。如有可靠措施防止竖向分布钢筋压曲,也可在计算中计入其受压作用。

① 大偏心受压承载力计算公式($\xi \leqslant \xi_b$)。

在极限状态下,墙肢截面相对受压区高度不大于其界限相对受压区高度时,为大偏心受压。

当墙肢的破坏为大偏心受压时,极限状态下矩形截面墙肢正截面应力分布如图 6.46 所示。根据大偏心受压破坏特点和基本假定,墙肢端部受拉钢筋应力 $\sigma_s = f_y$,墙肢端部受压钢筋应力 $\sigma_s' = f_y'$,$h_{w0} - 1.5x$ 范围内竖向分布钢筋达到屈服应力 f_{yw}。图 6.46(d)为端部钢筋、受压区混凝土及经过简化处理的分布钢筋应力分布。

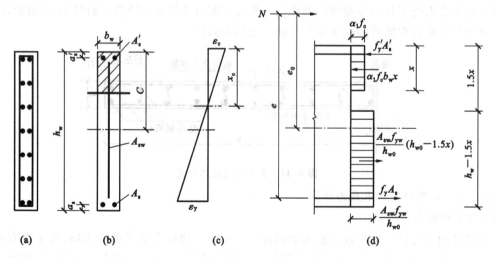

图 6.46　墙肢大偏心受压极限应力状态

根据平衡条件,可写出 $\sum N = 0$ 和 $\sum M = 0$ 两个方程式。

在矩形截面中,对受拉区端部受拉钢筋合力作用点取矩可得

$$N \leqslant \alpha_1 f_c b_w x + f_y' A_s' - f_y A_s - N_{sw} \tag{6.77a}$$

$$N_{sw} = f_{yw} \frac{A_{sw}}{h_{w0}} (h_{w0} - 1.5x) = f_{yw} b_w \rho_{sw} (h_{w0} - 1.5x) \tag{6.77b}$$

$$Ne \leqslant \alpha_1 f_c b_w x \left(h_{w0} - \frac{x}{2} \right) + f_y' A_s' (h_{w0} - a_s') - M_{sw} \tag{6.78a}$$

$$M_{sw} = \frac{f_{yw} A_{sw}}{2 h_{w0}} (h_{w0} - 1.5x)^2 = \frac{1}{2} f_{yw} b_w \rho_{sw} (h_{w0} - 1.5x)^2 \tag{6.78b}$$

$$e = e_0 + \frac{h_w}{2} - a_s \tag{6.79}$$

式中　A_{sw}——剪力墙腹板中竖向分布钢筋总面积,布置在 h_{w0} 高度范围之内;

　　　ρ_{sw}——剪力墙竖向分布钢筋配筋率,$\rho_{sw} = \dfrac{A_{sw}}{b_w h_{w0}}$。

其他符号含义如图 6.46 所示,$e_0 = \dfrac{M}{N}$。

采用对称配筋时,$A_s = A_s'$,$f_y = f_y'$,$a_s = a_s'$,由基本公式(6.77)得到相对受压区高度 ξ 的计算公式:

$$\xi = \frac{x}{h_{w0}} = \frac{N + f_{yw} A_{sw}}{\alpha_1 f_c b_w h_{w0} + 1.5 f_{yw} A_{sw}} \tag{6.80}$$

工程设计时,先根据构造要求给定竖向分布钢筋 f_{yw} 及 A_{sw},由式(6.80)计算截面相对受压区高度 ξ,再代入式(6.78)计算墙肢端部钢筋面积 $A_s = A_s'$。

必须注意验算是否 $\xi \leqslant \xi_b$,若不满足,则应按小偏心受压计算配筋。

采用非对称配筋时,$A_s \neq A_s'$,则需先给定竖向分布钢筋 f_{yw}、A_{sw},任意一端配筋 A_s 或 A_s',由基本公式求解截面相对受压区高度 ξ 及另一端配筋,求出的 ξ 必须满足 $\xi \leqslant \xi_b$ 的要求。

当剪力墙截面为 T 形或 I 形时,可参照 T 形或 I 形截面柱的偏心受压承载力的计算方法或参照《高层建筑混凝土结构技术规程》(JGJ 3—2010)第 7.2.8 条计算配筋。要首先判断中和轴位置,区别中和轴在翼缘中和在腹板中两种情况,分别建立截面平衡方程。上述简化处理仍可使用。

无论在哪种情况下,都必须符合 $x \geqslant 2a_s'$ 的条件,否则按 $x = 2a_s'$ 计算。

② 小偏心受压承载力计算公式($\xi > \xi_b$)。

在极限状态下,墙肢截面相对受压区高度大于其界限相对受压区高度时,为小偏心受压。

当墙肢的破坏为小偏心受压时,截面大部分或全部受压,由于受压较大一边的混凝土达到极限压应变而丧失承载力,靠近受压较大边的端部钢筋及竖向分布钢筋屈服,但计算中不考虑竖向分布钢筋的作用。受拉区的竖向分布钢筋未屈服,计算中也不考虑其作用。这样,极限状态下矩形截面墙肢正截面应力分布与小偏心受压柱完全相同,如图 6.47 所示。承载力计算方法也相同。根据平衡条件,可写出 $\sum N = 0$ 和 $\sum M = 0$ 两个方程式。

$$N \leqslant \alpha_1 f_c b_w x + f_y' A_s' - \sigma_s A_s \tag{6.81}$$

$$Ne \leqslant \alpha_1 f_c b_w x \left(h_{w0} - \frac{x}{2} \right) + f_y' A_s' (h_{w0} - a_s') \tag{6.82}$$

$$\sigma_s = \frac{f_y}{\xi_b - \beta_1} \left(\frac{x}{h_{w0}} - \beta_1 \right) \tag{6.83}$$

采用对称配筋时,截面相对受压区高度 ξ 可用下述公式近似计算:

$$\xi = \frac{N - \alpha_1 \xi_b f_c b_w h_{w0}}{\dfrac{Ne - 0.43 \alpha_1 f_c b_w h_{w0}^2}{(\beta_1 - \xi_b)(h_{w0} - a_s')} + \alpha_1 f_c b_w h_{w0}} + \xi_b \tag{6.84}$$

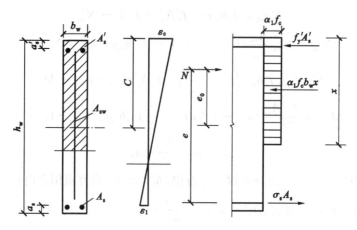

图 6.47　墙肢小偏心受压极限应力状态

其中

$$e = e_0 + \frac{h_w}{2} - a_s$$

将求出的 ξ 值代入式(6.82)可得

$$A_s = A_s' = \frac{Ne - \alpha_1 f_c b_w h_{w0}^2 \xi (1 - 0.5\xi)}{f_y'(h_{w0} - a_s')} \tag{6.85}$$

采用非对称配筋时，可先按端部构造配筋要求给定 A_s，然后由基本公式(6.81)、式(6.82)求解 ξ 及 A_s'。如果 $\xi \geqslant h_w/h_{w0}$，即全截面受压，取 $x = h_w$，A_s' 可直接由式(6.82)求出。

$$A_s' = \frac{Ne - \alpha_1 f_c b_w h_w \left(h_{w0} - \dfrac{h_w}{2}\right)}{f_y'(h_{w0} - a_s')} \tag{6.86}$$

腹板中的竖向分布钢筋按构造要求配置。

6.8.2.3　正截面偏心受拉承载力计算

剪力墙墙肢为压(拉)弯构件，破坏形态有大、小偏压和大、小偏拉。大偏心受压破坏的墙肢，延性和耗能能力大，优于小偏心受压破坏；大偏心受拉破坏的墙肢，延性和耗能能力差；小偏心受拉破坏的墙肢抗震性能更差。

抗震设计的双肢剪力墙中，如果双肢墙中一个墙肢出现小偏心受拉，该墙肢可能会出现水平通缝而严重削弱其抗剪能力，抗侧刚度也严重退化，则由荷载产生的剪力将全部转移到另一个墙肢而导致其抗剪承载力不足，使之也破坏，双肢墙的抗震性能退化。因此应尽可能避免双肢墙的墙肢出现小偏心受拉；不宜采用小偏心受拉的墙肢，可通过调整剪力墙长度或连梁尺寸来避免。双肢墙的一个墙肢为大偏心受拉时，墙肢易出现裂缝，使其刚度退化，剪力将在墙肢中重分配，此时，可将另一受压墙肢按弹性计算的弯矩、剪力设计值乘以增大系数 1.25，以提高受弯、受剪承载力，推迟屈服。由于地震为往复作用，因此，两个墙肢的弯矩、剪力设计值都要乘以 1.25。

（1）大偏心受拉承载力计算公式

墙肢在弯矩 M 和轴向拉力 N 作用下，当 $e_0 = M/N \geqslant h_w/2 - a_s$ 时，为大偏心受拉，墙肢大部分受拉、小部分受压。极限状态的墙肢截面应力分布与大偏心受压相同，忽略受压区及中和轴附近分布钢筋作用的假定也相同，如图 6.48 所示。因此，基本计算公式与大偏心受压相似，仅轴力的符号不同。

$$N \leqslant -\alpha_1 f_c b_w x - f_y' A_s' + f_y A_s + N_{sw} \tag{6.87a}$$

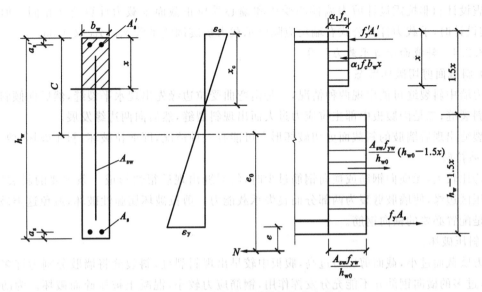

图 6.48　墙肢大偏心受拉极限应力状态

$$N_{sw} = f_{yw} \frac{A_{sw}}{h_{w0}} (h_{w0} - 1.5x) = f_{yw} b_w \rho_{sw} (h_{w0} - 1.5x) \tag{6.87b}$$

$$Ne \leqslant \alpha_1 f_c b_w x \left(h_{w0} - \frac{x}{2} \right) + f'_y A'_s (h_{w0} - a'_s) - M_{sw} \tag{6.88a}$$

$$M_{sw} = \frac{f_{yw} A_{sw}}{2 h_{w0}} (h_{w0} - 1.5x)^2 = \frac{1}{2} f_{yw} b_w \rho_{sw} (h_{w0} - 1.5x)^2 \tag{6.88b}$$

采用对称配筋时,计算公式与大偏心受压相似,仅轴力的有关项需变号。

$$\xi = \frac{x}{h_{w0}} = \frac{- N + f_{yw} A_{sw}}{\alpha_1 f_c b_w h_{w0} + 1.5 f_{yw} A_{sw}} \tag{6.89}$$

与大偏心受压情况类似,需先根据构造要求给定竖向分布钢筋 f_{yw} 及 A_{sw}。由式(6.89)可知,为保证截面有受压区,即要求 $\xi > 0$,可得竖向分布钢筋面积同时应符合式(6.90):

$$A_{sw} > \frac{N}{f_{yw}} \tag{6.90}$$

代入式(6.89)、式(6.88)可计算端部钢筋面积 $A_s = A'_s$。

（2）小偏心受拉承载力计算公式

墙肢在弯矩 M 和轴向拉力 N 作用下,当 $e_0 = M/N < \frac{h_w}{2} - a_s$ 时,为小偏心受拉;或大偏心受拉而混凝土受压区很小($x \leqslant 2a'_s$)时,按全截面受拉假定计算配筋。采用对称配筋时,用近似公式校核承载力。

$$N \leqslant \frac{1}{\dfrac{1}{N_{0u}} + \dfrac{e_0}{M_{wu}}} \tag{6.91a}$$

式中 N_{0u}、M_{wu} 可按下列公式计算：

$$N_{0u} = 2 f_y A_s + f_{yw} A_{sw} \tag{6.91b}$$

$$M_{wu} = f_y A_s (h_{w0} - a'_s) + f_{yw} A_{sw} \frac{h_{w0} - a'_s}{2} \tag{6.91c}$$

式中　A_{sw}——剪力墙腹板竖向分布钢筋的全部截面面积。

　　抗震设计和非抗震设计剪力墙偏心受压和偏心受拉正截面承载力计算公式相同。但必须注意，抗震设计时，承载力计算公式右端均应除以承载力抗震调整系数 γ_{RE}，γ_{RE} 取 0.85。

6.8.2.4　斜截面受剪承载力计算

（1）斜截面剪切破坏形态

剪力墙中斜裂缝可能出现两种情况，一是由弯曲受拉边缘先出现水平裂缝，然后向倾斜方向发展成为斜裂缝；二是因腹板中部主拉应力过大而出现斜裂缝，然后向两边缘发展。

斜裂缝出现后墙肢的斜截面剪切破坏形态可能有三种情况，即剪拉破坏、斜压破坏、剪压破坏。

① 剪拉破坏。

剪跨比较大，无横向钢筋或横向钢筋过少时，斜裂缝出现后很快形成一条主要的斜裂缝，并延伸至受压区边缘，使墙肢劈裂为两部分而丧失承载能力。剪拉破坏属脆性破坏，避免这类破坏的主要措施是配置必要的横向钢筋。

② 斜压破坏。

剪力墙截面过小，截面剪应力过高，腹板中较早出现斜裂缝，斜裂缝将墙肢分割为许多斜向受压柱体，过多的横向钢筋并不能充分发挥作用，钢筋应力较小，混凝土被压碎而破坏。为防止发生斜压破坏，墙肢截面尺寸不能过小，应限制截面的剪压比。

③ 剪压破坏。

当配置足够的横向钢筋时，横向钢筋可阻止并抵抗斜裂缝的发展。随着裂缝逐步扩大，混凝土受剪的区域减小，最后斜裂缝尽端的混凝土在剪应力和压应力共同作用下破坏，横向钢筋屈服。

墙肢斜截面受剪承载力计算公式主要是建立在剪压破坏形态的基础上。受剪承载力由两部分组成：横向钢筋的受剪承载力和混凝土的受剪承载力。试验研究表明，作用在墙肢上的轴向压力加大了截面的剪压区，提高受剪承载力；而轴向拉力对抗剪不利，降低受剪承载力。因此，计算墙肢斜截面受剪承载力时，应计入轴力的有利或不利影响。此外，在地震的反复荷载作用下，抗剪承载力将降低，因此，考虑地震作用时应采用较低的抗剪承载力。

（2）剪力设计值调整

抗震设计时，为加强剪力墙底部加强部位的抗剪能力，避免过早出现剪切破坏，实现"强剪弱弯"的原则，剪力墙底部加强部位墙肢截面的剪力设计值，一、二、三级抗震等级时应按式（6.92a）调整，9度一级剪力墙应按式（6.92b）调整；二、三级的其他部位及四级时可不调整。

$$V = \eta_{vw} V_w \qquad (6.92a)$$

$$V = 1.1 \frac{M_{wua}}{M_w} V_w \qquad (6.92b)$$

式中　V——底部加强部位剪力墙截面剪力设计值；

　　　V_w——底部加强部位剪力墙截面考虑地震作用组合的剪力计算值；

　　　M_{wua}——剪力墙正截面抗震受弯承载力，应考虑承载力抗震调整系数 γ_{RE}、采用实配纵筋面积、材料强度标准值和组合的轴向力设计值计算，有翼墙时应计入墙两侧各一倍翼墙厚度范围内的纵向钢筋；

　　　M_w——底部加强部位剪力墙底截面弯矩的组合设计值；

　　　η_{vw}——剪力增大系数，一级取 1.6，二级取 1.4，三级取 1.2。

（3）偏心受压剪力墙斜截面受剪承载力计算

设计剪力墙时，通过构造措施防止发生剪拉破坏或斜压破坏，通过计算确定墙中水平钢筋，防止发生剪压破坏。

在轴压力和水平力共同作用下,剪跨比不大于1.5的墙肢以剪切变形为主,形成腹剪斜裂缝,裂缝部分的混凝土退出工作。取混凝土出现腹剪斜裂缝时的剪力作为混凝土部分的受剪承载力偏于安全。剪跨比大于1.5的墙肢形成弯剪斜裂缝,可能导致斜截面剪切破坏。取出现弯剪斜裂缝时混凝土所承担的剪力作为混凝土部分的受剪承载力偏于安全。实际上与混凝土出现腹剪斜裂缝时的剪力相似,只考虑混凝土腹板部分混凝土的抗剪作用。

偏心受压剪力墙斜截面受剪承载力应按下列公式进行计算:

持久、短暂设计状况

$$V \leqslant \frac{1}{\lambda - 0.5}\left(0.5f_t b_w h_{w0} + 0.13N\frac{A_w}{A}\right) + f_{yh}\frac{A_{sh}}{s}h_{w0} \tag{6.93}$$

地震设计状况

$$V \leqslant \frac{1}{\gamma_{RE}}\left[\frac{1}{\lambda - 0.5}\left(0.4f_t b_w h_{w0} + 0.1N\frac{A_w}{A}\right) + 0.8f_{yh}\frac{A_{sh}}{s}h_{w0}\right] \tag{6.94}$$

式中 N——剪力墙截面轴向压力设计值,当 $N > 0.2f_c b_w h_w$ 时,应取 $0.2f_c b_w h_w$;

A——剪力墙截面面积;

A_w——T形或I形截面剪力墙腹板面积,矩形截面时应取 A;

λ——计算截面的剪跨比,$\lambda < 1.5$ 时应取 1.5,$\lambda > 2.2$ 时应取 2.2;当计算截面与墙底之间的距离小于 $0.5h_{w0}$ 时,λ 应按距墙底 $0.5h_{w0}$ 处的弯矩值与剪力值计算;

s——剪力墙水平分布钢筋间距;

b_w、h_{w0}——墙肢截面腹板厚度和有效高度;

A_{sh}——配置在同一水平面内水平分布钢筋的全部截面面积;

f_{yh}——横向分布钢筋抗拉强度设计值。

(4) 偏心受拉剪力墙斜截面受剪承载力计算

大偏心受拉时,墙肢截面还有部分受压区,混凝土仍可以抗剪,但轴向拉力对抗剪不利。

偏心受拉剪力墙斜截面受剪承载力应按下列公式进行计算:

持久、短暂设计状况

$$V \leqslant \frac{1}{\lambda - 0.5}\left(0.5f_t b_w h_{w0} - 0.13N\frac{A_w}{A}\right) + f_{yh}\frac{A_{sh}}{s}h_{w0} \tag{6.95}$$

式(6.95)右端的计算值小于 $f_{yh}\frac{A_{sh}}{s}h_{w0}$ 时,取 $f_{yh}\frac{A_{sh}}{s}h_{w0}$。

地震设计状况

$$V \leqslant \frac{1}{\gamma_{RE}}\left[\frac{1}{\lambda - 0.5}\left(0.4f_t b_w h_{w0} - 0.1N\frac{A_w}{A}\right) + 0.8f_{yh}\frac{A_{sh}}{s}h_{w0}\right] \tag{6.96}$$

式(6.96)右端方括号内的计算值小于 $0.8f_{yh}\frac{A_{sh}}{s}h_{w0}$ 时,取 $0.8f_{yh}\frac{A_{sh}}{s}h_{w0}$。

6.8.2.5 施工缝的抗滑移验算

按一级抗震等级设计的剪力墙,要防止水平施工缝处发生滑移。考虑了摩擦力的影响后,要验算水平施工缝的竖向钢筋是否足以抵抗水平剪力,已配置的端部和分布竖向钢筋不够时,可设置附加插筋,附加插筋在上、下层剪力墙中都要有足够的锚固长度。

水平施工缝处抗滑移能力宜符合下列要求:

$$V_{wj} \leqslant \frac{1}{\gamma_{RE}}(0.6f_y A_s + 0.8N) \tag{6.97}$$

式中　V_{wj}——剪力墙水平施工缝处剪力设计值；

A_s——水平施工缝处剪力墙腹板内竖向分布钢筋和边缘构件中的竖向钢筋总面积（不包括两侧翼墙），以及在墙体中有足够锚固长度的附加竖向插筋面积；

f_y——竖向钢筋抗拉强度设计值；

N——水平施工缝处考虑地震作用组合的轴向力设计值，压力取正值，拉力取负值。

6.8.3　剪力墙轴压比限制及边缘构件配筋要求

6.8.3.1　轴压比限制

由于高层建筑的高度不断增高，钢筋混凝土剪力墙的高度也逐渐增大，其轴向压应力也随之加大。轴压比是影响剪力墙在地震作用下塑性变形能力的重要因素。试验研究表明，相同条件的剪力墙，轴压比低的其延性大，轴压比高的其延性小；通过设置约束边缘构件，可以提高高轴压比剪力墙的塑性变形能力，但轴压比大于一定值后，即使设置约束边缘构件，在强震作用下，剪力墙仍可能因混凝土压溃而丧失承受重力荷载的能力。因此，有必要限制抗震剪力墙墙肢的轴压比。重力荷载代表值作用下，一、二、三级剪力墙的轴压比不宜超过表6.13的限值。

表6.13　　　　　　　　　　　　　剪力墙轴压比限值

抗震等级	一级（9度）	一级（6度、7度、8度）	二、三级
轴压比限值	0.4	0.5	0.6

注：墙肢轴压比是指重力荷载代表值作用下墙肢承受的轴向压力设计值与墙肢的全截面面积和混凝土轴心抗压强度设计值乘积之比值。

因为要简化设计计算，N采用重力荷载代表值作用下的轴力设计值（不考虑地震作用组合，但需乘以重力荷载分项系数1.3后最大轴力设计值）来计算剪力墙的名义轴压比。

应当说明的是，截面受压区高度不仅与轴压力有关，而且与截面形状有关。在相同的轴压力作用下，带翼缘的剪力墙受压区高度较小，延性相对要好些，一字形的矩形截面最为不利。在设计时，对一字形的矩形截面剪力墙的墙肢（或墙段）应根据实际情况从严控制其轴压比。

6.8.3.2　边缘构件

剪力墙截面两端设置边缘构件是提高墙肢端部混凝土极限压应变、改善剪力墙延性的重要措施。边缘构件分为约束边缘构件和构造边缘构件两类。约束边缘构件是指用箍筋约束的暗柱、端柱和翼墙，其箍筋较多、对混凝土的约束较强的边缘构件，因而混凝土有比较大的变形能力；构造边缘构件是指构件的箍筋较少、对混凝土的约束程度较差的边缘构件。

《高层建筑混凝土结构技术规程》（JGJ 3—2010）第7.2.14条规定，剪力墙两端及洞口两侧应设置边缘构件，并应符合下列规定：

① 一、二、三级剪力墙底层墙肢截面的轴压比大于表6.14的规定值时，以及部分框支剪力墙结构的剪力墙，应在底部加强部位及相邻的上一层设置约束边缘构件，当小于表6.14规定时，应设置构造边缘构件。

表6.14　　　　　　　　　剪力墙可不设约束边缘构件的最大轴压比

等级或烈度	一级（9度）	一级（6度、7度、8度）	二、三级
轴压比	0.1	0.2	0.3

② B级高度高层建筑的剪力墙，宜在约束边缘构件层与构造边缘构件层之间设置1～2层过

渡层,过渡层边缘构件的箍筋配置要求可低于约束边缘构件的要求,但应高于构造边缘构件的要求。

因为剪力墙在周期反复荷载作用下的塑性变形能力,与截面纵向钢筋的配筋、端部边缘构件范围、端部边缘构件内纵向钢筋及箍筋的配置,以及截面形状、截面轴压比大小等因素有关,而墙肢轴压比则是更重要的因素,当轴压比较小时,即使在墙端部不设置约束边缘构件,剪力墙也具有较好的延性和耗能能力;而当轴压比超过一定值时,不设约束边缘构件的剪力墙,其延性和耗能能力降低,因此,相关结构设计规范对一、二、三级抗震等级的各种剪力墙,提出了根据不同的轴压比采用不同边缘构件的规定。

6.8.3.3　约束边缘构件设计

剪力墙约束边缘构件可分为暗柱、端柱、翼墙和转角墙四种形式,如图 6.49 所示。

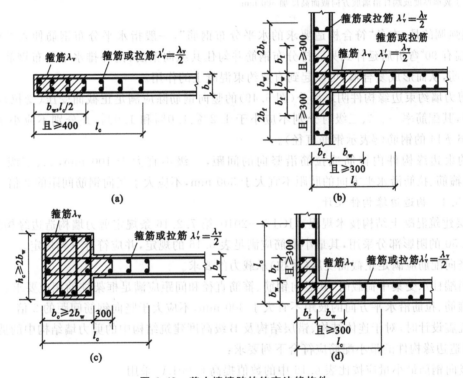

图 6.49　剪力墙墙肢的约束边缘构件
(a) 暗柱;(b) 有翼墙;(c) 有端柱;(d) 转角墙(L 形墙)

剪力墙约束边缘构件设计应符合下列要求:

① 约束边缘构件沿墙肢方向的长度 l_c 和箍筋配箍特征值 λ_v 应符合表 6.15 的要求,其体积配箍率应按下式计算:

$$\rho_v \geqslant \lambda_v \frac{f_c}{f_{yv}} \tag{6.98}$$

式中　ρ_v——箍筋体积配箍率,可计入箍筋、拉筋以及符合构造要求的水平分布钢筋,计入的水平分布钢筋的体积配箍率不应大于总体积配箍率的 30%;

λ_v——约束边缘构件配箍特征值;

f_c——混凝土轴心抗压强度设计值,混凝土强度等级低于 C35 时,应取 C35 的混凝土轴心抗压强度设计值;

f_{yv}——箍筋、拉筋或水平分布钢筋的抗拉强度设计值。

表 6.15　　　　　　　约束边缘构件沿墙肢的长度 l_c 及其配箍特征值 λ_v

项目	一级（9度）		一级（7、8度）		二、三级	
	$\mu_N \leqslant 0.2$	$\mu_N > 0.2$	$\mu_N \leqslant 0.3$	$\mu_N > 0.3$	$\mu_N \leqslant 0.4$	$\mu_N > 0.4$
l_c（暗柱）	$0.20h_w$	$0.25h_w$	$0.15h_w$	$0.20h_w$	$0.15h_w$	$0.20h_w$
l_c（翼墙或端柱）	$0.15h_w$	$0.20h_w$	$0.10h_w$	$0.15h_w$	$0.10h_w$	$0.15h_w$
λ_v	0.12	0.20	0.12	0.20	0.12	0.20

注：① μ_N 为墙肢在重力荷载代表值作用下的轴压比，h_w 为墙肢的长度。

② 剪力墙的翼墙长度小于翼墙厚度的 3 倍或端柱截面边长小于墙厚的 2 倍时，按无翼墙、无端柱查表 6.15；端柱有集中荷载时，配筋构造应满足与墙相同抗震等级框架柱的要求。

③ l_c 为约束边缘构件沿墙肢方向的长度（图 6.49），对暗柱不应小于墙厚和 400 mm 的较大值；有翼墙或端柱时，不应小于翼墙厚度或端柱沿墙肢方向截面高度加 300 mm。

特别强调的是，本条"符合构造要求的水平分布钢筋"，一般指水平分布钢筋伸入约束边缘构件，在墙端有 90°弯折后延伸到另一排分布钢筋并勾住其纵向钢筋，内外排水平分布钢筋之间设置足够的拉筋，从而形成复合箍，可以起到有效约束混凝土的作用。

② 剪力墙约束边缘构件阴影部分（图 6.49）的竖向钢筋除应满足正截面受压（受拉）承载力计算要求外，其配筋率一、二、三级时分别不应小于 1.2%、1.0% 和 1.0%，并分别不应小于 8 ϕ16、6 ϕ16 和 6 ϕ14 的钢筋（ϕ表示钢筋直径）。

③ 约束边缘构件内箍筋或拉筋沿竖向的间距，一级不宜大于 100 mm，二、三级不宜大于 150 mm；箍筋、拉筋沿水平方向的肢距不宜大于 300 mm，不应大于竖向钢筋间距的 2 倍。

6.8.3.4　构造边缘构件设计

《高层建筑混凝土结构技术规程》(JGJ 3—2010)第 7.2.16 条规定剪力墙构造边缘构件的范围宜按图 6.50 的阴影部分采用，其最小配筋应满足表 6.16 的规定，并应符合下列规定。

① 竖向配筋应满足正截面受压（受拉）承载力的要求。

② 当端柱承受集中荷载时，其竖向钢筋、箍筋直径和间距应满足框架柱的相应要求。

③ 箍筋、拉筋沿水平方向的肢距不宜大于 300 mm，不应大于竖向钢筋间距的 2 倍。

④ 抗震设计时，对于连体结构、错层结构及 B 级高度建筑结构中的剪力墙结构中的剪力墙（筒体），其构造边缘构件的最小配筋应符合下列要求：

a. 竖向钢筋最小量应按比表 6.16 中的数值提高 $0.001A_c$ 采用；

b. 箍筋的配筋范围宜取图 6.50 阴影部分，其配箍特征值 λ_v 不宜小于 0.1。

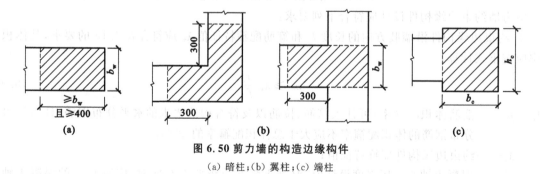

图 6.50 剪力墙的构造边缘构件

(a) 暗柱；(b) 翼柱；(c) 端柱

表 6.16 剪力墙构造边缘构件的最小配筋要求

抗震等级	底部加强部位			其他部位		
	竖向钢筋最小量（取最大值）	箍筋		竖向钢筋最小量（取最大值）	拉筋	
		最小直径（mm）	沿竖向最大间距（mm）		最小直径（mm）	沿竖向最大间距（mm）
一	$0.01A_c$ $6\phi16$	8	100	$0.008A_c$ $6\phi14$	8	150
二	$0.008A_c$ $6\phi14$	8	150	$0.006A_c$ $6\phi12$	8	200
三	$0.006A_c$ $6\phi12$	6	150	$0.005A_c$ $4\phi12$	6	200
四	$0.005A_c$ $4\phi12$	6	200	$0.004A_c$ $4\phi12$	6	250

注：① A_c 为构造边缘构件的截面面积，即图 6.50 墙截面的阴影部分；
② 符号 ϕ 表示钢筋直径；
③ 其他部位的转角处宜采用箍筋。

⑤ 非抗震设计的剪力墙,墙肢端部应配置不少于 $4\phi12$ 的纵向钢筋,箍筋直径不应小于 6 mm、间距不宜大于 250 mm。

特别强调,《高层建筑混凝土结构技术规程》(JGJ 3—2010)第 7.2.16 条的规定比《建筑抗震设计规范(2016 年版)》(GB 50011—2010)第 6.4.5 条和《混凝土结构设计规范(2015 年版)》(GB 50010—2010)第 11.7.9 条规定的构造边缘构件的范围要求严,主要考虑高层建筑结构的重要性相对较高。因此,对于高层建筑,剪力墙构造边缘构件的范围按照《高层建筑混凝土结构技术规程》(JGJ 3—2010)第 7.2.16 条确定;对于多层建筑,剪力墙构造边缘构件的范围可按照《建筑抗震设计规范(2016 年版)》(GB 50011—2010)第 6.4.5 条和《混凝土结构设计规范(2015 年版)》(GB 50010—2010)第 11.7.9 条规定确定,如图 6.51 所示。

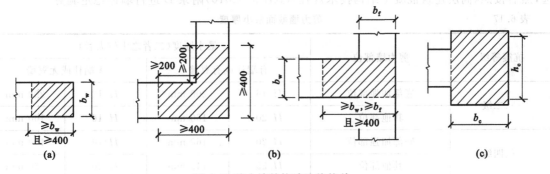

图 6.51 剪力墙的构造边缘构件
(a) 暗柱；(b) 翼柱；(c) 端柱

6.8.4 剪力墙截面构造要求

6.8.4.1 混凝土强度等级

为了保证剪力墙的承载能力和变形能力,剪力墙混凝土的强度等级不宜太低。

剪力墙结构的混凝土强度等级不应低于 C25;抗震等级不低于二级和采用 500 MPa 及以上等级及承受重复荷载作用的剪力墙结构的混凝土强度等级不应低于 C30;抗震设计时剪力墙结构的

混凝土强度等级不宜高于 C60。

6.8.4.2　剪力墙截面尺寸

剪力墙的截面尺寸,除应满足《高层建筑混凝土结构技术规程》(JGJ 3—2010)附录 D 墙体稳定验算要求并应满足剪力墙截面最小墙厚的规定外,还应满足剪力墙受剪截面限制条件、剪力墙正截面受压承载力要求以及剪力墙轴压比限值要求。

为保证剪力墙在轴力和侧向力作用下出平面的刚度和稳定性能以及混凝土的浇灌质量,也是高层建筑剪力墙截面厚度的最低要求。《高层建筑混凝土结构技术规程》(JGJ 3—2010)7.2.1 条规定:

① 应符合《高层建筑混凝土结构技术规程》(JGJ 3—2010)附录 D 墙体稳定验算要求。

② 一、二级剪力墙:底部加强部位不应小于 200 mm,其他部位不应小于 160 mm;一字形独立剪力墙底部加强部位不应小于 220 mm,其他部位不应小于 180 mm。

③ 三、四级剪力墙:不应小于 160 mm,一字形独立剪力墙的底部加强部位上不应小于180 mm。

④ 非抗震设计时不应小于 160 mm。

⑤ 剪力墙井筒中,分隔电梯井或管道井的墙肢截面厚度可适当减小,但不宜小于160 mm。因为一般剪力墙井筒内分隔空间的墙数量多而长度不大,两端嵌固好,为了减轻结构自重,增加筒内使用面积,其墙厚可减小。

《建筑抗震设计规范(2016 年版)》(GB 50011—2010)6.4.1 条规定剪力墙截面最小厚度不小于表 6.17 中的较大值。

无支长度是指沿剪力墙长度方向没有平面外横向支承墙的长度。当墙平面外有与其相交的剪力墙时,可视为剪力墙的支承,有利于保证剪力墙出平面的刚度和稳定性能。两端无翼墙和端柱的一字形剪力墙,只能按层高计算墙厚,最小墙厚也要加大。

需特别指出,高层建筑剪力墙截面最小厚度应按《高层建筑混凝土结构技术规程》(JGJ 3—2010)第 7.2.1 条规定或《建筑抗震设计规范(2016 年版)》(GB 50011—2010)6.4.1 条规定进行初选,然后按照《高层建筑混凝土结构技术规程》(JGJ 3—2010)附录 D 进行墙体稳定验算。

表 6.17　　　　　　　　　　　　　　　剪力墙截面最小厚度

抗震等级	剪力墙部位	最小厚度(二者之中较大者)			
		有端柱或有翼墙		无端柱或无翼墙	
一、二级	底部加强部位	$H/16$	200 mm	$H/12$	200 mm
	其他部位	$H/20$	160 mm	$H/16$	160 mm
三、四级	底部加强部位	$H/20$	160 mm	$H/16$	160 mm
	其他部位	$H/25$	140 mm	$H/20$	160 mm

注:表内符号 H 为层高或无支长度。

⑥ 剪力墙的截面限制条件。

剪力墙截面的剪压比超过一定值时,会在早期出现斜裂缝,抗剪钢筋不能充分发挥作用,即使配置很多的抗剪钢筋,墙肢混凝土也会过早发生斜压破坏。为了避免这种破坏,应限制剪力墙截面的剪压比,即剪力墙截面平均剪应力值与混凝土轴心抗压强度的比值。

剪力墙墙肢截面剪力设计值应符合下列要求。

持久、短暂设计状况:

$$V \leqslant 0.25\beta_c f_c b_w h_{w0} \tag{6.99a}$$

地震设计状况：

剪跨比 $\lambda > 2.5$ 时

$$V \leqslant \frac{1}{\gamma_{RE}}(0.20\beta_c f_c b_w h_{w0}) \tag{6.99b}$$

剪跨比 $\lambda \leqslant 2.5$ 时

$$V \leqslant \frac{1}{\gamma_{RE}}(0.15\beta_c f_c b_w h_{w0}) \tag{6.99c}$$

式中　V——剪力墙墙肢截面剪力设计值；

　　　h_{w0}——剪力墙截面有效高度；

　　　β_c——混凝土强度影响系数，混凝土强度不超过 C50 时取 1.0，混凝土强度等级为 C80 时取 0.8，其间取线性插值；

　　　λ——计算截面处的剪跨比，即 $\dfrac{M^c}{V^c h_{w0}}$，其中 M^c、V^c 应分别取与 V 同一组合的、未按有关规定调整的弯矩和剪力计算值，并取墙肢上、下端计算的剪跨比的较大值。

6.8.4.3　剪力墙分布钢筋

(1) 剪力墙分布钢筋的配筋方式

高层建筑剪力墙厚度大，为防止混凝土表面出现收缩裂缝，同时使剪力墙具有一定的出平面抗弯能力，剪力墙不应采用单排配筋。当剪力墙厚度超过 400 mm 时，如仅用双排配筋，形成中间大面积的素混凝土，会使剪力墙截面应力分布不均匀，宜采用三排或四排配筋方案，受力钢筋可均匀分布成数排，或靠墙面的配筋略大。表 6.18 给出了宜采用的分布钢筋配筋方式。

表 6.18　　　　　　　　　　　　宜采用的分布钢筋配筋方式

截面厚度	配筋方式
$b_w \leqslant 400$ mm	双排配筋
400 mm $< b_w \leqslant 700$ mm	三排配筋
$b_w > 700$ mm	四排配筋

各排分布钢筋之间的拉筋间距不应大于 600 mm，直径不应小于 6 mm。

(2) 剪力墙分布钢筋最小配筋率

为了防止混凝土墙体在受弯裂缝出现后立即达到极限抗弯承载力，同时为防止斜裂缝出现后发生脆性的剪拉破坏，《高层建筑混凝土结构技术规程》(JGJ 3—2010)规定了竖向分布钢筋和水平分布钢筋的最小配筋百分率。

① 剪力墙竖向和水平分布钢筋的配筋率，一、二、三级抗震设计时均不应小于0.25%，四级抗震设计和非抗震设计时均不应小于 0.20%；

② 房屋高度不大于 10 m 且不超过 3 层的混凝土剪力墙结构，剪力墙分布钢筋的最小配筋率允许适当降低，但不应小于 0.15%；

③ 剪力墙竖向和水平分布钢筋间距均不宜大于 300 mm，分布钢筋直径均不应小于 8 mm。

为了保证分布钢筋具有可靠的混凝土握裹力，剪力墙竖向、水平分布钢筋的直径不宜大于墙肢截面厚度的 1/10。如果要求的分布钢筋直径过大，则应加大墙肢截面厚度。

房屋顶层剪力墙以及长矩形平面房屋的楼梯间和电梯间剪力墙、端开间的纵向剪力墙以及端

山墙的水平和竖向分布钢筋的配筋率不应小于 0.25%，间距均不应大于 200 mm。因为这些部位温度应力较大，应适当增大其分布钢筋配筋量，以抵抗温度应力的不利影响。

6.8.4.4 钢筋锚固和连接要求

① 非抗震设计时，剪力墙纵向钢筋最小锚固长度应取 l_a；抗震设计时，剪力墙纵向钢筋最小锚固长度应取 l_{aE}。

② 剪力墙竖向及水平分布钢筋的搭接连接，一、二级抗震等级剪力墙的加强部位，接头位置应错开，每次连接的钢筋数量不宜超过总数量的 50%，错开净距不宜小于 500 mm，如图 6.52 所示；其他情况剪力墙的钢筋可在同一位置连接。非抗震设计时，分布钢筋的搭接长度不应小于 $1.2l_a$；抗震设计时，不应小于 $1.2l_{aE}$。

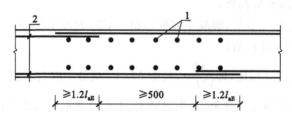

图 6.52 墙内分布钢筋的连接

注：非抗震设计时图中 l_{aE} 取 l_a。

1—竖向分布钢筋；2—水平分布钢筋

③ 暗柱及端柱内纵向钢筋连接和锚固要求宜与框架柱相同。

【例 6.4】 有一矩形截面剪力墙，总高 $H=50$ m，$b_w=250$ mm，$h_w=6000$ mm，抗震等级为一级（7 度），纵筋 HRB400 级，$f_y=360$ N/mm²，箍筋 HRB400 级，$f_y=360$ N/mm²，C30 混凝土，$f_c=14.3$ N/mm²，$f_t=1.43$ N/mm²，$\xi_b=0.518$，竖向分布钢筋为双排Φ10@200mm，墙肢底部加强部位的截面作用有考虑地震作用组合的弯矩设计值 $M=18000$ kN·m，轴向力设计值 $N=3200$ kN。重力荷载代表值作用下墙肢轴向压力设计值 $N=5000$ kN。要求：① 验算轴压比；② 确定纵向钢筋（对称配筋）。

【解】 （1）验算轴压比

查表 6.13 得剪力墙轴压比限值为 0.5，则

$$\frac{N}{f_c A}=\frac{5000\times10^3}{14.3\times250\times6000}=0.233 \begin{matrix} >0.2 \\ <0.5 \end{matrix}$$

应设置约束边缘构件。

（2）确定纵向钢筋

根据表 6.15 可得墙肢约束边缘构件沿墙肢方向的长度 l_c：

$$l_c=\max\{0.15h_w;b_w;400\}=900 \text{ mm}$$

根据图 6.49(a)纵向钢筋配筋范围沿墙肢方向的长度为：

$$\max\left\{b_w;\frac{l_c}{2};400\right\}=450 \text{ mm}$$

纵向受力钢筋合力点到近边缘的距离

$$a_s'=\frac{450}{2}=225 \text{ (mm)}$$

剪力墙截面有效高度

$$h_{w0}=h_w-a_s'=6000-225=5775 \text{ (mm)}$$

剪力墙竖向分布钢筋配筋率

$$\rho_{sw}=\frac{A_{sw}}{b_w s}=\frac{2\times78.5}{250\times200}=0.314\%>0.25\%$$

竖向分布钢筋面积

$$A_{sw} = \rho_{sw} b_w h_{w0} = 0.314\% \times 250 \times 5775 = 4533.4 \ (mm^2)$$

假定 $x < \xi_b h_0$，为大偏压。由式(6.80)得

$$\xi = \frac{x}{h_{w0}} = \frac{\gamma_{RE} N + f_{yw} A_{sw}}{\alpha_1 f_c b_w h_{w0} + 1.5 f_{yw} A_{sw}}$$

$$= \frac{0.85 \times 3200 \times 10^3 + 360 \times 4533.4}{1.0 \times 14.3 \times 250 \times 5775 + 1.5 \times 360 \times 4533.4} = 0.188 < \xi_b = 0.518$$

且

$$x = \xi h_{w0} = 0.188 \times 5775 = 1085.7 \ (mm) > 2a_s' = 2 \times 225 = 450 \ (mm)$$

原假定符合。

$$e_0 = \frac{M}{N} = \frac{18000 \times 10^6}{3200 \times 10^3} = 5625 \ (mm)$$

$$e = e_0 + \frac{h_w}{2} - a_s = 5625 + \frac{6000}{2} - 225 = 8400 \ (mm)$$

由式(6.78b)得

$$M_{sw} = \frac{1}{2} f_{yw} b_w \rho_{sw} (h_{w0} - 1.5x)^2$$

$$= \frac{1}{2} \times 360 \times 250 \times 0.314\% \times (5775 - 1.5 \times 1085.7)^2$$

$$= 2429 \times 10^6 \ (N \cdot mm)$$

由式(6.78a)得

$$A_s = A_s' = \frac{\gamma_{RE} Ne - \alpha_1 f_c b_w x \left(h_{w0} - \frac{x}{2}\right) + M_{sw}}{f_y'(h_{w0} - a_s')}$$

$$= \frac{0.85 \times 3200 \times 10^3 \times 8400 - 1.0 \times 14.3 \times 250 \times 1085.7 \times \left(5775 - \frac{1085.7}{2}\right) + 2429 \times 10^6}{360 \times (5775 - 225)}$$

$$= 2487 \ (mm^2)$$

纵向钢筋的最小截面积 $A_{s,min} = 1.2\% \times 250 \times 450 = 1350 \ (mm^2)$，小于 8 ⏀ 16，取 8 ⏀ 16，$A_s = 1608 \ mm^2$。

选取 8 ⏀ 20，$A_s = 2513 \ mm^2$。

【例 6.5】 基本情况同例 6.4，已知距墙底 $0.5h_{w0}$ 处的内力设计值：弯矩 $M = 162500 \ kN \cdot m$，剪力 $V = 2250 \ kN$，轴力 $N = 3000 \ kN$。要求：① 验算剪压比；② 根据受剪承载力的要求确定水平分布钢筋。

【解】 (1) 确定剪压比

剪跨比

$$\lambda = \frac{M}{V h_{w0}} = \frac{16250 \times 10^6}{2250 \times 10^3 \times 5775} = 1.25$$

调整剪力设计值

$$V = 1.6 \times 2250 = 3600 \ (kN)$$

因 $\lambda = 1.25 < 2.5$，应用公式(6.99c)验算剪压比

$$\frac{1}{\gamma_{RE}}(0.15 \beta_c f_c b_w h_{w0}) = \frac{1}{0.85} \times (0.15 \times 1.0 \times 14.3 \times 250 \times 5775)$$

$$= 3643 \ (kN) > V = 3600 \ (kN)$$

满足要求。

(2) 确定水平分布钢筋

因 $\lambda = 1.25 < 1.5$ 取 $\lambda = 1.5$；$A_w = A$，取 $\frac{A_w}{A} = 1.0$。

$$0.2 f_c b_w h_w = 0.2 \times 14.3 \times 250 \times 6000 = 4290 \ (kN) > N = 3000 \ (kN)$$

取 $N = 3000 \ kN$。

应用公式(6.94)得

$$\frac{1}{\gamma_{RE}}\left[\frac{1}{\lambda-0.5}\left(0.4f_tb_wh_{w0}+0.1N\frac{A_w}{A}\right)+0.8f_{yh}\frac{A_{sh}}{s}h_{w0}\right]$$

$$=\frac{1}{0.85}\times\left[\frac{1}{1.5-0.5}(0.4\times1.43\times250\times5775+0.1\times3000\times10^3\times1)+0.8\times360\times\frac{A_{sh}}{s}\times5775\right]$$

$$=1324500+1663200\frac{A_{sh}}{s}$$

$$V=3600\times10^3\ N\leqslant1324500+1663200\frac{A_{sh}}{s}$$

解得

$$\frac{A_{sh}}{s}=\frac{3600\times10^3-1324500}{1663200}=1.51\ (\text{mm})$$

采用双排钢筋 ⊈10，$s=\dfrac{2\times78.5}{1.51}=104$ mm，取 $s=100$ mm。

体积配箍率为：

$$\rho_v=\frac{a_{sk}l_{sk}}{l_1l_2s}=\frac{78.5\times(2\times425+4\times200)}{425\times200\times100}=1.52\%$$

箍筋的配筋范围沿墙肢方向的长度为

$$\max\left\{b_w;\frac{l_c}{2};400\right\}=450\ \text{mm}$$

约束边缘构件端部 450 mm 长度内的配箍特征值 $\lambda_v=0.12$，最小体积配箍率为

$$\lambda_v\frac{f_c}{f_{yv}}=0.12\times\frac{16.7}{360}=0.57\%<\rho_v=1.52\%$$

满足要求。

6.8.5　连梁截面设计及构造要求

剪力墙中的连梁通常跨度较小而梁高较大，在住宅、旅馆等建筑中采用剪力墙结构时，连梁跨高比可能小于 2.5，有时接近 1。这种连梁的受力性能与一般竖向荷载下的深梁不同。在侧向力作用下，易出现剪切斜裂缝而发生剪切破坏。

按照延性剪力墙"强墙弱梁"要求，连梁屈服应先于墙肢屈服，即连梁首先形成塑性铰耗散地震能量；连梁应当"强剪弱弯"，避免剪切破坏。

一般剪力墙中，可采用降低连梁弯矩设计值的方法，使连梁先于墙肢屈服；由于连梁跨高比小，很难避免斜裂缝及剪切破坏，必须采取限制名义剪应力等措施推迟连梁的剪切破坏。

6.8.5.1　连梁内力设计值

（1）弯矩设计值

为使连梁弯曲屈服，可以对连梁中的弯矩进行调整，降低连梁弯矩。按降低后弯矩进行配筋，可以使连梁抗弯承载力降低，从而使连梁较早出现塑性铰，又降低了梁中的平均剪应力，可以改善其延性。降低连梁弯矩的方法有两个。

① 高层建筑结构地震作用效应计算时，结构构件均采用弹性刚度参与整体分析，但抗震设计的框架-剪力墙或剪力墙结构中的连梁刚度可予以折减，使连梁的弯矩、剪力减小。设防烈度为 6 度、7 度时，折减系数不小于 0.7；8 度、9 度时，不小于 0.5。折减系数不宜小于 0.5，以保证连梁有足够的承受竖向荷载的能力。

② 用弹性分析所得的内力进行塑性调幅，按调幅以后的弯矩设计连梁配筋。一般是将中部弯矩最大的一些连梁的弯矩调小，调幅后的弯矩不小于调幅前弯矩（完全弹性）的 0.8 倍（6 度、7 度）和 0.5 倍（8 度、9 度）。中部连梁的弯矩设计值降低以后，其余部位的连梁和墙肢弯矩设计值应相应地提

高,如图 6.53 所示,以维持静力平衡。

（2）剪力设计值

要使连梁具有延性,还要按照"强剪弱弯"的构件设计要求,使连梁的剪力设计值不小于连梁的抗弯极限状态相应的剪力,即连梁两端截面的剪力设计值应按下列规定计算:

非抗震设计及四级剪力墙的连梁应分别取考虑水平风荷载或水平地震作用组合的剪力设计值。

一、二、三级剪力墙的连梁,其梁端截面组合的剪力设计值应按下式进行调整:

$$V_b = \eta_{vb} \frac{M_b^l + M_b^r}{l_n} + V_{Gb} \qquad (6.100a)$$

式中 M_b^l, M_b^r——连梁左、右端截面顺时针或逆时针方向的弯矩设计值;

l_n——连梁的净跨;

V_{Gb}——在重力荷载代表值作用下,按简支梁计算的梁端截面剪力设计值;

η_{vb}——连梁剪力增大系数,一级取 1.3,二级取 1.2,三级取 1.1。

9 度时一级剪力墙的连梁,其梁端截面组合的剪力设计值应按下式进行调整:

$$V_b = 1.1 \frac{M_{bua}^l + M_{bua}^r}{l_n} + V_{Gb} \qquad (6.100b)$$

式中 M_{bua}^l, M_{bua}^r——连梁左、右端截面顺时针或逆时针方向实配的抗震受弯承载力所对应的弯矩值,应按实配钢筋面积(计入受压钢筋)和材料强度标准值并考虑承载力抗震调整系数计算。

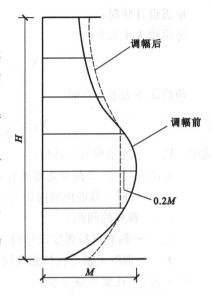

图 6.53 连梁弯矩调幅

6.8.5.2 连梁截面承载力计算

（1）正截面受弯承载力计算

连梁可按普通梁的方法计算受弯承载力。连梁通常都采用对称配筋,按双筋截面计算,受压区很小,通常用受拉钢筋对受压钢筋取矩,就可得到受弯承载力。计算公式可简化如下:

持久、短暂设计状况

$$M_b \leqslant f_y A_s (h_{b0} - a_s') \qquad (6.101a)$$

地震设计状况

$$M_b \leqslant \frac{1}{\gamma_{RE}} f_y A_s (h_{b0} - a_s') \qquad (6.101b)$$

式中 M_b——连梁弯矩设计值;

A_s——受力纵筋截面面积;

$h_{b0} - a_s'$——上、下受力钢筋重心之间的距离。

（2）斜截面受剪承载力计算

跨高比较小的连梁斜裂缝会扩展到全对角线上,在地震往复作用下,受剪承载力降低。连梁斜截面受剪承载力应按式(6.102)计算。

持久、短暂设计状况:

$$V_b \leqslant 0.7 f_t b_b h_{b0} + f_{yv} \frac{A_{sv}}{s} h_{b0} \qquad (6.102a)$$

地震设计状况：

跨高比大于 2.5 时

$$V_b \leqslant \frac{1}{\gamma_{RE}} \left(0.42 f_t b_b h_{b0} + f_{yv} \frac{A_{sv}}{s} h_{b0} \right) \tag{6.102b}$$

跨高比不大于 2.5 时

$$V_b \leqslant \frac{1}{\gamma_{RE}} \left(0.38 f_t b_b h_{b0} + 0.9 f_{yv} \frac{A_{sv}}{s} h_{b0} \right) \tag{6.102c}$$

式中 V_b——连梁剪力设计值；

       b_b, h_{b0}——连梁截面宽度和有效高度；

       A_{sv}——同一截面内竖向箍筋的全部截面面积；

       s——箍筋的间距；

       f_{yv}——箍筋抗拉强度设计值；

       f_t——混凝土轴心抗拉强度设计值。

6.8.5.3 连梁构造要求

（1）最小截面尺寸

连梁是对剪力墙结构抗震性能影响较大的构件，如果平均剪应力过大，在箍筋充分发挥作用之前，连梁就会发生剪切破坏。连梁截面内平均剪应力大小对连梁截面破坏性影响较大。因此，对连梁最小截面尺寸提出要求，限制截面平均剪应力，对小跨高比连梁限制更加严格。剪力墙连梁截面尺寸应符合下列要求。

持久、短暂设计状况：

$$V_b \leqslant 0.25 \beta_c f_c b_b h_{b0} \tag{6.103a}$$

地震设计状况：

跨高比大于 2.5 时

$$V_b \leqslant \frac{1}{\gamma_{RE}} (0.20 \beta_c f_c b_b h_{b0}) \tag{6.103b}$$

跨高比不大于 2.5 时

$$V_b \leqslant \frac{1}{\gamma_{RE}} (0.15 \beta_c f_c b_b h_{b0}) \tag{6.103c}$$

（2）最小配筋率

跨高比 $\frac{l}{h_b}$ 不大于 1.5 的连梁，非抗震设计时，其纵向钢筋的最小配筋率可取为 0.2%；抗震设计时，其纵向钢筋的最小配筋率宜符合表 6.19 的要求；跨高比大于 1.5 的连梁，其纵向钢筋的最小配筋率可按框架梁的要求采用。

表 6.19   **跨高比不大于 1.5 的连梁纵向钢筋的最小配筋率(%)**

跨高比	最小配筋率（采用较大值）
$\frac{l}{h_b} \leqslant 0.5$	$0.20, 45 \frac{f_t}{f_y}$
$0.5 < \frac{l}{h_b} \leqslant 1.5$	$0.25, 55 \frac{f_t}{f_y}$

（3）最大配筋率

剪力墙结构连梁中，非抗震设计时，顶面及底面单侧纵向钢筋最大配筋率不宜大于2.5%；抗震设计时,顶面及底面单侧纵向钢筋的最大配筋率宜符合表 6.20 的要求。如不满足,则应按实配钢筋进行连梁强剪弱弯的计算。

表 6.20   连梁纵向钢筋的最大配筋率(%)

跨高比	最大配筋率
$\dfrac{l}{h_b} \leqslant 1.0$	0.6
$1.0 < \dfrac{l}{h_b} \leqslant 2.0$	1.2
$2.0 < \dfrac{l}{h_b} \leqslant 2.5$	1.5

(4) 连梁截面抗剪验算不够时可采取的措施

剪力墙连梁对剪切变形十分敏感,其名义剪应力限制比较严,在很多情况下计算时经常出现超限情况,可采取下面一些处理办法:

① 减小连梁截面高度或采取其他减小连梁刚度的措施。

注意连梁名义剪应力超过限值时,加大截面高度会吸引更多剪力,更为不利,减小截面高度或加大截面厚度有效,而后者一般很难实现。

跨高比较小的高连梁,可设水平缝形成双连梁、多连梁或采取其他加强受剪承载力的构造。高连梁设置水平缝,使一根连梁成为大跨高比的两根或多根连梁,其破坏形态从剪切破坏变为弯曲破坏。

② 抗震设计的剪力墙中连梁弯矩及剪力可进行塑性调幅,以降低其剪力设计值,详见本书6.8.5.1节。但在内力计算时已经按规定降低了刚度的连梁,其调幅范围应限制或不再继续调幅。此时应取弯矩调幅后相应的剪力设计值校核其是否满足连梁截面抗剪验算要求;剪力墙中其他连梁和墙肢的弯矩设计值宜视调幅连梁数量的多少而相应适当增加。

无论用什么方法,连梁调幅后的弯矩剪力设计值不应低于使用状况下的值,也不宜低于比设防烈度低一度的地震作用组合所得的弯矩设计值,避免在正常使用条件下或较小的地震作用连梁上出现裂缝。

③ 当连梁破坏对竖向荷载无明显影响时,可考虑在大震作用下该连梁不参与工作,按独立墙肢进行第二次多遇地震作用下结构内力分析,墙肢应按两次计算所得的较大内力进行配筋设计。

(5) 连梁配筋构造措施

一般连梁的跨高比都较小,容易出现剪切裂缝,为防止斜裂缝出现后的脆性破坏,除了减小其名义剪应力并加大其箍筋配置外,在构造上有一些特殊要求,例如钢筋锚固、箍筋加密区范围、腰筋配置等。连梁配筋构造示意图见图 6.54。

① 连梁顶面、底面纵向受力钢筋伸入墙内的锚固长度,抗震设计时不应小于 l_{aE},非抗震设计时不应小于 l_a,且不应小于 600 mm。

② 抗震设计时,沿连梁全长箍筋的构造应按框架梁梁

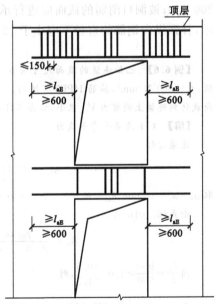

图 6.54 连梁配筋构造示意

注:非抗震设计时图中 l_{aE} 应取 l_a

端加密区箍筋的构造要求采用;非抗震设计时,沿梁全长的箍筋直径不应小于 6 mm,间距不应大于 150 mm。

③ 顶层连梁纵向钢筋伸入墙体的长度范围内应配置间距不大于 150 mm 的构造箍筋，箍筋直径应与该梁的箍筋直径相同。

④ 连梁高度范围内的墙肢水平分布钢筋应在连梁内拉通作为连梁的腰筋。连梁截面高度大于700 mm 时，其两侧面腰筋的直径不应小于 8 mm，间距不应大于200 mm；跨高比不大于 2.5 的连梁，其两侧腰筋的总面积配筋率不应小于 0.3%。

6.8.5.4　剪力墙墙面和连梁开洞时构造要求

① 剪力墙开有边长小于 800 mm 的小洞口且在结构整体计算中不考虑其影响时，应在洞口上、下和左、右配置补强钢筋，补强钢筋的直径不应小于12 mm；截面面积应分别不小于被截断的水平分布钢筋和竖向分布钢筋的面积，如图 6.55(a)所示。

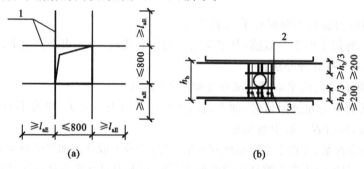

图 6.55　洞口补强配筋示意

注：非抗震设计时图中 l_{aE} 取 l_a

(a) 剪力墙洞口；(b) 连梁洞口

1—墙洞口周边补强钢筋；2—连梁洞口上下补强纵筋；3—连梁洞口补强箍筋

② 穿过连梁的管道宜预埋套管，洞口上、下的截面有效高度不宜小于梁高的 1/3，且不宜小于200 mm；被洞口削弱的截面应进行承载力计算，洞口处应配置补强纵筋和箍筋。如图6.55(b)所示，补强纵向钢筋的直径不应小于12 mm。

【例 6.6】　已知连梁的截面尺寸为 $b_b=160$ mm，$h_b=900$ mm，$l_n=900$ mm，抗震等级为二级，纵筋 HRB400 级，$f_y=360$ N/mm²，箍筋 HPB300 级，$f_y=270$ N/mm²，C30 混凝土，$f_c=14.3$ N/mm²，$f_t=1.43$ N/mm²，由楼层荷载传到连梁上的剪力 V_{Gb} 很小，略去不计，由地震作用产生的连梁剪力设计值 $V_b=150$ kN。试进行承载力计算。

【解】　(1) 连梁受弯承载力

连梁弯矩

$$M_b = V_b \frac{l_n}{2} = 250 \times 10^3 \times \frac{900}{2} = 112.5 \ (\text{kN} \cdot \text{m})$$

取 $a_s=a_s'=40$ mm，$h_{b0}=h_b-a_s=900-40=860$ (mm)。

由式(6.101b)得：

$$A_s = \frac{\gamma_{RE} M_b}{f_y(h_{b0}-a_s')} = \frac{0.75 \times 112.5 \times 10^6}{360 \times (865-40)} = 285.8 \ (\text{mm}^2)$$

因 $\dfrac{l_n}{h} = \dfrac{900}{900} = 1.0 \begin{matrix} >0.5 \\ <1.5 \end{matrix}$，则

$$A_{s,min} = \max \left\{ 0.0025 \times 160 \times 900 = 360; 0.55 \times \frac{1.43}{360} \times 160 \times 900 = 314.6 \right\} = 360 \ (\text{mm}^2) > A_s$$

所以取 $A_s = A_{s,min} = 360$ mm² $< A_{s,max} = 0.006 \times 160 \times 900 = 864$ (mm²)。

选用 2 $\underline{\Phi}$ 16，$A_s = 402$ mm²。

(2) 连梁受剪承载力

梁端剪力设计值

$$V_b = 1.2 \frac{M_b^l + M_b^r}{l_n} = 1.2 \times \frac{2 \times 112.5 \times 10^6}{900} = 300 \text{ (kN)}$$

因 $\dfrac{l_n}{h} = \dfrac{900}{900} = 1.0 < 2.5$，由公式(6.103c)得

$$\frac{1}{\gamma_{RE}}(0.15\beta_c f_c b_b h_{b0}) = \frac{1}{0.85} \times (0.15 \times 1.0 \times 14.3 \times 160 \times 860) = 347 \text{ (kN)} > V_b = 300 \text{ (kN)}$$

满足要求。

由式(6.102c)得

$$\frac{A_{sv}}{s} = \frac{\gamma_{RE} V_b - 0.38 f_t b_b h_{b0}}{0.9 f_{yv} h_{b0}} = \frac{0.85 \times 300 \times 10^3 - 0.38 \times 1.43 \times 160 \times 860}{0.9 \times 270 \times 860} = 0.862 \text{ (mm)}$$

根据第5章框架梁端加密区箍筋要求，选双肢箍 ϕ 8，箍筋最大间距

$$s = \min \left\{ s = \frac{h_b}{4} = \frac{900}{4} = 225; s = 8d = 8 \times 16 = 128 \right\} = 128 \text{ mm}$$

取 $s = 100 \text{ mm}$，则

$$\frac{A_{sv}}{s} = \frac{2 \times 50.3}{100} = 1.006 \text{ (mm)} > 0.862 \text{ (mm)}$$

可以。

$$\rho_{sv} = \frac{nA_{sv1}}{b_b s} = \frac{2 \times 50.3}{160 \times 100} = 0.63\% > 0.28 \frac{f_t}{f_{yv}} = 0.28 \times \frac{1.43}{270} = 0.15\%$$

知识归纳

① 剪力墙结构是高层建筑的一种主要结构形式，首先进行剪力结构布置和拟确定剪力墙截面尺寸，确定结构计算简图，然后进行荷载计算、结构分析、内力组合和截面设计，并绘制结构施工图。

② 剪力墙结构是一种悬臂型结构，其受力特点随洞口的大小、形状和位置的不同而变化。通常根据洞口大小不同分为整截面墙、整体小开口墙、联肢墙和壁式框架；剪力墙的分类判别式和各自的受力特点。

③ 剪力墙结构的平面协同工作分析；剪力墙等效抗弯刚度的概念及各种剪力墙等效抗弯刚度计算方法。

④ 剪力墙结构的受力分析包括竖向荷载和水平荷载作用下的受力分析；在竖向荷载作用下，各片剪力墙所受的内力可按材料力学原理进行分析；在水平荷载作用下按照剪力墙结构的平面协同工作分析确定各种剪力墙的内力和位移，根据整体小开口墙和联肢墙的受力特点确定各墙肢和连梁的内力，壁式框架考虑刚域及墙肢和连梁剪切变形影响后，按普通框架结构的计算方法近似计算内力。

⑤ 剪力墙截面设计和构造要求包括延性剪力墙设计、剪力墙轴压比限制及边缘构件构造要求；连梁截面设计和构造要求。

思考题

6.1 剪力墙的整体系数 α，墙肢惯性矩比值 I_n/I 的物理意义是什么？如何区分几种类型的剪力墙？它们各自的特点是什么？各种计算方法的适用条件是什么？这些适用条件的物理意义是什么？

6.2 什么是剪力墙结构的等效抗弯刚度？整体墙、整体小开口墙、多肢墙中，等效抗弯刚度有何不同？怎样计算？

6.3 连续化方法的基本假定是什么？它们对该计算方法的适用范围有什么影响？

6.4 连续化方法中，连梁未知力 $\tau(x)$ 和 $m(x)$ 是什么？与函数 $\varphi(\xi)$ 是什么关系？如何利用 $\varphi(\xi)$ 求出连梁内力？

6.5 连续化方法的计算步骤有哪些？双肢墙和多肢墙的基本假定、几何参数、查表方法、内力和位移计算有什么不同？

6.6 多肢墙的内力分布和侧移变形曲线的特点是什么？整体系数 α 对内力分布和变形有什么影响？为什么？

6.7 整体墙、联肢墙、单独墙肢沿高度的内力分布和截面应变分布有什么特点？

6.8　壁式框架和一般框架有什么不同？如何确定壁式框架的轴线位置和刚域尺寸？

6.9　带刚域杆件和一般框架等截面杆件的刚度系数有什么不同？当两端刚域尺寸不同时，如何区分 c 和 c'？有什么规律？

6.10　带刚域框架中应用 D 值法要注意哪些问题？哪些参数和一般框架不同？

6.11　为什么说经过合理设计，联肢墙的抗震性能比悬臂墙好？试说明"合理设计"有哪些要求。

6.12　悬臂剪力墙有哪几种破坏形态？影响悬臂剪力墙延性的因素有哪些？

6.13　联肢剪力墙中，连梁性能对剪力墙破坏形式、延性性能有什么影响？如何设计连梁？

6.14　高宽比较大的剪力墙（高墙）和高宽比较小的矮墙，其破坏特征有什么不同？

6.15　试比较联肢剪力墙与悬臂剪力墙的抗震性能。为什么把连梁设计得很强反而是不利的？

6.16　为什么要设置剪力墙的底部加强部位？说明剪力墙底部加强部位的高度如何确定。

6.17　剪力墙的塑性铰区在什么部位？塑性铰区的配筋有什么要求？

6.18　什么是多道设防？联肢剪力墙的多道设防是指什么？有什么意义？

6.19　哪些抗震剪力墙的墙肢弯矩和剪力设计值、连梁弯矩和剪力设计值需要由最不利组合内力计算值调整？如何确定这些设计值？

6.20　在墙肢大、小偏心受压和大偏心受拉承载力计算中，作了哪些假定？忽略哪一部分竖向分布钢筋对承载力的贡献？为什么？

6.21　简述对称配筋和非对称配筋大偏心受压墙肢的竖向钢筋计算过程。

6.22　剪力墙与柱均属压弯构件，试比较二者承载力计算公式的异同。

6.23　剪力墙中水平钢筋起什么作用？为什么要控制其最小配筋率？

6.24　什么情况下墙肢要设置约束边缘构件？为什么要设置约束边缘构件？约束边缘构件有哪些类型？约束边缘构件沿墙肢的长度及配箍特征值各为多少？

6.25　哪些剪力墙设置构造边缘构件？构造边缘构件与约束边缘构件有什么不同？

6.26　如何计算墙肢的剪压比？为什么要验算剪力墙剪压比？剪跨比大于2.5的墙肢和不大于2.5的墙肢剪压比限值有什么不同？为什么剪跨比不大于2.5的墙肢的剪压比限值要严一些？

6.27　为什么要对连梁的内力进行调幅？如何调幅？其后果是什么？调整的幅度有限制吗？

6.28　什么情况下墙肢会成为拉弯构件？为什么拉力对墙肢不利？怎样才能减小墙肢中的拉力？

习　题

6.1　求图6.56所示12层整体小开口墙底层底部和第6层顶部截面的墙肢弯矩、轴力和剪力，并求顶点位移。

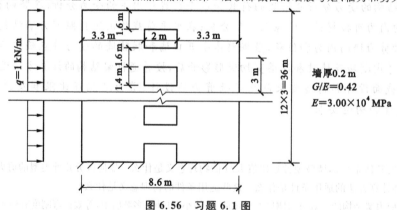

图6.56　习题6.1图

6.2　求图6.57所示12层剪力墙结构的内力和侧向位移。

6.3　求图6.58所示6层壁式框架的弯矩图及各层层间位移。

6.4　某16层剪力墙结构，层高3.2 m，8度抗震设防，Ⅱ类场地，C30混凝土，墙肢分布钢筋和连梁箍筋采用HPB300级钢，墙肢端部竖向钢筋和连梁抗弯钢筋采用HRB400级钢。图6.59所示为该结构一片剪力墙的截面，剪力墙底部加强部位墙厚为200 mm。墙肢1底部截面在重力荷载代表值作用下轴向压力设计值为4536.2 kN，底部截面有两组最不利内力组合的内力计算值：① $M=2484.6$ kN·m，$N=-551.8$ kN，$V=190.5$ kN；② $M=$

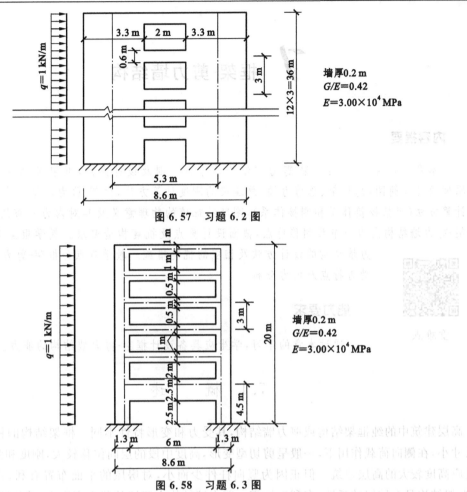

图 6.57　习题 6.2 图

图 6.58　习题 6.3 图

2484.6 kN·m,$N=-6830.2$ kN,$V=190.5$ kN。连梁 1 的高度为 900 mm,最不利内力组合计算值为:$M_b=68.5$ kN·m,$V_b=152$ kN。计算墙肢 1 底部加强部位的配筋和连梁 1 的配筋,并画出墙肢和连梁配筋图。

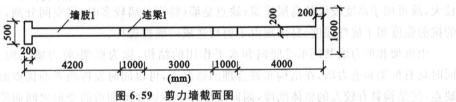

图 6.59　剪力墙截面图

6.5　某框架剪力墙结构高度 $H=39.3$ m,双肢剪力墙截面尺寸如图 6.60 所示。在 8 度地震作用下,考虑有震作用组合时,墙肢 1(W_1)底部加强部位的组合弯矩设计值 $M_{wE}=31190$ kN·m,剪力设计值 $V_{wE}=2110$ kN,上部连梁约束弯矩产生的轴向力设计值 $N_{wE}=3030$ kN,重力荷载代表值作用下产生的轴向力设计值 $N_{wG}=7390$ kN,连梁剪力设计值 $V_{bE}=300$ kN。混凝土强度等级为 C30。纵筋 HRB400 级,箍筋 HPB300 级。抗震等级为一级。计算墙肢 1 底部加强部位的配筋和连梁 1 的配筋,并画出墙肢和连梁配筋图。

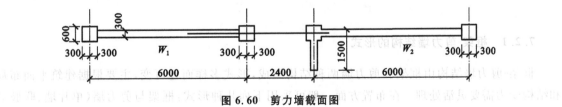

图 6.60　剪力墙截面图

7 框架-剪力墙结构

🌀 内容提要

本章主要内容包括：框架-剪力墙结构的布置原则及设计方法，框架-剪力墙协同工作原理及计算简图，总框架、总剪力墙、总连梁的刚度计算方法，框架-剪力墙结构内力及侧移计算方法（包括铰接体系和刚接体系），刚度特征值的物理意义及其对内力分布的影响，框架-剪力墙结构内力分布及侧移特点，截面设计要点及抗震构造要求。教学重点为框架-剪力墙结构的设计方法及相应的抗震措施。教学难点为框架-剪力墙结构的受力特点及内力分析。

重难点

🌀 能力要求

通过本章的学习，学生应具备设计框架-剪力墙结构的能力。

7.1 概　述

高层建筑中的纯框架结构或剪力墙结构，其受力和变形特性不同。框架结构的杆件稀疏且截面尺寸小，在侧向荷载作用下，一般呈剪切型变形，高度中段的层间位移较大，刚度和强度方面均不能适应高度较大的高层建筑。但正因为竖向杆件少而小，对房屋的平面布置有利，若设计处理得当，框架结构具有较好的延性，有利于抗震。剪力墙结构由于墙的截面高度大，单片墙的刚度大，抗弯能力强，在侧向力作用下，一般呈弯曲型变形，顶部附近楼层的层间位移较大，因而刚度和强度均较大，故可用于高度较大的高层建筑；缺点是墙（特别是墙较多时）将空间分割，不利于平面布置，墙的抗剪强度弱于抗弯强度，易出现由于剪切造成的脆性破坏。

由框架和剪力墙共同承受竖向和水平作用的结构，称为框架-剪力墙结构。框架-剪力墙结构同时具有框架和剪力墙，在结构布置合理的情况下，可以同时发挥两者的优点而相互制约另一者的缺点，使结构具有较大的整体刚度，侧向变形介于剪切变形和弯曲变形之间而使层间相对位移变化较缓和，平面布置较易获得较大空间，两种结构形成抗震的两道防线等，因而框架-剪力墙结构可应用于多种使用功能的高层建筑，如办公楼、饭店、公寓、住宅、教学楼、实验楼、医院等。

7.2 一般规定

7.2.1 框架-剪力墙结构的形式

框架-剪力墙结构由框架和剪力墙两种结构组成，形式多样而且可变，主要根据建筑平面布局和结构受力需要灵活处理。在布置方面一般可采用下列几种形式：框架与剪力墙（单片墙、联肢墙或较小井筒）分开布置，构成比较独立的抗侧力片；在框架结构的若干跨内嵌入剪力墙（称为带边框剪力墙,框架相应跨的柱和梁称为该片墙的边框);在单片抗侧力结构内连续分别布置框架和剪力墙,框架和剪力墙混合组成抗侧力片等;当然也可以是以上几种形式的混合。需要指出的是,无论哪种形式,它都是以其整体来承担荷载和作用,各部分承担的力应通过整体分析方法(包括简化方法)确定。反过来说,应通过各部分含量的搭配和布置的调整来取得合理的设计。

7.2.2　框架-剪力墙结构的设计方法

抗震设计的框架-剪力墙结构,应根据在规定的水平力作用下结构底层框架部分承受的地震倾覆力矩与结构总地震倾覆力矩的比值,确定相应的设计方法,并应符合下列规定:

① 框架部分承受的地震倾覆力矩不大于结构总地震倾覆力矩的10%时,意味着结构中框架承担的地震作用较小,绝大部分由剪力墙承担,工作性能接近于纯剪力墙结构,按剪力墙结构设计,此时结构中的剪力墙抗震等级可按剪力墙结构的规定执行;其最大适用高度仍按框架-剪力墙的要求执行;其中的框架部分应按框架-剪力墙结构的框架进行设计,其侧向位移控制指标按剪力墙结构采用。

② 当框架部分承受的地震倾覆力矩大于结构总地震倾覆力矩的10%但不大于50%时,按框架-剪力墙结构进行设计。

③ 当框架部分承受的地震倾覆力矩大于结构总地震倾覆力矩的50%但不大于80%时,按框架-剪力墙结构设计;此时框架部分的抗震等级和轴压比宜按框架结构的规定执行,剪力墙部分的抗震等级和轴压比按框架-剪力墙结构的规定采用;其最大适用高度不宜再按框架-剪力墙结构的要求执行,但可比框架结构的要求适当提高,提高的幅度可视剪力墙承担的地震倾覆力矩来确定。

④ 当框架部分承受的地震倾覆力矩大于结构总地震倾覆力矩的80%时,按框架-剪力墙结构设计;由于结构中剪力墙的数量极少,此时框架部分的抗震等级和轴压比应按框架结构的规定执行,剪力墙部分的抗震等级和轴压比按框架-剪力墙结构的规定采用;其最大适用高度宜按框架结构采用。当结构的层间位移角不满足框架-剪力墙结构的规定时,可按《高层建筑混凝土结构技术规程》(JGJ 3—2010)第3.11节的有关规定进行结构抗震性能分析和论证。

对于这种少墙框-剪结构,由于其抗震性能较差,不主张采用,以避免剪力墙受力过大,过早破坏。当不可避免时,宜采取将此种剪力墙减薄、开竖缝、开结构洞、配置少量单排钢筋等措施,减少剪力墙的作用。

对于竖向布置比较规则的框架-剪力墙结构,框架部分承担的地震倾覆力矩可按下式计算:

$$M_c = \sum_{i=1}^{n} \sum_{j=1}^{m} V_{ij} h_i \tag{7.1}$$

式中　M_c——框架-剪力墙结构在基本振型地震作用下框架部分承受的地震倾覆力矩;

　　　　n——结构层数;

　　　　m——框架 i 层柱的根数;

　　　　V_{ij}——第 i 层第 j 根框架柱的计算地震剪力;

　　　　h_i——第 i 层层高。

【例7.1】 某钢筋混凝土框架-剪力墙结构房屋,高58 m,丙类建筑,抗震设防烈度为8度(0.20g),Ⅲ类场地。在重力荷载代表值、水平风荷载及水平地震作用下第四层边柱的轴向力标准值分别为 $N_{Gk}=4200$ kN, $N_{wk}=120$ kN, $N_{Ehk}=500$ kN;柱截面为 600 mm×800 mm,混凝土C40, $f_c=19.1$ N/mm²。第四层层高3.60 m,横梁高600 mm。经计算知该结构框架部分承受的地震倾覆力矩大于结构总地震倾覆力矩的10%但小于50%。要求:

① 确定框架部分的抗震等级;

② 验算柱轴压比是否满足要求。

【解】 ① 经计算可知，该结构框架部分承受的地震倾覆力矩大于结构总地震倾覆力矩的 10% 但小于 50%，说明框架部分仅是承担抵抗侧向荷载的次要结构，框架部分的抗震等级按框架-剪力墙的框架确定；房屋高度 $H=$ 58 m＜100 m，属于 A 级高度房屋；丙类建筑，抗震设防烈度为 8 度(0.20g)，Ⅲ 类场地，确定抗震等级应考虑的设防烈度为 8 度；查表得：$H=$ 58 m＜60 m，框架部分抗震等级为二级。

② 框架柱剪跨比

$$\lambda = \frac{H_n}{2h_0} = \frac{(3.6-0.6)\times10^3}{2\times(800-40)} = 1.97 \begin{matrix} >1.5 \\ <2.0 \end{matrix}$$

该柱属于短柱，柱轴压比限值应减少 0.05，框架抗震等级为二级时，考虑短柱的因素，框架柱轴压比限值为 $[\mu_N]=$ 0.85−0.05＝0.80。

因为 $H=$ 58 m＜60 m，可不考虑风荷载参与组合，为此，该柱在第四层处的轴压比为

$$\mu_N = \frac{N}{f_c A} = \frac{(4200\times1.3+500\times1.4)\times10^3}{19.1\times600\times800} = 0.682 < [\mu_N] = 0.80$$

满足要求。

【例 7.2】 某高层现浇框架剪力墙结构，抗震设防烈度为 8 度(0.20g)，高度 61 m，丙类建筑，Ⅰ 类场地，设计地震分组为第一组；在重力荷载代表值、风荷载标准值及水平地震作用标准值作用下，第三层框架边柱的轴向压力标准值分别为：$N_{GE}=5620$ kN，$N_{wk}=100$ kN，$N_{Ehk}=380$ kN；柱截面为 750 mm×750 mm，混凝土 C40，$f_c=$ 19.1 N/mm²。经计算知该结构框架部分承受的地震倾覆力矩大于结构总地震倾覆力矩的 50% 但不大于 80%。试验算框架柱轴压比是否满足要求。

【解】 因为 $H=61$ m＞60 m，应考虑风荷载参与组合，为此，该柱按地震设计状况组合轴向压力设计值为：

$$N = \gamma_G N_{GE} + \gamma_{Eh} N_{Ehk} + \psi_w \gamma_w N_{wk} = 1.3\times5620 + 1.4\times380 + 0.2\times1.5\times100 = 7868 \text{ (kN)}$$

房屋高度 $H=61$ m＜100 m，属于 A 级高度房屋；抗震设防烈度为 8 度，丙类建筑，Ⅰ 类场地，抗震等级应考虑的设防烈度为 7 度；经计算可知，该结构框架部分承受的地震倾覆力矩大于结构总地震倾覆力矩的 50% 但不大于 80%，框架部分的抗震等级和轴压比宜按框架结构的规定执行；查表得：$H=61$ m，该结构框架部分的抗震等级为二级，轴压比限值为 $[\mu_N]=0.75$。

$$\mu_N = \frac{N}{f_c A} = \frac{7868\times10^3}{19.1\times750\times750} = 0.732 < [\mu_N] = 0.75$$

满足要求。

【例 7.3】 某高层现浇框架-剪力墙结构，抗震设防烈度为 7 度，高度 55 m，乙类建筑，Ⅱ 类场地，设计地震分组为第一组，某框架柱的竖向荷载与地震作用组合的最大轴向压力设计值 $N=7540$ kN，柱截面尺寸为 700 mm× 700 mm，混凝土 C40，$f_c=19.1$ N/mm²。经计算得知该结构框架部分承受的地震倾覆力矩大于结构总地震倾覆力矩的 10% 但小于 50%。试验算框架柱轴压比。

【解】 经计算可知，该结构框架部分承受的地震倾覆力矩大于结构总地震倾覆力矩的 10% 但小于 50%，说明框架部分仅是承担抵抗侧向荷载的次要结构，框架部分的抗震等级按框架-剪力墙的框架确定；房屋高度 $H=55$ m ＜100 m，属于 A 级高度房屋；抗震设防烈度为 7 度，乙类建筑，Ⅱ 类场地，确定抗震等级应考虑的设防烈度为 8 度；查表得：$H=55$ m＜60 m，框架部分抗震等级为二级，轴压比限值为 $[\mu_N]=0.85$。

$$\mu_N = \frac{N}{f_c A} = \frac{7540\times10^3}{19.1\times(700\times700)} = 0.806 < [\mu_N] = 0.85$$

满足要求。

7.2.3　框架-剪力墙结构的结构布置

7.2.3.1　双向抗侧力体系

框架-剪力墙结构中，剪力墙是主要的抗侧力构件，布置适量的剪力墙是其基本特点。采用这种结构时应在两个主轴方向都布置剪力墙，形成双向抗侧力体系。因为如果仅在一个主轴方向布

置剪力墙,将会造成两个主轴方向的抗侧刚度悬殊。无剪力墙的一个方向刚度不足且带有纯框架性质,与有剪力墙的另一方向不协调,也容易造成结构整体扭转。

一般情况下,对于矩形、L形、T形、冂形和口字形平面,剪力墙可沿纵、横两个方向布置;对圆形和弧形平面,可沿径向和环向布置;对于三角形、三叉形以及其他复杂平面,可沿平面和各个翼肢部分的纵向、横向或斜向等两个或三个主轴方向布置。

7.2.3.2　刚性连接及构件对中布置

框架-剪力墙结构中,主体结构构件间的连接(节点)应采用刚接,目的是保证整体结构的几何不变和刚度的发挥;同时,较多的赘余约束对结构在大震下的稳定性是有利的。当然,个别节点由于特殊需要(如为了调整个别梁的内力分布,为了避免由于沉降不均而产生过大内力等),也可以采用梁端与柱或剪力墙铰接的形式,但要注意保证结构的几何不变性。同时,结构整体分析简图要与之相符。

框架梁与柱或柱与剪力墙的中线宜尽量重合以使内力传递和分布合理且保证节点核心区的完整性。实际工程中,所有梁、柱轴线完全对中、重合的场合并不多,此时应在计算中考虑其不利影响,采取必要的构造处理,详见本书第5章有关规定。

7.2.3.3　剪力墙的布置

(1) 剪力墙的布置原则

框架-剪力墙结构中,由于剪力墙的刚度较大,其数量和布置不同时对结构整体刚度和刚心位置影响很大,因此,处理好剪力墙的布置是框架-剪力墙结构设计中的重要问题。

首先,剪力墙的数量要适当。剪力墙设置过多则结构抗推刚度太大,地震力加大,同时使框架不能充分发挥作用。实例分析表明,在其他条件不变的情况下,当剪力墙抗弯刚度增大1倍时,侧向位移仅减小13%～19%,而地震力将增大20%,因此,过多增加剪力墙的数量是不经济的。通常剪力墙的数量以使结构层间位移角不超过相关规范规定的限值为宜。剪力墙设置过少,剪力墙提供的抗推刚度不足,框架-剪力墙结构体系蜕变为框架结构体系,不符合设计要求,要保持框架-剪力墙结构体系的特性,沿每一主轴方向,剪力墙所承担的地震倾覆力矩不应小于整个结构体系总地震倾覆力矩的50%。

其次,剪力墙布置应与建筑使用要求相结合,在进行建筑初步设计时就要考虑剪力墙的合理布置;既不影响使用,又要满足结构的受力要求。每个方向剪力墙的布置均应尽量符合"分散、均匀、周边、对称"四准则。

① 分散——目的是使地震力分散作用于刚度大致相等的多片剪力墙上。如果地震力集中作用到一两片刚度很大的剪力墙上,则会造成如下不良后果:墙体内力很大,截面设计困难;墙体底面的倾覆力矩过大,造成基础设计不合理;主要受力剪力墙一旦破坏,其余较弱剪力墙和框架很难额外负担起该剪力墙转嫁来的较大地震力,以致出现各个击破。因此,单片剪力墙底部承担的水平剪力不应超过结构底部总水平剪力的30%。

② 均匀——要求同方向的各片剪力墙比较均匀地布置在建筑平面的各个区段内,而不是集中布置在某一区段内,以防止因楼盖过大水平变形导致地震力在各榀框架之间的不均匀分配。

③ 周边——要求剪力墙尽可能地沿结构平面的周边布置,以获得结构抗力的最大水平力臂,充分提高整个结构的抗扭能力。平面形状凹凸较大时,宜在凸出部分的端部附近布置剪力墙。

④ 对称——要求剪力墙尽量做到对称布置。如果在平面上难以做到对称布置时,可以通过调整剪力墙的长度和厚度,也应使整体结构的刚度中心尽量与房屋质量中心接近,以减少地震时结构的扭转振动。此外,建筑物恒载较大的部位宜布置剪力墙,它将有利于减少结构偏心和提高剪力墙的弯、剪承载力。

在确定结构的刚度中心时，还应考虑框架间砌体填充墙对刚度的贡献。

一个独立的结构单元内，同一方向的各片剪力墙不宜全部是单肢墙，应适宜多设置一些双肢墙或多肢墙，以避免同方向所有剪力墙同时在底部屈服而形成不稳定的侧移机构。

（2）剪力墙的平面布置要求

① 在每一独立结构单元的纵向和横向，均应沿两条以上的且相距较远的轴线设置剪力墙，使结构具有尽可能大的抗扭能力。

② 一般情况下，剪力墙宜布置在下述各个部位：

a. 竖向荷载较大处。较大重力荷载（质量）引起的较大地震作用，可以直接传到剪力墙上；剪力墙承受着很大的弯矩和剪力，有较大轴向压力来平衡，可以减小墙体的拉应力，并提高墙体的受剪承载力；可以避免使用较大截面梁、柱的框架来承担较大的竖向荷载。

b. 平面形状变化处或楼盖水平刚度剧变处。这样可以消除地震时在该部位楼板中引起的应力集中效应。

c. 楼梯间、电梯间以及楼板较大洞口的两侧，且尽量与靠近的抗侧力结构结合布置，不宜孤立地布置在单片抗侧力结构或柱网以外的中间部分。一般情况下，切忌仅在较大洞口的一侧设置剪力墙，以避免已被洞口严重削弱的楼板承受过大的水平地震剪力。

③ 剪力墙应避开需要在墙面上开设大洞的位置。

④ 在独立结构单元的端部，按照楼面使用要求，横向剪力墙可布置在外墙处，也可以退进 $1\sim2$ 个开间，但离外墙面的距离不宜超过 8 m。

⑤ 防震缝的两侧不宜设置成对的剪力墙，以免给施工支模、拆模及基础设计带来困难。

⑥ 房屋较长时，刚度较大的纵向剪力墙不宜设置在房屋两端的端开间或附近，以免纵向框架梁和楼板因受到变形约束的区段过长而产生较大的混凝土收缩和温度应力，从而造成楼盖梁板开裂。如果同一纵向轴线上两片纵向剪力墙之间的距离过大，各层楼盖均应在该间距中点附近的某开间内，设置横贯房屋全宽的施工"后浇带"，以消除混凝土的收缩影响。

⑦ 为了用较少的墙体获取较大的纵、横向抗推刚度和受弯承载力，纵、横向剪力墙尽可能组成L形、T形、I形，或布置成口字形，使一个方向的墙成为另一方向墙的翼墙，增大抗侧、抗扭刚度；同一横向轴线上的两片剪力墙，可利用各楼层较高截面的框架梁把它组成双肢墙。

（3）剪力墙的竖向布置要求

① 所有剪力墙均应上下对齐，没有错位，并从底到顶连续设置，不得中断，避免刚度突变。

② 房屋顶层若布置为大空间的舞厅、礼堂或宴会厅，大部分剪力墙必须在顶层的楼板处中止，被中止的各片剪力墙应在顶层以下的两三层内逐渐减少或减薄，以避免刚度突变，给顶层结构带来不利的变形集中效应。

③ 为使楼层抗推刚度做到连续、均匀地变化，剪力墙从下到上应分段减薄，并双面对称收进，每次减薄量宜为 $20\sim50$ mm，且不超过墙厚的 25%。此外，剪力墙的减薄和混凝土强度等级的降低不应位于同一楼层。

④ 框架-剪力墙体系中的剪力墙，数量少，墙体剪应力较大，因此，墙面应避免开大洞，而且要少开洞；洞口应布置在墙面的中心部位，避免开在端部或仅靠柱边，洞口距柱边的距离不宜小于墙厚的 2 倍，任一楼层，洞口面积与墙面面积的比值不应大于 1/6，洞口上方的梁的截面高度不应小于层高的 1/5；各楼层的洞口还应上下对齐。

（4）剪力墙的片数和长度

① 由于剪力墙承担大部分水平力，成为主要的抗侧力单元，因而不宜仅设置一道剪力墙，更不宜为了加大截面惯性矩而设置一道很长的墙。因此，一个独立结构单元内，沿每一主轴方向分开设

置的剪力墙均不宜少于 3 片。

② 同方向各片剪力墙的抗推刚度相对比值,应大体上与各片剪力墙所负担的"水平荷载面积"内的各楼层重力荷载总值相对应。水平荷载面积是指某一片剪力墙与左右剪力墙间距中点线之间所包围的楼面面积。

③ 为使剪力墙保持弯曲型构件的特性,具有足够的延性,不发生脆性的剪切型破坏,每一片剪力墙(包括单片墙、小开洞墙)或多肢墙墙肢的总高度与其长度的比值 H/L 不宜小于 3,其中每一墙肢的长度不宜大于 8 m。过长的墙肢可以利用高度不小于 2/3 层高的施工洞口,划分成两个以上的较窄墙肢,施工洞口可用砌体填补或仅在计算简图时进行开洞处理。

(5) 剪力墙最大间距

长矩形平面或平面有一部分较长的建筑中,横向剪力墙沿长方向的间距不宜过大。因为间距过大时,两墙之间的楼盖在其平面内变形过大,不能满足平面内刚性的要求,造成处于该区间的框架不能与邻近的剪力墙协同工作而增加负担。因此,要限制剪力墙的间距,不要超过表 7.1 所列的数值。当两墙之间的楼盖开大洞时,该段楼盖的平面刚度更差,剪力墙的间距应再适当减小。

表 7.1　　　　　　　　　　　剪力墙间距　　　　　　　　　　(单位:m)

楼盖形式	非抗震设计（取较小值）	抗震设防烈度		
		6 度、7 度（取较小值）	8 度（取较小值）	9 度（取较小值）
现浇	5.0B,60	4.0B,50	3.0B,40	2.5B,30
装配整体	3.5B,50	3.0B,40	2.5B,30	—

注:① 表中 B 为剪力墙之间的楼盖宽度(m);
② 装配整体式楼盖的现浇层应符合《高层建筑混凝土结构技术规程》(JGJ 3—2010)第 3.6.2 条的有关规定;
③ 现浇层厚度大于 60 mm 的叠合楼板可作为现浇板考虑;
④ 当房屋端部未布置剪力墙时,第一片剪力墙与房屋端部的距离不宜大于表中剪力墙间距的 1/2。

(6) 剪力墙的边框

① 除电梯间、楼梯间处的剪力墙已组成筒体的情况外,对于其他单片剪力墙,框架柱应该保留,作为剪力墙的边缘构件,以增强剪力墙的受弯承载力和稳定性。对比试验结果表明,框架柱取消后,承载力将下降 30%。

② 各楼层与剪力墙重合的框架梁最好也予以保留。对比试验结果表明,取消框架梁后,剪力墙的极限承载力将下降 10%。因此,当建筑使用功能上不允许设置明梁时,也应在每层楼盖处的墙内设置宽度与墙厚相同的暗梁。暗梁截面高度可取墙厚的 2 倍或该片框架梁截面等高。

如此处理后,遭遇地震时,剪力墙的腹板在某楼层出现斜裂缝后,框架梁可以阻止斜裂缝向相邻楼层延伸。即使剪力墙腹板破坏后失去承载能力,周边框架也能作为承重构件承担重力荷载,且保持一定的延性。此外,端柱还可提高剪力墙出现水平裂缝后的抗滑移能力。因此,剪力墙边框的梁和柱应具有足够的截面和受剪承载力,以承担因墙身通裂后对柱和梁引起的附加剪力。

③ 为了保证边框架对剪力墙的约束作用,剪力墙的中心线应与框架柱的中心线重合,任何情况下,剪力墙中心线偏离框架中心线的距离不宜大于该方向柱截面边长(柱宽)的 1/4。

7.3　框架-剪力墙结构内力和位移分析

7.3.1　框架与剪力墙的协同工作

框架和剪力墙结构是由框架和剪力墙组成的结构体系。在这种结构中,剪力墙的侧向刚度比框架的侧向刚度大得多。由于剪力墙的侧向刚度大,因而承受水平荷载的主要部分;框架有一定的侧向刚度,也承受一定的水平荷载。它们各承受水平荷载的多少主要取决于剪力墙与框架侧向刚度比,但又不是一个简单的比例关系。因为框架-剪力墙结构是由框架和剪力墙两部分共同组成的,在水平荷载作用下,这两部分又是受力性能和变形特点不同的两种结构形式的,当用平面内刚度很大的楼盖将二者组合在一起组成框架-剪力墙结构时,框架与剪力墙在楼盖处的变形必须协调一致,即存在框架与剪力墙之间如何协同工作的问题。

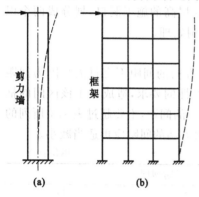

图 7.1　剪力墙和框架的变形

(a) 剪力墙的变形;(b) 框架的变形

首先把框架-剪力墙结构拆开成框架和剪力墙两个独立部分,如图 7.1 所示。在水平荷载作用下,单独剪力墙的变形曲线如图 7.1(a)中虚线所示,以弯曲变形为主;单独框架的变形曲线如图 7.1(b)所示,以剪切变形为主。但是,在框架-剪力墙结构中,框架与剪力墙是相互连接在一起的一个整体结构,并不是单独分开的,如图 7.2(a)所示,因此,它的变形曲线是介于弯曲型和剪切型之间的一种中间状况。图 7.2(c)中 a 为剪力墙单独变形的曲线,b 为框架单独变形的曲线,c 为框架-剪力墙结构协同工作变形的曲线。从该图可看出,在结构的下部,剪力墙的位移比框架小,剪力墙将框架向左拉,框架将剪力墙向右拉,如图 7.2(b)所示,因而框架-剪力墙结构的位移比框架的单独位移小,比剪力墙的单独位移大;在结构的上部,剪力墙的位移比框架大,框架将剪力墙向左推,剪力墙将框架向右推,如图 7.2(b)所示,因而框架-剪力墙结构的位移比框架的单独位移大,比剪力墙的单独位移小。楼板和连梁的连接作用使框架与剪力墙协同工作,有共同的变形曲线,因而在框架与剪力墙之间产生了相互作用的力,这些力自上而下并不是相等的,有时甚至会改变方向,如图 7.2(b)所示。框架与剪力墙之间的这种协同工作是非常有利的,它使框架-剪力墙结构的各层层间变形趋于均匀化,且使框架与剪力墙中的内力分布更趋合理。因此,框架-剪力墙结构计算应考虑框架与剪力墙的协同工作,正确地解决框架与剪力墙之间的相互作用力。

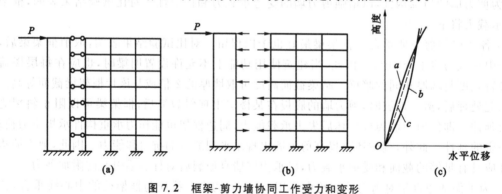

图 7.2　框架-剪力墙协同工作受力和变形

7.3.2　基本假定和计算简图

7.3.2.1　基本假定

在框架-剪力墙结构分析中,一般采用如下基本假定:

① 楼板在自身平面内的刚度为无限大,平面外刚度很小,可忽略。这就保证了楼板将整个结构单元的所有框架和剪力墙连为整体,不产生相对变形。

② 房屋的刚度中心与作用在结构上的水平荷载的合力作用点重合,在水平荷载作用下房屋不

产生沿竖轴的扭转。当结构体型规整、剪力墙布置对称均匀时,结构在水平荷载作用下可不计扭转的影响。

7.3.2.2 计算简图

框架-剪力墙结构的计算简图,主要是确定如何归并总剪力墙、总框架以及确定总剪力墙与总框架之间的联系和相互作用方式。根据上述基本假定,在同一楼层标高处,各榀框架和剪力墙的水平位移相等。因此,可将结构单元内的所有剪力墙合并为总剪力墙,为一竖向悬臂弯曲构件;将结构单元内的所有框架合并成总框架,相当于一悬臂剪切构件;所有连梁合并为总连梁,相当于一附加的剪切刚度。总剪力墙、总框架与总连梁的刚度分别为同层各类型单片结构的刚度之和。

按照剪力墙之间和剪力墙与框架之间有无连梁,或者是否考虑这些连梁对剪力墙转动的约束作用,框架-剪力墙结构可分为框架-剪力墙铰接体系和框架-剪力墙刚接体系。

(1) 框架-剪力墙铰接体系

图 7.3(a)所示为框架-剪力墙结构,框架和剪力墙是通过楼板的作用连接在一起的。刚性楼板保证了水平力作用下,同一楼层标高处,剪力墙与框架的水平位移是相同的,且楼板平面外刚度很小,可忽略,它对各平面抗侧力结构不产生约束弯矩,其横向计算简图如图 7.3(b)所示。图中总剪力墙包含 2 片剪力墙,总框架包含 5 榀框架。在总剪力墙和总框架之间的每个楼层标高处,有一根两端铰接的连杆,这一铰接连杆代表各层楼板,将各榀框架与剪力墙连成整体,共同抵抗水平荷载作用。连杆是刚性的(即轴向刚度 $EA \to \infty$),反映了刚性楼板的假定,保证了总框架与总剪力墙在同一楼层标高处的水平位移相等。这种连接方式或计算简图称为框架-剪力墙铰接体系。

(2) 框架-剪力墙刚接体系

图 7.4(a)所示为框架-剪力墙结构,横向抗侧力结构有 2 片双肢墙和 5 榀框架,因连梁的转动约束作用已考虑在双肢墙的刚度内,且楼板在平面外的转动约束作用很小,可忽略,总框架和总剪力墙之间可按铰接考虑,如图 7.4(b)所示。若将连梁与楼盖连杆的作用总和为综合总连杆,图 7.4(c)中当考虑连梁的转动约束作用时,连梁两端可按刚接考虑。被连接的总剪力墙包含 4 片墙,总框架包含 5 榀框架,总连杆中包含 2 根连梁,连梁两端与剪力墙相连,即 2 根连梁的 4 个刚接端对墙肢有约束弯矩作用。这种连接方式或计算简图称为框架-剪力墙刚接体系。

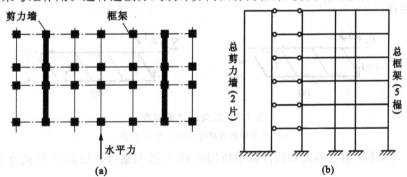

图 7.3 框架-剪力墙铰接体系

(a) 结构平面图;(b) 计算简图

图 7.4(a)所示为框架-剪力墙结构,当计算纵向地震作用时,计算简图可按图 7.4(c)处理。确定总剪力墙、总框架和总连杆时应注意,中间两片抗侧力结构中,既有剪力墙又有柱,一端与墙相连、另一端与柱(即框架)相连的梁也称为连梁,该梁对墙和柱都会产生转动约束作用,但该梁对柱的约束作用已反映在柱的 D 值中。房屋纵向计算简图 7.4(c)中,总剪力墙包含 4 片墙,总框架包

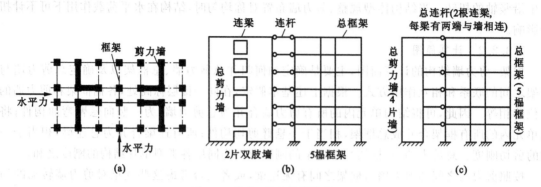

图 7.4　框架-剪力墙刚接体系

(a) 结构平面图；(b) 双肢墙与框架；(c) 计算简图

含 2 榀框架和 6 根柱子(也起框架作用)，总连杆中包含 8 根一端刚接、一端铰接的连梁，即 8 个刚接端对墙肢有约束弯矩作用。

最后需指出，计算地震作用对结构的影响时，纵、横两个方向均需考虑。计算横向地震作用时，考虑横向布置的剪力墙和横向框架；计算纵向地震作用时，考虑纵向布置的剪力墙和纵向框架。取墙截面时，纵、横向剪力墙可以互为翼缘。

7.3.3　基本计算参数

7.3.3.1　总框架的剪切刚度

总框架是所有梁、柱单元的总和。框架柱的侧移刚度定义为：使框架柱两端产生单位相对侧移所需施加的水平剪力，如图 7.5(b)所示，用符号 $\sum D$ 表示同层各柱侧移刚度的总和。总框架的剪切刚度(或抗剪刚度)C_f 定义为：使总框架在楼层间产生单位剪切变形($\gamma=1$)所需施加的水平剪力，如图 7.5(a)所示。则 C_f 与 $\sum D$ 有如下关系：

$$C_f = h \cdot \sum D \tag{7.2}$$

式中　h——层高。

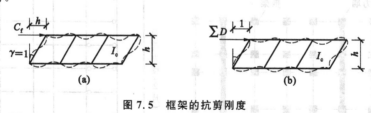

图 7.5　框架的抗剪刚度

(a) 框架的抗剪刚度；(b) 框架的 D 值

当各层 C_{fi} 不相同(相差不大)时，计算中所用的 C_f 可近似地以各层的 C_{fi} 按高度取加权平均值，即

$$C_f = \frac{C_{f1}h_1 + C_{f2}h_2 + \cdots + C_{fn}h_n}{h_1 + h_2 + \cdots + h_n} \tag{7.3}$$

7.3.3.2　剪力墙的弯曲刚度

首先按照本书第 6 章所述方法判别剪力墙类型，按相应类型剪力墙计算等效抗弯刚度，当各层剪力墙的厚度或混凝土强度等级不同时，式中 E_c、I、A、μ 应取沿高度的加权平均值。

总剪力墙的等效刚度为结构单元内所有剪力墙等效刚度之和，即

$$EI_w = \sum (E_c I_{eq})_j \tag{7.4}$$

7.3.3.3 连梁的约束刚度

框架-剪力墙刚接体系的连梁进入墙的部分刚度很大,因此连梁应作为带刚域的梁进行分析。剪力墙间的连梁是两端带刚域的梁,如图 7.6(a)所示;剪力墙与框架间的连梁是一端带刚域的梁,如图 7.6(b)所示。

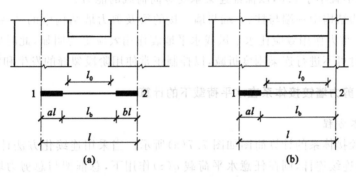

图 7.6 连梁的计算简图

(a) 两端带刚域的梁;(b) 一端带刚域的梁

在水平荷载作用下,根据刚性楼板的假定,同层框架与剪力墙的水平位移相等,同时假定同层所有结点的转角 θ 也相同,则可得两端带刚域连梁的杆端转动刚度

$$\left.\begin{aligned} m_{12} &= \frac{6EI(1+a-b)}{l(1-a-b)^3(1+\beta)} \\ m_{21} &= \frac{6EI(1+b-a)}{l(1-a-b)^3(1+\beta)} \end{aligned}\right\} \tag{7.5}$$

式中 β——考虑剪切变形影响系数,$\beta = \frac{12\mu EI}{GAl_b^2}$,如果不考虑剪切变形影响,可令 $\beta=0$。

在式(7.5)中,令 $b=0$,可得一端带刚域连梁的杆端转动刚度

$$\left.\begin{aligned} m_{12} &= \frac{6EI(1+a)}{l(1-a)^3(1+\beta)} \\ m_{21} &= \frac{6EI}{l(1-a)^2(1+\beta)} \end{aligned}\right\} \tag{7.6}$$

当采用连续化方法计算框架-剪力墙结构内力时,应将 m_{12} 和 m_{21} 化为沿层高 h 的线约束刚度 C_{12} 和 C_{21},其值为

$$\left.\begin{aligned} C_{12} &= \frac{m_{12}}{h} \\ C_{21} &= \frac{m_{21}}{h} \end{aligned}\right\} \tag{7.7}$$

单位高度上连梁两端线约束刚度之和为

$$C_b = C_{12} + C_{21}$$

当同一层内有 s 根刚接连梁时,总连梁的线约束刚度为

$$C_{bi} = \sum_{j=1}^{s} (C_{12} + C_{21})_j \tag{7.8}$$

式(7.8)适用于两端与墙连接的连梁;对于一端与墙连接,另一端与柱连接的连梁,应令与柱连接端的 C_{21} 为零。

当各层总连梁的 C_{bi} 不同时，可近似地以各层的 C_{bi} 按高度取加权平均值，即

$$C_b = \frac{C_{b1}h_1 + C_{b2}h_2 + \cdots + C_{bn}h_n}{h_1 + h_2 + \cdots + h_n} \tag{7.9}$$

在这里应指出，在实际工程中，按以上公式计算，连梁承受的弯矩和剪力较大，配筋设计困难。因此可考虑在不影响其承受竖向荷载能力的前提下，允许其适当开裂（降低刚度）而把内力转移到墙体上。折减系数不宜小于 0.5，以保证连梁承受竖向荷载的能力。

对框架-剪力墙结构中一端与柱、一端与墙连接的梁及剪力墙结构中的某些连梁，如果跨高比较大（比如大于 5），重力作用效应比水平风或水平地震作用效应更为明显，此时应慎重考虑连梁刚度折减问题，必要时可不进行连梁刚度折减，以控制正常使用阶段裂缝的发生和发展。

7.3.4　框架-剪力墙铰接体系在水平荷载下的计算

7.3.4.1　基本方程

框架-剪力墙铰接体系的计算简图如图 7.7(a) 所示。当采用连续化方法计算时，把连梁看作分散在整个高度的连续连杆，则在任意水平荷载 $q(z)$ 作用下，总框架与总剪力墙之间存在连续的相互作用力 $q_f(z)$，如图 7.7(b) 所示。

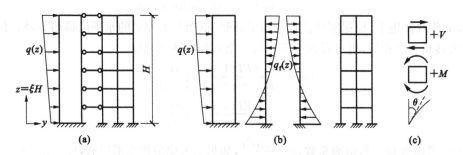

图 7.7　框架-剪力墙铰接体系协同工作计算简图

如以总剪力墙为隔离体，并采用图 7.7(c) 所示的正负号规定，剪力墙除承受分布荷载 $q(z)$ 外，还承受框架给它的弹性反力 $q_f(z)$。则根据材料力学可得弯曲变形、内力和荷载间有如下关系：

$$\left. \begin{array}{l} M_w = -EI_w \dfrac{d^2 y}{dz^2} \\[2mm] V_w = -EI_w \dfrac{d^3 y}{dz^3} \\[2mm] q_w = q(z) - q_f(z) = EI_w \dfrac{d^4 y}{dz^4} \end{array} \right\} \tag{7.10}$$

对框架而言，当变形为 $\theta\left(\theta = \dfrac{dy}{dz}\right)$ 时，框架所受的剪力为

$$V_f = C_f \theta = C_f \frac{dy}{dz} \tag{7.11}$$

微分一次得

$$\frac{dV_f}{dz} = C_f \frac{d^2 y}{dz^2} = -q_f(z) \tag{7.12}$$

将式(7.12)代入式(7.10)的第三式，并引入 $\xi = z/H$，则得

$$\frac{d^4 y}{d\xi^4} - \lambda^2 \frac{d^2 y}{d\xi^2} = \frac{q(\xi)H^4}{EI_w} \tag{7.13}$$

式中　λ——框架-剪力墙铰接体系的刚度特征值。

λ 是与框架和剪力墙刚度比有关的一个参数,对框架和剪力墙的受力和变形有很大影响,按下式确定:

$$\lambda = H\sqrt{\frac{C_f}{EI_w}} \tag{7.14}$$

式(7.13)是一个四阶常系数线性微分方程,其一般解为

$$y = C_1 + C_2\xi + A\,\mathrm{sh}(\lambda\xi) + B\,\mathrm{ch}(\lambda\xi) + y_1 \tag{7.15}$$

式中　C_1,C_2,A,B——任意常数;

　　　y_1——式(7.15)任意特解,视具体荷载而定。

确定四个任意常数的边界条件:

① 当 $z=H$(即 $\xi=1$)时,在倒三角形分布及均布荷载作用下,框架-剪力墙顶部总剪力为零,$V=V_w+V_f=0$。由式(7.10)的第二式和式(7.11),有

$$-\frac{EI_w}{H^3}\frac{\mathrm{d}^3 y}{\mathrm{d}\xi^3} + \frac{C_f}{H}\frac{\mathrm{d}y}{\mathrm{d}\xi} = 0 \tag{7.16}$$

在顶部水平集中荷载作用下,$V_w+V_f=P$,即

$$-\frac{EI_w}{H^3}\frac{\mathrm{d}^3 y}{\mathrm{d}\xi^3} + \frac{C_f}{H}\frac{\mathrm{d}y}{\mathrm{d}\xi} = P \tag{7.17}$$

② 当 $z=0$(即 $\xi=0$)时,剪力墙底部转角为零,即

$$\frac{\mathrm{d}y}{\mathrm{d}\xi} = 0 \tag{7.18}$$

③ 当 $z=H$(即 $\xi=1$)时,剪力墙顶部弯矩为零,即

$$\frac{\mathrm{d}^2 y}{\mathrm{d}\xi^2} = 0 \tag{7.19}$$

④ 当 $z=0$(即 $\xi=0$)时,剪力墙底部位移为零,即

$$y = 0 \tag{7.20}$$

在给定的荷载下,可求出式(7.13)的任意特解;再利用以上四个边界条件,可确定四个任意常数 C_1、C_2、A、B,从而求出 y。

位移 y 求出后,任意截面的转角 θ、总剪力墙的弯矩 M_w、剪力 V_w、总框架的剪力 V_f 可由下列微分关系求得

$$\left.\begin{array}{l}
\theta = \dfrac{\mathrm{d}y}{\mathrm{d}z} = \dfrac{1}{H}\dfrac{\mathrm{d}y}{\mathrm{d}\xi} \\[2mm]
M_w = -\dfrac{\mathrm{d}\theta}{\mathrm{d}z} = -EI_w\dfrac{\mathrm{d}^2 y}{\mathrm{d}z^2} = -\dfrac{EI_w}{H^2}\dfrac{\mathrm{d}^2 y}{\mathrm{d}\xi^2} \\[2mm]
V_w = -\dfrac{\mathrm{d}M_w}{\mathrm{d}z} = -EI_w\dfrac{\mathrm{d}^3 y}{\mathrm{d}z^3} = -\dfrac{EI_w}{H^3}\dfrac{\mathrm{d}^3 y}{\mathrm{d}\xi^3} \\[2mm]
V_f = C_f\dfrac{\mathrm{d}y}{\mathrm{d}z} = \dfrac{C_f}{H}\dfrac{\mathrm{d}y}{\mathrm{d}\xi}
\end{array}\right\} \tag{7.21}$$

总框架的剪力也可由总剪力减去剪力墙的剪力得到:

$$V_f = V_p - V_w \tag{7.22}$$

7.3.4.2　计算公式及图表

（1）均布水平荷载作用

均布水平荷载作用时，$q(z)=q$，微分方程(7.13)的特解为

$$y_1 = -\frac{qH^2}{2C_f}\xi^2 \tag{7.23}$$

将式(7.23)代入式(7.15)，得方程的一般解为

$$y = C_1 + C_2\xi + A\,\mathrm{sh}(\lambda\xi) + B\,\mathrm{ch}(\lambda\xi) - \frac{qH^2}{2C_f}\xi^2 \tag{7.24}$$

四个任意常数由剪力墙上、下端的边界条件确定。

由边界条件①，式(7.16)可写为

$$\lambda^2\frac{\mathrm{d}y}{\mathrm{d}\xi} = \frac{\mathrm{d}^3y}{\mathrm{d}\xi^3}$$

将式(7.24)代入上式求导有

$$\lambda^2\left(C_2 - \frac{qH^2}{C_f} + A\lambda\,\mathrm{ch}\lambda + B\lambda\,\mathrm{sh}\lambda\right) = A\lambda^3\,\mathrm{ch}\lambda + B\lambda^3\,\mathrm{sh}\lambda$$

得

$$C_2 = \frac{qH^2}{C_f}$$

由边界条件②有

$$C_2 + A\lambda = 0$$

得

$$A = -\frac{C_2}{\lambda} = -\frac{qH^2}{C_f\lambda}$$

由边界条件③有

$$A\lambda^2\,\mathrm{sh}\lambda + B\lambda^2\,\mathrm{ch}\lambda - \frac{qH^2}{C_f} = 0$$

得

$$B = \frac{qH^2}{C_f\lambda^2}\left(\frac{\lambda\,\mathrm{sh}\lambda + 1}{\mathrm{ch}\lambda}\right)$$

由边界条件④有

$$C_1 = -B = -\frac{qH^2}{C_f\lambda^2}\left(\frac{\lambda\,\mathrm{sh}\lambda + 1}{\mathrm{ch}\lambda}\right)$$

将求得的积分常数代入式(7.24)，整理后得

$$y = \frac{qH^2}{C_f\lambda^2}\left\{\left(\frac{\lambda\,\mathrm{sh}\lambda + 1}{\mathrm{ch}\lambda}\right)\left[\mathrm{ch}(\lambda\xi) - 1\right] - \lambda\,\mathrm{sh}(\lambda\xi) + \lambda^2\left(\xi - \frac{\xi^2}{2}\right)\right\} \tag{7.25}$$

将式(7.14)代入式(7.25)，整理后得水平位移的计算公式，再由式(7.21)可求出截面转角、总剪力墙的弯矩、剪力和总框架的剪力计算公式：

$$y = \frac{qH^4}{EI_w}\cdot\frac{1}{\lambda^4}\left\{\left(\frac{\lambda\,\mathrm{sh}\lambda + 1}{\mathrm{ch}\lambda}\right)\left[\mathrm{ch}(\lambda\xi) - 1\right] - \lambda\,\mathrm{sh}(\lambda\xi) + \lambda^2\left(\xi - \frac{\xi^2}{2}\right)\right\} \tag{7.26}$$

$$\theta = \frac{qH^3}{EI_w}\cdot\frac{1}{\lambda^2}\left[\left(\frac{\lambda\,\mathrm{sh}\lambda + 1}{\lambda\,\mathrm{ch}\lambda}\right)\mathrm{sh}(\lambda\xi) - \mathrm{ch}(\lambda\xi) - \xi + 1\right] \tag{7.27}$$

$$M_w = -\frac{EI_w}{H^2} \cdot \frac{d^2 y}{d\xi^2} = \frac{qH^2}{\lambda^2}\left[1 + \lambda\,\mathrm{sh}(\lambda\xi) - \left(\frac{\lambda\,\mathrm{sh}\lambda + 1}{\mathrm{ch}\lambda}\right)\mathrm{ch}(\lambda\xi)\right] \tag{7.28}$$

$$V_w = -\frac{EI_w}{H^3} \cdot \frac{d^3 y}{d\xi^3} = qH\left[\mathrm{ch}(\lambda\xi) - \left(\frac{\lambda\,\mathrm{sh}\lambda + 1}{\lambda\,\mathrm{ch}\lambda}\right)\mathrm{sh}(\lambda\xi)\right] \tag{7.29}$$

$$V_f = \frac{C_f}{H} \cdot \frac{dy}{d\xi} = qH\left[\left(\frac{\lambda\,\mathrm{sh}\lambda + 1}{\lambda\,\mathrm{ch}\lambda}\right)\mathrm{sh}(\lambda\xi) - \mathrm{ch}(\lambda\xi) - \xi + 1\right] \tag{7.30a}$$

总框架的剪力也可由式(7.22)求出:

$$V_f = V_p(\xi) - V_w(\xi) = qH(1 - \xi) - V_w(\xi) \tag{7.30b}$$

(2) 倒三角形水平荷载

倒三角形水平荷载作用时,$q(z) = q\dfrac{z}{H} = q\xi$。微分方程(7.13)的特解为

$$y_1 = -\frac{qH^2}{6C_f}\xi^3 \tag{7.31}$$

将式(7.31)代入式(7.15),得方程的一般解为

$$y = C_1 + C_2\xi + A\,\mathrm{sh}(\lambda\xi) + B\,\mathrm{ch}(\lambda\xi) - \frac{qH^2}{6C_f}\xi^3 \tag{7.32}$$

四个边界条件与均布荷载作用时是一样的,因而推导过程完全一样。这里略去推导过程。结构的内力和侧移计算公式为

$$y = \frac{qH^4}{EI_w} \cdot \frac{1}{\lambda^2}\left\{\left(\frac{1}{\lambda^2} + \frac{\mathrm{sh}\lambda}{2\lambda} - \frac{\mathrm{sh}\lambda}{\lambda^3}\right)\left[\frac{\mathrm{ch}(\lambda\xi) - 1}{\mathrm{ch}\lambda}\right] + \left(\frac{1}{2} - \frac{1}{\lambda^2}\right)\left[\xi - \frac{\mathrm{sh}(\lambda\xi)}{\lambda}\right] - \frac{\xi^3}{6}\right\} \tag{7.33}$$

$$\theta = \frac{1}{H} \cdot \frac{dy}{d\xi} = \frac{qH^3}{EI_w} \cdot \frac{1}{\lambda^2}\left\{\left(\frac{1}{\lambda} + \frac{\mathrm{sh}\lambda}{2} - \frac{\mathrm{sh}\lambda}{\lambda^2}\right)\frac{\mathrm{sh}(\lambda\xi)}{\mathrm{ch}\lambda} + \left(\frac{1}{2} - \frac{1}{\lambda^2}\right)[1 - \mathrm{ch}(\lambda\xi)] - \frac{\xi^2}{2}\right\} \tag{7.34}$$

$$M_w = -\frac{EI_w}{H^2} \cdot \frac{d^2 y}{d\xi^2} = \frac{qH^2}{\lambda^2}\left[\xi + \left(\frac{\lambda}{2} - \frac{1}{\lambda}\right)\mathrm{sh}(\lambda\xi) - \left(1 + \frac{\lambda\,\mathrm{sh}\lambda}{2} - \frac{\mathrm{sh}\lambda}{\lambda}\right)\frac{\mathrm{ch}(\lambda\xi)}{\mathrm{ch}\lambda}\right] \tag{7.35}$$

$$V_w = -\frac{EI_w}{H^3} \cdot \frac{d^3 y}{d\xi^3} = -\frac{qH}{\lambda^2}\left[\left(\lambda + \frac{\lambda^2\,\mathrm{sh}\lambda}{2} - \mathrm{sh}\lambda\right)\frac{\mathrm{sh}(\lambda\xi)}{\mathrm{ch}\lambda} - \left(\frac{\lambda^2}{2} - 1\right)\mathrm{ch}(\lambda\xi) - 1\right] \tag{7.36}$$

$$V_f = \frac{C_f}{H} \cdot \frac{dy}{d\xi} = qH\left\{\left(\frac{1}{\lambda} + \frac{\mathrm{sh}\lambda}{2} - \frac{\mathrm{sh}\lambda}{\lambda^2}\right)\frac{\mathrm{sh}(\lambda\xi)}{\mathrm{ch}\lambda} + \left(\frac{1}{2} - \frac{1}{\lambda^2}\right)[1 - \mathrm{ch}(\lambda\xi)] - \frac{\xi^2}{2}\right\} \tag{7.37a}$$

总框架的剪力也可由式(7.22)求出

$$V_f = V_p(\xi) - V_w(\xi) = \frac{qH(1 - \xi^2)}{2} - V_w(\xi) \tag{7.37b}$$

(3) 顶部作用水平集中荷载

顶部作用水平集中荷载 P 时,$q(z) = 0$。微分方程(7.13)的特解为 $y_1 = 0$。因此,方程的一般解为

$$y = C_1 + C_2\xi + A\,\mathrm{sh}(\lambda\xi) + B\,\mathrm{ch}(\lambda\xi) \tag{7.38}$$

同样四个边界条件与均布荷载作用时是一样的,因而推导过程完全一样。这里略去推导过程。结构的内力和侧移计算公式为

$$y = \frac{PH^3}{EI_w} \cdot \frac{1}{\lambda^3}\{[\mathrm{ch}(\lambda\xi) - 1]\mathrm{th}\lambda - \mathrm{sh}(\lambda\xi) + \lambda\xi\} \tag{7.39}$$

$$\theta = \frac{1}{H} \cdot \frac{dy}{d\xi} = \frac{PH^2}{EI_w} \cdot \frac{1}{\lambda^2}[\mathrm{th}\lambda\,\mathrm{sh}(\lambda\xi) - \mathrm{ch}(\lambda\xi) + 1] \tag{7.40}$$

$$M_w = -\frac{EI_w}{H^2} \cdot \frac{d^2 y}{d\xi^2} = \frac{PH}{\lambda}\left[\mathrm{sh}(\lambda\xi) - \mathrm{th}\lambda\,\mathrm{ch}(\lambda\xi)\right] \tag{7.41}$$

$$V_w = -\frac{EI_w}{H^3} \cdot \frac{d^3 y}{d\xi^3} = P\left[\mathrm{ch}(\lambda\xi) - \mathrm{th}\lambda\,\mathrm{sh}(\lambda\xi)\right] \tag{7.42}$$

$$V_f = \frac{C_f}{H} \cdot \frac{dy}{d\xi} = P\left[\mathrm{th}\lambda\,\mathrm{sh}(\lambda\xi) - \mathrm{ch}(\lambda\xi) + 1\right] \tag{7.43a}$$

总框架的剪力也可由式(7.22)求出

$$V_f = V_p(\xi) - V_w(\xi) = P - V_w(\xi) \tag{7.43b}$$

由式(7.26)～式(7.43)可知,剪力墙位移 y、弯矩 M_w 和剪力 V_w 都是 λ 和 ξ 的函数。对于给定的 λ 值,改变 ξ 的大小就可以求出相应的剪力墙位移 y、弯矩 M_w 和剪力 V_w。为方便起见,已将三种常见荷载下的剪力墙位移 y、弯矩 M_w 和剪力 V_w 做成计算图表(图7.8～图7.16),供设计时直接查用。注意图表中给出的是位移系数 $y(\xi)/f_H$、弯矩系数 $M_w(\xi)/M_0$ 和剪力系数 $V_w(\xi)/V_0$,这里 f_H 是剪力墙单独承受水平荷载时顶点产生的侧移,M_0、V_0 分别为水平荷载在剪力墙底部产生的总弯矩和总剪力。三种荷载下所对应的 f_H、M_0 和 V_0 的计算公式已分别列入相应图表中。求出各系数后,可按下列公式求结构在该截面处的位移及内力:

$$\begin{cases} y = \left[\dfrac{y(\xi)}{f_H}\right]f_H \\[2mm] M_w = \left[\dfrac{M_w(\xi)}{M_0}\right]M_0 \\[2mm] V_w = \left[\dfrac{V_w(\xi)}{V_0}\right]V_0 \end{cases} \tag{7.44}$$

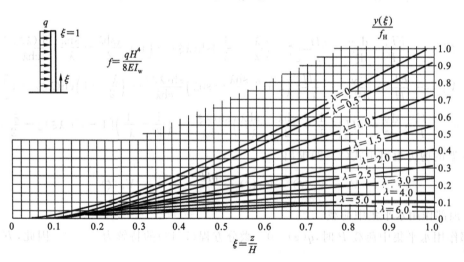

图 7.8　均布荷载位移系数

然后分别由式(7.30b)、式(7.37b)、式(7.43b)求出总框架的剪力。

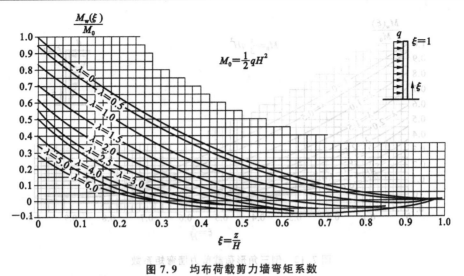

图 7.9　均布荷载剪力墙弯矩系数

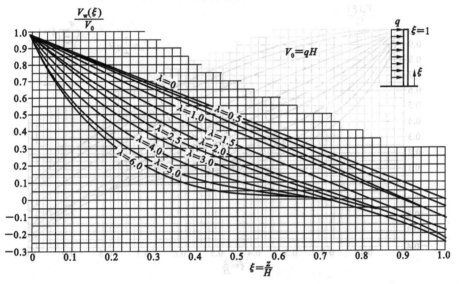

图 7.10　均布荷载剪力墙剪力系数

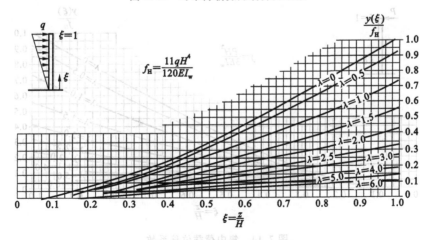

图 7.11　倒三角形荷载位移系数

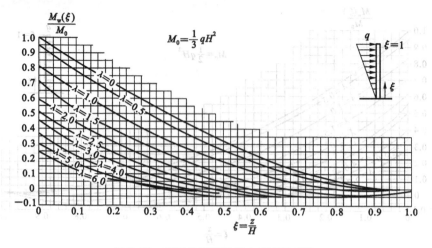

图 7.12　倒三角形荷载剪力墙弯矩系数

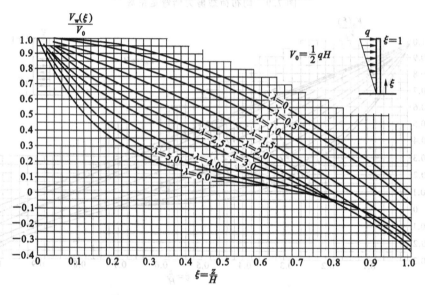

图 7.13　倒三角形荷载剪力墙剪力系数

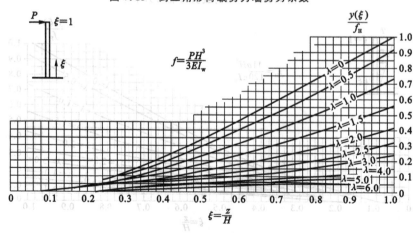

图 7.14　集中荷载位移系数

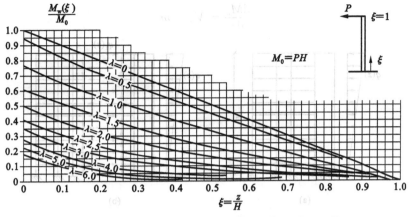

图 7.15　集中荷载剪力墙弯矩系数

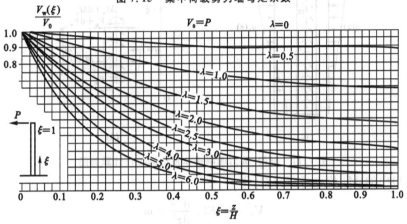

图 7.16　集中荷载剪力墙剪力系数

7.3.5　框架-剪力墙刚接体系在水平荷载下的计算

当剪力墙间和剪力墙与框架间有连梁,并考虑剪力墙对连梁的转动约束作用时,框架-剪力墙结构可按刚接体系计算,如图 7.17(a)所示。把框架-剪力墙结构沿连梁的反弯点切开,可显示出连梁的轴力和剪力,如图 7.17(b)所示。连梁的轴力体现了总框架与总剪力墙之间相互作用的水平力 $q_f(z)$;连梁的剪力就化为沿高度的连续分布剪力 $v(z)$。将分布剪力向剪力墙轴线简化,则剪力墙将产生分布轴力 $v(z)$ 和线约束弯矩 $m(z)$,如图 7.17(c)所示。在框架-剪力墙结构任意高度 z 处,存在下列平衡关系:

$$q(z) = q_w(z) + q_f(z) \tag{7.45}$$

式中　$q(z)$——结构 z 高度处的外荷载;

$q_w(z)$——结构 z 高度处的总剪力墙承受的荷载;

$q_f(z)$——结构 z 高度处的总框架承受的荷载。

总剪力墙的受力情况如图 7.17(c)所示。从图中截取高度为 dz 的微段,并在两个横截面中引入截面内力,如图 7.17(d)所示(图中未画分布轴力)。由该微段水平方向力的平衡条件及对截面下边缘形心的力矩平衡条件,可得下列关系式:

$$\frac{\mathrm{d}V_w}{\mathrm{d}z} = -q_w(z) \tag{7.46}$$

$$\frac{\mathrm{d}M_\mathrm{w}}{\mathrm{d}z} = V_\mathrm{w} - m \tag{7.47}$$

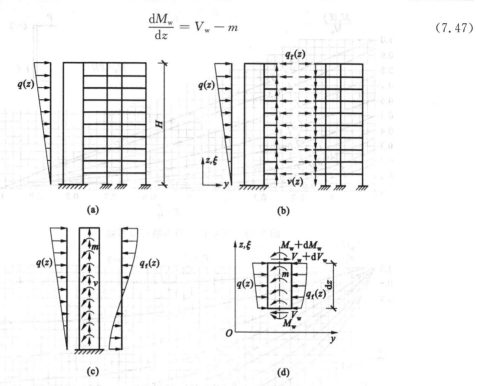

图 7.17　框架-剪力墙刚接体系协同工作计算简图

将式(7.21)中的 M_w 代入式(7.47)，得

$$V_\mathrm{w} = -EI_\mathrm{w}\frac{\mathrm{d}^3 y}{\mathrm{d}z^3} + m \tag{7.48}$$

式(7.48)即为框架-剪力墙结构刚接体系中剪力墙建立的表达式。

由式(7.7)及杆端转动刚度 m 的定义可知，总连梁的约束刚度 C_b 可写成

$$C_\mathrm{b} = \sum \frac{m_{ij}}{h} = \sum \frac{M_{ij}}{\theta h} \tag{7.49}$$

式中　　m_{ij}——第 i 层第 j 连梁与剪力墙刚接端的转动刚度；

M_{ij}——第 i 层第 j 连梁与剪力墙刚接端的弯矩。

注：其中不包括连梁与框架柱刚接端的转动刚度和弯矩，这部分影响在框架分析中考虑。

总连梁的线约束弯矩 $m(z)$ 可表示为

$$m(z) = \sum \frac{M_{ij}}{h} = C_\mathrm{b}\theta = C_\mathrm{b}\frac{\mathrm{d}y}{\mathrm{d}z} \tag{7.50}$$

将式(7.48)代入式(7.46)，并利用式(7.50)得

$$q_\mathrm{w}(z) = EI_\mathrm{w}\frac{\mathrm{d}^4 y}{\mathrm{d}z^4} - C_\mathrm{b}\frac{\mathrm{d}^2 y}{\mathrm{d}z^2} \tag{7.51}$$

将式(7.12)和式(7.51)代入式(7.45)得

$$EI_\mathrm{w}\frac{\mathrm{d}^4 y}{\mathrm{d}z^4} - (C_\mathrm{b} + C_\mathrm{f})\frac{\mathrm{d}^2 y}{\mathrm{d}z^2} = q(z)$$

引入无量纲坐标 $\xi = z/H$，上式经整理后得

$$\frac{\mathrm{d}^2 y}{\mathrm{d}\xi^4} - \lambda^2 \frac{\mathrm{d}^2 y}{\mathrm{d}\xi^2} = \frac{q(\xi)H^4}{EI_\mathrm{w}} \tag{7.52}$$

式中 λ——框架-剪力墙刚接体系的刚度特征值,按式(7.53)计算。

$$\lambda = H\sqrt{\frac{C_b + C_f}{EI_w}} \tag{7.53}$$

与铰接体系的刚度特征值式(7.14)相比,式(7.53)仅在根号内分子多了一项 C_b,C_b 反映了连梁对剪力墙的约束作用。式(7.52)即框架-剪力墙刚接体系的微分方程,与式(7.13)形式上完全相同。因而铰接体系中的所有微分方程的解对刚接体系都适用,所有曲线也可以用。但要注意以下两点区别:

① 结构的刚度特征值 λ 不同,考虑了刚接连梁约束弯矩的影响,应按式(7.53)计算;

② 剪力墙、框架剪力计算不同。

由图 7.10、图 7.13、图 7.16 查出的剪力墙剪力系数或按照铰接体系剪力墙剪力计算公式算出的 V_w' 是铰接体系总剪力墙的剪力,而不是刚接体系总剪力墙的剪力 V_w,V_w' 称为刚接体系总剪力墙的"名义"剪力。

由式(7.48)得

$$V_w = V_w' + m \tag{7.54}$$

在任意高度(ξ)处,总剪力墙与总框架剪力之和应与外荷载产生的剪力相等,即

$$V_p = V_w + V_f = V_w' + V_f'$$

则

$$V_f' = V_p - V_w'$$

式中 V_f'——刚接体系总框架的"名义"剪力(按铰接体系公式计算出的)。

将以上两式代入式(7.54)整理得

$$V_f' = V_f + m \tag{7.55}$$

最后,刚接体系剪力墙和框架剪力及连梁约束弯矩的计算步骤如下:

① 由刚接体系的 λ 值及 ξ 值按照铰接体系剪力墙剪力计算公式或由图 7.10、图 7.13、图 7.16 查出的剪力墙剪力系数算出剪力墙的"名义"剪力 V_w'。

② 将总剪力 V_p 减去剪力墙的"名义"剪力 V_w',得框架的"名义"剪力 V_f',即

$$V_f' = V_p - V_w' \tag{7.56}$$

③ 将 V_f' 按框架的剪切刚度和连梁的约束刚度比分配,求出框架的总剪力和连梁端的总约束弯矩 m:

$$\left.\begin{array}{l} V_f = \dfrac{C_f}{C_b + C_f}V_f' \\[3mm] m = \dfrac{C_b}{C_b + C_f}V_f' \end{array}\right\} \tag{7.57}$$

④ 由式(7.54)计算剪力墙的剪力。

7.3.6 框架-剪力墙结构受力特性的分析

7.3.6.1 刚度特征值 λ 对框架-剪力墙结构受力和位移特性的影响

框架-剪力墙结构在水平荷载作用下协同工作的位移曲线和内力分布情况受刚度特征值 λ 的影响很大。当框架剪切刚度很小时,λ 值较小,$\lambda=0$,即纯剪力墙结构;当剪力墙抗弯刚度很小时,λ 值增大,$\lambda=\infty$,相当于纯框架结构。

值得注意的是,为满足剪力墙承受的地震倾覆力矩不小于结构总地震倾覆力矩的 50%,应使

结构刚度特征值 λ 不大于 2.4。为了使框架充分发挥作用，达到框架最大楼层剪力 $V_{f,max} \geqslant 0.2F_{Ek}$，剪力墙刚度不宜过大，应使 $\lambda \geqslant 1.15$。

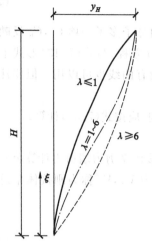

图 7.18　框架-剪力墙结构变形曲线

（1）侧向位移特征

图 7.18 给出了具有不同 λ 值结构的位移曲线形状。框架-剪力墙体系的侧向位移形状与结构刚度特征值 λ 有很大关系。λ 和框架抗剪刚度与剪力墙抗弯刚度的比值有关。当 λ 很小（如 $\lambda \leqslant 1$），即框架的刚度与剪力墙的刚度比很小时，剪力墙起主要作用，结构变形曲线与剪力墙的变形曲线相似，呈弯曲型；当 λ 很大（如 $\lambda \geqslant 6$），即框架的刚度与剪力墙的刚度比较大时，框架作用相对较大，结构位移曲线与框架的剪切变形曲线靠近；当 $\lambda = 1 \sim 6$，侧向位移曲线介于弯曲和剪切变形之间，下部略带弯曲型，上部略带剪切型，总体呈反 S 形的弯剪型变形，此时上、下层层间变形较为均匀。

框架-剪力墙结构水平位移由楼层层间位移与层高之比 $\Delta u/h$ 控制，而不是由顶点水平位移控制。层间位移最大值在 $(0.4 \sim 0.8)H$ 范围的楼层，H 为建筑物总高度。

（2）剪力分布特征

图 7.19 给出了均布荷载作用下总框架与总剪力墙之间的剪力分配关系。如果外荷载产生的总剪力为 V_p，如图 7.19(a)所示，则二者之间的剪力分配关系随 λ 而变。λ 很小时，剪力墙承担大部分剪力；当 λ 很大时，框架承担大部分剪力。

由图 7.19 可知，框架和剪力墙之间的剪力分配在各层是不相同的。剪力墙下部承受大部分剪力，而框架底部剪力很小，框架底部截面计算剪力为零，全部剪力均由剪力墙承担，这是由于计算方法的近似性造成的，并不符合实际。在剪力墙上部出现负剪力，而框架却担负了较大的正剪力。在顶部，框架和剪力墙的剪力都不为零，它们的和等于零。

框架-剪力墙结构中的框架完全不同于纯框架，框架的剪力最大值不在底部，而在中部某层，即 $\xi = 0.3 \sim 0.6$，且最大值位置随结构刚度特征值 λ 的增大而向下移动，所以对框架起控制作用的是中部剪力值。而纯框架最大剪力在底部。因此，当实际布置剪力墙（如楼梯间墙、电梯井道墙、设备管道井墙等）的框架结构时，必须按框架-剪力墙结构协同工作计算内力，不应简单按纯框架分析，否则不能保证框架部分上部楼层构件的安全。

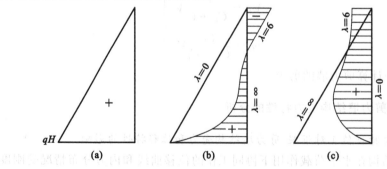

图 7.19　框架-剪力墙结构剪力分配图

(a) V_p 图；(b) V_w 图；(c) V_f 图

（3）荷载分配

图 7.20 给出了框架-剪力墙结构中框架与剪力墙二者之间水平荷载的分配情况，可以清楚地看到框架-剪力墙结构协同工作的特点。

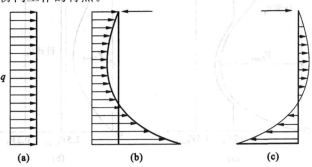

图 7.20 框架-剪力墙荷载分配图

(a) P 图；(b) P_w 图；(c) P_f 图

房屋上面几层，框架阻挡剪力墙变形，外荷载由两者分担；下面几层，框架拉着剪力墙变形，加重剪力墙的负担，使剪力墙负担荷载大于总水平荷载，而框架所负担的荷载的作用方向与总水平荷载的作用方向相反；在顶部，为了平衡剪力，还有一对集中力作用在两者之间。这是变形协调产生的相互作用的顶部集中力使剪力墙及框架顶部剪力不为零的原因。

正是由于框架与剪力墙协同工作造成了这样的荷载和剪力分布特征，从底到顶各层框架层剪力趋于均匀。这对于框架柱的设计是十分有利的。框架的最大剪力在结构的中部某层，随着 λ 值的增大，最大剪力层向下移动。通常由最大剪力控制柱截面配筋。因此，框架-剪力墙结构中的框架柱及梁的截面尺寸和配筋可能做到上下比较均匀。

此外，还应注意，正是由于协同工作，框架与剪力墙之间的剪力传递更为重要。剪力传递是通过楼板实现的。因此，框架-剪力墙结构中的楼板应能传递剪力。楼板整体性要求较高，特别是屋顶层要传递相互作用的集中剪力，设计时要注意保证楼板的整体性。

7.3.6.2 框架部分总剪力的调整

框架-剪力墙结构中，剪力墙的刚度大，故在地震作用下，楼层地震总剪力主要由剪力墙来承担，剪力墙会首先开裂，刚度降低，从而使一部分地震力向框架转移，框架受到的地震作用会显著增加；柱与剪力墙相比，其抗剪刚度是很小的，框架柱只承担很小一部分，就是说框架由于地震作用引起的内力是很小的，而框架作为抗震的第二道防线，过于单薄是不利的。另外，在计算中采用了楼板平面内刚度无限大的假定，即认为楼板在自身平面内是不变形的，但是框架-剪力墙结构中作为主要侧向支撑的剪力墙间距比较大，实际上楼板是有变形的，变形的结果将使框架部分的水平位移大于剪力墙的水平位移，相应地，框架实际承受的水平力大于采用刚性楼板假定的计算结果。

由内力分析可知，框架-剪力墙结构中的框架，受力情况不同于纯框架结构中的框架，它下部楼层的计算剪力很小，其底部接近于零。显然，直接按照计算的剪力进行配筋是不安全的，必须予以适当的调整，使框架部分具有足够的抗震能力，真正成为框架-剪力墙结构的第二道防线。为保证框架部分有一定的能力储备，规定框架部分所承担的地震剪力不应小于一定的值。

抗震设计时，框架-剪力墙结构对应于地震作用标准值的各层框架总剪力应符合下列规定：

① 框架总剪力 $V_f \geqslant 0.2V_0$ 的楼层，其框架总剪力不必调整；框架总剪力 $V_f < 0.2V_0$ 的楼层，其框架总剪力应取下列两式中的较小值（图 7.21）：

$$V_f = 0.2V_0 \tag{7.58a}$$

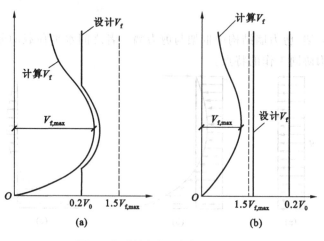

图 7.21   框架承担的地震总剪力

$$V_f = 1.5V_{f,max} \tag{7.58b}$$

式中 V_f——对应于地震作用标准值且未经调整的各层（或某一段内各层）框架承担的地震总剪力；

V_0——对框架柱数量从下至上基本不变的规则建筑，应取对应于地震作用标准值的结构底部总剪力，对框架柱数量从下至上分段有规律变化的结构，应取每段最下一层结构对应于地震作用标准值的总剪力；

$V_{f,max}$——对框架柱数量从下至上基本不变的规则建筑，应取对应于地震作用标准值且未经调整的各层框架承担的地震总剪力中的最大值，对框架柱数量从下至上分段有规律变化的结构，应取每段中对应于地震作用标准值且未经调整的各层框架承担的地震总剪力中的最大值。

若某楼层段突然减少了框架柱，按原方法来调整柱内力，则会使这些楼层的单根柱承担过大的剪力，导致难以处理，因此，应采用分段进行调整的方法，即当某楼层段柱根数减少时，则以该段为调整单元，取该段最底一层的地震剪力为该段的总剪力；该段内各层框架承担的地震总剪力中的最大值为该段的 $V_{f,max}$。

② 各层框架所承担的地震总剪力按①调整后，应按调整后、前总剪力的比值调整每根框架柱和与之相连框架梁的剪力及端部弯矩标准值，框架柱的轴力标准值不予调整。

③ 按振型分解反应谱法计算地震作用时，①所规定的调整可在振型组合之后进行。

特别强调，框架剪力的调整应在楼层剪力满足规定的楼层最小剪力系数（剪重比）的前提下进行。

框架剪力的调整是在框架-剪力墙结构进行内力计算后，为提高框架部分承载力的一种人为的措施，是调整截面设计用的内力设计值，所以调整后，节点弯矩与剪力不再保持平衡，也不必再重新分配节点弯矩。

【例 7.4】   有一幢 15 层框架-剪力墙结构，属框架柱数量从下至上基本不变的规则建筑，抗震设防烈度为 7 度，Ⅱ 类场地。经计算得结构底部总水平地震作用标准值 $F_{Ek}=6500$ kN，已求得某楼层框架分配的未经调整的最大剪力 $V_{f,max}=800$ kN。试确定各楼层框架总剪力标准值。

【解】 $0.2V_0 = 0.2F_{Ek} = 0.2 \times 6500 = 1300$ (kN) $> V_{f,max} = 800$ (kN)

不满足要求，各楼层框架剪力需进行调整：

$$1.5V_{f,max} = 1.5 \times 800 = 1200 \text{ (kN)} < 0.2V_0 = 1300 \text{ (kN)}$$

各楼层框架总剪力应取 $0.2V_0$ 和 $1.5V_{f,max}$ 中的较小值，即取 $V_f = 1200$ kN。

【例 7.5】   某 14 层框架-剪力墙结构，属框架柱数量从下至上基本不变的规则建筑，已知在水平地震作用下结

构的基底总剪力 $V_0=12000$ kN,框架未经调整的总剪力最大值在第5层,$V_{f,max}=1800$ kN,经计算得5层一根柱在水平地震作用下的内力标准值为:$M_c^t=\pm120$ kN·m,$M_c^b=\pm280$ kN·m,$V=\pm70$ kN,$N_{max}=-400$ kN,$N_{min}=-300$ kN。试确定该柱应采用的内力值。

【解】 ① 因

$$0.2V_0=0.2\times12000=2400\ (kN)>V_{f,max}=1800\ (kN)$$

不满足要求,该柱内力需要调整。

② 因

$$1.5V_{f,max}=1.5\times1800=2700\ (kN)>0.2V_0=2400\ (kN)$$

第5层框架总剪力应取 $0.2V_0$ 和 $1.5V_{f,max}$ 中的较小值,即取 $V_f=2400$ kN。

③ 内力调整系数 $\eta=\dfrac{2400}{1800}=1.3$。

④ 第5层框架柱调整后的内力值:

$$M_c^t=\pm120\times1.3=\pm156\ (kN·m)$$
$$M_c^b=\pm280\times1.3=\pm364\ (kN·m)$$
$$V=\pm70\times1.3=\pm91\ (kN)$$

柱轴力不调整。

7.3.6.3　剪力墙、框架和连梁内力计算

在求出总剪力墙、总框架和总连梁内力之后,还要求出各墙肢,各框架梁、柱及各连梁的内力,以供设计中控制截面所需。

(1)剪力墙内力

剪力墙的弯矩和剪力都是底部截面最大,愈往上愈小。一般取楼板标高处的 M、V 作为设计内力。求出各楼板坐标 ξ_i 处的总弯矩、剪力后,按各片剪力墙的等效抗弯刚度进行分配。第 i 层第 j 个墙肢的内力为:

$$\left.\begin{aligned}M_{wij}&=\frac{EI_{eqj}}{\sum EI_{eqj}}M_{wi}\\[2mm]V_{wij}&=\frac{EI_{eqj}}{\sum EI_{eqj}}V_{wi}\end{aligned}\right\}\tag{7.59}$$

(2)各框架梁、柱内力

在求得框架总剪力 V_f 后,按各柱 D 值的比例把 V_f 分配到柱。严格来说,应该取各柱反弯点位置的坐标计算 V_f,但计算太烦琐,在近似方法中也无必要。因此可近似求每层柱中点处的剪力,再按各楼层坐标计算 V 后,可得到楼板标高处的 V_f。用各楼层上、下两层楼板标高处的 V_f 取平均值作为该层柱中点剪力。因此,第 i 层第 j 个柱的剪力为:

$$V_{cij}=\frac{D_j}{\sum D_j}\cdot\frac{V_{f(i-1)}+V_{fi}}{2}\tag{7.60}$$

在求得每个柱的剪力后,可以用框架结构计算方法计算各个杆件内力。

(3)刚接连梁的设计弯矩和剪力

采用连续化方法建立的微分方程求出刚接连梁的约束弯矩 m 是沿高度连续分布的。将求得的线约束弯矩乘以层高得该层所有与剪力墙刚接的梁端弯矩 M_{ij} 之和,然后按各刚接连杆杆端刚度系数的比例分配给各连梁。因此,第 i 层第 j 个连梁梁端弯矩为:

$$M_{ijab} = \frac{m_{jab}}{\sum m_{jab}} m_i \left(\frac{h_i + h_{i+1}}{2} \right) \tag{7.61}$$

式中　h_i, h_{i+1}——第 i 层和第 $i+1$ 层层高，也可近似用本层层高计算；

　　　　m_{ab}——代表 m_{12} 或 m_{21}。

按式（7.61）求得的弯矩是连梁在剪力墙形心轴线处的弯矩，设计时要求出墙边处的设计弯矩。由图 7.22 可得：

连梁设计弯矩

$$\left. \begin{aligned} M_{b12} &= \frac{x - cl}{x} M_{12} \\ M_{b21} &= \frac{l - x - dl}{x} M_{12} \end{aligned} \right\} \tag{7.62}$$

$$x = \frac{m_{12}}{m_{12} + m_{21}} l$$

连梁设计剪力

$$V_b = \frac{M_{b12} + M_{b21}}{l'} \tag{7.63a}$$

或

$$V_b = \frac{M_{12} + M_{21}}{l} \tag{7.63b}$$

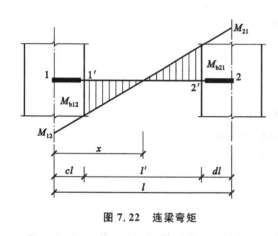

图 7.22　连梁弯矩

7.3.7　框架-剪力墙结构在竖向荷载作用下的内力计算

框架-剪力墙结构中的各榀框架和各片剪力墙，承担各自负载范围内的竖向荷载。现以图 7.23 所示框架-剪力墙为例说明内力计算方法。

对于①、③、④、⑥、⑦、⑨轴线的各榀框架，其计算简图、荷载及内力计算方法与框架结构相同，见本节第 5 章。对于②、⑤、⑧轴线的各片剪力墙，在楼板传来荷载作用下的计算简图、荷载及内力计算方法与剪力墙结构相同，见本书第 6 章。对于②、⑤、⑧轴线的各榀框架，在竖向荷载作用下的内力计算简图如图 7.24 所示。为便于计算，可进一步近似简化为图 7.24(c)。作用于框架上的竖向荷载对剪力墙的影响可近似按图 7.24(b) 计算，即把与剪力墙刚接

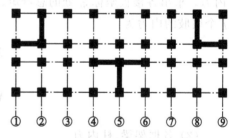

图 7.23　框架-剪力墙结构平面布置图

端的连梁梁端弯矩和剪力反向施加于剪力墙上。计算剪力墙内力时，应把图 7.24(b) 进一步转化为图 7.24(d)，并与楼板传来的荷载相叠加。

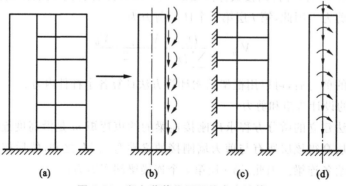

图 7.24　竖向荷载作用下的内力计算

7.4　截面设计和构造要求

7.4.1　截面设计

框架-剪力墙结构是由框架和剪力墙两种构件组成的结构体系。框架作为一种构件已在本书第 5 章讨论过,剪力墙作为一种构件已在本书第 6 章中讨论过。由于框架-剪力墙结构中的钢筋混凝土墙常常和梁、柱连在一起形成有边框剪力墙,当剪力墙和梁、柱现浇成整体时,或者预制梁、柱和现浇剪力墙形成整体连接构造,并有可靠的锚固措施时,墙和梁、柱是整体工作,柱即剪力墙的端柱,形成工字形或 T 形截面。剪力墙正截面、斜截面承载力计算及构造设计均可采用。墙截面的端部钢筋配在端柱中,再配以钢箍约束混凝土,大大有利于剪力墙的抗弯、抗剪及延性性能。

在各层楼板标高处,剪力墙内设有横梁(与剪力墙重合的框架梁)。这种边框梁并不承受弯矩,在剪力墙承载力计算中也不起什么作用,但是从构造上它有两个作用:楼板中有次梁时,它可以作为次梁的支座,减小支座下剪力墙的应力集中;周边梁柱共同约束剪力墙,墙内的斜裂缝贯通横梁时,将受到约束而不致开展过大。

7.4.2　构造要求

在框架-剪力墙结构中,剪力墙的数量不会很多,但它担负了整个结构大部分的剪力,是主要的抗侧力结构。为了保证这些剪力墙的安全,除了应符合一般剪力墙的构造要求外,还应满足下列构造要求。

7.4.2.1　剪力墙配筋构造要求

框架-剪力墙结构中,剪力墙的竖向、水平分布钢筋的配筋率,抗震设计时均不应小于0.25%,非抗震设计时均不应小于 0.20%,并应至少双排布置。各排分布钢筋之间应设置拉筋,拉筋直径不应小于 6 mm,间距不应大于 600 mm。

7.4.2.2　带边框剪力墙构造要求

带边框剪力墙的构造应符合下列规定。

① 剪力墙截面尺寸。

带边框剪力墙的截面厚度应符合《高层建筑混凝土结构技术规程》(JGJ 3—2010)附录 D 墙体稳定计算要求,且应符合下列规定:

　　a. 抗震设计时,一、二级剪力墙的底部加强部位均不应小于 200 mm;

　　b. 除第 a 项以外的其他情况下不应小于 160 mm。

② 剪力墙的水平钢筋应全部锚入边框柱内,锚固长度不应小于 l_a(非抗震设计)或 l_{aE}(抗震设计)。

③ 带边框剪力墙的混凝土强度等级宜与边框柱相同。

④ 与剪力墙重合的框架梁可保留,亦可做成宽度与墙厚相同的暗梁,暗梁截面高度可取墙厚的 2 倍或与该片框架梁截面等高。边框梁(包括暗梁)的配筋可按构造设置且应符合一般框架梁相应抗震等级最小配筋要求;纵向钢筋配筋率应按框架梁纵向受拉钢筋支座的最小配筋百分率,梁纵向配筋上下相等且连通全长,梁的箍筋按框架梁加密区构造配置,全跨加密。

⑤ 剪力墙截面宜按工字形设计,其端部的纵向受力钢筋应配置在边框柱截面内。

⑥ 边框柱截面宜与该榀框架其他柱截面相同,且端柱截面尺寸不小于 2 倍墙厚,边框柱应符合框架柱构造配筋规定;剪力墙底部加强部位边框柱的箍筋宜全高加密;当带边框剪力墙上的洞口紧邻边框柱时,边框柱的箍筋宜全高加密。

注：《建筑抗震设计规范（2016 年版）》（GB 50011—2010）第 6.5.1.2 条规定，有端柱时，墙体在楼该处宜设置暗梁，暗梁的截面高度不宜小于墙厚和 400 mm 的较大值；端柱截面宜与同层框架柱相同。对于多层建筑，可符合《建筑抗震设计规范（2016 年版）》（GB 50011—2010）的要求。

7.5　框架-剪力墙结构设计实例

7.5.1　设计资料

某 12 层钢筋混凝土框架-剪力墙结构办公楼，高 48 m，抗震设防烈度为 7 度（0.10g），设计地震分组为第一组，现场的建筑场地类别为 Ⅳ 类，现浇楼板、梁采用 C30 混凝土，各层框架柱和剪力墙均采用 C40 混凝土。

结构平面见图 7.25，各层均相同。楼面为梁板肋梁楼盖，板厚 120 mm。剖面见图 7.26，层高均为 4 m，剪力墙尺寸见图 7.27。试对该结构进行内力和位移计算。

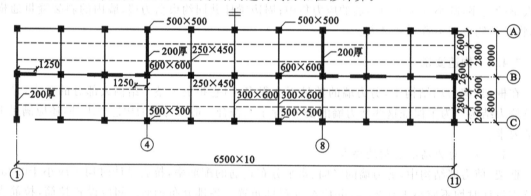

图 7.25　结构平面图（单位：mm）

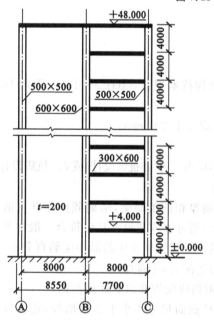

图 7.26　结构剖面图（单位：mm）

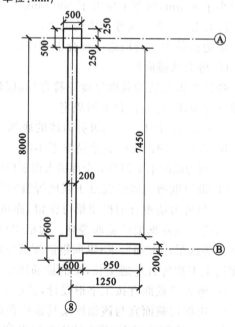

图 7.27　剪力墙尺寸（单位：mm）

经初步计算已知荷载标准值及其水平地震作用分别为：

屋顶层：永久荷载 7.50 kN/m²，活荷载 2.0 kN/m²。

标准层：永久荷载 9.00 kN/m²，活荷载 2.5 kN/m²。

水平地震作用：

结构总水平地震作用标准值 $F_{Ek}=5816.72$ kN。

结构第一自振周期，考虑填充墙刚度影响后，$T_1=0.96$ s。

结构因其水平地震作用在基底所引起的弯矩标准值 $M_0=194067.70$ kN·m。

房屋受到的各层横向水平地震作用见图 7.28。

构件的几何尺寸及其性能如表 7.2 所示。

表 7.2　　　　　构件几何尺寸及其性能

项目	构件			
	各层边柱	各层中柱	各层横梁	各层剪力墙
截面尺寸(mm)	500×500	600×600	300×600	—
墙厚(mm)	—	—	—	200
截面面积(m²)	0.250	0.360	0.180	2.290
惯性矩(m⁴)	$5.208×10^{-3}$	$10.800×10^{-3}$	$10.800×10^{-3}$	19.119
混凝土强度等级	C40	C40	C30	C40
弹性模量(kN/m²)	$3.25×10^7$	$3.25×10^7$	$3.00×10^7$	$3.25×10^7$

注：已考虑了楼板对各层横梁惯性矩的影响。

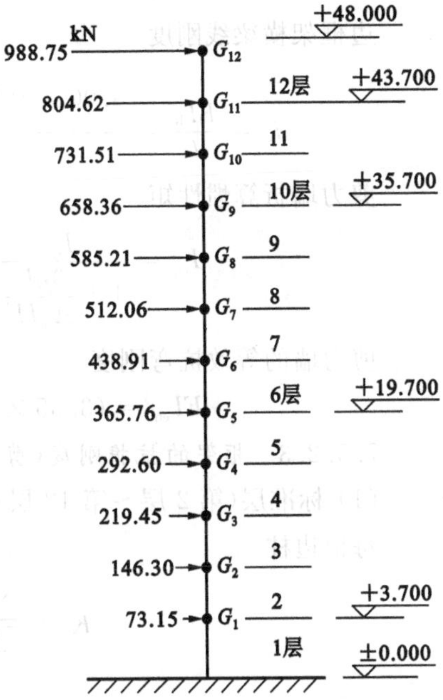

图 7.28　横向水平地震作用

7.5.2　结构内力和位移计算

7.5.2.1　剪重比验算

水平地震作用计算时，结构各楼层对应于地震作用标准值应符合下式要求：

$$V_{Eki} \geqslant \lambda \sum_{j=i}^{n} G_j$$

由本书表 3.15 可知，抗震设防烈度 7 度(0.10g)，$T_1=0.96$ s<3.5 s，楼层最小地震剪力系数 $\lambda=0.016$。

特别强调，如果不满足要求，但相差不大，则可采用地震作用增大系数或修改结构计算的周期折减系数的办法，以近似考虑地震地面运动的长周期成分的作用；如果结构的总地震剪力与计算结果相差较多，表明结构整体刚度偏小，宜调整结构总体布置，增加结构刚度；如果部分楼层的地震剪力系数小于规定值较多，说明结构存在明显的薄弱层，对抗震不利，也应对结构体系进行调整，如增加、增强这些软弱层的抗侧刚度等，不能简单地采用地震作用增大系数或修改结构计算的周期折减系数的办法。

7.5.2.2　各构件的刚度

边(角)柱线刚度

$$i_c = \frac{EI_c}{h} = \frac{3.25×10^7×5.208×10^{-3}}{4.00} = 4.2315×10^4 (kN·m)$$

中柱线刚度

$$i_c = \frac{EI_c}{h} = \frac{3.25 \times 10^7 \times 10.8000 \times 10^{-3}}{4.00} = 8.7750 \times 10^4 (kN \cdot m)$$

中间框架横梁线刚度

$$i_b = \frac{EI_b}{l} = \frac{3.00 \times 10^7 \times 10.800 \times 10^{-3}}{8.00} = 4.0500 \times 10^4 (kN \cdot m)$$

边框架横梁线刚度

$$i_b = \frac{EI_b}{l} = \frac{3.00 \times 10^7 \times 10.800 \times 10^{-3} \times \frac{1.5}{2}}{8.00} = 3.0375 \times 10^4 (kN \cdot m)$$

剪力墙折算惯性矩

$$I_{eq} = \frac{I_q}{1 + \frac{9\mu I_q}{A_q H^2}} = \frac{19.119}{1 + \frac{9 \times 1.20 \times 19.119}{2.290 \times 48^2}} = 18.3989 \ (m^4)$$

剪力墙的等效抗弯刚度

$$EI_{eq} = (3.35 \times 10^7) \times 18.3989 = 59.7958 \times 10^7 (kN \cdot m^2)$$

7.5.2.3 框架的抗推刚度（剪切刚度）

（1）标准层（第2层～第12层）

每根边柱

$$K = \frac{\sum i_b}{2i_c} = \frac{2 \times 4.0500 \times 10^4}{2 \times 4.2315 \times 10^4} = 0.9571$$

$$\alpha = \frac{K}{2+K} = \frac{0.9571}{2+0.9571} = 0.3237$$

$$C = Dh = \alpha i_c \frac{12}{h} = 0.3237 \times 4.2315 \times 10^4 \times \frac{12}{4.00} = 4.1092 \times 10^4 (kN)$$

每根角柱

$$K = \frac{\sum i_b}{2i_c} = \frac{2 \times 3.0375 \times 10^4}{2 \times 4.2315 \times 10^4} = 0.7178$$

$$\alpha = \frac{K}{2+K} = \frac{0.7178}{2+0.7178} = 0.2641$$

$$C = Dh = \alpha i_c \frac{12}{h} = 0.2641 \times 4.2315 \times 10^4 \times \frac{12}{4.00} = 3.3528 \times 10^4 (kN)$$

每根中柱

$$K = \frac{\sum i_b}{2i_c} = \frac{4 \times 4.0500 \times 10^4}{2 \times 8.7750 \times 10^4} = 0.9231$$

$$\alpha = \frac{K}{2+K} = \frac{0.9231}{2+0.9231} = 0.3158$$

$$C = Dh = \alpha i_c \frac{12}{h} = 0.3158 \times 8.7750 \times 10^4 \times \frac{12}{4.00} = 8.3134 \times 10^4 (kN)$$

（2）底层

每根边柱

$$K = \frac{i_b}{i_c} = \frac{4.0500 \times 10^4}{4.2315 \times 10^4} = 0.9571$$

$$\alpha = \frac{0.5 + K}{2 + K} = \frac{0.5 + 0.9571}{2 + 0.9571} = 0.4927$$

$$C = Dh = \alpha i_c \frac{12}{h} = 0.4927 \times 4.2315 \times 10^4 \times \frac{12}{4.00} = 6.2546 \times 10^4 (\text{kN})$$

每根角柱

$$K = \frac{i_b}{i_c} = \frac{3.0375 \times 10^4}{4.2315 \times 10^4} = 0.7178$$

$$\alpha = \frac{0.5 + K}{2 + K} = \frac{0.5 + 0.7178}{2 + 0.7178} = 0.4481$$

$$C = Dh = \alpha i_c \frac{12}{h} = 0.4481 \times 4.2315 \times 10^4 \times \frac{12}{4.00} = 5.6884 \times 10^4 (\text{kN})$$

每根中柱

$$K = \frac{\sum i_b}{i_c} = \frac{2 \times 4.0500 \times 10^4}{8.7750 \times 10^4} = 0.9231$$

$$\alpha = \frac{0.5 + K}{2 + K} = \frac{0.5 + 0.9231}{2 + 0.9231} = 0.4868$$

$$C = Dh = \alpha i_c \frac{12}{h} = 0.4868 \times 8.7750 \times 10^4 \times \frac{12}{4.00} = 12.8150 \times 10^4 (\text{kN})$$

（3）总框架的总抗推刚度 C_f

每层有边柱 16 根，角柱 2 根，中柱 7 根，则总框架标准层（第 2～12 层）及其底层的层抗推刚度 $\sum C$ 分别为

标准层

$$\sum C = 16 \times (4.1092 \times 10^4) + 2 \times (3.3528 \times 10^4) + 7 \times (8.3134 \times 10^4)$$
$$= 130.6466 \times 10^4 (\text{kN})$$

底层

$$\sum C = 16 \times (6.2546 \times 10^4) + 2 \times (5.6884 \times 10^4) + 7 \times (12.8150 \times 10^4)$$
$$= 201.1554 \times 10^4 (\text{kN})$$

因此，总框架的总抗推刚度为

$$C_f = \frac{(130.6466 \times 10^4) \times 11 + (201.1554 \times 10^4) \times 1}{12} = 136.5223 \times 10^4 (\text{kN})$$

7.5.2.4　总剪力墙的等效抗弯刚度

在结构的每层有四榀相同的剪力墙，总剪力墙的等效抗弯刚度 EI_w 应为

$$EI_w = 4EI_{eq} = 4 \times 59.7958 \times 10^7 = 239.1832 \times 10^7 (\text{kN} \cdot \text{m}^2)$$

7.5.2.5　总连梁的约束刚度

在结构平面上可见到每层有四个框架横梁与横向剪力墙相连，这四个框架横梁，由于它自身的刚度，故将对剪力墙起约束作用而协同剪力墙受力，使总剪力墙所承担的弯矩减少而所承担的剪力加大，见图 7.29。

若一端有刚域，另一端无刚域，使该梁两端发生单位转角 $\theta = 1$，则有刚域的左端将需施以弯矩 M_{ab}，这时

$$M_{ab} = \frac{1 + a}{(1 + \beta_i)(1 - a)^3} \cdot \frac{6EI_b}{l}$$

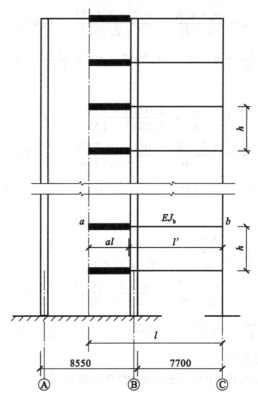

图 7.29　刚接框架-剪力墙结构简图

$$\beta_i = \frac{12\mu E I_{\mathrm{b}}}{G A_{\mathrm{b}}(l')^2}$$

$$l = \frac{1}{2} \times 8.00 + 8.00 = 12.00 \text{ (m)}$$

横梁截面高度 $h_{\mathrm{b}} = 0.60$ m，则

$$al = \frac{1}{2} \times 8.550 - \frac{1}{4} \times 0.60 = 4.125 \text{ (m)}$$

$$a = \frac{1}{l} \times al = \frac{1}{12.00} \times 4.125 = 0.34375$$

$$l' = l - al = 12.00 - 4.125 = 7.875 \text{ (m)}$$

$$I_{\mathrm{b}} = 10.800 \times 10^{-3} \text{ m}^4, \quad A_{\mathrm{b}} = 0.180 \text{ m}^2$$

因此

$$\beta_i = \frac{12 \times 1.20 \times 10.800 \times 10^{-3}}{0.42 \times 0.180 \times 7.875^2} = 0.0332$$

$$M_{\mathrm{ab}} = \frac{1 + 0.34375}{(1 + 0.0332) \times (1 - 0.34375)^2} \times \frac{6 \times 3.00 \times 10^7 \times 10.80 \times 10^{-3}}{12.00}$$

$$= 74.5489 \times 10^4 (\text{kN} \cdot \text{m})$$

总连梁的约束刚度

$$C_{\mathrm{b}} = \sum \frac{M_{\mathrm{ab}i}}{h} = \frac{4 M_{\mathrm{ab}}}{4} = M_{\mathrm{ab}} = 74.5489 \times 10^4 (\text{kN} \cdot \text{m/m})$$

7.5.2.6 框架-剪力墙结构的刚度特征值

$$\lambda = H\sqrt{\frac{C_f + C_b}{EI_w}} = 48 \times \sqrt{\frac{(136.5223 + 74.5489) \times 10^4}{239.1832 \times 10^7}} = 1.43$$

7.5.2.7 总框架、总剪力墙、总连梁的内力及结构的侧移

总框架所分担的剪力

$$V_f = \frac{C_f}{C_f + C_b}V'_f = \frac{136.5223 \times 10^4}{(136.5223 + 74.5489) \times 10^4}V'_f = 0.6468V'_f$$

总连梁的约束弯矩

$$m = \frac{C_b}{C_f + C_b}V'_f = \frac{74.5489 \times 10^4}{(136.5223 + 74.5489) \times 10^4}V'_f = 0.3532V'_f$$

总剪力墙的剪力

$$V_w = V'_w + m$$

这里，总剪力墙的弯矩 M_w、剪力 V'_w，以及各层的侧移 μ，按倒三角形荷载，根据 λ 及 $\xi = z/H$ 查表或按公式计算。由于 $V'_f = V_p - V'_w$，由此可求出 V_f 及 m，最后可求出 V_w。计算见表 7.3。（z 为地面到框架横梁截面中心之间的距离。）

表 7.3   **按倒三角形分布荷载形式分布时的结构内力及位移计算表**

层数 i	标高 z(m)	参数 $\xi=z/H$	$\frac{M_w}{M_0}$	$M_w \times 10^3$ (kN·m)	$\frac{V'_w}{V_0}$	$V'_w \times 10^3$ (kN)	$\frac{V'_f}{V_0}$	$V'_f \times 10^3$ (kN)	$V_f \times 10^3$ (kN)	$m \times 10^3$ (kN·m/m)	$V_w \times 10^3$ (kN)	$u \times 10^{-3}$ (m)
12	48.0	1.0000	0.0000	0.000	−0.25	−1.516	0.250	1.516	0.980	0.536	−0.980	28.79
11	43.7	0.9104	−0.015	−2.911	−0.10	−0.606	0.271	1.644	1.063	0.581	−0.025	24.68
10	39.7	0.8271	−0.010	−1.941	0.03	0.182	0.286	1.734	1.121	0.613	0.795	21.59
9	35.7	0.7438	0.000	0.000	0.15	0.910	0.297	1.802	1.165	0.637	1.547	18.51
8	31.7	0.6694	0.025	4.852	0.25	1.516	0.314	1.904	1.231	0.673	2.189	15.42
7	27.7	0.5771	0.080	15.525	0.38	2.305	0.287	1.741	1.126	0.615	2.921	12.34
6	23.7	0.4938	0.145	28.140	0.48	2.911	0.276	1.675	1.083	0.592	3.503	9.77
5	19.7	0.4104	0.205	39.784	0.59	3.578	0.242	1.468	0.949	0.519	4.097	7.20
4	15.7	0.3271	0.270	52.398	0.68	4.124	0.213	1.292	0.835	0.457	4.581	4.63
3	11.7	0.2438	0.350	67.924	0.76	4.610	0.181	1.098	0.710	0.388	4.998	2.57
2	7.70	0.1604	0.450	87.331	0.85	5.155	0.124	0.754	0.488	0.266	5.421	1.54
1	3.70	0.0771	0.570	110.62	0.94	5.701	0.054	0.327	0.211	0.116	5.817	0.51
	0.00	0.0000	0.710	137.79	1.00	6.065	0.000	0.000	0.000	0.000	6.065	0.00

将横梁截面高度中心处的集中力按基底弯矩相等折算成倒三角形荷载形式：

基底弯矩

$$M_0 = 194067.701 \text{ kN·m}$$

由 $M_0 = \frac{1}{3}qH^2$，得

$$q = \frac{3M_0}{H^2} = \frac{3 \times 194067.701}{48^2} = 252.693 \text{ (kN/m)}$$

基底剪力

$$V_0 = \frac{1}{2}qH = \frac{1}{2} \times 252.693 \times 48.00 = 6064.632 \text{ (kN)}$$

7.5.2.8　刚重比和结构稳定验算

刚重比

$$EJ_d \geqslant 2.7H^2 \sum_{i=1}^{n} G_i$$

结构稳定验算

$$EJ_d \geqslant 1.4H^2 \sum_{i=1}^{n} G_i$$

其中

$$EJ_d = \frac{11qH^4}{120u} = \frac{11 \times 252.693 \times 48^4}{120 \times 28.79 \times 10^{-3}} = 427.1 \times 10^7 (\text{kN} \cdot \text{m}^2)$$

如果刚重比验算满足要求，可不考虑重力二阶效应的影响；如果结构稳定验算满足要求，刚重比验算不满足要求，则应增大刚度或采用增大结构位移以及结构构件弯矩和剪力增大系数的方法解决；如果结构稳定验算不满足要求，应增大结构刚度直到满足要求为止。

7.5.2.9　结构侧移验算

层间位移

$$\Delta u_i = u_i - u_{i-1}$$

从表7.3可知，顶层层间位移最大

$$\Delta u_{12} = u_{12} - u_{11} = (28.79 - 24.68) \times 10^{-3} = 4.11 \times 10^{-3} (\text{m})$$

$$\frac{\Delta u_{12}}{h} = \frac{4.11 \times 10^{-3}}{4} = \frac{1}{973} < \left[\frac{1}{800} \right]$$

满足要求。

7.5.2.10　解题说明

① 考虑了连梁对墙肢的约束作用后，结构的刚度特征值 λ 增大，使结构第一自振周期 T_1 减小，水平地震作用加大，结构的基底总剪力 V_0、总基底弯矩 M_0 增大。

② 由于连梁对墙肢约束作用的影响，总剪力墙承担的剪力 V_w 增大，弯矩 M_w 略有减小，而总框架承担的剪力 V_f 减小；连梁的约束弯矩 m_{abi}，在墙肢和框架柱中将引起轴力。

③ 由于连梁对墙肢的约束作用，结构的顶端侧移量将减少。

④ 随着连梁抗弯刚度 EI_b 的降低，内力将逐渐向铰接体系转化。

⑤ 在求得总剪力墙、总框架、总连梁内力以后，需根据各构件刚度进行第二步分配并进行构件内力计算：

a. 各片剪力墙弯矩及剪力按剪力墙等效抗弯刚度 EI_{eq} 分配；

b. 对总框架剪力进行调整，各柱剪力按 D 值进行分配，然后计算柱弯矩、梁弯矩、梁剪力及柱轴力；

c. 各连梁约束弯矩按连梁约束刚度 m_{abi} 进行分配，然后由各梁两端的约束弯矩计算梁截面弯矩（洞口边）及梁剪力。

知识归纳

① 框架-剪力墙结构是高层建筑的一种主要结构形式，首先进行结构布置和拟定剪力墙、框架梁、柱截面尺寸，确定结构计算简图，然后进行荷载计算、结构分析、内力组合和截面设计，并绘制结构施工图。

② 框架-剪力墙结构的结构布置包括剪力墙的布置原则、剪力墙的合理数量及最大间距的确定。

③ 框架-剪力墙结构的设计方法和协同工作原理,计算简图(刚接体系、铰接体系)确定包括总框架、总剪力墙、总连梁数量确定及刚度计算方法;刚度特征值计算方法。

④ 框架-剪力墙结构的受力分析包括竖向荷载和水平荷载作用下的受力分析;在竖向荷载作用下,各榀框架和各片剪力墙承担各自范围内的竖向荷载;在水平荷载作用下按照框架-剪力墙结构的协同工作原理确定结构的位移及总框架、总剪力墙、总连梁的内力,然后按照剪力墙和框架结构的计算方法计算各自的内力。

⑤ 框架-剪力墙结构受力特性的分析包括刚度特征值对框架-剪力墙结构受力和位移特性的影响和框架部分总剪力的调整。

⑥ 截面设计和构造要求包括带边框剪力墙、框架梁和截面设计及相应构造要求;连梁截面设计及相应构造要求。

思考题

7.1　框架-剪力墙结构协同工作计算的目的是什么? 总剪力在各抗侧力结构间的分配有什么特点? 与纯剪力墙结构、纯框架结构有什么根本区别?

7.2　框架-剪力墙结构近似计算方法做了哪些假定?

7.3　为什么框架-剪力墙结构的弯剪型变形在下部是弯曲型,到上部变为剪切型? 框架-剪力墙协同工作在变形性能上有哪些优点?

7.4　铰接体系和刚接体系在计算方法和计算步骤上有什么不同? 内力分配结果会有哪些变化? 当总框架和总剪力墙都相同,水平荷载也相同时,按铰接体系和刚接体系分别计算所得的剪力墙剪力哪个大? 为什么?

7.5　求得总框架和总剪力墙的剪力后,怎样求杆件的 M、V、N?

7.6　总框架、总剪力墙和总连梁的刚度如何计算? D 值和 C_f 值的物理意义有什么不同? 它们有什么关系? 总连梁的刚度如何计算?

7.7　当框架或剪力墙沿高度方向的刚度变化时,怎样计算 λ 值?

7.8　什么是刚度特征值 λ? 它对内力分配、侧移变形有什么影响?

7.9　刚接体系中如何确定连梁的计算简图及连梁跨度? 什么时候两端有刚域? 什么时候一端有刚域? 刚域尺寸如何确定?

7.10　若按纯框架结构设计,为增大安全性,再加入一两道剪力墙,这是否允许? 为什么?

7.11　框架-剪力墙结构中的框架设计为什么可以降低要求? 什么情况下不能降低要求?

7.12　设计框架-剪力墙结构中的剪力墙与设计剪力墙结构中的剪力墙有什么异同?

7.13　框架-剪力墙结构的延性通过什么措施保证?

7.14　框架-剪力墙结构中,横向剪力墙为何宜均匀、对称地设置在建筑的端部附近,楼梯、电梯间,平面形状变化处,以及荷载较大的地方?

7.15　为什么框架-剪力墙结构中的剪力墙布置不宜过分集中?

7.16　怎样求刚接体系中连梁的内力? 什么是连梁截面的设计弯矩和设计剪力? 它们和连梁总约束弯矩 M 有什么关系?

7.17　连梁刚度乘以刚度降低系数后,内力会有什么变化?

7.18　总框架的名义剪力 V_f' 的含义是什么? 如何求 V_f'、V_f、M?

7.19　抗震设计时,框架-剪力墙结构对应于地震作用标准值的各层框架总剪力为什么要调整? 如何调整? 内力调整以后,是否还满足平衡条件?

7.20　框架-剪力墙结构中的剪力墙,在设计构造上有哪些要求?

7.21　框架-剪力墙结构中的框架设计和构造与纯框架结构有哪些不同?

习题

7.1　图 7.30 所示为 12 层钢筋混凝土框架-剪力墙结构,其中,框架几何尺寸如下:梁截面尺寸为 0.25 m×

0.6 m,柱截面尺寸为 0.5 m×0.5 m;剪力墙截面尺寸为 0.2 m×6 m。材料弹性模量 $E=3.0×10^4$ MPa。试求:

① 剪力墙各层高处的弯矩;② 各层框架柱的剪力;③ 各层的层间位移。

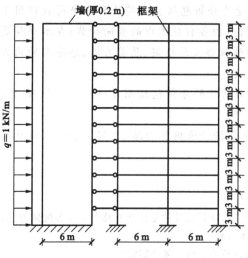

图 7.30　习题 7.1 图

7.2　图 7.31 所示为 12 层钢筋混凝土框架-剪力墙结构,由 5 榀框架和 2 榀双肢墙组成,其中,框架几何尺寸如下:梁截面尺寸为 0.25 m×0.6 m,柱截面尺寸为 0.4 m×0.4 m;剪力墙尺寸为:厚0.16 m,墙边框架柱截面尺寸为 0.4 m×0.4 m;连梁截面尺寸为 0.16 m×1.0 m。材料弹性模量 $E=3.0×10^4$ MPa。试求:

① 剪力墙各层高处的弯矩;② 各层框架柱的剪力;③ 各层的层间位移。

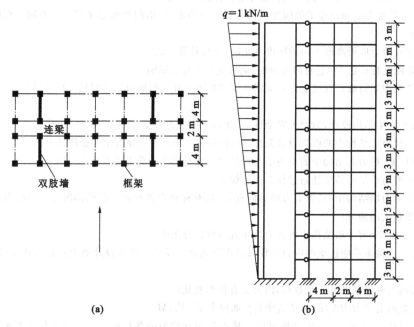

图 7.31　习题 7.2 图

（a）平面布置;（b）剖面示意和计算简图

8 筒体结构

📎 内容提要

本章主要内容包括：筒体结构的布置原则与设计要求、筒体结构在水平荷载作用下的受力特点、筒体结构的截面设计和构造要求。教学重点为筒体结构在水平荷载作用下的受力特点及截面设计和构造要求。教学难点为筒体结构在水平荷载作用下的受力特点及受力分析。

📎 能力要求

通过本章的学习，学生应具备对筒体结构设计初步认识的能力。

重难点

8.1 概　述

超高层建筑在侧向力作用下的稳定性和刚度，是设计中的难点，也成为钢筋混凝土高层建筑结构在高空发展的障碍。利用建筑物外围布置成密柱深梁所形成的筒体可以经济地提供足够的稳定性和刚度。自从 1963 年在美国芝加哥第一次用框筒结构设计了一幢 43 层住宅楼以来，钢筋混凝土建筑结构在高度方面的进展很大，筒体结构的类型和形式也日益丰富多彩。

8.1.1　筒体结构的特点和适用范围

筒体是空间整截面工作结构，如同一根竖立在地面上的悬臂箱形梁，具有造型美观、使用灵活、受力合理、刚度大、整体性强、有良好的抗侧力性能等优点，适用于 30 层或 100 m 以上或更高的高层和超高层建筑。筒体结构随高度的增高其空间作用越明显，一般适用于 80 m 以上的高层建筑。目前全世界最

筒体结构
建筑图

高的一百幢高层建筑约 2/3 采用筒体结构，国内百米以上的高层建筑有一半采用筒体结构，上海 150 m 以上的三十余幢高层建筑也有 2/3 左右采用以钢筋混凝土为主的筒体结构。

8.1.2　筒体结构的分类

筒体结构可根据平面墙柱构件布置情况分为下列 6 种，如图 8.1、图 8.2 所示。

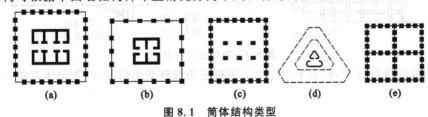

(a)　　　(b)　　　(c)　　　(d)　　　(e)

图 8.1　筒体结构类型

(a) 筒中筒结构；(b) 框架-筒体结构；(c) 框筒结构；(d) 多重筒结构；(e) 束筒结构

① 筒中筒结构,如图 8.1(a)所示,它由中部剪力墙内筒和周边外框筒组成。内筒利用楼梯、电梯间、服务性房间的剪力墙形成薄壁筒;外筒由周边间距一般在 3 m 以内的密柱和高度较高的裙梁所组成,具有很大的抗侧力刚度和承载力。

② 框架-筒体结构,如图 8.1(b)所示,由中部的内筒和外周边大柱距的框架组成。此类结构外柱框架不再与内筒整体空间工作,其抗侧力性能类似于框架-剪力墙结构。

③ 框筒结构,如图 8.1(c)所示,某些高层建筑为使平面中有较大空间,以便能更灵活布置,中部不设内筒,只有外周边小柱距的框筒。

④ 多重筒结构,如图 8.1(d)所示,建筑平面由多个筒体套成,内筒常由剪力墙组成,外周边可以是小柱距框筒,也可为有洞口的剪力墙组成。

⑤ 束筒结构,如图 8.1(e)所示,由平面中若干密柱形成的框筒组成,也可由平面中多个剪力墙内筒、角筒组成。

⑥ 底部大空间筒体结构,结构一层或数层的结构布置与上部各层不完全一致,上下构件的轴线也不完全对齐,仅上部的核心筒贯穿转换层,一通到底,成为整个结构中抗侧力的主要子结构,上部为筒中筒结构,密框筒在下部楼层,为了建筑外观和使用功能的需要可通过转换层变成大柱距框架,从而成为框架-筒体结构,如图 8.2 所示。

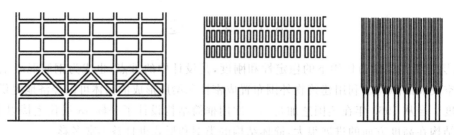

图 8.2　底部大空间筒体结构

我国所用形式大多为框架核心筒和筒中筒结构,本章主要针对这两类筒体结构,其他类型的筒体结构可参照使用。

外框筒在水平力作用下,不仅平行于水平力作用方向的框架(称为腹板框架)起作用,而且垂直于水平力方向的框架(称为翼缘框架)也共同受力,如图 8.3 所示。

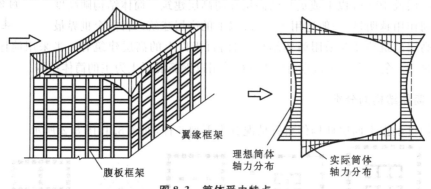

图 8.3　筒体受力特点

剪力墙组成的薄壁内筒,在水平力作用下更接近薄壁杆受力情况,产生整体弯曲和扭转。

8.2 一般规定

8.2.1 筒体结构布置

8.2.1.1 筒体结构的高宽比及材料强度

① 研究表明,筒中筒结构的空间受力性能与其高宽比有关。当高宽比小于3,就不能较好地发挥结构的空间作用。因此,筒体结构的高度不宜低于80 m,筒中筒结构的高宽比不宜小于3。

对于高度不超过60 m的框架-核心筒结构,可按框架-剪力墙结构设计,适当降低框架和核心筒的构造要求。

② 由于筒体结构的层数多、重量大,混凝土强度等级不宜过低,以免柱的截面过大影响建筑的有效使用面积。筒体结构混凝土强度等级不宜低于C30。

③ 当相邻层的柱不贯通时,应设置转换梁等构件。转换构件的结构设计应符合《高层建筑混凝土结构技术规程》(JGJ 3—2010)第10.2条的要求。

8.2.1.2 转换层上下刚度突变的控制

① 当转换层设置在1、2层时,可近似采用转换层与其相邻上层结构的等效剪切刚度比γ_{e1}表示转换层上、下层结构刚度的变化,γ_{e1}宜接近1,非抗震设计时γ_{e1}不应小于0.4,抗震设计时γ_{e1}不应小于0.5。γ_{e1}可按下列公式计算:

$$\gamma = \frac{G_2 A_2}{G_1 A_1} \times \frac{h_1}{h_2} \tag{8.1}$$

$$A_i = A_{wi} + 2.5 \left(\frac{h_{ci}}{h_i}\right)^2 A_{ci,j} \tag{8.2}$$

$$C_{i,j} = 2.5 \left(\frac{h_{ci,j}}{h_i}\right)^2 \tag{8.3}$$

式中　G_1,G_2——转换层和转换层上层的混凝土剪变模量;

A_1,A_2——转换层和转换层上层的折算抗剪截面面积,可按式(8.2)计算;

A_{wi}——第i层全部剪力墙在计算方向的有效截面面积(不包括翼缘面积);

$A_{ci,j}$——第i层第j根柱的截面面积;

h_i——第i层的层高;

h_{ci}——第i层第j根柱沿计算方向的截面高度;

$C_{i,j}$——第i层第j根柱截面面积折减系数,当计算值大于1时取1。

② 当转换层设置在第2层以上时,按本书式(4.1)计算的转换层与其相邻上层的侧向刚度比不应小于0.6。

③ 当转换层设置在第2层以上时,尚宜采用图8.4所示的计算模型按式(8.4)计算转换层下部结构与上部结构的等效刚度比γ_{e2}。γ_{e2}宜接近1,非抗震设计时γ_{e2}不应小于0.5,抗震设计时γ_{e2}不应小于0.8。

$$\gamma_{e2} = \frac{\Delta_2 H_1}{\Delta_1 H_2} \tag{8.4}$$

式中　γ_{e2}——转换层下部结构与上部结构的等效侧向刚度比;

H_1——转换层及其下部结构(计算模型1)的高度;

Δ_1——转换层及其下部结构(计算模型1)的顶部在单位水平力作用下的侧向位移;

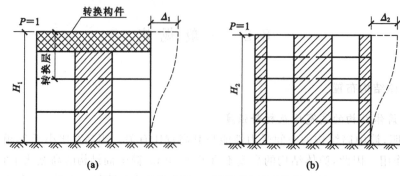

图 8.4　转换层上、下等效刚度计算模型

(a) 计算模型 1——转换层及下部结构；(b) 计算模型 2——转换层上部结构

H_2——转换层上部若干层结构(计算模型 2)的高度，其值应等于或接近计算模型 1 的高度 H_1，且不大于 H_1；

Δ_2——转换层上部若干层结构(计算模型 2)的顶部在单位水平力作用下的侧向位移。

8.2.1.3　楼盖结构布置

① 楼盖结构应具有良好的水平刚度和整体性，以保证各抗侧力结构在水平力作用下协同工作；当楼面开有较大洞口时，洞的周边应予以加强。

② 楼盖结构的布置宜使竖向构件受荷均匀。

③ 在保证刚度及承载力的情况下，楼盖结构宜采用较小的截面高度，以降低建筑物的层高和减轻结构自重。

④ 楼盖可根据工程具体情况选用现浇的肋形板、双向密肋板、无黏结预应力混凝土平板，核心筒或内筒的外墙与外框柱间的中距不宜过大，以免增加楼盖高度和造价。一般来讲，非抗震设计的中距不大于 15 m，抗震设计的中距不大于 12 m，超过上述规定时，宜另设内柱或采用预应力混凝土楼盖等措施以减小楼盖梁的跨度。

⑤ 角区楼板双向受力，梁可以采用三种布置方式，如图 8.5 所示。

a. 角区布置斜梁，两个方向的楼盖梁与斜梁相交，受力明确。此种布置，斜梁受力较大，梁截面高，不便机电管道通行；楼盖梁的长短不一，种类繁多，如图 8.5(a)所示。

b. 单向布置，结构简单，但有一根主梁受力较大，如图 8.5(b)所示。

c. 双向交叉梁布置，此种布置结构高度较小，有利于降低层高，如图 8.5(c)所示。

d. 单向平板布置，角部沿一方向设扁宽梁，必要时设部分预应力筋。

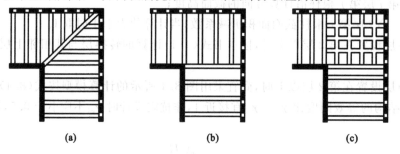

图 8.5　角区楼板、梁的布置

8.2.2　筒体结构设计

① 由于混凝土楼板的自身收缩和温差产生的平面变形，以及楼板平面外受荷后的翘曲受到竖

向构件的约束等原因,楼板在使用中角部常出现斜裂缝。实践证明,在楼板外角一定范围内配置双层双向构造钢筋,对防止楼板角部开裂具有明显效果,其单边单向配筋率不宜小于 0.3%,钢筋直径不应小于 8 mm,钢筋间距不应大于 150 mm,配筋范围不宜小于外框架(或外筒)至内筒中距的 1/3 和 3 m,如图 8.6 所示。

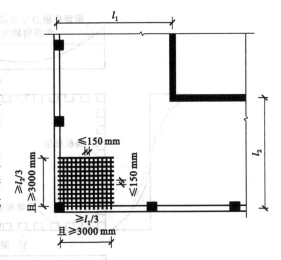

图 8.6　板角配筋示意

② 筒体墙的正截面承载力宜按双向偏心受压构件计算;截面复杂时,可分解为若干矩形截面,按单向偏心受压构件计算;斜截面承载力可取腹板部分,按矩形截面计算;当承受集中力时,尚应验算局部受压承载力。

③ 核心筒或内筒由若干剪力墙和连梁组成,其截面设计和构造措施应符合剪力墙的有关规定(详见本书第 6 章),各剪力墙的截面形状尽量简单,截面形状复杂的剪力墙可按应力分布配置受力钢筋。

④ 筒体墙的加强部位高度、轴压比限值、边缘构件设置,应符合本书第 6 章的有关规定。

⑤ 为防止核心筒或内筒中出现小墙肢等薄弱环节,墙面应尽量避免连续开洞,对个别无法避免的小墙肢,应控制最小截面高度,增加配筋,提高小墙肢的延性,洞间墙肢的截面高度不宜小于 1.2 m,当洞间墙肢的截面高度与厚度之比小于 4 时,宜按框架柱进行截面设计。

⑥ 筒体墙应按《高层建筑混凝土结构技术规程》(JGJ 3—2010)附录 D 验算墙体稳定,且外墙厚度不应小于 200 mm,内墙厚度不应小于 160 mm,必要时可设置扶壁柱或扶壁墙。筒体墙的水平、竖向钢筋不应少于两排,其最小配筋率应符合剪力墙的有关规定。

⑦ 在筒体结构中,大部分水平剪力由核心筒或内筒承担,框架柱或框筒柱所受剪力远小于框架结构柱的剪力。由于剪跨比明显增大,其轴压比限值可适当放松。抗震设计时,框筒柱和框架柱的轴压比限值可按框架-剪力墙结构的规定采用。

⑧ 楼盖主梁搁置在核心筒的连梁上,会使连梁产生较大剪力和扭矩,容易产生脆性破坏,应尽量避免。抗震设计时,核心筒、内筒的连梁宜配置对角斜向钢筋或交叉暗撑。

8.3　筒体结构在水平荷载作用下的受力特点

8.3.1　框筒结构在水平荷载作用下的受力特点

框筒结构是建筑物外围布置密柱深梁所形成的框架围成的一个闭合筒体,作为一个竖向悬臂构件承受水平荷载。因此,框筒结构的工作性能是弯曲型悬臂构件(像剪力墙一样)和剪切型框架的综合,如图 8.7 所示。

在水平荷载作用下,框筒结构的受力既相似于薄壁箱型结构,又有其自身特点。由材料力学可知,当水平荷载作用于箱型结构时,腹板框架截面应力呈线性分布,翼缘框架应力为矩形。当水平荷载作用于框筒结构时,横截面上各柱轴力分布规律如图 8.7 所示。平面上具有中和轴,分为受拉柱和受压柱,形成受拉翼缘框架和受压翼缘框架。翼缘框架和柱所受轴向力并不均匀,图 8.7 中虚线为材料力学解答应力均匀分布。而实际腹板框架应力分布为曲线分布,翼缘框架的应力非矩形

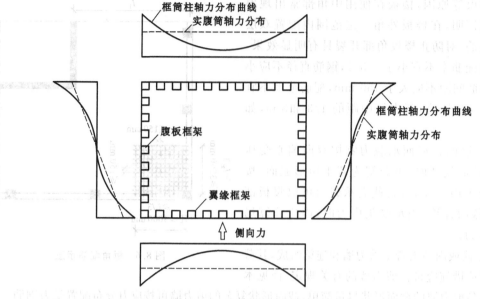

图8.7　框筒结构的剪力滞后

分布。角柱的轴力最大,在中部逐渐减小,且离角柱越远,轴向力减小得越明显,这种现象称为剪力滞后效应。其主要是翼缘框架中梁的剪切变形和梁、柱的弯曲变形所造成的。剪力滞后现象愈严重,参与受力的翼缘框架柱愈少,空间受力特性愈弱。影响剪力滞后大小的主要因素是窗裙梁剪切刚度与柱轴向刚度的比值,该比值愈大,剪力滞后愈小;框筒的平面形状也会影响框筒的剪力滞后效应。如果能减少剪力滞后现象,使各柱受力尽量相同,则可大大增加框筒的侧向刚度和承载能力,充分发挥材料作用,因而也越经济合理。

由于框筒各个柱承受的轴力不同,轴向变形也不同,角柱轴力和轴向变形最大(拉伸或压缩),中部柱子轴向应力小,轴向变形也小,这就使楼板产生翘曲,底部翘曲严重,向上逐渐减小。

为了减少剪力滞后效应的影响,在结构布置时可采取措施,如减小柱距、加大窗裙梁的刚度、调整结构平面使之接近正方形或采用圆形平面布置、控制结构高宽比等。

8.3.2　筒中筒结构在水平荷载作用下的受力特点

筒中筒结构也是双重抗侧力体系,在水平荷载作用下,内外筒协同工作。实腹筒以弯曲变形为主,框筒以剪切变形为主,两者通过楼板协同工作抵抗水平荷载。它与框剪结构协同工作类似,侧移曲线呈弯剪型,可使层间变形更加均匀。框筒上下部分的内力也趋于均匀,而内筒下部承受的内力很大,框筒以承受倾覆力矩为主,内筒则承受大部分剪力。此外,内筒的存在减小了楼板跨度。筒中筒结构是一种适用于超高层建筑的较好的结构体系,但是它的密柱深梁常使建筑外形呆板。

研究表明,筒中筒结构的空间受力性能与其高度或高宽比等诸多因素有关。筒中筒结构在水平荷载作用下,外框筒同样存在剪力滞后现象,其程度直接影响外框筒的空间受力性能及其整体倾覆力矩的大小。一般来讲,当筒中筒结构的高宽比分别为5、3、2时,外框筒的倾覆力矩约占总倾覆力矩的50%、25%、10%。为了充分发挥外框筒的空间作用,筒中筒结构的高宽比不宜小于3,结构高度不宜低于80 m。

8.4 简体结构的截面设计及构造要求

8.4.1 框架-核心筒结构

8.4.1.1 核心筒设计

核心筒是框架-核心筒结构的主要抗侧力结构,应尽量贯通建筑物全高,并要求具有较大的侧向刚度。一般来讲,当核心筒的宽度不小于筒体结构高度的 1/12 时,结构的层间位移就能满足规定;当外框筒范围内设置角筒、剪力墙或增强结构整体刚度的构件时,核心筒的宽度可适当减小。

抗震设计时,核心筒墙体设计尚应符合下列规定:

① 底部加强部位主要墙体的水平和竖向分布钢筋配筋率均不宜小于 0.30%;

② 底部加强部位角部墙体约束边缘构件沿墙肢的长度宜取墙肢截面高度的 1/4,约束边缘构件范围内应主要采用箍筋;

③ 底部加强部位以上角部墙体宜按《高层建筑混凝土结构技术规程》(JGJ 3—2010)7.2.15 条的规定设置约束边缘构件。

框架-核心筒结构的周边柱间必须设置框架梁。核心筒连梁的受剪面及构造设计应符合筒中筒结构外框筒梁和内框筒连梁的有关规定。

8.4.1.2 框架设计

国内外的震害表明,框架-核心筒结构在强烈地震作用下,框架柱的损坏程度明显大于核心筒。为了提高各柱的可靠度,应适当调整各框架柱的剪力,抗震设计时,筒体结构的框架部分按侧向刚度分配的楼层地震剪力标准值应符合下列规定:

① 框架部分分配的楼层地震剪力标准值的最大值不宜小于结构底部总剪力标准值的 10%。

② 当框架部分分配的地震剪力标准值的最小值小于结构底部总地震剪力标准值的 10% 时,各层框架部分分担的地震剪力标准值应增大到结构底部总地震剪力标准值的 15%;此时,各层核心筒体的地震剪力标准值应乘以增大系数 1.1,但可不大于结构底部总地震剪力标准值,墙体的抗震构造措施应按抗震等级提高一级采用,已为特一级的可不再提高。

③ 当框架部分分配的地震剪力标准值小于结构底部总地震剪力标准值的 20%,但其最大值不小于结构底部总地震剪力标准值的 10% 时,应按结构底部总地震剪力标准值的 20% 和框架部分楼层地震剪力标准值中最大值的 1.5 倍二者中的较小值进行调整。

按上述第②、③条调整框架柱的地震剪力后,框架柱端弯矩及与之相连的框架梁端弯矩、剪力应进行相应调整。

有加强层时,本条框架部分分配的楼层地震剪力标准值的最大值不应包括加强层及其上、下层的框架剪力。

实践证明,纯无梁楼盖会明显降低框架-核心筒结构的整体抗扭刚度,影响结构的抗震性能,因此在采用无梁楼盖时,仍需设置外周边柱间的框架梁。

8.4.2 筒中筒结构

8.4.2.1 平面外形

筒体结构的平面外形宜选用圆形、正多边形、椭圆形或矩形,内筒宜居中。矩形平面的长宽比不宜大于 2。研究表明,筒中筒结构在水平荷载作用下的结构性能与外框筒的平面外形有关。对

正多边形来说,边数越多,剪力滞后现象越不明显,结构的空间作用越大;反之,边数越少,结构的空间作用越差。矩形和正三角形结构性能较差,剪力滞后现象相对严重,矩形平面的长宽比大于2时,外框筒的剪力滞后更突出;三角形平面应通过切角使其成为六边形来改善外框筒的剪力滞后现象,提高结构的空间作用。外框筒的切角长度不宜小于相应边长的1/8,其角部可设置刚度较大的角柱或角筒;内筒的切角长度不宜小于相应边长的1/10,切角处的筒壁宜适当加厚。

8.4.2.2 内筒设计

内筒是筒中筒结构抗侧力的主要子结构,宜贯通建筑物全高,其刚度沿竖向宜均匀变化,以免结构的侧移和内力发生急剧变化。为了使筒中筒结构具有足够的侧向刚度,内筒的刚度不宜过小,内筒的宽度可取筒体结构高度的1/15～1/12;当外框筒内设置刚度较大的角筒或剪力墙时,内筒平面尺寸可适当减小。内筒宜贯通建筑物全高,竖向刚度宜均匀变化。

8.4.2.3 外框筒设计

除上述高宽比和平面形状外,外框筒结构的空间受力性能还与开口率、洞口形状、柱距、梁的截面高度和角柱截面面积等参数有关。外框筒应符合下列规定:

① 柱距不宜大于4 m,框筒柱的截面长边应沿筒壁方向布置,必要时可采用T形截面;

② 洞口面积不宜大于墙面面积的60%,洞口高宽比宜与层高与柱距之比相近;

③ 外框筒梁的截面高度可取柱净距的1/4;

④ 角柱截面面积可取为中柱的1～2倍,必要时可采用L形墙或角筒。

8.4.2.4 外框筒梁和内筒连梁的截面设计

（1）截面设计

框筒窗裙梁和内筒连梁跨高比小,容易发生剪切破坏。为改善外框筒的空间作用,避免外框筒梁和内筒连梁在地震作用下产生脆性破坏,外框筒梁和内筒连梁的截面尺寸除按"强剪弱弯"要求设计外,还应按连梁要求限制其平均剪应力。平均剪应力应符合下列要求:

持久、短暂设计状况:

$$V_b \leqslant 0.25\beta_c f_c b_b h_{b0} \tag{8.5}$$

地震设计状况:

跨高比大于2.5时

$$V_b \leqslant \frac{1}{\gamma_{RE}}(0.2\beta_c f_c b_b h_{b0}) \tag{8.6}$$

跨高比不大于2.5时

$$V_b \leqslant \frac{1}{\gamma_{RE}}(0.15\beta_c f_c b_b h_{b0}) \tag{8.7}$$

式中　V_b——外框筒梁或内筒连梁剪力设计值;

　　　b_b——外框筒梁或内筒连梁截面宽度;

　　　h_{b0}——外框筒梁或内筒连梁截面的有效高度。

（2）构造要求

外框筒梁和内筒连梁的构造配筋应符合下列要求:

① 非抗震设计时,箍筋直径不应小于8 mm;抗震设计时,箍筋直径不应小于10 mm。

② 非抗震设计时,箍筋间距不应大于150 mm;抗震设计时,箍筋间距沿梁长不变,且不应大于100 mm,当梁内设置交叉暗撑时,箍筋间距不应大于200 mm。

③ 框筒梁上、下纵向钢筋的直径均不应小于16 mm,腰筋的直径不应小于10 mm,腰筋间距不

应大于 200 mm。

④ 为了防止框筒梁或内筒连梁在地震作用下产生脆性破坏,对跨高比不大于 2 的框筒梁和内筒连梁宜增配对角斜向钢筋;跨高比不大于 1 的框筒梁和内筒连梁宜采用交叉暗撑,见图 8.8,且应符合下列规定:

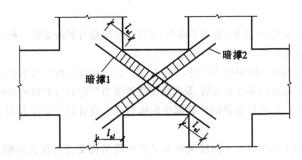

图 8.8　梁内交叉暗撑的配筋

a. 梁的截面宽度不宜小于 400 mm。

b. 全部剪力应由暗撑承担。每根暗撑应由不少于 4 根纵向钢筋组成,纵筋直径不应小于 14 mm,其总面积 A_s 应按下列公式计算:

持久、短暂设计状况

$$A_s \geqslant \frac{V_b}{2 f_y \sin\alpha} \qquad (8.8)$$

地震设计状况

$$A_s \geqslant \frac{\gamma_{RE} V_b}{2 f_y \sin\alpha} \qquad (8.9)$$

式中　α——暗撑与水平线的夹角。

c. 两个方向暗撑的纵向钢筋均应采用矩形箍筋或螺旋箍筋绑成一体,箍筋直径不应小于 8 mm,箍筋间距不应大于 150 mm。

d. 纵筋伸入竖向构件的长度不应小于 l_{al},非抗震设计时 l_{al} 可取 l_a;抗震设计时 l_{al} 可取 $1.15 l_a$。

e. 梁内普通箍筋的配置应符合上述构造要求。

知识归纳

① 筒体是空间整截面工作结构,如同一根竖立在地面上的悬臂箱形梁,具有造型美观、使用灵活、受力合理、刚度大、整体性强、有良好的抗侧力性能等优点,适用于 30 层或 100 m 以上或更高的高层和超高层建筑。

② 筒体结构根据平面墙柱构件布置情况可分为筒中筒结构、框架-筒体结构、框筒结构、多重筒结构、束筒结构、底部大空间筒体结构。

③ 筒体结构布置包括高宽比、转换层上、下刚度突变的控制及楼盖结构布置要求。

④ 框筒结构是建筑物外围布置密柱深梁所形成的框架围成的一个闭合筒体,作为一个竖向悬臂构件承受水平荷载。因此,框筒结构的工作性能是弯曲型悬臂构件(像剪力墙一样)和剪切型框架的综合。

⑤ 筒中筒结构也是双重抗侧力体系,在水平荷载作用下,内外筒协同工作。实腹筒以弯曲变形为主,框筒以剪切变形为主,两者通过楼板协同工作抵抗水平荷载。它与框剪结构协同工作类似。筒中筒结构是一种适用于超高层建筑的较好的结构体系。

⑥ 框架-核心筒结构包括核心筒设计和框架设计，与框架-剪力墙结构设计相似，同时又有其自身特点，注意其区别；筒中筒结构包括内筒设计和外框筒设计及外框筒梁和内筒连梁截面设计及构造要求，与一般连梁有所区别。

思考题

8.1　在圆形、正多边形、矩形、正方形、扇形平面中，对筒体结构最有利的是哪一种？

8.2　筒体结构使用的高度范围是多少？高宽比范围是多少？

8.3　高层建筑采用钢筋混凝土筒中筒结构时，外筒柱子设计成何种截面最为不利？

8.4　为什么实腹筒和框筒中的翼缘剪力墙、翼缘框架能够受力？它有弯矩和剪力吗？是怎么分布的？

8.5　剪力滞后是指什么？是怎样造成的？有哪些影响因素？设计筒中筒结构时可采取哪些措施减小剪力滞后？

8.6　筒中筒结构楼板起什么作用？不同楼板体系对筒中筒结构受力有什么影响？框筒对楼板又有什么影响？楼板配筋应注意什么问题？

8.7　窗裙梁有什么特点？交叉配筋的目的是什么？如何计算？普通配筋时又该如何计算？

8.8　框架-剪力墙结构与框架筒体结构有何异同？哪一个更适合建造较高的建筑？为什么？

8.9　框架-筒体结构与框筒结构有何区别？

9 单层厂房结构

内容提要

本章主要内容包括：单层厂房结构的组成和布置、排架结构计算简图的确定及荷载和内力计算、单层厂房钢筋混凝土排架柱的设计、单层钢筋混凝土柱厂房的抗震设计。教学重点为排架结构计算简图的确定及荷载和内力计算，单层厂房排架柱的设计及抗震设计。教学难点为单层钢筋混凝土柱厂房的抗震设计。

能力要求

通过本章的学习，学生应具备对单层厂房钢筋混凝土柱厂房进行设计的能力。

重难点

9.1 单层厂房排架结构的组成和布置

9.1.1 结构的组成

排架结构主要由屋盖系统、梁柱系统、基础、支撑系统和围护系统组成，如图 9.1 所示。

厂房结构和
布置动画

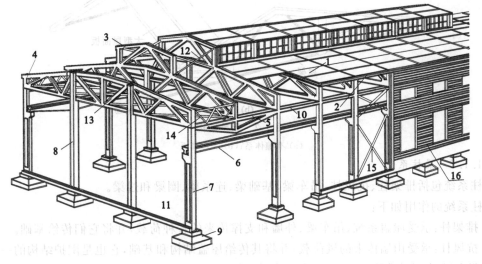

图 9.1 厂房结构构件组成

1—屋面板；2—天沟板；3—天窗架；4—屋架；5—托架；6—吊车梁；7—排架柱；8—抗风柱；9—基础；10—连系梁；
11—基础梁；12—天窗架垂直支撑；13—屋架下弦横向水平支撑；14—屋架端部垂直支撑；15—柱间支撑；16—围护墙

屋架形式图

9.1.1.1　屋盖系统

屋盖系统包括屋面板、天沟板、天窗架、屋架或屋面梁、托架和檩条。

屋盖系统的作用：承受屋面上的竖向荷载，并与厂房柱组成排架承受结构的各种荷载。

屋盖系统的分类：

① 有檩体系由小型屋面板、檩条、屋架和屋盖支撑系统组成，如图 9.2(a)所示。这种屋盖的构造和荷载传递均比较复杂，整体性和空间刚度较差，因此目前较少采用。

② 无檩体系由大型屋面板（包括天沟板）、屋架及屋盖支撑系统组成，如图 9.2(b)所示，有时还包括天窗架和托架等构件。这种屋盖的屋面刚度大，整体性好，构件数量和种类较少，施工速度快，适用范围广，是单层厂房中最常用的屋面形式，适用于具有较大吨位吊车或有较大振动的大、中型或重型工业厂房。

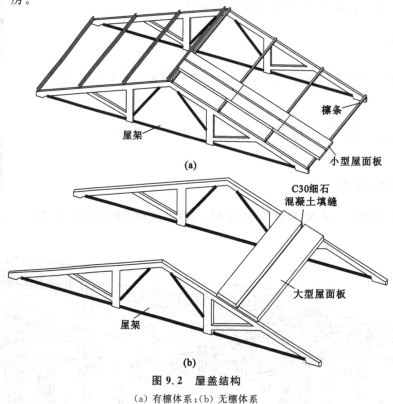

图 9.2　屋盖结构

(a) 有檩体系；(b) 无檩体系

9.1.1.2　梁柱系统

梁柱系统包括排架柱、抗风柱、吊车梁、基础梁、连系梁、圈梁和过梁。

梁柱系统的作用如下：

① 排架柱：承受屋盖系统、吊车梁、外墙和支撑传来的各种荷载，并将它们传给基础。

② 抗风柱：承受山墙传来的风荷载，并将其传给屋盖结构和基础，它也是围护结构的一部分。

③ 吊车梁：主要承受吊车梁竖向荷载和水平荷载，并将它们传给排架结构。

④ 基础梁：承受墙体重量，并将其传给基础。

⑤ 连系梁：纵向柱列的连系构件，承受梁上墙体重量，并将其传给柱子。

⑥ 圈梁、过梁：圈梁的作用是加强厂房的整体刚度和墙体的稳定性，过梁的作用是承受门窗洞口上部墙体的重量及上层楼面梁板传来的荷载。

9.1.1.3 基础

基础包括柱下独立基础和设备基础。

基础的作用：承受柱子和基础梁、设备传来的荷载，并将它们传给地基。

9.1.1.4 支撑系统

支撑系统包括屋盖支撑和柱间支撑。

支撑系统的作用：加强厂房的空间刚度和整体性，保证结构构件在安装和使用时的稳定性和安全性，同时传递山墙风荷载、吊车水平荷载和地震作用等。

9.1.1.5 围护系统

围护系统包括围护墙、门窗、屋面板、抗风柱等。

围护系统的作用：承受风荷载，并经其传给柱子。

9.1.2 柱网布置

厂房承重柱的纵向和横向定位轴线，在平面上形成的网格称为柱网。柱网尺寸既确定了柱的位置，也同时确定了屋面板、屋架、吊车梁等构件的跨度，涉及厂房结构构件的布置。柱网布置是否合理，直接影响厂房结构的经济性和先进性，与生产使用也有密切关系。

9.1.2.1 柱网布置的原则

① 应满足厂房生产工艺及使用要求，各种工艺流程所需的主要设备、产品尺寸、生产空间等都是决定厂房跨度和柱距的主要因素；

② 应满足国家有关厂房建筑统一模数的规定，为厂房的设计标准化、生产工业化、施工机械化创造条件。

9.1.2.2 具体布置方法

① 柱距：一般取 6 m 或 6 m 的倍数，个别可以采用 9 m 柱距。厂房柱距一般采用 6 m 较为经济，但采用扩大柱距可增加车间有效面积，提高设备布置和工艺布置的灵活性。

② 跨度：当跨度不大于 18 m 时，以 3 m 为模数，即 9 m、12 m、18 m。当跨度大于 18 m 时，以 6 m 为模数，即 24 m、30 m、36 m 等。但当工艺布置和技术经济指标有明显优势时，也可采用 21 m、27 m、33 m 等。

9.1.3 变形缝

变形缝包括伸缩缝、沉降缝和防震缝三种。各缝的设置原则及施工详见本书 4.2.4 节。

9.1.4 厂房高度

决定厂房高度时主要考虑两个参数：轨顶标高和柱顶标高。

轨顶标高：根据生产需要由工艺人员给出。

柱顶标高：轨顶标高$+h_1+h_2$，并以 300 mm 为模数，取大值。其中，h_1 为吊车轨顶至吊车顶面的高度；h_2 为吊车行驶安全高度，即吊车顶面至屋架或屋面梁底面的高度，一般不小于300 mm。

牛腿顶面标高：吊车轨顶标高—吊车轨道高—吊车梁梁端截面高，并以 300 mm 为模数，取小值。

9.1.5 支撑的布置

单层厂房是装配式结构，它是通过将一个预制构件在现场进行拼装、连接而组成。为了保证厂房在施工阶段和使用阶段结构的稳定性、整体性和总体刚度,而且还为使厂房水平荷载最合理地传给主要受力构件或基础,应在厂房中合理布置支撑。实践证明,支撑布置不当不仅会影响厂房的正常使用,甚至可能引起工程事故,所以必须引起高度重视。

支撑分为两大类:一是屋盖支撑;二是柱间支撑。本节主要介绍各类支撑的作用和布置原则。具体布置方法及其连接构造可参阅有关标准图集。

（1）屋架（屋面梁）上弦横向水平支撑

屋架（屋面梁）上弦横向水平支撑是沿厂房跨度方向用十字交叉角钢、直腹杆与屋架（屋面梁）上弦共同构成的水平桁架。

屋架（屋面梁）上弦横向水平支撑的作用:保证屋架（屋面梁）上弦的侧向稳定,增强屋盖的整体刚度,同时可将抗风柱传来的风荷载和其他纵向水平荷载传至纵向排架柱顶。

屋架（屋面梁）上弦横向水平支撑的布置原则:

① 通常当大型屋面板与屋架（屋面梁）有三点焊接,屋面板纵筋的空隙用细石混凝土灌实,能保证屋盖平面的稳定并能传递山墙传来的水平力时,则认为其起上弦水平支撑的作用,所以不必设置上弦横向水平支撑。

② 屋盖为有檩体系或跨度较大的无檩体系屋盖,当屋面板与屋架（屋面梁）的连接质量不符合要求,且抗风柱与屋架的上弦连接时,应在伸缩缝区段两端第一柱或第二柱间各设一道上弦横向水平支撑,如图 9.3 所示。

③ 厂房设有天窗时,由于天窗区段内没有屋面板,屋盖纵向水平刚度不足,应在伸缩缝两端天窗架两端柱间的天窗架下面设置上弦横向水平支撑,并在天窗范围内沿纵向设置一至三道通常的受压系杆,如图 9.3 所示。

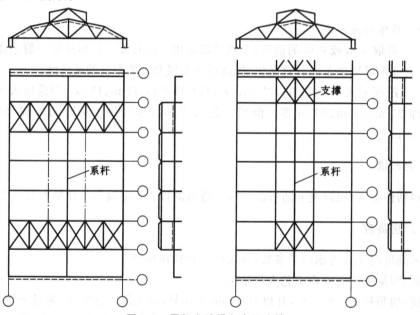

图 9.3　屋架上弦横向水平支撑

（2）屋架（屋面梁）间下弦横向水平支撑

屋架（屋面梁）间下弦横向水平支撑是由十字交叉角钢、直腹杆与屋架下弦组成的水平桁架。

屋架（屋面梁）间下弦横向水平支撑的作用:将山墙抗风柱传来的风荷载及其纵向水平荷载传至纵向排架柱顶,同时防止屋架下弦的侧向颤动。

屋架（屋面梁）间下弦横向水平支撑的布置原则:具有下列情况之一时,应设置横向水平支撑。

① 山墙抗风柱与屋架下弦连接传递纵向水平力时；

② 有纵向运行的悬挂吊车，且吊点设在屋架下弦时；

③ 厂房内有较大的振动设备(如设有硬钩桥式吊车或 50 kN 以上的锻锤)时。

屋架(屋面梁)间下弦横向水平支撑的布置位置：厂房端部及伸缩缝区段两端的第一柱或第二柱间，如图 9.4(a)所示，并且宜与上弦横向水平支撑设置在同一柱间，以形成空间桁架体系。

(3) 屋架(屋面梁)间下弦纵向水平支撑

屋架(屋面梁)间下弦纵向水平支撑是由交叉角钢等钢杆件和屋架下弦第一节间组成的纵向水平桁架。它与屋架下弦横向水平支撑可形成封闭的水平支撑系统，如图 9.4(a)所示。

屋架(屋面梁)间下弦纵向水平支撑的作用：加强屋盖的横向水平刚度，保证横向水平力的纵向分布，加强厂房的空间工作，同时保证托架上弦的侧向稳定。

屋架(屋面梁)间下弦纵向水平支撑的布置原则：

① 当厂房设有软钩桥式吊车，但柱顶高度和吊车起重量较大时(如厂房的柱高大于15 m，中级工作制吊车，起重量在 300 kN 以上时)；任何情况下设有托架支撑屋盖时；当采用有檩体系屋盖时沿纵向设置通长的纵向水平支撑，如图 9.4(a)、(b)所示。

② 如果只在部分柱间设置托架，则必须在设有托架的柱间和两端相邻的一个柱间设置纵向水平支撑，如图 9.4(c)所示。

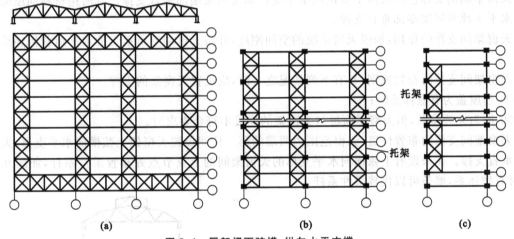

图 9.4 屋架间下弦横、纵向水平支撑

(a) 屋架下弦纵横向水平支撑；(b) 带托架的下弦纵向水平支撑；(c) 一侧带托架的下弦纵向水平支撑

(4) 屋架(屋面梁)间垂直支撑和水平系杆

屋架垂直支撑是由角钢与屋架中的直腹杆组成的垂直桁架，可做成十字交叉形或 M 形，由屋架高度而异。水平系杆一般为钢筋混凝土或钢杆件。

屋架(屋面梁)间垂直支撑和水平系杆的作用：保证屋架的整体稳定，防止局部失稳。

屋架(屋面梁)间垂直支撑和水平系杆的布置原则：

① 当厂房跨度大于 18 m 小于或等于 30 m 时，应在伸缩缝区段两端第一柱或第二柱间的跨中设置一道垂直支撑，并在跨中设置通长的下弦水平系杆，如图 9.5(a)所示，当跨度大于 30 m 时，则须增设一道垂直支撑和纵向水平系杆，如图 9.5(b)所示；

② 当采用梯形屋架时，还应在伸缩缝区段两端第一柱或第二柱间的屋架端部设置垂直支撑和通长的下弦水平系杆，如图 9.5(b)所示；

③ 当屋架下弦设有悬挂吊车时，在悬挂吊车所在节点处，应设置屋架间纵向垂直支撑，如图 9.6 所示，一般屋架垂直支撑应与下弦横向水平支撑布置在同一柱间。

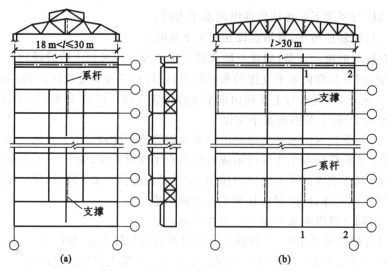

图 9.5 屋架间垂直支撑和水平系杆

(a) 18 m<l≤30 m；(b) l>30 m

（5）天窗架间的支撑

天窗架间的支撑包括天窗上弦横向水平支撑和天窗架端部垂直支撑。其所用材料同屋架上弦横向水平支撑及屋架端部垂直支撑。

天窗架间支撑的作用：加强天窗系统的空间刚度，并将天窗端壁所承受的水平荷载传递给屋架系统。

天窗架间支撑的布置原则：具有下列情况之一时，应设置天窗架的支撑。

① 当屋盖为有檩体系时；

② 虽为无檩体系，但大型屋面板与天窗架的连接不符合要求时。

天窗架间支撑的布置位置：天窗范围内两端的第一柱间设置天窗架上弦横向水平支撑，天窗架端部垂直支撑。在未设有上弦横向水平支撑的天窗架间的上弦节点处布置柔性系杆，如图 9.7 所示，对有檩体系，檩条可以代替柔性系杆。

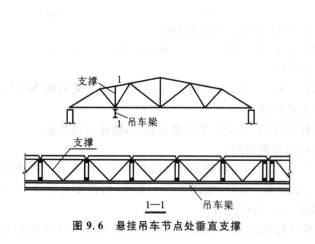

图 9.6 悬挂吊车节点处垂直支撑

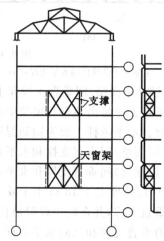

图 9.7 天窗架支撑

柱间支撑
形式图

（6）柱间支撑

柱间支撑分为上柱柱间支撑和下柱柱间支撑。柱间支撑一般由交叉角钢组成。当柱间因交通、设备布置导致柱距大而不能采用交叉斜杆式支撑时，可采用门架式支撑，如图 9.8(a) 所示。

柱间支撑的作用：主要是提高厂房的纵向刚度和稳定性，并能承受山墙上的纵向风荷载及吊车纵向水平力，并传至纵向柱列。

柱间支撑的布置原则：具有下列情况之一时，应设置柱间支撑。

① 设有重级工作制的吊车或中、轻级工作制吊车起重量不小于 100 kN 时；

② 厂房跨度不小于 18 m，或柱高不小于 8 m 时；

③ 纵向柱的总数每排在 7 根以下时；

④ 设有悬臂式吊车或起重量不小于 30 kN 的悬挂吊车时；

⑤ 露天吊车的柱列。

柱间支撑的设置位置：位于吊车梁上部的上柱柱间支撑一般设在温度区段两端与屋盖横向水平支撑相对应的柱间，以及温度区段中部或接近中部柱间；下柱柱间支撑设在温度区段中部与上柱柱间支撑相应的位置，如图 9.8(b) 所示。

当厂房吊车起重量不大于 50 kN，且柱间设有强度和稳定性足够的墙体并能与柱起整体作用时，可不设柱间支撑。

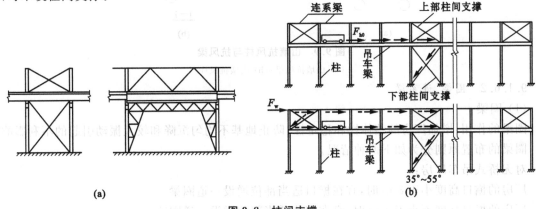

图 9.8 柱间支撑

(a) 柱间支撑的形式；(b) 柱间支撑的设置位置

9.1.6 维护结构的布置

围护结构的墙体一般沿厂房四周布置。墙体中一般还布置圈梁、连系梁、抗风柱、基础梁等。

9.1.6.1 抗风柱

厂房山墙的受风面积大，一般需设置抗风柱将山墙分为几个区格，使墙面受到的风荷载通过柱上、柱下传给柱列和基础。

当厂房高度和跨度均不大（如柱顶高度不大于 8 m，跨度不大于 12 m）时，抗风柱可采用砖壁柱；当厂房高度较大时，一般均采用钢筋混凝土抗风柱，柱外侧再砌筑山墙；当厂房高度很大时，为了减少抗风柱的截面尺寸，可在山墙内侧加设水平抗风梁或钢抗风桁架，作为抗风柱的中间支座，如图 9.9 所示。同时抗风梁还可兼作吊车修理平台，一般设于吊车梁的水平面上，梁的两端与吊车梁上翼缘连接，使抗风梁所受到的风荷载通过吊车梁传递给纵向柱列。

抗风柱的间距一般为 6 m，但有时根据需要及屋架节间间距可采用 4.5 m、7.5 m、9 m 等。

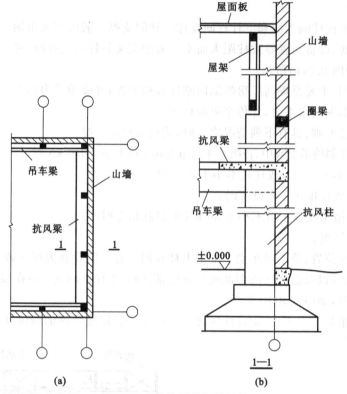

图 9.9　山墙抗风柱与抗风梁

(a) 山墙抗风梁；(b) 山墙抗风柱

9.1.6.2　圈梁、连系梁

（1）圈梁

圈梁的作用：增加厂房的整体性和稳定性，防止地基不均匀沉降和较大振动引起的不利影响。

圈梁的布置原则分为如下两种情况。

对无桥式吊车厂房：

厂房的檐口高度小于 8 m 时，宜在檐口适当部位增设一道圈梁。

厂房的檐口高度不小于 8 m 时，宜在墙体适当部位增设一道圈梁。

对有桥式吊车厂房：

除檐口或窗顶处设置一道外，应在吊车梁标高或墙体适当部位增设一道圈梁；

外墙高度在 15 m 以上时，应根据墙体高度适当增设圈梁；

有振动设备的厂房，除满足上述要求外，每隔 4 m 距离应有一道圈梁。

圈梁应连续设置在墙体的同一水平面内，除伸缩缝处断开外，其余部分应沿整个厂房形成封闭状。当圈梁被门窗洞口切断时，应在洞口上部设置一道附加圈梁，其截面不应小于被切断的圈梁，两者搭接长度如图 9.10(a) 所示。圈梁宽度宜与墙体厚度相同，截面高度不小于 120 mm，纵向钢筋不小于 4φ10，箍筋不大于 φ6@250，圈梁与柱的拉结钢筋一般为 2φ10～2φ12，如图 9.10(b) 所示。

（2）连系梁

连系梁一般为预制构件，其截面形式有矩形和 L 形两种。连系梁两端支承在柱外侧的牛腿上。

连系梁的作用：承受上部墙体传来的荷载，并传给柱，同时可增强厂房的纵向刚度。

连系梁的布置原则：当厂房的高度超过一定限度（如大于 15 m）时，宜设置连系梁。

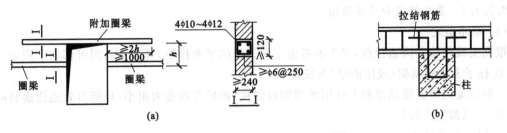

图 9.10 圈梁搭接及圈梁与柱的拉结
(a) 圈梁搭接；(b) 圈梁与柱的拉结

9.1.6.3 基础梁

基础梁用来承托围护墙体的重量,并将其传至柱基础顶面而不另设墙体基础,这种做法使墙体和柱的沉降变形一致。

基础梁多为预制,两端直接放置在基础杯口上,当基础埋置较深时,可将基础梁放在混凝土垫块上,如图 9.11 所示。基础梁底部距土层表面应留 100 mm 左右的间隙,使基础梁随柱一起沉降,寒冷地区应在梁下设一层干砂或矿渣等松软材料,防止冬季冻土上升,使梁顶开裂。

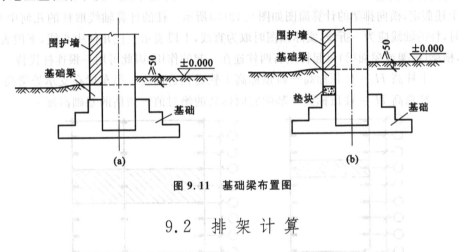

图 9.11 基础梁布置图

9.2 排 架 计 算

厂房结构实际上是空间结构。为简化计算一般分别按纵向和横向平面排架近似地进行计算。但其中纵向平面排架的柱较多,通常其水平刚度较大,分配到每根柱的水平力较小,因而往往不必计算。所以厂房结构计算主要归结于横向平面排架的计算(以下简称排架计算)。当然,当纵向柱列较少(不多于 7 根)或需要考虑地震荷载时,仍应进行纵向平面排架的计算。

排架计算的主要内容:确定计算简图,进行荷载计算、内力分析和内力组合,必要时还应验算排架的侧移。

9.2.1 排架的计算简图(模型)

9.2.1.1 计算单元

排架上作用的荷载除了吊车等移动荷载之外,一般沿厂房的纵向是均匀分布的,而且柱距一般也相等,各横向排架的刚度基本相同。因此除靠近两端山墙的少数排架外,其余大部分横向排架的受力和变形基本相同。故由厂房相邻柱距的中心线截取作为计算单元,如图 9.12(a)所示。这样除吊车等移动荷载外,阴影部分就是一个排架的负荷范围。

9.2.1.2　基本假定和计算简图

（1）基本假定

根据实践经验和构造特点,对于不考虑空间工作的平面排架,其计算简图可作如下假定。

① 柱子上端与屋架（或屋面梁）为铰接。

一般屋架或屋面梁顶部和上柱用预埋钢板焊接,抵抗弯矩能力很小,只能有效地传递竖向力和水平力,所以假定为铰接。

② 柱子下端与基础顶面为固接。

柱下端插入杯形基础一定深度后,一般用高强度细石混凝土灌注成整体,且一般基础的转动很小,可传递弯矩、竖向力、水平力,所以假定为固接,如图9.12（b）所示。但地基土质较差、变形较大或有较大的地面荷载时（如大面积堆料等）,则应考虑基础位移和转动对排架内力的影响。

③ 屋架或屋面梁为没有轴向变形的刚性杆。

对于屋面梁或大多数刚度较大的屋架,受力后的轴向变形很小,可视为无轴向变形的刚性杆,故横梁两端的水平位移相等。

（2）计算简图（模型）

根据上述假定,横向排架的计算简图如图9.12（b）所示。柱的计算轴线取柱的几何中心线,当为变截面柱时,柱的轴线应为一折线,实际画图时取为直线,上段表示上柱几何中心线,下段表示下柱几何中心线,横梁（屋架或屋面梁）只起将左右两柱连在一起的作用,因此可用一根连杆代替。

上柱高 H_1 ＝柱顶标高－轨顶标高＋轨道构造高度＋吊车梁在支承处梁高

柱总高 H_2 ＝柱顶标高＋基础底面标高的绝对值－初估的基础高度

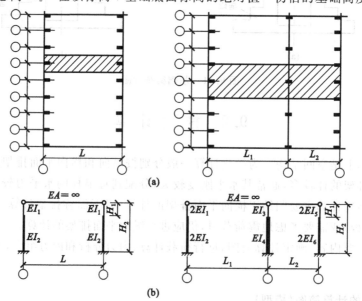

图 9.12　计算单元和计算简图

（a）计算单元；（b）计算简图

9.2.2　排架荷载计算及各种荷载作用下的计算简图

作用在排架上的荷载可分为永久荷载和可变荷载。作用在柱上的荷载如图9.13所示。在地震区,还需考虑地震对排架的作用。除吊车荷载外,其他荷载均取自计算单元范围内。

9.2.2.1 永久荷载

(1) 屋盖恒荷载 G_1

屋盖恒荷载包括屋面恒荷载,屋架、托架、天窗架及支撑等构件的自重。

G_1 的作用点:当采用屋架时,可认为 G_1 通过屋架上弦和下弦中心线的交点作用于柱顶。根据标准图中的构造规定,G_1 的作用点位于厂房纵向定位轴线内侧 150 mm 处;当采用屋面梁时,可认为 G_1 通过梁端支承垫板的中心线作用于柱顶,如图 9.14 所示。G_1 作用下计算简图如图 9.15 所示。

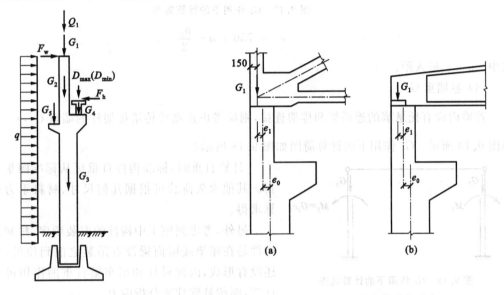

图 9.13 作用在柱子上的荷载   图 9.14 屋盖荷载作用点

(2) 柱的自重 G_2、G_3

对变截面柱可分为上柱自重 G_2、下柱自重 G_3,分别沿上、下柱中心线作用。计算简图如图 9.16 所示。

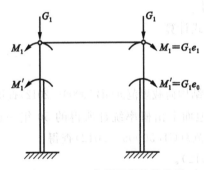

图 9.15 G_1 作用下的计算简图

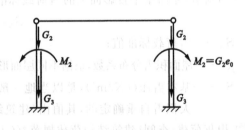

图 9.16 G_2、G_3 作用下的计算简图

(3) 吊车梁、轨道联结件等自重 G_4

G_4 沿吊车梁中心线作用于牛腿顶面,见图 9.13。G_4 作用下的计算简图如图 9.17 所示。

采用封闭轴线时

$$e_4 = 750 - \frac{h_2}{2}$$

式中 h_2——下柱截面高。

采用非封闭轴线时

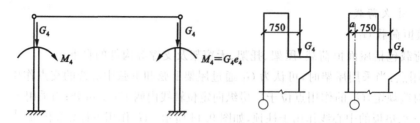

图 9.17　G_4 作用下的计算简图

$$e_4 = 750 + a - \frac{h_2}{2}$$

式中　a——插入距。

（4）悬墙重 G_5

若墙内设有托悬墙的连系梁和排架连接，则应考虑连系梁传给排架柱的墙重 G_5，$e_5 = \frac{h_2 + h_墙}{2}$，如图 9.13 所示。$G_5$ 作用下的计算简图如图 9.18 所示。

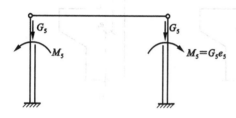

图 9.18　G_5 作用下的计算简图

计算自重时，标准构件自重可从标准图集上直接查得。其他永久荷载可根据几何尺寸、材料重力密度等计算求得。

另外，考虑到施工中构件的安装顺序，柱和吊车梁等构件是在屋架或屋面梁没有吊装之前到位的，此时排架还没有形成，因此对柱和吊车梁自重的作用可不按排架计算，而按悬臂柱来分析内力。

9.2.2.2　可变荷载

屋面活荷载包括屋面均布活荷载、雪荷载、积灰荷载，均按屋面的水平投影面积计算。

① 屋面均布活荷载：其值根据上人和不上人屋面两种情况，均按《建筑结构荷载规范》（GB 50009—2012）采用。但是施工荷载较大时，按实际情况采用。

② 雪荷载：屋面水平投影面上的雪荷载标准值 S_k 按下式计算

$$S_k = \mu_r S_0 \tag{9.1}$$

式中　S_k——雪荷载标准值；

　　　μ_r——屋面积雪分布系数，根据不同屋面形式，由《建筑结构荷载规范》（GB 50009—2012）查得；

　　　S_0——基本雪压（kN/m²），是以当地一般空旷平坦地面上由概率统计所得的 50 年一遇最大积雪自重确定的，其值由《建筑结构荷载规范》（GB 50009—2012）查得。

③ 积灰荷载：查阅《建筑结构荷载规范》（GB 50009—2012）。

注：在排架计算时，屋面均布活荷载一般不与雪荷载同时考虑，取两者中较大值。当有积灰荷载时，它应与屋面均布活荷载及雪荷载中较大值进行组合。其屋面活荷载作用下的计算简图，参见屋面恒荷载作用下的计算简图。

9.2.2.3　风荷载

风荷载是作用在厂房外表面通过围护结构的墙身及屋面传递到排架柱上去的。垂直作用在建筑物表面上的风荷载标准值按下式计算。

$$w_k = \beta_z \mu_s \mu_z w_0 \tag{9.2}$$

对于单层厂房，$\beta_z = 1.2$。

风荷载实际是以均布荷载的形式作用于屋面及外墙面上。在计算排架时,柱顶以上的均布风荷载通过屋架,考虑以集中荷载 F_w 的形式作用于柱顶。F_w 值为屋面风荷载合力的水平分力和屋架、天窗架高度范围内墙体迎风面和背风面风荷载的总和。

$$F_w = \gamma_Q \beta_z \left(\sum \mu_{si} \mu_{zi} h_i \right) w_0 B \tag{9.3}$$

由于柱顶以下外墙面上的风荷载以均布荷载的形式通过外墙作用于排架的边柱,故按沿边柱高度均布风荷载考虑,风压高度变化系数可按柱顶标高处取值。

在平面排架计算时,其迎风面和背风面的荷载设计值 q_1 和 q_2 应按下式计算:

$$q = \gamma_Q w_k B \tag{9.4}$$

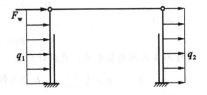

式中 γ_Q——可变荷载分项系数,$\gamma_Q = 1.5$;

   B——计算单元宽度。

风荷载作用下的计算简图如图 9.19 所示。

图 9.19   风荷载作用下的计算简图

【例 9.1】 某厂房处于大城市郊区,各部尺寸如图 9.20 所示,纵向柱距为 6 m,基本风压 $w_0 = 0.65$ kN/m²,地面粗糙度为 B 类。试求作用在排架上的风荷载设计值。

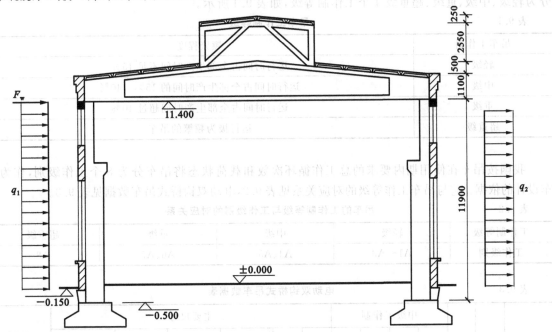

图 9.20   单跨厂房剖面尺寸

【解】 风荷载体型系数由表 3.3 确定。

风压高度变化系数由表 3.1 确定。

柱顶处(标高 11.4 m 处)$z = 11.55$ m:

$$\mu_z = 1.13 - \frac{1.13 - 1.0}{15 - 10} \times (15 - 11.55) = 1.040$$

屋顶(标高 12.5 m 处)$z = 12.65$ m:$\mu_z = 1.069$。

(标高 13.0 m 处)$z = 13.15$ m:$\mu_z = 1.082$。

(标高 15.55 m 处)$z = 15.70$ m:$\mu_z = 1.144$。

(标高 15.8 m 处)$z = 15.95$ m:$\mu_z = 1.149$。

吊车梁图

垂直作用在纵墙的风荷载标准值：

迎风面

$$w_{1k} = \beta_z \mu_{s1} \mu_z w_0 = 1.2 \times 0.8 \times 1.040 \times 0.65 = 0.649 \ (\text{kN/m}^2)$$

背风面

$$w_{2k} = \beta_z \mu_{s2} \mu_z w_0 = 1.2 \times 0.5 \times 1.040 \times 0.65 = 0.406 \ (\text{kN/m}^2)$$

作用在厂房排架柱上的均布风荷载设计值：

迎风面

$$q_1 = \gamma_Q w_{1k} B = 1.5 \times 0.649 \times 6 = 5.841 \ (\text{kN/m})$$

背风面

$$q_2 = \gamma_Q w_{2k} B = 1.5 \times 0.406 \times 6 = 3.654 \ (\text{kN/m})$$

作用在柱顶的集中风荷载设计值：

$$\begin{aligned} F_w &= \gamma_Q \beta_z \left(\sum \mu_{si} \mu_{zi} h_i \right) w_0 B \\ &= 1.5 \times 1.2 \times [(0.8 + 0.5) \times 1.069 \times 1.10 + (-0.2 + 0.6) \times 1.082 \times 0.5 + \\ &\quad (0.6 + 0.6) \times 1.144 \times 2.55 + (-0.7 + 0.7) \times 1.149 \times 0.25] \times 0.65 \times 6 = 36.82 \ (\text{kN}) \end{aligned}$$

9.2.2.4　吊车荷载

单层厂房中一般常采用桥式吊车。常用桥式吊车按其吊车起重量、工作频繁程度及其他因素分为轻级、中级、重级、超重级 4 个工作制等级，如表 9.1 所示。

表 9.1　　　　　　　　　　　　　　　　　吊车工作制等级

吊车工作制	频繁程度
轻级	运行时间占全部生产时间不足 15%
中级	运行时间占全部生产时间的 15%～40%
重级	运行时间占全部生产时间超过 40%
超重级	运行极为频繁的吊车

我国按吊车在使用期内要求的总工作循环次数和载荷状态将吊车分为 8 个工作级别，作为吊车设计的依据。它与吊车工作等级的对应关系见表 9.2，电动双钩桥式吊车数据见表 9.3。

表 9.2　　　　　　　　　　　吊车的工作制等级与工作级别的对应关系

工作制等级	轻级	中级	重级	超重级
工作级别	A1～A3	A4、A5	A6、A7	A8

表 9.3　　　　　　　　　　　　　　　电动双钩桥式吊车数据表

起重量 Q	跨度 L_k	起升高度	中级工作制				主要尺寸						荐用大车轨道
			P_{max}	P_{min}	小车重 Q_1	吊车总重	吊车最大宽度 B	大车轮距 K	大车底面至轨道顶面的距离 F	轨道顶面至吊车顶面的距离 H	轨道中心至吊车外缘的距离 B_1	操纵室地面至主梁底面的距离 h_3	
t(kN)	m	m	kN	kN	kN	kN	mm	mm	mm	mm	mm	mm	kN/m
15/3 (150/30)	10.5	12/14	136		73.2	203	5600	4400	80	2047	230	2290	0.43
	13.5		145			220			80			2290	
	16.5		155			244			180			2170	
	22.5		176			312			390	2137		2180	

续表

起重量 Q	跨度 L_k	起升高度	中级工作制		小车重 Q_1	吊车总重	主要尺寸							荐用大车轨道
			P_{max}	P_{min}			吊车最大宽度 B	大车轮距 K	大车底面至轨道顶面的距离 F	轨道顶面至吊车顶面的距离 H	轨道中心至吊车外缘的距离 B_1	操纵室地面至主梁底面的距离 h_3		
t(kN)	m	m	kN	kN	kN	kN	mm	mm	mm	mm	mm	mm		kN/m
20/5 (200/50)	10.5		158		77.2	209	5600	4400	80	2046	230	2280		0.43
	13.5		169			228			84			2280		
	16.5		180			253			184			2170		
	22.5		202			324			392	2136	260	2180		

　　桥式吊车由大车(桥架)和小车组成。大车在吊车梁的轨道上沿厂房纵向行驶,带有吊钩的小车在大车上的轨道上沿厂房横向运行。

　　吊车作用于排架上的荷载有竖向荷载和水平荷载两种:

　　(1) 吊车竖向荷载 D_{max}、D_{min}

　　吊车通过轮压作用在吊车梁上,再由吊车梁传给排架柱。当小车吊有额定最大起重量开到大车一端的极限位置时,这一端的每个大车轮压称为吊车的最大轮压 P_{max},同时,另一端的大车轮压称为吊车的最小轮压 P_{min},见图 9.21。P_{max}、P_{min} 及有关吊车基本参数主要尺寸由产品目录或有关资料手册查得。对四轮吊车 P_{min} 也可由下式计算:

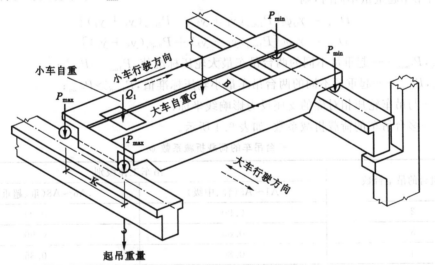

图 9.21　最大轮压与最小轮压

$$P_{min} = \frac{1}{2}(G + Q_1 + Q) - P_{max} \tag{9.5}$$

式中　G——大车自重的标准值(kN);

　　　　Q_1——小车自重的标准值(kN);

　　　　Q——吊车的额定起重量(kN)。

　　吊车是移动的,当大车在轨道上行驶到一定位置时,由 P_{max} 与 P_{min} 对排架柱所产生的最大与最小竖向压力即 D_{max}、D_{min}。

《建筑结构荷载规范》(GB 50009—2012)规定计算排架考虑多台吊车竖向荷载时,对一层吊车单跨厂房的每个排架,参与组合的吊车台数不宜多于 2 台;对一层吊车的多跨厂房的每个排架不宜多于 4 台。

吊车在纵向的运行位置直接影响其轮压对柱子所产生的竖向荷载。由于吊车是移动荷载,所以必须利用吊车梁的支座竖向反力影响线来求出由 P_{max} 产生的支座最大竖向荷载 D_{max} 及由 P_{min} 产生的支座最小竖向荷载 D_{min}。计算 D_{max} 的吊车位置及反力影响线如图 9.22 所示。

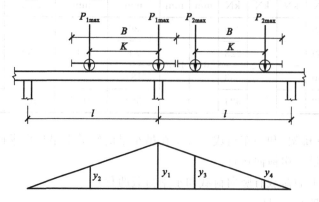

图 9.22　吊车梁支反力影响线

注:起重量较大的吊车 P_{max} 位于排架柱中心线上。

由于多台吊车同时满载,且小车同时处于极限位置的情况很少出现,因此计算中应考虑多台吊车的荷载折减系数 ψ_c。这样利用支座反力影响线计算:

① 两台吊车起重量不同时,则

$$D_{max} = \gamma_Q \psi_c [P_{1max}(y_1 + y_2) + P_{2max}(y_3 + y_4)] \tag{9.6}$$

$$D_{min} = \gamma_Q \psi_c [P_{1min}(y_1 + y_2) + P_{2min}(y_3 + y_4)] \tag{9.7}$$

式中　P_{1max}, P_{2max}——起重量不同的两台吊车最大轮压标准值,$P_{1max} > P_{2max}$;

　　　P_{1min}, P_{2min}——起重量不同的两台吊车最小轮压标准值,$P_{1min} > P_{2min}$;

　　　y_i——与吊车轮压相对应的支座反力影响线坐标;

　　　ψ_c——多台吊车的荷载折减系数,如表 9.4 所示。

表 9.4　　　　　　　　　多台吊车的荷载折减系数 ψ_c

参与组合的吊车台数	吊车工作级别	
	A1~A5(轻、中级)	A6~A8(重、超重级)
2	0.90	0.95
3	0.85	0.90
4	0.80	0.85

② 两台吊车起重量完全相同时,则

$$D_{max} = \gamma_Q \psi_c P_{max} \sum y_i \tag{9.8}$$

$$D_{min} = \gamma_Q \psi_c P_{min} \sum y_i = D_{max} \frac{P_{min}}{P_{max}} \tag{9.9}$$

在吊车竖向荷载 D_{max}、D_{min} 的作用下,计算简图如图 9.23 所示。图中 M_{max}、M_{min} 为:

$$M_{max} = D_{max} e_4 \tag{9.10}$$

$$M_{\min} = D_{\min}e_4 \qquad (9.11)$$

（2）吊车水平荷载

吊车水平荷载可分为横向水平荷载和纵向水平荷载两种。

① 吊车横向水平荷载 F_h。

吊车横向水平荷载是指载有额定最大起重量的小车,沿厂房横向运行时突然启动或刹车时,引起的水平惯性力在厂房排架柱上所产生的横向水平制动力。它通过小车制动轮与桥架轨道之间的摩擦力传至大车,再由大车轮通过吊车梁轨道传给吊车梁,最后由吊车梁与柱的连接钢板传给排架柱,如图 9.24 所示。图中 F_h 作用点的位置根据标准图集通常取:牛腿顶面高 + 吊车梁高 +10 mm。

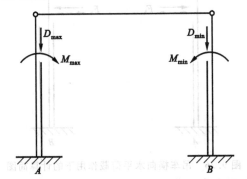

图 9.23　吊车竖向荷载作用下的计算简图

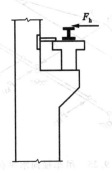

图 9.24　吊车横向水平荷载的传递

吊车轮作用在轨道上的竖向压力很大,所产生的摩擦力足以承受横向水平制动力,故吊车横向水平制动力应按两侧柱的刚度大小分配。但为了简化计算,《建筑结构荷载规范》(GB 50009—2012)允许近似地将横向水平制动力平均分配给两侧排架柱。对于各类四轮桥式吊车,当小车满载时,大车每一个轮子传递给吊车梁的横向水平制动力为:

$$F_{h1} = \gamma_Q \frac{\alpha}{4}(Q + Q_1) \qquad (9.12)$$

式中　α——横向水平制动力系数,按下列规定取用。

对软钩吊车:

当 $Q \leqslant 100$ kN 时,$\alpha = 0.12$;

当 $Q = 150 \sim 500$ kN 时,$\alpha = 0.1$;

当 $Q = 750$ kN 时,$\alpha = 0.08$。

对硬钩吊车:$\alpha = 0.20$。

软钩吊车是指吊车采用钢索通过滑轮组带动吊钩起吊重物的。这种吊车在操作时因有钢索缓冲作用,所以对结构所产生的冲击和振动力较小。硬钩吊车是指吊车采用刚臂操作起吊重物的。这种吊车在操作时所产生的冲击和振动力都较大。

吊车每个轮子横向水平荷载 F_{h1} 对排架柱所产生的最大横向水平荷载 F_h 值,可用计算吊车竖向荷载 $D_{\max}$、$D_{\min}$ 的同样方法进行计算。《建筑结构荷载规范》(GB 50009—2012)规定,考虑多台吊车水平荷载时无论是单跨厂房还是多跨厂房,最多考虑两台吊车同时刹车,并考虑正、反两个方向的刹车可能性。计算时同样要考虑多台吊车的荷载折减系数 ψ_c。由图 9.25 可得吊车最大横向水平荷载。

a. 两台吊车起重量不同时:

$$F_h = \psi_c[F_{h11}(y_1 + y_2) + F_{h12}(y_3 + y_4)] \qquad (9.13)$$

b. 两台吊车起重量完全相同时：

$$F_h = \psi_c F_{h1} \sum y_i \tag{9.14}$$

$$F_h = \frac{1}{\gamma_Q} F_{h1} \frac{D_{max}}{P_{max}} = F_{h1k} \frac{D_{max}}{P_{max}} \tag{9.15}$$

式中　F_{h11}, F_{h12}——起重量不同的两台吊车在每一个轮子的横向水平制动力，$F_{h11} > F_{h12}$。

其他符号意义同前。

F_h 作用下的排架计算简图如图 9.26 所示。

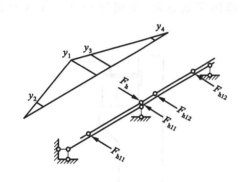

图 9.25　吊车横向水平荷载

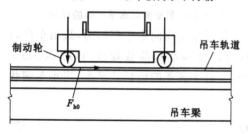

图 9.27　吊车纵向水平荷载

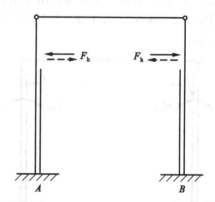

图 9.26　吊车横向水平荷载作用下的计算简图

② 吊车纵向水平荷载 F_{h0}。

吊车纵向水平荷载是指当吊车的大车沿厂房纵向运行时，突然启动和制动引起的纵向水平制动力。它通过吊车两端的制动轮与吊车轨道的摩擦力由吊车梁传给纵向柱列或柱间支撑，如图 9.27 所示。一般排架计算时，由于厂房纵向刚度较大，纵向水平荷载可以不予计算。当需要计算时，可按下式确定（最多按两台计算）：

$$F_{h0} = \gamma_Q \frac{n \cdot P_{max}}{10} \tag{9.16}$$

式中　n——吊车每侧刹车轮数，一般刹车轮数为每侧轮数的 1/2，故对四轮吊车，$n=1$。

【例 9.2】　已知某单跨厂房，跨度为 18 m，柱距为 6 m。设有两台中级工作制吊车、软钩起重量分别为 200/50 kN 和 150/30 kN。吊车桥架跨度 $L_k = 16.5$ m。试求 D_{max}、D_{min}、F_h。

【解】　由电动桥式吊车数据表 9.3 得，桥架宽均为 $B = 5600$ mm，轮距为 $K = 4400$ mm，小车自重 Q_1 分别为 77.2 kN 和 73.2 kN。吊车最大轮压 P_{max} 分别为 180 kN 和 155 kN，吊车总重分别为 253 kN 和 244 kN。

$$P_{1min} = \frac{1}{2}(G + Q + Q_1) - P_{1max} = \frac{1}{2} \times (253 + 200) - 180 = 46.5 \text{ (kN)}$$

$$P_{2min} = \frac{1}{2}(G + Q + Q_1) - P_{2max} = \frac{1}{2} \times (244 + 150) - 155 = 42 \text{ (kN)}$$

根据图 9.28 所示的反力影响线可得：

$$D_{max} = \gamma_Q \psi_c [P_{1max}(y_1 + y_2) + P_{2max}(y_3 + y_4)] = 1.5 \times 0.9 \times \left[180 \times \left(1 + \frac{1.6}{6}\right) + 155 \times \left(\frac{4.8}{6} + \frac{0.4}{6}\right)\right] = 489.1 \text{ (kN)}$$

$$D_{min} = \gamma_Q \psi_c [P_{1min}(y_1 + y_2) + P_{2min}(y_3 + y_4)] = 1.5 \times 0.9 \times \left[46.5 \times \left(1 + \frac{1.6}{6}\right) + 42 \times \left(\frac{4.8}{6} + \frac{0.4}{6}\right)\right] = 128.68 \text{ (kN)}$$

查得 α 均为 0.10。

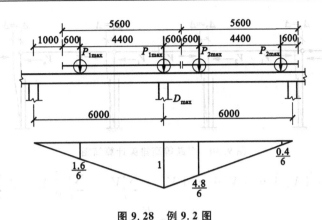

图 9.28　例 9.2 图

$Q=200$ kN 时：

$$F_{h11} = \gamma_Q \frac{\alpha}{4}(Q+Q_1) = 1.5 \times \frac{0.1}{4} \times (200+77.2) = 10.4 \text{ (kN)}$$

$Q=150$ kN 时：

$$F_{h12} = \gamma_Q \frac{\alpha}{4}(Q+Q_1) = 1.5 \times \frac{0.1}{4} \times (150+73.2) = 8.37 \text{ (kN)}$$

$$F_h = \psi_c[F_{h11}(y_1+y_2) + F_{h12}(y_3+y_4)]$$
$$= 0.9 \times \left[10.4 \times \left(1+\frac{1.6}{6}\right) + 8.37 \times \left(\frac{4.8}{6}+\frac{0.4}{6}\right)\right] = 18.44 \text{ (kN)}$$

9.2.3　排架的内力计算

9.2.3.1　等高排架内力计算

等高排架是指排架计算简图中各柱的柱顶标高相等，或柱顶标高虽不相等，但柱顶由倾斜横梁相连的排架，如图 9.29 所示。

等高排架的特点：由于排架横梁可视为刚性连杆，故等高排架在任意荷载作用下各柱顶的水平位移相等。

计算内力的方法：根据等高排架的特点一般采用剪力分配法。在具体解排架时，各种不同荷载作用下，对排架的作用分为两类：一类是排架柱顶作用水平集中力；二类是任意荷载作用在排架上。

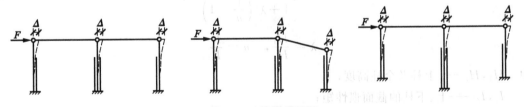

图 9.29　等高排架图

（1）排架柱顶作用水平集中力时排架的内力计算

图 9.30 为柱顶作用一水平集中力 F 的多跨等高排架。

集中力 F 由几个柱子共同承担。如能确定各柱分担的柱顶剪力 V_i，则可按悬臂柱求解柱内力。所以，关键是如何求出柱顶剪力 V_i，而 V_i 的大小取决于柱的抗剪刚度。

根据平衡条件和变形条件可列出：

$$\Delta_1 = \Delta_2 = \cdots = \Delta_i = \cdots = \Delta_n \tag{9.17}$$

$$V_i = \frac{1}{\delta_i}\Delta_i \tag{9.18}$$

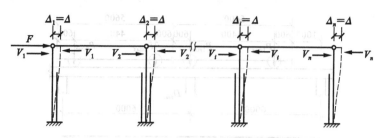

图 9.30　多跨等高排架计算简图

$$F = V_1 + V_2 + \cdots + V_i + \cdots + V_n = \sum_{i=1}^{n} V_i = \sum_{i=1}^{n} \frac{1}{\delta_i}\Delta_i = \Delta_i \sum_{i=1}^{n} \frac{1}{\delta_i} \tag{9.19}$$

$$\Delta_i = \frac{F}{\sum\limits_{i=1}^{n} \dfrac{1}{\delta_i}}$$

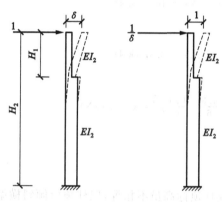

图 9.31　柱的抗剪刚度

将 Δ_i 代入式(9.18)得：

$$V_i = \frac{\dfrac{1}{\delta_i}}{\sum\limits_{i=1}^{n} \dfrac{1}{\delta_i}} F = \mu_i F \tag{9.20}$$

$$\mu_i = \frac{\dfrac{1}{\delta_i}}{\sum\limits_{i=1}^{n} \dfrac{1}{\delta_i}} \tag{9.21}$$

式中　Δ_i——第 i 柱柱顶水平位移；

　　　　V_i——第 i 柱柱顶剪力；

　　　　δ_i——第 i 柱柱顶单位力作用下的水平位移，如图 9.31 所示，δ_i 可用结构力学的方法求得。

$$\delta_i = \frac{H_2^3}{3EI_2}\left[1 + \lambda^3\left(\frac{1}{n} - 1\right)\right] = \frac{H_2^3}{C_0 EI_2} \tag{9.22}$$

$$C_0 = \frac{3}{1 + \lambda^3\left(\dfrac{1}{n} - 1\right)} \tag{9.23}$$

$$\lambda = \frac{H_1}{H_2}, \quad n = \frac{I_1}{I_2}$$

式中　H_1, H_2——上柱及全柱高度；

　　　　I_1, I_2——上、下柱的截面惯性矩；

　　　　μ_i——第 i 柱的剪力分配系数。

由上式可知，只要求出排架各柱的剪力分配系数，便可算出各柱顶剪力 V_i，从而按悬臂柱求出柱各截面的内力。

（2）任意荷载作用下排架的内力计算

当排架柱作用任意荷载时，如图 9.32(a)所示，可利用剪力分配系数将计算过程分为如下两个步骤进行：首先在直接受荷柱顶端附加一个横向不动铰支座，阻止其水平侧移，求出其反力 R，如图 9.32(b)所示。然后将 R 反向作用于排架柱顶，如图 9.32(c)所示，以恢复到原来结构的受力情况。最后将上述两种情形所求得的内力相叠加，即可求出排架的实际内力。

上述第一步属于下端固定上端铰支变截面柱在任意荷载作用下柱顶反力的计算问题,均可按表 9.5 查得其不动铰支座反力系数,从而求得支反力 R 值[如图 9.32(b)的情况,可查表 9.5,由 n、λ 查得反力系数 C_3,反力 $R=\dfrac{M}{H_2}C_3$,相应柱顶剪力即为 R]。第二步属于排架柱顶作用有水平集中力时的计算问题,可求出各柱顶的分配剪力。

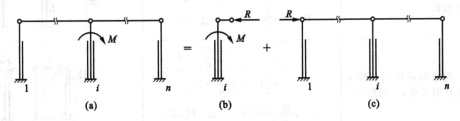

图 9.32 多跨等高排架在任意荷载下的计算简图

表 9.5　　　　　　　　　　　　单阶柱柱顶反力与位移系数表

序号	名称	公式	附图
		$n=\dfrac{I_1}{I_2},\quad \lambda=\dfrac{H_1}{H_2}$	
1	柱顶单位集中荷载作用下系数 C_0 的数值	$C_0=\dfrac{3}{1+\lambda^3\left(\dfrac{1}{n}-1\right)}$ $\delta=\dfrac{H_2^3}{EI_2 C_0}$	
2	力矩作用在柱顶时系数 C_1 的数值	$C_1=\dfrac{3}{2}\cdot\dfrac{1-\lambda^2\left(1-\dfrac{1}{n}\right)}{1+\lambda^3\left(\dfrac{1}{n}-1\right)}$ $R=M\dfrac{\Delta}{\delta}=\dfrac{M}{H_2}C_1,\quad \Delta=\delta\dfrac{C_1}{H_2}$	
3	力矩作用在牛腿面时系数 C_3 的数值	$C_3=\dfrac{3}{2}\cdot\dfrac{1-\lambda^2}{1+\lambda^3\left(\dfrac{1}{n}-1\right)}$ $R=M\dfrac{\Delta}{\delta}=\dfrac{M}{H_2}C_3,\quad \Delta=\dfrac{\delta}{H_2}C_3$	
4	集中荷载作用在上柱 $(y=0.6H_1)$ 时系数 C_5 的数值	$C_5=\dfrac{2-1.8\lambda+\lambda^3\left(\dfrac{0.416}{n}-0.2\right)}{2\left[1+\lambda^3\left(\dfrac{1}{n}-1\right)\right]}$ $R=F_{\rm h}\dfrac{\Delta}{\delta}=F_{\rm h}C_5,\quad \Delta=\delta C_5$	
5	集中荷载作用在上柱 $(y=0.7H_1)$ 时系数 C_5 的数值	$C_5=\dfrac{2-2.1\lambda+\lambda^3\left(\dfrac{0.243}{n}+0.1\right)}{2\left[1+\lambda^3\left(\dfrac{1}{n}-1\right)\right]}$ $R=F_{\rm h}\dfrac{\Delta}{\delta}=F_{\rm h}C_5,\quad \Delta=\delta C_5$	

序号	名称	公式	附图
6	集中荷载作用在上柱（$y=0.8H_1$）时系数 C_5 的数值	$C_5=\dfrac{2-2.4\lambda+\lambda^3\left(\dfrac{0.112}{n}+0.4\right)}{2\left[1+\lambda^3\left(\dfrac{1}{n}-1\right)\right]}$ $R=F_h\dfrac{\Delta}{\delta}=F_hC_5$，　$\Delta=\delta C_5$	
7	均布荷载作用在整个上柱时系数 C_9 的数值	$C_9=\dfrac{8\lambda-6\lambda^2+\lambda^4\left(\dfrac{3}{n}-2\right)}{8\left[1+\lambda^3\left(\dfrac{1}{n}-1\right)\right]}$ $R=q\dfrac{\Delta}{\delta}=qH_2C_9$，　$\Delta=H_2\delta C_9$	
8	均布荷载作用在整个上、下柱时系数 C_{11} 的数值	$C_{11}=\dfrac{3\left[1+\lambda^4\left(\dfrac{1}{n}-1\right)\right]}{8\left[1+\lambda^3\left(\dfrac{1}{n}-1\right)\right]}$ $R=q\dfrac{\Delta}{\delta}=qH_2C_{11}$，　$\Delta=H_2\delta C_{11}$	

【例9.3】 已知两跨等高排架如图9.33(a)所示，作用在柱顶的风荷载集中力设计值 $F_w=10.82\ \text{kN}$，作用在柱顶以下均布风荷载设计值分别为 $q_1=3.992\ \text{kN/m}$，$q_2=1.996\ \text{kN/m}$，上柱高度 $H_1=3.9\ \text{m}$，柱总高 $H_2=13.2\ \text{m}$，$I_{1A}=I_{1C}=2.13\times10^9\ \text{mm}^4$，$I_{2A}=I_{2C}=19.5\times10^9\ \text{mm}^4$，$I_{1B}=7.2\times10^9\ \text{mm}^4$，$I_{2B}=25.6\times10^9\ \text{mm}^4$。试计算排架各柱的内力。

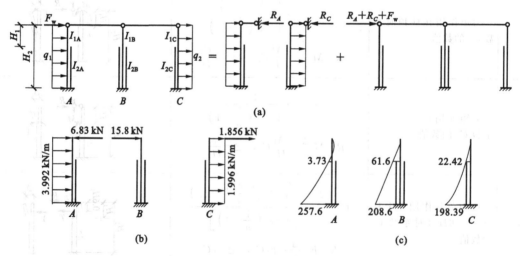

图 9.33　两跨等高排架与各柱的弯矩图

【解】　(1) 计算各柱剪力分配系数

$$\lambda=\frac{H_1}{H_2}=\frac{3.9}{13.2}=0.295$$

A、C柱

$$n=\frac{I_{1A}}{I_{2A}}=\frac{2.13\times10^9}{19.5\times10^9}=0.109$$

B柱

$$n=\frac{I_{1B}}{I_{2B}}=\frac{7.2\times10^9}{25.6\times10^9}=0.281$$

C_0 可由公式 $C_0 = \dfrac{3}{1+\lambda^3\left(\dfrac{1}{n}-1\right)}$ 求得：

A、C 柱

$$C_0 = 2.48$$

$$\delta_A = \delta_C = \frac{H_2^3}{EI_{2A}C_0} = \frac{(13.2\times10^3)^3}{2.48E\times19.5\times10^9} = 47.56\,\frac{1}{E}\;(\text{mm})$$

B 柱

$$C_0 = 2.815$$

$$\delta_B = \frac{H_2^3}{EI_{2B}C_0} = \frac{(13.2\times10^3)^3}{2.815E\times25.6\times10^9} = 31.92\,\frac{1}{E}\;(\text{mm})$$

剪力分配系数：

$$\mu_A = \mu_C = \frac{\dfrac{1}{\delta_A}}{2\times\dfrac{1}{\delta_A}+\dfrac{1}{\delta_B}} = \frac{\dfrac{1}{47.56}}{2\times\dfrac{1}{47.56}+\dfrac{1}{31.92}} = 0.286$$

$$\mu_B = 0.428$$

（2）求各柱柱顶剪力

将风荷载分成 F_w、q_1、q_2 三种情况，分别求出在各柱顶所产生的剪力，再叠加，即得各柱顶的总剪力。

q_1 作用时，查表 9.5 计算得 $C_{11} = 0.33$，则柱顶不动铰支座反力为：

$$R_A = q_1 H_2 C_{11} = 3.992\times13.2\times0.33 = 17.39\;(\text{kN})$$

q_2 作用时，其柱顶不动铰支座反力为：

$$R_C = R_A\frac{q_2}{q_1} = 17.39\times\frac{1.996}{3.992} = 8.70\;(\text{kN})$$

各柱顶的总剪力为：

$$V_A = \mu_A(F_w + R_A + R_C) - R_A$$
$$= 0.286\times(10.82+17.39+8.70)-17.39 = -6.83\;(\text{kN})(\leftarrow)$$
$$V_B = \mu_B(F_w + R_A + R_C)$$
$$= 0.428\times(10.82+17.39+8.70) = 15.8\;(\text{kN})(\rightarrow)$$
$$V_C = \mu_C(F_w + R_A + R_C) - R_C$$
$$= 0.286\times(10.82+17.39+8.70)-8.70 = 1.856\;(\text{kN})(\rightarrow)$$

（3）求各柱内力

各柱的弯矩图见图 9.33(b)。

$$N_A = N_B = N_C = 0$$
$$V_{A下} = 45.86\text{ kN}(\rightarrow)\quad V_{B下} = 15.8\text{ kN}(\rightarrow)\quad V_{C下} = 28.2\text{ kN}(\rightarrow)$$

9.2.3.2　不等高排架内力计算

不等高排架特点：相邻的高跨与低跨在一列柱处相搭接，两跨横梁不在同一标高上，在荷载作用下高低跨柱顶位移不相等。不等高排架内力分析通常采用力法。

下面以图 9.34(a)所示柱顶作用水平集中力时的两跨不等高排架为例，说明不等高排架内力计算的原理和方法。

在柱顶水平集中力 F 的作用下，高、低跨排架横梁产生的内力分别为 x_1、x_2，只要用力法求出 x_1、x_2，排架内力就可以按基本体系 A、B、C 三个单柱的受力情况确定，如图 9.34(b)所示。

由于横梁刚度无限大，因此同一横梁两端的柱顶位移相等，即：

$$\Delta_a = \Delta_b,\quad \Delta_c = \Delta_d$$

则有：

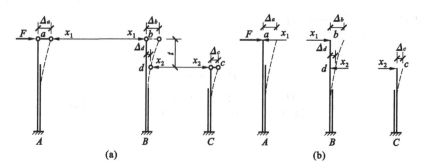

图 9.34　两跨不等高排架

$$(F - x_1)\delta_a = x_1\delta_b - x_2\delta_{bd} \tag{9.24}$$

$$x_2\delta_c = x_1\delta_{db} - x_2\delta_d \tag{9.25}$$

式中　δ_a、δ_b、δ_c——单位水平力作用在单柱柱顶 a、b、c 处时,该点的水平位移;

　　　　δ_d——单位水平力作用在 B 柱的 d 点处时,该点的水平位移;

　　　　δ_{bd}——单位水平力作用在 B 柱的 d 点处时,该柱顶 b 点处的水平位移;

　　　　δ_{db}——单位水平力作用在 B 柱 b 点处时,d 点处的水平位移。

计算中可取水平位移向右为正,横梁受压为正。δ_a、δ_b、δ_c、δ_d 可由表 9.5 确定。

$\delta_{bd} = \delta_{db}$,其值可应用图乘法求出,其计算公式也可由《实用建筑结构静力计算手册》查得。

将求得的单位水平力作用下各位移值代入式(9.24)、式(9.25)可求出 x_1、x_2。当计算结果为正值时,横梁内力作用方向即为所设方向;当为负值时,则与所设方向相反。

对于多跨不等高排架柱上作用其他荷载时,其内力分析方法同上。

9.2.3.3　内力组合

内力组合是通过对排架在各种荷载单独作用下的内力进行综合分析,考虑多种荷载同时出现的可能性,求出柱控制截面的最不利内力作用,为柱及基础截面设计的依据。

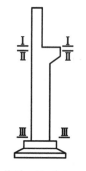

图 9.35　柱的控制截面

（1）柱的控制截面

控制截面是指其内力能对柱内配筋起控制作用的截面。在实际工程中对单阶柱为了施工方便,上、下柱每段高度范围内配筋往往是相同的,所以需要确定上、下柱的控制截面。

对上柱:其底部截面Ⅰ—Ⅰ作为控制截面,如图 9.35 所示。因为该截面的弯矩 M 和轴力 N 均比其他截面大。

对下柱:其上部(牛腿顶面)Ⅱ—Ⅱ和其下部(基础顶面)Ⅲ—Ⅲ作为控制截面,如图 9.35 所示。因为Ⅱ—Ⅱ截面在吊车竖向荷载作用下弯矩 M 较大,Ⅲ—Ⅲ截面在吊车水平荷载和风荷载作用下的弯矩较大,同时基础设计时也需要Ⅲ—Ⅲ截面的内力。

（2）荷载组合

为了进行内力组合,求得控制截面上可能出现的最不利内力,必须考虑各种单项荷载同时出现的可能性进行荷载组合。因为作用在排架上的各种荷载,除自重以外,其他荷载均为可变荷载。它们可能同时出现,也可能不同时出现。尽管可能同时出现,但各种荷载同一时间内均达到最大值的可能性较小。所以《建筑结构荷载规范》(GB 50009—2012)规定:在进行各种荷载引起的结构最不利内力组合时,除恒荷载外,对其他可变荷载可予以折减。

（3）内力组合

单层厂房柱属于偏心受压构件,对矩形、工字形等实腹柱,如不考虑抗震作用,其受力钢筋主要取决于控制截面上的 M、N。所以对Ⅰ—Ⅰ、Ⅱ—Ⅱ截面的内力,只组合 M 和 N 即可。但对Ⅲ—Ⅲ截面的内力,由于涉及基础设计,所以除组合 M、N 之外,还需组合 V。

在最不利内力组合时,确定内力和选择之前,先应研究 M 和 N 对配筋的影响。如前所讲的受压构件 M-N 相关关系曲线中可以得出下述原则。

大偏心受压时:

M 不变时,N 越小所需 A_s 越大;N 不变时,M 越大所需 A_s 越大。

小偏心受压时:

M 不变时,N 越大所需 A_s 越大;N 不变时,M 越大所需 A_s 越大。

根据以上分析和设计经验,通常应考虑以下四种内力组合:

① $+M_{max}$ 及相应的 N、V;

② $-M_{max}$ 及相应的 N、V;

③ N_{max} 及相应的 $+M_{max}$ 或 $-M_{max}$ 及 V;

④ N_{min} 及相应的 $+M_{max}$ 或 $-M_{max}$ 及 V。

在以上四种内力组合中,第①、②、④组组合主要是以构件可能出现大偏心受压破坏情况进行组合的,而第③组组合是以构件可能出现小偏心受压破坏情况进行组合的。

在基础设计时,可在柱子底部Ⅲ—Ⅲ截面的内力中,选择能使 $\pm M$、N、V 均可能较大者,且还应考虑基础梁传来的荷载对基底产生的内力,以便使其形成基础配筋的最不利内力。

在进行最不利内力组合时,应注意以下六点。

① 永久荷载在任何情况下都存在,因此在任何一种内力组合中,必须包括永久荷载引起的内力。

② 对于可变荷载下的内力,只能以一种内力组合的目标决定其取舍。如进行第②组内力组合时,须以 $-M_{max}$ 为目标来选择可变荷载的内力参加组合,并确定相应的 N、V。

③ D_{max} 作用在左柱与 D_{max} 作用在该跨的右柱两种情况不可能同时出现,只能选择其中一种情况的内力参加组合。

④ 吊车的横向水平荷载不可能脱离其竖向荷载而单独存在,因此,当采用 F_h 所产生的内力时,应当把同跨内 D_{max} 或 D_{min} 作用产生的内力组合进去。

⑤ 风荷载有向右作用和向左作用的两种情况,只能选择其中一种情况的内力参加组合。

⑥ 当以 N_{max} 和 N_{min} 为组合目标时,应使相应的 M 尽可能大。由于 N 不变时,M 越大时配筋越多,因此对所产生轴力为零的项次,其相应的弯矩只要对截面不利,也应参加组合。

9.3　单层厂房钢筋混凝土排架柱的设计

9.3.1　柱的形式及选型

柱是单层厂房中主要的承重构件,常用的柱子形式有下列几种,如图 9.36 所示。

9.3.1.1　矩形截面柱

矩形截面柱,如图 9.36(a)所示,一般用于吊车起重量 $Q \leqslant 5$ t,轨顶标高在 7.5 m 以内,截面高度 $h \leqslant 700$ mm 的厂房。其主要优点为外形简单、施工方便,但自重大、费材料、经济指标较差。目

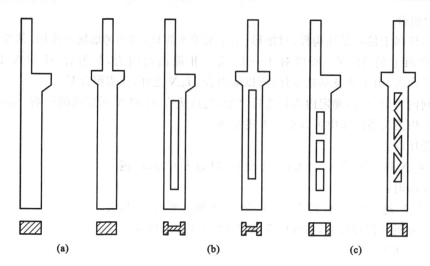

图 9.36　排架柱的结构形式

(a) 矩形截面；(b) 工字形截面；(c) 双肢柱

前,排架柱中上柱由于截面较小,常用矩形截面。

9.3.1.2　工字形截面柱

工字形截面柱,如图 9.36(b)所示,通常用于吊车起重量 $Q \leqslant 30$ t,轨顶标高在 20 m 以下,截面高度 $h \geqslant 600$ mm 的厂房。其主要优点为截面形式合理、适用范围比较广泛。但若截面尺寸较大(如 $h > 1600$ mm),则吊装将比较困难。

9.3.1.3　双肢柱

双肢柱,如图 9.36(c)所示,一般用在吊车起重量较大($Q \geqslant 50$ t)的厂房,与工字形柱相比,自重轻、受力性能合理,但其整体刚度较差、构造钢筋布置复杂、用钢量稍多。

双肢柱可分为平腹杆和斜腹杆两种形式。平腹杆双肢柱构造简单、制造方便,吊车的竖向荷载通常沿其中一个肢的轴线传递,构件主要承受轴向压力,受力性能合理;此外,其腹部的矩形孔洞整齐,便于工艺管道布置。斜腹杆双肢柱的斜腹杆与肢杆斜交呈桁架式,主要承受轴向压力和拉力,其所产生的弯矩较小,因而能节约材料。同时,构件刚度比平腹杆双肢柱好,能承受较大的水平荷载,但节点构造复杂,施工较为不便。

对于柱的截面高度(h),可参照以下界限选用:

当 $h \leqslant 500$ mm 时,采用矩形;

当 $h = 600 \sim 800$ mm 时,采用矩形或工字形;

当 $h = 900 \sim 1200$ mm 时,采用工字形;

当 $h = 1300 \sim 1500$ mm 时,采用工字形或双肢柱;

当 $h \geqslant 1600$ mm 时,采用双肢柱。

其他柱型可根据实践经验及工程具体条件选用。

9.3.2　矩形、工字形截面柱的设计

设计内容包括:确定柱的截面尺寸、进行使用阶段截面设计、进行施工吊装阶段柱的验算、牛腿设计、最后绘出柱施工图。

9.3.2.1　柱截面尺寸的确定

柱的截面尺寸除应满足承载力的要求外,还应保证具有足够的刚度,以免厂房变形过大、裂缝

过宽,影响厂房的正常使用。所以根据刚度要求对于柱距为 6 m 的厂房矩形、工字形柱截面尺寸,可参考表9.6及表9.7确定。

表9.6 **柱距6 m矩形及工字形柱截面尺寸参考表**

柱的类型	b	h		
		$Q \leqslant 10$ t	10 t$<Q<$30 t	30 t$\leqslant Q \leqslant$50 t
有吊车厂房下柱	$\geqslant H_l/22$	$\geqslant H_l/14$	$\geqslant H_l/12$	$\geqslant H_l/10$
露天吊车柱	$\geqslant H_l/25$	$\geqslant H_l/10$	$\geqslant H_l/8$	$\geqslant H_l/7$
单跨无吊车厂房柱	$\geqslant H/30$	$\geqslant 1.5H/25$		
多跨无吊车厂房柱	$\geqslant H/30$	$\geqslant H/20$		
仅承受风载与自重的山墙抗风柱	$\geqslant H_b/40$	$\geqslant H_l/25$		
同时承受由连系梁传来山墙重的山墙抗风柱	$\geqslant H_b/22$	$\geqslant H_l/25$		

注:H_l——下柱高度(算至基础顶面);H——柱全高(算至基础顶面);H_b——山墙抗风柱从基础顶面至柱平面外(宽度)方向支撑点的高度。

表9.7 **柱距6 m中级工作制吊车单层厂房柱截面形式及尺寸参考表**

吊车起重量(t)	轨顶高度(m)	6 m柱距(边柱)		6 m柱距(中柱)	
		上柱(mm)	下柱(mm)	上柱(mm)	下柱(mm)
≤5	6~8	矩 400×400	Ⅰ 400×600×100	矩 400×400	Ⅰ 400×600×100
10	8	矩 400×400	Ⅰ 400×700×100	矩 400×600	Ⅰ 400×800×150
	10	矩 400×400	Ⅰ 400×800×150	矩 400×600	Ⅰ 400×800×150
15~20	8	矩 400×400	Ⅰ 400×800×150	矩 400×600	Ⅰ 400×800×150
	10	矩 400×400	Ⅰ 400×900×150	矩 400×600	Ⅰ 400×1000×150
	12	矩 500×400	Ⅰ 500×1000×200	矩 500×600	Ⅰ 500×1200×200
30	8	矩 400×400	Ⅰ 400×1000×150	矩 400×600	Ⅰ 400×1000×150
	10	矩 400×500	Ⅰ 400×1000×150	矩 500×600	Ⅰ 500×1200×200
	12	矩 500×500	Ⅰ 500×1000×200	矩 500×600	Ⅰ 500×1200×200
	14	矩 600×500	Ⅰ 600×1200×200	矩 600×600	Ⅰ 600×1200×200
50	10	矩 500×500	Ⅰ 500×1200×200	矩 500×700	Ⅱ 500×1600×300
	12	矩 500×600	Ⅰ 500×1400×200	矩 500×700	Ⅱ 500×1600×300
	14	矩 600×600	Ⅰ 600×1400×200	矩 600×700	Ⅱ 600×1800×300

注:表中的截面形式采用下述符号:矩为矩形截面 $b \times h$(宽度×高度);Ⅰ为工形截面 $b \times h \times h_f$(h_f 为翼缘高度);Ⅱ为双肢柱截面 $b \times h \times h_f$(h_f 为肢杆高度)。

注: 在设计柱截面尺寸时应注意:

① 根据《混凝土结构设计规范(2015年版)》(GB 50010—2010)的要求,工字形截面柱的翼缘厚度不宜小于120 mm,腹板厚度不宜小于100 mm,当板开口时,在孔洞周边宜设置2~3根直径不小于8 mm的封闭钢筋。

② 根据《混凝土结构设计规范(2015年版)》(GB 50010—2010)的要求,腹板开孔的工字形截面柱,当孔的横向尺寸小于柱截面高度的一半,孔的竖向尺寸小于相邻两孔之间的净距时,柱的刚

度可按实腹工字形柱计算,但在计算承载力时应扣除孔洞的削弱部分;当开孔尺寸超过上述规定时,柱的刚度和承载力应按双肢柱计算。

③ 对柱子在支撑屋架和吊车梁的局部处,应做成矩形截面;柱子下端插入基础杯口部分,根据施工需要一般常做成矩形截面。

9.3.2.2 截面设计

柱截面设计的主要任务是进行使用阶段柱截面配筋计算和施工阶段的截面配筋验算,即吊装验算。

（1）使用阶段配筋计算

① 柱的计算长度。

在排架结构计算简图中,排架柱上部为铰支座,下部简化为固定支座。但实际上由于地基土是可压缩的,另外还有连梁、吊车梁、圈梁等与柱相连,上、下柱又是变阶截面,所以这种简化具有近似性,不是理想的固定支座。因此,计算长度的确定不能直接采用材料力学的方法。《混凝土结构设计规范(2015 年版)》(GB 50010—2010)在综合分析和工程实践的基础上,给出了表 9.8 所示的柱子计算长度 l_0 的规定值。

表 9.8　　采用刚性屋盖的单层工业厂房排架柱、露天吊车柱和栈桥柱的计算长度 l_0

柱的类型		排架方向	垂直排架方向	
			有柱间支撑	无柱间支撑
无吊车厂房柱	单跨	$1.5H_2$	$1.0H_2$	$1.2H_2$
	两跨及多跨	$1.25H_2$	$1.0H_2$	$1.2H_2$
有吊车厂房柱	上柱	$2.0H_1$	$1.25H_1$	$1.5H_1$
	下柱	$1.0H_l$	$0.8H_l$	$1.0H_l$
露天吊车和栈桥柱		$2.0H_l$	$1.0H_l$	—

注:① 表中 H_2 为从基础顶面算起的柱子全高;H_l 为从基础顶面算起至装配式吊车梁底面或现浇吊车梁顶面的柱子下部高度;H_1 为从装配式吊车梁底面或从现浇式吊车梁顶面算起的柱上部高度。
　　② 表中有吊车厂房排架柱的计算长度,当计算中不考虑吊车荷载时,可按无吊车厂房采用;但上柱的计算长度仍按有吊车厂房采用。
　　③ 表中有吊车厂房排架柱的上柱在排架方向的计算长度,仅适用于 $H_1/H_l \geqslant 0.3$ 时;当 $H_1/H_l < 0.3$ 时,宜采用 $2.5H_1$。

② 柱的配筋计算。

根据排架计算求得柱子控制截面最不利组合的内力 M、N,按偏心受压构件进行配筋计算,截面配筋通常采用对称配筋。

（2）柱吊装阶段的验算

施工中预制柱吊装时,是在柱子自重作用下处于受弯状态,与使用阶段不同,而且为了加快施工进度,往往在混凝土强度达到设计强度的 70% 以上就可进行柱的吊装。所以柱子必须根据吊装时的实际受力情况和混凝土的实际强度来进行验算。预制柱的吊装可以采用平吊,也可以采用翻身吊。其柱子的吊点一般均设在牛腿的下边缘处。起吊方法及计算简图如图 9.37 所示,控制截面选择 E、B、C 点进行承载力和裂缝宽度验算。

注:在验算时应注意以下几点问题:

① 柱承受的荷载主要为柱的自重,且考虑到起吊时的动力作用,应乘以动力系数1.5。

② 当柱变阶处配筋不足时,可在该区域局部加配箍筋。

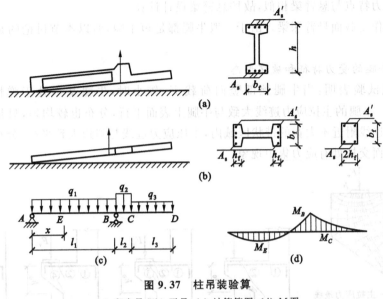

图 9.37　柱吊装验算

(a) 翻身吊；(b) 平吊；(c) 计算简图；(d) M 图

③ 采用平吊时截面受力方向是柱子的平面外方向。此时对工字形截面柱的腹板作用可忽略不计，并可简化为宽度为 $2h_f$、高度为 b_f 的矩形截面梁进行验算。此时，其纵向受力钢筋只考虑两翼缘上、下最外边的一排作为 A_s 及 A_s' 的计算值。

④ 在验算构件裂缝宽度时，一般可按允许出现裂缝的控制等级进行吊装验算。吊装验算方法详见本书 9.6 节设计实例。

9.3.3　牛腿设计

单层厂房中牛腿是支撑吊车梁、屋架、托梁、连系梁等的重要承重部件。设置牛腿的目的是在不增加柱截面的情况下，加大构件的支撑面积，从而保证构件间的可靠连接。由于作用在牛腿的荷载大多较大或是动力作用的荷载，所以其受力状态复杂，是排架柱极为重要的组成部分。

9.3.3.1　牛腿的分类

牛腿根据其竖向荷载作用线到牛腿根部的水平距离 a 的长短不同可分为短牛腿和长牛腿。

（1）短牛腿

如图 9.38(a) 所示，$a \leqslant h_0$ 时称为短牛腿。

（2）长牛腿

如图 9.38(b) 所示，$a > h_0$ 时称为长牛腿。

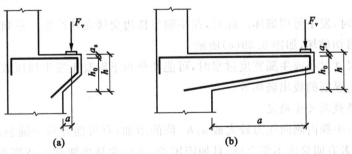

图 9.38　牛腿的类型

(a) 短牛腿；(b) 长牛腿

长牛腿的受力特点与悬臂梁相似,故按悬臂梁设计计算。

短牛腿可看作变截面悬臂深梁。由于一般牛腿都是短牛腿,所以本节讨论的是短牛腿的设计计算方法。

9.3.3.2 牛腿的受力特征和破坏形态

牛腿的加载试验表明:当牛腿顶部竖向荷载 F_v 较小时,牛腿基本处于弹性受力状态,如图 9.39(a)所示。牛腿的主拉应力迹线大致与牛腿上表面平行,分布也较均匀,只是加载点附近稍向下倾斜,在 ab 连线附近不太宽的带状区域内,主压应力迹线与斜边大致平行,分布也较均匀。上柱根部与牛腿表面交接处有应力集中现象。

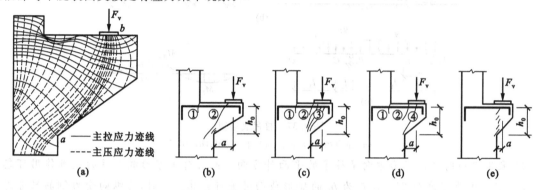

图 9.39 牛腿应力状态和破坏形态

当加载至极限荷载的 20%～40% 时,首先在上柱根部与牛腿交界处出现自上而下的竖向裂缝①,如图 9.39(b)所示,这是由于应力集中现象的缘故。但该裂缝很细,对牛腿的受力性能影响不大。

当加载至极限荷载的 40%～60% 时,在加垫板的内侧出现裂缝②,其方向大体与压应力迹线平行。

继续加载,随剪跨比 a/h_0 的不同牛腿有以下几种破坏形态。

（1）弯压破坏

当 $0.75 < a/h_0 \leq 1$ 或纵筋配置很小时,发生弯压破坏。此时,斜裂缝②以外的部分绕牛腿和下柱的交点转动,最后受压区混凝土压碎而破坏,如图 9.39(b)所示。

（2）斜压破坏

当 $0.1 < a/h_0 \leq 0.75$ 时,发生斜压破坏。此时,斜裂缝②外侧出现许多细而短的裂缝③,该处混凝土达到抗压强度而斜向压坏,如图 9.39(c)所示;有时斜裂缝③不出现,而是在垫板下突然出现一条通长的斜裂缝④而破坏,如图 9.39(d)所示。

（3）剪切破坏

当 $a/h_0 \leq 0.1$ 时,发生剪切破坏。此时,在牛腿与柱边交接面处产生一系列大体平行的短斜裂缝,最后混凝土被剪切破坏,如图 9.39(e)所示。

此外,当垫板尺寸过小或牛腿宽度过窄时,可能使垫板下混凝土发生局压破坏。当牛腿纵筋锚固不足时,还会发生纵筋的拔出破坏等。

9.3.3.3 牛腿截面尺寸确定

根据实验研究,牛腿内侧向压力较大或 a/h_0 值的增加,有可能导致牛腿斜向开裂。由于这种斜裂缝会造成使用者有明显的不安全感,且加固困难,故通常是牛腿截面宽度取柱等宽,高度要求在使用阶段不出现裂缝为控制条件确定。根据这一原则和实验结果,《混凝土结构设计规范（2015

年版)》(GB 50010—2010)规定,$a \leqslant h_0$ 时确定的牛腿截面尺寸经验公式见式(9.26)。

$$F_{vk} \leqslant \beta\left(1 - 0.5 \frac{F_{hk}}{F_{vk}}\right) \frac{f_{tk} b h_0}{0.5 + \frac{a}{h_0}} \qquad (9.26)$$

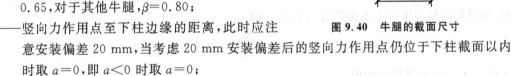

图 9.40　牛腿的截面尺寸

式中　F_{vk}——作用于牛腿顶部按荷载标准值组合计算的竖向力值;

　　　　F_{hk}——作用于牛腿顶部按荷载标准值组合计算的水平拉力值;

　　　　β——裂缝控制系数,对于支撑吊车梁的牛腿,$\beta=0.65$,对于其他牛腿,$\beta=0.80$;

　　　　a——竖向力作用点至下柱边缘的距离,此时应注意安装偏差 20 mm,当考虑 20 mm 安装偏差后的竖向力作用点仍位于下柱截面以内时取 $a=0$,即 $a<0$ 时取 $a=0$;

　　　　b——牛腿宽度(取与柱等宽);

　　　　h_0——牛腿与下柱交接面的垂直截面的有效高度($h_0 = h_1 - a_s + c \cdot \tan\alpha$),当 $\alpha > 45°$ 时,取 $\alpha = 45°$,c 为下柱边缘至牛腿外边缘的水平距离$\left(c = \frac{1}{2}\text{吊车梁宽} + c_1 + a\right)$,$c_1 \geqslant$ 70 mm,h_1 为牛腿外边缘高度,h_1 不应小于 $h/3$,且不应小于 200 mm。

9.3.3.4　牛腿的承载力计算

(1) 计算简图

根据牛腿的受力特征,牛腿一般看作一个以顶面纵向钢筋为水平拉杆,以混凝土斜向压力带为压杆的三角形桁架,如图 9.41 所示。

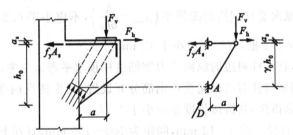

图 9.41　牛腿的计算简图

(2) 牛腿正截面受弯承载力计算

根据牛腿的计算简图及力的平衡条件 $\sum M_A = 0$,得

$$F_v a + F_h(\gamma_0 h_0 + a_s) = f_y A_s \gamma_0 h_0 \qquad (9.27)$$

$$\frac{F_v a}{\gamma_0 h_0} + \frac{F_h(\gamma_0 h_0 + a_s)}{\gamma_0 h_0} = f_y A_s$$

上式中近似地取内力臂系数 $\gamma_0 = 0.85$,$(\gamma_0 h_0 + a_s)/\gamma_0 h_0 \approx 1.2$,可得牛腿纵向钢筋总截面面积为:

$$A_s \geqslant \frac{F_v a}{0.85 f_y h_0} + 1.2 \frac{F_h}{f_y} \qquad (9.28)$$

式中　F_v,F_h——作用在牛腿顶部的竖向力和水平拉力的设计值。

当 $a < 0.3h_0$ 时，取 $a = 0.3h_0$。

式(9.28)中右边第一项为承受竖向力所需的纵向受拉钢筋；第二项为承受水平拉力所需的纵向受拉钢筋。

(3) 牛腿斜截面承载力

牛腿的斜截面承载力主要取决于混凝土的强度等级和牛腿截面尺寸。同时水平箍筋和弯起钢筋对牛腿斜裂缝的开展具有抑制作用，并间接地提高牛腿的斜截面承载力。而且在常用的构件尺寸和配筋情况下，其受剪承载力总是高于其开裂时的承载力，所以满足式(9.26)要求后，按构造要求配置水平箍筋和弯起箍筋，就可不必验算斜截面承载力。

(4) 牛腿局部受压承载力

《混凝土结构设计规范(2015 年版)》(GB 50010—2010)规定在牛腿顶面的受压面上，由竖向力 F_{vk} 所引起的局部压应力不得超过 $0.75f_c$。即：

$$\sigma_l = \frac{F_{vk}}{A_l} \leqslant 0.75f_c \tag{9.29}$$

式中　A_l——局部受压面积。

若不满足式(9.29)，则应采取加大受压面积，提高混凝土强度等级或设置钢筋网等有效措施。

9.3.3.5　牛腿的构造要求

① 纵向受拉钢筋采用 HRB400、HRBF400 级或 HRB500、HRBF500 级钢筋。全部受拉钢筋应伸至牛腿外缘，并沿外缘向下伸入柱内 150 mm 后截断。纵向受力钢筋及弯起钢筋宜伸入上柱的锚固长度，当采用直线锚固长度时不应小于《混凝土结构设计规范(2015 年版)》(GB 50010—2010)规定的受拉钢筋锚固长度 l_a 值；当上柱尺寸不足以设置直线锚固长度时，上部纵向钢筋应伸至节点对边并向下 90°弯折，且弯折前的水平投影长度不应小于 $0.4l_a$，弯折后的垂直投影长度不应小于 $15d$，如图9.42(a)所示。

承受竖向力所需的纵向受拉钢筋的配筋率 $\left(\rho_{min} = \dfrac{A_s}{bh_0}\right)$，不应小于 0.2% 及 $0.45f_t/f_y$，也不宜大于 0.6% 且根数不宜少于 4 根，直径不应小于 12 mm。

当牛腿设于柱顶时，宜将柱对边的纵向受力钢筋沿柱顶水平弯入牛腿，作为牛腿纵向受拉钢筋使用；若牛腿纵向受拉钢筋与柱对边纵向受拉钢筋分开设置，则牛腿纵向受拉钢筋弯入柱外侧后，应与柱外边纵向钢筋可靠搭接，其搭接长度不应小于 $1.7l_a$。

② 牛腿的水平箍筋直径应取 6～12 mm，间距为 100～150 mm，且在上部 $2h_0/3$ 范围内的水平箍筋总截面面积不应小于承受竖向力的受拉钢筋截面面积的 1/2，如图 9.42(b)所示。

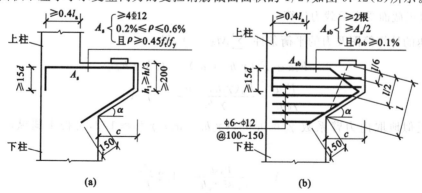

图 9.42　牛腿构造要求

(a) 牛腿尺寸及纵筋构造要求；(b) 牛腿箍筋及弯起钢筋构造要求

③ 当 $a/h_0 \geqslant 0.3$ 时,牛腿内应设置弯起钢筋。弯起钢筋宜采用 HRB400、HRBF400 级或 HRB500、HRBF500 级钢筋,并宜设置在使其与集中荷载作用点和牛腿斜边下端点连接的交点位于牛腿上部 $1/6 \sim 1/2$ 之间的范围内,其截面面积 A_{sb} 不宜小于承受竖向力的受拉钢筋截面面积的 $1/2$,其根数不宜少于 2 根,直径不宜小于 12 mm。纵向受拉钢筋不得兼作弯起钢筋。

弯起钢筋下端伸入下柱及上端与上柱锚固,其构造规定与纵向受拉的做法相同,如图 9.42(b) 所示。

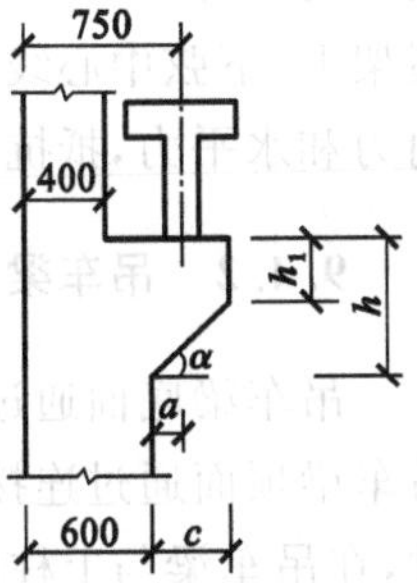

【例 9.4】 某单层厂房,跨度为 18 m,设两台 $Q=100$ kN 的软钩、中级工作制吊车,上柱截面 400 mm×400 mm,下柱截面 400 mm×600 mm,如图 9.43 所示。牛腿上作用有吊车竖向荷载 $D_{max}=230$ kN,水平荷载 $F_{hk}=8.94$ kN,吊车梁及轨道重 $G_{4k}=33$ kN,混凝土强度等级为 C30,纵筋及弯起筋采用 HRB400 级。试确定其牛腿的尺寸及配筋。

【解】 (1) 验算牛腿截面尺寸

牛腿的外形尺寸为 $h_1=250$ mm,$c=400$ mm,$\alpha=45°$,$h=650$ mm,$h_0=650-40=610$ mm,$a=750-600+20=170$ mm,$f_{tk}=2.01$ N/mm^2,$\beta=0.65$。

图 9.43   例 9.4 图

$$F_{vk} = D_{max} + G_{4k} = 230 + 33 = 263 \text{ (kN)}$$

$$\beta\left(1-0.5\frac{F_{hk}}{F_{vk}}\right)\frac{f_{tk}bh_0}{0.5+\frac{a}{h_0}} = 0.65 \times \left(1-0.5\times\frac{8.94}{263}\right)\times\frac{2.01\times400\times610}{0.5+\frac{170}{610}}$$

$$= 402.43\times10^3 \text{(N)} = 402.43 \text{ (kN)} > F_{vk} = 263 \text{ (kN)}$$

牛腿尺寸满足要求。

(2) 配筋计算

$$F_v = 1.3\times33 + 1.5\times230 = 387.9 \text{ (kN)}$$

$$F_h = 1.5\times8.94 = 13.41 \text{ (kN)}$$

$$0.3h_0 = 0.3\times610 = 183 \text{ (mm)} > a = 170 \text{ (mm)}$$

$$A_s = \frac{F_v \cdot a}{0.85f_yh_0} + 1.2\frac{F_h}{f_y} = \frac{387.9\times10^3\times183}{0.85\times360\times610} + 1.2\times\frac{13.41\times10^3}{360} = 380.3 + 44.7 = 425 \text{ (mm}^2\text{)}$$

$$0.002bh = 0.002\times400\times650 = 520 \text{ (mm}^2\text{)}$$

$$0.45\frac{f_t}{f_y}bh = 0.45\times\frac{1.43}{360}\times400\times650 = 464.75 \text{ (mm}^2\text{)}$$

$$A_{smin} = 520 \text{ (mm}^2\text{)} > A_s = 396.24 \text{ (mm}^2\text{)}$$

根据构造要求选用 4ϕ14,$A_s=615$ mm^2,箍筋选用ϕ8@100[2ϕ8,$A_{sh}=2\times50.3=100.6$ (mm^2)],则在上部 $\frac{2}{3}h_0$ 处实配箍筋截面面积为:

$$A_{sh} = \frac{100.6}{100}\times\frac{2}{3}\times610 = 409.1 \text{ (mm}^2\text{)} > \frac{615}{2} = 307.5 \text{ (mm}^2\text{)}$$

故符合要求。

弯起钢筋:

$$\frac{a}{h_0} = \frac{170}{610} = 0.28 < 0.3$$

故牛腿中可不设弯起钢筋。

9.4 单层厂房各构件与柱连接

单层厂房是由许多构件组成的,柱子是单层厂房中的主要承重构件。许多构件都与其相连接,并将各构件上作用的竖向荷载和水平荷载通过柱子传给基础。所以柱与其他构件可靠连接是保证构件传力及结构整体性的重要环节。同时构件的连接构造还关系到构件设计时的受力性能、计算简图,也关系到工程质量和施工进度。下面介绍构件与柱常用连接构造做法。

9.4.1   屋架(屋面梁)与柱的连接

屋架(屋面梁)与柱的连接是通过连接板与屋架(屋面梁)端部预埋件之间的焊接或螺栓连接来实现的,如图 9.44 所示。垫板的设置位置,使其形心落在屋架传给柱子压力合力作用线正好通过屋架上、下弦中心线交点的位置上,一般位于距厂房定位轴线内侧 150 mm 处。此节点主要承受竖向力和水平力,抵抗弯矩能力很小。

9.4.2   吊车梁和柱连接

吊车梁底面通过连接钢板与牛腿顶面预埋钢板焊接,以此传递吊车竖向压力和纵向水平力。吊车梁顶面通过连接钢板(或角钢)与上柱预埋钢板焊接,以此传递横向水平力。当吊车吨位较大时,在吊车梁与上柱间空隙常用 C30 混凝土灌实,以提高其连接的刚度和整体性,如图 9.45 所示。

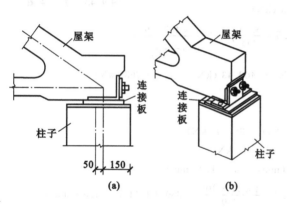

图 9.44   屋架与柱子的连接
(a) 立面图;(b)立体图

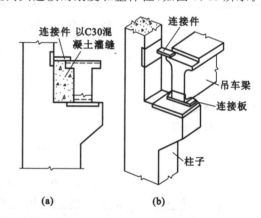

图 9.45   吊车梁与柱子连接构造图
(a) 立面图;(b) 立体图

9.4.3   墙与柱的连接

通常沿柱高每 500 mm 在柱内预埋φ6 钢筋,砌墙时将钢筋砌筑在墙内,如图 9.46 所示。这种连接可将墙面上的风荷载传递给柱,且能保证墙体的稳定。

9.4.4   圈梁与柱连接

一般在对应圈梁高度处的柱内预留拉筋与现浇圈梁浇在一块,在水平荷载下,柱可做圈梁的支点,如图 9.47 所示。

9.4.5   屋架(屋面梁)与山墙抗风柱的连接

抗风柱一般与基础刚接,与屋架上弦铰接,也可与屋架下弦铰接(当屋架设有下弦横向水平支撑时),或同时与屋架上、下弦铰接。在竖向应允许屋架和抗风柱间有一定的相对位移,可采用弹簧板连接,也可采用长圆孔螺栓连接,如图 9.48 所示。

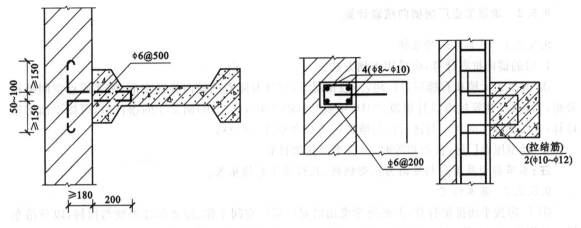

图 9.46　外墙与柱子连接构造图　　　图 9.47　圈梁与柱连接构造图

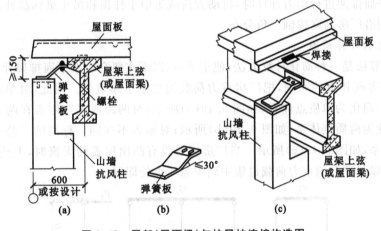

图 9.48　屋架(屋面梁)与抗风柱连接构造图

(a) 剖面图;(b) 弹簧板;(c) 立体图

9.5　单层钢筋混凝土柱厂房的抗震设计

9.5.1　概述

《建筑抗震设计规范》规定单层厂房按规范的规定采取抗震构造措施并符合下列条件之一时可不进行横向及纵向的截面抗震验算:

① 对于抗震设防烈度为 7 度的Ⅰ、Ⅱ类场地,柱高不超过 10 m 且结构单元两端均具有山墙的单跨及多跨等高厂房(锯齿形厂房除外);

② 7 度时和 8 度(0.20g)Ⅰ、Ⅱ类场地的露天吊车栈桥。

沿厂房横向的主要抗侧力构件是由柱、屋架(屋面梁)组成的排架和刚性横墙;沿厂房纵向的主要抗侧力构件是由柱、柱间支撑、吊车梁、连系梁组成的柱列和刚性纵墙。一般单层厂房需要进行水平地震作用下的横向和纵向抗侧力构件的抗震强度验算。本节只介绍横向水平抗震验算,纵向水平抗震验算可参考相应规范。

9.5.2　单层工业厂房横向抗震计算

9.5.2.1　计算方法的选择

厂房的横向抗震计算,应采用下列方法:

① 混凝土无檩和有檩屋盖厂房,一般情况下,宜计及屋盖的横向弹性变形,按多质点空间结构分析,当符合《建筑抗震设计规范(2016 年版)》(GB 50011—2010)附录 J 的条件时,可按平面排架计算,并按附录 J 的规定对排架柱的地震剪力和弯矩进行调整;

② 轻型屋盖厂房,柱距相等时,可按平面排架计算。

注:本节轻型屋盖是指屋面为压型钢板、瓦楞铁等有檩屋盖。

9.5.2.2　基本假定

① 厂房按平面排架计算,但必须考虑山墙对厂房的空间工作、屋盖弹性形变与扭转,以及吊车桥架的影响。这些影响分别通过不同调整系数对地震作用,使地震内力加以调整。

② 厂房按平面排架进行动力计算时,将动力荷载集中于柱顶和吊车梁标高处。

③ 地震作用沿厂房高度按倒三角分布。

9.5.2.3　结构计算简图

平面排架计算法是一种简化计算方法,便于手算,以下主要介绍按平面排架计算的方法。

按照能量相等或相近的原则,把厂房重力荷载均集中于屋盖处。因此,对单跨和等高多跨厂房,其计算简图可简化为单质点体系,如图 9.49(a)所示;对两跨或多跨屋盖在两个不同标高的不等高厂房,可简化为两质点体系,如图 9.49(b)所示;对屋盖不在同一标高的三跨不等高厂房可简化为三个质点体系,如图 9.49(c)所示。当厂房屋盖设有凸出屋盖的天窗时,上述计算简图不变,而只需要将天窗屋盖部分的重力荷载也集中到屋盖质点处即可。

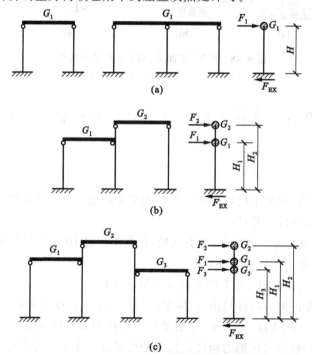

图 9.49　排架计算简图

(a) 单质点体系;(b) 两质点体系;(c) 三个质点体系

9.5.2.4　等效重力荷载代表值

为简化计算,把厂房各部分重力荷载均折算成位于柱顶标高处的集中荷载,所以存在着各部分重力荷载在柱顶标高处的取值问题。计算结构自振周期时和计算结构所受到的水平地震作用,等效重力荷载代表值的取值是不同的。一般情况下,计算结构自振周期时不考虑吊车的影响。

(1) 计算自振周期时的等效重力荷载代表值

① 单跨及等高多跨厂房:

$$G_1 = 1.0G_{屋盖} + 0.5G_{雪} + 0.5G_{积灰} + 0.5G_{吊车梁} + 0.25G_{柱} + 0.25G_{纵墙} + 0.5G_{檐墙} \tag{9.30}$$

② 两跨不等高厂房:

$$G_1 = 1.0G_{低跨屋盖} + 0.5G_{低跨雪} + 0.5G_{低跨积灰} + 0.5G_{低跨吊车梁} + 0.25G_{低跨边柱} + 0.25G_{低跨纵墙}$$
$$+ 0.5G_{低跨檐墙} + 1.0G_{高跨吊车梁(中柱)} + 0.25G_{中柱下柱} + 0.5G_{中柱上柱} + 0.5G_{高跨封墙} \tag{9.31}$$

$$G_2 = 1.0G_{高跨屋盖} + 0.5G_{高跨雪} + 0.5G_{高跨积灰} + 0.5G_{高跨吊车梁(边柱)} + 0.25G_{高跨边柱}$$
$$+ 0.25G_{高跨外纵墙} + 1.0G_{高跨檐墙} + 0.5G_{中柱上柱} + 0.5G_{高跨封墙} + 1.0G_{高跨封墙檐墙} \tag{9.32}$$

(2) 计算地震作用时的等效重力荷载代表值

① 单跨及等高多跨厂房:

$$G_1 = 1.0G_{屋盖} + 0.5G_{雪} + 0.5G_{积灰} + 0.75G_{吊车梁} + 0.5G_{柱} + 0.5G_{纵墙} + 1.0G_{檐墙} \tag{9.33}$$

② 两跨不等高厂房:

$$G_1 = 1.0G_{低跨屋盖} + 0.5G_{低跨雪} + 0.5G_{低跨积灰} + 0.75G_{低跨吊车梁} + 0.5G_{低跨边柱} + 0.5G_{低跨纵墙}$$
$$+ 1.0G_{低跨檐墙} + 1.0G_{高跨吊车梁(中柱)} + 0.5G_{中柱下柱} + 0.5G_{中柱上柱} + 0.5G_{高跨封墙} \tag{9.34}$$

$$G_2 = 1.0G_{高跨屋盖} + 0.5G_{高跨雪} + 0.5G_{高跨积灰} + 0.75G_{高跨吊车梁(边柱)} + 0.5G_{高跨边柱}$$
$$+ 0.5G_{高跨外纵墙} + 1.0G_{高跨檐墙} + 0.5G_{中柱上柱} + 0.5G_{高跨封墙} + 1.0G_{高跨封墙檐墙} \tag{9.35}$$

注:对上述公式的应用作几点说明:

a. 式(9.34)中各项荷载均为一个计算单元(通常为一个柱距)的荷载;

b. 式(9.35)中前面的 3 个系数(屋盖、雪、积灰)即 1.0、0.5、0.5 及后面的 1 个系数(檐墙)1.0 是荷载组合值系数,其余各项系数为重力集中系数,见表 9.9。

表 9.9　　　　　　　　　　　　　　　**单层排架厂房的质量集中系数**

计算阶段	构件类型		
	弯曲型墙和柱	剪切型墙	柱上吊车梁
计算自振周期时	0.25	0.35	0.50
计算地震作用效应时	0.50	0.70	0.75

③ 各跨吊车梁的重量分别集中到本跨屋架的支座处,集中系数取为 0.5 和 0.75。但若将高低跨交接柱上高跨一侧吊车梁的吊车梁重量就近集中到低跨屋盖时,则集中系数取为 1.0。

④ 高低跨处封墙重量分别对半分到高跨与低跨屋盖处。

⑤ 一般情况下,确定厂房周期时不考虑吊车桥自重及其吊重,因为它不是同时作用在每一片排架上,对厂房周期影响不大。而且这样处理,对厂房的抗震计算是偏于安全的。

注:对设有吊车厂房水平地震作用时,除将厂房重力荷载按照动能等效原则集中于屋盖标高处以外,同时还要考虑吊车重力荷载对柱子的最不利影响。一般把某跨吊车重力荷载布置于该跨任一柱子的吊车梁顶面处。因此,确定有吊车厂房的水平地震作用的设计简图如图 9.50 所示,其中 G_3、G_4 分别为作用于低高跨吊车梁顶标高的等效重力荷载代表值。该代表值包括吊车梁重和一台(单跨厂房时)或两台(多跨厂房时)吊车的桥重,对于硬钩吊车还应计入 30% 的吊重。

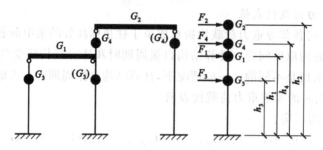

图 9.50　有吊车排架地震作用计算简图

9.5.3　横向自振周期的计算

一般情况下厂房的水平地震作用采用底部剪力法确定,因此通常需要计算厂房的自振周期。

(1) 单跨和等高多跨厂房

如上所述,这类厂房可简化成单质点体系,它的横向自振周期 T_1 可按下式计算:

$$T_1 = 2\pi\sqrt{\frac{m}{k}} \tag{9.36}$$

式中　m——质量;

　　　k——刚度。

(2) 多跨不等高厂房

这类厂房一般简化为多质点体系,其基本自振周期可按能量法按下式计算:

$$T_1 = 2\sqrt{\frac{\sum_{i=1}^{n} G_i \Delta_i^2}{\sum_{i=1}^{n} G_i \Delta_i}} \tag{9.37}$$

式中　G_i——第 i 质点的重力荷载;

　　　Δ_i——在全部 $G_i (i=1,2,\cdots,n)$ 沿水平方向的作用下第 i 质点的侧移;

　　　n——自由度数。

《构筑物抗震设计规范》(GB 50191—2012)规定,按平面排架计算厂房的横向地震作用时,排架的基本自振周期应考虑纵墙及屋架与柱连接的固结作用。可按下列规定进行调整:

① 由钢筋混凝土屋架或钢屋架与钢筋混凝土柱组成的排架,有纵墙时取周期计算值的 80%,无纵墙时取周期计算值的 90%;

② 由钢筋混凝土屋架或钢屋架与砖柱组成的排架,取周期计算值的 90%;

③ 由木屋架、钢木屋架或轻钢屋架与砖柱组成排架,取周期计算值。

9.5.4　排架地震作用的计算

排架地震作用的计算可采用底部剪力法或振型分析法。下面以底部剪力法为例介绍排架地震作用的计算方法。

(1) 厂房总水平地震作用标准值

作用于排架的总水平地震作用,即排架底部剪力标准值按下式计算:

$$F_{Ek} = \alpha_1 G_{eq} \tag{9.38}$$

(2) 质点 i 的水平地震作用标准值

$$F_i = \frac{H_i G_i}{\sum_{j=1}^{n} H_j G_j} F_{Ek} \tag{9.39}$$

9.5.5 排架在横向水平地震作用下的内力分析

9.5.5.1 内力分析时的计算简图

按式(9.39)求得横向水平地震作用后,就可将其当做静力荷载施加在质点 i 上,采用结构力学方法进行排架的内力分析,如图9.51所示。应予以注意的是,吊车梁顶标高处有一质点,作用于该质点的横向水平地震作用平均分配给左右两柱。

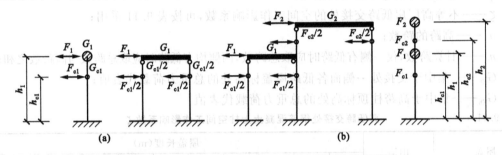

图9.51 有吊车排架在横向水平地震作用下的计算简图

(a) 单跨内力分析;(b) 不等高两跨内力分析

9.5.5.2 内力分析时的调整和修正

(1) 考虑空间工作和扭转影响的调整

上述按结构力学一般方法的内力分析是根据底部剪力法和平面排架计算简图进行的。实际上厂房是空间结构,山墙间距愈小,空间工作的作用愈大;此外,对一端有山墙、一端开口的无檩体系结构单元,还要考虑因厂房刚度不对称带来的扭转问题。因此,《构筑物抗震设计规范》(GB 50191—2012)规定,钢筋混凝土屋盖排架柱(不包括高低跨交界处的上柱)抗震计算时的剪力和弯矩符合下列条件时要乘以表9.10相应的调整系数。

① 抗震烈度为7度和8度;

② 厂房单元屋盖长度与总跨度之比小于8或厂房总跨度大于12 m;

③ 山墙的厚度不小于240 mm,开洞所占的水平截面面积不超过总面积的50%,并与屋盖系统有良好的连接;

④ 屋顶高度不大于15 m。

表9.10　钢筋混凝土柱(除高低跨交接处上柱外)考虑空间工作和扭转影响的相应调整系数

屋盖	山墙		屋盖长度(m)											
			≤30	36	42	48	54	60	66	72	78	84	90	96
钢筋混凝土无檩屋盖	两端山墙	等高厂房	—	—	0.75	0.75	0.75	0.8	0.8	0.85	0.85	0.85	0.9	
		不等高厂房	—	—	0.85	0.85	0.85	0.9	0.9	0.9	0.95	0.95	0.95	1.0
	一端山墙		1.05	1.15	1.2	1.25	1.3	1.3	1.3	1.3	1.35	1.35	1.35	1.35
钢筋混凝土有檩屋盖	两端山墙	等高厂房			0.8	0.85	0.9	0.95	0.95	1.0	1.0	1.05	1.05	1.1
		不等高厂房			0.85	0.9	0.995	1.0	1.0	1.05	1.05	1.1	1.1	1.15
	一端山墙		1.0	1.05	1.1	1.1	1.15	1.15	1.15	1.2	1.2	1.2	1.25	1.25

屋盖长度是指山墙到山墙的间距,仅一端有山墙时,应取所考虑的排架至山墙的距离;高低跨相差较大的不等高厂房,总跨度可不包括低跨。

（2）考虑高振型时对高低跨交接处柱子轴力的修正

由于地震时高低两个屋盖可能产生相反方向的运动,即按底部剪力法求得高低跨交接处的钢筋混凝土柱的支承低跨屋盖牛腿以上各截面的地震剪力和弯矩应乘以增大系数 η,其值可按下式采用:

$$\eta = \zeta\left(1 + 1.7\,\frac{n_h}{n_0} \cdot \frac{G_{EL}}{G_{Eh}}\right) \tag{9.40}$$

式中　η——地震剪力和弯矩的增大系数;

　　　ζ——不等高厂房低跨交接处的空间工作影响系数,可按表9.11采用;

　　　n_h——高跨的跨数;

　　　n_0——计算跨数,仅一侧有低跨时应取总跨数,两侧均有低跨时应取总跨数与高跨数之和;

　　　G_{EL}——集中于交接处一侧面各低跨屋盖标高处的总重力荷载代表值;

　　　G_{Eh}——集中于高跨柱顶标高处的总重力荷载代表值。

表 9.11　　　　　　　　　　高低跨交接处钢筋混凝土上柱空间工作影响系数 ζ

屋盖	山墙	屋盖长度(m)										
		≤36	42	48	54	60	66	72	78	84	90	96
钢筋混凝土	两端山墙	—	0.7	0.76	0.82	0.88	0.94	1.0	1.06	1.06	1.06	1.06
无檩屋盖	一端山墙						1.25					
钢筋混凝土	两端山墙	—	0.9	1.0	1.05	1.1	1.1	1.15	1.15	1.15	1.2	1.2
有檩屋盖	一端山墙						1.05					

（3）考虑吊车桥架引起地震作用效应对所在柱内力的修正

吊车桥架是个较大的移动物体,地震时它将引起厂房的强度局部振动,以至于严重破坏。为防止这一震害,钢筋混凝土柱单层厂房的吊车梁顶柱高处的上柱截面,由吊车桥架引起的地震剪力和弯矩应乘以增大系数。当按底部剪力法等简化方法计算时,其值可按表9.12采用。

表 9.12　　　　　　　　　　桥架引起的地震剪力和弯矩增大系数

屋盖类型	山墙	边柱	高低跨柱	其他中柱
钢筋混凝土无檩屋盖	两端山墙	2.0	2.5	3.0
	一端山墙	1.5	2.0	2.5
钢筋混凝土有檩屋盖	两端山墙	1.5	2.0	2.5
	一端山墙	1.5	2.0	2.0

注:使用时只乘以吊车桥架重力荷载在吊车梁面标高处产生的地震内力,而不是乘以该截面的总地震内力。

（4）天窗架

计算分析表明,有斜撑杆的三铰拱式钢筋混凝土天窗架的横向刚度很大,远远大于下面排架的刚度,基本上随屋盖平移,高振型影响很小。震害结果也表明,天窗架横向震害较轻,但纵向较重。因此,确定这种天窗架横向水平地震作用时,可把天窗架作为一个质点,按底部剪力法确定,不考虑地震作用的局部放大。但当天窗架跨度大于9 m或设防烈度为9度时,天窗架的地震作用宜乘以增大系数 1.5。这是因为 9 度时,天窗架的横向水平地震作用明显加大,天窗架的跨度加大也增大了地震作用效应。

9.5.6 内力组合及抗震承载力验算

抗震验算时的内力组合是指地震作用引起的内力和相应静力竖向荷载引起的内力,在可能出现最不利情况下的组合。《构筑物抗震设计规范》(GB 50191—2012)规定,当进行地震内力组合时,不考虑风荷载和吊车横向水平制动力。当考虑地震内力组合(包括荷载分项系数、承载力抗震调整系数的影响)小于正常荷载下的内力组合时,取正常荷载下的内力组合。

单层钢筋混凝土柱厂房的抗震承载力验算可按《混凝土结构设计规范(2015 年版)》(GB 50010—2010)进行。

9.5.7 抗震构造措施

9.5.7.1 有檩屋盖构件的连接

有檩屋盖构件的连接应符合下列要求:

① 檩条应与混凝土屋架(屋面梁)焊牢,并应有足够的支撑长度;

② 双脊檩应在跨度 1/3 处相互拉结;

③ 压型钢板应与檩条可靠连接,瓦楞铁、石棉瓦等应与檩条拉结;

④ 支撑布置宜符合表 9.13 的规定。

表 9.13　　　　　　　　　　　　**有檩屋盖的支撑布置**

支撑名称		烈度		
		6、7	8	9
屋架支撑	上弦横向支撑	单元端开间各设一道	单元端开间及单元长度大于 66 m 的柱间支撑开间各设一道;天窗开洞范围的两端各增设局部的支撑一道	单元端开间及单元长度大于 42 m 的柱间支撑开间各设一道;天窗开洞范围的两端各增设局部的上弦横向支撑一道
	下弦横向支撑	同非抗震设计		
	跨中竖向支撑			
	端部竖向支撑	屋架端部高度大于 900 mm 时,单元端开间及柱间支撑开间各设一道		
天窗架支撑	上弦横向支撑	单元天窗端开间各设一道	单元天窗端开间及每隔 30 m 各设一道	单元天窗端开间及每隔 18 m 各设一道
	两侧竖向支撑	单元天窗端开间及每隔 36 m 各设一道		

9.5.7.2 无檩屋盖构件的连接

无檩屋盖构件的连接应符合下列要求:

① 大型屋面板应与屋架(屋面梁)焊牢,靠柱列的屋面板与屋架(屋面梁)的连接焊缝长度不宜小于 80 mm;

② 6 度和 7 度时,有天窗厂房单元的端开间,或 8 度和 9 度时的各开间,宜将垂直屋架方向两侧相邻的大型屋面板的顶面彼此焊牢;

③ 8 度和 9 度时,大型屋面板端头底面的预埋件宜采用角钢并与主筋焊牢;

④ 非标准屋面板宜采用装配整体式接头，或将板四角切掉后与屋架（屋面梁）焊牢；

⑤ 屋架（屋面梁）端部顶面预埋件的锚筋，8度时不宜少于 4φ10，9度时不宜少于 4φ12；

⑥ 支撑的布置宜符合表 9.14 的要求，有中间井式天窗时宜符合表 9.15 的要求，8度和9度跨度不大于 15 m 的厂房屋盖采用屋面梁时，可仅在厂房单元两端各设竖向支撑一道，单坡屋面梁的屋盖支撑布置，宜按屋架端部高度大于 900 mm 的屋盖支撑布置执行。

表 9.14 无檩屋盖的支撑布置

支撑名称			烈度		
			6、7度	8度	9度
框架支撑	上弦横向支撑		屋架跨度小于18 m时非抗震设计。跨度不小于18 m时在厂房单元端开间各设一道	单元端开间及柱间支撑开间各设一道，天窗开洞范围的两端各增设局部的支撑一道	
	上弦通长水平系杆		同非抗震设计	沿屋架跨度不大于15 m设一道，但装配整体式屋面可仅在天窗开洞范围内设置； 围护墙在屋架上弦高度有现浇圈梁时，其端部处可不另设	沿屋架跨度不大于 12 m设一道，但装配整体式屋面可仅在天窗开洞范围内设置； 围护墙在屋架上弦高度有现浇圈梁时，其端部处可不另设
	下弦横向支撑			同非抗震设计	同上弦横向支撑
	跨中竖向支撑				
	两墙竖向支撑	屋架端部高度小于等于 900 mm		单元端开间各设一道	单元端开间及每隔 48 m各设一道
		屋架端部高度大于 900 mm	单元端开间各设一道	单元端开间及柱间支撑开间各设一道	单元端开间、柱间支撑开间及每隔 30 m各设一道
天窗架支撑	天窗两侧竖向支撑		厂房单元天窗端开间及每隔 30 m各设一道	厂房单元天窗端开间及每隔 24 m各设一道	厂房单元天窗端开间及每隔 18 m各设一道
	上弦横向支撑		同非抗震设计	天窗跨度大于等于 9 m时，单元天窗端开间及柱间支撑开间各设一道	单元端开间及柱间支撑开间各设一道

表 9.15 中间井式天窗无檩屋盖支撑布置

支撑名称			6、7度	8度	9度
上弦横向支撑 下弦横向支撑			厂房单元端开间各设一道	厂房单元端开间及柱间支撑开间各设一道	
上弦通长水平系杆			天窗范围内屋架跨中上弦节点处设置		
下弦通长水平系杆			天窗两侧及天窗范围内屋架下弦节点处设置		
跨中竖向支撑			有上弦横向支撑开间设置，位置与下弦通长系杆相对应		
两端竖向支撑	屋架端部高度小于等于 900 mm		同非抗震设计		有上弦横向支撑开间，且间距不大于 48 m
	屋架端部高度大于 900 mm		厂房单元端开间各设一道	有上弦横向支撑开间，且间距不大于 48 m	有上弦横向支撑开间，且间距不大于 30 m

9.5.7.3 屋盖支撑

屋盖支撑还应符合下列要求：

① 天窗开洞范围内，在屋架脊点处应设上弦通长水平压杆，8度Ⅲ、Ⅳ类场地和9度时，梯形屋架端部上节点应沿厂房纵向设置通长水平压杆；

② 屋架跨中竖向支撑在跨度方向的间距，6～8度时不大于15 m，9度时不大于12 m，当仅在跨中设一道时，应设在跨中屋架屋脊处，当设二道时，应在跨度方向均匀布置；

③ 屋架上、下弦通长水平系杆与竖向支撑宜配合设置；

④ 柱距不小于12 m且屋架间距为6 m的厂房，托架（梁）区段及其相邻开间应设下弦纵向水平支撑；

⑤ 屋盖支撑杆件宜用型钢。

9.5.7.4 突出屋面的混凝土天窗架

突出屋面的混凝土天窗架的两侧板墙与天窗立柱宜采用螺栓连接。

9.5.7.5 混凝土屋架的截面和配筋

混凝土屋架的截面和配筋应符合下列要求：

① 屋架上弦第一节间和梯形屋架端竖杆的配筋，6度和7度时不宜少于4ϕ12，8度和9度时不宜少于4ϕ14；

② 梯形屋架端竖杆截面宽度宜与上弦宽度相同；

③ 拱形和折线形屋架上弦端部支撑屋面板的小立柱，截面不宜小于200 mm×200 mm，高度不宜大于500 mm，主筋宜采用Ⅱ型，6度和7度时不宜少于4ϕ12，8度和9度时不宜少于4ϕ14，箍筋可采用ϕ6，间距宜为100 mm。

9.5.7.6 厂房柱子的箍筋

厂房柱子的箍筋应符合下列要求。

① 下列范围内柱的箍筋应加密：

a. 柱头，取柱顶以下500 mm并不小于柱截面长边尺寸；

b. 上柱，取阶形柱自牛腿面至吊车梁顶面以上300 mm高度范围内；

c. 牛腿（柱肩），取全高；

d. 柱根，取下柱柱底至室内地坪以上500 mm；

e. 柱间支撑与柱连接节点和柱变位受平台等约束的部位，取节点上、下各300 mm。

② 加密区箍筋间距不应大于100 mm，箍筋肢距和最小直径应符合表9.16的规定。

表 9.16　　　　　　　**柱加密区箍筋最大肢距和最小箍筋直径**

烈度和场地类型		6度和7度Ⅰ、Ⅱ类场地	7度Ⅲ、Ⅳ类场地和 8度Ⅰ、Ⅱ类场地	8度Ⅲ、Ⅳ类 场地和9度
箍筋最大肢距(mm)		300	250	200
箍筋最小直径	一般柱头和柱根	ϕ6	ϕ8	ϕ8(ϕ10)
	角柱柱头	ϕ8	ϕ10	ϕ10
	上柱牛腿和有支撑的柱根	ϕ8	ϕ8	ϕ10
	有支撑的柱头和 柱变位受约束部位	ϕ8	ϕ10	ϕ12

③ 厂房柱侧向受约束且剪跨比不大于2的排架柱，柱顶预埋钢板和柱箍筋加密区的构造尚应

符合下列要求：

a. 柱顶预埋钢板沿排架平面方向的长度,宜取柱顶的截面度,且不得小于截面高度的 1/2 及 300 mm。

b. 屋架的安装位置,宜减小在柱顶的偏心,其柱顶轴向力的偏心距不应大于截面高度的 1/4。

c. 柱顶轴向力排架平面内的偏心距在截面高度的 1/6～1/4 范围内时,柱顶箍筋加密区的箍筋体积配筋率,9 度时不宜小于 1.2%；8 度时不宜小于 1.0%；6、7 度时不宜小于 0.8%。

d. 加密区箍筋宜配置四肢箍,肢距不大于 200 mm。

9.5.7.7 山墙抗风柱的配筋

山墙抗风柱的配筋应符合下列要求：

① 抗风柱柱顶以下 300 mm 和牛腿（柱肩）面以上 300 mm 范围内的箍筋,直径不宜小于 6 mm,间距不应大于 100 mm,肢距不宜大于 250 mm；

② 抗风柱的变截面牛腿（柱肩）处,宜设置纵向受拉钢筋。

9.5.7.8 大柱网厂房柱的截面和配筋构造

大柱网厂房柱的截面和配筋构造应符合下列要求。

① 柱截面宜采用正方形或接近正方形的矩形,边长不宜小于柱全高的 1/16～1/8。

② 重屋盖厂房地震组合的柱轴压比,6 度、7 度时不宜大于 0.8,8 度时不宜大于 0.7,9 度时不应大于 0.6。

③ 纵向钢筋宜沿柱截面周边对称配置,间距不宜大于 200 mm,角部宜配置直径较大的钢筋。

④ 柱头和柱根的箍筋应加密,并应符合下列要求：

a. 加密范围,柱根取基础顶面至室内地坪以上 1 m,且不小于柱全高的 1/6,柱头取柱顶以下 500 mm,且不小于柱截面长边尺寸；

b. 箍筋直径、间距和肢距,应符合本书 9.5.5 节中的规定。

9.5.7.9 厂房柱间支撑的设置和构造

厂房柱间支撑的设置和构造应符合下列要求。

① 厂房柱间支撑的布置,应符合下列规定：

a. 一般情况下,应在厂房单元中部设置上、下柱间支撑,且下柱支撑应与上柱支撑配套设置；

b. 有起重机或 8 度和 9 度时,宜在厂房单元两端增设上柱支撑；

c. 厂房单元较长或 8 度Ⅲ、Ⅳ类场地和 9 度时,可在厂房单元中部 1/3 区段内设置两道柱间支撑。

② 柱间支撑应采用型钢,支撑形式宜采用交叉式,其斜杆与水平面的交角不宜大于 55°。

③ 支撑杆件的长细比,不宜超过表 9.17 的规定。

表 9.17　　　　　　　　　**交叉支撑斜杆的最大长细比**

位 置	烈度			
	6 度和 7 度Ⅰ、Ⅱ类场地	7 度Ⅲ、Ⅳ类场地和 8 度Ⅰ、Ⅱ类场地	8 度Ⅲ、Ⅳ类场地和 9 度Ⅰ、Ⅱ类场地	9 度Ⅲ、Ⅳ类场地
上柱支撑	250	250	200	150
下柱支撑	200	150	120	120

④ 下柱支撑的下节点位置和构造措施,应保证将地震作用直接传给基础；当 6 度和 7 度 (0.10g)不能直接传给基础时,应计及支撑对柱和基础的不利影响并采取加强措施。

⑤ 交叉支撑在交叉点应设置节点板,其厚度不应小于 10 mm,斜杆与交叉节点板应焊接,与端节点板宜焊接。

9.5.7.10　8 度时跨度不小于 18 m 的多跨厂房中柱和 9 度时多跨厂房各柱

柱顶宜设置通长水平压杆,此压杆可与梯形屋架支座处通长水平系杆合并设置,钢筋混凝土系杆端头与屋架间的空隙应采用混凝土填实。

9.5.7.11　厂房结构构件的连接节点

厂房结构构件的连接节点应符合下列要求:

① 屋架(屋面梁)与柱顶的连接,8 度时宜采用螺栓,9 度时宜采用钢板铰,亦可采用螺栓;屋架(屋面梁)端部支撑垫板的厚度不宜小于 16 mm。

② 柱顶预埋件的锚筋,8 度时不宜小于 4 φ14,9 度时不宜小于 4 φ16;有柱间支撑的柱子,柱顶预埋件尚应增设抗剪钢板。

③ 山墙抗风柱的柱顶,应设置预埋板,使柱顶与端屋架的上弦(屋面梁上翼缘)可靠连接。连接部位应位于上弦横向支撑与屋架的连接点处,不符合时可在支撑中增设次腹杆或设置型钢横梁,将水平地震作用传至节点部位。

④ 支撑低跨屋盖的中柱牛腿(柱肩)的预埋件,应与牛腿(柱肩)中按计算承受水平拉力部分的纵向钢筋焊接,且焊接的钢筋,6 度和 7 度时不应少于 2 φ12,8 度时不应少于 2 φ14,9 度时不应少于 2 φ16。

⑤ 柱间支撑与柱连接节点预埋件的锚件,8 度 Ⅲ、Ⅳ 场地和 9 度时,宜采用角钢加端板,其他情况可采用不低于 HRB335 级热轧钢筋,但锚固长度不应小于 30 倍锚筋直径或增设端板。

⑥ 厂房中的吊车走道板、端屋架与山墙间的填充小屋面板、天沟板、天窗端壁板和天窗侧板下的填充砌体等构件应与支撑结构有可靠连接。

9.6　单层厂房结构设计实例

9.6.1　设计资料

① 某金工车间双跨等跨等高有天窗厂房,排架结构,跨度 24 m,柱距 6 m,厂房总长度 120 m,中间设伸缩缝一道,室内外高差 0.15 m。

② 车间每跨内设有 320/50 和 200/50 电动双钩桥式吊车两台,根据工艺要求,吊车轨顶标高为 10.2 m。

③ 车间所在场地的地质条件:厂房建设地点长春市,地基土为均质黏性土,承载力特征值 f_a = 220 kN/m²,不考虑地下水。

④ 长春地区基本风压为 0.65 kN/m²,基本雪压为 0.45 kN/m²,最大冻深 -1.70 m,不考虑抗震设防。

⑤ 结构做法以及荷载资料。

屋面:采用卷材防水保温做法。

墙体:240 mm 厚煤矸石空心砖墙,非承重墙容重 8.5 kN/m³,墙外侧 20 mm 厚水泥砂浆容重 20 kN/m³,墙内侧 20 mm 厚混合砂浆容重 17 kN/m³,100 mm 厚苯板保温层容重 0.5 kN/m³,塑钢窗 0.45 kN/m²。

材料:混凝土 C30,基础底板钢筋、柱中纵筋采用 HRB400,箍筋采用 HPB300。

9.6.2　结构平、剖面布置

① 柱结构平面布置图，如图9.52所示。

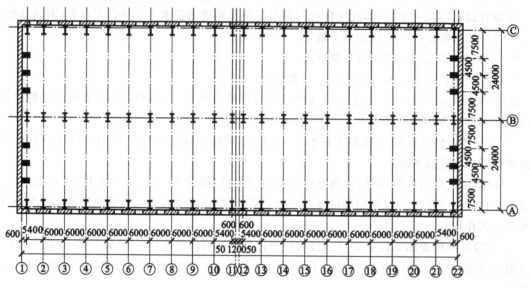

图 9.52　柱结构平面布置图（单位：mm）

② 厂房剖面图，如图9.53所示。

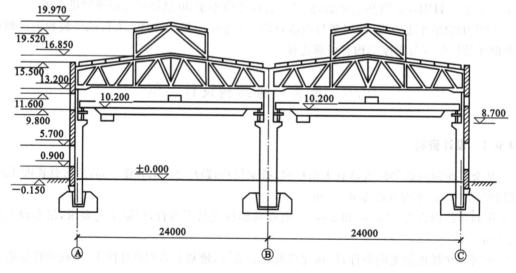

图 9.53　厂房剖面图（单位：mm）

9.6.3　排架柱几何参数、定位轴线

（1）柱截面尺寸

根据吊车起重量及轨顶标高确定边柱及中柱截面尺寸（图9.54）。

（2）横向定位轴线

除伸缩缝及端柱外，均通过柱截面几何中心，如图9.52所示。

（3）纵向定位轴线

查电动桥式吊车数据，$B_1=0.3$ m，要求 $B_2 \geqslant 0.08$ m。

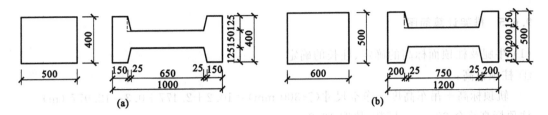

图9.54 排架柱截面尺寸(单位:mm)

(a) A、C上下柱截面;(b) B上下柱截面

边柱:$B_1+B_2+h_上=300+80+500=880(mm)>750$ mm,故 A 柱采用非封闭轴线,即有插入距 $a=150$ mm,则 $B_1+B_2+B_3=300+80+350=730(mm)<750$ mm,取 $B_2=100$ mm>80 mm,刚好满足 $B_1+B_2+B_3=300+100+350=750$(mm),可以。

中柱:$B_1+B_2+h_上/2=300+80+300=680(mm)<750$ mm,中柱采用封闭轴线,取 $B_2=150$ mm>80 mm,则 $B_1+B_2+B_3=300+150+300=750$(mm),可以。

纵向定位轴线如图9.55所示。

图9.55 纵向定位轴线图

9.6.4 选用标准结构构件

详见表9.18。

表9.18 **标准构件选用表**

构件名称	选用标准图集及型号	重量标准值
屋面板	1.5 m×6 m预应力大型屋面板 G410(一)(二)YWB-2Ⅲ	自重+灌缝重=1.5 kN/m²
天沟板	G410(三) TGB 68-1(用于内天沟) TGB 77-1(用于外檐口)	自重:1.91 kN/m 自重:2.02 kN/m
嵌板	YWBT-1Ⅳ	
天窗架	G316 CJ 9-01 DJ 9-01	自重:$P_1=40.0$ kN/支柱 自重:$P_1=43.3$ kN/支柱
屋架	G415(三) YWJA-24	自重:109 kN/榀
吊车架	G426(一)	自重:45.5 kN/根
基础梁	G320 纵向6 m有窗 山墙6 m整体 山墙4.5 m整体	自重:23.4 kN/根 自重:21.14 kN/根 自重:13.6 kN/根
轨道连接	G325 DGL-14	自重:0.81 kN/m
支撑		自重:0.07 kN/m²

9.6.5 排架计算简图

（1）牛腿及柱顶面标高的确定、柱长的确定

① 柱顶标高：

轨顶标高＋吊车高度＋净空尺寸（≥300 mm）＝10.2＋2.477＋0.3＝12.977（m）

柱顶标高符合 300 mm 模数，故取 13.2 m。

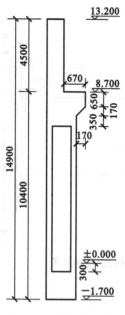

图 9.56 排架柱标高

② 牛腿顶面标高：

轨顶标高－吊车梁高－轨道高＝10.2－1.2－0.2＝8.8（m）

牛腿顶面标高符合 300 mm 模数，故取 8.7 m。

③ 上柱高 H_1：

柱顶标高－牛腿标高＝13.2－8.7＝4.5（m）

④ 全柱高 H_2：

冻土层深 1.70 m，室内外高差 0.15 m，基底位于冻土以下 0.2 m 处，故基底标高为：

$$1.70＋0.15＋0.2＝2.05（m）$$

基础高取 1.25 m，故

$$H_2＝2.05－1.25＋13.2＝14（m）$$

⑤ 下柱高 H_l：

$$H_l＝H_2－H_1＝14－4.5＝9.5（m）$$

柱截面形状、尺寸如图 9.56 所示。

（2）排架计算简图

排架计算简图如图 9.57 所示。

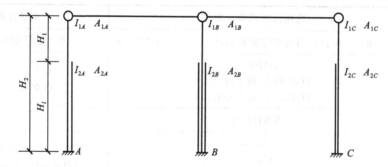

图 9.57 排架计算简图

（3）排架计算参数

排架计算参数见表 9.19。

表 9.19 排架柱几何参数

参数	边柱 A、C	中柱 B
A_1（mm²）	$2.0×10^5$	$3.0×10^5$
I_1（mm⁴）	$4.17×10^9$	$9.0×10^9$
A_2（mm²）	$2.31×10^5$	$3.68×10^5$
I_2（mm⁴）	$26.9×10^9$	$60.36×10^9$
$λ＝H_1/H_2$	0.32	0.32

续表

参数	边柱 A、C	中柱 B
$n=I_1/I_2$	0.16	0.15
$C_0=\dfrac{3}{1+\lambda^3\left(\dfrac{1}{n}-1\right)}$	2.56	2.53
$\delta_i=\dfrac{H_2^3}{E_cI_2C_0}$ (mm/N)	$39.85/E_c$	$17.97/E_c$
$\dfrac{1}{\delta_i}$ $(i=a,b,c)$ (N/mm)	$0.025E_c$	$0.056E_c$
$\mu=\dfrac{1}{\delta_i}\Big/\sum\dfrac{1}{\delta_i}$	0.236	0.528

注:表中 E_c 为混凝土弹性模量。

9.6.6 荷载计算

① 屋面恒载。

4 mm 厚 SBS 防水层	0.05 kN/m²
20 mm 厚水泥砂浆找平层	20 kN/m³ × 0.02 m = 0.40 kN/m²
100 mm 厚苯板保温层	0.5 kN/m³ × 0.1 m = 0.05 kN/m²
2 mm 厚 SBS 隔气层	0.03 kN/m²
20 mm 厚水泥砂浆找平层	0.4 kN/m²
预应力屋面板(包括灌缝)	1.50 kN/m²
屋架支撑	0.07 kN/m²
	2.50 kN/m²

天沟板(用于内天沟)自重:1.91 kN/m,屋架自重:109 kN/榀,天窗架传来重力荷载:$P_1=40.0$ kN/支柱。屋面恒载通过屋架传给上柱,力作用点距 A 柱上柱形心偏心距 $e_1=0.05$ m,A 柱上下柱形心距离 $e_0=0.25$ m。力作用点距 B 柱上柱形心偏心距 $e_{1B}=0.15$ m,B 柱上下柱形心距离为0。屋面恒荷载作用下的计算简图如图 9.58 所示。

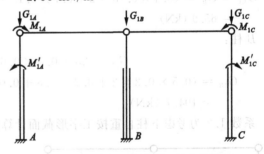

图 9.58 屋面恒荷载作用下的计算简图

$$G_{1A}=G_{1C}=2.50\times(12-0.68)\times6+\frac{109}{2}+1.91\times6+40=276\ (\text{kN})$$

$$G_{1B}=2G_{1A}=2.50\times6\times(12-0.68)\times2+109+1.91\times6\times2+40\times2=552\ (\text{kN})$$

$$M_{1A}=G_{1A}e_1=276\times0.05=13.8\ (\text{kN}\cdot\text{m})$$

$$M'_{1A}=G_{1A}e_0=276\times0.25=69\ (\text{kN}\cdot\text{m})$$

$$M_{1C}=G_{1C}e_1=276\times0.05=13.8\ (\text{kN}\cdot\text{m})$$

$$M'_{1C}=G_{1C}e_0=276\times0.25=69\ (\text{kN}\cdot\text{m})$$

② 屋面活荷载 Q_1(作用位置与屋面恒载相同),计算简图如图 9.59 所示。

屋面检修活荷载 0.5 kN/m²,雪荷载 0.45 kN/m²,故取大值 0.5 kN/m²。

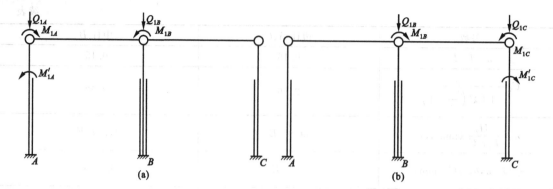

图 9.59　活荷载计算简图

（a）活荷载作用于左半跨；（b）活荷载作用于右半跨

$$Q_{1A} = Q_{1C} = Q_{1B} = 0.5 \times 6 \times 12 = 36 \ (\text{kN})$$

$$M_{1A} = Q_{1A} \times e_1 = 36 \times 0.05 = 1.8 \ (\text{kN} \cdot \text{m})$$

$$M_{1C} = Q_{1C} \times e_1 = 36 \times 0.05 = 1.8 \ (\text{kN} \cdot \text{m})$$

$$M'_{1A} = Q_{1A} \times e_0 = 36 \times 0.25 = 9 \ (\text{kN} \cdot \text{m})$$

$$M'_{1C} = Q_{1C} \times e_0 = 36 \times 0.25 = 9 \ (\text{kN} \cdot \text{m})$$

$$M_{1B} = Q_{1B} \times e_{1B} = 36 \times 0.15 = 5.4 \ (\text{kN} \cdot \text{m})$$

$$M_{2B} = 0$$

③ 上柱自重 G_2、下柱自重 G_3，计算简图如图 9.60 所示。

A、C 柱：

$$G_{2A} = G_{2C} = 0.4 \times 0.5 \times 4.5 \times 25 = 22.5 \ (\text{kN})$$

$$M_{2A} = M_{2C} = 22.5 \times 0.25 = 5.63 \ (\text{kN} \cdot \text{m})$$

$$G_{3A} = G_{3C} = (0.4 \times 0.15 \times 2 + 0.7 \times 0.15 + 0.025 \times 0.125 \times 2) \times (14 - 4.5) \times 25 \times 1.2$$
$$= 65.9 \ (\text{kN})$$

B 柱：

$$G_{2B} = 25 \times 0.5 \times 0.6 \times 4.5 = 33.75 \ (\text{kN})$$

$$G_{3B} = (0.5 \times 0.2 \times 2 + 0.2 \times 0.8 + 0.025 \times 0.15 \times 2) \times (14 - 4.5) \times 25 \times 1.2$$
$$= 104.7 \ (\text{kN})$$

系数 1.2 为考虑下柱自重按工字形截面计算的增大系数。

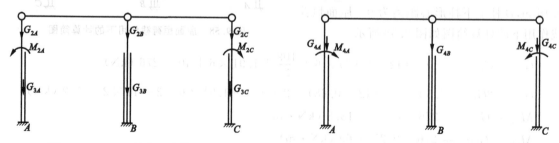

图 9.60　A、B、C 柱自重计算简图　　　　**图 9.61　吊车梁及轨道连接计算简图**

④ 吊车梁及轨道连接自重 G_4，计算简图如图 9.61 所示。

吊车梁及轨道连接距下柱形心偏心距 $e_4 = 0.4$ m。

$$G_{4A} = G_{4C} = 0.81 \times 6 + 45.5 = 50.36 \ (\text{kN})$$

$$G_{4B} = (0.81 \times 6 + 45.5) \times 2 = 100.72 \ (\text{kN})$$

$$M_{4A} = M_{4C} = G_{4A} \times e_4 = 50.36 \times 0.4 = 20.14 \ (\text{kN} \cdot \text{m})$$
$$M_{4B} = 0$$

⑤ 吊车荷载。

a. 竖向荷载（表 9.20）。

表 9.20   吊车规格表

起重量 Q (kN)	大车宽 B(m)	大车轮距 K (m)	最大轮压 P_{max}(kN)	最小轮压 P_{min}(kN)	吊车总重 $G+Q_1$(kN)	小车重 Q_1(kN)
320/50	6.69	4.7	311	54	410	109
200/50	6.055	4.1	216	44	320	69.8

320/50 吊车的最小轮压：

$$P_{min} = \frac{G+Q_1+Q}{2} - P_{max} = \frac{410+320}{2} - 311 = 54 \ (\text{kN})$$

200/50 吊车的最小轮压：

$$P_{min} = \frac{G+Q_1+Q}{2} - P_{max} = \frac{200+320}{2} - 216 = 44 \ (\text{kN})$$

根据 B 及 K 可算得吊车梁支座反力影响线中各轮压对应点的竖向坐标如图 9.62 所示。

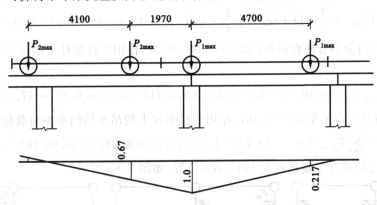

图 9.62 吊车竖向荷载作用下支座反力影响线

吊车竖向荷载标准值：

$$D_{k\,max} = 311 \times 1.0 + 311 \times 0.217 + 216 \times 0.67 = 523.2 \ (\text{kN})$$
$$D_{k\,min} = 54 \times 1.0 + 54 \times 0.217 + 44 \times 0.67 = 95.2 \ (\text{kN})$$

$D_{k\,max}$ 和 $D_{k\,min}$ 作用在 A、B 跨：$D_{k\,max}$ 在 A 柱，$D_{k\,min}$ 在 B 柱，计算简图如图 9.63 所示。

$$D_{k\,max} = 523.2 \ \text{kN}$$
$$M_{A\,max} = 523.2 \times 0.4 = 209.3 \ (\text{kN} \cdot \text{m})$$
$$D_{k\,min} = 95.2 \ \text{kN}$$
$$M_{B\,min} = 95.2 \times 0.75 = 71.4 \ (\text{kN} \cdot \text{m})$$

$D_{k\,max}$ 在 B 柱，$D_{k\,min}$ 在 A 柱，计算简图如图 9.64 所示。

$$D_{k\,min} = 95.2 \ \text{kN}$$
$$M_{A\,min} = 95.2 \times 0.4 = 38.1 \ (\text{kN} \cdot \text{m})$$
$$D_{k\,max} = 523.2 \ \text{kN}$$
$$M_{B\,max} = 523.2 \times 0.75 = 392.4 \ (\text{kN} \cdot \text{m})$$

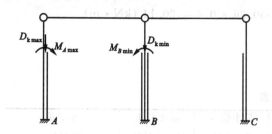

图 9.63 D_{kmax} 在 A 柱排架的计算简图

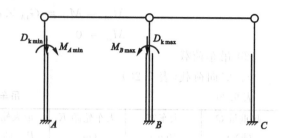

图 9.64 D_{kmax} 在 B 柱左排架的计算简图

D_{kmax} 和 D_{kmin} 作用在 B、C 跨；D_{kmax} 在 B 柱，D_{kmin} 在 C 柱。该情况与 D_{kmax} 在 B 柱左排架计算简图的情况相同，仅需对称关系 A、C 柱调换即可。

D_{kmax} 在 C 柱，D_{kmin} 在 B 柱。该情况与 D_{kmax} 在 A 柱左排架计算简图的情况相同，仅需对称关系 A、C 柱调换即可。

b. 吊车水平荷载。

320/50 吊车作用于每一个轮子上的吊车横向水平制动力标准值按下式计算：

$$F_{h11k} = \frac{1}{4}\alpha(Q + Q_1) = \frac{1}{4} \times 0.1 \times (320 + 109) = 10.73 \ (\text{kN})$$

200/50 吊车作用于每一个轮子上的吊车横向水平制动力标准值按下式计算：

$$F_{h12k} = \frac{1}{4}\alpha(Q + Q_1) = \frac{1}{4} \times 0.1 \times (200 + 69.8) = 6.75 \ (\text{kN})$$

则 AB、BC 跨内分别有两台吊车（320/50、200/50）时，作用于排架柱上的吊车横向水平荷载标准值均为：

$$F_{hk} = \sum F_{h1ik} \times y_i = 10.73 \times 1.0 + 10.73 \times 0.217 + 6.75 \times 0.67 = 17.58 \ (\text{kN})(\rightleftharpoons)$$

AB、BC 跨内各一台吊车（320/50）时，作用于排架柱上的吊车横向水平荷载标准值为：

$$F_{hk} = \sum F_{h1ik} \times y_i = 10.73 \times 1.0 + 10.73 \times 0.217 = 13.06 \ (\text{kN})(\rightleftharpoons)$$

吊车荷载作用位置在牛腿顶面上 1210 mm 位置，如图 9.65 所示。

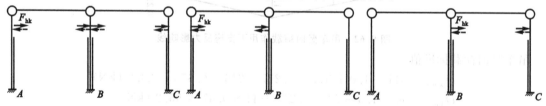

AB、BC 跨内各一台吊车   AB 跨内两台吊车   BC 跨内两台吊车

图 9.65 吊车横向水平荷载作用下排架的计算简图

⑥ 风荷载。

a. 左风。

长春地区基本风压 $w_0 = 0.65 \ \text{kN/m}^2$，$\beta_z = 1.2$，$\mu_z$ 根据厂房各部分标高及 C 类地面粗糙度查表确定如下：

柱顶（标高 13.200 m）$z = 13.350$ m　　　　　　　　$\mu_z = 0.650$

屋架檐口（标高 15.500 m）$z = 15.650$ m　　　　　　$\mu_z = 0.662$

屋架天窗架相交处（标高 16.850 m）$z = 17.000$ m　　$\mu_z = 0.686$

天窗架檐口（标高 19.520 m）$z = 19.670$ m　　　　　$\mu_z = 0.734$

天窗架顶(标高 19.970 m)$z=20.120$ m $\mu_z=0.742$

μ_s 如图 9.66 所示,排架迎风面及背风面的风荷载标准值分别为:

$$w_{1k}=\beta_z\mu_s\mu_z w_0=1.2\times0.8\times0.65\times0.65=0.406\;(\text{kN/m}^2)$$

$$w_{2k}=\beta_z\mu_s\mu_z w_0=1.2\times0.4\times0.65\times0.65=0.203\;(\text{kN/m}^2)$$

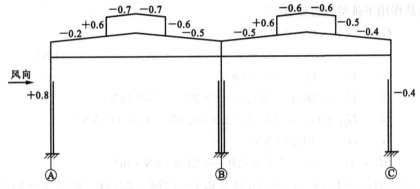

图 9.66 风荷载体型系数

则作用于排架计算简图上的风荷载标准值为:

$$q_{1k}=w_{1k}\times B=0.406\times6.0=2.44\;(\text{kN/m})$$

$$q_{2k}=w_{2k}\times B=0.203\times6.0=1.22\;(\text{kN/m})$$

$$F_{wik}=\beta_z\mu_s\mu_z w_0 Bh_i$$

标高 15.65 m 处:

$$F_{w1k}=\beta_z(\mu_{s1}+\mu_{s2})\mu_z w_0 Bh_1$$
$$=1.2\times(0.8+0.4)\times0.662\times0.65\times6.0\times2.3=8.55\;(\text{kN})$$

标高 17.0 m 处:

$$F_{w2k}=\beta_z(\mu_{s3}+\mu_{s4}+\mu_{s5}+\mu_{s6})\mu_z w_0 Bh_2$$
$$=1.2\times(0.5-0.2+0.4-0.5)\times0.686\times0.65\times6.0\times1.35=0.87\;(\text{kN})$$

标高 19.67 m 处:

$$F_{w3k}=\beta_z(\mu_{s7}+\mu_{s8}+\mu_{s9}+\mu_{s10})\mu_z w_0 Bh_3$$
$$=1.2\times(0.6+0.6+0.5+0.6)\times0.734\times0.65\times6.0\times2.67=21.1\;(\text{kN})$$

标高 20.12 m 处:

$$F_{w4k}=\beta_z(\mu_{s11}+\mu_{s12}+\mu_{s13}+\mu_{s14})\mu_z w_0 Bh_4$$
$$=1.2\times(0.7-0.7+0.6-0.6)\times0.742\times0.65\times6.0\times0.45=0\;(\text{kN})$$

$$F_{wk}=F_{w1k}+F_{w2k}+F_{w3k}+F_{w4k}=8.55+0.87+21.1+0=30.52\;(\text{kN})$$

左风荷载作用下的排架计算简图见图 9.67。

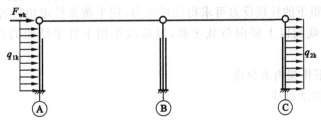

图 9.67 风荷载排架计算简图(左风)

b. 右风。

右风情况下风荷载大小同左风，F_{wk}作用于C柱顶，方向向左；q_{1k}作用于C柱，方向向左；q_{2k}作用于A柱，方向向左。

9.6.7 各种荷载作用下排架内力计算

（1）恒荷载作用下排架内力分析

$$G_1 = G_{1A} = G_{1C} = 276 \text{ kN}$$
$$G_2 = G_{2A} + G_{4A} = G_{2C} + G_{4C} = 22.5 + 50.36 = 72.86 \text{ (kN)}$$
$$G_3 = G_{3A} = G_{3C} = 65.90 \text{ kN}$$
$$G_4 = G_{1B} = 2G_{1A} = 2G_{1C} = 2 \times 276 = 552 \text{ (kN)}$$
$$G_5 = G_{2B} + G_{4B} = 33.75 + 2 \times 50.36 = 134.47 \text{ (kN)}$$
$$G_6 = G_{3B} = 104.70 \text{ kN}$$
$$M_1 = G_{1A} \times e_1 = 276 \times 0.05 = 13.8 \text{ (kN·m)}$$
$$M_2 = G_{4A} \times e_4 - (G_{1A} + G_{2A}) \times e_0 = 50.36 \times 0.4 - (276 + 22.5) \times 0.25 = -54.5 \text{ (kN·m)}$$

由于所示排架为对称结构且作用对称荷载，排架结构无侧移，故各柱可按柱顶为不动铰支座计算内力。柱顶不动铰支座反力R_i可根据相应公式计算。对于A、C柱，$n=0.16$，$\lambda=0.32$，则

$$C_1 = \frac{3}{2} \cdot \frac{1 + \lambda^2 \left(\frac{1}{n} - 1\right)}{1 + \lambda^3 \left(\frac{1}{n} - 1\right)} = \frac{3}{2} \times \frac{1 + 0.32^2 \times \left(\frac{1}{0.16} - 1\right)}{1 + 0.32^3 \times \left(\frac{1}{0.16} - 1\right)} = 1.97$$

$$C_3 = \frac{3}{2} \cdot \frac{1 - \lambda^2}{1 + \lambda^3 \left(\frac{1}{n} - 1\right)} = \frac{3}{2} \times \frac{1 - 0.32^2}{1 + 0.32^3 \times \left(\frac{1}{0.16} - 1\right)} = 1.149$$

则

$$R_A = \frac{M_1}{H_2}C_1 - \frac{M_2}{H_2}C_3 = \frac{13.7 \times 1.97}{14} - \frac{53.98 \times 1.149}{14} = -2.50 \text{ (kN)}$$

$$R_C = -\frac{M_1}{H_2}C_1 + \frac{M_2}{H_2}C_3 = -\frac{13.7 \times 1.97}{14} + \frac{53.98 \times 1.149}{14} = 2.50 \text{ (kN)}$$

$$R = R_A + R_C = 2.50 - 2.50 = 0 \text{ (kN)}$$

柱顶剪力向右为正。

$$V_A = \mu_A R - R_A = 0 - (-2.50) = 2.50 \text{ (kN)}(\rightarrow)$$
$$V_B = 0$$
$$V_C = \mu_C R - R_C = 0 - 2.50 = -2.50 \text{ (kN)}(\leftarrow)$$

本例中$R_B=0$，R_A与R_C方向相反，则作用于整个排架的反力R为0，B柱顶剪力为0，故无弯矩。A、C柱根据其弯矩下的柱顶反力可求得柱顶剪力，用平衡条件求出柱各截面的弯矩和剪力。柱各截面的轴力为该截面以上竖向荷载之和，恒荷载作用下排架结构的弯矩图和轴力图分别见图9.68。

（2）活荷载作用下排架内力分析

① AB跨作用屋面活荷载。

对于A柱

$$C_1 = 1.97, \quad C_3 = 1.149$$

则

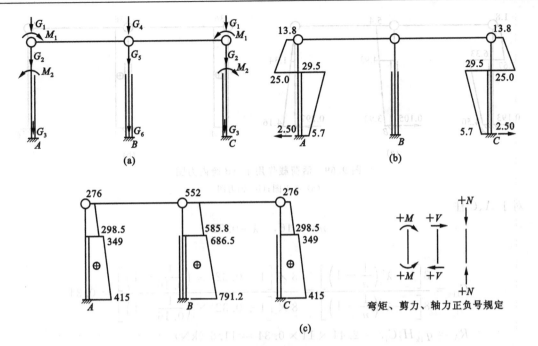

图9.68 恒荷载作用下排架内力图

(a) 计算简图；(b) 弯矩图；(c) 轴力图

$$R_A = \frac{M_{1A}}{H_2}C_1 - \frac{M'_{1A}}{H_2}C_3 = \frac{1.8 \times 1.97}{14} - \frac{9.0 \times 1.149}{14} = -0.49 \text{ (kN)}$$

对于 B 柱

$$n = 0.15, \quad \lambda = 0.32$$

$$C_1 = \frac{3}{2} \times \frac{1 + \lambda^2\left(\frac{1}{n} - 1\right)}{1 + \lambda^3\left(\frac{1}{n} - 1\right)} = \frac{3}{2} \times \frac{1 + 0.32^2 \times \left(\frac{1}{0.15} - 1\right)}{1 + 0.32^3 \times \left(\frac{1}{0.15} - 1\right)} = 2.00$$

则

$$R_B = -\frac{M_{1B}}{H_2}C_1 = -\frac{5.4 \times 2.00}{14} = -0.77 \text{ (kN)}$$

则排架柱顶不动铰支座总反力 R 为：

$$R = R_A + R_B = -0.49 - 0.77 = -1.26 \text{ (kN)}$$

将 R 反向作用于排架柱顶，分别乘以各柱剪力分配系数计算相应的柱顶剪力，并与柱顶不动铰支座反力叠加，可得屋面活荷载作用于 AB 跨时的柱顶剪力，即

$$V_A = \mu_A R - R_A = 0.236 \times (-1.26) - (-0.49) = 0.193 \text{ (kN)}(\rightarrow)$$

$$V_B = \mu_B R - R_B = 0.528 \times (-1.26) - (-0.77) = 0.105 \text{ (kN)}(\rightarrow)$$

$$V_C = \mu_C R = 0.236 \times (-1.26) = -0.297 \text{ (kN)}(\leftarrow)$$

排架各柱的弯矩图、轴力图及柱底剪力，如图9.69所示。

② BC 跨作用屋面活荷载。

由于结构对称，且 BC 跨与 AB 跨作用荷载相同，故只需将上图中 A、C 柱内力对换，且改变弯矩、剪力符号即可。

（3）风荷载作用下排架内力分析

① 左吹风时。

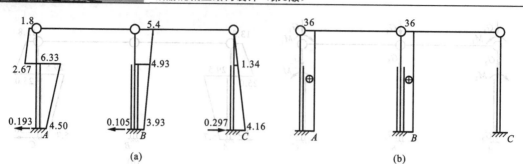

图 9.69　活荷载作用于 AB 跨内力图

(a) 弯矩图；(b) 轴力图

对于 A、C 柱

$$n = 0.16, \quad \lambda = 0.32$$

则

$$C_{11} = \frac{3\left[1 + \lambda^4\left(\frac{1}{n} - 1\right)\right]}{8\left[1 + \lambda^3\left(\frac{1}{n} - 1\right)\right]} = \frac{3 \times \left[1 + 0.32^4 \times \left(\frac{1}{0.16} - 1\right)\right]}{8 \times \left[1 + 0.32^3 \times \left(\frac{1}{0.16} - 1\right)\right]} = 0.34$$

$$R_A = q_{1k}H_2C_{11} = 2.44 \times 14 \times 0.34 = 11.6 \text{ (kN)}$$

$$R_C = q_{2k}H_2C_{11} = 1.22 \times 14 \times 0.34 = 5.81 \text{ (kN)}$$

$$R = R_A + R_C + F_{wk} = 11.6 + 5.81 + 30.52 = 47.93 \text{ (kN)}$$

各柱顶剪力分别为：

$$V_A = \mu_A R - R_A = 0.236 \times 47.93 - 11.6 = -0.29 \text{ (kN)} (\leftarrow)$$

$$V_B = \mu_B R = 0.528 \times 47.93 = 25.3 \text{ (kN)} (\rightarrow)$$

$$V_C = \mu_C R - R_C = 0.236 \times 47.93 - 5.81 = 5.5 \text{ (kN)} (\rightarrow)$$

排架内力图如图 9.70 所示。

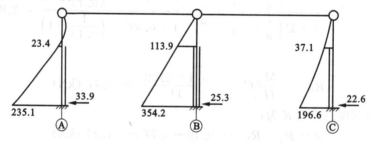

图 9.70　左风时排架内力图

② 右吹风时。

将图 9.70 所示 A、C 柱内力图对换且改变内力符号后可得。

(4) 吊车荷载作用下排架内力分析

① D_{kmax} 作用于 A 柱、D_{kmin} 作用于 B 柱左。

吊车竖向荷载 D_{kmax}、D_{kmin} 在牛腿顶面处引起的力矩为：

$$M_{Amax} = 523.2 \times 0.4 = 209.3 \text{ (kN·m)}$$

$$M_{Bmin} = 95.2 \times 0.75 = 71.4 \text{ (kN·m)}$$

对于 A 柱，$C_3 = 1.149$，则

$$R_A = \frac{M_{Amax}}{H_2}C_3 = \frac{209.3}{14} \times 1.149 = 17.2 \text{ (kN)}$$

对于 B 柱，$n=0.15$，$\lambda=0.32$，则

$$C_3 = \frac{3}{2} \times \frac{1-\lambda^2}{1+\lambda^3\left(\frac{1}{n}-1\right)} = \frac{3}{2} \times \frac{1-0.32^2}{1+0.32^3 \times \left(\frac{1}{0.15}-1\right)} = 1.14$$

$$R_B = -\frac{M_{B\min}}{H_2}C_3 = -\frac{71.4}{14} \times 1.14 = -5.80 \text{ (kN)}$$

$$R = R_A + R_B = 17.2 - 5.80 = 11.40 \text{ (kN)}$$

排架各柱顶剪力分别为：

$$V_A = \mu_A R - R_A = 0.236 \times 11.4 - 17.2 = -14.5 \text{ (kN)}(\leftarrow)$$

$$V_B = \mu_B R - R_B = 0.528 \times 11.4 - (-5.8) = 11.8 \text{ (kN)}(\rightarrow)$$

$$V_C = \mu_C R = 0.236 \times 11.4 = 2.7 \text{ (kN)}(\rightarrow)$$

排架各柱的弯矩图、轴力图及柱底剪力图，如图 9.71 所示。

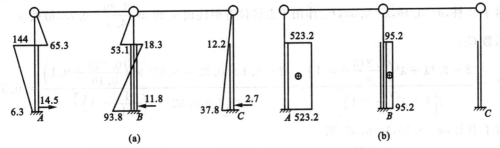

图 9.71 $D_{k\max}$ 作用在 A 柱时的排架内力图

(a) 弯矩图；(b) 轴力图

② $D_{k\max}$ 作用于 B 柱左、$D_{k\min}$ 作用于 A 柱。

$$M_{A\min} = 95.2 \times 0.4 = 38.1 \text{ (kN·m)}$$

$$M_{B\max} = 523.2 \times 0.75 = 392.4 \text{ (kN·m)}$$

柱顶不动铰支座反力 R_A、R_B 及总反力 R 分别为：

$$R_A = \frac{M_{A\min}}{H_2}C_3 = \frac{38.1}{14} \times 1.149 = 3.13 \text{ (kN)}$$

$$R_B = -\frac{M_{B\max}}{H_2}C_3 = -\frac{392.4}{14} \times 1.14 = -32.0 \text{ (kN)}$$

$$R = R_A + R_B = 3.13 - 32.0 = -28.9 \text{ (kN)}$$

排架各柱顶剪力分别为：

$$V_A = \mu_A R - R_A = 0.236 \times (-28.9) - 3.13 = -9.95 \text{ (kN)}(\leftarrow)$$

$$V_B = \mu_B R - R_B = 0.528 \times (-28.9) - (-32.0) = 16.7 \text{ (kN)}(\rightarrow)$$

$$V_C = \mu_C R = 0.236 \times (-28.9) = -6.82 \text{ (kN)}(\leftarrow)$$

排架各柱的弯矩图、轴力图及柱底剪力图如图 9.72 所示。

③ $D_{k\max}$ 作用于 B 柱右、$D_{k\min}$ 作用于 C 柱。

根据结构对称性及吊车吨位相等的条件，内力计算与"$D_{k\max}$ 作用于 B 柱左"的情况相同，只需将 A、C 柱内力对换并改变全部弯矩及剪力符号。

④ $D_{k\max}$ 作用于 C 柱、$D_{k\min}$ 作用于 B 柱右。

同理，将"$D_{k\max}$ 作用于 A 柱"情况的 A、C 柱内力对换，并注意改变符号，可求得各柱的内力。

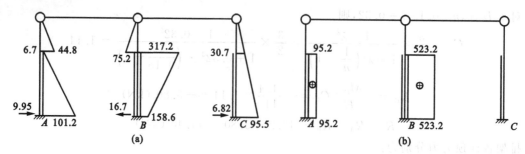

图 9.72　$D_{k\max}$ 作用在 B 柱左时排架内力图

（a）弯矩图；(b) 轴力图

⑤ F_{hk} 作用于 AB 跨柱（一跨内两台吊车）（F_{hk} 方向向左）。

当 AB 跨作用吊车横向水平荷载时：

对于 A 柱，$n=0.16$，$\lambda=0.32$，F_{hk} 作用于上柱位置距柱顶 3.29 m，$\dfrac{3.29}{4.5}=0.73$，故按 $y=0.7H_1$ 计算系数 C_5：

$$C_5 = \frac{2-2.1\lambda+\lambda^3\left(\dfrac{0.243}{n}+0.1\right)}{2\left[1+\lambda^3\left(\dfrac{1}{n}-1\right)\right]} = \frac{2-2.1\times0.32+0.32^3\times\left(\dfrac{0.243}{0.16}+0.1\right)}{2\times\left[1+0.32^3\times\left(\dfrac{1}{0.16}-1\right)\right]} = 0.59$$

对于 B 柱，$n=0.15$，$\lambda=0.32$，则

$$C_5 = \frac{2-2.1\lambda+\lambda^3\left(\dfrac{0.243}{n}+0.1\right)}{2\left[1+\lambda^3\left(\dfrac{1}{n}-1\right)\right]} = \frac{2-2.1\times0.32+0.32^3\times\left(\dfrac{0.243}{0.15}+0.1\right)}{2\times\left[1+0.32^3\times\left(\dfrac{1}{0.15}-1\right)\right]} = 0.58$$

$$R_A = -F_{hk}C_5 = -17.58\times0.59 = -10.37\ (\text{kN})$$

$$R_B = -F_{hk}C_5 = -17.58\times0.58 = -10.20\ (\text{kN})$$

排架柱顶总反力 R 为：

$$R = R_A + R_B = -10.37 + (-10.20) = -20.57\ (\text{kN})$$

各柱顶剪力为：

$$V_A = \mu_A R - R_A = 0.236\times(-20.57) - (-10.37) = 5.5\ (\text{kN})(\rightarrow)$$

$$V_B = \mu_B R - R_B = 0.528\times(-20.57) - (-10.20) = -0.66\ (\text{kN})(\leftarrow)$$

$$V_C = \mu_C R = 0.236\times(-20.57) = -4.9\ (\text{kN})(\leftarrow)$$

排架各柱的弯矩图及柱底剪力图如图 9.73 所示。

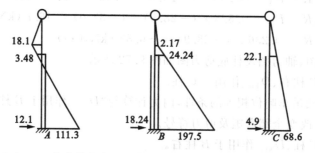

图 9.73　F_{hk} 向左作用在 A、B 柱时排架内力图（A、B 跨内两台吊车）

⑥ F_{hk}作用于AB跨柱(一跨内两台吊车)(F_{hk}方向向右)。

当F_{hk}方向相反时,弯矩图和剪力图改变符号即可。

⑦ F_{hk}作用于BC跨柱(一跨内两台吊车)(F_{hk}方向向左)。

由于结构对称及吊车吨位相等,故排架内力计算与F_{hk}作用于AB跨柱(F_{hk}方向向右)的情况相同,仅需将A、C柱的内力对换,改变弯矩及剪力符号。

⑧ F_{hk}作用于BC跨柱(一跨内两台吊车)(F_{hk}方向向右)。

由于结构对称及吊车吨位相等,故排架内力计算与F_{hk}作用于AB跨柱(F_{hk}方向向左)的情况相同,仅需将A、C柱的内力对换,改变弯矩及剪力符号。

⑨ F_{hk}作用于AB、BC跨柱(每跨各一台320/50吊车)(F_{hk}方向向左)。

当AB、BC跨作用吊车横向水平荷载时:

$$F_{hk} = F_{h11k}\sum y_i = 10.73 \times 1.0 + 10.73 \times 0.217 = 13.06 \text{ (kN)}$$
$$R_A = -F_{hk}C_5 = -13.06 \times 0.59 = -7.7 \text{ (kN)}$$
$$R_B = -F_{hk} \times 2C_5 = -13.06 \times 2 \times 0.58 = -15.1 \text{ (kN)}$$
$$R_C = -F_{hk}C_5 = -13.06 \times 0.59 = -7.7 \text{ (kN)}$$

排架柱顶总反力R为:
$$R = R_A + R_B + R_C = -7.7 - 15.1 - 7.7 = -30.5 \text{ (kN)}$$

各柱顶剪力为:
$$V_A = \mu_A R - R_A = 0.236 \times (-30.5) - (-7.7) = 0.5 \text{ (kN)}(\rightarrow)$$
$$V_B = \mu_B R - R_B = 0.528 \times (-30.5) - (-15.1) = -1.00 \text{ (kN)}(\leftarrow)$$
$$V_C = \mu_C R - R_C = 0.236 \times (-30.5) - (-7.7) = 0.5 \text{ (kN)}(\rightarrow)$$

排架各柱的弯矩图及柱底剪力图如图9.74所示。

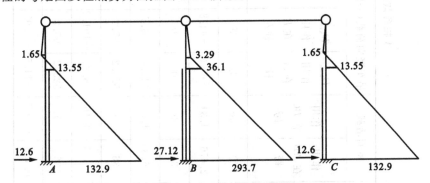

图9.74 F_{hk}向左作用在AB、BC跨时排架内力图

⑩ F_{hk}作用于AB、BC跨柱(每跨各一台320/50吊车)(F_{hk}方向向右)。

由于结构对称及吊车吨位相等,故排架内力计算与F_{hk}作用于AB、BC跨柱(F_{hk}方向向左)的情况相同,仅需将弯矩及剪力符号改变。

表9.21 A柱各截面内力标准值汇总表

柱号 正向内力	荷载类别	恒载 ①	屋面活载 作用在AB跨 ②	屋面活载 作用在BC跨 ③	吊车竖向荷载（一跨内两台吊车）D_{kmax}作用在A柱 ④	D_{kmax}作用在B柱左 ⑤	D_{kmax}作用在B柱右 ⑥	D_{kmax}作用在C柱 ⑦	吊车水平荷载 一跨内两台吊车(320/50)(200/50) 在AB跨内 ⑧	在AB跨内 ⑨	在BC跨内 ⑩	在BC跨内 ⑪	每跨各一台 320/50 ⑫	⑬	风荷载 ⑭	⑮
I—I	M_k	25.0	2.676	1.34	-65.3	-44.8	30.7	-12.2	3.48	-3.48	-22.1	22.1	-13.55	13.55	23.4	-37.1
I—I	N_k	298.5	36	0	0	0	0	0	0	0	0	0	0	0	0	0
II—II	M_k	-29.5	-6.33	1.34	144.0	-6.7	30.7	-12.2	3.48	-3.48	-22.1	22.1	-13.55	13.55	23.4	-37.1
II—II	N_k	349	36	0	523.2	95.2	0	0	0	0	0	0	0	0	0	0
III—III	M_k	-5.7	-4.5	4.16	6.3	-101.2	95.5	-37.8	-111.3	111.3	-68.6	68.6	-132.9	132.9	235.1	-196.6
III—III	N_k	415	36	0	523.2	95.2	0	0	0	0	0	0	0	0	0	0
III—III	V_k	2.5	0.193	0.297	-14.5	-9.95	6.82	-2.7	-12.1	12.1	-4.9	4.9	-12.6	12.6	33.9	-22.6

M单位: kN·m N单位: kN V单位: kN

9.6.8　内力组合

以 A 柱为例,内力组合如表 9.22 所示。

表 9.22　　　　　　　　　　A 柱内力组合表

截面		$+M_{\max}$ 及相应 N		$-M_{\max}$ 及相应 N	
I—I	M	$1.3 \times ① + 1.5 \times [⑥ \times 0.9 + (② + ③) \times 0.7 + ⑪ \times 0.9 \times 0.7 + ⑭ \times 0.6]$	120	$1.0 \times ① + 1.5 \times [(④ + ⑦) \times 0.8 + ⑩ \times 0.9 \times 0.7 + ⑮ \times 0.6]$	−122.3
	N		426		298.5
II—II	M	$1.0 \times ① + 1.5 \times [(④ + ⑥) \times 0.8 + ③ \times 0.7 + ⑪ \times 0.9 \times 0.7 + ⑭ \times 0.6]$	224	$1.3 \times ① + 1.5 \times [⑮ + ② \times 0.7 + (⑤ + ⑦) \times 0.8 \times 0.7 + ⑩ \times 0.9 \times 0.7]$	−138
	N		977		572
III—III	M	$1.0 \times ① + 1.5 \times [⑭ + (④ + ⑥) \times 0.8 \times 0.7 + ③ \times 0.7 + ⑬ \times 0.9 \times 0.7]$	562.4	$1.3 \times ① + 1.5 \times [⑮ + ② \times 0.7 + (⑤ + ⑦) \times 0.8 \times 0.7 + ⑫ \times 0.9 \times 0.7]$	−549
	N		855		658
	V		59.1		−53.1

截面		$N_{\max}$ 及相应 M		$N_{\min}$ 及相应 M	
I—I	M	$+M_{\max}$： $1.3 \times ① + 1.5 \times [② + ③ + ⑥ \times 0.9 \times 0.7 + ⑪ \times 0.9 \times 0.7 + ⑭ \times 0.6] = 109.5$	109.5	$+M_{\max}$： $1.0 \times ① + 1.5 \times (⑥ \times 0.9 + ③ \times 0.7 + ⑪ \times 0.9 \times 0.7 + ⑭ \times 0.6) = 109.8$	−122.3
	N	$-M_{\max}$： $1.3 \times ① + 1.5 \times [② + (④ + ⑦) \times 0.8 \times 0.7 + ⑩ \times 0.9 \times 0.7 + ⑮ \times 0.6] = -83$	442	$-M_{\max}$： $1.0 \times ① + 1.5 \times [(④ + ⑦) \times 0.8 + ⑩ \times 0.9 \times 0.7 + ⑮ \times 0.6] = -122.3$	298.5
II—II	M	$+M_{\max}$： $1.3 \times ① + 1.5 \times (④ \times 0.9 + ② \times 0.7 + ③ \times 0.7 + ⑧ \times 0.9 \times 0.7 + ⑭ \times 0.6) = 175.2$	175.2	$+M_{\max}$： $1.0 \times ① + 1.5 \times (⑥ \times 0.9 + ③ \times 0.7 + ⑪ \times 0.9 \times 0.7 + ⑭ \times 0.6) = 55.3$	−117.6
	N	$-M_{\max}$： $1.3 \times ① + 1.5 \times (④ \times 0.9 + ② \times 0.7 + ⑨ \times 0.9 \times 0.7 + ⑮ \times 0.6) = 112.7$	1198	$-M_{\max}$： $1.0 \times ① + 1.5 \times (⑮ + ⑦ \times 0.9 \times 0.7 + ⑩ \times 0.9 \times 0.7) = -117.6$	349
III—III	M	$+M_{\max}$： $1.3 \times ① + 1.5 \times (④ \times 0.9 + ② \times 0.7 + ③ \times 0.7 + ⑨ \times 0.9 \times 0.7 + ⑭ \times 0.6) = 318$	318	$+M_{\max}$： $1.0 \times ① + 1.5 \times (⑭ + ③ \times 0.7 + ⑥ \times 0.9 \times 0.7 + ⑪ \times 0.9 \times 0.7) = 506.4$	506.4
	N		1284		415
	V	$-M_{\max}$： $1.3 \times ① + 1.5 \times (④ \times 0.9 + ② \times 0.7 + ⑧ \times 0.9 \times 0.7 + ⑮ \times 0.6) = -285.7$	26.1	$-M_{\max}$： $1.0 \times ① + 1.5 \times (⑮ + ⑦ \times 0.9 \times 0.7 + ⑩ \times 0.9 \times 0.7) = -401$	64.7

注:内力组合采用荷载效应基本组合中的可变荷载效应组合公式,即:

$$S = \gamma_G S_{Gk} + \gamma_{Q1} \gamma_{L1} S_{Q1k} + \sum_{i=2}^{n} \gamma_{Qi} \gamma_{Li} \psi_{ci} S_{Qik}$$

这里,$\gamma_G = 1.3$ 或 1.0,$\gamma_Q = 1.5$,$\gamma_L = 1.0$,吊车竖向荷载、吊车水平荷载及活荷载组合值系 $\psi_c = 0.7$,风荷载组合值系数 $\psi_c = 0.6$。

9.6.9　排架柱截面设计

以 A 柱为例计算其配筋。

混凝土强度等级为 C30,$f_c = 14.3$ N/mm²,$f_t = 1.43$ N/mm²,$E_c = 3.0 \times 10^4$ N/mm²;柱中纵向受力钢筋采用 HRB400 级,$f_y = f_y' = 360$ N/mm²,$E_s = 2.0 \times 10^5$ N/mm²,$\xi_b = 0.518$。上、下柱均采用对称配筋。

（1）上柱配筋计算

上柱：$b \times h = 400 \text{ mm} \times 500 \text{ mm}$，$a_s = a_s' = 40 \text{ mm}$，$h_0 = 500 - 40 = 460$（mm）。大小偏心受压破坏界限轴力 $N_b = \alpha_1 f_c b \xi_b h_0 = 1.0 \times 14.3 \times 400 \times 0.518 \times 460 = 1363$（kN）。由内力组合表可见上柱 I—I 截面共有 4 组内力，$N_{\max} = 439.5 \text{ kN} < N_b$，故 I—I 截面为大偏心受压情况。在大偏心受压时，应以弯矩最大、轴力最小的一组内力最不利。

$$① \begin{cases} M_0 = 120 \text{ kN} \cdot \text{m} \\ N = 426 \text{ kN} \end{cases} \qquad ② \begin{cases} M_0 = -122.3 \text{ kN} \cdot \text{m} \\ N = 298.5 \text{ kN} \end{cases}$$

①与②组内力比较，弯矩相差不多但②组轴力值较小，故②更不利；选②组内力计算上柱配筋。由相关规范查得，吊车厂房排架方向上柱的计算长度 $l_0 = 2H_1 = 2 \times 4.5 = 9.0 \text{ m}$。

$$i = \frac{h}{\sqrt{12}} = \frac{500}{\sqrt{12}} = 144 \text{ mm}, \quad \frac{l_0}{i} = \frac{9000}{144} = 62.5 > 34 - 12 \times \frac{0}{M_0} = 34$$，故需考虑附加弯矩。

$$\zeta_c = \frac{0.5 f_c A}{N} = \frac{0.5 \times 14.3 \times 400 \times 500}{298.5 \times 10^3} = 4.8 > 1.0$$，故取 $\zeta_c = 1.0$。

$$e_a = \max \left\{ \frac{500}{30} = 16.67 \text{ mm}, \quad 20 \text{ mm} \right\} = 20 \text{ mm}, \quad h_0 = h - a_s = 500 - 40 = 460 \text{ (mm)}$$

$$\eta_s = 1 + \frac{1}{\dfrac{1500 \left(\dfrac{M_0}{N} + e_a \right)}{h_0}} \left(\frac{l_0}{h} \right)^2 \zeta_c = 1 + \frac{1}{\dfrac{1500 \times \left(\dfrac{122.4 \times 10^6}{296.5 \times 10^3} + 20 \right)}{460}} \times \left(\frac{9000}{500} \right)^2 \times 1.0 = 1.23$$

$$M = \eta_s M_0 = 1.23 \times 122.3 = 150.4 \text{ (kN} \cdot \text{m)}$$

$$e_0 = \frac{M}{N} = \frac{150.4 \times 10^6}{298.5 \times 10^3} = 504 \text{ (mm)}$$

$$e_i = e_0 + e_a = 504 + 20 = 524 \text{ (mm)}$$

$$x = \frac{N}{\alpha_1 f_c b} = \frac{298.5 \times 10^3}{1.0 \times 14.3 \times 400} = 52 \text{ (mm)} < 2a_s' = 80 \text{ (mm)}, \quad x = 2a_s'$$

$$A_s' = A_s = \frac{N \left(e_i - \dfrac{h}{2} + a_s' \right)}{f_y (h_0 - a_s')} = \frac{298.5 \times 10^3 \times \left(524 - \dfrac{500}{2} + 40 \right)}{360 \times (460 - 40)} = 620 \text{ (mm}^2)$$

$$> 0.2\% bh = 0.002 \times 400 \times 500 = 400 \text{ (mm}^2)$$

每侧选 3Φ18（$A_s = 763 \text{ mm}^2$）。

$$A_s + A_s' = 763 \times 2 = 1526 \text{ (mm}^2) > \rho_{\min} bh = 0.0055 \times 400 \times 500 = 1100 \text{ (mm}^2)$$

（2）下柱配筋计算

取 $h_0 = 1000 - 40 = 960$（mm）。

大小偏心破坏界限轴力：

$$\begin{aligned} N_b &= \alpha_1 f_c (b_f' - b) h_f' + \alpha_1 f_c b \xi_b h_0 \\ &= 1.0 \times 14.3 \times (400 - 150) \times 150 + 14.3 \times 150 \times 0.518 \times (1000 - 40) \\ &= 1603 \text{ (kN)} > 1284 \text{ (kN)} \end{aligned}$$

下柱配筋中 II—II、III—III 截面共八组组合内力值，其轴力值均小于 N_b，所以下柱为大偏心受压构件。与上柱分析方法类似，选取下列两组不利内力：

$$① \begin{cases} M_0 = -549.0 \text{ kN} \cdot \text{m} \\ N = 658 \text{ kN} \end{cases} \qquad ② \begin{cases} M_0 = 506.4 \text{ kN} \cdot \text{m} \\ N = 415 \text{ kN} \end{cases}$$

① 按 $M_0 = 506.4 \text{ kN} \cdot \text{m}$，$N = 415 \text{ kN}$ 计算。

下柱计算长度：

$$l_0 = 1.0H_l = 1.0 \times 9.5 = 9.5 \text{ (m)}$$

$$I = 26.9 \times 10^9 \text{ mm}^4, \quad A = 2.31 \times 10^5 \text{ mm}^2, \quad i = \sqrt{\frac{I}{A}} = \sqrt{\frac{26.9 \times 10^9}{2.31 \times 10^5}} = 341 \text{ (mm)}$$

$$\frac{l_0}{i} = \frac{9.5 \times 10^3}{341} = 27.86 \text{ (mm)} < 34 - 12 \times \frac{0}{M_0} = 34 \text{ (mm)}, \text{不考虑附加弯矩影响}.$$

$$e_0 = \frac{M_0}{N} = \frac{506.4 \times 10^6}{415 \times 10^3} = 1220 \text{ (mm)}, \quad e_a = \max\left\{\frac{1000}{30} = 33.3 \text{ mm}, 20 \text{ mm}\right\} = 33.3 \text{ mm}$$

$$e_i = e_0 + e_a = 1220 + 33.3 = 1253 \text{ (mm)}$$

$$x = \frac{N}{\alpha_1 f_c b_f'} = \frac{415 \times 10^3}{1.0 \times 14.3 \times 400} = 73 \text{ (mm)} < 2a_s' = 2 \times 40 = 80 \text{ (mm)}$$

说明中和轴在受压翼缘内，且受压钢筋不屈服。故令 $x = 2a_s'$ 对受压钢筋 A_s' 取矩求受拉钢筋面积 A_s。

$$e' = e_i - \frac{h}{2} + a_s' = 1253 - \frac{1000}{2} + 40 = 793 \text{ (mm)}$$

$$A_s' = A_s = \frac{Ne'}{f_y(h_0 - a_s')} = \frac{415 \times 10^3 \times 793}{360 \times (960 - 40)} = 994 \text{ (mm}^2)$$

选 4ϕ18（$A_s = 1017$ mm^2），$A_s' = A_s = 1017$ (mm)$^2 > \rho_{\min}A = 0.002 \times 2.31 \times 10^5 = 462$ (mm^2)。
根据构造要求翼缘及柱侧向构造钢筋共选 6ϕ12，$A_s = 678$ mm^2。

$$A_{s全} = 1017 \times 2 + 678 = 2712 \text{ (mm}^2) > \rho_{\min}A = 0.0055 \times 2.31 \times 10^5 = 1271 \text{ (mm}^2)$$

② 按 $M_0 = -549.0$ kN·m，$N = 658$ kN 计算。
下柱计算长度 $l_0 = 1.0H_l = 1.0 \times 9.5 = 9.5$ (m)。

$$I = 26.9 \times 10^9 \text{ mm}^4, \quad A = 2.31 \times 10^5 \text{ mm}^2, \quad i = \sqrt{\frac{I}{A}} = \sqrt{\frac{26.9 \times 10^9}{2.31 \times 10^5}} = 341 \text{ (mm)}$$

$$\frac{l_0}{i} = \frac{9.5 \times 10^3}{341} = 27.86 \text{ (mm)} < 34 - 12 \times \frac{0}{M_0} = 34 \text{ mm}, \text{不考虑附加弯矩影响}.$$

$$e_0 = \frac{M_0}{N} = \frac{549 \times 10^6}{658 \times 10^3} = 834 \text{ (mm)} \quad e_a = \max\left\{\frac{1000}{30} = 33.3, 20\right\} = 33.3 \text{ (mm)}$$

$$e_i = e_0 + e_a = 834 + 33.3 = 867 \text{ (mm)}$$

$$x = \frac{N}{\alpha_1 f_c b_f'} = \frac{658 \times 10^3}{1.0 \times 14.3 \times 400} = 115 \text{ (mm)} > 2a_s' = 2 \times 40 = 80 \text{ mm}, \text{受压钢筋 } A_s' \text{ 屈服}.$$

$x = 115$ mm $< h_f' = 150$ mm，中和轴位于受压翼缘中。
对受拉钢筋 A_s 取矩，建立力矩平衡方程，求受拉、受压钢筋面积 A_s、A_s'。

$$e = e_i + \frac{h}{2} - a_s = 867 + \frac{1000}{2} - 40 = 1327 \text{ (mm)}$$

$$A_s' = A_s = \frac{Ne - \alpha_1 f_c b_f' x \left(h_0 - \frac{x}{2}\right)}{f_y'(h_0 - a_s')}$$

$$= \frac{658 \times 10^3 \times 1327 - 1.0 \times 14.3 \times 400 \times 115 \times \left(960 - \frac{115}{2}\right)}{360 \times (960 - 40)} = 844 \text{ (mm}^2)$$

计算结果小于第二组内力下计算钢筋面积 $A_s' = A_s = 994$ mm^2。
综合上述计算结果，下柱截面选用 4ϕ18（$A_s = 1017$ mm^2）。

（3）A 柱箍筋设计

非地震区的单层厂房柱，其箍筋数量一般由构造要求控制。根据构造要求，上下柱均选用ϕ8 @200 箍筋（非加密区），加密区采用ϕ8 @100。

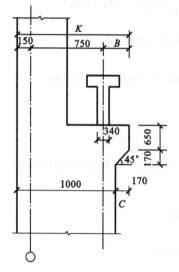

图 9.75　排架柱牛腿尺寸
（单位：mm）

9.6.10　柱牛腿设计

以 A 柱为例进行牛腿设计计算。

（1）验算牛腿截面高度

吊车梁安装偏差取 20 mm，吊车梁边缘距牛腿边缘取 80 mm。则图 9.75 中：

$$B = \frac{340}{2} + 80 + 20 = 270 \text{ (mm)}$$

$$C = K - h_{\text{下}} = 150 + 750 + 270 - 1000 = 170 \text{ (mm)}$$

牛腿高度：

$$h = 650 + 170 = 820 \text{ (mm)}$$

$$h_0 = 820 - 40 = 780 \text{ (mm)}$$

吊车梁轨道中心线距下柱边缘距离：

$$a = 750 + 150 + 20 - h_{\text{下}} = 750 + 150 + 20 - 1000 = -80 \text{ (mm)} < 0$$

取 $a = 0$，故作用于吊车梁上的竖向力作用点位于下柱截面以内。

作用于牛腿顶面处荷载标准值计算：

$$F_{hk} = F_{hk}' \times 0.9 = 17.58 \times 0.9 = 15.82 \text{ (kN)}$$

式中　F_{hk}'——未考虑多台吊车的荷载折减系数的吊车横向水平荷载。

$$F_{vk} = \psi_c D_{k\,max} + G_{4k} = 0.9 D_{k\,max} + 50.36 = 0.9 \times 523.2 + 50.36 = 521.24 \text{ (kN)}$$

混凝土 C30，$f_{tk} = 2.01 \text{ N/mm}^2$，$\beta = 0.65$。

$$\beta\left(1 - 0.5\frac{F_{hk}}{F_{vk}}\right)\frac{f_{tk}bh_0}{0.5 + \dfrac{a}{h_0}} = 0.65 \times \left(1 - 0.5 \times \frac{15.82}{521.24}\right) \times \frac{2.01 \times 400 \times 780}{0.5 + \dfrac{0}{780}}$$

$$= 803 \text{ (kN)} > F_{vk} = 521.24 \text{ (kN)}$$

牛腿截面高度满足要求。

（2）牛腿配筋计算

吊车纵向力作用点位于下柱截面以内

$$a = -80 \text{ (mm)} < 0.3h_0 = 0.3 \times 780 = 234 \text{ (mm)}$$

故取

$$a = 0.3h_0 = 0.3 \times 780 = 234 \text{ (mm)}$$

$$F_v = \gamma_Q \psi_c D_{k\,max} + \gamma_G G_{4k} = 1.5 \times 0.9 \times 523.2 + 1.3 \times 50.36 = 772 \text{ (kN)}$$

$$F_h = F_{hk} \times 1.5 = 15.82 \times 1.5 = 23.7 \text{ (kN)}$$

$$A_s = \frac{F_v a}{0.85 f_y h_0} + 1.2\frac{F_h}{f_y} = \frac{772 \times 10^3 \times 234}{0.85 \times 360 \times 780} + 1.2 \times \frac{23.7 \times 10^3}{360} = 836 \text{ (mm}^2)$$

$$> 0.002 bh = 0.002 \times 400 \times 820 = 656 \text{ (mm}^2)$$

$$> 0.45\frac{f_t}{f_y}bh = 0.45 \times \frac{1.43}{360} \times 400 \times 820 = 586 \text{ (mm}^2)$$

选 4 Φ18，$A_s = 1017 \text{ mm}^2$。

牛腿水平箍筋选用双肢箍：$\phi 8 @ 100$，$A_{sv1} = 50.3\ \text{mm}^2$，如图 9.76 所示，则

$$\frac{50.3 \times 2}{100} \times \frac{2}{3} h_0 = \frac{100.6}{100} \times \frac{2}{3} \times 780$$

$$= 523\ (\text{mm}^2) > 1017 \times 0.5 = 508.5\ (\text{mm}^2)$$

牛腿内水平箍筋选用 $\phi 8@100$。

（3）牛腿局压验算

局部承压面积近似取吊车梁下承压板面积：

$$A_l = 400 \times 340 = 1.36 \times 10^5 (\text{mm}^2)$$

$$\sigma_l = \frac{F_{vk}}{A_l} = \frac{521.24 \times 10^3}{1.36 \times 10^5} = 3.83\ (\text{N/mm}^2)$$

$$< 0.75 f_c = 0.75 \times 14.3 = 10.73\ (\text{N/mm}^2)$$

满足要求。

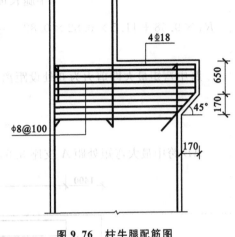

图 9.76　柱牛腿配筋图

9.6.11　柱的吊装验算

首先采用平吊，吊点设在牛腿下部，柱插入杯口中的
长度：

$$h_1 = \max(0.9h, 800) = 900\ \text{mm}$$

则柱吊装时的总长度为：

$$4.5 + 9.5 + 0.9 = 14.9\ (\text{m})$$

上柱面积：

$$A_1 = 0.5 \times 0.4 = 0.2\ (\text{m}^2)$$

下柱矩形部分面积：

$$A_2 = 1.0 \times 0.4 = 0.4\ (\text{m}^2)$$

下柱工字形截面面积：

$$A_3 = 0.231\ (\text{m}^2)$$

上柱线荷载：

$$q_1 = 25 \times 0.5 \times 0.4 = 5\ (\text{kN/m})$$

下柱平均线荷载：

$$q_2 = \frac{(0.4 \times 1.75 + 0.231 \times 7.83) \times 25}{0.35 + 7.83 + 1.4} = 6.6\ (\text{kN/m})$$

牛腿部分线荷载：

$$q_3 = \frac{[0.4 \times 0.82 \times 1.0 + (0.65 \times 0.17 + 0.5 \times 0.17 \times 0.17) \times 0.4] \times 25}{0.65 + 0.17} = 11.5\ (\text{kN/m})$$

弯矩计算：

$$M_{Ck} = -\frac{1}{2} \times 5 \times 4.5 \times 4.5 = -50.6\ (\text{kN} \cdot \text{m})$$

$$M_C = -50.6 \times 1.5 \times 1.3 = -98.7\ (\text{kN} \cdot \text{m})$$

$$M_{Bk} = -11.5 \times 0.82 \times 0.5 \times 0.82 - 5 \times 4.5 \times (0.82 + 2.25) = -73.0\ (\text{kN} \cdot \text{m})$$

$$M_B = -73.0 \times 1.5 \times 1.3 = -142.4\ (\text{kN} \cdot \text{m})$$

$$\text{下柱长度} = 1.4 + 7.83 + 0.35 = 9.58\ (\text{m})$$

$$\text{牛腿长度} = 0.17 + 0.65 = 0.82 \text{ (m)}$$

$$R_A \times 9.58 + 11.5 \times 0.82 \times 0.82 \times \frac{1}{2} + 5 \times 4.5 \times \left(\frac{4.5}{2} + 0.82\right) = 6.6 \times 9.58 \times 9.58 \times \frac{1}{2}$$

$$R_A = 24 \text{ kN}$$

跨中弯矩最大即剪力为 0 处设距离支座 A 为 x，则

$$R_A = q_2 \times x$$

$$x = \frac{R_A}{q_2} = \frac{24}{6.6} = 3.64 \text{ (m)}$$

AB 跨中最大弯矩处距 A 支座 3.64 m 处（图 9.77）：

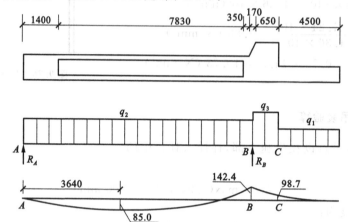

图 9.77　排架柱吊装验算简图

$$M_{ABk} = 24 \times 3.64 - 0.5 \times 6.6 \times 3.64 \times 3.64 = 43.6 \text{ (kN·m)}$$

$$M_{AB} = 43.6 \times 1.5 \times 1.3 = 85 \text{ (kN·m)}$$

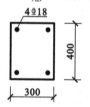

图 9.78　工字形截面
柱下柱平吊
截面示意图

由于 $|M_B| > |M_{AB}|$，故取 $M_B = -142.4$ kN·m 验算配筋量，平吊时下柱截面尺寸如图 9.78 所示。

$c = 30$ mm，$a_s = 40$ mm，$h_0 = 400 - 40 = 360$ (mm)，$2\,\Phi\,18$，$A_s = 509$ mm²。

$$\alpha_s = \frac{M_B}{\alpha_1 f_c b h_0^2} = \frac{142.4 \times 10^6}{1.0 \times 14.3 \times 300 \times 360^2} = 0.26$$

$$\gamma_s = \frac{1 + \sqrt{1 - 2\alpha_s}}{2} = \frac{1 + \sqrt{1 - 2 \times 0.26}}{2} = 0.85$$

$$\xi = 1 - \sqrt{1 - 2\alpha_s} = 1 - \sqrt{1 - 2 \times 0.26} = 0.31 < \xi_b = 0.518$$

$$A_s = \frac{M_B}{f_y \gamma_s h_0} = \frac{142.4 \times 10^6}{360 \times 0.85 \times 360} = 1293 \text{ (mm}^2\text{)} > 509 \text{ (mm}^2\text{)}$$

所以采用平吊不能满足承载力要求，需采用翻身吊。翻身吊时下柱截面的受力方向与使用阶段的受力方向一致，如图 9.79 所示。

翻身吊装时下柱截面配筋量验算：

$$M_B = -142.4 \text{ kN·m}, \quad h_0 = 1000 - 40 = 960 \text{ (mm)}, \quad 4\,\Phi\,18, \quad A_s = 1017 \text{ mm}^2$$

$$\alpha_1 f_c b'_f h'_f \left(h_0 - \frac{h'_f}{2}\right) = 1.0 \times 14.3 \times 400 \times 150 \times \left(960 - \frac{150}{2}\right)$$

$$= 759.33 \text{ (kN·m)} > M_B = 142.4 \text{ (kN·m)}$$

说明中和轴在受压翼缘内。

$$\alpha_s = \frac{M_B}{\alpha_1 f_c b_f' h_0^2} = \frac{142.4 \times 10^6}{1.0 \times 14.3 \times 400 \times 960^2} = 0.027, \quad \gamma_s = \frac{1 + \sqrt{1 - 2\alpha_s}}{2} = \frac{1 + \sqrt{1 - 2 \times 0.027}}{2} = 0.99$$

$$\xi = 2 \times (1 - \gamma_s) = 2 \times (1 - 0.99) = 0.02 < \xi_b = 0.518$$

$$A_s = \frac{M_B}{f_y \gamma_s h_0} = \frac{142.4 \times 10^6}{360 \times 0.99 \times 960} = 416.2 \ (\text{mm}^2) < 1017 \ (\text{mm}^2)$$

满足要求。

翻身吊装时上柱截面配筋量验算、配筋情况如图 9.80 所示。

图 9.79 工字形截面柱翻身吊截面示意图 　　　　　图 9.80 上柱翻身吊截面示意图
（单位：mm）　　　　　　　　　　　　　　　　　　　（单位：mm）

$$M_C = -98.7 \ \text{kN} \cdot \text{m}, \quad h_0 = 500 - 40 = 460 \ (\text{mm}), \quad 3 \ \Phi \ 18, \quad A_s = 763 \ \text{mm}^2$$

$$\alpha_s = \frac{M_C}{\alpha_1 f_c b h_0^2} = \frac{98.7 \times 10^6}{1.0 \times 14.3 \times 400 \times 460^2} = 0.082$$

$$\gamma_s = \frac{1 + \sqrt{1 - 2\alpha_s}}{2} = \frac{1 + \sqrt{1 - 2 \times 0.082}}{2} = 0.96, \quad \xi = 2(1 - \gamma_s) = 2(1 - 0.96) = 0.08 < \xi_b = 0.518$$

$$A_s = \frac{M_C}{f_y \gamma_s h_0} = \frac{98.7 \times 10^6}{360 \times 0.961 \times 460} = 621 \ (\text{mm}^2) < 763 \ (\text{mm}^2)$$

满足要求。

采用翻身吊时下柱裂缝宽度验算（下柱 B 截面）：

$$\alpha_{cr} = 1.9, \quad E_s = 2.0 \times 10^5, \quad c = 30 \ \text{mm}, \quad f_{tk} = 2.01 \ \text{N/mm}^2$$

$$\rho_{te} = \frac{A_s}{A_{te}} = \frac{1017}{0.5 \times 150 \times 1000 + (400 - 150) \times 150} = 0.00904 < 0.01, 取 0.01$$

$$\sigma_{sk} = \frac{M_{Bk}}{0.87 h_0 A_s} = \frac{73.0 \times 10^6}{0.87 \times 960 \times 1017} = 85.9 \ (\text{N/mm}^2)$$

$$\psi = 1.1 - 0.65 \times \frac{f_{tk}}{\rho_{te} \sigma_{sk}} = 1.1 - 0.65 \times \frac{2.01}{0.01 \times 85.9} = -0.42 < 0.2$$

取 $\psi = 0.2$。

$$\omega_{max} = \alpha_{cr} \psi \frac{\sigma_{sk}}{E_s} \left(1.9c + 0.08 \frac{d_{eq}}{\rho_{te}}\right)$$

$$= 1.9 \times 0.2 \times \frac{85.9}{2.0 \times 10^5} \times \left(1.9 \times 30 + 0.08 \times \frac{18}{0.01}\right) = 0.033 \ (\text{mm}) < 0.3 \ (\text{mm})$$

采用翻身吊时上柱裂缝宽度验算（上柱 C 截面）：

$$\rho_{te} = \frac{A_s}{A_{te}} = \frac{763}{0.5 \times 400 \times 500} = 0.0076 < 0.01, 取 0.01$$

$$\sigma_{sk} = \frac{M_k}{0.87 h_0 A_s} = \frac{50.6 \times 10^6}{0.87 \times 460 \times 763} = 166 \ (\text{N/mm}^2)$$

$$\psi = 1.1 - 0.65 \frac{f_{tk}}{\rho_{te}\sigma_{sk}} = 1.1 - 0.65 \times \frac{2.01}{0.01 \times 166} = 0.3$$

取 $\psi = 0.3$。

$$\omega_{max} = \alpha_{cr}\psi\frac{\sigma_{sk}}{E_s}\left(1.9c + 0.08\frac{d_{eq}}{\rho_{te}}\right)$$

$$= 1.9 \times 0.3 \times \frac{166}{2.0 \times 10^5} \times \left(1.9 \times 30 + 0.08 \times \frac{18}{0.01}\right) = 0.095 \text{ (mm)} < 0.3 \text{ (mm)}$$

满足要求。

9.6.12　基础计算

依题意，地基承载力特征值 $f_a = 220$ kN/m²，基础采用 C30 混凝土，下设 100 mm 厚 C15 素混凝土垫层。

（1）作用于基础顶面上的荷载计算

作用于基础顶面上的荷载包括柱底（Ⅲ—Ⅲ 截面）传给基础的 M、N、V 以及外墙自重重力荷载。M、N、V 取值见表 9.22，M_k、N_k、V_k 为表 9.22 组合公式中去掉分项系数后得到，Ⅲ—Ⅲ 截面内力汇总于表 9.23。内力标准值用于地基承载力计算，确定基础底面尺寸，内力设计值用于基础受冲切承载力和底板配筋计算，基础平、剖面如图 9.81 所示。

表 9.23　　　　　　　　　　　　　基础设计的不利内力表

组别	荷载效应基本组合			荷载效应标准组合		
	M(kN·m)	N(kN)	V(kN)	M_k(kN·m)	N_k(kN)	V_k(kN)
$+M_{max}$ 及相应 N、V（一组）	562.4	855	59.1	373	708	40.2
$-M_{max}$ 及相应 N、V（二组）	−549.0	658	−53.1	−367	494	−35
N_{max} 及相应 M、V（三组）	318	1284	26.1	211	911	17.8
N_{min} 及相应 M、V（四组）	506.4	415	64.7	336	415	44

由图 9.82 可见，每个基础承受的外墙总宽度为 6 m，总高度为 15.85 m，墙体为 240 mm 厚煤矸石空心砖墙（8.5 kN/m³），钢框玻璃窗（0.45 kN/m²），基础梁重量为 23.4 kN/根。每个基础承受的由墙体传来的荷载计算如下：

墙重荷载汇集：

墙内侧 20 mm 厚混合砂浆刮大白	17 kN/m³ × 0.02 m = 0.340 kN/m²
240 mm 厚煤矸石空心砖墙	8.5 kN/m³ × 0.24 m = 2.04 kN/m²
墙外侧 20 mm 厚水泥砂浆	20 kN/m³ × 0.02 m = 0.40 kN/m²
100 mm 厚苯板保温层	0.5 kN/m³ × 0.1 m = 0.05 kN/m²
	2.83 kN/m²

扣除窗后墙重　　　2.83 × 15.85 × 6.0 − 2.83 × (4.8 + 1.8) × 3.6 = 202 (kN)

钢框玻璃窗重：　　0.45 × (4.8 + 1.8) × 3.6 = 10.7 (kN)

基础梁：　　　　　　　　　　　　　　　　　　23.4 (kN)

　　　　　　　　　　　　　　　　　　　　　$N_{wk} = 236$ (kN)

N_{wk} 距基础形心的偏心距 e_w：

$$e_w = \frac{240}{2} + \frac{1000}{2} = 620 \text{ (mm)}$$

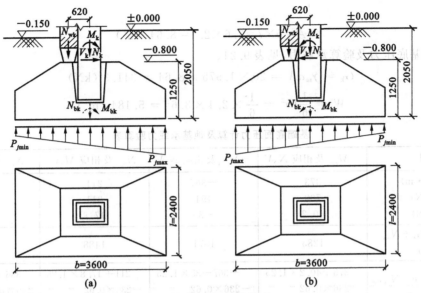

图 9.81　基础平、剖面图(单位:mm)

(a)基础顶面内力正方向;(b)基底反力最大时基础顶面内力反向

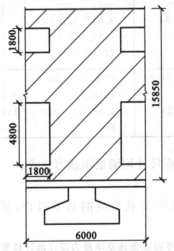

图 9.82　基础上墙体及窗重(单位:mm)

$$N_{\mathrm{w}} = 1.3 \times 236 = 307 \ (\mathrm{kN}) \quad M_{\mathrm{wk}} = 236 \times 0.62 = 146.3 \ (\mathrm{kN \cdot m})$$

$$M_{\mathrm{w}} = 1.3 \times 146.3 = 190 \ (\mathrm{kN \cdot m})$$

(2)基础尺寸及埋置深度

① 按构造要求拟定基础高度 h。

长春地区标准冻深 1.7 m,杯形基础基底标高为:1.7+0.15+0.2=2.05 (m),柱插入杯口深度 900 mm,柱底距杯底空隙 50 mm,水平方向空隙 50 mm,上口空隙 75 mm,杯壁厚度取 350 mm,基础杯底厚度 300 mm,基础每阶高度 650 mm、600 mm,基础高度 h=1250 mm,如图 9.81 所示。

② 拟定基础底面尺寸。

$$d = \frac{2.05 + 1.9}{2} = 1.975 \ (\mathrm{m}), \quad \gamma_{\mathrm{m}} = 20 \ \mathrm{kN/m^3}$$

$$A = (1.2 \sim 1.4) \frac{N_{\mathrm{k max}} + N_{\mathrm{wk}}}{f_{\mathrm{a}} - \gamma_{\mathrm{m}} d} = (1.2 \sim 1.4) \times \frac{911 + 236}{220 - 20 \times 1.975} = 7.63 \sim 8.9 \ (\mathrm{m^2})$$

取

$$A = b \times l = 3.6 \times 2.4 = 8.64 \ (\text{m}^2)$$

③ 计算基底压力及验算承载力，见表9.24。

$$G_k = \gamma_m dA = 20 \times 1.975 \times 8.64 = 341.3 \ (\text{kN})$$

$$W = \frac{1}{6} lb^2 = \frac{1}{6} \times 2.4 \times 3.6^2 = 5.184 \ (\text{m}^3)$$

表9.24　　　　　　　　　　基础底面压力计算及地基承载力验算表

类别	$+M_{max}$ 及相应 N、V	$-M_{max}$ 及相应 N、V	N_{max} 及相应 M、V	N_{min} 及相应 M、V
$M_k(\text{kN} \cdot \text{m})$ $N_k(\text{kN})$ $V_k(\text{kN})$	373 708 40.2	-367 494 -35	211 911 17.8	336 415 44
$N_{bk} = N_k + G_k + N_{wk}$ (kN)	1285	1071	1488	992
$M_{bk} = M_k + V_k h + N_{wk} e_w$ (kN・m)	$373+40.2 \times 1.25$ -236×0.62 $=277$	$-367-35 \times 1.25$ -236×0.62 $=-557$	$211+17.8 \times 1.25$ -236×0.62 $=87$	$336+44 \times 1.25$ -236×0.62 $=245$
$P_{k max} = \dfrac{N_{bk}}{A} + \dfrac{M_{bk}}{W}$ $P_{k min} = \dfrac{N_{bk}}{A} - \dfrac{M_{bk}}{W}$ (kN/m^2)	$\dfrac{1285}{8.64} \pm \dfrac{277}{5.184}$ $=148.7 \pm 53.4$ $=202/95.3$	$\dfrac{1071}{8.64} \pm \dfrac{557}{5.184}$ $=124 \pm 107.4$ $=231.4/16.6$	$\dfrac{1488}{8.64} \pm \dfrac{87}{5.184}$ $=172.2 \pm 16.8$ $=189/155.4$	$\dfrac{992}{8.64} \pm \dfrac{245}{5.184}$ $=115 \pm 47.2$ $=162.2/68$
$P_k = (P_{k max} + P_{k min})/2$ $\leqslant f_a$ $P_{k max} \leqslant 1.2 f_a$	$(202+95.3)/2$ $=149 < 220$ $202 \leqslant 1.2 \times 220$ $=264$	$(231.4+16.6)/2$ $=124 < 220$ $231.4 \leqslant 1.2 \times 220$ $=264$	$(189+155.4)/2$ $=172.2 < 220$ $189 \leqslant 1.2 \times 220$ $=264$	$(162.2+68)/2$ $=115 < 220$ $162.2 \leqslant 1.2 \times 220$ $=264$

经验算，每组内力下的基础底面尺寸均满足承载力要求。

（3）基础高度验算

基础高度验算即冲切验算，采用荷载效应的基本组合，基础底面地基净反力值为 $P_{j max}$ 或 $P_{j min}$，见表9.25。

表9.25　　　　　　　　　　基础底面地基净反力设计值计算表

类别	$+M_{max}$ 及相应 N、V（一组）	$-M_{max}$ 及相应 N、V（二组）	N_{max} 及相应 M、V（三组）	N_{min} 及相应 M、V（四组）
$M(\text{kN} \cdot \text{m})$ $N(\text{kN})$ $V(\text{kN})$	562.4 855 59.1	-549 658 -53.1	318 1284 26.1	506.4 415 64.7
$N_b = N + N_w$ (kN)	1162	965	1591	722
$M_b = M + Vh + N_w e_w$ (kN・m)	$562.4+59.1 \times$ $1.25-307 \times 0.62$ $=446$	$-549-53.1 \times$ $1.25-307 \times 0.62$ $=-806$	$318+26.1 \times 1.25$ -307×0.62 $=160$	$506.4+64.7 \times$ $1.25-307 \times 0.62$ $=397$
$P_{j max} = \dfrac{N_b}{A} + \dfrac{M_b}{W}$ $P_{j min} = \dfrac{N_b}{A} - \dfrac{M_b}{W}$ (kN/m^2)	$\dfrac{1162}{8.64} \pm \dfrac{446}{5.184}$ $=134.5 \pm 86$ $=221/49$	$\dfrac{965}{8.64} \pm \dfrac{806}{5.184}$ $=112 \pm 155.5$ $=268/-44$	$\dfrac{1591}{8.64} \pm \dfrac{160}{5.184}$ $=184 \pm 31$ $=215/153$	$\dfrac{722}{8.64} \pm \dfrac{397}{5.184}$ $=84 \pm 77$ $=161/7$

由计算可知,对于第二组 $P_{j\min}<0$,说明基底出现受拉区,应重新计算 $P_{j\max}$。

$$e_0 = \frac{M_b}{N_b} = \frac{806 \times 10^3}{965} = 835 \text{ (mm)}$$

$$a = \frac{b}{2} - e_0 = \frac{3600}{2} - 835 = 965 \text{ (mm)}$$

$$P_{j\max} = \frac{2N_b}{3al} = \frac{2 \times 965}{3 \times 0.965 \times 2.4} = 278 \text{ (kN/m}^2\text{)}$$

柱根处受剪验算:

基础有效高度

$$h_0 = 1250 - 50 = 1200 \text{ (mm)}$$

$$a_b = a_t + 2h_0 = 400 + 2 \times 1200 = 2800 \text{ (mm)} > l = 2400 \text{ (mm)}$$

如图 9.83(a)所示。

当基础底面短边尺寸小于柱宽加两倍基础有效高度时,应按下列公式验算柱与基础交接处截面受剪承载力[图 9.83(b)、(c)]:

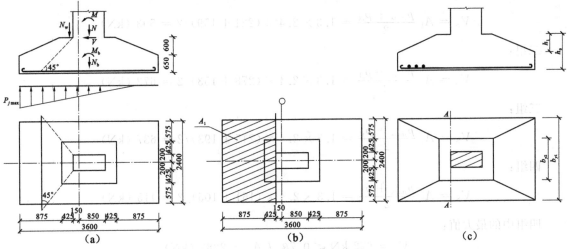

图 9.83　基础受剪验算示意图

$$V_S \leqslant 0.7\beta_{hs} f_t A_0$$

$$\beta_{hs} = (800/h_0)^{1/4} = (800/1200)^{1/4} = 0.9$$

$$b_{y0} = \left[1 - 0.5\frac{h_1}{h_0}\left(1 - \frac{b_{y2}}{b_{y1}}\right)\right]b_{y1} = \left[1 - 0.5 \times \frac{600}{1200} \times \left(1 - \frac{1250}{2400}\right)\right] \times 2400 = 2112 \text{ (mm)}$$

$$A_0 = b_{y0} \times h_0 = 1200 \times 2112 = 2534400 \text{(mm)}$$

$$0.7\beta_{hs} f_t A_0 = 0.7 \times 0.9 \times 1.43 \times 2112 \times 1200 = 2283 \text{(kN)}$$

$$V_S = A_1 \frac{p_{j\max} + p_{j1}}{2}$$

其中,p_{j1} 为柱边处地基净反力值,见图 9.84。

一、三、四组在柱边基底净反力 p_{j1} 计算如表 9.26 所示。

表 9.26   柱边基底净反力 p_{jI} 计算

公式	$+M_{max}$ 及相应 N、V（一组）	N_{max} 及相应 M、V（三组）	N_{min} 及相应 M、V（四组）
$P_{jI} = P_{jmin} + \dfrac{2.3}{3.6}(P_{jmax} - P_{jmin})$ （kN/m²）	159	193	105

对于第二组：

$$p_{jmax} = 278 \text{ kN/m}^2, \quad p_{jmin} = 0$$

$$e_0 = \frac{M_b}{N_b} = \frac{806 \times 10^3}{965} = 835 \text{ (mm)}, \quad a = \frac{b}{2} - e_0 = \frac{3600}{2} - 835 = 965 \text{ (mm)}$$

$$3a = 3 \times 965 = 2895 \text{ (mm)}$$

则：

$$p_{jI} = \frac{2895 - 875 - 425}{2895} \times 278 = 153 \text{ (kN/m}^2)$$

一组：

$$V_S = A_1 \frac{p_{jmax} + p_{jI}}{2} = 1.3 \times 2.4 \times (221 + 159)/2 = 593 \text{ (kN)}$$

二组：

$$V_S = A_1 \frac{p_{jmax} + p_{jI}}{2} = 1.3 \times 2.4 \times (278 + 153)/2 = 672 \text{ (kN)}$$

三组：

$$V_S = A_1 \frac{p_{jmax} + p_{jI}}{2} = 1.3 \times 2.4 \times (215 + 193)/2 = 637 \text{ (kN)}$$

四组：

$$V_S = A_1 \frac{p_{jmax} + p_{jI}}{2} = 1.3 \times 2.4 \times (161 + 105)/2 = 415 \text{ (kN)}$$

四组中的最大值：

$$V_S = 672 \text{ kN} < 0.7\beta_{hs}f_t A_0 = 2283 \text{ (kN)}$$

柱与基础交接处截面受剪承载力满足要求。

另一方向，由于基底边线位于 45°冲切线以内，所以不必验算。

（4）基础底板配筋计算

基础底板配筋计算时，长边和短边方向的计算截面如图 9.84 所示。

Ⅰ—Ⅰ 截面配筋计算：

$$M_{I-I} = \frac{1}{12}a_1^2 \left[(2l + a')(p_{jmax} + p_{jI}) + (p_{jmax} - p_{jI})l \right]$$

一组：

$$M_{I-I} = \frac{1}{12} \times (0.425 + 0.875)^2 \times [(2 \times 2.4 + 0.4) \times (221 + 159) + (221 - 159) \times 2.4] = 298 \text{ (kN·m)}$$

二组：

$$M_{I-I} = \frac{1}{12} \times (0.425 + 0.875)^2 \times [(2 \times 2.4 + 0.4) \times (278 + 153) + (278 - 153) \times 2.4] = 356 \text{ (kN·m)}$$

三组：

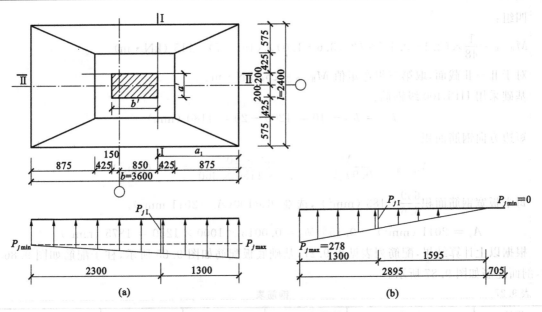

图 9.84 基础底板配筋计算截面

(a) 第一、三、四组荷载设计值对应的基底净反力示意;(b) 第二组荷载设计值对应的基底净反力示意

$$M_{I-I} = \frac{1}{12} \times (0.425+0.875)^2 \times [(2\times2.4+0.4)(215+193)+(215-193)\times2.4] = 305 \ (kN \cdot m)$$

四组:

$$M_{I-I} = \frac{1}{12} \times (0.425+0.875)^2 \times [(2\times2.4+0.4)(161+105)+(161-105)\times2.4] = 213 \ (kN \cdot m)$$

对于 I—I 截面,取第二组弯矩值 $M_{I-I} = 356 \ kN \cdot m$。

基础采用 HRB400 级钢筋:

$$h_{01} = h - a_s = 1250 - 50 = 1200 \ (mm)$$

则长边方向的钢筋面积为:

$$A_{s\,I-I} = \frac{M}{0.9f_y h_0} = \frac{356\times10^6}{0.9\times1200\times360} = 916 \ (mm^2)$$

每米板宽钢筋面积 $\frac{916}{2.4} = 382 \ mm^2$,选 $\Phi16@100(A_s = 2011 \ mm^2)$

$$A_s = 2011 \ mm^2 > 0.15\% bh = 0.0015\times1000\times1250 = 1875 \ (mm^2)$$

II—II 截面配筋计算:

$$M_{II-II} = \frac{1}{48}(l-a')^2(2b+b')(p_{j\max}+p_{j\min})$$

一组:

$$M_{II-II} = \frac{1}{48} \times (2.4-0.4)^2 \times (2\times3.6+1.0) \times (221+49) = 185 \ (kN \cdot m)$$

二组:

$$M_{II-II} = \frac{1}{48} \times (2.4-0.4)^2 \times (2\times3.6+1.0) \times (278+0) = 190 \ (kN \cdot m)$$

三组:

$$M_{II-II} = \frac{1}{48} \times (2.4-0.4)^2 \times (2\times3.6+1.0) \times (215+153) = 252 \ (kN \cdot m)$$

四组：

$$M_{\text{II}-\text{II}} = \frac{1}{48} \times (2.4-0.4)^2 \times (2\times 3.6+1.0) \times (161+7) = 115 \ (\text{kN}\cdot\text{m})$$

对于 II—II 截面，取第三组弯矩值 $M_{\text{II}-\text{II}} = 252 \ \text{kN}\cdot\text{m}$。

基础采用 HPB400 级钢筋：

$$h_{02} = h_{01} - 10 = 1200 - 20 = 1180 \ (\text{mm})$$

短边方向钢筋面积：

$$A_{s\text{II}-\text{II}} = \frac{M}{0.9 f_y h_{02}} = \frac{252\times 10^6}{0.9\times 1180\times 360} = 659 \ (\text{mm}^2)$$

每米板宽钢筋面积 $\dfrac{659}{3.6} = 183 \ (\text{mm}^2)$，选 $\phi 16@100 (A_s = 2011 \ \text{mm}^2)$。

$$A_s = 2011 \ (\text{mm}^2) > 0.15\% bh = 0.0015\times 1000\times 1250 = 1875 \ (\text{mm}^2)$$

根据以上计算结果，配筋列表见表 9.27，基础底板配筋如图 9.85 所示，柱子配筋如图 9.86 所示，剖面配筋如图 9.87 所示。

表 9.27　　　　　　　　　　　　　钢筋表

代号	简图	直径	长度(mm)	数量	全长(mm)
①	5120	$\phi 18$	5120	6	30720
②	520 / 340 440 420	$\phi 8$	1720	24	41280
③	10380　100	$\phi 18$	10480	8	83840
④	270 1110 390 610	$\phi 18$	2380	4	9520
⑤	1190 / 340 1110 420	$\phi 8$	3060	9	27540
⑥	420 / 90 340 170	$\phi 8$	1020	82	83640
⑦	8130	$\phi 12$	8130	6	48780
⑧	1370	$\phi 12$	1370	2	2740
⑨	1020 / 340 940 420	$\phi 8$	2720	11	29920
⑩	50 340 50	$\phi 8$	440	27	11880
⑪	1020 / 90 940 170	$\phi 8$	2220	41	182040
⑫	90 / 40 300 380 380 300 40	$\phi 6$	1530	26	39780
⑬	90 / 40 300 380 380 300 40	$\phi 10$	1530	6	9180

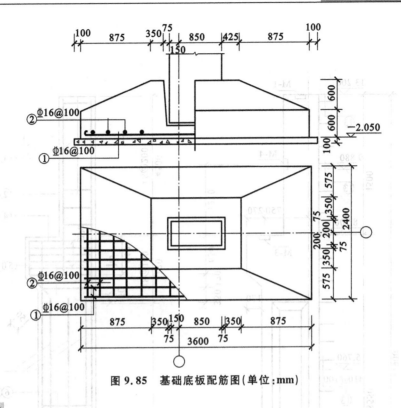

图 9.85　基础底板配筋图(单位:mm)

知识归纳

①　单层厂房结构的组成和布置包括各结构构件的作用、支撑的作用和布置原则,确定合理的排架结构布置方案。

②　排架结构计算简图的确定;各种荷载包括永久荷载、屋面活荷载、雪荷载、吊车荷载、风荷载等的计算方法。

③　等高排架内力计算采用剪力分配法,不等高排架内力计算采用力法;排架柱控制截面及4种内力组合。

④　单层厂房排架柱和牛腿的设计方法及构造要求。

⑤　单层钢筋混凝土柱厂房的抗震设计。

思考题

9.1　确定单层厂房排架结构的计算简图时作了哪些基本假定?

9.2　作用于单层厂房排架结构上的荷载有哪些?试画出各种荷载单独作用下的结构计算简图。

9.3　试述用剪力分配法计算等高排架内力的基本步骤。

9.4　对不等高排架用什么计算方法求解内力?如何求解?

9.5　什么是排架柱的控制截面?单阶柱的控制截面在哪些部位?

9.6　在进行内力组合时,应考虑哪几种内力组合?为求得最不利内力要注意哪些问题?

9.7　绘出柱吊装验算的计算简图,验算截面是如何确定的?如何验算?

9.8　单层厂房柱的牛腿有哪些破坏形态?画出牛腿的计算简图并说明其是如何简化的?

9.9　画图说明单层厂房(横向抗震验算)计算结构基本周期时,对下述情况可简化为哪种质点体系:①单跨或等高多跨厂房;②两跨不等高厂房;③三跨不等高且不对称厂房。

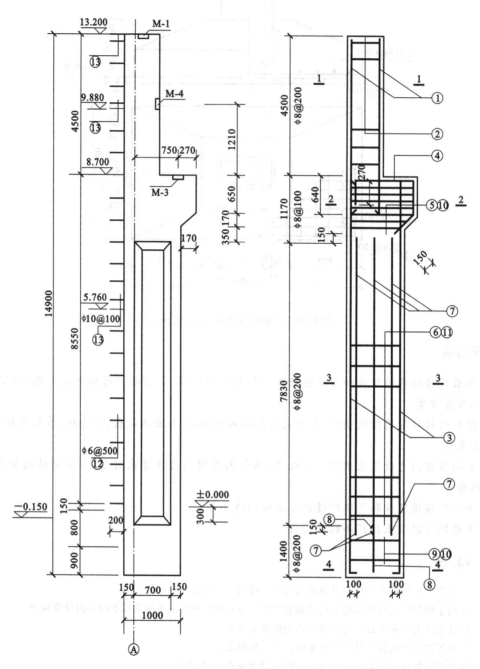

图 9.86　柱子配筋图(单位:mm)

9.10　在进行单跨或等高多跨厂房横向抗震验算时,集中到柱顶处的质点重力荷载代表值如何计算？试写出其表达式。

9.11　如何计算单层厂房的横向基本周期 T 及横向地震总作用 F_{Ek}？

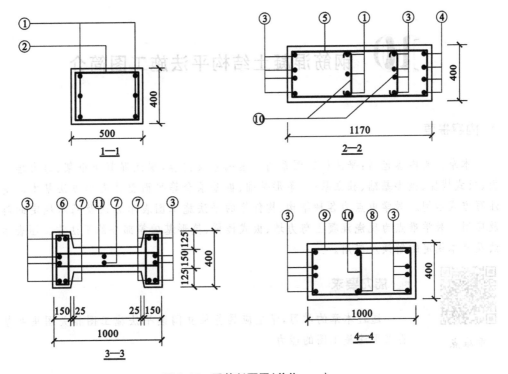

图 9.87　配筋剖面图(单位:mm)

习　题

9.1　已知某单层单跨厂房,跨度为 24 m,柱距为 6 m,内设两台中级工作制吊车,软钩桥式吊车的起重量为 200/50 kN,吊车桥架跨度为 $L_K=22.5$ m,求 D_{max}、D_{min} 及 F_h(吊车数据查表 9.3)。

9.2　已知单层厂房柱距为 6 m,所在地区基本风压为 $w_0=0.65$ kN/m²,地面粗糙度为 C 类。体形系数和外形尺寸如图 9.88 所示,求作用在排架上的风荷载。

9.3　如图 9.89 所示,求 AB 跨作用有吊车垂直荷载引起的弯矩 $M_{max}=378.94$ kN·m(作用在 A 柱)及 $M_{min}=63.25$ kN·m(作用在 B 柱)时,该排架的内力($H_1=4.2$ m,$H_2=12.7$ m,A、C 柱尺寸完全相同,$I_{1A}=I_{1C}=4.17\times10^9$ mm⁴,$I_{2A}=I_{2C}=14.38\times10^9$ mm⁴;B 柱 $I_{1B}=7.20\times10^9$ mm⁴,$I_{2B}=24.18\times10^9$ mm⁴)。

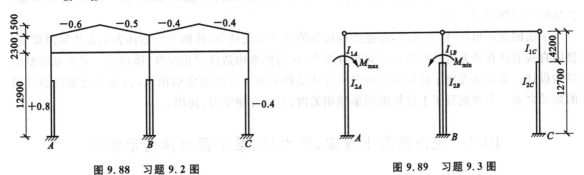

图 9.88　习题 9.2 图　　　　　　　　**图 9.89　习题 9.3 图**

9.4　已知某双跨等高排架,作用在其上的风荷载 $F_w=11.54$ kN,$q_1=3.23$ kN/m,$q_2=1.62$ kN/m。上柱高 $H_1=3.8$ m,全柱高 $H_2=12.9$ m,A、C 柱尺寸完全相同,$I_{1A}=I_{1C}=2.13\times10^9$ mm⁴,$I_{2A}=I_{2C}=14.52\times10^9$ mm⁴,B 柱 $I_{1B}=5.21\times10^9$ mm⁴,$I_{2B}=17.76\times10^9$ mm⁴,试计算各排架柱内力。

10 钢筋混凝土结构平法施工图简介

内容提要

本章主要内容包括:平法施工图系列图集编号及内容,现浇混凝土框架、剪力墙、梁、板、板式楼梯、筏形基础、独立基础、条形基础、桩基承台等平面整体表示方法基本规定及注写方式示例。教学重点为各种结构、构件等的平法施工图表示方法及基本规定的解读及应用。教学难点为现浇混凝土剪力墙、板式楼梯、筏形基础等部分的平法施工图表示方法及基本规定的解读及应用。

重难点

能力要求

通过本章的学习,学生应具备独立阅读平法施工图相关图集并基本看懂平法施工图的能力。

建筑结构施工图平面整体设计方法(简称平法)对我国目前混凝土结构施工图的设计表示方法作了重大改革,被国家认可列为"'九五'国家级科技成果重点推广计划"项目和建设部 1996 年科技成果重点推广项目。我国从 2003 年开始,陆续推出"混凝土结构施工图平面整体表示方法制图规则和构造详图"的系列图集,并开始推广使用。该系列图集于 2022 年再次作了全面修订,修订后包括:

《混凝土结构施工图平面整体表示方法制图规则和构造详图(现浇混凝土框架、剪力墙、梁、板)》(22G 101—1);

《混凝土结构施工图平面整体表示方法制图规则和构造详图(现浇混凝土板式楼梯)》(22G 101—2);

《混凝土结构施工图平面整体表示方法制图规则和构造详图(独立基础、条形基础、筏形基础、桩基础)》(22G 101—3)。

平法的表示形式,概括来讲,是把结构构件的尺寸和配筋等,按照平面整体表示方法制图规则,整体直接表达在各类构件的结构平面布置图上,再与标准构造详图相配合,即构成一套新型完整的结构设计。该方法改变了传统的那种将构件从结构平面布置图中索引出来,再逐个绘制配筋详图的烦琐之处。本章摘写了上述标准图集的相关内容,以方便学习、使用。

10.1 现浇混凝土框架、剪力墙、梁平面整体表示方法

10.1.1 柱平法施工图的表示方法

柱平法施工图是指在柱平面布置图上采用列表注写方式或截面注写方式表达。

柱平面布置图,可采用适当比例单独绘制,也可与剪力墙平面布置图合并绘制。如果局部区域发生重叠、过挤现象,可在该区域采用另外一种比例绘制予以消除。

在柱平法施工图中,应按如下规定注明各结构层的楼层标高、结构层高及相应的结构层号,并应注明上部结构嵌固部位位置。

① 按平法设计绘制施工图时,应当用表格或其他方式注明包括地下和地上各层的结构层楼(地)面标高、结构层高及相应的结构层号。

② 其结构层楼面标高和结构层高在单项工程中必须统一,以保证基础、柱与墙、梁、板、楼梯等用同一标准竖向定位。为施工方便,应将统一的结构层楼面标高和结构层高分别放在柱、墙、梁等各类构件的平法施工图中。

③ 结构层楼面标高是指将建筑图中的各层地面和楼面标高值扣除建筑面层及垫层做法厚度后的标高,结构层号应与建筑楼层号对应一致。

10.1.1.1　列表注写方式

列表注写方式是指在柱平面布置图上(一般只需采用适当比例绘制一张柱平面布置图,包括框架柱、框支柱、梁上柱和剪力墙上柱),分别在同一编号的柱中选择一个(有时需要选择几个)截面标准几何参数代号;在柱表中注写柱号、柱段起止标高、几何尺寸(含柱截面对轴线的偏心情况)与配筋的具体数值,并配以各种柱截面形状及其箍筋类型图的方式来表示柱平法施工图,如图 10.1 所示。

列表注写内容包括以下几个方面。

① 注写柱编号。柱编号由类型代号和序号组成,应符合表 10.1 的规定。

表 10.1　　　　　　　　　　　　　　　　　柱编号

柱类型	代号	序号
框架柱	KZ	××
转换柱	KZZ	××
芯柱	XZ	××

注:编号时,当柱的总高、分段截面尺寸和配筋均对应相同,仅分段截面与轴线的关系不同时,仍可将其编为同一柱号。

② 注写各段柱的起止标高。自柱根部往上以变截面位置或截面未变但配筋改变处为界分段注写。其中:

框架柱和框支柱的根部标高是指基础顶面标高;

芯柱的根部标高是指根据结构实际需要而定的起始位置标高;

梁上柱的根部标高是指梁顶面标高。

剪力墙上柱的根部标高分为两种:当柱纵筋锚固在墙顶部时,其根部标高为墙顶面标高;当柱与剪力墙重叠一层时,其根部标高为墙顶面往下一层的结构层楼面标高。

③ 对于矩形柱,注写柱截面尺寸 $b \times h$ 及与轴线关系的几何参数代号 b_1、b_2 和 h_1、h_2 的具体数值,需对应于各段柱分别注写。其中,$b=b_1+b_2$,$h=h_1+h_2$。当截面的某一边收缩变化至与轴线重合或偏到轴线的另一侧时,b_1、b_2、h_1、h_2 中的某项为零或为负值。

对于圆柱,表中 $b \times h$ 一栏改用在圆柱直径数字前加 d 表示。为表达简单,圆柱截面与轴线的关系也用 b_1、b_2 和 h_1、h_2 表示,并使 $d=b_1+b_2=h_1+h_2$。

对于芯柱,根据结构需要,可以在某些框架柱的一定高度范围内,在其内部的中心位置设置(分别引注其柱编号)。芯柱截面尺寸按构造确定,并按标准构造详图施工,设计不注明;当设计者采用与标准图集构造详图不同的做法时,应另行注明。芯柱定位随框架柱走,不需要注写其与轴线的几何关系。

④ 注写柱纵筋。当柱纵筋直径相同,各边根数也相同时(包括矩形柱、圆柱和芯柱),将纵筋注写在"全部纵筋"一栏中;除此之外,柱纵筋分角筋、截面 b 边中部钢筋和 h 边中部筋三项分别注写(对于采用对称配筋的矩形截面柱,可仅注写一侧中部筋,对称边省略不注)。

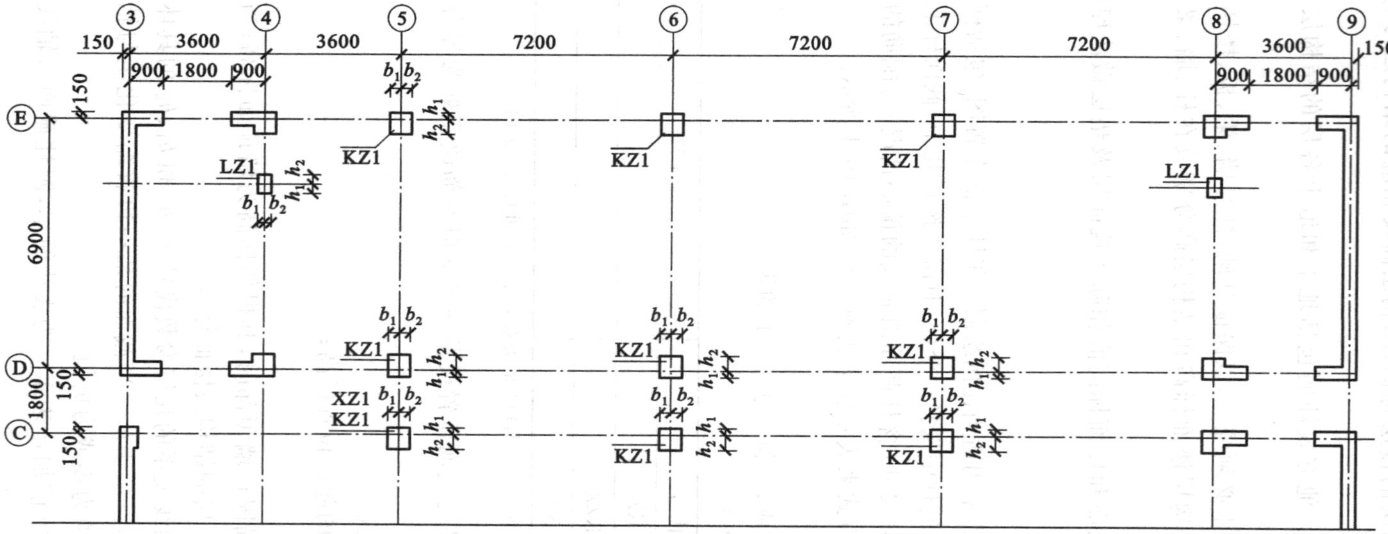

柱表

柱编号	标高(m)	b×h(mm×mm)(圆柱直径D)	b1(mm)	b2(mm)	h1(mm)	h2(mm)	全部纵筋	角筋	b边一侧中部筋	h边一侧中部筋	箍筋类型号	箍筋	备注
KZ1	-4.530～-0.030	750×700	375	375	150	550	28Φ25				1(6×6)	φ10@100/200	
	-0.030～19.470	750×700	375	375	150	550	24Φ25				1(5×4)	φ10@100/200	
	19.470～37.470	650×600	325	325	150	450		4Φ22	5Φ22	4Φ20	1(5×4)	φ10@100/200	
	37.470～59.070	550×500	275	275	150	350		4Φ22	5Φ22	4Φ20	1(5×4)	Φ8@100/200	
XZ1	-4.530～8.670						8Φ25				按标准构造详图	Φ10@100	⑤×Ⓒ轴KZ1中设置

—4.530～59.070柱平法施工图(局部)

注：①如采用非对称配筋，需在柱表中增加相应栏目分别表示各边的中部筋。
②箍筋对纵筋至少隔一拉一。
③本页示例表示地下一层（-1层）、首层（1层）柱端箍筋加密区长度范围及纵筋连接位置均按嵌固部位要求设置。
④层高表中，竖向粗线表示本页柱的起止标高为-4.530～59.070 m，所在层号为-1～16层。

图10.1 柱平法施工图列表注写方式示例

层号	标高(m)	层高(m)
屋面2	65.670	3.30
塔层2	62.370	3.30
屋面1(塔层1)	59.070	3.60
16	55.470	3.60
15	51.870	3.60
14	48.270	3.60
13	44.670	3.60
12	41.070	3.60
11	37.470	3.60
10	33.870	3.60
9	30.270	3.60
8	26.670	3.60
7	23.070	3.60
6	19.470	3.60
5	15.870	3.60
4	12.270	3.60
3	8.670	3.60
2	4.470	4.20
1	-0.030	4.50
-1	-4.530	4.50
-2	-9.030	4.50

结构层楼面标高
结构层高
上部结构嵌固部位：-4.530

⑤ 注写箍筋类型号及箍筋肢数,在箍筋类型栏内注写按下面箍筋规定绘制的柱截面形状及其箍筋类型号。见表 10.2。

表 10.2   箍筋类型表

箍筋类型编号	箍筋肢数	复合方式
1	$m \times n$	肢数 m h 肢数 n b
2	—	h b
3	—	h b
4	$Y+m \times n$ 圆形箍	肢数 m 肢数 n d

⑥ 注写柱箍筋,包括钢筋级别、直径与间距。

当为抗震设计时,用斜线"/"区分柱端箍筋加密区与柱身非加密区长度范围内箍筋的不同间距。施工人员需根据标准构造详图的规定在规定的几种长度值中取其最大者作为加密区长度。当框架节点核心区内箍筋与柱端箍筋设置不同时,应在括号中标注核心区箍筋直径及间距。

例如,φ10@100/250,表示箍筋为 HPB300 级钢筋,直径 10 mm,加密区间距为 100 mm,非密区间距为 250 mm。

φ10@100/250 φ12@100,表示柱中箍筋为 HPB300 级钢筋,直径 10 mm,加密区间距为 100 mm,非加密区间距为 250 mm。框架节点核心区箍筋为 HPB300 级钢筋,直径 10 mm,间距为 100 mm。

当箍筋沿柱全高为一种间距时,则不使用"/"线。

例如,φ10@100,表示箍筋为 HPB300 级钢筋,直径 10 mm,间距为 100 mm,沿柱全高加密。

当圆柱采用螺旋箍筋时,需在箍筋前加"L"。

例如,Lφ10@100/200,表示采用螺旋箍筋,HPB300 级钢筋,直径 10 mm,加密区间距为 100 mm,非加密区间距为 200 mm。

当为抗震设计时,确定箍筋肢数时要满足对柱纵筋"隔一拉一"以及箍筋肢距的要求。

⑦ 各种箍筋类型图以及箍筋复合的具体方式需画在表的上部或图中的适当位置,并在其上标注与表中对应的 b、h 和编上类型号。

当为抗震设计时,确定箍筋肢数时要满足对柱纵筋"隔一拉一"以及箍筋肢距的要求。

10.1.1.2 截面注写方式

截面注写方式是指在柱平面布置图的柱截面上,分别在同一编号的柱中选择一个截面,以直接注写截面尺寸和配筋具体数值的方式来表达柱平法施工图,如图 10.2 所示。

① 对除芯柱外的所有柱截面按表 10.1 规定进行编号,从相同编号的柱中选择一个截面,按另一种比例原位放大绘制柱截面配筋图,并在各配筋图上继其编号后再注写截面尺寸 $b \times h$、角筋或全部纵筋(当纵筋采用一种直径且能够图示清楚时)、箍筋的具体数值(箍筋的注写方式及对柱纵筋搭接长度范围的箍筋间距要求同本书 10.1.1.1 节第⑥条),以及在柱截面配筋图上标注柱截面与轴线关系 b_1、b_2、h_1、h_2 的具体数值。

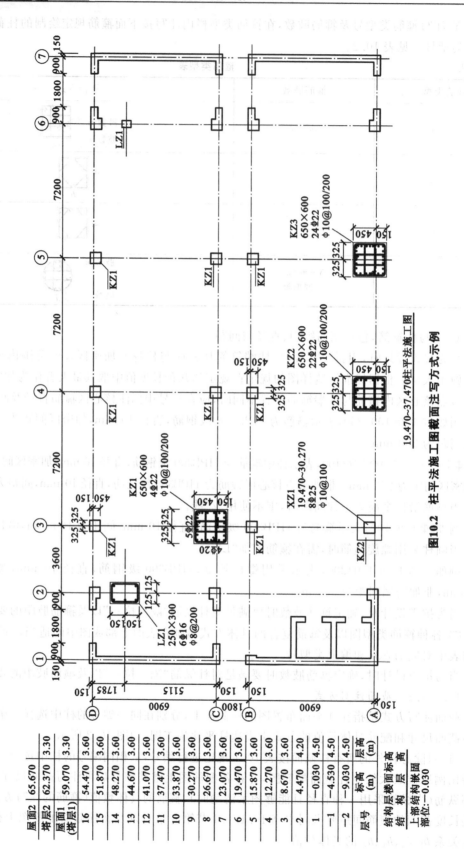

图10.2 柱平法施工图截面注写方式示例

19.470~37.470柱平法施工图

		标高	层高
屋面2		65.670	3.30
塔层2		62.370	3.30
屋面1 (塔层1)		59.070	3.60
	16	54.470	3.60
	15	51.870	3.60
	14	48.270	3.60
	13	44.670	3.60
	12	41.070	3.60
	11	37.470	3.60
	10	33.870	3.60
	9	30.270	3.60
	8	26.670	3.60
	7	23.070	3.60
	6	19.470	3.60
	5	15.870	3.60
	4	12.270	3.60
	3	8.670	3.60
	2	4.470	4.20
	1	−0.030	4.50
	−1	−4.530	4.50
	−2	−9.030	4.50
层号		标高 (m)	层高 (m)

结构层楼面标高
结构层高
上部结构嵌固部位：−0.030

当纵筋采用两种直径时,需再注写截面各边中部筋的具体数值(对于采用对称配筋的矩形截面柱,可仅在一侧注写中部筋,对称边省略不注)。

当在某些框架柱的一定高度范围内,在其内部的中心位置设置芯柱时,首先按照表 10.1 的规定进行编号,继其编号后注写芯柱的起止标高、全部纵筋及箍筋的具体数值(箍筋的注写方式及对柱纵筋搭接长度范围的箍筋间距要求同本书 10.1.1.1 节第⑥条),芯柱截面尺寸按构造确定,并按标准构造详图施工,设计不注;当设计者采用与标准图集构造详图不同的做法时,应另行注明。芯柱定位随框架柱走,不需要注写其与轴线的几何关系。

② 在截面注写方式中,如柱的分段截面尺寸和配筋均相同,仅分段截面与轴线的关系不同时,可将其编为同一柱号。但此时应在未画配筋的柱截面上注写该柱截面与轴线关系的具体尺寸。

10.1.2　剪力墙平法施工图表示方法

剪力墙平法施工图是指在剪力墙平面布置图上采用列表注写方式或截面注写方式表达。

剪力墙平面布置图可采用适当比例单独绘制,也可与柱平面布置图合并绘制。当剪力墙较复杂或采用截面注写方式时,应按标准层分别绘制剪力墙平面布置图。

在剪力墙平法施工图中,应按本书 10.1 节中的规定注明各结构层的楼面标高、结构层高及相应的结构层号,并注明上部结构嵌固部位位置。对于轴线未居中的剪力墙(包括端柱),应标注其偏心定位尺寸。

10.1.2.1　列表注写方式

为表达清楚、简便,剪力墙可视为由剪力墙柱、剪力墙身和剪力墙梁三类构件构成。

列表注写方式是指分别在剪力墙柱、剪力墙身和剪力墙梁表中,对应于剪力墙平面布置图上的编号,用绘制截面配筋图并注写几何尺寸与配筋具体数值的方式来表达剪力墙平法施工图。如图 10.3、图 10.4 所示。

(1) 剪力墙编号规定

将剪力墙按剪力墙柱、剪力墙身、剪力墙梁(简称墙柱、墙身、墙梁)三类构件分别编号。

① 墙柱编号:由墙柱类型代号和序号组成,表达形式应符合表 10.3 的规定。

表 10.3　　　　　　　　　　　　　　　　　墙柱编号

柱类型	代号	序号
约束边缘构件	YBZ	××
构造边缘构件	GBZ	××
非边缘暗柱	AZ	××
扶壁柱	FBZ	××

注:约束边缘构件包括约束边缘暗柱、约束边缘端柱、约束边缘翼墙、约束边缘转角墙四种;构造边缘构件包括构造边缘暗柱、构造边缘端柱、构造边缘翼墙、构造边缘转角墙四种(图 10.5)。

② 墙身编号,由墙身代号、序号以及墙身所配置的水平与竖向分布钢筋的排数组成,其中,排数注写在括号内。表达形式为:Q××(×排)。

注:a. 在编号中:如若干墙柱的截面尺寸与配筋均相同,仅截面与轴线的关系不同时,可将其编为同一墙柱号;又如若干墙身的厚度尺寸和配筋均相同,仅墙厚与轴线的关系不同或墙身长度不同时,也可将其编为同一墙身号,但应在图中注明与轴线的几何关系。

b. 当墙身所设置的水平与竖向分布钢筋的排数为 2 时可不注。

c. 对于分布钢筋网的排数的规定如下。

非抗震:当剪力墙厚度大于 160 mm 时,应配置双排;当其厚度不大于 160 mm 时,宜配置双排。

剪力墙梁表

编号	所在楼层号	梁顶相对标高高差	梁截面 b×h	上部纵筋	下部纵筋	侧面纵筋	箍筋
LL1	2~9	0.800	300×2000	4Φ22	4Φ22	同Q1水平分布筋	Φ10@100(2)
	10~16	0.800	250×2000	4Φ20	4Φ20	同Q1水平分布筋	Φ10@100(2)
	屋面		250×1200	4Φ20	4Φ20	同Q1水平分布筋	Φ10@100(2)
LL2	3	−1.200	300×2520	4Φ22	4Φ22	同Q1水平分布筋	Φ10@150(2)
	4	−0.900	300×2070	4Φ22	4Φ22	同Q1水平分布筋	Φ10@150(2)
	5~9	−0.900	300×1770	4Φ22	4Φ22	同Q1水平分布筋	Φ10@150(2)
	10~屋面1	−0.900	250×1770	3Φ22	3Φ22	同Q1水平分布筋	Φ10@150(2)
LL3	2		300×2070	4Φ22	4Φ22	同Q1水平分布筋	Φ10@100(2)
	3		300×1770	4Φ22	4Φ22	同Q1水平分布筋	Φ10@100(2)
	4~9		300×1170	4Φ22	4Φ22	同Q1水平分布筋	Φ10@100(2)
	10~屋面1		250×1170	3Φ22	3Φ22	同Q1水平分布筋	Φ10@100(2)
LL4	2		250×2070	3Φ20	3Φ20	同Q2水平分布筋	Φ10@120(2)
	3		250×1770	3Φ20	3Φ20	同Q2水平分布筋	Φ10@120(2)
	4~屋面1		250×1170	3Φ20	3Φ20	同Q2水平分布筋	Φ10@120(2)
AL1	2~9		300×600	3Φ20	3Φ20	3Φ20	Φ8@150(2)
	10~16		250×500	3Φ18	3Φ18	3Φ18	Φ8@150(2)
BKL1	屋面1		500×750	4Φ22	4Φ22	4Φ22	Φ10@150(2)

剪力墙身表

编号	标高	墙厚	水平分布筋	垂直分布筋	拉筋
Q1(2排)	−0.030~30.270	300	Φ12@250	Φ12@250	Φ6@500
	30.270~59.070	250	Φ10@250	Φ10@250	Φ6@500
Q2(2排)	−0.030~30.270	250	Φ10@250	Φ10@250	Φ6@500
	30.270~59.070	200	Φ10@250	Φ10@250	Φ6@500

结构层楼面标高 结构层高

层号	标高(m)	层高(m)
屋面2	65.670	
塔层2	62.370	3.30
屋面1(塔层1)	59.070	3.30
16	55.470	3.60
15	51.870	3.60
14	48.270	3.60
13	44.670	3.60
12	41.070	3.60
11	37.470	3.60
10	33.870	3.60
9	30.270	3.60
8	26.670	3.60
7	23.070	3.60
6	19.470	3.60
5	15.870	3.60
4	12.270	3.60
3	8.670	3.60
2	4.470	4.20
1	−0.030	4.50
−1	−4.530	4.50
−2	−9.030	4.50

上部结构嵌固部位：−0.030

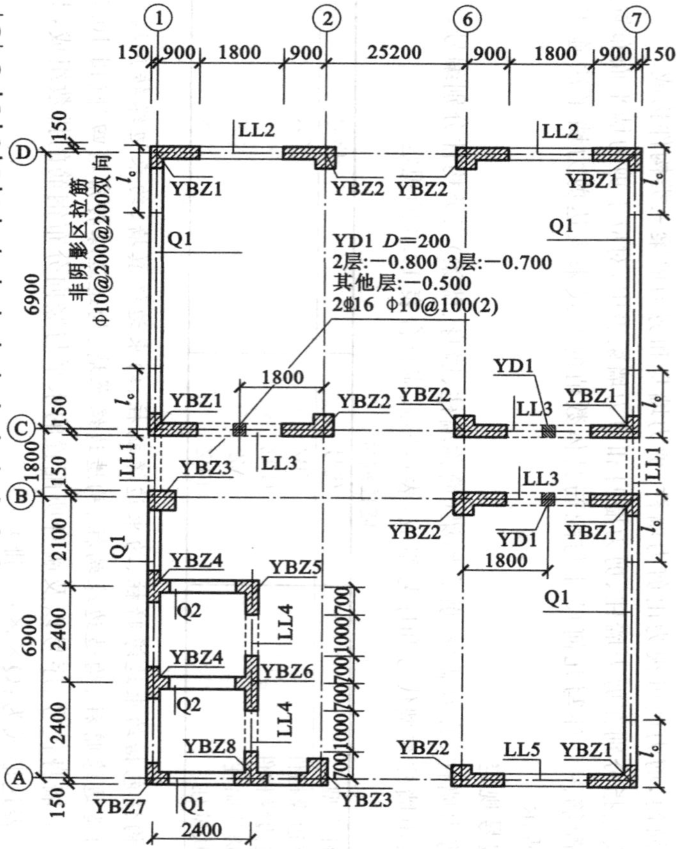

−0.030~59.070剪力墙平法施工图

注①可在结构层楼面标高、结构层高表中加设混凝土强度等级等栏目。
②本示例中 L_i 为约束边缘构件沿墙肢的伸出长度（实际工程中应注明具体值）。

图10.3 剪力墙平法施工图列表注写方式示例

剪力墙墙柱表

编号	标高	纵筋	箍筋
YBZ1	-0.030~12.270	24Φ20	Φ10@100
YBZ2	-0.030~12.270	22Φ20	Φ10@100
YBZ3	-0.030~12.270	18Φ20	Φ10@100
YBZ4	-0.030~12.270	20Φ20	Φ10@100
YBZ5	-0.030~12.270	20Φ20	Φ10@100
YBZ6	-0.030~12.270	28Φ20	Φ10@100
YBZ7	-0.030~12.270	16Φ20	Φ10@100

-0.030~12.270剪力墙平法施工图(部分剪力墙柱表)

层号	标高(m)	层高(m)
屋面2	65.670	
塔层2	62.370	3.30
屋面1(塔层1)	59.070	3.30
16	55.470	3.60
15	51.870	3.60
14	48.270	3.60
13	44.670	3.60
12	41.070	3.60
11	37.470	3.60
10	33.870	3.60
9	30.270	3.60
8	26.670	3.60
7	23.070	3.60
6	19.470	3.60
5	15.870	3.60
4	12.270	3.60
3	8.670	3.60
2	4.470	4.20
1	-0.030	4.50
-1	-4.530	4.50
-2	-9.030	4.50
层号	标高(m)	层高(m)

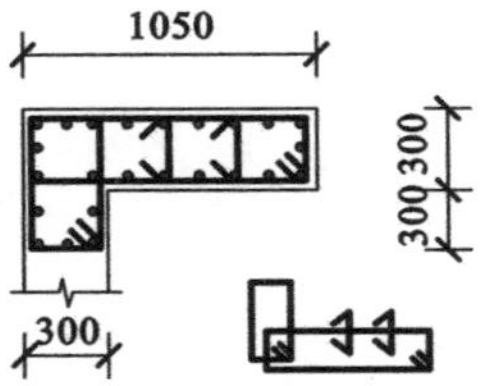

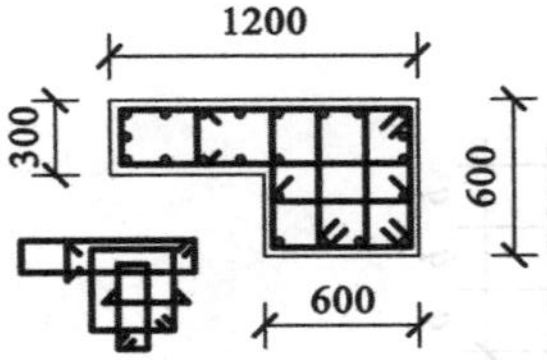

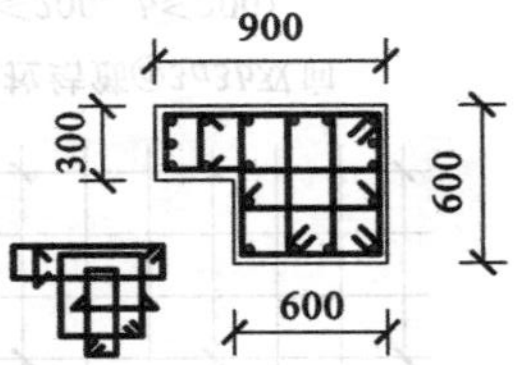

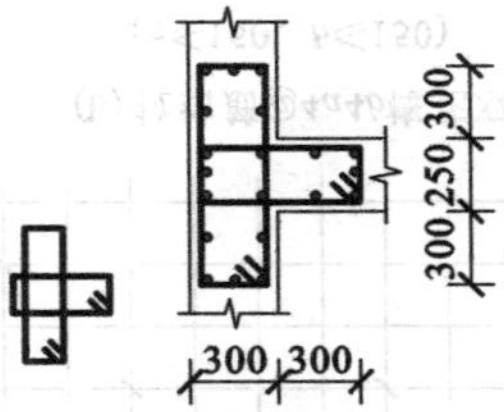

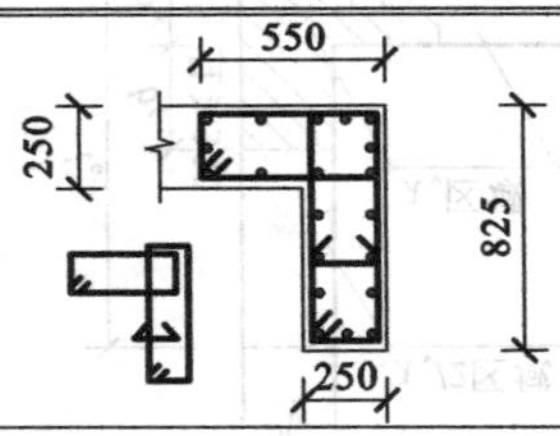

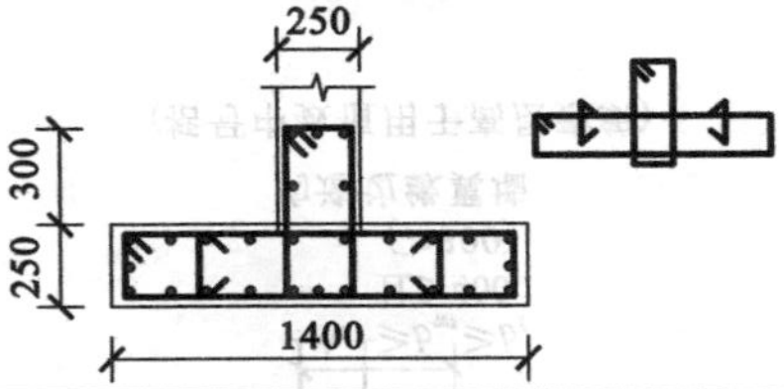

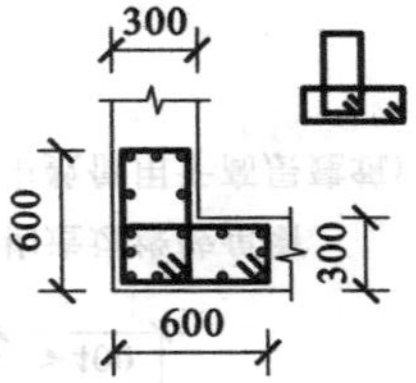

结构层楼面标高
结构层高
上部结构嵌固部位:-0.030

图10.4　剪力墙平法施工图列表注写方式示例

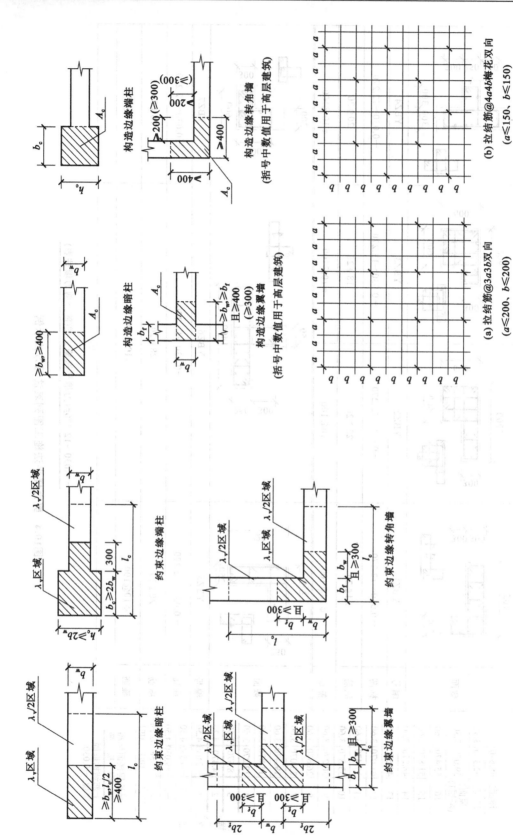

图10.5　各类墙柱的截面形状与几何尺寸

抗震：当剪力墙厚度不大于 400 mm 时，应配置双排；当剪力墙厚度大于 400 mm，但不大于700 mm 时，宜配置三排；当剪力墙厚度大于 700 mm 时，宜配置四排。

各排水平分布钢筋和竖向分布钢筋的直径与间距应保持一致。

当剪力墙配置的分布钢筋多于两排时，剪力墙拉筋应同时钩住外排水平纵筋和竖向纵筋，还应与剪力墙内排水平纵筋和竖向纵筋绑扎在一起。

③ 墙梁编号，由墙梁类型代号和序号组成，表达形式应符合表 10.4 的规定。

表 10.4   **墙梁编号**

柱类型	代号	序号
连梁	LL	××
连梁（跨高比不小于 5）	LLk	××
连梁（对角暗撑配筋）	LL(JC)	××
连梁（交叉斜筋配筋）	LL(JX)	××
连梁（集中对角斜筋配筋）	LL(DX)	××
暗梁	AL	××
边框梁	BKL	××

注：在具体工程中，当某些墙身需设置暗梁或边框梁时，宜在剪力墙平法施工图中绘制暗梁或边框梁的平面布置简图并编号，以明确其具体位置。

(2) 剪力墙柱表中表达的内容规定

① 注写墙柱编号（表 10.3）和绘制该墙柱的截面配筋图，标注墙柱几何尺寸。

注：a. 约束边缘构件（图 10.5）需注明阴影部分尺寸。剪力墙平面布置图中应注明约束边缘构件沿墙肢长度 l_c（约束边缘翼墙中沿墙肢长度尺寸为 $2b_f$ 时可不注）。

b. 构造边缘构件（图 10.5）需标注几何尺寸。

c. 扶壁柱及非边缘暗柱需标注几何尺寸。

② 注写各段墙柱的起止标高，自墙柱根部往上以变截面位置或截面未变但配筋改变处为界分段注写。墙柱根部标高一般指基础顶面标高（部分框支剪力墙结构则为框支梁顶面标高）。

③ 注写各段墙柱的纵向钢筋和箍筋，注写值应与在表中绘制的截面配筋图对应一致。纵向钢筋注总配筋值；墙柱箍筋的注写方式与柱箍筋相同。

约束边缘构件除注写阴影部位的箍筋外，还需在剪力墙平面布置图中注写非阴影区内布置的拉筋（或箍筋）。

注：拉筋标注按下面（4）中规定。

(3) 剪力墙身表中表达的内容规定

① 注写墙身编号（含水平与竖向分布钢筋的排数）。见本书 10.1.2.1 节中规定。

② 注写各段墙身的起止标高，自墙身根部往上以变截面位置或截面未变但配筋改变处为界分段注写。墙身根部标高是指基础顶面标高（部分框支剪力墙结构则为框支梁顶面标高）。

③ 注写水平分布钢筋、竖向分布钢筋和拉筋的具体数值。注写数值为一排水平分布钢筋和竖向分布钢筋的规格与间距，具体设置几排已经在墙身编号后面表达。

拉筋应注明布置方式"双向"或"梅花双向"，如图 10.5 所示（图中 a 为竖向分布钢筋间距，b 为水平分布钢筋间距）。

(4) 剪力墙梁表中表达的内容规定

① 注写墙梁编号，见表 10.3。

② 注写墙梁所在楼层号。

③ 注写墙梁顶面标高高差,是指相对于墙梁所在结构层楼面标高的高差值,高于者为正值,低于者为负值,当无高差时不注。

④ 注写墙梁截面尺寸 $b \times h$,上部纵筋,下部纵筋和箍筋的具体数值。

⑤ 当连梁设有对角暗撑时[代号为 LL(JC)××],注写暗撑的截面尺寸(箍筋外皮尺寸),注写一根暗撑的全部纵筋,并标注×2表明有两根暗撑相互交叉;注写暗撑箍筋的具体数值。

⑥ 当连梁设有交叉斜筋时[代号为 LL(JX)××],注写连梁一侧对角斜筋的配筋值,并标注×2表明对称设置;注写对角斜筋在连梁端部设置的拉筋根数、规格及直径,并标注×4表示四个角都设置;注写连梁一侧折线筋配筋值,并标注×2表明对称设置。

⑦ 当连梁设有集中对角斜筋时[代号为 LL(DX)××],注写一条对角线上的对角斜筋,并标注×2表明对称设置。

墙梁侧面纵筋的配置,当墙身水平分布钢筋满足连梁、暗梁及边框梁的梁侧面纵向构造钢筋的要求时,该筋配置同墙身水平分布钢筋,表中不注,施工按标准构造详图的要求即可;当不满足时,应在表中注明梁侧面纵筋的具体数值(其在支座内的锚固要求同连梁中受力钢筋)。

注:在具体工程中,当某些墙身需设置暗梁或边框梁时,宜在剪力墙平法施工图中绘制暗梁或边框梁的平面布置简图并编号(图10.3),以明确其具体位置。

10.1.2.2　截面注写方式

截面注写方式,是指在分标准层绘制的剪力墙平面布置图上,以直接在墙柱、墙身、墙梁上注写截面尺寸和配筋具体数值的方式来表达剪力墙平法施工图,如图10.6所示。

选用适当比例原位放大绘制剪力墙平面布置图,其中对墙柱绘制配筋截面图;对所有墙柱、墙身、墙梁分别按本书10.1.2.1节第(1)条的规定进行编号,并分别在相同编号的墙柱、墙身、墙梁中选择一根墙柱、一道墙身、一根墙梁进行注写。其注写方式按以下规定进行。

① 从相同编号的墙柱中选择一个截面,标注全部纵筋及箍筋的具体数值(其箍筋的表达方式同本书10.1.1.1节第⑦条)。对墙柱纵筋搭接长度范围的箍筋间距要求同本书10.1.1.1节第⑥条。

注:约束边缘构件(图10.5)除需注明阴影部分具体尺寸外,还需注明约束边缘构件沿墙肢长度 l_c,约束边缘翼墙中沿墙肢长度尺寸为 $2b_f$ 时可不注。除注写阴影部位的箍筋外,还需注写非阴影区内的拉筋(或箍筋)。当 l_c 不同时,可编为同一构件,但应单独注明 l_c 的具体尺寸并标注非阴影区内布置的拉筋(或箍筋)。

② 从相同编号的墙身中选择一道墙身,按顺序引注的内容为:墙身编号(应包括注写在括号内墙身所配置的水平与竖向分布钢筋的排数)、墙厚尺寸,水平分布钢筋、竖向分布钢筋和拉筋的具体数值。

③ 从相同编号的墙梁中选择一根墙梁,按顺序引注的内容为:

a. 注写墙梁编号、墙梁截面尺寸、墙梁箍筋、上部纵筋、下部纵筋和墙梁顶面标高高差的具体数值,其中,墙梁顶面标高高差的注写规定同本书10.1.2.1节第(4)条中的规定;

b. 当连梁设有对角暗撑时[代号为 LL(JC)××],注写规定同本书10.1.2.1节中第(4)条中第⑤款;

c. 当连梁设有交叉斜筋时[代号为 LL(JX)××],注写规定同本书10.1.2.1节中第(4)条中第⑥款;

d. 当连梁设有集中对角斜筋时[代号为 LL(DX)××],注写规定同本书10.1.2.1节中第(4)条中第⑦款。

当墙身水平分布钢筋不能满足连梁、暗梁及边框梁的梁侧面纵向构造钢筋的要求时,应补充注明梁侧面纵筋的具体数值,注写时,以大写字母N打头,接续注写直径与间距。其在支座内的锚固

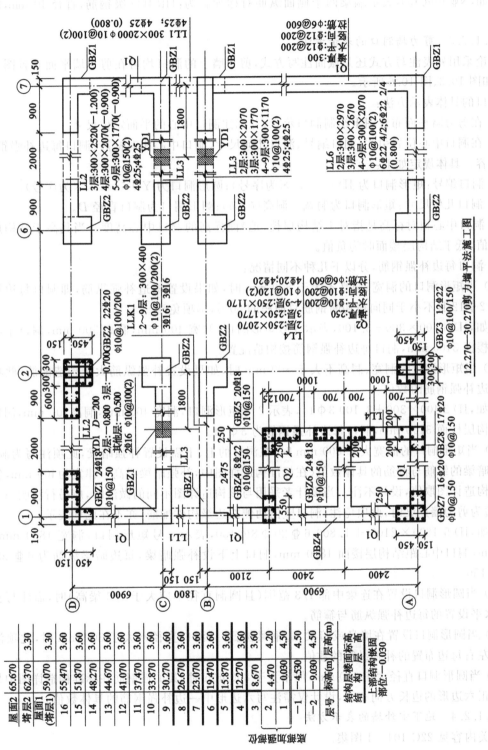

图10.6 剪力墙平法施工图载面注写方式示例

要求同连梁中受力钢筋。

例如，NΦ 10@150，表示墙梁两个侧面纵筋对称配置为：HRB400 级钢筋，直径 10 mm，间距为 150 mm。

10.1.2.3　剪力墙洞口的表示方法

无论采用列表注写方式还是截面注写方式，剪力墙上的洞口均可在剪力墙平面布置图上原位表达，如图 10.3、图 10.6 所示。

洞口的具体表示方法：

① 在剪力墙平面布置图上绘制洞口示意，并标注洞口中心的平面定位尺寸。

② 在洞口中心位置引注：洞口编号、洞口几何尺寸、洞口中心相对标高、洞口每边补强钢筋，共四项内容。具体规定如下：

a. 洞口编号：矩形洞口为 JD××（××为序号）；圆形洞口为 YD××（××为序号）。

b. 洞口几何尺寸：矩形洞口为洞宽×洞高（$b \times h$）；圆形洞口为洞口直径 D。

c. 洞口中心相对标高是指对于结构层楼（地）面标高的洞口中心高度。当其高于结构层楼面时为正值，低于结构层楼面时为负值。

d. 洞口每边补强钢筋，分以下几种不同情况：

（a）当矩形洞口的洞宽、洞高不大于 800 mm 时，如果设置构造补强纵筋，即洞口每边加钢筋不小于 2ϕ12 且不小于同向被切断钢筋总面积的 50％，本项免注。

例如，JD 3 400×300＋3.100，表示 3 号矩形洞口，洞宽 400 mm，洞高 300 mm，洞口中心距本结构层楼面 3100 mm，洞口每边补强钢筋按构造配置。

（b）当矩形洞口的洞宽、洞高不大于 800 mm 时，如果设置补强纵筋大于构造配筋，此项注写洞口每边补强钢筋的数值。

例如，JD 2 400×300＋3.100 3ϕ14，表示 2 号矩形洞口，洞宽 400 mm，洞高300 mm，洞口中心距本结构层楼面 3100 mm，洞口每边补强钢筋为 3ϕ14。

（c）当矩形洞口的洞宽大于 800 mm 时，在洞口的上、下需设置补强暗梁，此项注写为洞口上、下每边暗梁的纵筋与箍筋的具体数值（在标准构造详图中，补强暗梁梁高一律定为400 mm，施工时按标准构造详图取值，设计不注。当设计者采用与该构造详图不同的做法时，应另行注明）；当洞口上、下边为剪力墙连梁时，此项免注；洞口竖向两侧按边缘构件配筋，亦不在此项表示。

例如，JD 5 1800×2100 ＋1.800 6Φ20 ϕ8@150，表示 5 号矩形洞口，洞宽 1800 mm，洞高 2100 mm，洞口中心距结构层楼面 1800 mm，洞口上下设补强暗梁，每边暗梁纵筋为 6Φ20，箍筋为ϕ8@150。

（d）当圆形洞口设置在连梁中部 1/3 范围（且圆洞直径不应大于 1/3 梁高）时，需注写在圆洞上、下水平设置的每边补强纵筋与箍筋。

（e）当圆形洞口设置在墙身或暗梁、边框梁位置，且洞口直径不大于 300 mm 时，此项注写洞口上下左右每边布置的补强纵筋的数值。

（f）当圆形洞口直径大于 300 mm，但不大于 800 mm 时，其加强钢筋在标准构造详图中是按照圆外切正六边形的边长方向布置，设计仅需注写六边形中一边补强钢筋的具体数值。

10.1.2.4　地下室外墙的表示方法

相关内容见 22G 101—1 图集。

10.1.3　梁平法施工图的表示方法

梁平法施工图是指在梁平面布置图上采用列表注写方式或截面注写方式表达。

梁平面布置图,应分别按梁的不同结构层(标准层)将全部梁和其相关联的柱、墙、板一起采用适当比例绘制。在梁平法施工图中,还应按本书10.1节设计原则第(5)条的规定注明各结构层的顶面标高及相应的结构层号。对于轴心未居中的梁,应标注其偏心定位尺寸(贴柱边的梁可不注)。

10.1.3.1　平面注写方式

平面注写方式是指在梁平面布置图上,分别在不同编号的梁中各选一根梁,在其上注写截面尺寸和配筋具体数值的方式来表达梁平法施工图。

平面注写包括集中标注与原位标注。集中标注表达梁的通用数值;原位标注表达梁的特殊数值。当集中标注中的某项数值不适用于梁的某部位时,则将该项数值原位标注。施工时,原位标注取值优先,如图10.7所示。

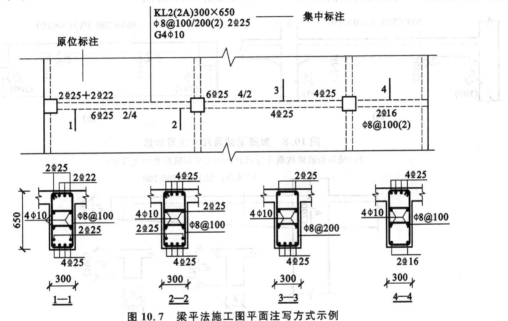

图10.7　梁平法施工图平面注写方式示例

注:本图四个梁截面是采用传统表示方法绘制,用于对比按平面注写方式表达的同样内容。实际采用平面注写方式表达时,不需要绘制梁截面配筋图和图10.7中的相应截面号。

① 梁编号。

梁编号由梁类型代号、序号、跨数及有无悬挑代号几项组成,应符合表10.5的规定。

例如,KL7(5A)表示第7号框架梁,5跨,一端有悬挑;L9(7B)表示第9号非框架梁,7跨,两端有悬挑。

表10.5　　　　　　　　　　　　　　　　　梁编号

梁类型	代号	序号	跨数及是否带有悬挑
楼层框架梁	KL	××	(××)、(××A)或(××B)
楼层框架扁梁	KBL	××	(××)、(××A)或(××B)
屋面框架梁	WKL	××	(××)、(××A)或(××B)
框支梁	KZL	××	(××)、(××A)或(××B)
拖柱转换梁	TZL	××	(××)、(××A)或(××B)
非框架梁	L	××	(××)、(××A)或(××B)
悬挑梁	XL	××	
井字梁	JZL	××	(××)、(××A)或(××B)

注:(××A)为一端有悬挑,(××B)为两端有悬挑,悬挑不计入跨数。

② 梁集中标注的内容。

梁集中标注的内容有五项必注值及一项选注值（集中标注可以从梁的任意一跨引出）。规定为如下几个方面。

a. 梁编号：如表 10.5 所示，该项为必注值。其中，对井字梁编号中关于跨数的规定见本节第（4）条。

b. 梁截面尺寸：该项为必注值。当为等截面梁时，用 $b \times h$ 表示；当为竖向加腋梁时，用 $b \times h$ Y$c_1 \times c_2$ 表示，其中 c_1 为腋长，c_2 为腋高，如图 10.8(a) 所示；当为水平竖向加腋梁时，用 $b \times h$ PY$c_1 \times c_2$ 表示，其中 c_1 为腋长，c_2 为腋宽，如图 10.8(b) 所示；当有悬挑梁且根部和端部的高度不同时，用斜线分隔根部与端部的高度值，即为 $b \times h_1/h_2$，如图 10.9 所示。

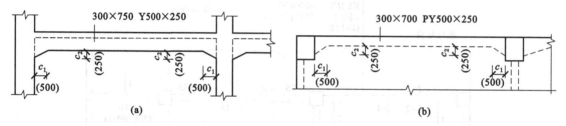

图 10.8 加腋梁截面尺寸注写示意

(a)竖向加腋梁截面注写示意；(b)水平加腋梁截面注写示意

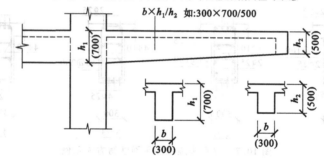

图 10.9 悬挑梁不等高截面尺寸注写示意

c. 梁箍筋：包括钢筋级别、直径、加密区与非加密区间距及肢数，该项为必注值。箍筋加密区与非加密区的不同间距及肢数需用斜线"/"分隔；当梁箍筋为同一种间距及肢数时，则不需用斜线；当加密区与非加密区的箍筋肢数相同时，则将肢数注写一次；箍筋肢数应写在括号内。加密区范围见相应抗震级别的标准构造详图。

例如，$\phi 10@100/200(4)$，表示箍筋为 HPB300 钢筋，直径 10 mm，加密区间距为 100 mm，非加密区间距为 200 mm，均为四肢箍。

$\phi 8@100(4)/150(2)$，表示箍筋为 HPB300 钢筋，直径 8 mm，加密区间距为 100 mm，四肢箍，非加密区间距为 150 mm，两肢箍。

当抗震结构中的非框架梁、悬挑梁、井字梁，及非抗震结构中的各类梁采用不同的箍筋间距及肢数时，也用斜线"/"将其分隔开来。注写时，先注写梁支座端部的箍筋（包括箍筋的箍数、钢筋级别、直径、间距及肢数），在斜线后注写梁跨中部分的箍筋间距及肢数。

例如，$13\phi 10@150/200(4)$，表示箍筋为 HPB300 钢筋，直径 10 mm，梁的两端各有 13 个四肢箍，间距为 150 mm；梁跨中部分间距为 200 mm，四肢箍。

$18\phi 12@150(4)/200(2)$，表示箍筋为 HPB300 钢筋，直径 12 mm，梁的两端各有 18 个四肢箍，间距为 150 mm；梁跨中部分间距为 200 mm，双肢箍。

d. 梁上部通长筋或架立筋配置：该项为必注值。所注规格与根数应根据结构受力要求及箍筋肢数等构造要求而定。当同排纵筋中既有通长筋又有架立筋时，应用加号"＋"将通长筋和架立筋相连。注写时须将角部纵筋写在加号的前面，架立筋写在加号后面的括号内，以示不同直径及与通长筋的区别。当全部采用架立筋时，则将其写入括号内。

　　例如，2Φ22，用于双肢箍；2Φ22＋(4Φ12)用于六肢箍，其中 2Φ22 为通长筋，4Φ12 为架立筋。

　　当梁的上部纵筋和下部纵筋均为通长筋，且多数跨配筋相同时，此项可加注下部纵筋的配筋值，用分号"；"将上部与下部纵筋的配筋值分隔开来，少数跨不同者，按本书10.1.3.1 小节的规定处理。

　　例如，"3Φ22；3Φ20"表示梁的上部配置 3Φ22 的通长筋，梁的下部配置 3Φ20 的通长筋。

　　e. 梁侧面纵向构造钢筋或受扭钢筋配置：该项为必注值。

　　当梁腹板高度 $h_w \geqslant 450$ mm 时，须配置纵向构造钢筋，所注规格与根数应符合相关规范规定。此项注写值以大写字母 G 打头，接续注写设置在梁两个侧面的总配筋值，且对称配置。

　　例如，G4Φ12，表示梁的两个侧面共配置 4Φ12 的纵向构造钢筋，每侧各配置 2Φ12。

　　当梁侧面需配置受扭纵向钢筋时，此项注写值以大写字母 N 打头，接续注写配置在梁两个侧面的总配筋值，且对称配置。受扭纵向钢筋应满足梁侧面纵向构造钢筋的间距要求，且不再重复配置纵向构造钢筋。

　　例如，N6Φ22，表示梁的两个侧面共配置 6Φ22 的受扭纵向钢筋，每侧各配置 3Φ22。

　　注：(a) 当为梁侧面构造钢筋时，其搭接与锚固长度可取为 $15d$。

　　(b) 当为梁侧面受扭纵向钢筋时，其搭接为 l_l 或 l_{lE}(抗震)，其锚固长度为 l_a 或 l_{aE}。

　　f. 梁顶面标高高差：该项为必注值。

　　梁顶面标高高差是指相对于结构层楼面标高的高差值，对于位于结构夹层的梁，则指相对于结构夹层楼面标高的高差。有高差时，须将其写入括号内；无高差时不注。

　　注：当某梁的顶面高于所在结构层的楼面标高时，其标高高差为正值；反之为负值。

　　例如，某结构层的楼面标高为 44.950 m 和 48.250m，当某梁的梁顶面标高高差注写为(－0.050)时，即表明该梁顶面标高分别相对于 44.950 m 和 48.250 m 低 0.05 m。

　　③ 梁原位标注的内容规定。

　　a. 梁支座上部纵筋。

　　该部位含通长筋在内的所有纵筋。

　　(a) 当上部纵筋多于一排时，用斜线"/"将各排纵筋自上而下分开。

　　例如，梁支座上部纵筋注写为 6Φ25 4/2，则表示上一排纵筋为 4Φ25，下一排纵筋为 2Φ25。

　　(b) 当同排纵筋有两种直径时，用加号"＋"将两种直径的纵筋相连，注写时将角部纵筋写在前面。

　　例如，梁支座上部四根纵筋，2Φ25 放在角部，2Φ22 放在中部，在梁支座上部应注写为2Φ25＋2Φ22。

　　(c) 当梁中间支座两边的上部纵筋不同时，须在支座两边分别标注；当梁中间支座两边的上部纵筋相同时，可仅在支座的一边标注配筋值，另一边省去不注，如图 10.10 所示。

　　注：对于支座两边不同配筋值的上部纵筋，宜尽可能选用相同直径(不同根数)，使其贯穿支座，避免支座两边不同直径的上部纵筋均在支座内锚固。

　　对于以边柱、角柱为端支座的屋面框架梁，当能够满足配筋截面面积要求时，其梁的上部钢筋应尽可能只配置一层，以避免梁柱纵筋在柱顶处因层数过多、密度过大导致不方便施工和影响混凝

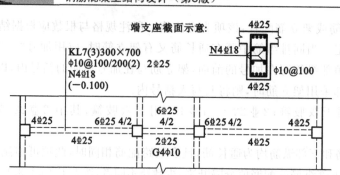

图 10.10　大小跨梁的注写示例

土浇筑质量。

　　b. 梁下部纵筋。

　　（a）当下部纵筋多于一排时，用"/"将各排纵筋自上而下分开。

　　例如，梁下部纵筋注写为 6⨀25 2/4，则表示上一排纵筋为 2⨀25，下一排纵筋为 4⨀25，全部伸入支座。

　　（b）当同排纵筋有两种直径时，用加号"＋"将两种直径的纵筋相连，注写时将角部纵筋写在前面。

　　（c）当梁下部纵筋不全伸入支座时，将梁支座下部纵筋减少的数量写在括号内。

　　例如，梁下部纵筋注写为 6⨀25 2(−2)/4，则表示上排纵筋为 2⨀25，且不伸入支座；下排纵筋为 4⨀25，全部伸入支座。

　　梁下部纵筋注写为 2⨀25＋3⨀22(−3)/5⨀25，表示上排纵筋为 2⨀25＋3⨀22，其中3⨀22不伸入支座；下一排纵筋为 5⨀25，全部伸入支座。

　　（d）当梁的集中标注中已按本书第 10.1.3.1 小节中第②条的规定分别注写了梁上部和下部均为通长的纵筋值时，则不需在梁下部重复做原位标注。

　　（e）附加箍筋或吊筋，将其直接画在平面图中的主梁上，用线引注总配筋值（附加箍筋的肢数注在括号内），如图 10.11 所示，当多数附加箍筋或吊筋相同时，可在梁平面施工图上统一注明，少数与统一注明值不同时，再原位引注。

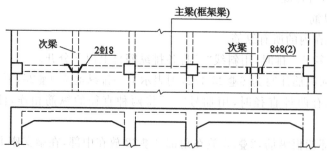

图 10.11　附加箍筋和吊筋的画法示例

　　（f）当在梁上集中标注的内容（即梁截面尺寸、箍筋、上部通长筋或架立筋，梁侧面纵向构造钢筋或受扭纵向钢筋，以及梁顶面标高高差中的某一项或几项数值）不适用于某跨或某悬挑部分时，应将其不同数值原位标注在该跨或该悬挑部位，施工时按原位标注数值取用。

　　当在多跨梁的集中标注中已注明加腋，而该梁某跨的根部却不需要加腋时，应在该跨原位标注等截面的 $b \times h$，以修正集中标注中的加腋信息，如图 10.12 所示。

　　④ 井字梁通常由非框架梁构成，并以框架梁为支座（特殊情况下以专门设置的非框架大梁为

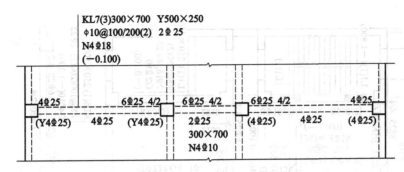

图 10.12   梁加腋平面注写方式表达示例

支座）。在此情况下，为明确区分井字梁与框架梁或作为井字梁支座的其他类型梁，井字梁用单粗虚线表示（当井字梁顶面高出板面时可用单粗实线表示），框架梁或作为井字梁支座的其他梁用双细虚线表示（当梁顶面高出板面时可用双细实线表示）。

井字梁的注写规则见本节前述规定。除此之外，设计者应注明纵横两个方向梁相交处同一层面钢筋的上下交错关系（指梁上部或下部的同层面交错钢筋何梁在上，何梁在下），以及在该相交处两方向梁箍筋的布置要求。

⑤ 代号为 L 的非框架梁，当某一端支座上部纵筋为充分利用钢筋的抗拉强度时；对于一端与框架柱相连、另一端与梁相连的梁（代号为 KL），当其与梁相连的支座上部纵筋为充分利用钢筋的抗拉强度时，在梁平面布置图上原位标注，以符号"g"表示。

⑥ 在梁平法施工图中，当局部梁的布置过密时，可将过密区用虚线框出，适当放大比例后再用平面注写方式表示。

采用平面注写方式表达的梁平法施工图示例见图 10.13。

10.1.3.2   截面注写方式

截面注写方式，是在分标准层绘制的梁平面布置图上，分别在不同编号的梁中各选择一根梁用剖面号引出配筋图，并在其上注写截面尺寸和配筋具体数值的方式来表达梁平法施工图，如图 10.14 所示。

① 对所有梁按表 10.4 的规定进行编号，从相同编号的梁中选择一根梁，先将"单边截面号"画在该梁上，再将截面配筋详图画在本图或其他图上。当某梁的顶面标高与结构层的楼面标高不同时，还应继其梁编号后注写梁顶面标高高差（注写规定与平面注写方式相同）。

② 在截面配筋详图上注写截面尺寸 $b×h$、上部筋、下部筋、侧面构造筋或受扭筋以及箍筋的具体数值时，其表达形式与平面注写方式相同。

③ 截面注写方式既可以单独使用，也可与平面注写方式结合使用。

④ 框架扁梁注写方式基本同框架梁，不同之处详见 22G 101—1 图集。

注：在梁平法施工图的平面图中，当局部区域的梁布置过密时，除了采用截面注写方式表达外，也可采用本书 10.1.3.1 小节第（5）条的措施来表达。当表达异形截面梁的尺寸与配筋时，用截面注写方式相对比较方便。

10.1.3.3   钢筋长度规定及其他

详见 22G 101—1 图集。

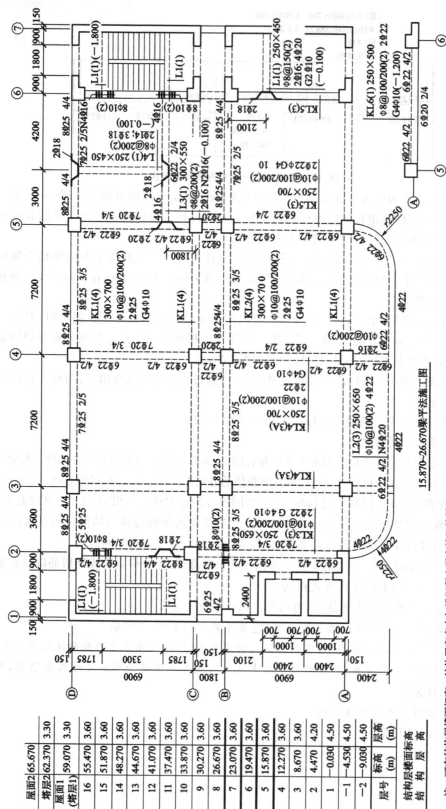

图10.13　梁平法施工图注写方式示例

15.870~26.670梁平法施工图

注：可在结构层楼面标高、结构层高表中加设混凝土强度等级等栏目。

层号	标高(m)	层高(m)
屋面2	65.670	
塔层2	62.370	3.30
屋面1(塔层1)	59.070	3.30
16	55.470	3.60
15	51.870	3.60
14	48.270	3.60
13	44.670	3.60
12	41.070	3.60
11	37.470	3.60
10	33.870	3.60
9	30.270	3.60
8	26.670	3.60
7	23.070	3.60
6	19.470	3.60
5	15.870	3.60
4	12.270	3.60
3	8.670	4.20
2	4.470	4.50
1	-0.030	4.50
-1	-4.530	4.50
-2	-9.030	

结构层楼面标高
结构层高

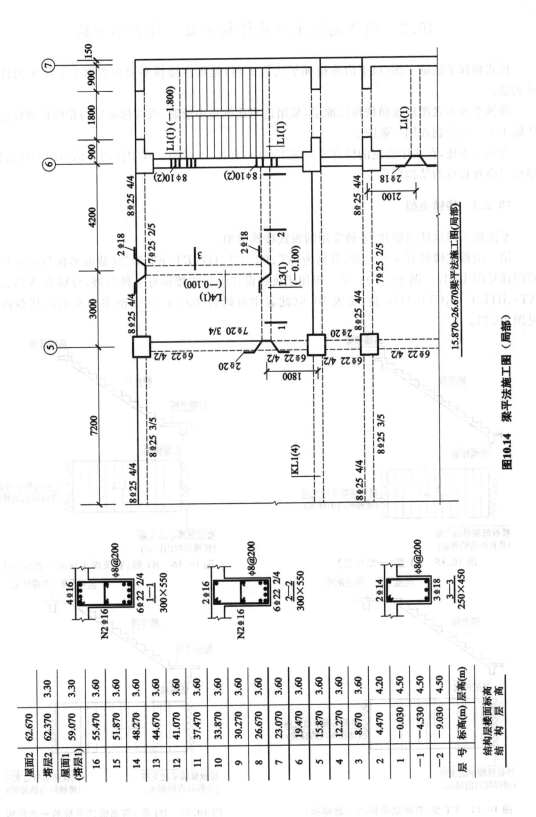

图10.14 梁平法施工图（局部）

结构层楼面标高层高		
屋面2	62.670	3.30
塔层2	62.370	3.30
屋面1（塔层1）	59.070	3.60
16	55.470	3.60
15	51.870	3.60
14	48.270	3.60
13	44.670	3.60
12	41.070	3.60
11	37.470	3.60
10	33.870	3.60
9	30.270	3.60
8	26.670	3.60
7	23.070	3.60
6	19.470	3.60
5	15.870	3.60
4	12.270	3.60
3	8.670	3.60
2	4.470	4.20
1	−0.030	4.50
−1	−4.530	4.50
−2	−9.030	4.50
层 号	标高(m)	层高(m)

10.2   现浇混凝土板式楼梯平面整体表示方法

板式楼梯平法施工图（以下简称楼梯平法施工图）是指在楼梯平面布置图上采用平面注写方式表达。

楼梯平面布置图应按照楼梯标准层，采用适当比例集中绘制，或按标准层与相应标准层的梁平法施工图一起绘制在同一张图上。

为施工方便，在集中绘制的楼梯平法施工图中，宜按10.1节的规定注明各结构层的楼面标高、结构层高及相应的结构层号。

10.2.1   楼梯类型

平法施工图包括两组共13种常用的板式楼梯类型。

第一组板式楼梯有6种类型，分别为 AT、BT、CT、DT、ET、FT 型等（截面形状与支座位置示意图详见图10.15～图10.20）。第二组用于抗震设计的板式楼梯有7种类型，分别为 ATa、ATb、ATc、BTb、CTa、CTb、DTb 型，见表10.6（此表中页码为 22G 101—2 图集中页码），其截面形式见图10.21。

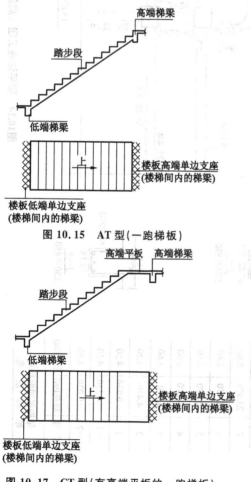

图 10.15   AT 型（一跑梯板）

图 10.17   CT 型（有高端平板的一跑梯板）

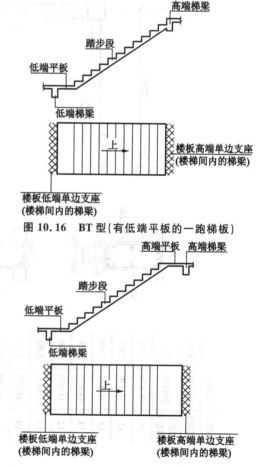

图 10.16   BT 型（有低端平板的一跑梯板）

图 10.18   DT 型（有高低端平板的一跑梯板）

第一组 AT～FT 型板式楼梯具备以下特征。

① AT～FT 每个代号代表一跑梯板。梯板的主体为踏步段,除踏步段之外,梯板可包括低端平板、高端平板以及中位平板。

② AT～FT 各型梯板的截面形式为:AT 型梯板全部由踏步段构成;BT 型梯板由低端平板和踏步段构成;CT 型梯板由踏步段和高端平板构成;DT 型梯板由低端平板、踏步段和高端平板构成;FT 型梯板由低端踏步段、中位平板和高端踏步段构成。

③ AT～FT 型梯板的两端分别以(低端和高端)梯梁为支座,采用该组板式楼梯的楼梯间内部既要设置楼层梯梁,又要设置层间梯梁(其中 FT 型梯板两端均为楼层梯梁),以及与其相连的楼层平台板和层间平台板。梯梁的制图规则和标准构造详图应按国家建筑标准设计图集 22G 101—1 执行。当梯梁以梁、构造柱或砌体为支座时,应按 22G 101—1 中的"非框架梁"设计;当梯梁以框架柱或剪力墙为支座时,应按22G 101—1 中的"框架梁"设计。

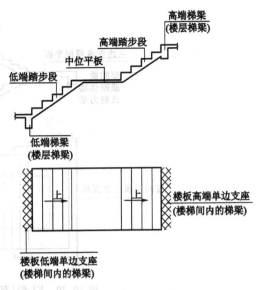

图 10.19 ET 型(有中位平板的一跑梯板)

表 10-6   楼梯类型

楼板代号	适用范围		是否参与结构整体抗震计算	示意图所在页码	注写方式及构造图所在页码
	抗震构造措施	适用结构			
AT	无	剪力墙、砌体结构	不参与	1-8	2-7、2-8
BT				1-8	2-9、2-10
CT	无	剪力墙、砌体结构	不参与	1-9	2-11、2-12
DT				1-9	2-13、2-14
ET	无	剪力墙、砌体结构	不参与	1-10	2-15、2-16
FT				1-10	2-17、2-18、2-19、2-23
GT	无	剪力墙、砌体结构	不参与	1-11	2-20～2-23
ATa	有	框架结构、框剪结构中框架部分	不参与	1-12	2-24～2-26
ATb			不参与	1-12	2-24、2-27、2-28
ATc			参与	1-12	2-29、2-30
BTb	有	框架结构、框剪结构中框架部分	不参与	1-13	2-31～2-33
CTa	有	框架结构、框剪结构中框架部分	不参与	1-14	2-25、2-34、2-35
CTb				1-14	2-27、2-34、2-36
DTb	有	框架结构、框剪结构中框架部分	不参与	1-13	2-32、2-37、2-38

注:ATa、CTa 低端带滑动支座支承在梯梁上;ATb、BTb、CTb、DTb 低端带滑动支座支承在挑板上。

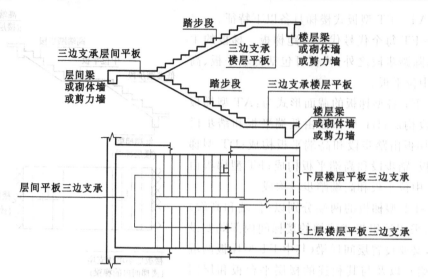

图 10.20　FT 型（有层间和楼层平台板的双跑楼梯）

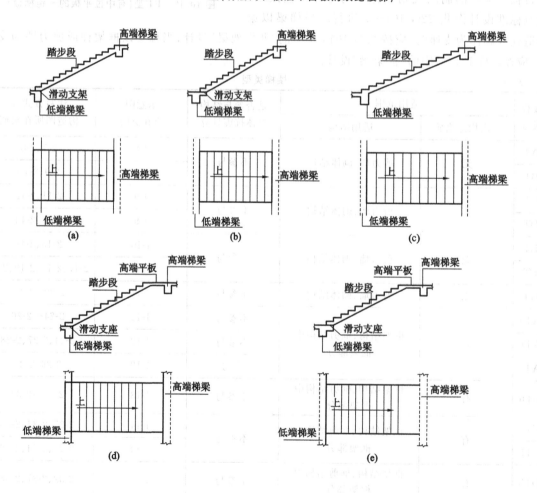

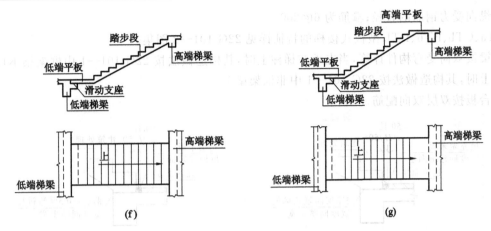

图 10.21　用于抗震设计的板式楼梯

(a)ATa 型;(b)ATb 型;(c)ATc 型;(d)CTa 型;(e)CTb 型;(f)BTb 型;(g)DTb 型

④ AT~FT 型梯板的下部纵向钢筋由设计者按照 AT~FT 型梯板平面楼梯平面注写方式注明;梯板支座端上部纵向钢筋按梯板下部纵向钢筋的 1/2 配置,且不小于 φ8@200;上部纵向钢筋自支座边缘向跨内延伸的水平投影长度统一取不小于 1/4 梯板净跨,设计不注;梯板的分布钢筋由设计者注写在楼梯平面图的图名下方。

注:本款规定仅适用于民用建筑楼梯,其跨中弯矩取完全简支计算结果的 80%。对于工业建筑楼梯,梯板支座端上部纵向钢筋的配置量与延伸长度应由设计者另行注明。

当梯板跨度较大,下部纵向钢筋的配置是由裂缝宽度或挠度控制,且配筋率较高时,其支座端上部纵向配置值以及向跨内延伸的长度应由设计者另行注明。

⑤ ET 型楼梯的低端平板或高端平板的净长、中位平板的位置及净长因具体工程而异,因此,当梯板上部纵向钢筋统一满足 1/4 梯板净跨的外伸长度值时,将会出现四种不同组合的配筋构造形式,施工人员应根据楼梯平法施工图中标注的几何尺寸,按照构造详图中的规定,选用相应的配筋构造形式进行施工。

第二组 ATa、ATb、ATc、CTa、CTb、BTb、DTb 型 7 种用于抗震设计的板式楼梯具备以下特征。

ATa、ATb 型板式楼梯具备以下特征:

① ATa、ATb 型为带滑动支座的板式楼梯,楼梯全部由踏步段构成,其支承方式为梯板高端均支承在梯梁上,ATa 型梯板低端带滑动支座支承在梯梁上,ATb 型梯板低端带滑动支座支承在梯梁的挑板上。

② 滑动支座做法见图 10.22、图 10.23,采用何种做法应由设计指定。滑动支座垫板可选用聚四氟乙烯板(四氟板)(图 10.24),也可选用其他能起到有效滑动的材料,其连接方式由设计者另行处理。

③ ATa、ATb 型梯板采用双层双向配筋。梯梁支承在梯柱上时,其构造做法按 22G 101—1 中框架梁 KL;支承在梁上时,其构造做法按 22G 101—1 中非框架梁 L。

ATc 型板式楼梯具备以下特征:

① ATc 型梯板全部由踏步段构成,其支承方式为梯板两端均支承在梯梁上。

② ATc 楼梯休息平台与主体结构可整体连接,也可脱开连接,见本书 10.2.2.1 小节图 10.29。

③ ATc 型楼梯梯板厚度应按计算确定,且不宜小于 140 mm;梯板采用双层配筋。

④ ATc 型梯板两侧设置边缘构件(暗梁),边缘构件的宽度取 1.5 倍板厚;边缘构件纵筋数量,当抗震等级为一、二级时不少于 6 根,当抗震等级为三、四级时不少于 4 根;纵筋直径为 12 且不小

于梯板纵向受力钢筋的直径；箍筋为 6@200。

CTa、CTb、BTb、DTb 型板式楼梯的特征详见 22G 101—2 图集。

梯梁按双向受弯构件计算，当支承在梯柱上时，其构造做法按 22G 101—1 中框架梁 KL；当支承在梁上时，其构造做法按 22G 101—1 中非框架梁 L。

平台板按双层双向配筋。

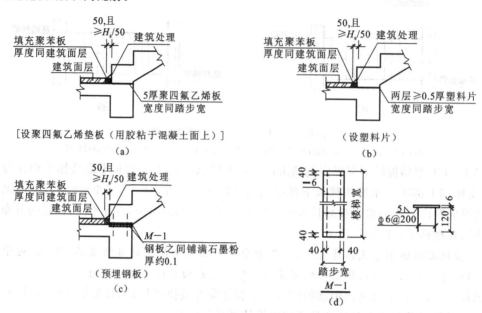

图 10.22　ATa、CTa 型楼梯滑动支座构造

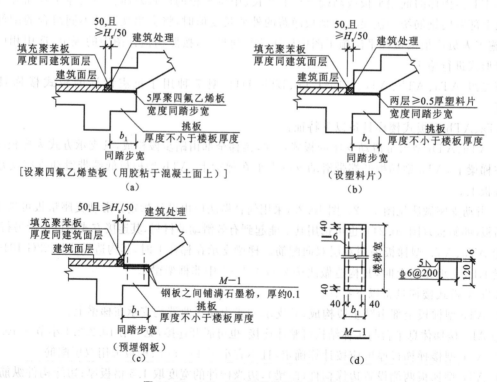

图 10.23　ATb、CTb 型楼梯滑动支座构造

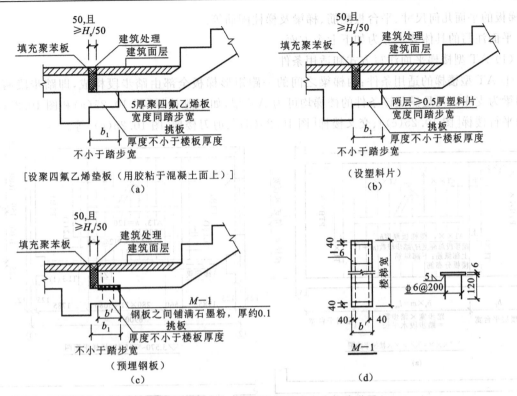

图 10.24 BTb、DTb 型楼梯滑动支座构造详图

10.2.2 板式楼梯平法施工图的表示方法

现浇混凝土板式楼梯平法施工图有平面注写、剖面注写和列表注写三种表达方式,设计者可根据工程具体情况任选一种。

10.2.2.1 平面注写方式

平面注写方式是指在楼梯平面布置图上用注写截面尺寸和配筋具体数值的方式来表达楼梯平法施工图。平面注写内容包括集中标注和外围标注。

集中标注内容有五项:

梯板的类型代号及序号(如 AT××);

梯板的厚度,注写为 $h=×××$,当为带平板的梯板且梯段板厚度和平板厚度不同时,可在梯段板厚度后面括号内以字母 P 打头注写平板厚度,例如,$h=130(P150)$,130 表示梯段板厚度,150 表示梯板平板段的厚度;

踏步段总高度和踏步级数,之间以"/"分隔;

梯板支座上部纵筋,下部纵筋,之间以";"分隔;

梯板分布筋,以 F 打头注写分布钢筋具体值,该项也可在图中统一说明。

例如,平面图中梯板类型及配筋的完整标注示例如下(AT 型):

AT1,h=120   梯板类型及编号,梯板厚度

1800/12   踏步段总高度/踏步级数

Φ10@200;Φ12@150   上部纵筋;下部纵筋

FΦ8@250   梯板分布钢筋(可统一说明)

楼梯外围标注的内容,包括楼梯间的平面尺寸、楼层结构标高、层间结构标高、楼梯的上下方

向、梯板的平面几何尺寸、平台板配筋、梯梁及梯柱配筋等。

平面注写的具体要求分为如下七个方面。

（1）AT 型楼梯平面注写方式和适用条件

① AT 型楼梯的适用条件：两梯梁之间的一跑矩形梯板全部由踏步段构成，即踏步段两端均以梯梁为支座。凡是满足该条件的楼梯均可为 AT 型，如双跑楼梯[图 10.25(a) 和图 10.25(b)]、双分平行楼梯[图 10.25(c)]、交叉楼梯[图 10.25(d)]、剪刀楼梯[图 10.25(e)]等。

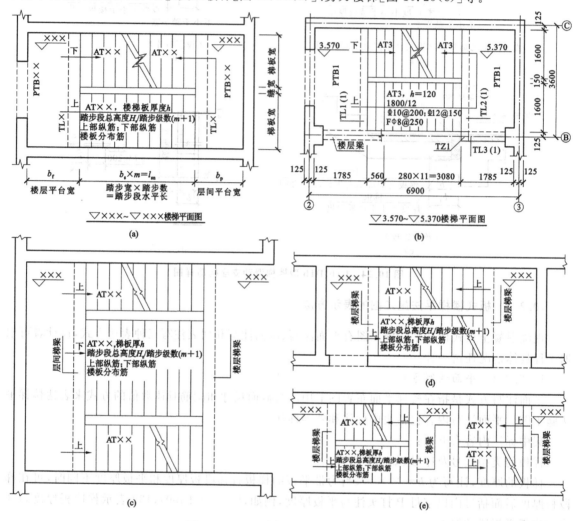

图 10.25　AT 型楼梯平面注写方式示例

(a) 平面注写方式；(b) 平面注写示例；(c) 双分平行楼梯；(d) 交叉楼梯（无层间平台板）；(e) 剪刀楼梯

② AT 型楼梯平面注写方式如图 10.25(a) 所示。其中，集中注写的内容有 5 项，第 1 项为梯板类型代号与序号 AT××，第 2 项为梯板厚度 h，第 3 项为踏步段总高度 H_s/踏步级数 $(m+1)$，第 4 项为上部纵筋及下部纵筋；第 5 项为梯板分布钢筋。设计示例见图 10.25(b)。

③ 梯板的分布钢筋可直接标注，也可统一说明。

④ 平台板 PTB、梯梁 TL、梯柱 TZ 配筋可参照 22G 101—1 标注。

（2）BT 型楼梯平面注写方式和适用条件

① BT 型楼梯的适用条件：两梯梁之间的矩形梯板由低端平板和踏步段构成。两部分的一端各自以梯梁为支座。凡是满足该条件的楼梯均可为 BT 型，如双跑楼梯[如图 10.26(a) 和图 10.26

(b)]、双分平行楼梯[图 10.26(c)]、交叉楼梯[图 10.26(d)]、剪刀楼梯[图 10.26(e)]等。

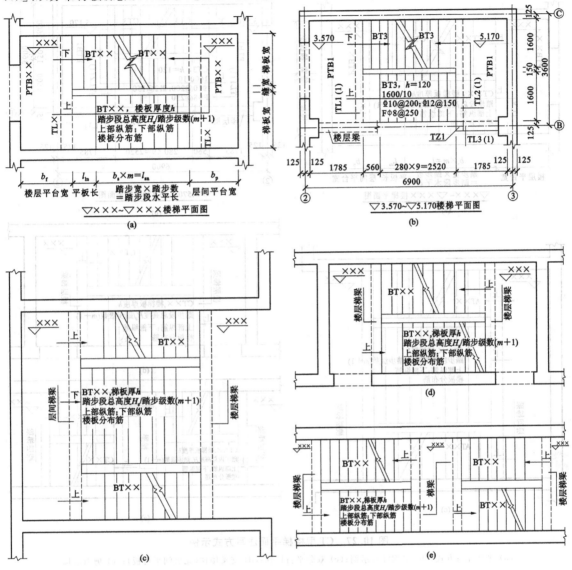

图 10.26　BT 型楼梯平面注写方式示例

(a) 平面注写方式；(b) 平面注写示例；(c) 双分平行楼梯；(d) 交叉楼梯(无层间平台板)；(e) 剪刀楼梯

② BT 型楼梯平面注写方式如图 10.26(a)所示。其中，集中注写的内容有 5 项，第 1 项为梯板类型代号与序号 BT××，第 2 项为梯板厚度 h，第 3 项为踏步段总高度 H_s/踏步级数$(m+1)$，第 4项为上部纵筋及下部纵筋；第 5 项为梯板分布钢筋。设计示例见图 10.26(b)。

③ 梯板的分布钢筋可直接标注，也可统一说明。

④ 平台板 PTB、梯梁 TL、梯柱 TZ 配筋可参照 22G 101—1 标注。

(3) CT 型楼梯平面注写方式和适用条件

① CT 型楼梯的适用条件：两梯梁之间的矩形梯板由踏步段和高端平板构成。两部分的一端各自以梯梁为支座。凡是满足该条件的楼梯均可为 CT 型，如双跑楼梯[如图 10.27(a)和图 10.27(b)]、双分平行楼梯[图 10.27(c)]、交叉楼梯[图 10.27(d)]、剪刀楼梯[图 10.27(e)]等。

② CT 型楼梯平面注写方式如图 10.23(a)所示。其中，集中注写的内容有 5 项，第 1 项为梯板

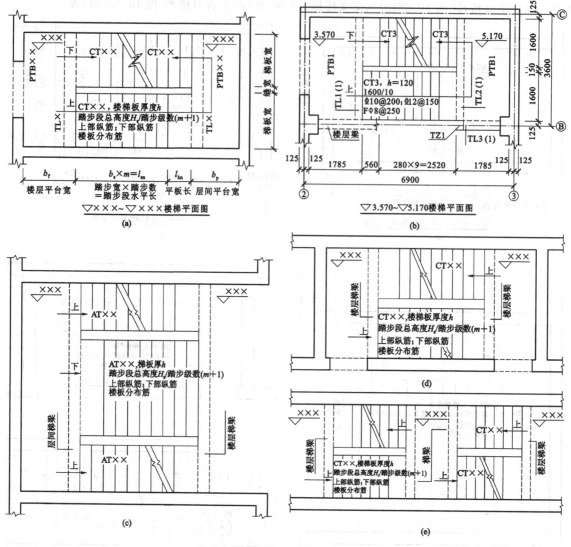

图 10.27　CT 型楼梯平面注写方式示例

(a) 平面注写方式；(b) 平面注写示例；(c) 双分平行楼梯；(d) 交叉楼梯(无层间平台板)；(e) 剪刀楼梯

类型代号与序号 CT××，第 2 项为梯板厚度 h，第 3 项为踏步段总高度 H_s/踏步级数$(m+1)$，第 4 项为上部纵筋及下部纵筋；第 5 项为梯板分布钢筋。设计示例见图 10.27(b)。

③ 在标准构造详图中，CT 型楼梯梯板支座端上部纵向钢筋按下部纵向钢筋的 1/2 配置，且不小于 Φ8@200。楼梯与扶手连接的预埋件位置与做法应由设计者注明。

(4) DT～FT 型楼梯平面注写方式和适用条件

DT～FT 型楼梯由于使用相对较少，其注写方式和适用条件详见 22G 101—2 图集。

(5) ATa 型楼梯平面注写方式和适用条件

① ATa 型楼梯设滑动支座，不参与结构整体抗震计算；其适用条件为：两梯梁之间的矩形梯板全部由踏步段构成，即踏步段两端均以梯梁为支座，且梯板低端支承处做成滑动支座，滑动支座直接落在梯梁上。框架结构中，楼梯中间平台通常设梯柱、梁，中间平台可与框架柱连接。

② ATa 型楼梯平面注写方式如图 10.28 所示。其中，集中注写的内容有 5 项，第 1 项为梯板类型代号与序号 ATa××；第 2 项为梯板厚度 h；第 3 项为踏步段总高度 H_s/踏步级数$(m+1)$；第

4 项为上部纵筋及下部纵筋;第 5 项为梯板分布筋。

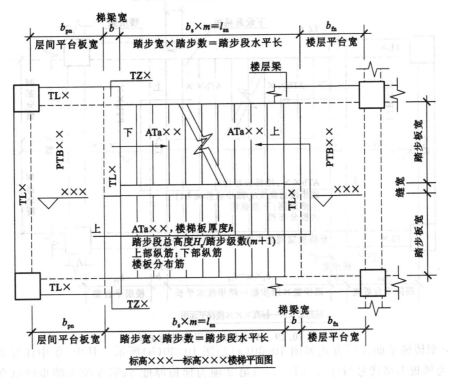

图 10.28　ATa 型楼梯平面注写方式

③梯板的分布钢筋可直接标注,也可统一说明。

④平台板 PTB、梯梁 TL、梯柱 TZ 配筋可参照《混凝土结构施工图平面整体表示方法制图规则和构造详图(现浇混凝土框架、剪力墙、梁、板)》(22G 101—1)标注。

⑤设计应注意:当 ATa 作为两跑楼梯中的一跑时,上下梯段平面位置错开一个踏步宽。

⑥滑动支座做法由设计指定,当采用与本图集不同的做法时由设计者另行给出。

(6)ATb 型楼梯平面注写方式和适用条件

①ATb 型楼梯设滑动支座,不参与结构整体抗震计算;其适用条件为:两梯梁之间的矩形梯板全部由踏步段构成,即踏步段两端均以梯梁为支座,且梯板低端支承处做成滑动支座,滑动支座直接落在梯梁挑板上,框架结构中,楼梯中间平台通常设梯柱、梁,中间平台可与框架柱连接。

②ATb 型楼梯平面注写方式如图 10.29 所示。其中,集中注写的内容有 5 项,第 1 项为梯板类型代号与序号 ATb××;第 2 项为梯板厚度 h;第 3 项为踏步段总高度 H_s/踏步级数($m+1$);第 4 项为上部纵筋及下部纵筋;第 5 项为梯板分布筋。

③梯板的分布钢筋可直接标注,也可统一说明。

④平台板 PTB、梯梁 TL、梯柱 TZ 配筋可参照《混凝土结构施工图平面整体表示方法制图规则和构造详图(现浇混凝土框架、剪力墙、梁、板)》(22G 101—1)标注。

⑤滑动支座做法由设计指定,当采用与本图集不同的做法时由设计者另行给出。

(7) ATc 型楼梯平面注写方式和适用条件

①ATc 型楼梯用于抗震设计;其适用条件为:两梯梁之间的矩形梯板全部由踏步段构成,即踏步段两端均以梯梁为支座。框架结构中,楼梯中间平台通常设梯柱、梯梁,中间平台可与框架柱连接(2 个梯柱形式)或脱开(4 个梯柱形式),见图 10.30(a)与图 10.30(b)。

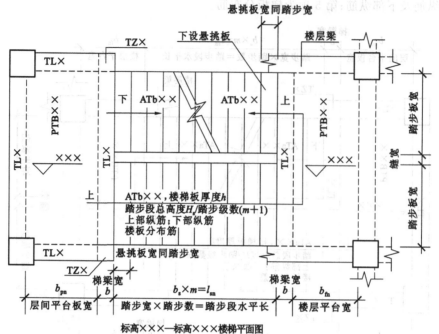

图 10.29　ATb 型楼梯平面注写方式

②ATc 型楼梯平面注写方式如图 10.30(a)与图 10.30(b)所示。其中，集中注写的内容有 5 项，第 1 项为梯板类型代号与序号 ATc××；第 2 项为梯板厚度 h；第 3 项为踏步段总高度 H_s/踏步级数($m+1$)；第 4 项为上部纵筋及下部纵筋；第 5 项为梯板分布筋。

③梯板的分布钢筋可直接标注，也可统一说明。

④平台板 PTB、梯梁 TL、梯柱 TZ 配筋可参照《混凝土结构施工图平面整体表示方法制图规则和构造详图(现浇混凝土框架、剪力墙、梁、板)》(22G 101—1)标注。

⑤楼梯休息平台与主体结构脱开连接可避免框架柱形成短柱。

10.2.2.2　剖面注写方式

剖面注写方式需在楼梯平法施工图中绘制楼梯平面布置图和楼梯剖面图，注写方式分平面注写、剖面注写两部分。

楼梯平面布置图注写内容，包括楼梯间的平面尺寸、楼层结构标高、层间结构标高、楼梯的上下方向、梯板的平面几何尺寸、平台板配筋、梯梁及梯柱配筋等，如图 10.32 所示。

楼梯剖面图注写内容，包括梯板集中标注、梯梁梯柱编号、梯板水平及竖向尺寸、楼层结构标高、层间结构标高等，如图 10.32 所示。

梯板集中注写的内容有四项，具体规定如下：

① 梯板的类型代号及序号(如 AT××)；

② 梯板的厚度，注写为 $h=\times\times\times$，当梯板由踏步段和平板构成，且踏步段梯板厚度和平板厚度不同时，可在梯板厚度后面括号内以字母 P 打头注写平板厚度；

③ 梯板配筋，注明梯板上部纵筋和梯板下部纵筋，用分号";"将上部与下部纵筋的配筋值分隔开来；

④ 梯板分布筋，以 F 打头注写分布钢筋具体值，该项也可在图中统一说明。

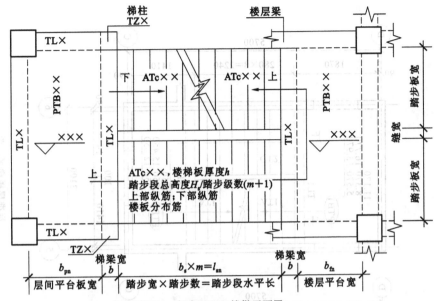

（a）

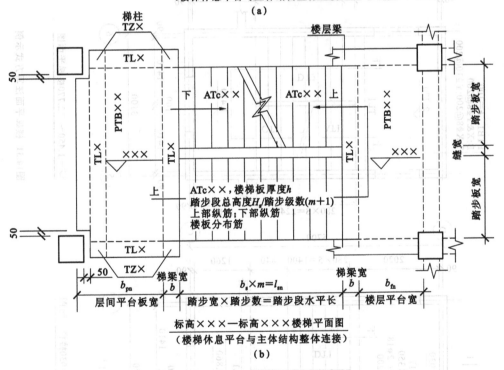

（b）

图 10.30 ATc 型楼梯平面注写方式

10.2.2.3 列表注写方式

列表注写方式是指用列表方式注写梯板截面尺寸和配筋具体数值的方式来表达楼梯施工图。

列表注写方式的具体要求同剖面注写方式，仅将剖面注写方式中的梯板配筋注写项改为列表注写项即可。如表 10.7 所示。

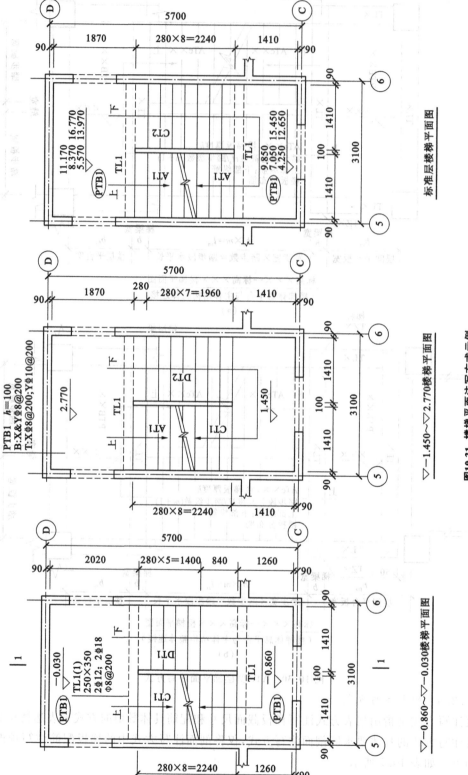

图10.31 楼梯平面注写方式示例

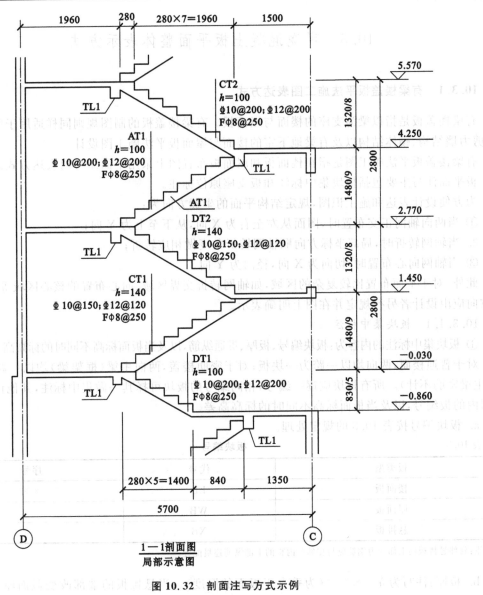

1—1剖面图
局部示意图

图 10.32 剖面注写方式示例

表 10.7 列表注写方式

梯板编号	踏步段总高度/踏步级数	板厚 h	上部纵向钢筋	下部纵向钢筋	分布筋

10.2.2.4 其他说明

楼层平台梁板配筋可绘制在楼梯平面图中,也可在各层梁板配筋图中绘制;层间平台梁板配筋在楼梯平面图中绘制。

楼层平台板可与该层的现浇楼板整体设计。

10.3　现浇混凝土板平面整体表示方法

10.3.1　有梁楼盖板平法施工图表达方式

有梁楼盖板是指以梁为支座的楼面与屋面板。有梁楼盖板的制图规则同样适用于梁板式转换层、剪力墙结构、砌体结构以及有梁地下室的楼面与屋面板平法施工图设计。

有梁楼盖板平法施工图是指在楼面板和屋面板布置图上采用平面注写的表达方式。

板平面注写主要包括板块集中标注和板支座原位标注。

为方便设计表达和施工识图，规定结构平面的坐标方向为：

① 当两向轴网正交布置时，图面从左至右为 X 向，从下至上为 Y 向；

② 当轴网转折时，局部坐标方向顺轴网转折角度做相应转折；

③ 当轴网向心布置时，切向为 X 向，径向为 Y 向。

此外，对于平面布置比较复杂的区域，如轴网转折交界区域、向心布置的核心区域等，其平面坐标方向应由设计者另行规定并在图上明确表示。

10.3.1.1　板块集中标注

① 板块集中标注的内容为：板块编号、板厚、贯通纵筋，以及当板面标高不同时的标高高差。

对于普通楼面，两向均以一跨为一块板；对于密肋楼盖，两向主梁（框架梁）均以一跨为一块板（非主梁密肋不计）。所有板块应逐一编号，相同编号的板块可择其一做集中标注，其他仅注写置于圆圈内的板编号，以及当板面标高不同时的标高高差。

a. 板块编号按表 10.8 的规定处理。

表 10.8　　　　　　　　　　　　　　　　板块编号

板类型	代号	序号
楼面板	LB	××
屋面板	WB	××
悬挑板	XB	××

注：延伸悬挑板的上部受力钢筋应与相邻跨内板的上部纵筋连贯配置。

b. 板厚：注写为 $h=×××$（为垂直于板面的厚度）。当悬挑板的端部改变截面厚度时，用斜线分隔根部与端部的高度值，注写为 $h=×××/×××$；当设计已在图注中统一注明板厚时，此项可不注。

c. 贯通纵筋：按板块的下部和上部分别注写（当板块上部不设贯通纵筋时则不注），并以 B 代表下部，以 T 代表上部，B&T 代表下部与上部；X 向贯通纵筋以 X 打头，Y 向贯通纵筋以 Y 打头，两向贯通纵筋配置相同时则以 X&Y 打头。当为单向板时，另一向贯通的分布筋可不必注写，而在图中统一注明。当在某些板内（例如在悬挑板 XB 的下部）配置有构造钢筋时，则 X 向以 Xc、Y 向以 Yc 打头注写。当 Y 向采用放射配筋时（切向为 X 向，径向为 Y 向），设计者应注明配筋间距的度量位置。当贯通筋采用两种规格钢筋"隔一布一"方式时，表达为 xx/yy@xxx，表示直径为 xx 的钢筋和直径为 yy 的钢筋二者之间间距为 xxx，直径 xx 的钢筋间距为 xxx 的 2 倍，直径 yy 的钢筋的间距为 xxx 的 2 倍。

d. 板面标高高差是指相对于结构层楼面标高的高差，应将其注写在括号内，且有高差则注，无高差则不注。

例如,设有一楼面板块注写为:LB5 $h=110$

B:XⒶ12@120;YⒶ10@110

表示 5 号楼面板,板厚 110 mm,板下部配置的贯通纵筋 X 向为Ⓐ12@120,Y 向为Ⓐ10@110;板上部未配置贯通纵筋。

例如,设有一悬挑板注写为:XB2 $h=150/100$

B:Xc&YcⒶ8@200

表示 2 号悬挑板,板根部厚 150 mm,端部厚 100 mm,板下部配置的构造钢筋双向均为Ⓐ8@200(上部受力钢筋见板支座原位标注)。

② 同一编号板块的类型、板厚和贯通纵筋均应相同,但板面标高、跨度、平面形状以及板支座上部非贯通纵筋可以不同,如同一编号板块的平面形状可为矩形、多边形及其他形状等。施工预算时,应根据其实际平面形状,分别计算各块板的混凝土与钢筋用量。

③ 设计与施工时应注意:单向或双向连续板的中间支座上部同向贯通纵筋,不应在支座位置连接或分别锚固。当相邻两跨的板上部贯通纵筋配置相同,且跨中部位有足够空间连接时,可在两跨任意一跨的跨中连接部位连接;当相邻两跨的上部贯通纵筋配置不同时,应将配置较大者越过其标注的跨数终点或起点伸至相邻的跨中连接区域连接。

设计应注意中间两侧上部贯通纵筋的协调配置,施工及预算应按具体设计和相应标准构造要求实施。等跨与不等跨板上部贯通纵筋的连接构造要求详见标准图集 22G 101—1;当具体工程对板上部纵向钢筋的连接有特殊要求时,其连接部位及方式应由设计者注明。

10.3.1.2 板支座原位标注

① 板支座原位标注的内容为板支座上部非贯通纵筋和纯悬挑板上部受力钢筋。

板支座原位标注的钢筋,应在配置相同跨的第一跨表达(当在梁悬挑部位单独配置时则在原位表达)。在配置相同跨的第一跨(或梁悬挑部位),垂直于板支座(梁或墙)绘制一段适宜长度的中粗实线(当该筋通长设置在悬挑板或短跨板上部时,实线段应画至对边或贯通短跨),以该线段代表支座上部非贯通纵筋;并在线段上方注写钢筋编号(如①、②等)配筋值,横向连续布置的跨数(注写在括号内,且当为一跨时可不注),以及是否横向布置到梁的悬挑端。例如,(××)为横向布置的跨数,(××A)为横向布置的跨数及一端的悬挑部位,(××B)为横向布置的跨数及两端的悬挑部位。

板支座上部非贯通筋自支座中线向跨内的延伸长度,注写在线段的下方位置。

当中间支座上部非贯通纵筋向支座两侧对称延伸时,可仅在支座一侧线段下方标注延伸长度,另一侧不注,如图 10.33 所示。

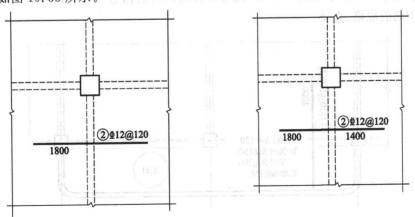

图 10.33 中间支座上部非贯通纵筋注写方式

当向支座两侧非对称延伸时，应分别在支座两侧线段下方注写延伸长度，如图 10.33 所示。

对线段画至对边贯通全跨或贯通全悬挑长度的上部通长纵筋，贯通全跨或延伸至全悬挑一侧的长度值不注，只注明非贯通筋另一侧的延伸长度值，如图 10.34 所示。

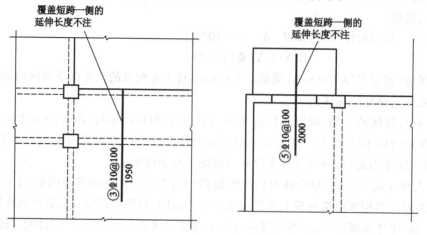

图 10.34　支座钢筋覆盖短跨一侧或延伸悬挑板一侧

当板支座为弧形，支座上部非贯通纵筋呈放射状分布时，设计者应注明配筋间距的度量位置并加注"放射分布"四个字，必要时应补绘平面配筋图，如图 10.35 所示。

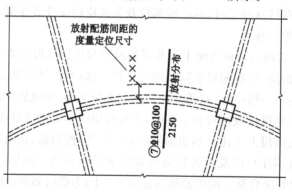

图 10.35　支座为弧形

关于悬挑板的注写方式，如图 10.36、图 10.37 所示。当悬挑端部厚度不小于 150 时，设计者应指定板端部封边构造方式（见标准图集"无支撑板端部封边构造"），当采用 U 形钢筋封边时，还应指定 U 形钢筋的规格、直径。

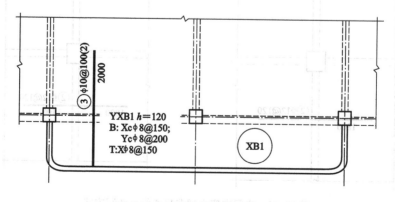

图 10.36　悬挑板的注写方式(a)

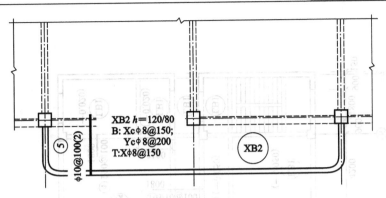

图 10.37　悬挑板的注写方式(b)

此外,悬挑板的悬挑阳角上部放射钢筋的表示方法,详见标准图集有关"楼板相关构造制图规则"中的相关规定。

在板平面布置图中,不同部位的板支座上部非贯通纵筋及纯悬挑板上部受力钢筋,可仅在一个部位注写,对其他相同者,则仅需在代表钢筋的线段上注写编号及横向连续布置的跨数即可。

例如,在板平面布置图某部位,横跨支承梁绘制的对称线段上注有⑦ϕ12@100(5A)和1500,表示支座上部⑦号非贯通纵筋为ϕ12@100,从该跨起沿支承梁连续布置 5 跨加梁一端的悬挑端,该筋自支座中线向两侧跨内的延伸长度均为 1500 mm。在同一板平面布置图的另一部位横跨梁支座绘制的对称线段上注有⑦(2)者,是表示该筋同⑦号纵筋,沿支承梁连续布置 2 跨,且无梁悬挑端布置。

此外,与板支座上部非贯通纵筋垂直且绑扎在一起的构造钢筋或分布钢筋,应由设计者在图中注明。

② 当板的上部已配置有贯通纵筋,但需增配板支座上部非贯通纵筋时,应结合已配置的同向贯通纵筋的直径与间距采取"隔一布一"方式配置。

"隔一布一"方式是指非贯通纵筋的标注间距与贯通纵筋相同,两者组合后的实际间距为各自标注间距的 1/2。当设定贯通纵筋为纵筋总截面面积的 50%时,两种钢筋应取相同直径;当设定贯通纵筋大于或小于总截面面积的 50%时,两种钢筋则取不同直径。

例如,板上部已配置贯通纵筋 ϕ 12 @ 250,该跨同向配置的上部支座非贯通纵筋为⑤ϕ12@250,表示在该支座上部设置的纵筋实际为ϕ12@125,1/2 为贯通纵筋,1/2 为⑤号非贯通纵筋(延伸长度值略)。

例如,板上部已配置贯通纵筋 ϕ 10 @ 250,该跨配置的上部同向支座非贯通纵筋为③ϕ12@250,表示在该跨实际设置的上部纵筋为(1ϕ10+1ϕ12)/250@125,实际间距为125 mm,其中 41%为贯通纵筋,59%为③号非贯通纵筋(延伸长度值略)。

施工时应注意:当支座一侧设置了上部贯通纵筋(在板集中标注中以 T 打头),而在支座另一侧仅设置了上部非贯通纵筋时,如果支座两侧设置的纵筋直径、间距相同,则应将二者连通,避免各自在支座上部分别锚固。

采用平面注写方式表达的楼面板平法施工图示例如图 10.38 所示。

10.3.2　无梁楼盖板平法施工图表达方式

无梁楼盖板平法施工图表达方式详见国家建筑标准设计图集 22G 101—1。

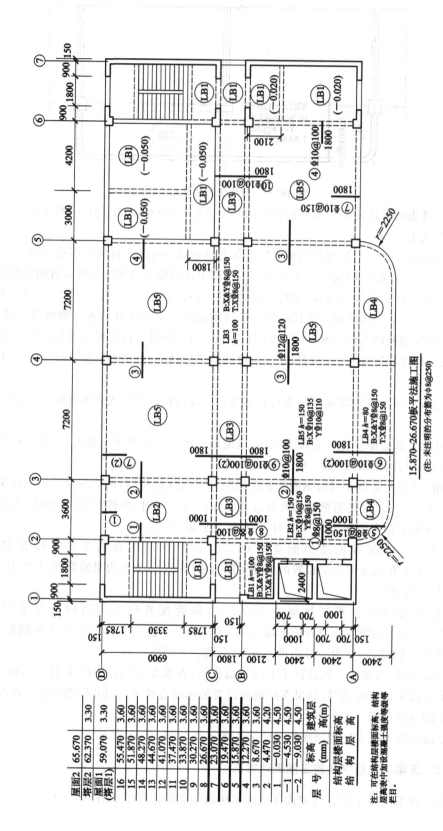

图10.38　现浇混凝土楼面板平法施工图示例

10.4 筏形基础、独立基础、条形基础、桩基承台平面整体表示方法

设计绘制原则如下：

按平法设计绘制的施工图，一般是由各类结构构件的平法施工图和标准构造详图两大部分构成，但对于复杂的工业与民用建筑，尚需增加模板、基坑、开洞和预埋件等平面图。只有在特殊情况下才需增加剖面配筋图。

按平法设计绘制施工图时，必须根据具体工程设计，按照各类构件的平法制图规则，在基础平面布置图上直接表示构件的尺寸和配筋。以平面注写方式为主，截面注写方式为辅。

按平法设计绘制筏形基础施工图时，应采用表格或其他方式注明基础底面基准标高、±0.000的绝对标高。

为了确保施工人员准确无误地按平法施工图进行施工，在具体工程的结构设计总说明中除常规内容以外，还应包括以下与平法施工图密切相关的内容：

① 注明各构件所采用的混凝土的强度等级和钢筋级别，以确定相应受拉钢筋的最小锚固长度及最小搭接长度等。

② 注明基础中各部位所处的环境类别，对混凝土保护层厚度有特殊要求时应予以注明。

③ 当设置后浇带时，注明后浇混凝土的强度等级以及特殊要求。

④ 当标准构造详图有多种可选择的构造做法时写明在何部位选用何种做法。当未写明时，则为设计人员自动授权施工人员可以任选一种构造做法进行施工。某些节点要求设计者必须写明在何部位选用何种构造做法。

⑤ 当采用防水混凝土时，应注明抗渗等级；应注明施工缝、变形缝、后浇带、预埋件等采用的防水构造类型。

⑥ 当具体工程需要对本图集的标准构造详图做某些变更时，应注明变更的具体内容。

⑦ 当具体工程中有特殊要求时，应在施工图中另加说明。

10.4.1 筏形基础平面整体表示方法

10.4.1.1 梁板式筏形基础施工图平面表示方法

梁板式筏形基础平法施工图是指在基础平面布置图上采用平面注写方式进行表达。

当绘制基础平面布置图时，应将梁板式筏形基础与其所支承的柱、墙在一起绘制。当基础底面标高不同时，需注明与基础底面基准标高不同之处的范围和标高。

注明筏形基础平板的底面标高，通过选注基础梁底面与基础平板底面的标高高差来表达两者间的位置关系[详见本节第(2)条]，可以明确其"高板位""低板位""中板位"三种不同位置组合的筏形基础，方便设计表达。

对于轴线未居中的基础梁，也应标注其偏心定位尺寸。

（1）梁板式筏形基础构件的类型与编号

梁板式筏形基础由基础主梁、基础次梁、基础平板等构成，编号按表10.9的规定处理。

（2）基础主梁与基础次梁的平面注写

基础主梁JZL与基础次梁JCL的平面注写分集中标注与原位标注两部分内容。

基础主梁JZL与基础次梁JCL的集中标注应在第一跨（X向为左端跨，Y向为下端跨）引出。

规定如下：

① 注写基础梁的编号,如表 10.9 所示。

表 10.9　　梁板式筏形基础构件编号

构件类型	代号	序号	跨数及有否外伸
基础主梁(柱下)	JZL	××	(××)、(××A)或(××B)
基础次梁	JCL	××	(××)、(××A)或(××B)
梁板筏基础平板	LPB	××	

注：① (××A)为一端有外伸,(××B)为两端有外伸,外伸不计入跨数。
② 对于梁板式筏形基础平板,其跨数及是否有外伸分别在 X、Y 两向的贯通纵筋之后表达。图面从左至右为 X 向,从下至上为 Y 向。

② 注写基础梁的截面尺寸。以 $b×h$ 表示梁截面宽度与高度;当为加腋梁时,用 $b×h$ $Y c_1×c_2$ 表示,其中 c_1 为腋长,c_2 为腋高。

③ 注写基础梁的箍筋。

当具体设计采用一种箍筋间距时,仅需注写钢筋级别、直径、间距和肢数(写在括号内)即可。

当具体设计采用两种或三种箍筋间距时,先注写梁两端的第一种或第一、二种箍筋,并在前面加注箍筋道数;再依次注写跨中部的第二种或第三种箍筋(不需加注箍筋道数);不同箍筋配置用斜线"/"相分隔。

例如,11ϕ14@150/250(6),表示箍筋为 HRB400 级钢筋,直径 14 mm,从梁端到跨内,间距 150 mm 设置 11 道(即分布范围为 $150×10=1500$ mm),其余间距为 250 mm,均为六肢箍。

例如,9ϕ16@100/12ϕ16@150/ϕ16@200(6),表示箍筋为 HRB400 级钢筋,直径16 mm,从梁端到跨内,间距 100 mm 设置 9 道,间距 150 mm 设置 12 道,其余间距为200 mm,均为六肢箍。

施工时应注意:两向基础梁相交的柱下区域,应有一向截面较高的基础主梁按梁端箍筋全面贯通设置。

④ 注写基础梁的底部与顶部贯通纵筋。具体内容为:

a. 先注写梁底部贯通纵筋(B 打头)的规格与根数(不应少于底部受力钢筋总截面面积的1/3)。当跨中所注根数少于箍筋肢数时,需要在跨中加设架立筋以固定箍筋。注写时,用加号"＋"将贯通纵筋与架立筋相连,架立筋注写在加号后面的括号内。

b. 再注写顶部贯通纵筋(T 打头)的配筋值。注写时用分号";"将底部与顶部纵筋分隔开来,如有个别跨与其不同者,按本书 10.4.1.1 节中第(3)条原位注写的规定处理。

例如,B4ϕ32;T7ϕ32 表示梁的底部配置 4ϕ32 的贯通纵筋,梁的顶部配置 7ϕ32 的贯通纵筋。

c. 当梁底部或顶部贯通纵筋多于一排时,用斜线"/"将各排纵筋自上而下分开。

例如,梁底部贯通纵筋注写为 B8ϕ28 3/5,则表示上一排纵筋为 3ϕ28,下一排纵筋为5ϕ28。

注:a. 基础主梁与基础次梁的底部贯通纵筋,可在跨中 1/3 跨度范围内采用搭接连接、机械连接或对焊连接;

b. 基础主梁的顶部贯通纵筋,可在距柱根 1/4 跨度范围内采用搭接连接,或在柱根附近采用机械连接或对焊连接(均应严格控制接头百分率);

c. 基础次梁的顶部贯通纵筋,每跨两端应锚入基础主梁内,或在距中间支座(基础主梁)1/4 跨度范围采用机械连接或对焊连接(均应严格控制接头百分率)。

⑤ 注写基础梁的侧面纵向构造钢筋。当梁腹板高度 $h_w≥450$ mm 时,根据需要配置纵向构造

钢筋。设置在梁两个侧面的总配筋值以大写字母 G 打头注写,且对称配置。

例如,G8Φ16,表示梁的两个侧面共 8Φ16 的纵筋向构造钢筋,每侧各配置 4Φ16。

当需要配置抗扭纵向钢筋时,梁两侧面设置的抗扭纵向钢筋以 N 打头。

注:a. 当为梁侧面构造钢筋时,其搭接和锚固长度可取 15d;

b. 当为梁侧面受扭纵向钢筋时,其锚固长度为 l_a,搭接长度为 l_1;

其锚固方式同基本梁上部纵筋。

⑥ 注写基础梁底面标高高差(是指相对于筏形基础平板底面标高的高差值),该项为选注值。有高差时需将高差写入括号内(如"高位板"与"中位板"基础梁的底面与基础平板底面标高的高差值),无高差时不注(如"低位板"筏形基础的基础梁)。

(3)基础主梁与基础次梁的原位标注

① 注写两端(支座)区域的底部全部纵筋,是包括已经集中注写过侧贯通纵筋在内的所有纵筋。

a. 当梁端(支座)区域的底部纵筋多于一排时,用斜线"/"将各排纵筋自上而下分开。

例如,梁端(支座)区域底部纵筋注写为 10Φ25 4/6,则表示上一排纵筋为 4Φ25,下一排纵筋为 6Φ25。

b. 当同排纵筋有两种直径时,用加号"+"将两种直径的纵筋相连。

例如,梁端(支座)区域底部纵筋注写为 4Φ28+2Φ25,表示一排纵筋由两种不同直径钢筋组合。

c. 当梁中间支座两边的底部纵筋配置不同时,须在支座两边分别标注;当梁中间支座两边的底部纵筋相同时,可仅在支座的一边标注配筋值。

注:当对底部一平的梁支座两边的底部非贯通纵筋采用不同配筋值时,应先按较小一边的配筋值选配相同直径的纵筋穿过支座,再将较大一边的配筋值选配适当直径的钢筋锚入支座,避免造成两边大部分钢筋直径不相同和不合理配置的结果。

施工及预算方面应注意:当底部贯通纵筋经原位修正注写后,两种不同配置的底部贯通纵筋在两毗邻跨中配置较小一跨的跨中连接区域连接(即配置较大一跨的底部贯通纵筋须越过其跨数终点或起点伸至毗邻跨的跨中连接区域)。

d. 当梁端(支座)区域的底部全部纵筋与集中注写过的贯通纵筋相同时,可不再重复做原位标注。

② 注写基础梁的附加箍筋或吊筋(反扣)。将其直接画在平面图中的主梁上,用线引注总配筋值(附加箍筋的肢数注在括号内)。当多数附加箍筋或吊筋(反扣)相同时,可在基础梁平法施工图上统一注明;少数与统一注明值不同时,再原位引注。

注:附加箍筋或吊筋(反扣)的几何尺寸应按照标准构造详图,结合其所在位置的主梁和次梁的截面尺寸而定。

③ 当基础梁外伸部位变截面高度时,在该部位原位注写 $b \times h_1/h_2$。h_1 为根部截面高度,h_2 为尽端截面高度。

④ 注写修正内容。当在基础梁上集中标注的某项内容(如梁截面尺寸、箍筋、底部与顶部贯通纵筋或架立筋、梁侧面纵向构造钢筋、梁底面标高高差等)不适用于某跨或某外伸部分时,则将其修正内容原位标注在该跨或该外伸部位。根据"原位标注取值优先"原则,施工时应按原位标注值取用。

当在多跨基础梁的集中标注中已注明加腋,而该梁某跨根部不需要加腋时,则应在该跨原位标注等截面的 $b \times h$,以修正集中标注中的加腋信息。

按以上各项规定的组合表达方式,基础主梁与次梁标注示例如图 10.39 所示。

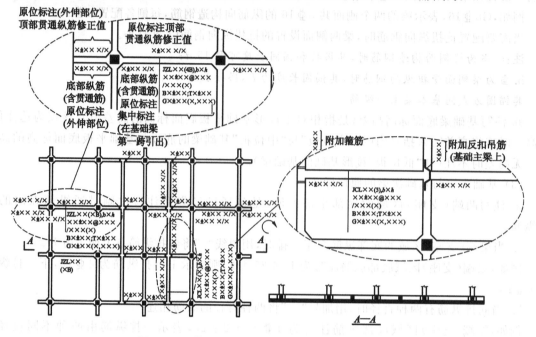

图 10.39 基础主梁 JZL 与基础次梁 JCL 标注图示

（4）梁板式筏形基础平板的平面注写

① 梁板式筏形基础平板 LPB 的平面注写,分板底部与顶部贯通纵筋的集中标注与板底附加非贯通纵筋的原位标注两部分内容。当仅设置贯通纵筋而未设置附加非贯通纵筋时,则仅作集中标注。

② 梁板式筏形基础 LPB 贯通纵筋的集中标注,所表达的板区双向均为第一跨（X 与 Y 双向首跨）的板上引出（图面从左至右为 X 向,从上至下为 Y 向）。

板区划分条件:当板厚不同时,相同板厚区域为一板区。当因基础梁跨度、间距、板底标高等不同,设计者对基础平板的底部与顶部贯通纵筋分区域采用不同配置时,配置相同的区域为一板区。各板区应分别进行集中标注。

集中标注的内容,规定如下:

a. 注写基础平板的编号,见表 10.10。

b. 注写基础平板的截面尺寸。注写 $h=×××$ 表示板厚。

c. 注写基础平板的底部与顶部贯通纵筋及其总长度。

先注写 X 向底部（B 打头）贯通纵筋与顶部（T 打头）贯通纵筋,及其纵向长度范围;再注写 Y 向上述内容。

贯通纵筋的总长度注写在括号内,注写方式为"跨数及有无外伸",其表达式为:（××）（无外伸）、（××A）一端有外伸、（××B）两端有外伸。

注:基础平板的跨数以构成柱网的主轴线为准;两主轴线之间无论有几道辅助轴线（如框筒结构中混凝土内筒中的多道墙体）,均可按一跨考虑。

例如:

X:BΦ22@150;TΦ20@150;（5B）

Y:BΦ20@200;TΦ18@200;（7A）

表示基础平板 X 向底部配置 Φ22 间距 150 mm 的贯通纵筋,顶部配置 Φ20 间距 150 mm 的贯通纵筋,纵向总长度为 5 跨两端有外伸;Y 向底部配置 Φ20 间距 200 mm 的贯通纵筋,顶部配置 Φ18 间距 200 mm 的贯通纵筋,纵向总长度为 7 跨一端有外伸。

当某向底部贯通纵筋或顶部贯通纵筋的配置,在跨内有两种不同间距时,先注写跨内两端的第一种间距,并在前面加注箍筋根数(以表示其分布的范围);再注写板带跨中部的第二种间距(不需加注根数);两者用斜线"/"分隔。

例如,X:B12Φ22@200/150;T10Φ20@200/150 表示基础平板 X 向底部配置 Φ22 的贯通纵筋,跨两端间距为 200 mm 配 12 根,跨中间距为 150 mm;X 向顶部配置 Φ20 的贯通纵筋,跨两端间距为 200 mm 配 10 根,跨中间距为 150 mm(纵向总长度略)。

③ 梁板式筏形基础平板 LPB 的原位标注,主要表达横跨基础梁下(板支座)的板底部附加非贯通纵筋。规定如下:

a. 原位注写位置:在配置相同的若干跨的第一跨下注写。

b. 注写内容:

在上述注写规定位置水平垂直穿过基础梁绘制一段中粗虚线代表底部附加贯通纵筋,在虚线上注写编号(如①、②等)、钢筋级别、直径、间距与横向布置的跨数及是否布置到外伸部位(荷载布置的跨数及是否布置到外伸部位注在括号内),以及自基础梁中线分别向两边跨内的纵向延伸长度值。当该筋向两侧对称延伸时,可仅在一侧标注,另一侧不注;当布置在边梁下时,向基础平板外伸部位一侧的纵向延伸长度与方式按标准构造,设计不注。底部附加非贯通相同者,可仅在一根钢筋上注写,其他可仅在中粗虚线上注写编号。

横向布置的跨数及是否布置到外伸部位的表达形式为:(××)外伸部位无横向布置或无外伸部位、(××A)一端外伸部位有横向布置或(××B)两端外伸部位均有横向布置。横向连续布置的跨数及是否布置到外伸部位,不受集中标注贯通纵筋的板区限制。

例如,某 3 号基础主梁 JZL3(7B),7 跨,两端有外伸。在该梁第 1 跨原位注写基础平板底部附加非贯通纵筋Φ18@300(4A),在第 5 跨原位注写底部附加非贯通纵筋Φ20@300(3A),表示底部附加非贯通纵筋第 1 跨至第 4 跨且包括第 1 跨的外伸部位横向配置相同,第 5 跨至第 7 跨且包括第 7 跨的外伸部位横向配置相同(延伸长度值略)。

原位注写的底部附加非贯通纵筋分为"隔一布一"和"隔一布二"两种方式。

"隔一布一"方式:

基础平板(X 向或 Y 向)底部附加非贯通纵筋与贯通纵筋交错插空布置,其标注间距与底部贯通纵筋相同(两者实际组合后的间距为各自标注间距的 1/2)。当贯通筋为底部纵筋总截面面积的 1/2 时,附加非贯通纵筋直径与贯通纵筋直径相同;当贯通介于底部纵筋总截面面积的 1/3~1/2 时,附加非贯通纵筋直径大于贯通纵筋直径。

例如,原位注写的基础平板底部附加非贯通纵筋为:⑤Φ22@300(3),该 3 跨范围集中标注的底部贯通纵筋应为 BΦ22@300(注写在";"前),在该 3 跨实际横向设置的底部纵筋合计为 Φ22@150,其中,1/2 为⑤号附加非贯通纵筋,1/2 为贯通纵筋(延伸长度值略)。其他与⑤号筋相同的底部附加非贯通纵筋可仅注编号⑤。

例如,原位注写的基础平板底部附加非贯通纵筋为:②Φ25@300(4),该 4 跨范围集中标注的底部贯通纵筋应为 BΦ22@300(注写在";"前),表示该 4 跨实际横向设置的底部纵筋合计为 (1Φ25+Φ22)/300,彼此间距为 150 mm,其中,56% 为②号附加非贯通纵筋,43% 为贯通纵筋(延伸长度值略)。

"隔一布二"方式：

基础平板（X向或Y向）底部附加非贯通纵筋为每隔一根贯通纵筋布置两根，其间距有两种，且交替布置，并用两个"@"符号分隔；其中较小间距为较大间距的1/2，为贯通纵筋间距的1/3。当贯通筋为底部纵筋总截面面积的1/3时，附加非贯通纵筋直径与贯通纵筋直径相同；当贯通介于底部纵筋总截面面积的1/3～1/2时，附加非贯通纵筋直径小于贯通纵筋直径。

例如，原位注写的基础平板底部附加非贯通纵筋为：⑤Φ20@100@200(2)，该2跨范围集中标注的底部贯通纵筋应为BΦ20@300（在"；"前），表示在该两跨实际横向设置的底部纵筋合计为Φ20@100，其中，2/3为⑤号附加非贯通纵筋，1/3为贯通纵筋（延伸长度值略）。其他与⑤号筋相同的底部附加非贯通纵筋可仅注编号⑤。

例如，原位注写的基础平板底部附加非贯通纵筋为：①Φ20@120@240(3)，该3跨范围集中标注的底部贯通纵筋应为BΦ22@360（注写在"；"前），表示该3跨实际横向设置的底部纵筋合计为(2Φ20+1Φ22)/3600，各筋间距为120（其中62%为①号附加非贯通纵筋，38%为贯通纵筋。延伸长度值略）。

注：设计时应注意："隔一布一"方式施工方便，设计时仅通过调整纵筋直径即可实现贯通全跨的纵筋面积介于相应方向总配筋面积的1/3～1/2，因此宜将"隔一布一"方式作为首选方式。

当底部附加非贯通纵筋布置在跨内，有两种不同间距的底部贯通纵筋保持一致，即先注写跨内两端的第一种间距，并在前面加注纵筋根数（以表示其分布的范围），再注写跨中的第二种间距（不需加注根数），两者用"/"分隔。

c. 注写修正内容。当集中标注的某些内容不适用于梁板式筏形基础平板某板区的某一板跨时，应由设计者在该板跨内以文字注明，施工时应按文字注明数值取用。

d. 当若干基础梁下基础平板的底部附加非贯通纵筋配置相同时（其底部、顶部的贯通纵筋可以不同），可仅在一根基础梁下做原位注写，并在其他梁上注明"该梁下基础平板底部附加非贯通纵筋同××基础梁"。

④ 应在图注中注明的其他内容

a. 当在基础平板周边沿侧面设置纵向构造钢筋时，应在图注中注明。

b. 应注明基础平板边缘的封边方式与配筋。当采用底部与顶部纵筋弯直钩封边方式时，注明底部与顶部纵筋各自设长直钩的纵筋间距（每筋必弯，或隔一弯一或其他）；当采用U形筋封边方式时，注明边缘U形封边筋的规格与间距；当不采用钢筋封边（侧面无筋）时，亦应注明。

c. 当基础平板外伸变截面高度时，应注明外伸部位的h_1/h_2。h_1为板根部截面高度，h_2为板尽端截面高度。

d. 当某区域板底有标高高差时（指相对于根据较大面积原则确定的筏形基础平板底面标高的高差），应注明其高差值与分布范围。

e. 当基础平板厚度大于2 m时，应注明设置在基础平板中部的水平构造钢筋网。

f. 当在板的分布范围内采用拉筋时，应注明拉筋的强度等级、直径、双向间距，以及设置方式（双向或梅花双向）等。

g. 当在基础平板外伸阳角部位设置放射筋时，应注明放射筋的强度等级、直径、根数，以及设置方式等。

h. 应注明混凝土垫层厚度与强度等级。

⑤ 梁板式筏形基础平板LPB的平面注写规定，同样适用于钢筋混凝土墙下的基础平板。

按以上主要分项规定的组合表达方式，详见图10.40。

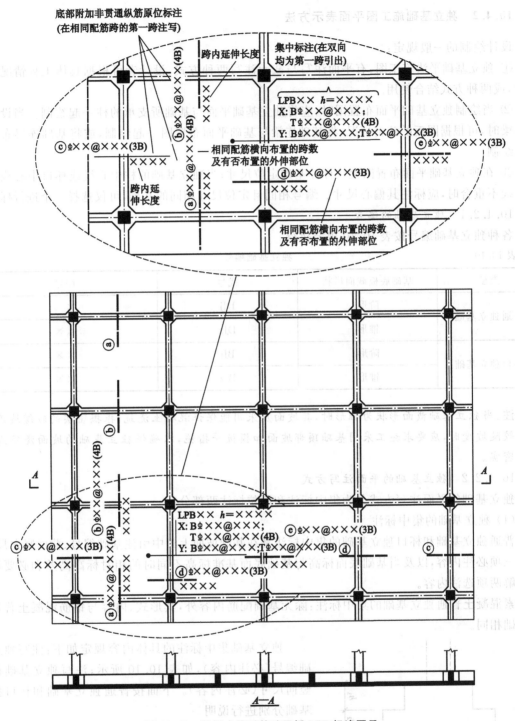

图 10.40 梁板式筏形基础平板 LPB 标注图示

10.4.1.2 平板式筏形基础施工图平面表示方法

详见 22G 101—3 图集。

10.4.2　独立基础施工图平面表示方法

设计绘制的一般规定：

① 独立基础平法施工图，有平面注写与截面注写两种方式，设计者可根据具体工程情况选择一种，或两种方式结合使用。

② 当绘制独立基础平面布置图时，应将独立基础平面与基础所支承的柱一起绘制。当设置基础连梁时，可根据图面的疏密情况，将基础连梁与基础平面布置图一起绘制，或将基础连梁布置图单独绘制。

③ 在独立基础平面布置图上应标注基础定位尺寸；当独立基础的柱中心线或杯口中心线与建筑轴线不重合时，应标注其偏心尺寸。编号相同且定位尺寸相同的基础，可仅选择一个进行标注。

10.4.2.1　独立基础的编号

各种独立基础编号按表 10.10 规定执行。

表 10.10　　　　　　　　　　　　　　独立基础编号

类型	基础底板截面形状	代号	序号
普通独立基础	阶形	DJj	××
	锥形	DJz	××
杯口独立基础	阶形	BJj	××
	锥形	BJz	××

注：当独立基础截面形状为锥形时，其坡面应采用能保证混凝土浇筑、振捣密实的较缓坡度；当采用较陡坡度时，应要求施工采用基础顶部坡面加模板等措施，以确保独立基础的坡面浇筑成型、振捣密实。

10.4.2.2　独立基础的平面注写方式

独立基础的平面注写方式分为集中标注和原位标注两部分。

（1）独立基础的集中标注

普通独立基础和杯口独立基础的集中标注是在基础坡面上集中引注基础编号、截面竖向尺寸、配筋三项必注内容，以及当基础底面标高与基础底面基准标高不同时的相对标高高差和必要的文字注解两项选注内容。

素混凝土普通独立基础的集中标注：除无基础配筋内容外，其形式、内容与钢筋混凝土普通独立基础相同。

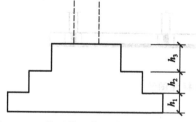

图 10.41　阶形截面普通独立基础竖向尺寸

独立基础集中标注的具体内容规定如下：注写独立基础编号（必注内容），如表 10.10 所示；注写独立基础截面竖向尺寸（必注内容）。下面按普通独立基础和杯口独立基础分别进行说明。

① 普通独立基础。

普通独立基础，注写为 $h_1/h_2/\cdots$，具体标注为：

a. 当基础为阶形截面时，如图 10.41 所示。

例如，当阶形截面普通独立基础 DJj×× 的竖向尺寸注写为 300/300/400，表示 $h_1 = 300$ mm，$h_2 = 300$ mm，$h_3 = 400$ mm，基础底板总厚度为 1000 mm。

上例以及图 10.41 为三阶。当为更多阶时,各阶尺寸自下而上用"/"分隔顺写。

b. 当基础为单阶时,其竖向尺寸仅为一个,且为基础总厚度,如图 10.42 所示。

c. 当基础为锥形截面时,注写为 h_1/h_2,如图 10.43 所示。

例如,当锥形截面普通独立基础 DJz×× 的竖向尺寸注写为 350/300,表示 $h_1 = 350$ mm,$h_2 = 300$ mm,基础底板总厚度为 650 mm。

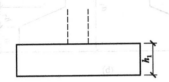
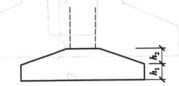

图 10.42　单阶普通独立基础竖向尺寸　　　　图 10.43　锥形截面普通基础竖向尺寸

注:设计时,当普通独立基础底板以上为现浇钢筋混凝土柱墩时,应结合柱墩构件设计进行表达,详见 22G 101—3 的相关章节。

② 杯口独立基础。

a. 当基础为阶形截面时,其竖向尺寸分两组,一组表达杯口内,另一组表达杯口外,两组尺寸以","分隔,注写为 $a_0/a_1,h_1/h_2/\cdots$,其含义如图 10.44(a)、图 10.44(b)、图 10.44(c)、图 10.44(d) 所示,其中杯口深度 a_0 为柱插入杯口的尺寸加 50 mm。

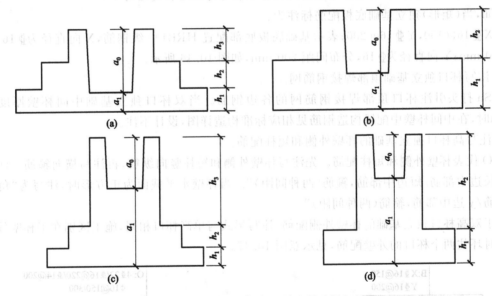

图 10.44　阶形截面(高)杯口独立基础竖向尺寸

(a) 阶形截面杯口独立基础竖向尺寸(一);(b) 阶形截面杯口独立基础竖向尺寸(二);
(c) 阶形截面高杯口独立基础竖向尺寸(一);(d) 阶形截面高杯口独立基础竖向尺寸(二)

b. 当基础为锥形截面时,注写为:$a_0/a_1,h_1/h_2/h_3/\cdots$,其含义如图 10.45 所示。

③ 注写独立基础配筋(必注内容)。

a. 注写独立基础底板配筋。

普通独立基础和杯口独立基础的底部双向配筋注写规定如下:

以 B 代表各种独立基础底板的底部配筋。

X 向配筋以 X 打头、Y 向配筋以 Y 打头注写;当两向配筋相同时,则以 X&Y 打头注写。当圆形独立基础采用双向正交配筋时,以 X&Y 打头注写;当采用放射状配筋时以 Rs 打头,先注写径向

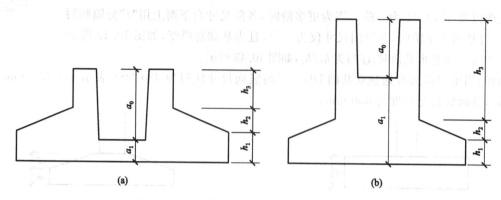

图 10.45　锥形截面（高）杯口独立基础竖向尺寸

（a）锥形截面杯口独立基础竖向尺寸；（b）锥形截面高杯口独立基础竖向尺寸

受力钢筋（间距以径向排列钢筋的最外端度量），并在"/"后注写环向配筋。

当矩形独立基础底板底部的短向钢筋采用两种配筋时，先注写较大配筋，在"/"后再注写较小配筋。

注：当柱下为单阶形或锥形截面，且其平面为矩形独立基础时，根据内力分布情况，设计者可考虑将短向配筋采用两种配筋值，其中较大配筋设置在长边中部，分布范围等于基础短向尺寸；较小配筋设置在基础长边两端，各端分布范围均为基础长边与短边长度差的 1/2。

例如，当（矩形）独立基础底板配筋标注为：

B:XΦ16@150,YΦ16@200；表示基础底板底部配置 HRB400 级钢筋，X 向直径为Φ16，分布间距 150 mm；Y 向直径为Φ16，分布间距 200 mm，如图 10.46 所示。

b. 注写杯口独立基础顶部焊接钢筋网。

以 Sn 打头引注杯口顶部焊接钢筋网的各边钢筋。当双杯口独立基础中间杯壁厚度小于400 mm 时，在中间杯壁中配置构造钢筋见相应标准构造详图，设计不注。

c. 注写高杯口独立基础的杯壁外侧和短柱配筋。

以 O 代表杯壁外侧和短柱配筋。先注写杯壁外侧和短柱竖向纵筋，再注写横向箍筋。注写为"角筋/长边中部筋/短边中部筋，箍筋（两种间距）"。当杯壁水平截面为正方形时，注写为"角筋/x边中部筋/y边中部筋，箍筋（两种间距）"。

对于双高杯口独立基础的杯壁外侧配筋，注写形式与单高杯口相同，施工区别在于杯壁外侧配筋为同时环住两个杯口的外壁配筋，见示意图 10.47。

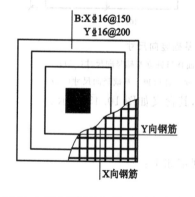

B:XΦ16@150
YΦ16@200

Y向钢筋

X向钢筋

图 10.46　独立基础底板底部双向配筋示意

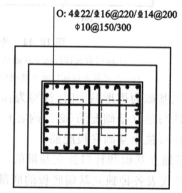

O: 4Φ22/Φ16@220/Φ14@200
Φ10@150/300

图 10.47　双高杯口独立基础杯壁配筋示意

当双杯口独立基础中间杯壁厚度小于 400 mm 时,在中间杯壁中配置构造钢筋见相应标准构造详图,设计不注。

d. 注写独立基础底面相对标高高差(选注内容)。

当独立基础的底面标高与基础底面基准标高不同时,应将独立基础底面相对标高高差注写在"()"内。

e. 必要的文字注解(选注内容)。

当独立基础的设计有特殊要求时,宜增加必要的文字注解。

(2) 钢筋混凝土和素混凝土独立基础的原位标注

钢筋混凝土和素混凝土独立基础的原位标注,是在基础平面布置图上标注独立基础的平面尺寸。对相同编号的基础,可选注一个进行原位标注;当平面图形较小时,可将所选定进行原位标注的基础按双比例适当放大;其他相同编号者仅注编号。

原位标注的具体内容规定如下:

① 矩形独立基础。

a. 普通独立基础。

原位标注 x、y;x_c、y_c(或圆柱直径 d_c);x_i、y_i,$i=1,2,3,\cdots$。其中,x、y 为普通独立基础两向边长,x_c、y_c 为柱截面尺寸,x_i、y_i 为阶宽或坡形平面尺寸。

对称阶形截面普通独立基础的原位标注如图 10.48 所示;非对称阶形截面普通独立基础的原位标注如图 10.49 所示。

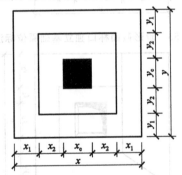

图 10.48 对称阶形截面普通独立基础原位标注

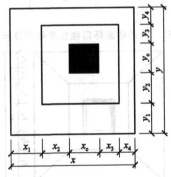

图 10.49 非对称阶形截面普通独立基础原位标注

对称锥形截面普通独立基础的原位标注如图 10.50 所示;非对称锥形截面普通独立基础的原位标注如图 10.51 所示。

b. 杯口独立基础。

原位标注 x、y;x_u、y_u;t_i;x_i、y_i,$i=1,2,3,\cdots$。其中,x、y 为杯口独立基础两向边长,x_u、y_u 为杯口上口尺寸,t_i 为杯壁厚度,x_i、y_i 为阶宽或坡形平面尺寸。

杯口上口尺寸 x_u、y_u 按柱截面边长两侧双向各加 75 mm;杯口下口尺寸按标准构造详图(为插入杯口的相应柱截面边长尺寸,每边各加 50 mm),设计不注。

阶形截面杯口独立基础的原位标注如图 10.52、图 10.53 所示。高杯口独立基础的原位标注与杯口独立基础完全相同。

坡形截面杯口独立基础的原位标注如图 10.54、图 10.55 所示。高杯口独立基础的原位标注与杯口独立基础完全相同。

注:设计时应注意,当设计为非对称锥形截面独立基础且基础底板的某边不放坡时,在采用双

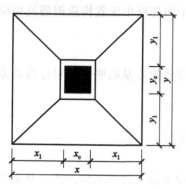

图 10.50　对称锥形截面普通独立基础原位标注

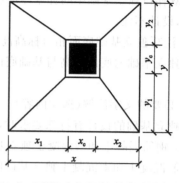

图 10.51　非对称锥形截面普通独立基础原位标注

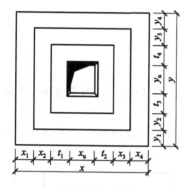

图 10.52　阶形截面杯口独立基础原位标注（一）

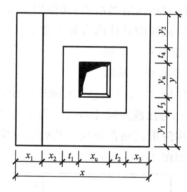

图 10.53　阶形截面杯口独立基础原位标注（二）

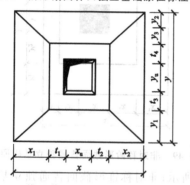

图 10.54　锥形截面杯口独立基础原位标注（一）

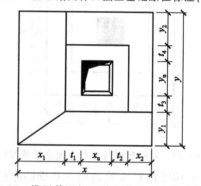

图 10.55　锥形截面杯口独立基础原位标注（二）

比例原位放大绘制的基础平面图上,或在图引出来放大绘制的基础平面图上,应按实际放坡情况绘制分坡线,如图 10.55 所示。

　　② 圆形独立基础。

　　原位标注 $D;d_c$（或矩形柱截面边长 x_c、y_c）;b_i,$i=1,2,3,\cdots$。其中,D 为圆形独立基础的外环直径,d_c 为圆柱直径,b_i 为阶宽或坡形截面尺寸,如图 10.56 所示。

　　(3) 普通独立基础采用平面注写方式的集中标注和原位标注综合设计表达示意

　　其标注如图 10.57 所示。

　　(4) 杯口独立基础采用平面注写方式的集中标注和原位标注综合设计表达示意

　　其标注如图 10.58 所示。图中集中标注的第三、第四行内容是表达高杯口独立基础杯壁外侧的竖向纵筋和横向箍筋;当为非高杯口独立基础时,集中标注通常为第一行、第二行、第五行的内容。

　　(5) 独立基础的配筋与标注方式

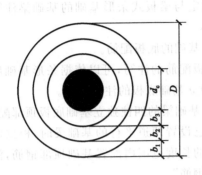

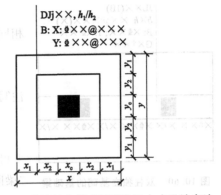

图 10.56　阶形截面圆形独立基础原位标注　　　图 10.57　普通独立基础平面注写方式设计表达

独立基础通常为单柱独立基础,也可为多柱独立基础(双柱或四柱等)。多柱独立基础的编号、几何尺寸和配筋的标注方式与单柱独立基础相同。

当为双柱独立基础且柱距离较小时,通常仅配置基础底部钢筋;当柱距离较大时,除基础底部配筋外,还需在两柱间配置基础顶部钢筋或设置基础梁;当为四柱独立基础时,通常可设置两道平行的基础梁,并在两道基础梁之间配置基础顶部钢筋,如图 10.59 所示。

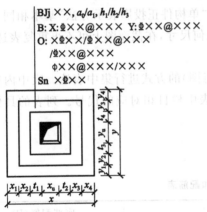

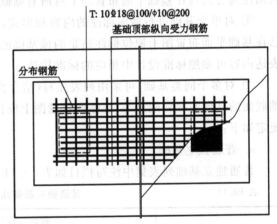

图 10.58　杯口独立基础平面注写方式设计表达　　　图 10.59　双柱独立基础顶部配筋示意

多柱独立基础顶部配筋和基础梁的注写方式规定如下:

① 注写双柱独立基础底板顶部配筋。

双柱独立基础的顶部配筋通常对称分布在双柱中心线两侧,注写为"双柱间纵向受力钢筋/分布钢筋"。当纵向受力钢筋在基础底板顶面非满布时,应注明其总根数。

例如,T10Φ18@100/ϕ10@200;表示独立基础顶部配置纵向受力钢筋 HRB400 级,直径为 18 mm 设置 10 根,间距 100 mm;分布筋 HPB300 级,直径 10 mm,分布间距 200 mm。

② 注写双柱独立基础的基础梁配筋。

当双柱独立基础为基础底板与基础梁相结合时,注写基础梁的编号、几何尺寸和配筋。例如,JL$\times\times$(1)表示该基础梁为 1 跨,两端无延伸;JL$\times\times$(1A)表示该基础梁为 1 跨,一端有延伸;JL$\times\times$(1B)表示该基础梁为 1 跨,两端有延伸。

通常情况下,双柱独立基础宜采用端部有延伸的基础梁,基础底板则采用受力明确、构造简单的单向受力配筋与分布筋。基础梁宽度宜比柱截面宽度至少宽 100 mm(每边至少宽 50 mm)。

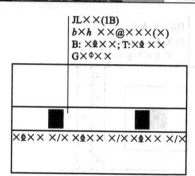

JL××(1B)
$b×h$　××@×××(×)
B: ×⚏××; T:×⚏××
G×Φ××

×⚏×× ×/× ×⚏×× ×/× ×⚏×× ×/×

**图 10.60　双柱独立基础的基础梁
配筋注写示意**

基础梁的注写规定与梁板式条形基础的基础梁注写规定相同，如图 10.60 所示。

③ 注写双柱独立基础的底板配筋。

双柱独立基础底板配筋的注写，可以依据条形基础底板的注写规定，也可依据独立基础底板的注写规定。

④ 注写配置两道基础梁的四柱独立基础底板顶部配筋。

当四柱独立基础已设置两道平行的基础梁时，根据内力需要可在双梁之间及梁的长度范围内配置基础顶部钢筋，注写为"梁间受力钢筋/分布钢筋"。

平行设置两道基础梁的四柱独立基础底板配筋，也可按双梁条形基础底板配筋的注写规定。

采用平面注写方式表达的独立基础设计施工图示意如图 10.61 所示。

10.4.2.3　独立基础的截面注写方式

独立基础的截面注写方式又分为截面标注和列表注写（结合截面示意图）两种表达方式。采用截面注写方式应在基础平面布置图上对所有基础进行编号，如表 10.10 所示。

① 对单个基础进行截面标注的内容和形式，与传统"单构件正投影表示方法"基本相同。对于已在基础平面布置图上原位标注清楚的该基础的平面几何尺寸，在截面图上可不再重复表达，具体表达内容可参照标准设计中相应的标准构造。

② 对多个同类基础，可采用列表注写（结合截面示意图）的方式进行集中表达。表中内容为基础截面的几何数据和配筋等，在截面示意图上应标注与表中栏目相对应的代号。列表的具体内容规定如下：

a. 普通独立基础。

普通独立基础列表集中注写栏目如表 10.11 所示。

表 10.11　　　　　　　　　普通独立基础几何尺寸和配筋表

基础编号/截面号	截面几何尺寸				底部配筋（B）	
	x、y	x_c、y_c	x_i、y_i	$h_1/h_2/\cdots$	X 向	Y 向

注：表中可根据实际情况增加栏目。

b. 杯口独立基础。

杯口独立基础列表集中注写栏目如表 10.12 所示。

表 10.12　　　　　　　　　杯口独立基础几何尺寸和配筋表

基础编号/截面号	截面几何尺寸				底部配筋（B）		杯口顶部钢筋网（Sn）	杯壁外侧配筋（O）	
	x、y	x_c、y_c	x_i、y_i	$h_1/h_2/h_3/\cdots$	X 向	Y 向		角筋/长边中部筋/短边中部筋	杯口箍筋/短柱箍筋

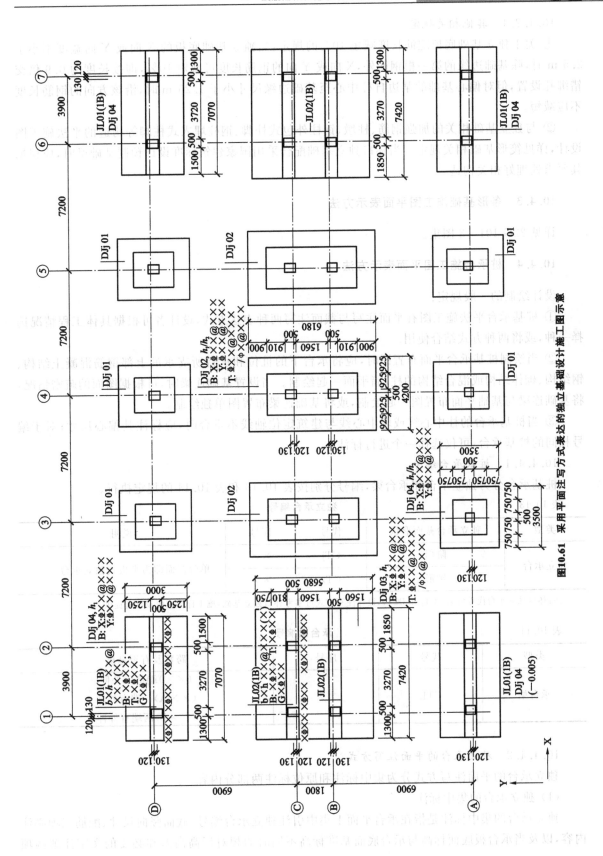

图10.61 采用平面注写方式表达的独立基础设计施工图示意

10.4.2.4　其他相关规定

① 关于独立基础底板配筋长度减短10%的规定：当独立基础底板的 X 向或 Y 向宽度不小于 2.5 m 时，除基础边缘的第一根钢筋外，X 向或 Y 向的钢筋长度可减短10%，即按长度的 0.9 倍交错绑扎设置，但对偏心基础的某边自柱中心至基础边缘尺寸小于 1.25 m 时，沿该方向的钢筋长度不应减短。

② 与独立基础相关的加强钢筋、柱墩、钢柱外包式柱脚、钢柱埋入式柱脚等构造的平法施工图设计，详见筏形基础相关规定。当杯口独立基础配合采用国家建筑标准设计预制基础梁时，应根据其要求处理好相关构造。

10.4.3　条形基础施工图平面表示方法

详见 22G 101—3 图集。

10.4.4　桩承台施工图平面表示方法

设计绘制的一般规定：

① 桩基承台平法施工图有平面注写与截面注写两种表达方式，设计者可根据具体工程情况选择一种，或将两种方式结合使用。

② 当绘制桩基承台平面布置图时，应将承台下的桩位和承台所支承的上部钢筋混凝土结构、钢结构、砌体结构或混合结构的柱、墙平面一起绘制。当设置基础连梁时，可根据图面的疏密情况，将基础连梁与基础平面布置图一起绘制，或将基础连梁布置图单独绘制。

③ 当桩基承台的柱中心线或墙中心线与建筑定位轴线不重合时，应标注其偏心尺寸；对于编号相同的桩基承台，可仅选择一个进行标注。

10.4.4.1　桩基承台编号

桩基承台分为独立承台和承台梁，编号分别按表 10.13 和表 10.14 的规定执行。

表 10.13　独立承台编号

类型	独立承台截面形状	代号	序号	说明
独立承台	阶形	CTj	××	单阶截面即为平板式独立承台
	锥形	CTz	××	

注：杯口独立承台代号可为 BCTj 和 BCTz，设计注写方式可参考杯口独立基础，施工详图应由设计者提供。

表 10.14　承台梁编号

类型	代号	序号	跨数及有否悬挑
承台梁	CTL	××	(××)端部无外伸
			(××A)一端有外伸
			(××B)两端有外伸

10.4.4.2　独立承台的平面注写方式

独立承台的平面注写方式分为集中标注和原位标注两部分内容。

（1）独立承台的集中标注

独立承台的集中标注是指在承台平面上集中引注独立承台编号、截面竖向尺寸、配筋三项必注内容，以及当承台板底面标高与承台底面基准标高不同时的相对标高高差和必要的文字注解两项选注内容。具体规定如下：

① 注写独立承台编号（必注内容）。

如图 10.62 所示，独立承台的截面形状通常有两种：

a. 阶形截面，编号加"j"，如 CTj××；

b. 锥形截面，编号加"z"，如 CTz××。

② 注写独立承台截面竖向尺寸（必注内容）。

注写 $h_1/h_2/\cdots$，具体标注为：

a. 当独立承台为阶形截面时，如图 10.62、图 10.63 所示。

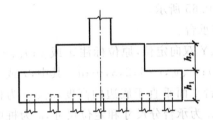

图 10.62　阶形截面独立承台竖向尺寸

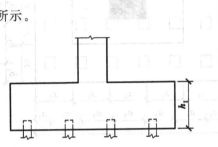

图 10.63　单阶截面独立承台竖向尺寸

图 10.62 为两阶，当为多阶时各阶尺寸自下而上用"/"分隔顺写。当阶形截面独立承台为单阶时，截面竖向尺寸仅为一个，且为独立承台总厚度，如图 10.63 所示。

b. 当独立承台为锥形截面时，截面竖向尺寸注写 h_1/h_2，如图 10.64 所示。

③ 注写独立承台配筋（必注内容）。

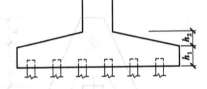

图 10.64　锥形截面独立承台竖向尺寸

底部与顶部双向配筋应分别注写，顶部配筋仅用于双柱或四柱等独立承台，当独立承台顶部无配筋时，则不注顶部，注写规定如下：

a. 以 B 打头，注写底部配筋；以 T 打头，注写顶部配筋。

b. 矩形承台 X 向配筋以 X 打头、Y 向配筋以 Y 打头注写；当两向配筋相同时，则以 X&Y 打头注写。

c. 当为等边三桩承台时，以"△"打头注写三角布置的各边受力钢筋（注明根数并在配筋值后注写"×3"），在"/"后注写分布钢筋，例如：△××Φ××@××××3/φ××@×××。

d. 当为等腰三桩承台时，以"△"打头注写等腰三角形底边的受力钢筋＋两对称斜边的受力钢筋（注明根数并在两对称配筋值后注写"×2"），在"/"后注写分布钢筋，例如：△××Φ××@×××＋××Φ××@××××2/φ××@×××。

e. 当为多边形（五边形或六边形）承台或异形独立承台，且采用 X 向和 Y 向正交配筋时，注写方式与矩形独立承台相同。

注：设计和施工时，三桩承台的底部受力钢筋应按三向板带均匀布置，且最里面的三根钢筋围成的三角形应在柱截面范围内。

④ 注写基础底面相对标高高差（选注内容）。

当独立承台的底面标高与桩基承台底面基准标高不同时，应将独立承台底面相对标高高差注写在"（ ）"内。

⑤ 必要的文字注解（选注内容）。

当独立承台的设计者有特殊要求时，宜增加必要的文字注解。

（2）独立承台的原位标注

独立承台的原位标注是指在桩基承台平面布置图上标注独立承台的平面尺寸。相同编号的独立承台，可仅选择一个进行标注，其他相同编号者仅注编号。注写规定如下：

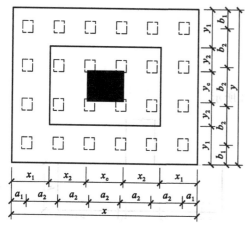

① 矩形独立承台。

原位标注 x、y；x_c、y_c（或圆柱直径 d_c）；x_i、y_i、a_i、b_i，$i=1,2,3,\cdots$。其中，x、y 为独立承台两向边长，x_c、y_c 为柱截面尺寸，x_i、y_i 为阶宽或坡形平面尺寸，a_i、b_i 为桩的中心距及边距（a_i、b_i 根据具体情况可不注）。如图 10.65 所示。

② 三桩承台。

结合 X、Y 双向定位，原位标注 x 或 y；x_c、y_c（或圆柱直径 d_c）；x_i、y_i，$i=1,2,3,\cdots$；a。其中，x 或 y 为三桩独立承台平面垂直于底边的高度，x_c、y_c 为柱截面尺寸，x_i、y_i 为承台分尺寸和定位尺寸，a 为桩中心距切角边缘的距离。等边三桩独立承台平面原位标

图 10.65 矩形独立承台平面原位标注

注如图 10.66 所示。等腰三桩独立承台平面原位标注如图 10.67 所示。

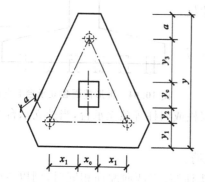

图 10.66 等边三桩独立承台平面原位标注

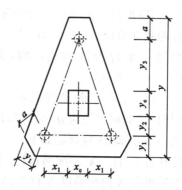

图 10.67 等腰三桩独立承台平面原位标注

③ 多边形独立承台。

结合 X、Y 双向定位，原位标注 x 或 y；x_c、y_c（或圆柱直径 d_c）；x_i、y_i、a_i，$i=1,2,3,\cdots$。具体设计时，可参照矩形独立承台或三桩独立承台的原位标注规定。

10.4.4.3 承台梁的平面注写方式

承台梁 CTL 的平面注写方式分为集中标注和原位标注两部分内容。

（1）承台梁的集中标注

承台梁的集中标注内容为承台梁编号、截面尺寸、配筋三项必注内容，以及承台梁底面相对标高高差、必要的文字注解两项选注内容。具体规定如下：

① 注写承台梁编号（必注内容），如表 10.14 所示。

② 注写承台梁的截面尺寸（必注内容）。

注写 $b \times h$，表示梁截面宽度与高度。当为加腋梁时，用 $b \times h$，$Yc_1 \times c_2$ 表示，其中 c_1 为腋长，c_2 为腋高。

③ 注写承台梁配筋（必注内容）。

a. 注写承台梁箍筋。

当具体设计仅采用一种箍筋间距时,注写钢筋级别、直径、间距与肢数(箍筋肢数写在括号内,下同)。

当具体设计采用两种箍筋间距时,用"/"分隔不同箍筋的间距及肢数,按照从基础梁两端向跨中的顺序注写,先注第一种箍筋(在前面加注箍筋道数),在斜线后再注写第二种跨中箍筋(不再加注箍筋道数)。

注:施工时应注意:在两向承台梁相交位置,应有一向截面较高的承台梁箍筋贯通设置;当两向承台梁等高时,可任选一向承台梁的箍筋贯通设置。

b. 注写承台梁底部、顶部及侧面纵向钢筋。

以 B 打头注写承台梁底部贯通纵筋。以 T 打头注写承台梁顶部贯通纵筋。

例如,B:5 Φ 25;T:7 Φ 25 表示承台梁底部配置贯通纵筋 5 Φ 25,梁顶部配置贯通纵筋 7 Φ 25。

当梁底部或顶部贯通纵筋多于一排时,用"/"将各排纵筋自上而下分开。

以大写字母 G 打头注写承台梁侧面对称设置的纵向构造钢筋的总配筋值(当梁腹板净高 $h_w \geqslant$ 450 mm 时,根据需要配置)。

④ 注写承台梁底面相对标高高差(选注内容)。

当承台梁的底面标高与桩基承台底面基准标高不同时,将承台梁底面相对标高高差注写在"()"内。

⑤ 必要的文字注解(选注内容)。

当独立承台的设计者有特殊要求时,宜增加必要的文字注解。

(2) 承台梁的原位标注规定

① 原位标注承台梁端部或在柱下区域的底部全部纵筋(包括底部非贯通纵筋和已集中注写的底部贯通纵筋)。

当该部位的底部全部纵筋与集中注写过的底部贯通纵筋相同时,则不再重复做原位标注。

② 原位标注承台梁的附加箍筋或吊筋(反扣)。

当需要设置附加箍筋或吊筋(反扣)时,将附加箍筋或吊筋(反扣)直接画在平面图中的承台梁上,原位直接引注总配筋值(附加箍筋的肢数注写在括号内)。当多数梁的附加箍筋或吊筋(反扣)相同时,可在桩基承台平法施工图统一注明,少数与统一注明值不同时,再原位直接引注。

③ 原位注写承台梁外伸部位的变截面高度尺寸。

当承台梁外伸部位采用变截面高度时,在该部位原位注写 $b \times h_1/h_2$。h_1 为根部截面高度,h_2 为尽端截面高度。

④ 原位注写修正内容。

当在承台梁上集中标注的某项内容(如截面尺寸、箍筋、底部与顶部贯通纵筋或架立筋、梁侧面纵向构造钢筋、梁底面相对标高高差等)不适用于某跨或某外伸部位时,将其修正内容原位标注在该跨或该外伸部位,施工时原位标注取值优先。

当在多跨承台梁的集中标注中已注明加腋,而该梁某跨根部不需要加腋时,则应在该跨原位标注 $b \times h$,以修正集中标注中的加腋要求。

10.4.4.4　桩基承台的截面注写方式

桩基承台的截面注写方式又分为截面标注和列表注写(结合截面示意图)两种表达方式。

采用截面注写方式,应在桩基平面布置图上对所有条形基础进行编号,如表 10.13、表 10.14 所示。

桩基承台的截面注写方式,可参照独立基础及条形基础的截面注写方式进行设计施工图的表达。

10.4.5　基础连梁的表示方法

10.4.5.1　基础连梁的表示方法

基础连梁是指连接独立基础、条形基础或桩基承台的梁。基础连梁的平法施工图设计是指在基础平面布置图上采用平面注写方式表达。

① 基础连梁编号。

基础连梁编号的规定如表 10.15 所示。

表 10.15　　　　　　　　　　　　　　　　基础连梁编号

类型	代号	序号	跨数及有否悬挑
基础连梁	JLL	××	（××）端部无外伸 （××A）一端有外伸 （××B）两端有外伸

注：当基础连梁设计为不贯通基础的形式时，应逐跨标注为单跨基础连梁 JLL××(1)。

② 基础连系梁的注写方式及内容，除编号按表 10.15 规定处理外，其余均按 22G 101—3 图集中非框架梁的制图规则执行。

10.4.5.2　地下框架梁的表示方法

地下框架梁是指设置在基础顶面以上且低于建筑标高±0.000（室内底面）并以框架柱为支座的梁。地下框架梁的平法施工图设计，除梁编号不同以外，其集中标注与原位标注的内容等与楼层框架梁相同，详见本章 10.1 节的相关内容。

地下框架梁编号的规定如表 10.16 所示。

表 10.16　　　　　　　　　　　　　　　　地下框架梁编号

类型	代号	序号	跨数及有否外伸或悬挑
地下框架梁	DKL	××	（××）端部无外伸或悬挑 （××A）一端有外伸或悬挑 （××B）两端有外伸或悬挑

10.4.5.3　其他相关规定

基础连梁和地下框架梁可以与各种类型的基础进行特殊配合应用。设计时，需特别注意梁底标高应高于交错设置的相邻基础顶面标高，以满足基础沉降所需空间。此外，独立基础支承地下框架梁的柱墩，应由设计者根据（筏形基础）关于柱墩的注写规定进行表达。

基础连梁和地下框架梁也可采用截面注写方式，可参照本章 10.1 节关于梁的截面注写规定进行表达。

知识归纳

① 混凝土结构施工图一般包括现浇混凝土框架、剪力墙、梁、板，板式楼梯，筏形基础、独立基础、条形基础、桩基承台平面整体表示方法制图规则和构造详图。

② 现浇混凝土框架柱、剪力墙、梁平法施工图是指在各自平面布置图上采用列表注写方式或截面注写方式表达。

③ 现浇混凝土板平法施工图是指在楼面板和屋面板布置图上采用平面注写方式表达。有梁楼盖板平面注写主要包括板块集中标注和板支座原位标注；无梁楼盖板平面注写主要有板带集中

标注、板带支座原位标注两部分内容。

④ 现浇板式楼梯平法施工图是指在楼梯平面布置图上采用平面注写方式表达。平法施工图包括两组共 11 种常用的板式楼梯类型。

⑤ 筏形基础平法施工图是指在基础平面布置图上采用平面注写方式表达,包括梁板式筏形基础和平板式筏形基础;独立基础、条形基础、桩基承台平法施工图采用平面注写或截面注写方式表达。

参 考 文 献

[1]中华人民共和国住房和城乡建设部.工程结构通用规范:GB 55001—2021[S].北京:中国建筑工业出版社,2021.

[2]中华人民共和国住房和城乡建设部.建筑结构可靠性设计统一标准:GB 50068—2018[S].北京:中国建筑工业出版社,2019.

[3]中华人民共和国住房和城乡建设部.工程结构可靠性设计统一标准:GB 50153—2008[S].北京:中国建筑工业出版社,2009.

[4]中华人民共和国住房和城乡建设部.建筑结构荷载规范:GB 50009—2012[S].北京:中国建筑工业出版社,2012.

[5]中华人民共和国住房和城乡建设部.建筑工程抗震设防分类标准:GB 50223—2008[S].北京:中国建筑工业出版社,2008.

[6]中华人民共和国住房和城乡建设部.建筑抗震设计规范(2016年版):GB 50011—2010[S].北京:中国建筑工业出版社,2016.

[7]中华人民共和国住房和城乡建设部.建筑与市政工程抗震通用规范:GB 55002—2021[S].北京:中国建筑工业出版社,2021.

[8]中华人民共和国住房和城乡建设部.混凝土结构通用规范:GB 55008—2021[S].北京:中国建筑工业出版社,2021.

[9]中华人民共和国住房和城乡建设部.混凝土结构设计规范(2015年版):GB 50010—2010[S].北京:中国建筑工业出版社,2015.

[10]中华人民共和国住房和城乡建设部.高层建筑混凝土结构技术规程:JGJ 3—2010[S].北京:中国建筑工业出版社,2010.

[11]中华人民共和国住房和城乡建设部.建筑与市政地基基础通用规范:GB 55003—2021[S].北京:中国建筑工业出版社,2021.

[12]中华人民共和国住房和城乡建设部.建筑地基基础设计规范:GB 50007—2011[S].北京:中国建筑工业出版社,2012.

[13]中华人民共和国住房和城乡建设部.高层建筑筏形与箱形基础技术规范:JGJ 6—2011[S].北京:中国建筑工业出版社,2011.

[14]李国强,李杰,苏小卒.建筑结构抗震设计[M].4版.北京:中国建筑工业出版社,2014.

[15]钱家茹,赵作周,纪晓东.叶列平高层建筑结构设计[M].北京:中国建筑工业出版社,2018.

[16]包世华.新编高层建筑结构[M].3版.北京:中国水利水电出版社,2013.

[17]梁兴文,史庆轩.土木工程专业毕业设计指导(房屋建筑工程卷)[M].北京:中国建筑工业出版社,2014.

[18]郭继武.建筑抗震设计[M].4版.北京:中国建筑工业出版社,2017.

[19]朱炳寅.建筑结构设计问答及分析[M].3版.北京:中国建筑工业出版社,2019.

[20]朱炳寅.建筑抗震设计规范应用与分析[M].2版.北京:中国建筑工业出版社,2017.

[21]朱炳寅.高层建筑混凝土结构技术规程应用与分析分析[M].2版.北京:中国建筑工业出版社,2017.

[22]施岚青,陈嵘.一级注册结构工程师专业考试复习教程[M].北京:中国建筑工业出版社,2021.

[23]兰定筠.一、二级注册结构工程师专业考试应试技巧与题解[M].13版.北京:中国建筑工业出版社,2021.

[24]中国建筑标准设计研究院.混凝土结构施工图平面整体表示方法制图规则和构造详图(现浇混凝土框架、剪力墙、梁、板):22G101—1[S].北京:中国标准出版社,2022.

[25]中国建筑标准设计研究院.混凝土结构施工图平面整体表示方法制图规则和构造详图(现浇混凝土板式楼梯):22G101—2[S].北京:中国标准出版社,2022.

[26]中国建筑标准设计研究院.混凝土结构施工图平面整体表示方法制图规则和构造详图(独立基础、条形基础、筏形基础、桩基础):22G101—3[S].北京:中国标准出版社,2022.